TRAITÉ

ÉLÉMENTAIRE

D'ASTRONOMIE PHYSIQUE.

IMPRIMERIE DE BACHELIER,

RUE DU JARDINET, N° 12.

TRAITÉ

ÉLÉMENTAIRE

D'ASTRONOMIE PHYSIQUE,

Par J.-B. BIOT,

Membre de l'Académie des Sciences et du Bureau des Longitudes ; membre libre de l'Académie des Inscriptions et Belles-Lettres; professeur de Physique mathématique au Collège de France, et d'Astronomie à la Faculté des Sciences de Paris ; membre des Sociétés royales de Londres et d'Édimbourg ; de l'Académie impériale de Saint-Pétersbourg ; des Académies royales de Stockholm, Upsal, Turin, Munich, Lucques, Berlin, Naples, Messine, Catane et Palerme ; membre honoraire de l'Université de Wilna ; de l'Institution royale de Londres ; de la Société philosophique de Cambridge ; astronomique de Londres ; des Antiquaires d'Écosse; littéraire et philosophique de Saint-Andrews ; de Manchester ; de la Société pour l'avancement des Sciences naturelles de Marbourg ; de Halle ; de la Société helvétique des Sciences naturelles; de la Société de Médecine d'Aberdeen; de la Société italienne des Sciences résidente à Modène ; de l'Académie américaine des Sciences et Arts de Boston; de la Société littéraire et historique de Québec ; des Académies de Nancy, d'Arras, et de la Société philomatique de Paris.

> Omnium rerum principia parva sunt,
> sed suis progressionibus usa, augentur.
>
> Cic., de Fin., lib. V.

Troisième Édition, corrigée et augmentée.

TOME TROISIÈME.

PARIS,

BACHELIER, IMPRIMEUR-LIBRAIRE

DU BUREAU DES LONGITUDES, DE L'ÉCOLE ROYALE POLYTECHNIQUE, ETC.

QUAI DES AUGUSTINS, N° 55.

1845.

AVERTISSEMENT

RELATIF AU PRÉSENT VOLUME.

L'amélioration la plus essentielle que renferme ce troisième volume comparativement à l'édition précédente, consiste dans l'exposé complet des méthodes théoriques et pratiques employées pour déterminer la figure de la terre, et pour résoudre les problèmes géodésiques en général. Les grandes opérations de ce genre qui ont été effectuées depuis la fin du dernier siècle, en France et dans toutes les autres régions du monde civilisé, ont fourni aux géomètres des sujets de travaux théoriques dans lesquels ils ont déployé toutes les ressources de la plus profonde analyse; et les observateurs ont profité de ces recherches, pour donner à leurs méthodes pratiques une rigueur qui les rapprochât autant que possible de ces savantes abstractions. Mais cette concordance ayant été établie successivement, à mesure que des instruments plus perfectionnés permettaient de rendre les observations plus précises, il est arrivé que, dans les Traités spéciaux publiés sur ce sujet, du moins en France, l'union de la pratique avec la théorie n'a pas pu être réalisée aussi continûment, surtout aussi simplement que l'on pourrait le désirer; et l'exactitude des résultats obtenus, quoique réelle et irréprochable, n'a pas toujours été établie sur des considérations assez légitimes, ou assez évidentes, pour paraître à l'abri de toute objection. J'ai pensé qu'il serait utile de présenter aujourd'hui l'ensemble des procédés pratiques sous un point de vue qui en rendît l'exposition plus généralement conforme aux indications théoriques. Je crois avoir réussi à le faire sans les compliquer, même sans y rien changer essentiellement, par le seul emploi de considérations très-simples, fondées sur les principes d'osculation des surfaces continues, par des sphères de rayons variables; de sorte que les calculs, bien que rigoureusement conformes aux plus hautes spéculations de l'analyse, s'effectuent cependant comme sur une sphère unique, ou sur des sphères à peine différentes entre elles, comme on le faisait auparavant sans s'en rendre aussi exactement compte. Par ce moyen, beaucoup de difficultés de détail ont disparu, et les applications numériques, dirigées sur des principes plus certains, n'exposeront plus ceux qui voudront les effectuer à des erreurs que des personnes, même très-habiles, n'ont pas toujours évitées. J'espère aussi avoir considérablement simplifié l'exposé de la méthode qui sert à déterminer les différences de niveau par les distances zénithales réciproques dans les grandes opérations géodésiques, en la ramenant à des principes théoriques plus généraux et plus rigoureux qu'on ne l'avait fait jusqu'à présent dans les ouvrages que j'ai pu consulter. Pour cette méthode, comme pour la mesure des arcs de méridien, des arcs de parallèles et des grandes perpendiculaires, j'ai toujours poussé les applications jusqu'aux nombres; et en particulier j'ai inséré, comme exemple, tous les détails du calcul de l'arc méridien qui traverse la triangulation d'Espagne, dont M. Largeteau a bien voulu rassembler, pour ce but, l'exposition complète dans une Note rédigée par lui. Après tous ces efforts, j'ai lieu d'espérer que ce résumé des méthodes géodésiques, renfermé dans 360 pages, pourra être utile aux astronomes praticiens qui auraient occasion d'effectuer ou de calculer de grandes triangulations, en les exemptant de chercher les détails de ces méthodes dans les volumineux traités où elles ont été jusqu'ici disséminées avec moins de connexion entre elles, et avec beaucoup plus de difficulté pour être comprises ou employées exactement.

Quant au reste du volume, les matériaux renfermés dans la précédente édition m'ont paru nécessiter plutôt des rectifications de détail que d'ensemble. Je n'ai pas cru devoir changer la rédaction du chapitre où j'avais exposé l'emploi des cercles répétiteurs, quoique ce genre d'instruments ait été considérablement perfectionné dans sa construction et dans son usage depuis cette publication. Mais, outre l'identité qui subsiste toujours dans les procédés qui servent à l'établissement, à la rectification et à l'emploi de ces instruments, il en existe encore beaucoup qui sont construits comme autrefois, et qui ont servi à des opérations importantes pour l'intelligence desquelles leur connaissance est nécessaire. Je me suis donc borné à compléter cet ancien exposé par l'insertion du travail que j'ai fait en 1825 pour la révision de la latitude de Formentera, avec un nouveau cercle répétiteur de M. Gambey, auquel j'ai appliqué un procédé d'observation tel, qu'étant pour le moins aussi facile, ou même plus facile que celui dont on se servait jusqu'alors, il atténue les erreurs variables de ces instruments au point de donner à leurs résultats un degré de concordance qui n'est pas inférieur à celui que l'on obtient dans les observatoires fixes avec les instruments des plus grandes dimensions. Cette méthode, justifiée par le raisonnement comme par l'expérience, a déjà reçu l'approbation d'astronomes praticiens les plus distingués; et, en m'autorisant de leur opinion, je crois pouvoir dire qu'il serait à désirer qu'on n'employât plus autrement le cercle répétiteur pour de semblables observations.

La fatigue que m'a causée la portion de ce volume qui a exigé spécialement une rédaction toute nouvelle, m'aurait mis hors d'état de le publier actuellement, si je n'avais reçu pour le reste de l'impression, les secours obligeants et éclairés d'un jeune et habile géomètre, M. Delaunay, que ses travaux propres et ses fonctions d'enseignement ont depuis longtemps familiarisé avec les études astronomiques. Après lui avoir remis cette dernière partie de mon manuscrit, je m'en suis entièrement reposé sur lui pour rectifier les fautes de détail que j'avais pu y laisser,

> .... quas aut incuria fudit,
> Aut humana parum cavit natura; ....

et je lui dois une grande reconnaissance pour avoir bien voulu me décharger d'un si lourd fardeau. J'espère, avec la continuation de son assistance, publier sans retard les deux derniers volumes, dont l'impression serait déjà commencée si je n'avais été forcément détourné par d'autres travaux.

Octobre 1853.

TABLE DES CHAPITRES

contenus dans ce troisième volume.

ET INDICATION DES PRINCIPAUX OBJETS QUI Y SONT TRAITÉS.

CHAPITRE XIX.

Nécessité de cette révision occasionnée par la découverte des erreurs
constantes que comportent les cercles répétiteurs, et par suite
desquelles un même cercle donne habituellement toutes les distances zénithales un peu trop fortes ou un peu trop faibles. Erreur qui doit en résulter sur les latitudes géographiques mesurées avec cet instrument, lorsque les distances méridiennes n'ont
été observées que d'un seul côté du zénith. Correction de cette erreur par compensation en observant des étoiles situées au nord du
zénith et d'autres situées au sud. Précautions particulières prises
pour les nouvelles observations de 1825. Avantage que l'on
trouve à multiplier les séries au lieu de les prolonger individuellement au delà d'un nombre d'observations suffisant pour anéantir les erreurs occasionnelles des divisions et du pointé. Emploi
d'un nouveau procédé d'observation très facile, qui donne aux

TRAITÉ

ÉLÉMENTAIRE

D'ASTRONOMIE PHYSIQUE.

CHAPITRE XVI.

De la sphère céleste et de ses cercles principaux.

1. Les questions concernant les positions optiques des corps célestes, que nous avons traitées dans les chapitres précédents, se sont trouvées dépendre de la résolution des triangles sphériques. Il en sera ainsi de toutes celles que nous devrons résoudre pour déterminer les mouvements apparents, soit propres, soit relatifs, de ces corps, considérés indépendamment de leur éloignement absolu ; car alors elles auront toujours pour objet les positions ou les grandeurs des angles compris entre les rayons visuels menés de notre œil aux différents points du ciel où ils semblent projetés. Si, autour de chaque observateur considéré comme centre des mouvements célestes, on conçoit une sphère d'un rayon quelconque, dont la surface coupera perpendiculairement tous les rayons visuels menés aux différents astres, ou aux divers points d'un même astre, les points d'intersection de ces rayons, étant unis par des arcs de grands cercles, détermineront sur la sphère des triangles sphériques. Les parties constituantes de ces triangles étant calculées et liées les unes aux autres par les rapports connus qui constituent la trigonométrie sphérique, donneront les rapports de position optique qui existent entre les points comparés.

2. Peu importe à quelle distance les rayons visuels sont coupés par cette sphère ; les mêmes rapports de position et de grandeur subsistent entre eux. On peut donc, sans difficulté, la sup-

poser décrite d'un rayon immense, qui s'étendra au delà de tous les astres, et les attacher, par la pensée, sur la direction de leurs rayons lumineux, à la surface concave de cette même sphère, au centre de laquelle nous nous trouvons; cette construction forme ce que les astronomes appellent la *sphère céleste*.

Chaque observateur étant placé au centre de sa sphère, il y a autant de ces centres et de ces sphères qu'il y a de points sur la surface terrestre; et les situations apparentes des astres, c'est-à-dire les points de la sphère céleste auxquels on les rapporte, doivent être différents pour chaque observateur. Cela se vérifie, en effet, pour la plupart des astres doués de mouvements propres. Mais, pour les étoiles fixes dont nous devons d'abord nous occuper spécialement, comme tous les rayons visuels qui leur sont menés au même instant, de tous les points de la terre, peuvent être censés parallèles, il s'ensuit que chaque observateur les projette sur sa propre sphère, en des points exactement correspondants. Ou, ce qui revient au même, si l'on donne à cette sphère un rayon si grand que le diamètre de la terre, par rapport à ce rayon, puisse être considéré comme insensible, et la terre considérée comme un point, il n'y aura plus qu'une seule sphère céleste pour tous les observateurs; et les rayons visuels menés de leurs yeux à une même étoile infiniment éloignée devront être considérés comme aboutissant aux mêmes points de sa surface. Mais si ces rayons visuels, étant dirigés à un astre plus rapproché, font entre eux un angle sensible, ils aboutiront sur la sphère commune, à des points différents.

5. Au reste, n'oublions pas que cette forme sphérique que nous imaginons ici n'a rien de réel relativement à l'éloignement absolu des différents astres. Ceux-ci peuvent être et sont en effet placés à des distances très-inégales. La considération d'une sphère céleste, rendue commune à tous les observateurs par l'immensité de son rayon, n'est qu'une conception géométrique propre à fixer les idées et à faciliter le raisonnement, toutes les fois que l'on veut seulement considérer, ou comparer, les angles visuels formés dans l'œil d'un même observateur par les rayons visuels menés aux différents points de l'espace indéfini qui l'environne. Mais, pour en faire des applications exactes, il faudra distinguer soigneusement,

dans les apparences phénoménales, celles qu'on y peut rapporter comme universelles, et celles dont l'énoncé doit être modifié ou restreint, en raison des circonstances de localité propres au point de la surface terrestre où se fait l'observation.

4. Ainsi, on placera, sur un diamètre de cette sphère, l'axe du mouvement diurne du ciel, et ses deux pôles de rotation. On tracera idéalement sur sa surface *des grands cercles* dont le plan passera par cet axe, et qui seront les *plans horaires des astres*. On y décrira, autour des pôles, *des petits cercles* ayant chacun un arc constant de distance polaire, et dont le plan sera normal à l'axe de rotation. Ce seront les *parallèles célestes* que les étoiles décrivent. La terre n'étant qu'un point placé au centre de la sphère infinie, ces diverses constructions seront vues sous un aspect identique par tous les observateurs répartis sur sa surface. Seulement, à cause de sa convexité, elles se présenteront, au même instant physique, dans des situations diverses relativement aux coordonnées verticales et horizontales de chaque lieu. En effet, ces coordonnées, quoique partant de points physiques distincts, s'assimileront, dans leurs intersections sur la sphère infinie, à autant de rayons partis du centre ; mais elles s'y distingueront les unes des autres par leurs directions diverses, lesquelles dépendent, pour chaque point de la surface terrestre, de la direction absolue du plan tangent local qui les contient ou qui leur est perpendiculaire. Par exemple, deux lieux dont les verticales propres seraient coïncidentes en direction, ou seulement parallèles entre elles, auront aussi leurs plans horizontaux parallèles entre eux ; de sorte que ces plans couperont la sphère céleste suivant un même grand cercle, comme s'ils se confondaient en un plan unique, mené par son centre, suivant cette commune direction. Alors ces deux lieux verront simultanément les mêmes étoiles paraître ou disparaître dans leurs horizons propres. Si les verticales sont seulement parallèles à un même plan central contenant l'axe de rotation de la sphère céleste, tous les lieux de la surface terrestre qui satisferont à cette condition auront leurs méridiens propres parallèles à ce plan, et chaque étoile les traversera tous au même instant physique, quoiqu'elle puisse être alors visible pour un de ces lieux et invisible pour un autre, à cause de

l'opacité de la masse terrestre, selon que le passage s'opérera au-
dessus ou au-dessous de leur horizon propre. Tous les lieux dont
les normales ont cette corrélation sont dits être sous le *même méridien céleste*; les plans horaires dans lesquels chaque étoile s'y
trouve à un même instant physique sont parallèles entre eux.

5. Généralement, tous les plans menés par l'œil de l'observateur
terrestre seront des plans diamétraux de la sphère universelle; tous
les angles visuels qu'on y observera auront donc leur mesure sur
les arcs de grands cercles résultant de l'intersection de cette sphère
par les plans qui les contiennent, et leur grandeur sera exprimée
par la portion d'arc interceptée entre les rayons visuels qui les limitent. On conçoit ainsi tous les cercles de la sphère céleste divisés
en degrés, minutes et secondes, et l'on exprime les mesures des
angles visuels au moyen de ces divisions. Par exemple, lorsque
deux étoiles, comprises dans un même plan horaire, traversent
simultanément le méridien terrestre d'un certain lieu, si les rayons
visuels menés à l'une et à l'autre comprennent entre eux un angle
de dix degrés, on dira qu'elles se trouvent à dix degrés de *distance
angulaire*, ou, par abréviation, à 10° *de distance* l'une de l'autre.
On définit de même tous les angles visuels par les arcs de distance
interceptés.

6. Les arcs que le mouvement diurne fait décrire aux étoiles sur
leurs parallèles propres s'expriment aussi de la même manière, en
parties de la graduation de ces cercles. Mais ces énoncés ne sont
pas immédiatement comparables entre eux ni à ceux des angles
visuels, parce que les subdivisions qu'ils expriment sont comptées
sur le petit cercle que l'étoile décrit. L'identité n'a lieu que pour
le parallèle dont le plan, normal comme les autres à l'axe de rotation du ciel, passe en même temps par le centre de la sphère céleste. Celui-là se nomme spécialement l'*équateur céleste*, et les autres
sont appelés génériquement *parallèles célestes*, à cause du parallélisme de leur plan au sien. On peut encore les considérer comme
l'intersection de la sphère céleste par la surface conique que forment les rayons visuels menés du centre de cette sphère, ou d'un
point quelconque de la terre, à une même étoile dans toute la durée
de sa révolution diurne. Tous les lieux terrestres, dont la verticale

est parallèle à une des arêtes d'un même cône ainsi décrit, sont dits
être *sous le même parallèle céleste.*

7. Maintenant, considérant en particulier un point donné de la
terre, fixons, par des caractères géométriques relatifs à ses coordonnées locales propres, les positions apparentes des différents
cercles célestes que nous venons d'imaginer.

La position de l'équateur céleste se définit par sa *trace* sur le plan
de l'horizon et par sa *hauteur,* c'est-à-dire par l'angle dièdre qu'il
forme avec le plan horizontal, cet angle étant mesuré du côté de ce
plan où il est moindre qu'un quadrant.

Par le centre C de la sphère céleste, *fig.* 1, menez trois droites
rectangulaires indéfinies CZ, CM, CH, respectivement parallèles aux
trois droites OZ′, OM′, OH′ qui désignent la verticale, la méridienne et la perpendiculaire du lieu considéré. Les plans ZCM, MCH,
ZCH représenteront respectivement le méridien, l'horizon et le
premier vertical de ce lieu, transportés parallèlement à eux-mêmes,
au centre de la sphère céleste, en conservant leurs relations de
rectangularité. Dans le plan ZCM menez l'axe de rotation CP : le
plan de l'équateur passe par le centre C et est perpendiculaire à
cet axe ; il le sera donc aussi au plan ZCM, et contiendra la droite
CH qui lui est normale ; de sorte qu'elle représentera sa trace sur
le plan MCH. Maintenant, à cause de la petitesse infinie de la terre
comparativement à la sphère céleste, toutes les relations angulaires
qui ont lieu en C se reproduiront en O entre les droites parallèles ;
conséquemment :

La trace de l'équateur céleste sur l'horizon de chaque lieu sera
la droite horizontale OH′ *menée perpendiculairement à la méri-*
dienne locale ; c'est celle que nous avons nommée spécialement la
perpendiculaire.

La hauteur de l'équateur sur l'horizon local, ou l'angle Q′OM′,
est égal à la distance angulaire P′OZ′ *du pôle au zénith.* Car l'axe
polaire universel OP′ étant normal au plan de l'équateur, il est perpendiculaire à sa trace OQ′ dans le plan méridien. Or, la verticale
locale OZ′, située, comme OP′, dans ce dernier plan, est perpendiculaire à la méridienne locale OM′. Ainsi la distance polaire P′OZ′
et la hauteur angulaire Q′OM′ sont toutes deux égales, comme com-

pléments d'un même angle Q'OZ'. Celui-ci s'appelle la *latitude géographique du lieu considéré*. Par une raison semblable, cette *latitude est égale à la hauteur angulaire* P'ON' du pôle, comptée du
côté du zénith opposé à la trace de l'équateur. Tout évidentes que
soient ces relations, comme leur emploi se représente continuellement, il était nécessaire d'en fixer les énoncés.

8. La position des divers parallèles célestes au-dessus de l'horizon de chaque lieu s'y définit d'après la distance zénithale méridienne des étoiles qui les décrivent, distance que nous avons appris
à déterminer par observation. Elle peut se calculer d'après la distance polaire du parallèle, en portant cette distance de part et d'autre
du pôle visible, dans le plan du méridien local.

9. Les degrés, minutes et secondes des parallèles célestes n'ayant
pas des valeurs absolues comme les degrés des grands cercles, il
faut, pour les rendre comparables entre eux et à ceux-ci, associer à
leurs expressions un élément déterminatif, qui est la grandeur relative du rayon de ce parallèle comparé au demi-diamètre de la
sphère ; mais, avec cette spécification, il est facile de convertir
les arcs de parallèles en arcs de grands cercles, et inversement.

En effet, pour découvrir ces rapports, transportons le centre de
la sphère céleste au point O, *fig.* 2, supposé le centre local des observations. Traçons, dans le plan de la figure, le grand cercle PSQP'
du méridien local, c'est-à-dire celui suivant lequel le plan de ce
méridien coupe la sphère céleste. Soit QEQ' le grand cercle de l'é-
quateur céleste ayant, comme le précédent, son centre au point O,
centre des observations. Représentons par SHS' un parallèle quelconque dont la distance polaire soit PS, et dont le centre soit situé
en O' sur l'axe polaire. L'équateur et le parallèle sont divisés en un
même nombre de degrés ; ainsi les longueurs *des arcs* qui représentent ces degrés sont proportionnels aux contours des deux cercles ou aux rayons de ces cercles, car les circonférences sont entre
elles comme leurs rayons. En effectuant cette proportion, on voit
que *la longueur* de chaque degré du parallèle SHS', exprimé en

degrés de l'équateur, vaudra $1°.\dfrac{SO'}{QO}$; et réciproquement $1°.\dfrac{QO}{SO'}$

sera *la longueur* d'un degré de l'équateur exprimé en degrés du parallèle. Cela donne le moyen d'opérer cette conversion réciproque pour des nombres quelconques de degrés des deux cercles, lorsque le rapport de leurs rayons est connu.

Or, il l'est lorsqu'on donne l'angle au centre SOP ou d, qui marque, dans le méridien, la distance angulaire du parallèle au pôle; car SO' étant perpendiculaire à OP, et SO étant égal à QO, comme rayons d'un même cercle, le rapport $\frac{SO'}{QO}$ ou $\frac{SO'}{SO}$ est ce qu'on appelle en trigonométrie le sinus de l'angle POS. De là résulte la règle suivante :

Pour convertir un nombre de degrés, minutes et secondes d'un parallèle en degrés, minutes et secondes de l'équateur, il faut multiplier le nombre donné par le sinus de la distance polaire du parallèle.

Réciproquement, *pour convertir des degrés, minutes et secondes de l'équateur en subdivisions analogues du parallèle, il faut les diviser par le sinus de la distance polaire où l'on veut les transporter.*

La première opération affaiblit le nombre donné, la seconde l'agrandit, puisque le sinus d'un angle est toujours une fraction de l'unité. Supposons la distance polaire du parallèle égale à 30 degrés sexagésimaux; le sinus de 30° est $\frac{1}{2}$; conséquemment 20° de ce parallèle équivaudront, *en longueur*, à 10° de l'équateur, et 10° de l'équateur à 20° du parallèle.

10. On a un exemple de ces équivalences, et un exemple pour ainsi dire physique, dans l'inégalité des temps que les différentes étoiles emploient à traverser les fils du réticule de l'instrument des passages, selon les parallèles célestes où elles sont placées. Celles qui sont près de l'équateur vont plus vite, celles qui sont près du pôle vont plus lentement, et généralement la durée de leur passage paraît presque exactement réciproque au sinus de leur distance polaire. On le voit par le tableau suivant, qui présente les intervalles de temps employés, en 1810, par diverses étoiles inégalement distantes du pôle, pour traverser deux mêmes fils verticaux d'un instrument de passage dont le fil central était dirigé dans le méridien, à l'Observatoire de Paris.

NOMS DES ASTRES	DISTANCE au pôle boréal.	DURÉE du passage entre deux fils observée.	PRODUIT de la durée du passage par le sinus de la distance polaire.
Polaire....................	$1^{\circ}42'20''$	$58^s,80$	$17^s,32$
La Chèvre.................	44.12.36	24,90	17,37
β de la Vierge..........	87. 9.52	17,40	17,37
Rigel.....................	98.25.50	17,35	17,36
Antarès..................	115.59.50	19,35	17,39
Résultat moyen...........			17,36

Les trois premières colonnes renferment, pour chaque étoile,
les résultats de l'observation. En multipliant la durée du passage
par le sinus de la distance polaire, on obtient les nombres contenus
dans la dernière colonne, et leur égalité presque exacte montre
bien que la proportion dont il s'agit est au moins très-approchée
de la vérité. Si l'on consent à négliger les petits écarts qu'on y découvre, en les attribuant aux erreurs des observations, la moyenne
de ces nombres représentera la durée du passage d'une étoile qui
serait située dans le plan de l'équateur. C'est ce qu'on nomme l'*intervalle équatorial des fils*.

Pour rendre raison de ces résultats, considérons, *fig.* 3, deux
fils réticulaires Ff, F'f', placés exactement dans le plan focal du
système objectif achromatique LL d'un instrument de passages, et
dirigés perpendiculairement à son fil horizontal HH', à des distances égales et très-petites de l'axe optique central CM, cet axe étant
spécifié par les définitions que nous en avons données tome I,
page 517, et tome II, page 260. D'après le mode d'action qu'un
tel système exerce sur les pinceaux lumineux très-déliés qui le traversent en formant de petits angles avec son axe central, si deux
pinceaux pareils, émanés de deux points rayonnants très-distants
S, S', forment respectivement leurs images focales aux points H, H',
les axes géométriques de ces pinceaux soutendront dans le ciel un

angle visuel HCH', qui pourra être évalué par des expériences que nous avons décrites tome I, pages 679 et suivantes; et cet angle conservera une grandeur constante, tant qu'il ne s'opérera aucun changement dans la position des points H, H' autour de l'axe, non plus que dans la distance focale CM. L'oculaire que l'on adapte au delà du plan focal HMH' n'y produit aucune altération; il amplifie seulement, pour l'œil, l'intervalle HH', et fait ainsi apprécier la coïncidence des foyers des pinceaux sur les fils Ff, $F'f'$, plus exactement qu'on ne le ferait à la vue simple. Ces conditions de constance étant supposées remplies, lorsqu'on dirige la lunette sur des parties quelconques de la sphère céleste, l'intervalle fixe HH' y soutend toujours un angle visuel constant, dont le sommet C peut être censé placé au centre de cette sphère, de sorte qu'il a pour mesure un certain arc de grand cercle. Mais, comme cet arc est toujours fort petit, lorsqu'on le transporte, par le mouvement de la lunette, sur les parallèles des différents astres, il se confond sensiblement avec un petit arc de ces parallèles, et occupe, sur leur circonférence, un nombre de degrés, ou plutôt une très-petite fraction de degré, qui est presque exactement réciproque au sinus de leur distance polaire. Or, à cause du mouvement commun de la sphère céleste, il passe au méridien, dans un temps donné, un même nombre de degrés de tous les parallèles. L'étoile doit donc employer plus de temps pour traverser le fil horizontal de la lunette, à mesure que celui-ci occupe un plus grand nombre de divisions sur la circonférence du parallèle; et les durées des passages doivent être proportionnelles à l'étendue de la graduation que le fil superposé occupe, c'est-à-dire réciproques au sinus de la distance polaire.

Ce résultat n'a lieu ainsi que d'une manière approchée, et seulement lorsque les arcs de l'équateur et des parallèles que l'on superpose sont extrêmement petits. En effet, soit E l'angle visuel ou l'arc de l'équateur que l'on veut porter successivement sur divers parallèles. Soit Π l'arc qu'il devra occuper sur chacun d'eux, cet arc étant toujours exprimé en parties de leur propre graduation. Dans la réalité, ce ne sont pas les arcs E et Π qui coïncident, ce sont leurs cordes, et l'on ne peut substituer les unes aux autres que lorsque les arcs sont fort petits, comme dans les exemples de passages que nous avons rapportés (*). Il résulte encore de cette distinction que l'étoile, qui décrit l'arc de son parallèle, ne peut pas suivre rigoureusement le fil rectiligne qui en représente la corde. Si elle coïncide avec lui au commencement et à la fin de l'intervalle qu'il soutend, elle devra s'en écarter dans les positions intermé-

---

(*) Soient R le rayon de l'équateur de la sphère céleste, r celui du parallèle. La corde que soutend l'angle E sur le cercle équatorial est $2R \sin \tfrac{1}{2}E$; celle que l'angle H soutend sur le contour du parallèle est $2r \sin \tfrac{1}{2}H$. Puisque, dans leur superposition, ces cordes doivent être égales, l'expression de cette égalité sera

$$R \sin \tfrac{1}{2}E = r \sin \tfrac{1}{2}H.$$

Soit d la distance polaire du parallèle, on aura

$$r = R \sin d;$$

en substituant cette valeur, et divisant tout par R, il vient

$$(1) \qquad \sin \tfrac{1}{2}E = \sin d . \sin \tfrac{1}{2}H,$$

c'est la formule exacte, générale et rigoureuse. Mais, lorsque les angles E et H sont fort petits, comme dans les exemples dont nous avons fait usage, le rapport $\dfrac{\sin \tfrac{1}{2}E}{\sin \tfrac{1}{2}H}$ est, à fort peu près, le même que celui de $\dfrac{E}{H}$. Ainsi, en substituant ce second rapport au premier dans l'équation précédente, elle devient

$$(2) \qquad E = R . \sin d;$$

c'est celle que nous avons employée, mais elle n'est applicable qu'à de très-petits angles.

En l'admettant comme suffisamment exacte, nommons T l'intervalle de temps sidéral que devra employer une étoile pour parcourir l'angle E du cercle équatorial, et θ celui qu'une autre étoile située sur le parallèle emploiera pour y décrire l'angle H. Les circonférences des deux cercles devant être parcourues en 24 heures sidérales, on aura par proportion

$$T = 24^{h} \frac{E}{360^{\circ}}, \qquad \theta = 24^{h} \frac{H}{360^{\circ}};$$

donc

$$T = \theta \frac{E}{H} = \theta \sin d.$$

C'est la relation qu'exprime notre tableau de la page 8; elle se trouve ainsi vérifiée expérimentalement.

Il est bon de remarquer que le rayon R de la sphère céleste a disparu de

diaires et paraître décrire une courbe dont la concavité sera tournée vers le fil. Cela devient sensible pour les étoiles très-voisines du pôle. Il y a aussi à considérer que, pendant la durée d'un passage ainsi observé, l'étoile se trouve à la fois hors du méridien et hors de l'axe optique physique de l'instrument, excepté à l'instant où elle traverse le fil central du réticule; mais je néglige pour le moment ces détails, qui seront discutés à la fin du présent Traité, dans une dissertation spéciale sur l'emploi de l'instrument des passages dans ses applications les plus rigoureuses.

Les astres doués d'un mouvement propre, comme le soleil, la lune et les planètes, offrent des variations analogues dans le temps que leur disque emploie à traverser le fil méridien, selon les différents parallèles où ils se trouvent. Mais, pour ces astres, outre la cause que nous venons de remarquer et qui est la principale, il existe d'autres particularités qui modifient les durées de leurs passages. La première, c'est que l'étendue apparente de leur disque change à diverses époques, par suite des variations de leur éloignement, et avec leur hauteur sur l'horizon; la seconde, c'est que leur mouvement propre, qui se combine avec celui de la sphère céleste, a aussi alors d'inégales vitesses.

---

l'équation (1), de sorte que les relations des arcs E, d et H sont indépendantes de la valeur de ce rayon. Cela était facile à prévoir, puisque toutes les sphères concentriques, que l'on peut ainsi décrire autour de l'observateur, ne changent point les valeurs absolues des angles; elles ne changent que celles de leurs sinus. Mais, comme ceux-ci croissent tous en même temps dans le même rapport, proportionnellement au rayon de la sphère, les relations de grandeur qui subsistent entre eux n'en sont nullement altérées: ils sont seulement rapportés à une unité différente. Ainsi, dans les équations qui expriment ces rapports, la valeur absolue du rayon de la sphère disparaîtra toujours. Quoique cette remarque soit très-simple, il m'a paru utile de la présenter, pour faire encore mieux comprendre, par cet exemple, que ce qu'en appelle la sphère céleste n'est qu'une conception géométrique propre à fixer le raisonnement, et qu'on ne doit y attacher aucune idée de réalité physique ni de grandeur absolue. Toutes les sphères concentriques à l'observateur peuvent être, pour lui, la sphère céleste; et, s'il en choisit une d'un rayon immense, c'est parce que les astres étant si distants de lui, comparativement à leurs dimensions propres, il ne peut, à la vue seule, juger de leur éloignement relatif, ses yeux les supposent également et infiniment éloignés.

11. Les distances au zénith et les azimuts nous ont offert, pour chaque lieu de la terre, un système de coordonnées angulaires auxquelles on peut rapporter la position de tous les astres ; mais ce système a l'inconvénient d'être variable d'un pays à l'autre. Car, à cause de la rondeur de la terre, les plans de l'horizon et du méridien, auxquels se rapportent les hauteurs et les azimuts, prennent, dans l'espace, toutes les directions possibles, et par conséquent les positions des astres, ainsi exprimées, n'offrent rien de comparable. L'équateur et les plans horaires célestes nous offrent un système de coordonnées analogues, mais bien préférable, puisque étant pris immédiatement dans le ciel, il fournit, à tous les astronomes situés sur la surface terrestre, un moyen uniforme et comparable d'exprimer les résultats de leurs observations.

12. Pour déterminer ainsi la situation d'un astre quelconque sur la sphère céleste, il suffit de connaître le plan horaire, ou le cercle horaire sur lequel il se trouve, et sa position sur ce cercle ou dans ce plan. Tout se réduit donc à déterminer ces deux éléments.

La position de l'astre sur son cercle horaire est déterminée lorsque l'on connaît sa distance au pôle ou sa *distance à l'équateur*, qui en est le complément et que l'on nomme la *déclinaison* ; c'est pourquoi on appelle souvent les cercles horaires *cercles de déclinaison*.

La position du plan horaire sur la sphère céleste se détermine d'après l'angle qu'il fait avec un plan horaire connu. Pour cela, on en choisit un à volonté, auquel on rapporte tous les autres ; ce sera, par exemple, celui qui passe par une étoile que l'on aura désignée. Si l'on imagine plusieurs autres plans horaires menés par différents points du ciel, ils feront des angles dièdres plus ou moins grands avec le premier. Chacun d'eux sera donc distingué par l'angle qui lui est propre et qui a pour mesure l'arc de l'équateur compris entre lui et le premier plan horaire ; cet arc se nomme l'*ascension droite*. On le détermine en observant le temps qui s'écoule entre le passage de l'astre au méridien et celui du plan horaire que l'on a choisi pour point de départ. Ce temps, converti en degrés ou en grades, est l'ascension droite de l'astre ; elle se compte toujours d'occident en orient, et depuis 0° jusqu'à la circonférence entière. Quant à la déclinaison, elle se compte depuis $0°$ jusqu'à un angle droit; on la dit *boréale* ou *australe*, suivant que l'astre auquel elle appartient est situé au nord ou au sud de l'équateur. L'emploi des distances polaires est bien préférable dans les raisonnements et même dans les formules analytiques, à cause de la continuité de sens de leur numération; aussi en ferai-je plus habituellement usage.

13. Lorsque ces deux coordonnées, la *déclinaison* et l'*ascension droite*, sont connues, on peut trouver, par la trigonométrie sphérique, tous les rapports de position et de distance qui existent sur la sphère céleste entre les points auxquels elles se rapportent.

Par exemple, si l'on veut trouver l'*arc de distance* de deux étoiles, c'est-à-dire l'arc de la sphère céleste qui les unit, on tirera de leurs déclinaisons leurs distances à un même pôle. On prendra ensuite la différence de leurs ascensions droites; ce sera l'angle dièdre compris entre les plans horaires où elles se trouvent. Alors les deux distances polaires et l'arc de distance formeront, sur la sphère céleste, un triangle sphérique où l'on connaîtra deux côtés et l'angle compris. On pourra donc calculer le troisième côté ou l'arc de distance des deux étoiles (*). On pourrait, de la même manière, cal-

---

(*) Soient P la différence des ascensions droites des deux astres, ou l'angle au pôle compris entre leurs cercles de déclinaison; Δ', Δ'' leurs distances polaires respectives, et D l'arc de grand cercle qui mesure leur distance angulaire sur la sphère céleste. Si l'on considère le triangle sphérique formé par les trois côtés Δ', Δ'' et D, on y connaîtra Δ', Δ'' et l'angle compris P. Ainsi les règles de la trigonométrie sphérique, appliquées à ce cas, donneront

$$\cos D = \sin \Delta' \sin \Delta'' \cos P + \cos \Delta' \cos \Delta''.$$

En transportant ici le mode de transformation dont nous avons fait usage, pour une relation semblable, tome II, page 396, si l'on remplace $\cos D$, $\cos P$, puis $\cos(\Delta'' - \Delta')$ par leurs expressions équivalentes $1 - 2\sin^2 \frac{1}{2}D$, $1 - 2\sin^2 \frac{1}{2}P$, $1 - 2\sin^2 \frac{1}{2}(\Delta'' - \Delta')$, on obtiendra cette expression, plus commode pour le calcul numérique :

$$\sin^2 \tfrac{1}{2} D = \sin^2 \tfrac{1}{2}(\Delta'' - \Delta') + \sin \Delta' \sin \Delta'' \sin^2 \tfrac{1}{2}P.$$

Nous aurons plus loin l'occasion de reconnaître que le pôle change de position parmi les étoiles dans la suite des siècles, ce qui fait varier inégalement leurs distances polaires et leurs ascensions droites absolues; mais nous constaterons aussi que ce mouvement appartient en réalité à l'axe de

culer l'arc de distance, d'après les distances au zénith et les azimuts. Le raisonnement est le même, le système seul des coordonnées est changé. Je reviendrai tout à l'heure sur cette opération, qui est nécessaire dans quelques circonstances.

14. Le point de l'équateur d'où les astronomes comptent les ascensions droites dépend du mouvement du soleil, ou plutôt de la position de cet astre à une époque déterminée ; car c'est au soleil, comme au régulateur naturel des jours, des années et des siècles, que les astronomes rapportent toutes leurs observations. Mais ce choix, purement arbitraire, ne change point les positions respectives des astres dans le ciel ; il n'influe ni sur leurs déclinaisons, ni sur leurs différences d'ascension droite ; il détermine seulement leur ascension droite absolue. Il ne doit donc apporter aucun changement aux lois des mouvements des astres qui se dé-

---

rotation de la terre, et que les étoiles ne le partagent point. Leurs distances relatives D, évaluées par la formule précédente, ne peuvent donc changer que par l'effet des mouvements individuels qui seraient propres aux étoiles elles-mêmes, et qui altéreraient leurs positions relatives. Le calcul de la distance D, réitéré pour des époques très-éloignées les unes des autres, avec les valeurs de Δ', Δ'' et P qu'on y a observées, offre ainsi un moyen direct pour constater l'existence et la mesure de ces variations. Malheureusement les observations anciennes, faites avant l'invention des instruments à lunettes et des horloges à pendule, sont trop inexactes pour qu'on puisse en faire des applications si minutieuses ; on peut seulement en conclure que les mouvements propres des étoiles doivent être fort petits, puisque les configurations des groupes dans lesquels on les rassemble sous le nom de constellations présentent encore aujourd'hui les mêmes apparences que les astronomes grecs leur ont assignées. Alors, les considérant comme négligeables comparativement aux erreurs que les anciennes observations devaient comporter, on peut apprécier l'étendue de ces erreurs en calculant les valeurs qu'elles donnent pour les distances D calculées par notre formule, et les comparant à celles que nous déterminons bien plus exactement aujourd'hui, afin de voir de combien elles en diffèrent. Delambre a fait cette comparaison, dans le tome II de son *Histoire de l'Astronomie ancienne*, page 291, pour toutes les étoiles dont Ptolémée avait assigné les positions relativement à un système de coordonnées angulaires équivalent à celles que notre formule emploie, quoique autrement définies ; il a reconnu ainsi, dans ces positions, des erreurs dont l'amplitude est fréquemment de $\frac{1}{2}$ ou $\frac{1}{3}$ de degré, et qui s'élèvent parfois jusqu'à plus d'un degré entier, tandis qu'alors les incertitudes de nos observations actuelles atteignent au plus 1″ ou 2″.

duisent des rapports de leurs positions à différentes époques. Ainsi, jusqu'à ce que nous ayons acquis les données d'après lesquelles on a fixé cette origine, nous pouvons d'abord supposer les ascensions droites de toutes les étoiles rapportées à une d'entre elles, comme à une origine fixe et déterminée.

13. En observant avec l'instrument des passages les instants où les diverses étoiles traversent le méridien, et mesurant aussi leurs distances zénithales dans ce plan avec les cercles fixes, ou par des moyens équivalents, on détermine, comme nous venons de le dire, leurs ascensions droites et leurs déclinaisons. On peut donc dresser des registres qui font connaître la position de toutes les étoiles observées, et l'ordre dans lequel elles se succèdent dans leur passage. C'est ce que l'on nomme des *catalogues d'étoiles*; on en publie un chaque année, pour les plus apparentes, dans la *Connaissance des Temps*. Avec un pareil catalogue, rien n'est plus facile que d'apprendre à distinguer et à reconnaître toutes les constellations visibles dans le lieu où l'on se trouve : il faut pour cela suivre leur succession avec l'instrument des passages, ou même, si l'on manque de cet instrument, il suffit de se placer auprès d'une muraille dirigée à peu près dans le plan du méridien, et avoir avec soi une horloge qui suive le temps sidéral ou dont la marche soit déterminée. Dès que l'on connaîtra une seule étoile, et qu'on l'aura vu passer au méridien, on les reconnaîtra toutes d'après le catalogue qui donne leur différence d'ascension droite, et par conséquent les intervalles de temps après lesquels elles se suivent. Cette étude deviendra encore plus agréable et plus facile si l'on s'aide en même temps d'un *globe céleste*, ou d'une *carte céleste*, sur laquelle soient figurées les différentes constellations, avec les principales étoiles qui les composent; ce qui permet de les déterminer et de les déduire en quelque sorte les unes des autres par des alignements. C'est là le principal avantage de ces représentations graphiques; car il ne faut pas s'arrêter aux figures d'hommes et d'animaux, par lesquelles on désigne les différentes constellations. Ces figures n'ont aucun rapport réel avec l'arrangement des étoiles dans le ciel : elles ont été déterminées par le caprice des hommes, quelquefois par flatterie; mais cependant elles peuvent jusqu'à un certain point servir pour aider

la mémoire, en attachant aux groupes d'étoiles des noms connus. Avec ces secours, on connaîtra parfaitement, en quelques nuits, toutes les étoiles qui seront visibles à l'époque où l'on aura observé; et en répétant la même épreuve à diverses époques, lorsque l'aspect du ciel sera changé par l'effet du mouvement propre du soleil, on parviendra aisément à distinguer et à reconnaître toutes les constellations (*).

16. Les ascensions droites de toutes les étoiles étant déterminées relativement à une d'entre elles, comme nous venons de le dire, si l'on veut les rapporter au point de l'équateur que les astronomes sont convenus de choisir pour origine, il suffira de connaître la différence d'ascension droite, comprise entre ce point et une étoile quelconque, à l'époque que l'on veut considérer. Cette différence, ajoutée à l'*ascension droite relative* de toutes les autres étoiles, donnera leur ascension droite absolue. Par exemple, il suffit de savoir que, le 1er janvier 1810, ce point de l'équateur passait au méridien de Paris 1^h 56^m 29^s sidérales avant l'étoile α du Bélier, ramenée théoriquement, pour la même époque, au lieu moyen autour duquel elle oscille, en vertu de l'aberration et de la nutation. En d'autres termes, l'ascension droite *vraie* de α du Bélier, exprimée en temps sidéral et pour cet instant, était 1^h 56^m 29^s ou 29°7′15″ en arc. Je dis pour cet instant, parce que la précession, la nutation et l'aberration rendent l'ascension droite variable, la première déplaçant toutes les étoiles, avec continuité et lenteur, parallèlement à un même grand cercle de la sphère céleste; les deux autres faisant décrire beaucoup plus rapidement, à chaque étoile, de petits cercles autour de son lieu moyen ainsi transporté.

17. Le même point de l'équateur céleste, qui sert d'origine pour les ascensions droites, sert aussi d'origine pour le temps sidéral,

---

(*) Les figures que nous employons généralement aujourd'hui nous viennent presque toutes des Grecs, qui y ont attaché des traits et des noms en rapport avec leurs idées mythologiques. La preuve que ce système d'arrangement est tout artificiel, c'est que les Chinois, dont les notions astronomiques remontent à des temps bien plus reculés, ont groupé les mêmes étoiles d'une manière toute différente en les rapportant, non pas à des idées mythologiques, mais aux formes hiérarchiques de leur gouvernement impérial.

c'est-à-dire que, dans chaque lieu, on compte 0^h, 0^m, 0^s sidérales quand il passe au méridien. On le désigne ordinairement par le signe ♈, caractère de la constellation appelée le *Bélier* ou *Aries*. Nous en verrons la raison plus tard. Je dois seulement avertir qu'*aujourd'hui* il se trouve considérablement éloigné des étoiles qui composent cette constellation, et cela se voit par les nombres mêmes que je viens de rapporter.

18. D'après ces définitions, rien de plus aisé que de trouver, à chaque instant, l'heure qu'il est, *en temps sidéral*, dans un lieu où l'on connaît la hauteur du pôle. Il suffit d'observer la distance zénithale d'une étoile connue et de calculer son angle horaire, que je suppose compté du méridien supérieur et dans le sens du mouvement diurne de $0°$ à $360°$. En ajoutant cet angle à l'ascension droite absolue de l'étoile, et rejetant les circonférences entières s'il y en a, le reste, converti en temps, exprimera la distance du méridien au point du ciel que l'on a pris pour origine, c'est-à-dire *l'heure sidérale* (*).

On peut aussi trouver l'heure par l'observation du soleil ou d'une planète; mais il faut pour cela que les mouvements propres de ces astres soient exactement connus, afin de pouvoir réduire les distances zénithales aux mêmes termes que si l'on eût observé une étoile. Nous sommes donc forcé de renvoyer cette recherche plus

---

(*) Soient, *fig.* 4, M♈M' le cercle de l'équateur; MM' la projection du plan du méridien local sur le plan de ce grand cercle; OS la projection du méridien de l'étoile ou de son cercle horaire, tournant d'orient en occident, suivant le sens indiqué par la flèche extérieure. ♈S sera l'ascension droite, que nous nommerons A; MS sera l'arc de l'équateur correspondant à l'angle horaire actuel que l'on a observé, et que nous nommerons P. Ajoutant ces deux arcs, on aura $P + A = M♈$. Cette somme, convertie en temps sidéral, donnera donc la distance de ♈ au méridien, ou l'heure sidérale.

Ici il n'y a pas de circonférence entière à rejeter; il y en aurait si l'étoile était de l'autre côté du méridien, par exemple en S'. Alors, en comptant toujours les angles horaires à partir de OM, dans le sens du mouvement diurne, et de $0°$ jusqu'à $360°$, on aurait $MSM'S' = P'$, $♈MS = A'$. Par conséquent, $P' + A' = 360° - MS' + ♈MS'$; ainsi, en retranchant $360°$, le reste serait $♈MS' - MS'$, ou $M♈$, comme tout à l'heure. La formule s'appliquerait de même dans tous les quadrants, ce qui tient à ce que les arcs qu'on y combine sont toujours comptés continûment dans leur sens propre, depuis $0°$ jusqu'à $360°$.

loin. Pour le moment, la connaissance du temps sidéral nous suffira, et lorsque nous aurons déterminé les lois des mouvements propres à l'aide de cette connaissance, nous donnerons quelques exemples numériques de cette application, la plus importante de l'astronomie.

19. Rappelons encore que les résultats précédents n'ont lieu avec rigueur qu'en supposant aux étoiles un éloignement presque infini, ou du moins tel que, vues des différents points de la terre, elles ne présentent aucune différence d'aspect sensible, en sorte que les rayons visuels, menés de ces points à une même étoile, puissent être censés parallèles entre eux. Cette condition n'a plus lieu pour le soleil, la lune, les planètes et les comètes, qui, par là, semblent beaucoup plus rapprochées de nous que les fixes. Alors, pour rendre les observations de ces astres comparables entre elles, quoique faites dans les différents pays, il faut y faire une petite correction dont nous parlerons plus loin, quand nous aurons déterminé exactement la forme et la grandeur de la terre.

Les notions que nous venons d'acquérir sur les différents cercles de la sphère céleste nous permettent d'ajouter quelque chose sur l'usage de la machine parallatique. Elle sert spécialement pour mesurer de petites différences d'ascension droite et de déclinaison. Pour cela on dispose les fils rectangulaires du micromètre, de manière que les uns représentent des cercles horaires, et les autres des arcs de parallèles. Alors, si deux étoiles passent en même temps dans le champ de la lunette, la différence des époques de leur passage aux mêmes fils horaires donne leur différence d'ascension droite, en ayant égard à la distance polaire qu'elles ont actuellement. Pour avoir la différence de déclinaison, on place une des étoiles sur le fil fixe, qui est perpendiculaire aux fils horaires; elle le suit par l'effet de son mouvement *diurne*. En même temps on amène sur l'autre étoile le fil mobile qui est parallèle au précédent. L'écart de ces deux fils, indiqué par l'index du micromètre, mesure la différence de déclinaison. On emploie le même procédé pour rapporter aux étoiles les comètes dont l'apparition est toujours de peu de durée, et qu'on ne peut presque jamais observer à la lunette méridienne ou au mural, à cause de la grande faiblesse de leur lumière, surtout quand elles passent au méridien pendant le jour. Au moyen de la machine parallatique, on peut déterminer les diamètres apparents des astres avec une très-grande exactitude, parce que la lunette, suivant la marche de l'astre, permet de multiplier les observations. Pour les diamètres horizontaux, le procédé est le même qu'avec la lunette méridienne. Mais, d'après ce qu'on a vu, § 10, la différence des passages des deux bords du disque, aux mêmes fils horaires, ne donne pas immédiatement le diamètre apparent de l'astre. Il faut, pour réduire ce diamètre en parties d'un grand cercle de la sphère céleste, multiplier l'intervalle des passages réduit en arc par le sinus de la distance polaire du parallèle où on les a observés. On prend cet élément sur un cercle gradué qui fait partie de l'instrument, et sur lequel la lunette fait mouvoir un vernier. On détermine les diamètres verticaux de la même manière que les différences de déclinaison ; mais ils n'ont besoin d'aucune réduction.

20. Lorsqu'on a observé à la mer la distance angulaire du bord éclairé de la lune au bord du soleil qui en est le plus proche, ce qui se fait avec des instruments à réflexion que j'aurai plus loin l'occasion de décrire, il faut, pour avoir l'arc de distance compris entre les centres des disques, connaître, en arc de grand cercle, le demi-diamètre apparent de chacun d'eux, dans la direction suivant laquelle la distance des bords a été mesurée. Or, outre les variations occasionnelles de grandeur que le disque éprouve par les causes indiquées page 11, l'égalité de ses diamètres est quelque peu altérée, selon leur obliquité à l'horizon, parce que le centre du disque et le point de son contour où ils se terminent, ayant d'inégales hauteurs, la réfraction atmosphérique les élève inégalement dans leurs verticaux propres, qui convergent au zénith. Cela rend les diamètres apparents obliques toujours moindres que le diamètre vrai, dans des proportions dépendantes de leur obliquité actuelle, et ôte aux disques leur circularité. Pour envisager ce problème d'une manière générale, soient, *fig.* 5, O le centre d'observation et de la sphère céleste, OZ la verticale, Z le zénith, H' H" H le grand cercle de l'horizon, et ZH', ZH" deux verticaux dans lesquels se trouvent les lieux vrais de deux points lumineux Σ', Σ''. Menons l'arc de grand cercle $\Sigma''\Sigma'$ qui mesure leur distance angulaire vraie, et nommons-le D. Appliquons maintenant la réfraction; elle élèvera chacun des points Σ'', Σ' dans son vertical propre, mais Σ'' plus que Σ', parce qu'il est figuré plus bas; et elle portera, par exemple, le premier en S'', le second en S', de sorte que leur distance apparente sera devenue D', différente de D. Mais il est aisé d'obtenir D' en D quand on connaît les distances zénithales apparentes des deux points S', S'', et les lois des réfractions atmosphériques. Car, ces distances devant être toutes deux renfermées dans le même angle azimutal a compris entre les deux verticaux, les deux triangles sphériques $Z\Sigma''\Sigma'$, $ZS''S'$, qui ont leurs sommets au zénith et les distances D, D' pour bases, ont l'angle a commun; de sorte qu'en y formant les expressions individuelles de ces distances, et éliminant a entre elles, on obtient la relation cherchée de D' à D. C'est ce que j'expose ici en note. Le calcul est considérablement simplifié quand on suppose les deux distances D, D' fort petites, comme cela a toujours lieu dans les applications de ce problème. On en conclut que les disques circulaires, modifiés ainsi par la réfraction, se trouvent très-approximativement changés par elle en des ellipses dont le grand axe est horizontal, et le petit vertical, celui-ci différant toujours très-peu du premier.

Sur les grandeurs des demi-diamètres apparents des astres évalués suivant des directions obliques à l'horizon.

21. Ce problème, tel qu'il a été énoncé à la fin du précédent chapitre, se rapporte à la *fig.* 5, que je reprends sans avoir besoin de la décrire de nouveau. Pour suivre la voie de solution que j'ai indiquée, je nomme ζ', ζ'' les distances zénithales vraies $Z\Sigma'$, $Z\Sigma''$, et je nomme z', z'' les distances zénithales apparentes ZS', ZS''. Les deux triangles sphériques $Z\Sigma'\Sigma''$, $ZS'S''$, établis sur les côtés D, D', ont l'angle azimutal a commun. Je forme dans le premier l'expression de cos D, dans le second celle de cos D', et leur appliquant le mode de transformation rappelé dans la page 13, j'en tire les deux équations suivantes :

$$\sin^2 \tfrac{1}{2}D = \sin^2 \tfrac{1}{2}(\zeta'' - \zeta') + \sin \zeta'' \sin \zeta' \sin^2 \tfrac{1}{2}a,$$
$$\sin^2 \tfrac{1}{2}D' = \sin^2 \tfrac{1}{2}(z'' - z') + \sin z'' \sin z' \sin^2 \tfrac{1}{2}a.$$

Soient r' la réfraction donnée par les Tables pour la distance zénithale apparente z'; r'' la réfraction pour la distance apparente z''; on aura

$$\zeta' = z' + r', \qquad \zeta'' = z'' + r''.$$

J'introduis ces expressions dans la première de nos deux équations, et elle devient

$$\sin^2\tfrac{1}{2}D = \sin^2\tfrac{1}{2}(z''-z'+r''-r') + \sin(z''+r'')\sin(z'+r')\sin^2\tfrac{1}{2}a;$$

alors j'élimine $\sin^2\tfrac{1}{2}a$ entre elle et l'autre, puis je dégage $\sin^2\tfrac{1}{2}D'$. J'obtiens ainsi

$$(1)\quad\begin{cases}\sin^2\tfrac{1}{2}D' = \sin^2\tfrac{1}{2}(z''-z') \\[1ex] \qquad + [\sin^2\tfrac{1}{2}D - \sin^2\tfrac{1}{2}(z''-z'+r''-r')]\dfrac{\sin z''\sin z'}{\sin(z''+r'')\sin(z'+r')}.\end{cases}$$

22. Le rapport de sinus qui multiplie le dernier terme du second membre est susceptible d'une transformation qui est très-propre à montrer le mode de variation de ses valeurs. Pour l'opérer, je prends un quelconque de ses deux facteurs sous la forme générale $\dfrac{\sin z}{\sin(z+r)}$. Afin de faciliter la division, je change le z du numérateur en $(z+r)-r$; et, le considérant comme formé de la différence de ces deux arcs, je développe l'expression de son sinus, où je remplace $\cos r$ par sa valeur équivalente $1-2\sin^2\tfrac{1}{2}r$. J'obtiens ainsi

$$\frac{\sin z}{\sin(z+r)} = 1 - \frac{\sin r\cos(z+r)}{\sin(z+r)} - 2\sin^2\tfrac{1}{2}r;$$

alors je change le facteur $\sin r$ du second terme en $2\sin\tfrac{1}{2}r\cos\tfrac{1}{2}r$, ce qui lui donne un facteur commun avec le suivant. Cela permet de l'y réunir, et, en le faisant, on a pour résultat

$$\frac{\sin z}{\sin(z+r)} = 1 - 2\sin\tfrac{1}{2}r\,\frac{\cos(z+\tfrac{1}{2}r)}{\sin(z+r)}.$$

On voit par là qu'un rapport pareil ne diffère de l'unité que par un terme de l'ordre de la réfraction r qui se trouve actuellement affecter la distance apparente z. Or, ce terme change non-seulement de valeur, mais même de signe, à d'inégales distances de l'horizon.

En effet, considérons-le d'abord à l'horizon même, où z sera $90°$; alors $\cos(z+\tfrac{1}{2}r)$ deviendra $-\sin\tfrac{1}{2}r$, et $\sin(z+r)$ deviendra $\cos r$. Le second membre aura donc pour valeur

$$1 + \frac{2\sin^2\tfrac{1}{2}r}{\cos r}.$$

Cela équivaut à $\dfrac{1}{\cos r}$, comme on aurait pu le voir directement sur l'expression non développée du rapport $\dfrac{\sin z}{\sin(z+r)}$. Dans ce cas donc, le terme associé à l'unité se trouve positif.

Pour apprécier sa valeur numérique dans cette circonstance, supposons que, dans la couche d'air où est placé l'observateur, la température soit celle de 10 degrés centésimaux, et la pression $0^m,760$; alors la Table de réfraction insérée dans le tome I, page 221, donnera, pour $90°$ de distance zénithale, r égal à $33'45'',5$. De là on tire

$$\log\left(\frac{2\sin^2\frac{1}{2}r}{\cos r}\right) = \overline{5},6844018.$$

conséquemment

$$\frac{2\sin^2\frac{1}{2}r}{\cos r} = 0,0000483566;$$

telle est donc alors la valeur du terme qui s'ajoute numériquement à l'unité dans l'expression de $\dfrac{\sin z}{\sin z + r}$

A partir de cette limite, z et r diminuant à la fois, ce terme commence par s'affaiblir, en conservant, dans son expression algébrique, le signe négatif, ce qui continue de le rendre numériquement additif à l'unité; mais il devient nul lorsqu'on a

$$\cos\left(z + \tfrac{1}{2}r\right) = 0,$$

ce qui donne pour condition

$$z = 90° - \tfrac{1}{2}r.$$

Si l'on consulte la Table numérique des réfractions insérée dans le tome I, pages 220 et 221, Table qui est calculée, d'après la théorie de Laplace, pour le cas où le thermomètre marque $10°$ et le baromètre $0^m,760$ dans la couche d'air où l'observateur est placé, on trouve que la condition dont il s'agit a lieu lorsque la distance zénithale apparente z est $89°44'31'',586$. En effet, pour cette distance, la Table donne, par proportionnalité,

$$r = 0°30'56'',828;$$

de là on tire

$$\tfrac{1}{2}r = 0°15'28'',414,$$

et par suite

$$90° - \tfrac{1}{2}r = 89°44'31'',586.$$

valeur égale à la distance apparente considérée.

25. Pour toutes les distances zénithales moindres que celle-là, le terme que nous considérons prend, dans son expression algébrique, le signe positif, ce qui le rend toujours numériquement soustractif de l'unité; ses valeurs croissent d'abord avec rapidité en s'approchant d'une certaine limite de grandeur très-petite, dont elles sont bientôt peu différentes et qu'elles ne dépassent point.

Pour constater ce fait, je rappellerai qu'en réduisant en nombres, dans le tome II, page 426, l'expression théorique de la réfraction r, donnée par Laplace pour les distances zénithales moindres que $75°$, nous lui avons trouvé cette forme

$$r = \alpha\,(m\,\tang z - n\,\tang^3 z).$$

α est un très-petit angle qui varie proportionnellement à la densité de l'air dans la couche atmosphérique où l'observateur est placé; m et n sont des nombres positifs sensiblement constants, ou qui n'éprouvent que des variations négligeables dans un même lieu. Pour le cas où la température, dans la couche d'observation, est celle de la glace fondante et la pression $0^{\mathrm{m}},76$ de mercure à $0°$, on a

$$\alpha = 60°,666, \qquad m = 0,99918\,761, \qquad n = 0,00110\,5823.$$

Le coefficient n étant fort petit relativement à m, l'influence du terme affecté de $\tan^3 z$ est toujours beaucoup moindre que celle du terme en $\tan z$, dans les limites de distances zénithales auxquelles la formule est adaptée; et, quand z devient moindre que $45°$, ce qui rend $\tan z$ une fraction de l'unité, l'effet de ce terme est bientôt presque négligeable. Dans tous les cas, il tend à affaiblir, par l'opposition de son signe, l'effet du terme $m\tan z$; c'est pourquoi, voulant assigner la limite de grandeur que prend le produit algébrique

$$\frac{2\sin^2 \tfrac{1}{2}r \cos\left(z + \tfrac{1}{2}r\right)}{\sin\left(z + r\right)},$$

j'y remplacerai r, dans le facteur $\sin\tfrac{1}{2}r$, par la valeur qui résulterait du seul premier terme de son expression complète; car cette valeur, étant toujours plus forte que la véritable, nous donnera une limite d'évaluation plutôt trop forte que trop faible, si ce n'est au zénith même, où le terme en $\tan^3 z$, que nous aurons omis, devient rigoureusement nul avec la distance zénithale z.

L'expression théorique de r, ainsi réduite à son premier terme, peut, sans erreur appréciable, être mise sous la forme suivante

$$\sin\tfrac{1}{2}r = \tfrac{1}{2}m\sin\alpha\,\tan z;$$

cela revient à considérer les petits arcs α, r comme sensiblement proportionnels à leurs sinus. J'ai déjà rapporté la valeur de α; quant à celle de r, on peut voir que, même à $80°$ de distance du zénith, notre Table de réfraction, construite pour la température de $10°$, la donne seulement de $5'\,19'',8$, qu'il faut élever à $5'\,32'',4$ pour la ramener aussi à la température de la glace fondante, d'après le mode suivant lequel cette Table a été calculée (*). Or, si l'on déduit le sinus de pareils arcs de celui de l'un d'eux, par proportionnalité, on ne lui trouve pas avec le sinus exact une différence qui réponde à une fraction de seconde appréciable. Usant donc de cette trans-

---

(*) Les facteurs nécessaires pour transporter ainsi les réfractions de la température de $10°$ et de la pression $0^{\mathrm{m}},760$ à toute autre circonstance météorologique quelconque, sont donnés sous forme logarithmique dans le recueil des Tables publiées par le Bureau des Longitudes, et on les reproduit en nombres dans la *Connaissance des Temps* de chaque année. Ici le facteur de conversion est $1,0395$ pour transporter les réfractions de la Table de $0°$ à $10°$; la pression restant toujours $0^{\mathrm{m}},760$, mais la température du mercure dans le baromètre étant aussi supposée descendre de $10°$ à $0°$, comme dans notre valeur de α.

formation ainsi légitimée, j'introduis l'expression précédente de sin ½ r dans le terme algébrique que nous voulons évaluer, et il devient

$$m \sin z\, \frac{\sin z \cos\left(z + \tfrac{1}{2}r\right)}{\cos z \sin (z + r)}.$$

Sous cette forme, on voit qu'il sera toujours moindre que $m \sin z$. Car, dans la fonction de z qui multiplie cette quantité, le facteur cos z du dénominateur sera toujours plus grand que le facteur $\cos z + \tfrac{1}{2}r$, entre les limites de distance zénithale que nous considérons; et, pareillement, l'autre facteur du dénominateur sin $(z + r)$ y sera plus grand que son correspondant sin z du numérateur. La fonction totale qui multiplie $m \sin z$ sera donc, dans tous les cas, une fraction moindre que 1, mais toujours de très-peu moindre, à cause de la petitesse de r; et enfin elle deviendra rigoureusement 1 quand z sera nul, ce qui donne $m \sin z$ pour la valeur maximum du terme que nous considérons. Le terme en tang² z que nous avons omis dans l'expression de sin ½ r ne change évidemment rien à cette limite finale, puisqu'en le supposant multiplié aussi par le rapport $\dfrac{\cos\left(z + \tfrac{1}{2}r\right)}{\sin (z + r)}$, le produit s'évanouit rigoureusement au zénith, où z et r sont nuls tous deux simultanément.

Mais, bien longtemps avant d'arriver à sa valeur limite, notre terme en différera si peu, que l'on pourra, sans erreur sensible, la prendre comme son expression réelle et constante. Pour avoir la preuve de ce fait, supposons $z = 80°$, ce qui est le plus grand abaissement où l'on fasse les observations que nous voulons ici considérer. La valeur correspondante de r pour la température $0°$ et la pression $0^{m},76$ que notre évaluation de z suppose sera, par ce qui précède, $5'32'',4$. Si avec ces données on calcule rigoureusement le multiplicateur de $m \sin z$, on le trouve égal à $1 - 0,004853$; de sorte que sa différence avec l'unité équivaudrait à diminuer sin z de $0,0000 14273$, fraction dont l'influence sera toujours négligeable dans les applications pratiques auxquelles est destinée la formule que nous préparons. Ainsi, dans toute l'étendue de distances zénithales qu'elles embrassent, on pourra, sans aucune erreur sensible, supposer généralement

$$\frac{\sin z}{\sin (z + r)} = 1 - 2\sin \tfrac{1}{2}r\, \frac{\cos\left(z + \tfrac{1}{2}r\right)}{\sin (z + r)} = 1 - m \sin z,$$

z ayant la valeur et le mode de variation assigné plus haut.

24. Appliquant donc ce résultat à notre expression générale de sin² ½ R, je ferai, par abréviation,

$$f' = 2\sin \tfrac{1}{2}r'\, \frac{\cos\left(z' + \tfrac{1}{2}r'\right)}{\sin (z' + r')}, \qquad f'' = 2\sin \tfrac{1}{2}r''\, \frac{\cos\left(z'' + \tfrac{1}{2}r''\right)}{\sin (z'' + r'')},$$

ce qui donnera, pour toutes les distances zénithales que l'on voudra considérer,

$$\frac{\sin z'}{\sin (z' + r')} = 1 - f', \qquad \frac{\sin z''}{\sin (z'' + r'')} = 1 - f''.$$

et par suite

$$(1)\quad \sin^2 \tfrac{1}{2} D' = \sin^2 \tfrac{1}{2}(z''-z') + [\sin^2 \tfrac{1}{2} D - \sin^2 \tfrac{1}{2}(z''-z'+r''-r')](1-f')(1-f'').$$

25. Cette expression est rigoureuse et ne fixe aucune limite aux distances vraies et apparentes D, D'. Mais, dans l'usage qu'on en fait habituellement, ces distances sont toujours assez restreintes pour qu'on puisse considérer les cubes de leurs sinus comme négligeables comparativement à leurs premières puissances. La même supposition peut alors être, à plus forte raison, appliquée aux arcs $z''-z'$, $r''-r'$, le premier ne pouvant jamais excéder D', et le second étant plus faible encore, puisqu'il exprime seulement la différence des deux réfractions qui affectent les extrémités de la distance considérée. On aura donc, dans de tels cas, avec une approximation toujours suffisante,

$$(2)\quad D'^2 = (z''-z')^2 + [D^2 - (z''-z'+r''-r')^2](1-f')(1-f'').$$

26. Je vais maintenant appliquer cette formule ainsi restreinte à l'évaluation des demi-diamètres apparents de la lune et du soleil affectés de la réfraction. Comme les demi-diamètres vrais D diffèrent alors peu de 15 minutes, l'approximation que nous y avons introduite leur est applicable, et je prendrai cette valeur comme type, pour en éprouver les effets.

Je commence par considérer le diamètre horizontal; pour celui-là, $z'=z''$; conséquemment $r'=r''$, et $f'=f''$. Introduisant donc ces particularités dans notre formule, elle donnera, pour sa valeur,

$$D' = D(1-f''), \qquad \text{ou} \qquad D' = D - Df''.$$

Le produit Df'' exprime ici le changement que la réfraction produit dans le demi-diamètre horizontal vrai. La valeur de ce changement, et même son signe, varient donc à diverses distances du zénith proportionnellement au facteur f''. A l'horizon, par exemple, nous avons vu que f'' devient négatif, et, dans l'état de densité de l'air que nous avons considéré, $-f''$ a pour valeur $+0{,}0000483506$. Si donc on suppose le demi-diamètre vrai D égal à 15 minutes ou 900 secondes, on aura, par multiplication,

$$D' = 15' + 0'',0435.$$

Ainsi, quand le centre du disque paraîtra à l'horizon même, le demi-diamètre apparent horizontal sera *un peu plus grand* que le demi-diamètre vrai, mais l'agrandissement sera inappréciable aux mesures les plus délicates.

A mesure que l'astre commencera à s'élever, le produit $-Df''$ diminuera comme le facteur f'', en restant toujours positif jusqu'à ce qu'il devienne nul, lorsque la distance zénithale apparente z égale $89°\,44'\,31'',586$. A ce terme, f'' sera nul, et le demi-diamètre horizontal apparent D' égalera le diamètre vrai D.

Au-dessus de cette hauteur, z continuant à décroître, f'' changera de signe, il deviendra positif et il acquerra bientôt sa valeur finale constante $m \sin \pi$.

Depuis cette limite jusqu'au zénith, on aura donc

$$D' = D - mD \sin z \, ;$$

or, d'après les valeurs de m et de z données plus haut, on trouve

$$\log (m \sin \alpha) = \bar{4}, 4681673, \qquad m \sin \alpha = 0,00029 5878.$$

Si l'on prend le demi-diamètre D égal à 15 minutes ou 900 secondes, il en résultera, par multiplication, dans les circonstances de pression et de température assignées,

$$D' = 15' - 0'',264.$$

27. Ces variations du facteur f sont, en apparence, très-singulières, et l'on ne conçoit pas, au premier coup d'œil, comment, à l'horizon par exemple, le demi-diamètre horizontal peut être augmenté par la réfraction. Il est cependant facile de s'en rendre compte : en effet, quand le centre du disque paraît à l'horizon, le disque vrai est réellement abaissé au-dessous de ce plan d'une quantité angulaire égale à la réfraction horizontale calculée pour la distance apparente 90°. Cet abaissement, qui le rapproche du zénith inférieur, écarte les verticaux qui le contiennent plus que s'il se trouvait à l'horizon vrai ; alors son diamètre réfracté occupe l'intervalle de ces verticaux à l'horizon même où leur écart en arc est le plus considérable. De là l'augmentation relative du diamètre horizontal apparent ainsi observé.

Le cas d'anéantissement du facteur f'' s'explique par des considérations analogues. Lorsque l'astre est vu à la distance apparente z'' égal à $90^\circ - \frac{1}{2}r''$, le disque vrai est abaissé sous l'horizon autant que le disque apparent est élevé au-dessus ; ils se trouvent donc à des distances égales de leurs zéniths propres. Ainsi leurs diamètres mesurés parallèlement à l'horizon doivent être égaux, puisque tous deux doivent être compris à égales hauteurs, entre les mêmes cercles verticaux prolongés.

28. Il ne me reste plus qu'à introduire, dans notre formule restreinte aux petits angles, l'obliquité du demi-diamètre que l'on veut spécialement évaluer. Pour cela, considérons, dans la *fig.* 6, le disque réfracté comme un petit espace terminé par une courbe ovoïde de forme quelconque, dont l'étendue angulaire soit assez restreinte pour qu'on puisse le supposer appliqué sur le plan tangent à la sphère céleste dans le point S'', où son centre est vu actuellement. Menons par ce centre, parallèlement au plan de l'horizon, un arc diamétral HH' qu'il faudra considérer comme sensiblement rectiligne, et nommons i l'angle $S'S''H'$ formé avec cet axe horizontal par le demi-diamètre spécial $S''S'$ ou D', que l'on veut évaluer. Si, par son extrémité S', on mène $S'Q$ perpendiculaire à $S''H'$ dans le plan de la figure, cette ordonnée représentera $z'' - z'$, et elle aura pour expression $D' \sin i$. Maintenant, si l'on jette les yeux sur la Table générale de réfraction insérée dans notre tome I, pages 220 et 221, on pourra aisément y constater qu'entre de petits intervalles de distance zénithale restreints au plus à 15 minutes, comme le sont ici les différences $z'' - z'$ dans l'étendue d'un même disque, les différences $r'' - r'$ leur sont sensiblement proportionnelles; en sorte que, pour toutes leurs valeurs individuelles entre ces limites, on a toujours une relation de la forme

$$r'' - r' = c(z'' - z');$$

conséquemment ici

$$r'' - r' = cD' \sin i.$$

Le coefficient c de la proportionnalité varie avec la distance zénithale z'' du centre du disque; il a ses plus grandes valeurs près de l'horizon, où, par suite, la supposition de simple proportionnalité du rapport doit être plus restreinte; mais il décroît rapidement à mesure que la distance zénithale diminue, ce qui permet alors de lui continuer plus longtemps la même valeur. Je démontrerai tout à l'heure ces résultats par la théorie; pour le moment, je les prends comme un fait que l'on peut constater sur la Table numérique même, puisque les évaluations des réfractions pour les distances zénithales diverses y sont espacées conformément à ces considérations. Alors, si nous substituons les nouvelles expressions de $z'' - z'$ et de $r'' - r'$ en $D' \sin i$, dans notre formule restreinte, puis qu'on y rassemble, dans le premier membre, tous les termes qui ont pour facteur D'', elle deviendra

$$(3) \quad D''^2\left\{1 + [(1+c)^2(1-f')(1-f'') - 1]\sin^2 i\right\} = D^2(1-f')(1-f'').$$

29. Dans les applications pratiques auxquelles cette formule est destinée, on a soin de n'observer les disques des deux astres que lorsque la hauteur apparente de leur centre est au moins de $10°$; alors on admet qu'à cette limite les facteurs f', f'' ont tous deux atteint leur valeur finale commune $m \sin \alpha$, ce qui est déjà à peu près vrai et ne peut avoir aucune influence appréciable sur des arcs aussi peu étendus que D et D', comme on peut aisément le constater. On admet, en outre, que le rapport de proportionnalité c est devenu alors une fraction assez petite pour qu'on puisse négliger son carré comparativement à sa première puissance, ce qui est encore sensiblement vrai; puisque notre Table de réfraction montre qu'entre $79°$ et $80°$ de distance zénithale, il est déjà réduit à $\frac{1}{18}$. Alors, à plus forte raison, on néglige pareillement le produit de c par la quantité bien plus petite $m \sin \alpha$, et aussi le carré de cette dernière. La formule, restreinte par ces limitations, devient donc

$$(4) \qquad D''^2[1 + 2(c - m\sin\alpha)\sin^2 i] = D^2(1 - 2m\sin\alpha);$$

de là, dans les mêmes limites d'approximation, on déduit

$$D''^2 = D^2 \frac{(1 - 2m\sin\alpha)}{1 + 2(c - m\sin\alpha)\sin^2 i} = D^2[1 - 2(c\sin^2 i + m\sin\alpha\cos^2 i)],$$

et, prenant la racine carrée des deux membres, toujours dans les mêmes limites, il vient enfin

$$D'' = D[1 - (c\sin^2 i + m\sin\alpha\cos^2 i)].$$

C'est par cette formule réduite que Delambre a calculé la Table des demi-diamètres obliques de la lune et du soleil qu'il a insérée à la fin des Tables de la lune de Bürg, publiées par le Bureau des Longitudes. Seulement il n'y a pas compris le facteur $m \sin z \cos^2 i$, ayant pris, au lieu de D, le demi-diamètre apparent horizontal déjà accourci par le facteur $1 - m \sin z$. En outre, il a calculé sa Table pour la température de 10^0, ce qui réduit $m \sin z$ à $0,00027678i$, et revient à faire mz égal à $57'',12$.

50. Sous la forme réduite (4), et même sous la forme plus générale (2) qui s'applique à toutes les distances zénithales, on peut reconnaître que la figure apparente du disque représentée *fig.* 6 est une ellipse dont le grand axe est horizontal. En effet, prenons un moment cette figure comme type d'une ellipse dont le grand axe soit $2a$, le petit $2b$, et rapportons les points de son contour à un système de coordonnées rectangulaires x, y, respectivement parallèles à ces axes. Son équation sera

$$a^2 y^2 + b^2 x^2 = a^2 b^2.$$

Représentons par e le rapport de l'excentricité au demi-grand axe, ce qui donnera

$$e^2 = \frac{a^2 - b^2}{a^2};$$

en chassant b^2 par cette expression, l'équation deviendra

$$y^2 + (1 - e^2) x^2 = a^2 (1 - e^2).$$

Prenons maintenant pour nouvelles coordonnées le rayon vecteur D' mené du centre, et l'angle i qu'il forme avec l'axe $2a$; cela donnera

$$y = D' \sin i, \qquad x = D' \cos i,$$

et, en chassant x, y par ces valeurs, l'équation entre D' et i prendra cette forme

$$D'^2 (1 - e^2 \cos^2 i) = a^2 (1 - e^2),$$

que l'on peut encore changer en

$$D'^2 \left[1 + \frac{e^2}{(1 - e^2)} \sin^2 i \right] = a^2.$$

Pour que cette équation représente réellement une ellipse où l'axe a surpasse l'axe b, il faut évidemment que e^2 y soit une fraction positive moindre que 1; or, cela a précisément lieu dans notre équation (4) et dans l'équation plus générale (3) dont elle dérive. Car les facteurs f', f'' pouvant être supposés, dans cette dernière, avoir leur valeur limite commune $m \sin z$, elle devient

$$(5) \qquad D'^2 \left\{ 1 + [(1 + e)^2 (1 - m \sin z)^2 - 1] \sin^2 i \right\} = D^2 (1 - m \sin z)^2.$$

Pour que le multiplicateur de $\sin^2 i$ y soit positif, comme dans une ellipse, il faut et il suffit que le rapport variable de proportionnalité ε, qui est positif, surpasse toujours $m \sin \alpha$. Cela est, en effet, ainsi à toutes les distances zénithales, d'après les valeurs que notre Table assigne aux réfractions qui leur correspondent. Mais on peut encore le constater plus sûrement par l'expression théorique

$$r = \varepsilon \,(m \tan z - n \tan^2 z).$$

En effet, lorsqu'on l'applique successivement aux deux distances zénithales z', z'', elle donne, par différence,

$$r'' - r' = \varepsilon \,[m\,(\tan z'' - \tan z') - n\,(\tan^2 z'' - \tan^2 z')] ;$$

et, en faisant sortir le facteur $\tan z'' - \tan z'$, qui est commun aux deux termes compris sous la parenthèse, on peut lui donner cette forme

$$r'' - r' = m\varepsilon \, \frac{\sin (z'' - z')}{\cos z'' \cos z'} \left[1 - \frac{n}{m} \,(\tan^2 z'' + \tan z'' \tan z' + \tan^2 z') \right].$$

Pour adapter cette valeur de $r'' - r'$ à notre équation restreinte (3), il faut y supposer de même la différence $z'' - z'$ des distances zénithales assez petite pour qu'on puisse la déduire de son sinus par simple proportionnalité, en sorte qu'on puisse remplacer $\sin (z'' - z')$ par $(z'' - z') \sin 1''$. Alors, en appliquant le facteur $\sin 1''$ à l'arc ε, on pourra, par la même raison, remplacer le produit $\varepsilon \sin 1''$ par $\sin \varepsilon$. Quant au facteur compris entre les parenthèses, il faudra, pour l'évaluer dans les mêmes limites d'approximation, y négliger les termes de l'ordre $\sin^2 (z'' - z')$, puisque leur multiplication par le facteur extérieur en donnerait dans $r'' - r'$ qui seraient de l'ordre $\sin^3 (z'' - z')$, que nous supposons négligeables. Pour y introduire cette restriction, faisons

$$z'' + z' = 2s, \qquad z'' - z' = 2\delta,$$

cela donnera

$$z'' = s + \delta, \qquad z' = s - \delta.$$

Alors, en développant $\tan z''$, $\tan z'$, ainsi que leurs carrés et leurs produits, il faudra se borner aux termes qui seront de l'ordre $\tan \delta$. On aura donc, dans ces limites,

$$\tan z'' = \frac{\tan s + \tan \delta}{1 - \tan s \tan \delta} = \tan s \, \frac{\left(1 + \dfrac{\tan \delta}{\tan s} \right)}{1 - \tan \delta \tan s}$$

$$= \tan s \left[1 + \left(\tan s + \frac{1}{\tan s} \right) \tan \delta \right] = \tan s \left(1 + \frac{\tan \delta}{\sin s \cos s} \right) ;$$

et par suite, en négligeant toujours le carré de $\tan \delta$,

$$\tan^2 z'' = \tan^2 s \left(1 + \frac{2 \tan \delta}{\sin s \cos s} \right).$$

Pour passer de là à $\tan z'$, on n'aura qu'à intervertir le signe de δ, et l'on aura, par analogie,

$$\tan z' = \tan s \left(1 - \frac{\tan \delta}{\sin s \cos s} \right), \quad \text{puis} \quad \tan^2 z' = \tan^2 s \left(1 - \frac{2 \tan \delta}{\sin s \cos s} \right);$$

alors tang z disparaîtra dans la somme des carrés des tangentes, par opposition de signe, et il disparaîtra aussi de leur produit, comme n'y donnant qu'un terme de l'ordre tang² z. En réunissant les résultats de ces opérations, et rétablissant pour z sa valeur $\frac{1}{2}(z'' + z')$, on aura finalement

$$\text{tang}^2 z'' + \text{tang } z'' \text{ tang } z' + \text{tang}^2 z' = 3 \text{ tang}^2 \tfrac{1}{2}(z'' + z');$$

les limitations de $z'' - z'$ étant ainsi effectuées, on obtiendra

$$\frac{z'' - z'}{Z'' - Z'} = \frac{m \sin z}{\cos z'' \cos z'} \left[1 - \frac{3n}{m} \text{ tang}^2 \tfrac{1}{2}(z'' + z')\right].$$

Le second membre de cette expression représente le facteur de proportionnalité que nous avons désigné par c. Il se compose ici de deux facteurs. Dans celui qui est compris entre les parenthèses, le coefficient numérique $\frac{3n}{m}$ a pour valeur o,oo33ao17. Le carré de la tangente de la distance moyenne, déjà considérablement affaibli par ce coefficient, ira aussi en s'affaiblissant par lui-même à mesure que l'astre se rapprochera du zénith; et, à cette dernière limite il s'anéantira mathématiquement, après être devenu depuis longtemps insensible. Dans le facteur extérieur à la parenthèse, au contraire, le numérateur constant $m \sin z$ se trouvera toujours agrandi par son dénominateur, puisque les cosinus des deux distances zénithales dont le produit se compose seront des fractions moindres que 1. Ainsi, par la disproportion de ces deux effets contraires, le second membre, qui représente notre coefficient c, surpassera généralement $m \sin z$, en convergeant vers cette dernière valeur, qu'il atteindra au zénith même. Appliquant donc ceci aux conditions de forme établies plus haut pour notre équation (2), on voit que le coefficient de $\sin^2 i$ y sera généralement positif et moindre que 1, puisque c surpassera toujours $m \sin z$ par une différence très-petite; et il deviendra nul au zénith, où c se trouvera finalement égal à $m \sin z$. Ainsi le disque réfracté de l'astre présentera toujours la figure d'une ellipse dont le demi-grand axe horizontal sera $D(1 - m \sin z)$; et son excentricité, toujours très-petite, deviendra nulle au zénith, de sorte qu'il se réduira alors à un cercle, comme il était facile de le prévoir, puisque la réfraction qui le déforme s'y évanouit. Mais il paraîtra circulaire pour les yeux, et même pour les observations les plus précises, quand il sera encore bien moins élevé que cette limite, à cause de la diminution rapide de son excentricité par l'affaiblissement des réfractions, à mesure qu'il se rapprochera de ce point.

CHAPITRE XVII.

Des pôles et de l'équateur de la terre. Définition des méridiens et des parallèles terrestres. Aspects divers de la sphère céleste sur les horizons des différents pays.

51. Les principaux cercles de la sphère céleste étant définis, comme nous venons de le dire, et leurs positions respectives étant aussi déterminées, l'aspect sous lequel ils se présentent aux observateurs dépend de l'inclinaison des horizons des différents pays, et par conséquent de leur direction dans l'espace, laquelle dépend à son tour de la courbure de la surface terrestre. Sous ce rapport, la situation variable de la sphère céleste est importante à considérer.

52. D'après les analogies que j'ai rassemblées dans le tome I, page 36, le mouvement diurne du ciel, d'orient en occident, ne serait qu'une apparence, produite par la révolution de la terre sur elle-même en sens contraire. Ce résultat, qui se présente déjà comme infiniment vraisemblable, sera confirmé ultérieurement par une succession de preuves qui en compléteront la certitude. Alors, ce que nous avons appelé l'axe de rotation de la sphère céleste, est réellement l'axe idéal et géométrique autour duquel la terre tourne en un jour sidéral. Traçons, par la pensée, sa direction dans l'intérieur de la masse terrestre, et prolongeons-le indéfiniment au dehors. Les points où il percera la surface extérieure seront les *pôles terrestres*, correspondants aux *pôles célestes* placés à une distance infinie sur son prolongement.

Toutes les observations astronomiques s'accordent, jusqu'à présent, à prouver que la position de cet axe, dans l'intérieur de la terre, est invariable; qu'il perce constamment sa surface dans les mêmes points, et que la vitesse de la rotation est uniforme et constante. Si la terre était complétement solide, il résulterait de ces phénomènes que l'axe autour duquel elle tourne est un des trois axes principaux passant par son centre de gravité, autour duquel le moment d'inertie est un *maximum* ou un *minimum*. Mais la rigueur de cette déduction est modifiée par l'existence des mers qui recouvrent en partie le noyau solide de la terre. En admettant, comme c'est le fait, que cette portion fluide et superficielle est très-petite comparativement à la masse totale, Laplace a démontré que la rotation s'opère autour d'un axe passant très-près du centre de gravité commun, et que l'on peut encore appeler *principal*, parce que la rotation est stable autour de lui. Alors, non-seulement la présence des mers n'altère pas cette stabilité, mais, par la mobilité résultante de leur état fluide, et par les résistances que leurs oscillations éprouvent, elles ramèneraient ou tendraient à ramener la terre à un état permanent d'équilibre, si des causes perturbatrices quelconques venaient à l'en écarter (*).

35. Dans le chapitre II du tome I, j'ai rassemblé les phénomènes les plus apparents qui nous montrent que la terre, de même que le soleil, la lune et les planètes, est un corps arrondi de forme à peu près sphérique. Comme première approximation, supposons-la une sphère exacte, et, pour compléter la simplification, admettons encore que l'axe autour duquel elle tourne passe exactement par son centre de figure. Plaçons alors un observateur à ce centre même, et décrivons la sphère céleste concentriquement autour de lui : il verra tous les points de la terre projetés sur cette sphère, chacun suivant sa verticale, et les divisions géométriques que nous venons de tracer dans le ciel auront toutes leurs analogues sur la surface terrestre. Commençons par les y rapporter dans cette hypothèse simple, qui sert à presque tous les énoncés usuels.

D'abord l'axe de rotation commun de la terre et de la sphère céleste perce la surface terrestre en deux points diamétralement opposés, où les verticales coïncident avec sa direction. Tous les plans menés par le centre de cette sphère vont couper la surface terrestre suivant de grands cercles auxquels on peut donner des

---

(*) Voyez la *Mécanique céleste*, livre XI, et l'*Exposition du Système du monde*, chap. VIII

noms homologues à ceux qui leur correspondent dans le ciel. Ainsi le plan de l'équateur céleste mené perpendiculairement à l'axe de rotation y trace un cercle qui s'appelle *l'équateur terrestre*. Les plans horaires célestes menés par ce même axe y tracent d'autres cercles qu'on appelle les *méridiens terrestres*, ou simplement les *méridiens*. Ils se coupent tous aux pôles, puisqu'ils contiennent l'axe de rotation. Dans cet énoncé, on les considère comme de simples lignes, abstraction faite du plan qui les contient.

La terre est si petite, que deux plans qui la toucheraient à ses deux pôles, et qui seraient perpendiculaires à l'axe de rotation, passeraient par les mêmes étoiles, et iraient rencontrer la sphère céleste dans son équateur même ; ou du moins l'arc qu'ils intercepteraient sur cette sphère, étant vu de la terre, répondrait à un angle si petit qu'il serait inappréciable. Les plans des parallèles célestes qui interceptent de grands arcs sur la sphère céleste de part et d'autre de l'équateur, ne coupent donc point la surface de la terre, ils passent infiniment au dehors. Mais, si l'on imagine des cônes qui aient leur sommet au centre de la terre, et pour base les différents parallèles célestes, ces cônes couperont la surface de la terre, supposée sphérique, suivant des cercles dont le plan sera parallèle à celui de l'équateur, et que l'on nomme pour cette raison des *parallèles terrestres*; expression, toutefois, qui les désigne spécialement comme lignes, abstraction faite du plan qui contient chacun d'eux.

Les mêmes correspondances et les mêmes énoncés s'appliqueront encore si la terre est un ellipsoïde de révolution engendré sur l'axe même autour duquel la rotation s'opère. Seulement les rayons menés du centre aux divers points de la surface ne coïncideront plus avec les verticales de ces points, excepté sur le contour de l'équateur et aux deux pôles ; en outre, les intersections de la surface par les plans horaires, ou les méridiens, ne seront plus des cercles. Leur configuration sera identique avec l'ellipse génératrice.

34. Étendons enfin ces conceptions au cas général où la terre, ayant une forme sphéroïdale quelconque, tourne autour d'un axe fixe passant dans l'intérieur de sa masse à une distance quelconque de son centre de gravité. Les points dans lesquels cet axe perce la

surface seront encore proprement ses *pôles physiques*, mais ils ne présenteront plus généralement la propriété que la verticale y coïncide avec l'axe de rotation. Alors, si l'on cherche sur la surface les points où la verticale se trouve parallèle à cet axe, on pourra les appeler, par analogie, les *pôles astronomiques de la terre*. De même, si, par le milieu de l'axe, on mène un plan qui lui soit perpendiculaire, lequel coupera la sphère céleste suivant le grand cercle de l'équateur, il conviendra d'appeler *équateur terrestre* la suite des points de la surface dont les verticales sont parallèles à ce plan. En effet, il pourra bien arriver que les pieds de ces verticales ne forment pas une courbe plane, auquel cas l'équateur terrestre, ainsi défini, sera ce qu'on appelle une *ligne à double courbure*; mais il s'accordera avec les définitions précédentes par cette condition, qu'en vertu de la petitesse de la terre comparativement aux dimensions infinies de la sphère céleste, les sommets de toutes ces verticales iront pareillement y aboutir sur le même grand cercle équatorial. Enfin, pour généraliser l'idée des méridiens terrestres, en un point quelconque de la terre, concevons une droite parallèle à l'axe de rotation : le plan conduit par cette droite et par la verticale sera le méridien du lieu considéré. Menons par l'axe même un plan qui lui soit parallèle; étant prolongé à l'infini, il tracera sur la sphère céleste un grand cercle méridien sur lequel la verticale, pareillement prolongée, ira aboutir. Tous les autres points de la surface terrestre, dont les verticales propres seront parallèles à ce plan-là, auront le même méridien céleste; et leurs méridiens propres seront traversés par les mêmes étoiles aux mêmes instants physiques. La suite de ces points sur la surface pourra donc être légitimement appelée un *méridien terrestre* dans l'application la plus générale de cette expression, quelle que soit la configuration de la courbe qui les unit.

53. Enfin, en suivant toujours les mêmes analogies, les *parallèles terrestres* seront formés, en général, par les points dont les verticales iront rencontrer la sphère céleste sur un même parallèle. De cette manière, tous les points d'un même parallèle terrestre verront les mêmes étoiles à leur zénith; mais la suite de ces points sur la terre pourra bien ne pas former un cercle, ni même une courbe plane.

56. Si l'on applique les définitions précédentes aux deux cas particuliers que nous avons considérés d'abord, elles reproduisent évidemment toutes les propriétés que nous y avons reconnues. On aurait donc pu se borner à les énoncer comme caractères généraux; mais alors on n'aurait pas vu aussi clairement le but de cette généralisation et sa convenance; de plus, on n'aurait pas embrassé le système des courbes formées par les méridiens et les parallèles terrestres avec autant de facilité qu'en le considérant d'abord dans les cas simples où ces lignes sont planes. Or, ce sont précisément ceux-là qui se trouvent réalisés sur la surface terrestre quand on fait abstraction de ses irrégularités locales, comme nous aurons l'occasion de le reconnaître dans le chapitre suivant.

57. Pour ne pas anticiper sur ce résultat, employons les énoncés que nous venons d'établir, en leur laissant toute leur généralité. Nous pouvons d'abord classer les divers parallèles terrestres et les distinguer les uns des autres, d'après la déclinaison du parallèle céleste auquel ils répondent; ou, ce qui revient au même, d'après l'angle que leur verticale fait avec le plan de l'équateur céleste. Cet angle se nomme la *latitude géographique du parallèle*, comme nous l'avons déjà dit.

Dans la *fig.* 7, ZO est la verticale menée au point O sur le parallèle terrestre OO'. De ce même point, on mène OP parallèle à l'axe de rotation PP'; alors le plan POZ est le méridien local qui coupe l'horizontal suivant la ligne méridienne HOH', perpendiculaire à OZ. Soient EQE' le plan de l'équateur céleste, et OE une droite menée dans le méridien POZ, parallèlement à cet équateur. L'angle ZOE, ou son égal ZVE, est la latitude géographique du point O. Si la terre est sphérique, la verticale ZO passe par son centre, car toutes les verticales concourent en ce point; mais ce concours est particulier à la forme sphérique. Quelle que soit la figure de la terre, la latitude est nulle à l'équateur, parce que la verticale se trouve dans le plan de l'équateur céleste, si la terre est sphérique, ou parallèle au plan de cet équateur, dans le cas général. Aux pôles terrestres définis astronomiquement, la latitude est égale à 90°, parce qu'alors la verticale locale CP est parallèle à l'axe de rotation, et par conséquent perpendiculaire à l'équateur. La latitude varie entre ces limites depuis 0° jusqu'à 90°. Pour appliquer ces conceptions dans la généralité que nous leur attribuons en ce moment, il faut faire abstraction de la régularité de forme avec laquelle la masse terrestre est représentée dans la *fig.* 7, qui nous sert de type. On ne doit y considérer en chaque point O que la verticale locale ZO, l'horizontale HOH' et les droites OE, OP, contenues avec elles dans le méridien de ce point; la première parallèle au plan de l'équateur céleste, la seconde parallèle à l'axe rectiligne qui passe par les pôles du ciel, soit que les points P, P' de la surface où les normales deviennent parallèles à cet axe se trouvent ou ne se trouvent pas diamétralement opposés autour de son centre de figure.

58. En considérant toujours la *fig.* 7 dans sa généralité de conception idéale, l'angle POH s'appelle la *hauteur du pôle sur l'horizon*. Or, les angles EOP, ZOH sont égaux, puisque tous deux sont droits. Retranchant la partie commune ZOP, il reste EOZ egal à POH; c'est-à-dire qu'*en général*, *la latitude géographique d'un lieu est égale à la hauteur du pôle sur l'horizon*.

Par exemple, d'après les observations de Méchain que j'ai rapportées dans le tome II, page 387, la distance du pôle boréal au zénith, à l'Observatoire de Paris, est 41° 9' 46",7. La latitude géographique de cet Observatoire est donc le complément de ce nombre ou 48° 50' 13",3, et c'est aussi la hauteur angulaire du pôle boréal sur son horizon.

La latitude est *boréale* pour les pays situés au nord de l'équateur; elle est *australe* pour ceux qui sont au midi.

59. Le pôle boréal de la terre est situé dans la mer Glaciale, entre la Russie septentrionale et le Groënland. Le pôle austral, qui lui est opposé, est placé au delà de la Nouvelle-Hollande; ils sont l'un et l'autre environnés de glaces qui n'ont pas permis, jusqu'à présent, aux navigateurs d'en approcher.

On connaît beaucoup mieux la trace de l'équateur terrestre : il passe à l'île de Saint-Thomas dans la mer d'Éthiopie, traverse l'Éthiopie elle-même, qui est une partie de l'Afrique, passe à Sumatra, à Bornéo, dans la Nouvelle-Guinée, de là se prolonge à travers la mer du Sud, jusqu'au Pérou, et étant rentré de nouveau dans l'océan Atlantique, il vient terminer, aux rivages de l'Afrique, le contour entier de la terre.

40. L'axe de la terre, qui est aussi celui du mouvement diurne, étant diversement incliné sur les horizons des différents pays, il en résulte, dans la marche générale des étoiles, des différences d'aspect remarquables qui, d'après ce qui précède, peuvent se prévoir et se décrire avec une extrême facilité.

A l'équateur, par exemple, on se trouve placé verticalement sous la direction du mouvement diurne. Un observateur, tourné vers l'orient, ayant le sud à sa droite et le nord à sa gauche, voit les étoiles situées vis-à-vis de lui s'élever verticalement dans le ciel; elles passent à son zénith et se couchent directement derrière lui: l'arc qu'elles décrivent se trouve tout entier dans un même plan perpendiculaire à l'horizon; ce plan est celui de l'équateur.

Les étoiles situées à droite et à gauche suivent une marche parallèle aux précédentes: elles décrivent donc aussi des cercles de la sphère céleste; mais ce sont des petits cercles, parce que les plans qui les contiennent ne passent pas par le centre de la sphère. La grandeur de ces cercles diminue à mesure qu'ils s'écartent de l'équateur; les étoiles qui s'y trouvent décrivent donc des cercles plus petits et moins élevés sur l'horizon; enfin, vers le sud et vers le nord, on découvre des étoiles qui décrivent des arcs si petits, que leur mouvement est à peine sensible; de sorte que les points du ciel où elles se trouvent paraissent immobiles dans le mouvement général; ce sont les pôles célestes.

41. Voilà les apparences que présente le mouvement du ciel pour un observateur situé perpendiculairement sous sa direction. Mais en revenant dans notre pays, les apparences ne sont plus les mêmes, et cela doit être; car, en changeant de lieu sur la terre, la direction de l'horizon change, et l'on a successivement au zénith différents points du ciel. Sous l'équateur, l'observateur voit les deux pôles; il cessera de les voir tous deux s'il avance vers le nord ou vers le sud. S'il marche vers le nord, son zénith se rapproche du pôle boréal, et s'éloigne du pôle austral; celui-ci s'enfonce donc sous l'horizon: il est caché par la convexité de la terre. En marchant toujours vers le nord, les étoiles qui entourent le pôle austral s'abaissent de plus en plus, et deviennent invisibles; l'autre pôle, au contraire, s'élève sur l'horizon de la même quantité, et les étoiles qui l'entourent se dégagent de plus en plus; enfin, les cercles que décrivent quelques-unes d'entre elles s'élèvent entièrement au-dessus de l'horizon; alors ces étoiles ne se couchent plus, et, sans la trop grande clarté du soleil, elles resteraient constamment visibles. On observe les phénomènes contraires en s'avançant vers le sud.

42. Ces différences d'aspect ont fait imaginer aux géographes des dénominations pour désigner les divers pays, d'après la position de la sphère céleste relativement à leur horizon; ils disent qu'un pays a *la sphère droite*, *oblique* ou *parallèle*, selon que l'équateur céleste y est perpendiculaire, oblique ou parallèle au plan de l'horizon : le premier cas a lieu sur l'équateur terrestre, le dernier au pôle, le troisième par tout le reste de la terre.

43. La hauteur du pôle reste toujours la même au-dessus de l'horizon de chaque lieu. C'est par là que l'on sait que l'axe et l'équateur de la terre répondent toujours aux mêmes points de sa surface, comme je l'ai annoncé § 32; mais ils répondent successivement à divers points de la sphère des étoiles. L'étoile qui est placée à l'extrémité de la petite Ourse, et que nous nommons l'étoile polaire, parce qu'elle est aujourd'hui voisine du pôle, en était fort éloignée du temps d'Hipparque, c'est-à-dire il y a environ deux mille années; elle s'en approche encore peu à peu de siècle en siècle, et, après avoir atteint une certaine limite de proximité, elle s'en éloignera. Par suite de ce changement, les étoiles situées dans l'équateur céleste se déplacent peu à peu toutes ensemble, et d'autres les remplacent dans ce plan. Ce mouvement progressif est un de ceux que j'ai déjà indiqués comme altérant les positions fixes de tous les astres; on l'appelle la *précession* : nous en déterminerons plus loin les lois. Cependant la hauteur du pôle, sur chaque horizon, reste constante, ou, du moins, on y a, jusqu'à présent, tout au plus soupçonné quelque petit mouvement d'oscillation périodique, dont l'existence n'est pas même certaine.

CHAPITRE XVIII.

Détermination exacte de la figure de la terre. Mesure exacte de ses dimensions et de sa grandeur.

SECTION I. — *Mensuration immédiate d'une portion locale de sa surface corrigée de ses inégalités accidentelles.*

Dans le chapitre II du tome Ier de cet ouvrage nous avons constaté, par des remarques très-simples, la forme arrondie de la terre, et son isolement dans l'espace; nous avons reconnu aussi que la configuration générale de sa surface s'écarte peu de la courbure des mers qui s'y entremêlent de toutes parts, et qu'elle diffère seulement de leur niveau commun par des élévations ou des dépressions locales, de dimensions presque insensibles, comparativement à celles de la masse entière. Maintenant que nous avons établi des procédés exacts d'observation et de mesures, nous allons les employer à transformer en déterminations rigoureuses ces premiers aperçus.

44. Pour prendre une idée exacte de la figure de la terre, il faut la mesurer successivement dans différents sens. Commençons donc par l'étudier dans le sens du méridien, puisque cette direction est la première que les observations nous aient fait connaître.

La chose serait facile si les méridiens terrestres étaient des courbes planes; car les considérations très-simples que nous avons exposées dans le tome I, page 20, nous ont appris dès lors que la courbure d'une courbe plane est toujours indiquée par les angles plus ou moins aigus que forment entre elles les perpendiculaires menées à ses différents points. Pour appliquer ce résultat à la terre, il suffirait donc alors de prendre, sur un même méridien, curviligne, mais plan, plusieurs points espacés à des distances connues, par exemple à égales distances, de les ramener idéalement ou par le calcul au niveau des mers environnantes, et de déterminer les angles que leurs verticales forment entre elles; car les verticales sont ici les perpendiculaires à la courbe du méridien.

Par ce moyen on reconnaîtra tout de suite si la terre est exactement sphérique, car, dans ce cas, la courbure de ses méridiens doit être partout la même: toutes les verticales concourront au centre, et quand les angles formés par ces verticales seront égaux, les arcs mesurés sur la surface terrestre devront l'être aussi sur quelque partie du méridien qu'ils soient observés. Voyez *fig.* 8, où C est le centre de la terre, AA′, A′A″ des arcs égaux mesurés sur sa surface dans le sens du méridien. En général, dans le cas des méridiens circulaires, les angles des verticales sont proportionnels aux arcs compris entre elles.

Au contraire, si la terre n'est pas sphérique, on devra s'en apercevoir; car là où elle sera plus convexe, les verticales se rencontreront plutôt dans son intérieur; là où elle sera plus aplatie, elles se rencontreront plus loin. Ainsi, pour mesurer le même angle entre ces verticales, il faudra faire plus de chemin dans le second cas que dans le premier. Voyez la courbe AA′ BB′, *fig.* 9; l'angle C formé par les verticales AC, A′C est égal à l'angle C′ formé par les verticales BC′, B′C′; mais la courbe étant plus convexe en E, plus aplatie en P, l'arc BB′ est plus grand que l'arc AA′.

48. Quoique nous ne sachions pas, à priori, si les méridiens terrestres sont des courbes planes, cependant, comme cette supposition est la plus simple possible, il est naturel de l'essayer, et de voir si les observations y sont conformes. Mais je puis d'avance prévenir qu'elle approche si près de l'exactitude, qu'il n'a pas encore été possible de mesurer la quantité dont elle s'en écarte, ou même de s'assurer d'une manière bien certaine qu'elle s'en écarte réellement. De plus, je dois avertir encore que la forme de la terre, déduite des observations, s'écarte si peu de la forme sphérique, que la différence n'est pas du tout sensible sur une petite étendue superficielle, même dans les observations les plus exactes; en sorte que pour apercevoir cette différence, il faut comparer entre elles des observations faites sur des parties très-éloignées d'un même méridien, ou sur différents méridiens, à des latitudes très-différentes. D'après cela, pour trouver, en chaque lieu, la valeur d'un degré du méridien, c'est-à-dire la longueur de l'arc terrestre correspondant à un angle de 1° entre les verti-

cales, il n'est pas nécessaire de chercher deux points dont les verticales fassent juste entre elles un angle de $1°$, ce qui serait très-difficile et presque impraticable ; mais on raisonnera comme si la terre était sphérique dans une petite étendue autour des points observés, ce qui permettra d'y supposer les arcs du méridien proportionnels aux angles des verticales. Si donc l'angle observé entre les verticales est V, et si M est la longueur de l'arc terrestre compris entre elles, on fera la proportion $V : M :: 1° : \dfrac{1°.M}{V}$, et la quantité $\dfrac{1°.M}{V}$ exprimera la longueur d'un degré terrestre en ce lieu de la terre, telle qu'on l'aurait mesurée directement. Je la désignerai désormais par la lettre $D^{(o)}$, dans tout ce qui va suivre, en lui attribuant des valeurs locales, constantes ou variables, selon que l'expérience l'indiquera. Quand $D^{(o)}$ sera ainsi connu pour un lieu donné, si l'on conçoit une surface sphérique ayant une courbure égale à celle qui s'observe sur le méridien terrestre en ce lieu-là même, le contour de cette sphère sera $360\ D^{(o)}$, son demi-contour $180\ D^{(o)}$; et si l'on divise cette dernière longueur par le nombre π, rapport de la demi-circonférence au rayon, lequel a pour valeur $3,1415926$, ou à peu près $\frac{355}{113}$, on aura la longueur R du rayon de cette sphère qui sera $\dfrac{180\ D^{(o)}}{\pi}$. En supposant la terre complétement sphérique, ce serait là le rayon commun à toute sa surface. Si elle n'est pas tout à fait sphérique, ce sera le rayon d'une sphère qui suit sensiblement sa courbure dans le sens du méridien, sur l'étendue de $1°$, au lieu où l'arc M a été mesuré. Si l'on considère cet arc commun comme contenant, sur le méridien réel, deux éléments tangentiels consécutifs, infiniment petits comparativement à ses dimensions totales, la sphère ainsi décrite sera, dans l'acception géométrique, *tangente* à la surface terrestre au point milieu de l'arc; et, de plus, elle y sera *osculatrice* à cette surface *dans le sens du méridien* (*).

(*) Comme le rapport $\dfrac{180}{\pi}$ se représentera fréquemment dans les transformations que nous aurons à effectuer, il sera utile d'établir ici son logarithme.

46. La mesure d'un degré du méridien exige donc deux opérations distinctes. La première est purement géométrique : c'est le tracé continu d'un même méridien terrestre , et la mesure de la courbe ainsi décrite sur la surface de la terre , ramenée à la régularité du niveau des mers ; la seconde est astronomique : c'est la mesure de l'angle compris entre les verticales menées aux deux extrémités de l'arc mesuré.

Je commencerai par cette dernière , parce que le procédé qu'elle exige peut s'énoncer en deux mots : *Il suffit de mesurer les distances du même pôle au zénith des deux stations extrêmes : la différence de ces distances est l'angle que les verticales comprennent.*

Car , soient OZ , O'Z', *fig.* 10 , deux verticales menées aux points O, O' du méridien OO'; et, considérant d'abord la terre comme exactement sphérique , supposons que ces verticales , prolongées vers l'intérieur de sa masse, se rencontrent au point C, qui sera son centre. Menons les rayons visuels OP, O'P', dirigés vers un même pôle céleste, conséquemment parallèles entre eux. Si , par le point O, l'on conçoit une droite OZ, parallèle à O'Z', l'angle ZOZ sera la différence des distances du pôle au zénith dans les deux stations, et il sera évidemment égal à l'angle central ZCZ' que les deux verticales comprennent , ce qui démontre la proposition énoncée.

47. Nous supposons que les deux verticales se rencontrent. Si le méridien terrestre est une courbe plane , cette rencontre aura lieu nécessairement, quelque éloignés que soient les points extrêmes

---

et celui du rapport inverse, plus exactement qu'on ne pourrait les obtenir avec les Tables habituelles ; ces valeurs sont

$$\log\left(\frac{180}{\pi}\right) = 1{,}7581226324\,1,$$

$$\log\left(\frac{\pi}{180}\right) = \overline{2}{,}2418773675\,9.$$

En outre, pour abréger les expressions algébriques du rayon en degrés, et du degré en fonction du rayon, je ferai désormais

$$a = \frac{180}{\pi};$$

ce qui donnera

$$R = a D(°), \qquad \text{et} \qquad D(°) = \frac{R}{a}.$$

de l'arc observé. Si le méridien n'est point une courbe plane, cette double courbure sera insensible, dans une étendue de quelques degrés, comme celle qu'embrassent ordinairement les observations faites dans un même pays. Les verticales menées aux deux extrémités d'un si petit arc, si elles ne se rencontrent pas mathématiquement, auront du moins leur ligne de plus courte distance très-petite, puisque la forme générale de la surface terrestre diffère très-peu d'une sphère exacte; et l'on peut pressentir qu'une telle circonstance devra produire des effets géométriques approximativement pareils à ceux d'une rencontre. Mais il est facile de donner à cette conception une forme rigoureuse, en rappelant ici quelques propriétés des surfaces sphéroïdales, qui éclaireront toute la suite des opérations que nous allons exposer.

48. Considérons une telle surface dans son acception la plus générale, sous la seule réserve que sa courbure varie, sans discontinuité brusque, sur toute son étendue. Par un quelconque M de ses points, menez-lui une *normale*, c'est-à-dire une droite indéfinie, perpendiculaire au plan qui est tangent à la surface en ce point-là. Sur cette normale prenez, dans la concavité intérieure, un point quelconque C, dont la distance au point de contact sera désignée par R. Toute sphère décrite d'un tel centre C, avec le rayon R, sera tangente à la surface, dans le point d'où la normale est menée. Mais il y aura, sur la même normale, un certain espace où les centres C donneront des sphères qui auront avec la surface un contact plus intime que toutes les autres. C'est ce que j'appellerai l'*espace d'osculation*, parce que toutes les sphères tangentes, dont le centre s'y trouve compris, suivent la courbure de la surface, chacune en un certain sens spécial, sur l'étendue de deux éléments tangentiels consécutifs, supposés infiniment petits; ce qu'on exprime en disant qu'elles sont *osculatrices* à la surface, *dans ce sens-là*. Les deux rayons extrêmes R, qui ont cette propriété, s'appellent, l'un le plus grand, l'autre le plus petit *rayon osculateur*, de la surface considérée. Si elle était une sphère rigoureuse, ils seraient égaux entre eux et au rayon même de cette sphère; alors l'espace d'osculation serait nul. Par conséquent, lorsque la surface s'écarte très-peu de la forme sphérique, cet espace devient très-petit du même ordre que l'écart; et les rayons osculateurs menés des deux points qui le terminent, ne différant l'un de l'autre que par l'intervalle qu'il occupe, sont aussi très-peu différents en longueur. Cela doit donc être ainsi pour la surface terrestre, corrigée de ses inégalités locales et ramenée à la régularité du niveau des mers, puisque, dans son ensemble, elle diffère extrêmement peu de la sphéricité. Dans un tel cas, tous les centres des plus grandes sphères osculatrices, et tous les centres des plus petites, devront se trouver répartis dans l'intérieur de sa masse sur deux surfaces géométriques, de forme généralement différentes, mais toutes deux restreintes à des étendues de volume très-petites, qui se réduiraient à deux points coincidents entre eux si la sphéricité de la surface osculée était rigoureuse.

Les choses étant ainsi, prenons, sur une quelconque des normales terrestres, un des centres d'osculation C, par exemple celui qui correspond au plus grand rayon osculateur R. La sphère décrite du centre C avec le rayon R, sera tangente à la surface régularisée, au point M où la normale est menée, et elle s'assimilera avec elle autour de ce point dans une certaine étendue superficielle, d'autant plus intimement que l'étendue ainsi considérée sera plus restreinte. Supposons-la si petite que les secantes, menées du centre C aux points de la surface régulière qui en forment le contour extérieur, diffèrent seulement du rayon R par des quantités insensibles ou négligeables. Alors, dans toute cette étendue, les mesures de longueur et les opérations trigonométriques que l'on effectuera entre les points qui s'y trouveront compris, pourront, sans erreur appréciable, être supposées faites sur la sphère osculatrice du rayon R, dont les rayons se rencontrent, quoiqu'elles le soient effectivement sur la surface réelle, dont les normales rigoureuses, menées aux mêmes points, peuvent ne pas s'entrecouper mutuellement.

49. Sans doute l'amplitude absolue dans laquelle on peut étendre cette identification avec une suffisante exactitude, ne saurait être rigoureusement appréciée qu'avec la connaissance complète de la surface à laquelle on l'applique. Mais il en résulte déjà, qu'en bornant nos opérations géodésiques partielles à des étendues superficielles qui soient certainement très-petites, comparativement

à la surface totale de la terre, les résultats que nous obtiendrons, en les considérant comme effectuées sur une même sphère, seront, ou suffisamment exacts pour être employés ainsi, ou au moins assez approchés de l'exactitude pour n'avoir plus besoin que de corrections très-légères qui pourront leur être ultérieurement appliquées par un second calcul, lorsque leur comparaison entre des régions très-distantes nous aura fait connaître approximativement la forme ainsi que les dimensions de la surface totale dont elles dépendent. Toutefois, pour achever de fixer les notions qui précèdent, j'annoncerai, par avance, que la combinaison géométrique la plus avantageuse, à laquelle on est définitivement conduit par l'ensemble de tous les résultats, consiste à considérer toutes les opérations partielles comme effectuées sur les sphères successivement décrites avec le plus grand rayon osculateur local; ce qui place tous leurs centres sur une droite très-petite, de même ordre que l'intervalle d'osculation, laquelle se trouve parallèle à l'axe de rotation du ciel, et placée sur l'axe même de rotation de la terre, lorsque l'on suppose celle-ci un ellipsoïde de révolution, ce qui est la seconde et dernière approximation par laquelle on puisse représenter sa forme générale dans ce qu'elle a de régulier. Cette construction amène ainsi tous les pôles de ces sphères sur le même axe central, dirigé vers les pôles de la sphère céleste, où ils se trouvent seulement placés en des points quelque peu différents entre eux et des pôles terrestres réels, selon le lieu propre de leur centre et la longueur propre de leurs rayons. Les plans de leurs méridiens coïncident donc tous alors avec les méridiens terrestres réels, comme se coupant tous mutuellement suivant l'axe commun.

30. Ces restrictions étant expliquées et convenues, je viens au tracé de l'arc méridien sur une quelconque des sphères osculatrices locales; n'ayant pas, pour cela, besoin de la connaître, ni même de définir le sens spécial d'osculation que je lui attribue, mais supposant seulement l'étendue de cet arc assez restreinte pour pouvoir le considérer, avec une approximation présumée suffisante, comme appliqué tout entier sur cette même sphère, ou, par extension, sur plusieurs autres ultérieurement osculatrices

en ses diverses parties, et dont il faudrait alors déterminer le mode de succession. D'abord, à la première station prise pour point de départ, cet arc devra, par définition, coïncider avec la ligne méridienne du lieu. En outre, puisque nous pouvons le supposer être une courbe plane, au moins sur ce premier élément longitudinal de son extension, il sera compris tout entier dans le plan vertical local mené par cette ligne. On le décrira donc sur la surface terrestre, si l'on y détermine les traces de toutes les autres verticales qui satisfont à cette condition. L'instrument des passages, exactement dirigé dans le plan méridien de la première station, offre un moyen très-simple et très-exact d'y parvenir, lorsque l'on opère dans un pays découvert, où la vue peut s'étendre en liberté; par exemple, sur une plage sablonneuse, longeant les bords de la mer, et qui en suive la convexité. J'admettrai d'abord la réunion de ces circonstances favorables.

Alors, l'instrument étant bien réglé par les observations des étoiles circompolaires ou de toute autre manière, abaissez la lunette vers l'horizon, successivement au sud et au nord. Puis, sur chacune de ces deux directions, à la distance de quelques milliers de mètres, faites planter des jalons verticaux portant à leurs sommets des plaques métalliques, divisées par des lignes verticales que vous puissiez reconnaître, comme seraient, par exemple, des traits blancs et noirs. Ayant distingué, sur chacune de ces mires, la division et la fraction de division qui se trouve sur la direction du fil vertical central de votre réticule, déterminez soigneusement, avec un fil-à-plomb, les pieds P', P'' des deux verticales correspondantes, et marquez-les sur des plaques métalliques horizontales, fixées aux sommets de deux pieux solides, enfoncés profondément jusqu'à affleurer le sol. Les points P', P'' seront dans le plan méridien de la station intermédiaire; ils appartiendront à la ligne méridienne qui passe par le centre optique de cette station.

C'est ainsi qu'à Paris on a marqué, dans la plaine de Montrouge, un point qui est sur la direction de l'axe optique de la lunette des passages de l'Observatoire. C'est par des moyens à peu près équivalents, quoique peut-être moins précis, qu'on a déter-

miné la position de la pyramide de Montmartre, sur la direction
de la ligne méridienne tracée dans la grande salle du même édi-
fice. Cette ligne étant prolongée, vers le nord, de 6000 mètres,
passerait dans l'axe de la pyramide. Concevez deux points encore
plus distants, marqués, de même, dans une direction horizontale,
P', P", l'un au nord, l'autre au sud de la lunette de l'instrument
des passages, ils détermineraient, sur une étendue encore plus
grande, la direction de l'arc méridien supposé plan. On pourrait
aisément, si on le jugeait nécessaire, subdiviser l'intervalle des
points P', P", sans sortir du même méridien terrestre. Car, puisque nous le supposons contenu dans un même plan, on n'aura
qu'à établir, dans quelque point intermédiaire, un cercle portatif
à limbe vertical, que l'on placera de manière que l'axe optique de
sa lunette, rendu préalablement parallèle au plan de ce limbe,
s'aligne exactement, sur eux, dans sa rotation. Quand cette condition sera remplie, on fera placer, de distance en distance, d'autres jalons verticaux, portant des mires, que l'on dressera d'abord
approximativement à vue, sur cette direction. Lorsqu'ils en seront
assez proches pour que les divisions des mires se voient dans le
champ de la lunette, toujours alignée sur les signaux extrêmes,
on notera celle des divisions qui se trouve sous le fil, et l'on marquera, comme précédemment, sur une plaque fixée au niveau du
sol, le pied de la verticale correspondante. Le même procédé servira pour prolonger, au delà de l'intervalle P'P", le plan vertical,
conséquemment l'arc méridien qui passe par ces points. Cela sera
plus simple que de transporter, pour le même but, l'instrument des
passages, qui est plus difficile à établir; et l'on pourrait concevoir
la ligne méridienne d'une première station continuée ainsi d'un
bout à l'autre d'un continent, sur son prolongement primitif,
après qu'elle aurait été déterminée par des passages d'étoiles circompolaires dans cette seule station.

54. Toutefois, dans ce cas idéal d'une si longue extension, qui
sortirait des conditions restreintes auxquelles nous supposons les
opérations réelles assujetties, il y aurait un grand intérêt à établir
de nouveau l'instrument des passages au dernier point de la ligne
ainsi tracée, et même en d'autres points intermédiaires, pour y

déterminer immédiatement, par des observations astronomiques, la direction du méridien local. Car, si les méridiens terrestres, tels que nous les avons généralement définis, page 34, n'étaient pas des courbes planes, le méridien réel, ainsi astronomiquement fixe, s'écarterait de la direction du signal précédent, et cette déviation azimutale décélerait le fait lui-même, par un caractère incontestable. Malheureusement, on ne saurait espérer de trouver une localité où le tracé direct puisse être prolongé assez loin pour qu'on pût le faire servir à une pareille épreuve. C'est pourquoi on tâche d'y suppléer, dans les grandes opérations modernes, par une autre détermination équivalente, comme je l'expliquerai plus tard. Mais, malgré la grande longueur des chaînes de triangles auxquelles on a pu l'appliquer, on n'a trouvé que des déviations finales si petites, qu'elles se confondent avec les résultats des erreurs que les observations comportent, ou qu'on y peut, tout au plus, reconnaître des indices d'accidents locaux, dont l'influence ne se fait pas sentir d'une manière suivie; de sorte que, jusqu'à présent, rien n'autoriserait à affirmer que les méridiens terrestres, dans ce qu'ils ont de régulier, ne sont pas des courbes planes. D'après cela, leur double courbure, si elle existe, doit certainement être insensible sur un arc d'un petit nombre de degrés, tel que pourrait tout au plus l'embrasser un tracé direct, comme celui que j'ai tout à l'heure décrit.

52. Même, en le restreignant à ces limites, il faudrait, pour qu'il fût exécutable sans rectification, supposer que la surface du terrain où l'on opère est partout exactement horizontale, c'est-à-dire que sa convexité est la même que celle de la surface des mers; car cette condition serait nécessaire pour qu'une chaîne ou un fil flexible, étendu sur le sol, et passant par les pieds P', P'',... des verticales consécutives, coïncidât avec un arc régulier de méridien. Or, comme elle ne se présente jamais réalisée naturellement avec une rigueur suffisante, on la réalise artificiellement par le mode de mensuration qu'on emploie. Pour cela, on prépare plusieurs règles, ou plusieurs chaînes, formées de matières peu dilatables, dont on détermine exactement la longueur en fonction de l'étalon fixe que l'on veut prendre pour unité de mesure, en notant soigneusement

la température à laquelle la comparaison est effectuée. Et, quand
on s'en sert à une autre température, on les ramène toujours à
cette longueur primitive, d'après la dilatation connue de la ma-
tière dont elles sont faites. Afin que ces règles, ou ces chaînes,
quoique rectilignes, puissent s'adapter à la convexité de la surface
terrestre par des applications successives, avec une suffisante approximation, il faut que leur longueur n'excède pas quelques
toises des anciennes mesures de Paris, ou un nombre semblablement restreint de mètres. Elles sont étendues sur des plans inflexi-
bles, dont les supports sont pourvus de mouvements de rappels
verticaux qui permettent de les amener à une exacte horizontalité, quand le sol sur lequel on opère n'est que peu inégal.
Mais, comme des accidents de localité, trop ordinaires, rendraient
souvent difficile, ou même impossible d'opérer matériellement un
grand nombre de contacts successifs dans cette condition unique,
on y ramène, par le calcul, les contacts quelque peu obliques,
d'après l'angle actuel d'inclinaison mesuré par un niveau divisé,
qui est fixé au plan rigide sur lequel la règle ou la chaîne repose.
Chaque système partiel, ainsi constitué, est recouvert par un toit en
bois qui l'abrite contre la radiation solaire. On les peint extérieurement de couleurs différentes, pour les distinguer les uns des autres,
quand on les transporte successivement pour continuer leur apposition ; et des pointes métalliques, fixées verticalement aux extrémités des sommets de ces toits, servent de viseurs pour aligner
les règles intérieures sur les jalons dressés aux différents points
P', P'',… que l'on a marqués sur le sol dans la direction de la ligne
à mesurer. Peut-être cet alignement se jugerait mieux à travers de
petites lunettes munies de réticules, dont l'axe optique physique
coïnciderait avec l'axe des règles, et qui seraient fixées aux deux
bouts de chaque toit, à des hauteurs tant soit peu différentes. Mais
une très-petite erreur dans l'alignement de chaque règle n'a presque pas d'importance, parce que la longueur oblique diffère alors
extrêmement peu de sa projection sur la ligne directe. Toutefois,
la somme de ces écarts donne nécessairement une mesure totale
plus longue que la véritable d'une quantité qui peut s'apprécier,
en supposant, dans chaque posage, la plus grande erreur que l'on

puisse commettre ; et l'on s'assure ainsi qu'elle est négligeable, même dans une mensuration très-longue, si l'on y apporte les soins nécessaires. L'apposition des règles entre elles ne se fait pas par des contacts immédiats, qui pourraient opérer des repoussements. Mais chaque règle, ou chaque chaîne, porte, à l'un de ses bouts, une *languette* mince, mobile dans une coulisse longitudinale, où elle est conduite par une vis de rappel qui sert à la faire plus ou moins sortir ; et c'est le bout libre de cette languette qui se met en contact avec l'extrémité fixe de la règle précédente. La quantité de sa sortie se juge par l'indication d'un vernier qu'elle transporte avec elle le long d'une division rectiligne tracée sur la règle à laquelle elle appartient ; et la coïncidence du vernier se lit avec un petit microscope fixe à cette règle. Pour opérer le mesurage, on amène d'abord l'extrémité antérieure de la première règle en coïncidence avec la verticale du premier point P' marqué sur le sol, ce qui se juge par le contact d'un fil-à-plomb, tombant sur ce point, et dont la demi-épaisseur doit ainsi s'ajouter à la mesure totale, indiquée par l'apposition des règles successives. Cette première règle a d'ailleurs été alignée sur les jalons de repère, comme le seront toutes les autres ; et si elle n'est pas exactement horizontale, on mesure de même son inclinaison pour en déduire sa projection exacte par le calcul. Cela fait, sans déplacer celle-ci, on en pose une seconde, que l'on met en contact avec elle par sa languette mobile ; puis une troisième, que l'on met de même en contact avec cette seconde ; et ce n'est qu'après en avoir ainsi établi sur le sol au moins trois consécutives, que l'on relève la première, pour s'en servir à continuer l'opération. Quand on est ainsi parvenu à la fin de l'arc tracé sur le sol par la suite des points P', P'', . . . , il n'arrive jamais que l'extrémité de la dernière règle tombe juste en projection horizontale sur le dernier de ces points. Elle l'excède toujours, ou ne l'atteint pas. Alors on abaisse un fil-à-plomb tangentiellement à son extrémité, et l'on marque, sur une plaque métallique fixée dans le sol, le point où il aboutit ; puis on mesure directement la distance de ce point au dernier repère $P^{(n)}$, et on l'ajoute à la longueur de la règle, ou on l'en retranche, selon le cas (*).

____

(*) Je n'ai pu indiquer ici que le principe général de la mensuration sur

53. Si l'opération que je viens de décrire est faite sur une plage sablonneuse, longeant le bord de la mer, les règles apposées ainsi horizontalement, ou plus généralement leurs projections horizontales, calculées d'après les indications de leur niveau, si elles sont quelque peu obliques aux verticales successives, représenteront autant de petites droites consécutivement tangentes à l'arc méridien, au milieu de leur longueur. Or, dans un cercle, la différence entre un petit arc et sa tangente est moindre que le tiers du cube de cette même tangente divisé par le carré du rayon du cercle. On peut donc penser qu'en restreignant les longueurs de nos règles comme nous l'avons fait, elles seront si petites, comparativement au rayon de la terre, que leur différence avec l'arc qu'elles touchent sera négligeable; et cela peut du moins être admis dans un premier calcul approximatif. Mais, quand le rayon de la terre nous deviendra connu par cette première évaluation, nous pourrons nous assurer que la différence dont il s'agit sera en effet insensible pour chacune de nos règles, dans les bornes de longueur auxquelles nous les avons restreintes; et même la somme des différences ainsi accumulées dans une mensuration de 300000 ou 400000 mètres ne formerait pas une fraction de millimètre appréciable par les appareils physiques les plus précis.

54. Supposons maintenant que la mensuration n'ait pas été faite au bord de la mer, mais dans une vaste plaine située à l'intérieur d'un continent; et, pour nous adapter entièrement aux réalités les plus ordinaires, donnons à cette plaine une faible pente continue sur sa verticale moyenne. Quand toutes les règles apposées auront été réduites, par le calcul, à l'horizontalité sur leurs ver-

---

cessive. Les détails varient selon la disposition des appareils employés. J'ai pris principalement pour type ceux qui ont été appliqués, d'après les idées de Borda, à la mesure des bases de la grande triangulation effectuée en France par Méchain et Delambre. On en trouvera l'exposition précise dans l'ouvrage de ce dernier, intitulé : *Mesure de la Méridienne*, tome II. Les procédés employés en Angleterre pour une opération analogue ont été exposés, par le général Roy, dans les *Transactions philosophiques de la Société royale de Londres*, et ils ont été rassemblés, par le général Mudge, dans un ouvrage spécial intitulé : *An account of the operations carried on for accomplishing a trigonometrical Survey of England and Wales*; 1 vol. Londres, 1799.

ticales individuelles, leurs projections, ainsi obtenues, seront autant de tangentes au cercle méridien qui passerait par le sommet de chaque verticale ; et, d'après ce qu'on vient de dire, elles se confondraient sensiblement avec la petite portion d'arc qu'elles recouvrent. Ces arcs, que nous supposons ici décrits du même centre, auront des rayons d'inégales longueurs, à cause de la pente générale du sol sur lequel on a successivement porté les règles. Ainsi, avant d'en faire la somme, il faut les réduire aux dimensions que les verticales qui les terminent auraient interceptées sur un même cercle, par exemple sur celui dont le rayon R' passerait par le point moyen de la ligne mesurée. C'est-à-dire que si h est la différence de niveau absolu entre ce point moyen et un point quelconque de la ligne, où le petit arc tangentiel est μ, il faut transformer cet arc en $\dfrac{\mu R'}{R' + h}$ ou $\mu - \dfrac{\mu h}{R' + h}$. Mais, à cause de l'excessive petitesse de h, comparativement à R', dans les cas de faible pente que nous admettons, le terme qui exprime la correction de chaque arc μ sera individuellement insensible ; et la somme de toutes les corrections s'anéantira encore, par compensation, pour la ligne entière, puisque le facteur h, qui leur donne son signe, sera positif pour les points plus élevés que le point moyen, et négatif pour les plus bas. D'après cela on pourra, sans aucune erreur, considérer l'arc total mesuré M comme appartenant au cercle méridien décrit avec le rayon moyen R'.

55. A présent admettons que, par un nivellement topographique, ou par des observations barométriques simultanées, on ait déterminé la hauteur H de la station moyenne, au-dessus du niveau moyen de la mer la plus proche ; et soit R le rayon terrestre de cette mer terminé à ce même niveau moyen. Si la terre est exactement sphérique, R sera son rayon constant. Si elle a une forme quelque peu différente, R sera le rayon de la sphère locale, osculatrice à sa surface moyenne dans la région où l'arc M a été mesuré. Du centre de cette sphère, menons deux sécantes terminées aux extrémités de l'arc M, et ayant conséquemment pour longueur R' ou $R + H$. Ce seront aussi les verticales de ces points extrêmes, au moins dans le premier système d'approximation auquel nous nous

bornons ici. Or, puisqu'elles interceptent l'arc circulaire M à la distance R + H du centre, elles intercepteront à la distance R un arc proportionnellement moindre, c'est-à-dire $\dfrac{MR}{R+H}$ ou $M - \dfrac{MH}{R+H}$. Cet arc, calculé, sera donc l'arc méridien que l'on aurait obtenu entre les mêmes verticales qui comprennent M, si l'on avait pu le mesurer sur le prolongement de la surface sphérique de la mer dans la région où l'on a opéré. Ce sera ce qu'on appelle l'arc M *réduit au niveau de la mer*; et le terme soustractif — $\dfrac{MH}{R+H}$ s'appelle la *réduction à ce niveau*. Pour l'évaluer numériquement, il faudrait connaître le rayon R, qui est précisément l'élément physique que l'on cherche à déterminer. Mais cette apparence de cercle vicieux se dissipe, en considérant que, d'après le § 45, le rayon local R + H peut se conclure de l'arc M même, puisqu'en nommant V l'angle observé entre les verticales extrêmes, exprimé en degrés sexagé-simaux, sa longueur est $\dfrac{180^{\circ}M}{V\varpi}$. Ainsi la réduction cherchée de l'arc M, c'est-à-dire $\dfrac{MH}{R+H}$, sera $\dfrac{V\varpi H}{180}$; et la réduction du degré simple $D^{(\circ)}$ ou $\dfrac{1^{\circ}.M}{V}$ sera proportionnellement $\dfrac{\varpi H}{180}$; expressions dont tous les éléments seront connus, par les déterminations préala-bles de M, V, H, dans le lieu même et à la hauteur où on les aura observés (*). Il ne restera donc, pour les réduire en nombres, qu'à

(*) Par exemple, dans l'opération faite près de Quito, sur le plateau des Andes du Pérou, par les académiciens français Bouguer, Godin et la Conda-mine, la hauteur H de l'arc méridien M, déterminé tant par triangulation que par mensuration directe, se trouva être de 1226 toises au-dessus du niveau de la mer Pacifique. Ainsi, $D^{(\circ)}$ ou $\dfrac{1^{\circ}.M}{V}$ étant la longueur obtenue en toises, pour un degré simple à cette élévation, on dut, pour la réduire au niveau de cette mer, la diminuer d'un nombre de toises égal à $\dfrac{1226^{T}\varpi}{180}$, ou $21^{T},3977$. Bouguer a pris $21^{T},4$ comme valeur suffisamment approchée; mais on serait plus scrupuleux aujourd'hui.

connaître l'angle au centre V compris entre les verticales des stations
extrémes ; et on l'obtiendra, comme nous l'avons dit, par les observations astronomiques qu'on y devra faire ; car il sera égal à la différence des distances du même pôle, aux zéniths de ces deux stations.

56. Une opération précisément pareille à celle que je viens de
décrire a été faite dans l'année 1768 par les astronomes Mason et
Dixon, sur la limite des États de Pensylvanie et de Maryland, dans
une presqu'île qui aboutit à la mer Atlantique, entre les embou-
chures des riviéres Chesapeack, Potomack et Delaware ; de sorte
que l'arc mesuré put être alors considéré comme s'étendant sur le
prolongement même de la surface de cette mer, sans aucune réduction. La mensuration, dégagée de quelques particularités qui
la compliquent, fut essentiellement composée de deux parties distinctes, dont la disposition relative est représentée, *fig.* 11, par les
arcs de grand cercle SS_1, S_1S_2, tracés consécutivement sur une même
sphère supposée osculatrice à la surface terrestre, dans la région où
ces arcs sont décrits. C désigne le centre de cette sphère, CP son
rayon, parallèle à l'axe de rotation du ciel, et P le pôle auquel
tous les méridiens de son hémisphère septentrional vont converger.
On partit du point S, le plus voisin du pôle, et ayant déterminé,
par des observations astronomiques, la direction du méridien
propre à cette station, on mesura sur son prolongement un arc SS_1,
qui, exprimé en pieds anglais, fut trouvé égal à $104088^{pds},4$. Alors
des obstacles naturels obligèrent à dévier quelque peu vers l'est,
pour suivre un autre arc de grand cercle S_1S_2 sur lequel on conti-
nua la mensuration jusqu'en S_2 ; et la longueur S_1S_2 de ce second
arc fut trouvée égale à $43401 1^{pds},6$. C'est pourquoi on détermina
de nouveau la direction du méridien PS_2, propre à cette dernière
station S_2 ; et ayant relevé celle des signaux précédents relativement
à elle, on reconnut que l'arc S_1S_2 s'en écartait vers l'ouest d'un petit
angle azimutal égal à 3° 43' 30". Les distances du pôle céleste au
zénith furent observées aux deux stations extrêmes S, S_2; mais, pour
obtenir leur intervalle terrestre, tel qu'il aurait été si on l'eût mesuré
tout entier sur un même méridien, il faut évidemment faire subir
à l'arc oblique S_1S_2 une réduction. Car si, par les points S_1S_2, on
conçoit deux parallèles terrestres SM, S_1M_1, décrits autour du

pôle P comme centre, on pourra bien transporter idéalement
l'arc SS_1, en MM_1, sur le méridien de S_1, sans altérer sa longueur,
puisque tous les méridiens sphériques sont pareils. Mais il faudra
ensuite trouver l'arc M_1S_2 qui le complète sur ce même méridien,
pour pouvoir l'ajouter à MM_1 comme prolongement; et cet arc
M_1S_2 doit être évidemment moindre que l'oblique S_1S_2 que l'on a
mesuré. Nous calculerons, plus loin, cette réduction exactement,
et nous la trouverons égale à $932^{pds},45$, dont il faut diminuer l'arc
S_1S_2 pour avoir M_1S_2, ce qui donnera celui-ci égal à $433079^{pds},15$.
Mais, déjà, la petitesse de l'angle $S_1S_2M_1$ montre qu'on obtiendrait
une valeur très-approchée de M_1S_2 en considérant $S_1M_1S_2$ comme
un triangle rectiligne, rectangle en M_1, dont S_1S_2 serait l'hypoténuse; auquel cas on aurait M_1S_2 égal à $S_1S_2 \cos S_1S_2M_1$, ce qui donnerait pour sa valeur $433094^{pds},69$, excédant seulement de $15^{pds},54$
sa valeur exacte. On pourrait donc employer ce résultat comme une
première évaluation approximative, qui servirait à trouver l'arc méridien total MS_2, compris entre les parallèles des stations extrêmes,
et par suite le rayon de la sphère osculatrice locale; résultats que
l'on corrigerait ultérieurement par un second calcul, fondé sur la
valeur ainsi obtenue de ce rayon. Pour éviter ce détour, j'emploierai de prime abord les résultats définitifs, avec la petite réduction
de $15^{pds},54$ due à la courbure sphérique du triangle $S_1M_1S_2$, sauf
à prouver plus tard que la longueur approximative du rayon terrestre qu'on obtiendrait sans en tenir compte suffirait pour calculer très-exactement sa valeur (*). L'arc oblique M_1S_2 ainsi réduit

---

(*) Pour apprécier l'exactitude de ce raisonnement, il n'y a qu'à effectuer le
calcul du degré avec la valeur de MS_2 supposée égale à $433094^{pds},69$ au lieu
de $433079^{pds},15$. En l'ajoutant de même à SS_1, ou à son égale MM_1, qui est
$104988^{pds},4$, l'arc méridien total compris entre les parallèles de S et de S_2
sera $538067^{pds},55 + 15^{pds},54$. Il faudra encore l'augmenter de $10^{pds},84$
pour réduire le mesurage à la température de $16°,25$, ce qui donnera
$538078^{pds},39 + 15^{pds},54$. En divisant cette somme par l'angle $1°28'45''$, compris entre les verticales extrêmes, la longueur du degré sexagésimal donnée
par cette première approximation sera

$$\frac{1°.538078^{pds},39}{1°28'45''} + \frac{1°.15^{pds},54}{1°28'45''} = 363771^{pds},3 + 10^{pds},51 = 363781^{pds},81.$$

Or, on verra plus tard que cette première évaluation, malgré la petite erreur

sera donc $433094^{rds},69 - 15^{rds},54$ ou $433079^{rds},15$. En l'ajoutant à SS, ou à son égale $MM_{,}$, qui était $104988^{rds},4$, on aura pour somme MS, égal à $538067^{rds},55$. Il faut ajouter à ce nombre $10^{rds},84$, pour que les chaînes métalliques employées à la mensuration se trouvent ramenées à la température de 60° Fahrenheit, ou $16°\frac{1}{3}$ du thermomètre centésimal, qui était celle à laquelle la toise de la Société royale de Londres était rapportée comme étalon de mesure. L'arc total de méridien MS, ou M, compris entre les parallèles des stations extrêmes, était donc ainsi égal à $538078^{rds},39$ (*).

Maintenant, les distances du pôle au zénith, observées aux deux points extrêmes S, $S_{,}$, ont été trouvées telles qu'il suit :

A la station la plus australe $S_{,}$. 51°32′36″
A la station la plus boréale S ou M . . . . 50° 3′41″

Différence, ou angle compris entre les verticales extrêmes   1°28′45″

57. Pour obtenir la longueur du degré terrestre qui résulte de ces observations, supposons la terre sensiblement sphérique, dans une petite étendue autour des points observés; ou, ce qui revient au même, considérons ces points comme situés sur la

---

de $10^{rds},51$ qui l'affecte, serait très-suffisamment exacte pour calculer la réduction que nécessite la sphéricité du triangle $S_{,}S_{,}M_{,,}$, ce qui tient au peu d'étendue de ce triangle et à la petitesse de l'angle azimutal en $S_{,}$.

(*) Voulant présenter cette opération plutôt comme un exemple que comme un modèle définitif, j'ai omis plusieurs particularités de détail qui en auraient inutilement compliqué l'exposition. Ainsi le premier arc $SS_{,}$, *fig.* 11, n'a pas été effectivement mesuré sur un même méridien, mais sur trois portions de méridiens différents; et les extrémités de ces portions qui se suivaient ont été placées, par des observations astronomiques, sur des arcs de parallèles qui leur étaient communs. J'ai donc pu, pour simplifier le raisonnement, les transporter sans erreur à la suite les unes des autres, sur un méridien unique, comme elles s'ajoutaient numériquement l'une à l'autre dans l'évaluation de l'arc total. Les personnes qui auraient la curiosité de connaître les détails matériels de cette opération les trouveront rassemblés dans les *Transactions philosophiques* de 1768, page 274; leur exposé est suivi d'un Mémoire de Maskelyne, où cet astronome en a calculé les résultats. J'ai adopté ses nombres comme suffisants pour un exemple numérique, bien plutôt qu'à titre de modèle dans ce genre de calcul.

sphère locale, qui se confondrait avec la surface réelle dans la région où l'opération a été faite. Alors les arcs de méridien mesurés sur cette sphère seront proportionnels aux angles au centre compris entre les verticales qui les limitent. Ainsi, la longueur $D^{(o)}$ d'un degré sexagésimal y sera $\dfrac{1^o.538078^{pds},39}{1^o 28' 45''}$ ou, en nombres ronds, 363771 pieds anglais, sur la partie du méridien où la distance du pôle au zénith est, en moyenne, $50^o 48'$. Si l'on veut exprimer cette longueur en anciennes toises françaises, identiques à l'étalon en fer adopté par l'Académie des Sciences, il faut savoir que celle-ci est, par rapport à celle de la Société royale de Londres, comme 76,734 est à 72; d'où il suit que pour convertir le résultat précédent en pieds français, il faut le multiplier par $\dfrac{72}{76,734}$; et si l'on veut ensuite l'exprimer en toises, il faut le diviser par 6, ou, ce qui revient au même, le multiplier tout de suite par $\dfrac{12}{76,734}$. On obtient ainsi 56888 toises pour la longueur de 1° du méridien à la latitude de $39^o 11' 56'',5$ moyenne entre les précédentes. S'il s'agissait d'un degré décimal ou d'un grade, il faudrait réduire le résultat précédent dans le rapport de 400 à 360, ou, ce qui revient au même, il faudrait en prendre les $\frac{9}{10}$, ce qui donnerait $51199^t,2$ pour la longueur d'un grade à la latitude de $43^g,5545$.

Si la terre était exactement sphérique, on pourrait, d'après ce résultat, calculer ses dimensions. Car la valeur de 1 degré sexagésimal étant 56888 toises, la circonférence entière serait $360.56888 = 20479680$ toises. En multipliant ce nombre par $\dfrac{113}{355}$, rapport rapproché du diamètre à la circonférence, on aurait le diamètre de la terre égal à 6518884 toises, et son rayon 3259442 toises. Mais ces déductions ne peuvent être considérées que comme provisoires, jusqu'à ce que nous ayons comparé entre elles les mesures des degrés obtenues ainsi, dans diverses régions, pour des distances moyennes du pôle au zénith très-inégales, afin de découvrir s'il existe des différences appréciables entre leurs longueurs, ce qui décélerait que la surface terrestre s'écarte d'une sphéricité rigoureuse.

58. Toutefois, les résultats ici obtenus vont déjà nous servir pour démontrer l'exactitude de plusieurs considérations approximatives, dont j'ai fait usage dans la série des raisonnements, et je vais les reprendre, en suivant le même ordre dans lequel je les ai introduites.

La première, c'est que chacune des règles employées à la mensuration étant rendue normale à la verticale qui passe par son milieu, peut être censée se confondre avec le petit arc terrestre dont chacune de ses moitiés sont les tangentes.

Pour nous en assurer, nommons α un petit arc pris sur la circonférence d'un cercle dont le rayon soit 1. Cet arc, étant moindre que $45°$, sera exprimé en fonction de sa tangente par la série suivante, qui se démontre dans les éléments de géométrie :

$$\alpha = \operatorname{tang} \alpha - \tfrac{1}{3} \operatorname{tang}^3 \alpha + \tfrac{1}{5} \operatorname{tang}^5 \alpha \ldots$$

Plus l'arc α sera petit, comparativement au rayon pris pour unité, plus la fraction qui exprime sa tangente sera petite, et inversement. Si cette fraction devient si faible, que son cube et ses puissances supérieures dépassent l'ordre de décimales que l'on croit pouvoir apprécier, l'arc α se confondra avec sa tangente dans les mêmes limites d'approximation.

Soit maintenant A un arc de cercle qui soutende le même angle au centre que α, dans un cercle décrit avec le rayon R. La proportionnalité des lignes homologues dans les figures semblables donnera

$$A = \alpha R, \qquad \operatorname{tang} A = R \operatorname{tang} \alpha.$$

Si l'on tire α et tang α de ces égalités pour les transporter dans notre série, elle prendra la forme suivante :

$$A = \operatorname{tang} A - \tfrac{1}{3} \frac{\operatorname{tang}^3 A}{R^2} + \tfrac{1}{5} \frac{\operatorname{tang}^5 A}{R^4} \ldots$$

et la limite d'évaluation de A en tang A se terminera de même aux termes du second membre que l'on ne pourra plus apprécier physiquement, ou que l'on croira pouvoir négliger.

C'est précisément pour la réduire au premier de ces termes,
que l'on restreint les règles de mensuration à de très-petites longueurs. Supposons-les, par exemple, de 2 toises comme dans
les opérations faites en France; la moitié, 1 toise, sera tang A.
Or, l'opération de Pensylvanie nous a donné, en toises,

$$R = 3259442.$$

Quoiqu'elle ait été faite sans la correction que nous voulons ici
apprécier, l'erreur qui en peut résulter dans l'évaluation de R ne
peut être que très-petite, comme cette correction elle-même. Nous
pouvons donc, sans cercle vicieux, employer la valeur ainsi obtenue de R, pour calculer les termes de notre série où elle entre
comme diviseur, la limitation de tang A devant évidemment les
rendre d'une petitesse excessive. Et le résultat même nous montrera s'il aurait été nécessaire d'en tenir compte dans le premier
calcul de R. Or, en considérant d'abord le premier de ces termes,
et l'évaluant par logarithmes, on trouve

$$\frac{1}{2}\frac{\text{tang}^3 A}{R^3} = \frac{1}{3(3259442)^3} = 0^{\text{T}},00000\ 00000\ 00031\ 3756.$$

Telle est donc la valeur de ce premier terme pour une seule demi-
règle, et tous les suivants seront encore progressivement bien plus
petits. Supposez 50000 règles entières apposées ainsi bout à bout,
ce qui composera un arc plus grand que celui de Pensylvanie. La
somme de tous les termes pareils sera celui-ci répété 100000 fois,
c'est-à-dire

$$0^{\text{T}},00000\ 00031\ 3756;\quad \text{ou, en lignes,}\quad 0^{\text{l}},00000\ 27108\ 5184.$$

Cette somme sera donc tout à fait inappréciable aux procédés de
mensuration les plus précis; et ainsi la correction dont elle résulte
a pu être très-légitimement négligée dans l'opération de Pensylvanie, comme dans toutes les autres du même genre, mais seulement, toutefois, sous la condition que la mensuration est faite
avec des règles ou des chaînes dont les longueurs sont suffisamment restreintes, comme nous l'avons suppposé ici.

39. Il faut maintenant légitimer la petite correction de $15^{\text{gt}},54$.

que j'ai dit avoir été nécessaire dans l'opération de Pensylvanie,
pour projeter sur le méridien de la dernière station la seconde
portion d'arc de grand cercle qui avait été mesurée dans une direction tant soit peu différente; ceci me donnera lieu d'exposer
divers théorèmes approximatifs qui, non-seulement vont nous
servir dans ce cas spécial, mais qui nous deviendront ultérieurement indispensables, pour calculer toutes les autres opérations
analogues, dans lesquelles la mensuration directe de l'arc méridien
a été suppléée, en partie, par une triangulation.

Soit α un arc de cercle exprimé en parties du rayon pris pour
unité de longueur. Lorsque cet arc n'embrasse qu'un petit nombre de degrés, son sinus et sa tangente, exprimés en parties de la
même unité, ont avec lui des relations de grandeur, représentées
par les quatre séries suivantes, qui sont toujours convergentes
dans le cas supposé de limitation (*),

$$(1) \qquad \sin \alpha = \alpha - \tfrac{1}{6}\alpha^3 + \tfrac{1}{120}\alpha^5 \ldots;$$

$$(2) \qquad \tang \alpha = \alpha + \tfrac{1}{3}\alpha^3 + \tfrac{2}{15}\alpha^5 \ldots;$$

$$(3) \qquad \alpha = \sin \alpha + \tfrac{1}{6}\sin^3\alpha + \tfrac{3}{40}\sin^5\alpha \ldots;$$

$$(4) \qquad \alpha = \tang \alpha - \tfrac{1}{3}\tang^3\alpha + \tfrac{1}{5}\tang^5\alpha \ldots.$$

Prenez, dans chaque série, le logarithme tabulaire des deux
membres; et, séparant le logarithme du facteur qui est commun à
tous les termes du second membre, développez en série le logarithme de l'autre facteur dont le premier terme sera toujours 1.
Pour abréger ces expressions, nommez k le module *direct* des
Tables logarithmiques, nombre dont la valeur et le logarithme
tabulaire sont (**)

$$k = 0{,}4342944819\ldots, \quad \log k = \overline{1}{,}6377843113\ldots.$$

(*) Ces séries sont démontrées dans le tome I du *Traité du Calcul différen-
tiel et intégral* de Lacroix; la première, page 65; la deuxième, page 255; la
troisième, page 251; la quatrième, page 69.

(**) Voyez, dans le tome II, page 437, la définition que j'ai donnée des
expressions *module direct* et *module inverse* des Tables logarithmiques.

Vous trouverez :

$$(1) \qquad \log \sin \alpha = \log \alpha - \frac{k}{6}\,\alpha^2 - \frac{k}{180}\,\alpha^4\ldots;$$

$$(2) \qquad \log \operatorname{tang} \alpha = \log \alpha + \frac{k}{3}\,\alpha^2 + \frac{7}{90}\,\alpha^4\ldots;$$

$$(3) \qquad \log \alpha = \log (\sin \alpha) + \frac{k}{6}\,\sin^2 \alpha + \frac{11}{180}\,k \sin^4 \alpha\ldots;$$

$$(4) \qquad \log \alpha = \log \operatorname{tang} \alpha - \frac{k}{3}\,\operatorname{tang}^2 \alpha + \frac{13}{90}\,k \operatorname{tang}^4 \alpha\ldots.$$

La portion ultérieure des seconds membres que je n'ai point écrite, commence par des termes du sixième ordre. Ces séries ont été données par Euler sous des formes qui montrent les lois de leurs coefficients numériques, ce qui permettrait de les prolonger indéfiniment.

60. Dans les applications qu'on en fait aux calculs des opérations que nous voulons considérer, l'arc α, exprimé en parties de la graduation du cercle dont il est un élément, est toujours moindre que 2^b ou $7200''$ sexagésimales. Or, en le restreignant à cette limite, les deux premiers termes du second membre suffiront toujours pour avoir la valeur du premier, avec une exactitude que les observations astronomiques et les opérations de mensuration sont loin d'atteindre.

Pour établir ce fait, il faut considérer que, dans ces formules, l'arc α et les lignes trigonométriques qui s'y rapportent, sont censés exprimés en parties du rayon du cercle pris pour unité de longueur; de sorte que les égalités indiquées ont lieu entre des nombres abstraits. Il convient de laisser cette forme aux lignes trigonométriques, qui sont toujours données ainsi par les Tables usuelles. Mais, dans les termes où l'arc α entre explicitement, si nous voulons, pour notre épreuve, l'exprimer en secondes de degré, il faudra diviser la valeur qu'on lui attribuera par le rayon plié en arc et exprimé de la même manière, afin de conserver à ces termes la même valeur abstraite qu'ils sont supposé représenter. Je désignerai cette expression du rayon du cercle par R'' ; et, comme l'usage en revient sans cesse dans les calculs que nous aurons à effectuer, je donnerai ici, une fois pour toutes, sa valeur et

celle de son logarithme tabulaire, avec beaucoup plus de décimales qu'on n'aura jamais besoin d'en employer. Ces valeurs sont

$$R'' = 206264'',80624\ 70963\ 55156,$$
$$\log R'' = 5,31442\ 51331\ 76459\ 48047.$$

J'explique en note le calcul numérique par lequel on les obtient (*).

(*) Les valeurs de R'' et de $\log R''$ que j'ai rapportées ici s'obtiennent de la
manière suivante. Soit ϖ le rapport de la circonférence au diamètre qui se
déduit de la comparaison des polygones réguliers inscrits et circonscrits.
Si l'on désigne par C la circonférence d'un cercle dont le rayon, exprimé dans
la même unité de longueur, sera R, on aura évidemment

$$2\varpi R = C, \qquad \text{et} \qquad R = \frac{1}{2}\frac{C}{\varpi}.$$

Prenons pour unité de longueur l'arc qui sous-tend, au centre du cercle, un
angle égal à 1 seconde de degré sexagésimal. La demi-circonférence $\frac{1}{2}C$ comprenant 180°, le nombre total de ces arcs qui compose son contour sera
180.60.60 ou 648000. Remplaçant donc $\frac{1}{2}C$ par cette évaluation, R se
trouvera exprimé dans la même espèce d'unité; et, en les désignant par
l'indice usuel ", on aura

$$R'' = \frac{648000''}{\varpi}.$$

Le nombre ϖ a été calculé avec beaucoup de patience par plusieurs mathé-
maticiens, dont les résultats se sont mutuellement vérifiés. Wega, dans ses
Tables logarithmiques, le donne jusqu'à 140 décimales, et son résultat est
rapporté par Delambre à la page 25 de la préface des *Tables de Borda*. En se
bornant à 20 décimales, on a

$$\varpi = 3,14159\ 26535\ 89793\ 23846, \quad \text{et} \quad \log \varpi = 0,49714\ 98726\ 94133\ 85435.$$

Le nombre 648000, étant divisé arithmétiquement par ϖ, donne R'', tel que
je l'ai rapporté dans le texte. Pour trouver le logarithme tabulaire de R'',
prenez, avec le même ordre de décimales, les logarithmes des deux termes
de la fraction qui l'exprime, et vous l'obtiendrez, par soustraction, comme
il suit :

$$\log 648000 = 5,81157\ 50058\ 70593\ 33482$$
$$\log \varpi = 0,49714\ 98726\ 94133\ 85435$$
$$\overline{\log R'' = 5,31442\ 51331\ 76459\ 48047}$$

comme je l'ai rapporté.

Puisque la seconde de degré sexagésimal est prise comme unité dans l'ex-

Supposant donc, dans ce qui va suivre, que l'arc α sera exprimé en secondes, je remplace la lettre qui le représente par $\dfrac{\alpha}{R''}$,

---

pression de R'', si l'on retranche ce logarithme de celui de l'unité qui est o, on aura

$$\log\left(\frac{1''}{R''}\right) = 6{,}68557\ 48668\ 23540\ 51953.$$

Celui-ci, dans ses sept premières décimales, augmentées d'une unité sur la dernière, reproduit le logarithme de $\sin 1''$ tel qu'il est indiqué dans les Tables usuelles. Pour voir la raison de cette rencontre, formons l'expression du logarithme de ce sinus par les séries rapportées dans le texte. L'arc α devant alors être $1''$, il faudra l'y représenter par son rapport au rayon réduit aussi en secondes, c'est-à-dire par $\dfrac{1''}{R''}$; on aura ainsi

$$\log \sin 1'' = \log\left(\frac{1''}{R''}\right) - \frac{k}{6}\left(\frac{1''}{R''}\right)^{3} - \frac{k}{180}\left(\frac{1''}{R''}\right)^{5}\ldots\ldots$$

Le premier terme de sa valeur se trouve ainsi être $\log\left(\dfrac{1''}{R''}\right)$, et l'on voit que les suivants ne pourront y ajouter que des décimales très-éloignées. En effet, si l'on calcule seulement le second avec les logarithmes que j'ai rapportés, et en prenant pareillement celui de 6 avec dix décimales, on trouve

$$\log\left[\frac{k}{6}\left(\frac{1''}{R''}\right)^{3}\right] = \overline{12}{,}23078\ 27945.$$

Le premier chiffre significatif du nombre correspondant sera donc une décimale du treizième ordre, et les termes suivants seront évidemment bien plus petits encore. Conséquemment, dans les Tables usuelles où l'on se borne à sept décimales, le $\log \sin 1''$ doit être exprimé par le $\log\left(\dfrac{1''}{R''}\right)$, limité de la même manière, comme en effet nous le trouvons.

D'après cela, lorsqu'un arc α, donné en secondes, est assez petit pour que le cube de son rapport à R'' puisse être considéré comme négligeable, on peut, dans cette concession d'approximation, prendre

$$\sin \alpha = \alpha'' \sin 1'', \qquad \text{et aussi} \qquad \tang \alpha = \alpha'' \sin 1'';$$

en effet, les développements complets donneraient

$$\sin \alpha = \left(\frac{\alpha''}{R''}\right) - \frac{1}{6}\left(\frac{\alpha''}{R''}\right)^{3}\ldots, \qquad \tang \alpha = \left(\frac{\alpha''}{R''}\right) + \frac{1}{3}\left(\frac{\alpha''}{R''}\right)^{3}\ldots\ldots$$

Puisque la petitesse supposée de $\left(\dfrac{\alpha''}{R''}\right)$ permet de borner ces expressions à

dans les termes de nos quatre égalités qui la contiennent hors des signes trigonométriques; et, limitant les séries à leurs deux premiers termes, que je vais montrer devoir toujours nous suffire, nous aurons

$$(1) \qquad \log \sin \alpha = -\log R'' + \log \alpha - \frac{k}{6} \frac{\alpha^2}{R''^2};$$

$$(2) \qquad \log \tan \alpha = -\log R'' + \log \alpha + \frac{k}{3} \frac{\alpha^2}{R''^2};$$

$$(3) \qquad \log \alpha = +\log R'' + \log \sin \alpha + \frac{k}{6} \sin^2 \alpha;$$

$$(4) \qquad \log \alpha = +\log R'' + \log \tan \alpha - \frac{k}{3} \tan^2 \alpha.$$

Pour éprouver ces expressions ainsi restreintes, je suppose l'arc α égal à $2°$ ou $7200''$, valeurs toujours supérieures à celles qu'il pourra recevoir dans les opérations géodésiques. Alors il faudra le remplacer ici par le nombre 7200. Avec cette donnée, j'évalue d'abord $\log \sin \alpha$ et $\log \tan \alpha$ par les deux premières égalités, en me servant, pour plus de précision, de Tables logarithmiques à dix décimales. Puis je compare le résultat aux valeurs exactes de ces mêmes logarithmes prises avec un nombre de décimales pareil. Je trouve ainsi :

> $\log \sin \alpha$ calculé par α,   répond à $\alpha = 2'' + 0'',0000582$;
> $\log \tan \alpha$ calculé par α,   répond à $\alpha = 2° - 0'',0008336$.

Je répète la même épreuve sur les deux dernières séries, en prenant alors pour données les valeurs exactes de $\log \sin \alpha$ et de $\sin \alpha$, ou de $\log \tan \alpha$ et de $\tan \alpha$, telles que les Tables les donnent; je trouve ainsi :

> $\log \alpha$ calculé par $\sin \alpha$,   répond à $\alpha = 2° - 0'',0006515$;
> $\log \alpha$ calculé par $\tan \alpha$,   répond à $\alpha = 2° - 0'',0015434$.

---

leur premier terme, il n'y a qu'à remplacer, dans ceux-ci, $\frac{1}{R^2}$ par $\sin 1''$, auquel il est équivalent dans les mêmes limites d'approximation, et l'on aura les expressions annoncées. Comme on en fait un fréquent usage dans les applications, je n'ai pas cru inutile de démontrer le principe sur lequel elles reposent; mais j'y conserverai plus habituellement le rayon R'' en évidence, pour mieux rappeler le vrai sens des rapports employés.

Je montre en note le détail de ces vérifications par un exemple (*); or, les observations les plus précises d'angles ne peuvent jamais atteindre les millièmes de seconde. Nos quatre expressions, ainsi restreintes, seront donc toujours parfaitement suffisantes lorsque l'arc z ne dépassera pas 2°. Les deux premières fournissent

---

(*) Je suppose que l'on veuille vérifier le degré d'exactitude de l'expression (1) pour un arc de 2°; cette expression est

$$\log \sin z = -\log \mathrm{R}'' + \log z - \frac{k}{6}\frac{z^3}{\mathrm{R}''^3};$$

z devra y être remplacé par 7200. Je prends le logarithme de ce nombre avec dix décimales, et, restreignant celui de R'' de la même manière, le calcul s'achèvera comme il suit :

$$
\begin{array}{ll}
\log 7200 = 3,85733\,24964 & \\
-\log \mathrm{R}'' = -5,31442\,51339 & \\
\hline
\log\left(\dfrac{z}{\mathrm{R}''}\right) = \overline{2},54290\,73632 \qquad & \log\left(\dfrac{z}{\mathrm{R}''}\right)^{2} = \overline{3},08581\,47264 \\
-\dfrac{k}{6}\dfrac{z^3}{\mathrm{R}''^3} = -0,00008\,81958 \qquad & \log\left(\dfrac{k}{6}\right) = \overline{1},85963\,30609 \\
\hline
\log \sin z = \overline{2},54281\,91674 \qquad & \phantom{\log\left(\dfrac{k}{6}\right)=}\ \overline{5},94544\,77873 \\
\log \sin 2° = \overline{2},54281\,91639 \qquad & \dfrac{k}{6}\dfrac{z^3}{\mathrm{R}''^3} = 0,00008\,81958 \\
\hline
\end{array}
$$

Excès de la formule...   + 35

Le logarithme exact de sin 2°, ici rapporté comme élément de comparaison, est pris dans les Tables de Briggs intitulées : *Trigonometria Britannica*. Les trente-cinq unités d'excès, dans les derniers chiffres du logarithme calculé par notre formule restreinte, répondent à un excès d'arc égal à 0'',00005 8206. Il en résulte donc que le log sin z, ainsi conclu des deux premiers termes de nos séries, ne se trouve pas être exactement celui de 2°, mais de 2° + 0'',00005 8206, comme je l'ai dit dans le texte. Les limites d'exactitude des trois autres expressions, qui donnent log tang z et log z, s'obtiennent par un calcul absolument pareil.

Il ne sera pas inutile de reproduire ici une conséquence que l'on a fréquemment occasion d'appliquer, mais de laquelle ceux qui l'emploient ne se rendent pas toujours un compte exact. Supposons qu'au lieu de prendre l'arc z égal à 2°, on le fasse seulement égal à 1 seconde. En appliquant à ce cas nos expressions approchées de log sin z et de log tang z, il faudra remplacer l'arc z'' par 1, et, en se bornant encore à dix décimales, on aura un moyen très-commode pour obtenir le logarithme du sinus ou de la tangente d'un arc borné à cette limite, et dont la valeur donnée contiendrait plusieurs décimales de seconde que l'on croirait occasionnellement ne pas devoir négliger. Car on obtiendra ainsi ces logarithmes plus exactement, et plus aisément, que si on les déduisait des Tables par les parties proportionnelles.

Veut-on connaître les valeurs linéaires que représentent les quatre erreurs que nous venons de calculer, en supposant que l'arc de 2° qu'elles affectent soit pris sur le contour d'un grand cercle de la terre supposée sphérique? Pour cela, il n'y a qu'à se donner, par anticipation, la valeur moyenne d'un degré terrestre, que nous trouverons bientôt être $57014,5$ toises, de l'ancien étalon adopté par l'Académie des Sciences. Alors la soixantième partie d'un degré, ou $1'$, sera $950^T,2417$; et la soixantième partie de cette minute, ou $1''$, sera $15^T,83736$. Multiplions maintenant par ce nombre la plus grande erreur de nos séries, qui est $0'',0015434$ pour un arc de 2°; le produit sera $0^T,024443$, ou, en lignes, $21^l,119$. Cette quantité serait beaucoup trop faible pour qu'on pût espérer de la saisir, sur la longueur d'un si grand arc. Et l'erreur d'évaluation

---

d'abord, pour leur premier terme,

$$\log 1 = 0,0000000000$$
$$- \log R'' = - 5,3144251332$$
$$\log\left(\frac{1''}{R''}\right) = 6,6855748668$$

Alors les termes correctifs $-\frac{k}{6}\frac{x^3}{R''^3}$, $+\frac{k}{3}\frac{x^3}{R''^3}$, qui complètent $\log \sin x$ et $\log \tan x$, se trouvent avoir leur premier chiffre significatif dans le treizième ordre de décimales seulement; de sorte qu'ils ne changent rien aux dix premiers, qui sont donnés immédiatement par $\log\frac{1}{R''}$. Les termes ultérieurs des deux séries, si l'on avait voulu les conserver, auraient, sur l'expression totale, des influences progressivement moindres. Le $\log\left(\frac{1''}{R''}\right)$ trouvé ici représente donc $\log \sin 1''$ et $\log \tan 1''$, jusque dans les dix premières décimales de leurs valeurs, ce qui permet de le prendre comme leur étant équivalent, quand on ne veut pas aller au delà.

qu'elle représente deviendra encore plus petite, dans la proportion des amplitudes, pour des arcs moindres, comme sont toujours ceux auxquels on a occasion d'appliquer les expressions précédentes. On pourra donc la négliger sans hésitation.

61 On peut représenter par des développements analogues toute fonction de l'arc z dont la forme serait donnée. Supposons, par exemple, que l'on veuille exprimer ainsi les relations de la corde avec l'arc qu'elle soutend. On aura, par définition,

$$\text{corde } z = 2\sin \tfrac{1}{2} z.$$

Rapportons d'abord l'arc z au rayon du cercle pris pour unité de longueur. Si l'on veut avoir la corde en fonction de l'arc, il faudra développer $\sin \tfrac{1}{2} z$ suivant les puissances de $\tfrac{1}{2} z$. Si l'on veut, au contraire, l'arc en fonction de la corde, il faudra développer l'arc $\tfrac{1}{2} z$ en fonction de son sinus qui est $\tfrac{1}{2}$ corde z. Effectuant donc ces opérations, et faisant ensuite disparaître le dénominateur commun 2, on trouvera d'abord

$$\text{corde } z = z - \tfrac{1}{24} z^3 + \tfrac{1}{1920} z^5 \ldots \ldots$$
$$z = \text{corde } z + \tfrac{1}{24} (\text{corde } z)^3 + \tfrac{3}{640} (\text{corde } z)^5 \ldots$$

La petitesse des fractions $\tfrac{1}{1920}$, $\tfrac{3}{640}$, qui multiplient les puissances cinquièmes, montre d'avance qu'on pourra toujours négliger ces termes, pour des arcs moindres que 2°. Alors, en prenant les logarithmes tabulaires des deux membres de chaque égalité, et restreignant les développements à leurs deux premiers termes, on trouvera

$$\log (\text{corde } z) = \log z - \frac{k}{24} z^2, \qquad \log z = \log (\text{corde } z) + \frac{k}{24} (\text{corde } z)^2;$$

ou, si l'on veut exprimer l'arc z en secondes de degré, hors des signes trigonométriques,

$$\log \text{corde } z = - \log R'' + \log z - \frac{k}{24} \frac{z^2}{R''^2},$$
$$\log z = \log R'' + \log (\text{corde } z) + \frac{k}{24} (\text{corde } z)^2.$$

5.

62. Dans les applications, il arrive souvent que l'arc α n'est pas donné par sa valeur angulaire, mais par la longueur A qu'il occupe sur un grand cercle de la sphère où il a été mesuré linéairement. Alors on peut vouloir connaître, sur ce même cercle, les longueurs absolues de son sinus, de sa tangente et de sa corde, que je représente respectivement par sin A, tang A, corde A. Or, elles se déduisent également de nos formules approximatives, en supposant toujours que l'arc A n'occupe pas, sur son cercle, un arc qui dépasse 2°. En effet, désignons par R le rayon de ce cercle, exprimé dans la même espèce d'unité de longueur que l'arc A. Si l'on nomme α l'arc qui sous-tend le même angle dans un cercle dont le rayon serait 1, la proportionnalité des lignes homologues, dans les figures semblables, donnera évidemment

$$A = R\alpha, \qquad \sin A = R \sin \alpha, \qquad \operatorname{tang} A = R \operatorname{tang} \alpha,$$
$$\operatorname{corde} A = R \operatorname{corde} \alpha.$$

Tirez donc de ces égalités les valeurs de α, sin α, tang α, corde α, et celles de leurs logarithmes tabulaires, puis substituez-les dans les développements que nous avons formés, en les bornant toujours à leurs deux premiers termes que nous avons reconnu devoir toujours suffire pour un arc d'une telle amplitude. Il en résultera l'ensemble des formules approximatives suivantes :

$$\sin A = A - \frac{1}{6}\frac{A^3}{R^2}, \qquad\qquad \operatorname{tang} A = A + \frac{1}{3}\frac{A^3}{R^2},$$

$$A = \sin A + \frac{1}{6}\frac{\sin^3 A}{R^2}, \qquad\qquad A = \operatorname{tang} A - \frac{1}{3}\frac{\operatorname{tang}^3 A}{R^2},$$

$$\operatorname{corde} A = A - \frac{1}{24}\frac{A^3}{R^2}, \qquad\qquad A = \operatorname{corde} A + \frac{1}{24}\frac{(\operatorname{corde} A)^3}{R^2}$$

$$\log \sin A = \log A - \frac{k}{6}\frac{A^2}{R^2}, \qquad\qquad \log \operatorname{tang} A = \log A + \frac{k}{3}\frac{A^2}{R^2},$$

$$\log A = \log \sin A + \frac{k}{6}\frac{\sin^2 A}{R^2}, \qquad\qquad \log A = \log \operatorname{tang} A - \frac{k}{3}\frac{\operatorname{tang}^2 A}{R^2},$$

$$\log \operatorname{corde} A = \log A - \frac{k}{24}\frac{A^2}{R^2}, \qquad\qquad \log A = \log (\operatorname{corde} A) + \frac{k}{24}\frac{(\operatorname{corde} A)^2}{R^2}$$

ou il faut toujours se rappeler que l'on a, en se bornant à dix décimales ,

$$k = 0,4342944819, \quad \log k = \overline{1},6377843113.$$

On peut remplacer le rayon R par sa valeur en fonction du degré sexagésimal, mesuré sur le cercle auquel l'arc A appartient. Car, soit $D^{(o)}$ la longueur de ce degré exprimé dans la même espèce d'unités linéaires que A. D'après ce qui a été démontré dans la page 42 (note), si l'on fait, par abréviation ,

$$\omega = \frac{180}{\pi}$$

on aura

$$R = \omega\, D^{(o)} \quad \text{et} \quad \log \omega = 1,75812\,26324.$$

Toutes ces expressions ont été données par Delambre dans le tome II de l'ouvrage intitulé : *Base du système métrique décimal.* Leur principal avantage consiste en ce que, lorsqu'on veut calculer leur premier membre, par l'élément du second qui se trouve actuellement donné, la partie principale de la valeur cherchée s'obtient immédiatement par celle de cet élément même, et le rayon R n'entre que dans les termes correctifs, toujours très-petits. Ainsi la longueur linéaire de ce rayon, ou du degré $D^{(o)}$ qui le représente, n'a pas besoin d'être connue avec la dernière rigueur, mais seulement par une évaluation approximative. Cela est rendu évident par la petitesse du facteur $\frac{1}{\omega^2}$ ou $\frac{k}{\omega^2}$ qui affecte tous ces termes, et qui atténue ainsi les erreurs que l'on aurait pu commettre dans l'appréciation du degré $D^{(o)}$, le rapport $\frac{A}{D^{(o)}}$ devant être toujours moindre que 2. Alors, quand on applique ces formules à des mesures d'arcs méridiens, effectuées dans une région quelconque de la terre, on pourrait, comme première approximation, calculer les termes correctifs, en donnant au rayon R la valeur que l'on conclurait de ces mesures mêmes, en faisant d'abord abstraction de ces termes; sauf à les recalculer de nouveau plus exactement lorsque l'ensemble de tous les résultats aurait fait mieux connaître la valeur locale qu'il convient de lui attribuer. Mais, dans l'état actuel de la géodésie, ces valeurs du rayon R, très-peu différentes les unes des autres, sont déjà connues partout assez approximativement par les opérations déjà faites, pour qu'on puisse les employer de prime abord dans le calcul des termes correctifs, sans passer par le détour de la première évaluation que l'on obtiendrait en les négligeant; et cette conception, qui ne fait que prévenir les conséquences d'une rectification ultérieure, permet d'arriver directement aux résultats locaux définitifs, sans avoir l'inconvénient d'un cercle vicieux.

63. Il n'y a que deux cas où il devient indispensable d'avoir les valeurs locales de R ou de $D^{(o)}$ avec une plus grande exactitude. C'est lorsque, l'arc A étant donné en mesures linéaires, on veut en conclure l'angle au centre correspondant z en secondes, par son expression algébrique $z = \dfrac{A}{R} R''$, sans le déterminer astronomiquement par la mesure de l'angle céleste compris entre les normales qui le contiennent; ou, réciproquement, lorsque z étant ainsi donné, on veut en conclure l'arc A par l'expression inverse $A = \dfrac{Rz}{R''}$.

Alors, pour effectuer exactement de pareilles conversions, où le rayon local R entre avec toute sa valeur, il faut avoir préalablement déterminé la figure générale de la terre, avec assez d'universalité, comme de précision, pour pouvoir assigner théoriquement la longueur absolue du rayon R en un point donné, par exemple au pôle, ainsi que les lois de ses variations à partir de ce point. Mais on verra, dans les sections suivantes, que l'on arrive à ces deux résultats sans avoir besoin d'effectuer des conversions pareilles; ce qui les ramène à n'être que des applications finales, et exclut tout cercle vicieux dans la marche par laquelle on y parvient. C'est ce que j'ai voulu faire pressentir, de peur que cette idée ne s'offre à l'esprit du lecteur.

64. Après ces préparations générales, je reviens à l'opération de Pensylvanie; et, avec le secours des formules que nous venons d'établir, je vais calculer la correction qu'il faut faire à l'arc oblique

$S_1 S_2$ de la *fig.* 11, pour obtenir l'arc $M_2 S_2$ du méridien de la dernière station qui est compris entre les mêmes parallèles terrestres. Cette recherche nous sera ultérieurement très-utile. Car un calcul exactement pareil se représente dans toutes les opérations analogues que nous aurons à considérer, non-seulement quand on arrive à leur terme final, mais même pour projeter sur le méridien les diverses portions d'arcs sphériques qui les composent, lesquels sont toujours plus ou moins obliques à cette direction.

Pour éviter les confusions de lignes, je reproduis séparément ici ce système d'arcs dans la *fig.* 12, en l'y plaçant sur la même sphère locale dont le rayon polaire est CP. J'y ajoute cette spécification de localité par anticipation, puisque, dans cette première épreuve, qui ne sera qu'approximative, nous pourrions considérer la surface terrestre régularisée comme étant absolument sphérique, et décrite avec un rayon constant. Mais il n'en coûtera pas plus de nous mettre, dès à présent, dans l'hypothèse plus générale d'une sphère osculatrice variable, sauf à voir si nous pourrons déterminer son rayon local avec une approximation suffisante pour l'usage que nous en voudrons faire, ou si nous devrons nous résoudre à négliger d'abord cette modification de localité. Ici, cette sphère sera caractérisée par la condition de se confondre sensiblement avec la surface terrestre dans la petite étendue superficielle où l'on a mesuré l'arc $S_1 S_2$, et d'avoir son rayon polaire CP parallèle à l'axe de rotation du ciel. Alors ce sera sur sa superficie que nous construirons le triangle sphérique $S_1 S_2 M_2$, dont le côté $S_2 M_2$ représentera la direction du méridien de S_2, avec lequel l'arc $S_1 S_2$ forme l'angle observé i. Quel que puisse être le rayon de cette sphère osculatrice, je le représente par R, en le concevant exprimé dans les mêmes espèces d'unités de longueur qu'on a employées pour mesurer l'arc $S_1 S_2$.

Maintenant, du point S_1, le plus boréal de l'oblique $S_1 S_2$, je mène, sur notre sphère, un arc de grand cercle $S_1 N$, perpendiculaire au méridien $S_2 M_2$. Le triangle polaire $PS_1 N$ ayant PS_1 pour hypoténuse, PN sera moindre que PS_1, parce que l'angle en P est nécessairement très-petit ; et comme PM_2 est égal à PS_1, par construction, puisque les points S_1, M_2 doivent appartenir à un même parallèle terrestre, $M_1 N$ sera situé sur le prolongement de $S_1 M_1$, en se rapprochant du pôle, ainsi qu'on l'a représenté dans la figure. Cela posé, je vais d'abord calculer l'arc total $S_1 N$. Je déterminerai ensuite la longueur de l'arc $M_1 N$, par la condition que les deux points M_1, S, soient également distants du pôle sur leurs méridiens respectifs. Alors, $S_1 N — M_1 N$ sera la longueur cherchée de l'arc méridien $S_1 M_1$.

Les trois arcs de grands cercles $S S_1$, $S N$, $S_1 N$, forment sur notre sphère, dont le rayon est R, un triangle sphérique, rectangle en N, dans lequel on connaît l'hypoténuse $S S_1$, que je nomme A, avec l'angle adjacent $S_1 S N$ égal à $3°\,43'\,30''$, que j'appellerai i. On cherche le côté $S_1 N$ que je désigne par A', et le côté $S N$ que je désigne par Δ'. Pour ne pas introduire explicitement dans le calcul l'espèce particulière d'unités linéaires dans lesquelles l'arc A est exprimé, et qu'il faudrait aussi appliquer au rayon R, je mène idéalement, à partir du centre C, trois rayons, ou verticales, dirigées aux points S, S_1, N; puis je les coupe par une sphère concentrique à la première, et décrite d'un rayon égal à 1. Joignant les trois points d'intersection par des arcs de grands cercles, je forme ainsi, sur cette sphère centrale, un triangle sphérique semblable à $S S_1 N$, dont je désigne les côtes respectivement homologues par α, α', δ', l'angle i étant commun. Lorsque α' et δ' seront connus en α et i, sur la sphère centrale, la proportionnalité des lignes homologues, dans les figures semblables, donnera évidemment

$$(S) \qquad A = R\alpha, \qquad A' = R\alpha', \qquad \Delta' = R\delta'.$$

Alors, pour obtenir A' et Δ' en mesures linéaires, il ne restera plus qu'à connaître le rayon R dans ces mêmes unités de mesures, soit exactement, si cela est indispensable, soit avec une approximation suffisante, si nous pouvons limiter son influence à de petits termes correctifs, en l'éliminant des parties principales de A' et de Δ', par sa relation avec l'arc A qui est connu. Or, ce dernier cas est heureusement celui que notre calcul va réaliser.

63. La résolution du triangle central rentre dans le troisième cas des triangles sphériques rectangles, que Legendre a considérés

dans son *Traité de Géométrie*. En y adaptant les formules qu'il donne, on trouve

$$(\varepsilon) \qquad \operatorname{tang} \alpha' = \operatorname{tang} \alpha \cos i, \qquad \sin \delta' = \sin \alpha \sin i.$$

Si l'on voulait résoudre immédiatement ces équations par les Tables de sinus et de tangentes, il faudrait y remplacer l'arc α de la sphère centrale par sa valeur angulaire, qui, exprimée en secondes, serait $\dfrac{A}{R}$ R″. Cela exigerait donc déjà la connaissance exacte du rayon R pour l'employer comme diviseur dans cette conversion. Lorsque les arcs α', δ' seraient ainsi connus en valeurs angulaires, il faudrait former leurs valeurs abstraites $\dfrac{\alpha'}{R''}$, $\dfrac{\delta'}{R''}$, puis les multiplier par R pour avoir A′ et Δ′, ce qui donnerait à l'évaluation de R une influence inverse dans ces deux calculs. Il est donc très-désirable d'éluder les erreurs que l'inexactitude de cette évaluation produirait dans ces opérations réciproques; et cela doit être au moins essentiellement possible pour de petits arcs tels que ceux que nous considérons, puisque, s'ils étaient si petits qu'on pût les considérer comme proportionnels à leurs sinus et à leurs tangentes, le rayon R disparaîtrait évidemment tout à fait de leurs relations mutuelles. Or, en effet, ce caractère spécial de petitesse permet de dégager la partie principale de A′ et de Δ′, qui est indépendante de sa valeur.

66. Pour cela, les arcs α, α', δ' devant toujours être ici moindres que 2 degrés ou 7200 secondes, je leur applique les développements restreints que nous avons établis dans la page 60. J'exprime ainsi d'abord l'arc α' par sa tangente qui est donnée dans la première des équations (ε), et j'obtiens

$$\alpha' = \operatorname{tang} \alpha \cos i - \tfrac{1}{3} \operatorname{tang}^3 \alpha \cos^3 i.$$

Maintenant, dans le second membre, je remplace tang α par son développement en α, qui, restreint de même à ses deux premiers termes, est

$$\operatorname{tang} \alpha = \alpha + \tfrac{1}{3} \alpha^3;$$

et, en bornant cette substitution aux puissances de α qui n'excèdent pas la troisième, pour rester dans les mêmes limites d'approximation, j'ai finalement

$$\alpha' = \alpha \cos i + \tfrac{1}{3} \alpha^3 \cos i \sin^2 i.$$

Opérant de même sur la deuxième des équations (x), j'exprime d'abord l'arc δ' par son sinus qui est donné, et, en me bornant toujours aux deux premiers termes du développement, j'ai

$$\delta' = \sin \alpha \sin i + \tfrac{1}{6} \sin^3 \alpha \sin^3 i;$$

alors je remplace $\sin \alpha$ par son développement en α qui est dans les mêmes termes

$$\sin \alpha = \alpha - \tfrac{1}{6} \alpha^3;$$

et, en me restreignant toujours à la même limite d'approximation, j'obtiens finalement

$$\delta' = \alpha \sin i - \tfrac{1}{6} \alpha^3 \sin i \cos^2 i.$$

Maintenant, pour reporter ces résultats sur notre sphère osculatrice, dont le rayon est R, il faut y remplacer les arcs α, α', δ', par leurs valeurs $\dfrac{A}{R}$, $\dfrac{A'}{R}$, $\dfrac{\Delta'}{R}$. Alors un des facteurs $\dfrac{1}{R}$ disparaît des deux membres de chaque égalité comme leur étant commun, et l'on a

$$A' = A \cos i + \tfrac{1}{3} \frac{A^3}{R^2} \cos i \sin^2 i; \quad \Delta' = A \sin i - \tfrac{1}{6} \frac{A^3}{R^2} \sin i \cos^2 i.$$

Les premiers termes de ces expressions, qui forment la portion principale des valeurs cherchées, sont évidemment ceux que l'on obtiendrait si l'on résolvait le triangle terrestre S_1S_2N comme s'il était rectiligne. C'est ce qu'a fait l'astronome anglais Maskelyne, en calculant cette opération, se fondant sans doute sur l'extrême petitesse de l'angle i. D'après notre calcul, plus général, on voit que ces premiers termes sont seuls indépendants du rayon R, dont le carré reste comme diviseur dans ceux qui leur sont associés. Mais lorsque les amplitudes des arcs A sont aussi restreintes que nous le supposons, l'excessive petitesse du rapport $\dfrac{A^2}{R^2}$ fait que ces derniers termes peuvent être calculés avec toute la précision nécessaire, d'après la connaissance approximative que l'on a toujours du rayon R. Ici, en particulier, la petitesse de ce rapport est telle, qu'on peut le calculer sans erreur appréciable avec la valeur de R qui se déduirait du degré $D^{(o)}$, immédiatement évaluée en résolvant le triangle S,S,M, comme rectiligne, et supposant que le côté S,M, se confond avec la perpendiculaire S,N. D'après ce que j'ai montré dans la note annexée à la page 55, cette détermination approximative donnerait, en pieds anglais, $D^{(o)}$ égal à $363781^{pds},81$; et de là on déduit, dans la même espèce de mesures,

$$R = \omega D^{(o)}; \quad \text{donc,} \quad \log R = \log \omega + \log D^{(o)} = 7,3189636.$$

Malgré la petite inexactitude qui peut affecter cette expression de R, elle nous suffira parfaitement pour calculer nos petits termes correctifs, comme je le prouve matériellement ici en note (*). En

---

(*) Pour confirmer matériellement l'assertion ici émise dans le texte, je vais calculer les termes correctifs de A' et de Δ', en attribuant à $D^{(o)}$ la valeur finale 363771^{pds}, qui se déduit de la mesure des arcs, après les réductions exactement faites. Je montrerai ensuite que ces mêmes termes s'obtiendraient sans différence appréciable, dans l'ordre de décimales qu'on y conserve, si on les calculait en prenant pour $D^{(o)}$ la première évaluation approximative $363781^{pds},81$; cela suffira pour faire disparaître toute apparence de cercle vicieux. Mais, en général, dans cette question comme dans toute autre, où l'on craindrait qu'une évaluation imparfaite de $D^{(o)}$ ne pût entraîner quelque erreur dans l'appréciation de termes correctifs, comme ceux que nous avons ici à considérer, on appliquerait d'abord aux arcs observés les corrections obtenues avec cette valeur imparfaite, ce qui conduirait à une seconde évaluation de $D^{(o)}$ beaucoup moins fautive, avec laquelle on calculerait de nouveau ces mêmes corrections; et si elles différaient sensiblement des premières que l'on avait obtenues, on recommencerait un troisième calcul pareil, puis un quatrième, jusqu'à ce qu'on n'y trouvât plus que des variations négligeables. Ici ces détours sont inutiles, comme on va le voir, à cause de la petitesse de l'angle i, qui rend la première approximation très-suffisante; et je n'y emploie la valeur exacte de $D^{(o)}$ que pour présenter le calcul définitif tel qu'on l'effectuerait, par une approximation finale, dans d'autres cas où l'on en aurait reconnu la nécessité.

Les données du calcul numérique seront donc ici

$$A = 43°01'1''^{pds},6, \quad i = 3°43'30'', \quad D^{(o)} = 363771, \quad \log \omega = 1,7351226324.$$

Pour pouvoir l'effectuer avec les Tables de logarithmes à sept décimales, je

l'appliquant à nos deux formules, et effectuant aussi le calcul direct de leurs premiers termes avec les valeurs de A et de i qui sont données, on trouve

$$A' = 433094^{rds},692 + 0^{rds},264 = 433094^{rds},956;$$
$$\Delta' = 28196^{rds},747 - 2^{rds},029 = 28194^{rds},718.$$

---

change $\cos i$ en $1 - 2\sin^2\tfrac{1}{2}i$ dans le terme de A' où ce cosinus a pour facteur l'arc A ; alors les formules à évaluer sont

$$A' = A - 2A\sin^2\tfrac{1}{2}i + \frac{i}{3\varpi^2}\frac{A^3}{D(\varpi)^2}\cos i \sin^2 i, \qquad \Delta' = A\sin i - \frac{i}{6\varpi^2}\frac{A^3}{D(\varpi)^2}\sin i \cos^2 i.$$

Voici le type des opérations, avec des logarithmes à sept décimales :

1°. Calcul de A'.

$$
\begin{array}{lll}
\log A = 5,6375013 & \log A^2 = 16,9125039 & \log 3 = 0,4771213 \\
\log 2 = 0,3010300 & \log \cos i = \bar{1},9990815 & \log \varpi^2 = 3,5162453 \\
\log \sin^2 \tfrac{1}{2}i = \bar{3},0237944 & \log \sin^2 i = \bar{3},6253954 & \log D(\varpi)^2 = 11,1216562 \\
\hline
2,9623257 & 14,5369808 & 15,1150228 \\
 & 15,1150228 & \\
2A\sin^2\tfrac{1}{2}i \dots\ 916,908^{\,pds} & \hline & \\
A \dots\dots 434011,6 & \bar{1},4219580 & \\
\hline
A\cos i \dots 433094,692 & \dfrac{i}{3\varpi^2}\dfrac{A^3}{D(\varpi)^2}\cos i \sin^2 i \dots 0^{rd},26421 & \\
\text{Terme corr.} \quad + 0,264 & & \\
\hline
A' \dots\dots 433094,956 & &
\end{array}
$$

On trouverait, pour ce terme, $0^{rd},26420$ si on le calculait en donnant à $D(\varpi)$ la valeur approximative $363781^{rds},81$.

2°. Calcul de Δ'.

$$
\begin{array}{lll}
\log A = 5,6375013 & \log A^2 = 16,9125039 & \log 36\varpi^2 D(\varpi)^2 = 15,1150228 \\
\log \sin i = 2,8126927 & \log \sin i = 2,8126927 & \log 2 = 0,3010300 \\
\hline
4,4501990 & \log \cos^2 i = \bar{1},9981630 & 15,4160528 \\
 & \hline & \\
A\sin i \dots 28196,747^{\,pds} & 15,7233616 & \\
\text{Terme corr.} \quad - 2,029 & 15,4160528 & \\
\hline
\Delta' \dots\dots 28194,718 & 0,3073118 & \\
 & \dfrac{i}{6\varpi^2}\dfrac{A^3}{D(\varpi)^2}\sin i \cos^2 i \dots 2^{rds},029 &
\end{array}
$$

On trouverait, pour ce terme, $2^{rds},02902$, si on le calculait en donnant à $D(\varpi)$ la valeur approximative $363781^{rds},81$.

La petitesse excessive de ces termes correctifs justifie ainsi toutes nos prévisions.

67. L'arc A' ou S_1N de la *fig.* 12 étant connu, il reste à trouver M_1N qu'il faut en soustraire. Pour cela, je remarque que le point M_1 devant être sur le parallèle de S_1, par définition, l'arc PM_1, compté du pôle P sur notre sphère osculatrice, est égal à PS_1, qui représente, sur cette même sphère, la distance du point S_1 au pôle P. Comme la condition de tangence est supposée sensiblement remplie dans la petite étendue superficielle du triangle S_1NS_2, le rayon CS_1 de la sphère tangente coïncide avec la normale terrestre en S_1, et se dirige ainsi extérieurement au zénith de ce point. En outre, le rayon CP de cette sphère est censé dirigé au pôle de rotation de la sphère céleste. Ainsi, à cause de la petitesse infinie de la terre, la distance angulaire du pôle céleste au zénith, qui s'observerait en S_1, et que je désignerai par d', est égale à l'angle S_1CP, que l'arc PS_1 soutend au centre de la sphère tangente. A la vérité, l'angle d' n'est pas ici connu par des observations astronomiques, qui auraient été faites précisément en S_1. Mais je montrerai tout à l'heure qu'on peut, avec une approximation suffisante, le déduire des observations de ce genre effectuées à la station la plus boréale S, *fig.* 11, en les combinant avec la longueur de l'arc mesuré entre S et S_1, suivant la direction SS_1 du méridien même. D'après cela, nous pourrons considérer d' comme donné, et le supposer représenté par sa valeur abstraite exprimée en parties du rayon du cercle pris pour unité de longueur. Alors Rd' exprimera la longueur de l'arc homologue PS_1, sur la sphère osculatrice que nous considérons. Je représenterai cet arc par D', et je désignerai par Π' l'arc PN, qui est sa projection sur le méridien PM_1S_1. Nous venons, en outre, de déterminer l'arc perpendiculaire S_1N, que nous avons nommé Δ'. Si, avec ces éléments, on parvient à déterminer PN, on aura, par différence, M_1N égal à $PS_1 — PN$: ce sera l'inconnue cherchée.

68. Les trois arcs D', Π', Δ' forment sur la sphère osculatrice un triangle sphérique rectangle en N. Si donc, comme tout à l'heure, on conçoit trois verticales menées du même centre C aux points S_1, N et au pôle P, elles couperont la sphère dont le rayon est *r*, en trois points correspondants, qui formeront, sur celle-ci, un triangle sphérique rectangle dont je désigne par d', π', δ', les côtés respectivement homologues à D', Π', Δ'. Alors, en nommant toujours R le rayon de notre sphère, on aura encore, par proportionnalité,

$$D' = Rd' ; \quad \Pi' = R\pi' ; \quad \Delta' = R\delta'.$$

Si, par la résolution du triangle central, on obtient π' en fonction de d' et de δ' qui sont connues, on en conclura, par l'élimination, les valeurs de Π' en fonction de D' et de Δ', quantités dont la seconde est déjà trouvée, et dont la première se déduirait de d' si l'on avait la connaissance exacte du rayon R. Mais on va voir qu'ici, comme dans l'exemple précédent, la quantité M, N ou Π'— D', que nous avons seule besoin d'évaluer, pourra se déduire de ces données, sans exiger autre chose que l'évaluation approximative de ce rayon, dont nous avons déjà fait usage.

69. Or, l'hypoténuse d' du triangle central étant supposée connue ainsi que δ', on tombe sur le premier cas des triangles sphériques rectangles, que Legendre considère dans sa *Géométrie*. Donc, en désignant aussi par p l'angle polaire NPS, qui est commun au triangle central et au triangle terrestre, on aura

$$\cos \pi' = \frac{\cos d'}{\cos \delta'} ; \qquad \sin p = \frac{\sin \delta'}{\sin d'}.$$

Nous venons de reconnaître que Δ' est un arc terrestre de peu de longueur; δ' sera donc aussi un petit arc de la sphère centrale. Cette circonstance se représente dans toutes les opérations de ce genre; car, autant que les localités le permettent, on tâche de prendre la station extrême, ainsi que les intermédiaires, peu distantes du méridien primitif, afin qu'on puisse, avec assez d'approximation, les supposer comprises sur les sphères qui sont successivement osculatrices aux diverses parties de ce méridien, δ' étant ainsi toujours un petit arc, π' diffère peu de d'. C'est pourquoi, au lieu de chercher la valeur absolue de π' par son cosinus, il est préférable de chercher l'excès de d' sur π' qui répond précisément, par proportionnalité, à l'arc M, N que l'on veut connaître ;

et la petitesse de δ' permet de l'obtenir par une approximation aussi exacte que facile. Pour le mettre en évidence, faisons

$$\pi' = d' - x;$$

x sera l'excès cherché. Alors, en formant $\cos \pi'$ d'après cette expression, et le substituant dans l'équation qui donnait sa valeur, elle devient

$$(1) \qquad \cos d' \cos x + \sin d' \sin x = \frac{\cos d'}{\cos \delta'}.$$

Il faut maintenant dégager l'inconnue x qui se trouve enveloppée à la fois sous les signes de sinus et de cosinus, circonstance que l'on a très-souvent occasion de rencontrer dans les applications de l'astronomie. Cette opération conduit nécessairement à une équation du second degré en $\sin x$, ou $\tang \frac{1}{2} x$, que l'on résout, soit avec rigueur, par une extraction de racine, soit approximativement, par des séries qui peuvent atteindre une exactitude indéfinie. Je rejette ces détails dans une Note placée à la fin de la présente section; mais j'exposerai ici un raisonnement, applicable à tous les cas de ce genre, et par lequel on obtient, sans peine, les deux premiers termes du développement de l'inconnue x, ce qui suffit presque toujours dans les évaluations que l'on veut en faire.

Ce raisonnement se fonde sur la petitesse prévue de l'arc x, par conséquent de $\sin x$, laquelle résulte de la petitesse de l'arc δ'. Or on a, en général,

$$\cos x = (1 - \sin^2 x)^{\frac{1}{2}} = 1 - \tfrac{1}{2} \sin^2 x - \tfrac{1}{4} \sin^4 x \ldots;$$

$\cos x$ ne diffère donc de l'unité que par des termes de l'ordre du carré et des puissances supérieures de $\sin x$, lesquels sont d'autant plus petits que l'ordre de leur puissance est plus élevé. D'après cela, on obtiendra une première évaluation approchée de $\sin x$, en faisant $\cos x$ égal à l'unité dans l'équation (1). Effectuant donc cette substitution, et dégageant $\sin x$, on obtiendra d'abord

$$\sin x = \frac{\cos d'}{\sin d'} \left(\frac{1 - \cos \delta'}{\cos \delta'} \right) = \frac{2 \sin^2 \frac{1}{2} \delta'}{\tang d' \cos \delta'};$$

et par suite, dans le même ordre d'approximation,

$$\cos x = 1 - \frac{2 \sin^2 \frac{1}{2} \delta'}{\tan^2 d' \cos^2 \delta'}.$$

Alors, si l'on substitue cette valeur de $\cos x$ au lieu de l'unité dans l'équation (1), et que l'on dégage de nouveau $\sin x$, on en obtiendra une seconde évaluation plus approchée, qui sera

$$\sin x = \frac{2 \sin^2 \frac{1}{2} \delta'}{\tan d' \cos \delta'} + \frac{2 \sin^4 \frac{1}{2} \delta'}{\tan^3 d' \cos^3 \delta'}.$$

Je bornerai cette expression aux quatrièmes puissances de $\sin \frac{1}{2} \delta'$, ce qui sera toujours plus que suffisant pour les applications, et même j'expliquerai tout à l'heure pourquoi je la pousse si loin. Alors il faudra faire $\cos \delta'$ égal à 1 dans le dénominateur de son second terme qui est déjà, par son numérateur, de l'ordre de petitesse auquel on veut s'arrêter. Mais, dans le premier terme, qui est seulement de l'ordre $\sin^2 \frac{1}{2} \delta'$, il faudra développer le facteur $\dfrac{1}{\cos \delta'}$ en $\sin \frac{1}{2} \delta'$ de la manière suivante :

$$\frac{1}{\cos \delta'} = \frac{1}{1 - 2 \sin^2 \frac{1}{2} \delta'} = 1 + 2 \sin^2 \frac{1}{2} \delta' + 4 \sin^4 \frac{1}{2} \delta', \text{ etc.}$$

Mais il faut s'arrêter aux deux premiers termes, puisque celui auquel le développement doit s'appliquer, comme facteur, est déjà de l'ordre $\sin^2 \frac{1}{2} \delta'$. On aura donc ainsi finalement

$$\sin x = \frac{2 \sin^2 \frac{1}{2} \delta'}{\tan d'} + 4 \left(1 + \frac{1}{2 \tan^2 d'}\right) \frac{\sin^4 \frac{1}{2} \delta'}{\tan d'}.$$

Pour revenir de $\sin x$ à l'arc x, on peut employer le rapport d'égalité ; car la différence est de l'ordre $\sin^3 x$ qui répondaient à des termes de l'ordre $\sin^6 \frac{1}{2} \delta'$, lesquels dépasseraient les limites de notre approximation actuelle. Par le même motif, on peut remplacer $\sin^2 \frac{1}{2} \delta'$ et $\sin^4 \frac{1}{2} \delta'$ par $\frac{1}{4} \delta'^2$ et $\frac{1}{16} \delta'^4$. On aura alors

$$x = d' - \pi' = \frac{1}{2} \frac{\delta'^2}{\tan d'} + \frac{1}{4} \left(1 + \frac{1}{2 \tan^2 d'}\right) \frac{\delta'^4}{\tan d'},$$

précisément comme on l'obtiendrait par les séries générales, développées en note à la fin de cette section, en les limitant aux termes de même ordre. Or, nous avons trouvé plus haut, page 74,

$$\delta' = \alpha \sin i - \tfrac{1}{2} \alpha^2 \sin i \cos^2 i\,;$$

en remplaçant δ' par cette expression, et s'arrêtant aux quatrièmes puissances de l'arc α, on trouve finalement

$$d' - \pi' = \frac{1}{2} \frac{\alpha^2 \sin^2 i}{\operatorname{tang} d'} + \frac{1}{4} \left(1 - \tfrac{1}{2} \cos^2 i + \frac{\sin^2 i}{2 \operatorname{tang}^2 d'} \right) \frac{\alpha^4 \sin^2 i}{\operatorname{tang} d'}.$$

Pour transporter ce résultat de la sphère centrale à la sphère osculatrice, dont le rayon est R, il faut y remplacer les arcs α, d', π', par leurs expressions équivalentes $\dfrac{A}{R}$, $\dfrac{D'}{R}$, $\dfrac{\Pi'}{R}$. La valeur de $D' - \Pi'$, ainsi obtenue, exprimera la longueur de l'arc terrestre M N, que nous voulions évaluer dans la *fig.* 12. C'est la distance comprise, sur le méridien PS, entre le parallèle de la station S et l'arc S N, mené de S perpendiculairement à ce même méridien. Toutefois il convient de laisser d' exprimé par sa valeur angulaire sous le signe *tang*, parce qu'il se présente sous cette forme dans le calcul numérique. Après cette élimination, un des facteurs $\dfrac{1}{R}$ disparaît encore, comme commun aux deux membres de l'égalité, et il reste

$$M N = D' - \Pi' = \frac{1}{2} \frac{A^2 \sin^2 i}{R \operatorname{tang} d'} + \frac{1}{4} \left(1 - \tfrac{1}{2} \cos^2 i + \frac{\sin^2 i}{2 \operatorname{tang}^2 d'} \right) \frac{A^4 \sin^2 i}{R^3 \operatorname{tang} d'}.$$

Pour l'application particulière que nous avons ici en vue, le premier terme de cette expression donnera une évaluation parfaitement suffisante. On s'y est même généralement borné pour les réductions de ce genre qui se présentent dans toutes les mesures d'arcs méridiens. Mais il ne serait pas hors de possibilité que le second terme devînt nécessaire, si la station S, d'où l'on mène l'arc perpendiculaire, était fort rapprochée du pôle, ce qui donnerait à $\operatorname{tang} d'$ une valeur fractionnaire qui agrandirait les termes où elle entre comme diviseur, de manière à rendre sensibles ceux qui affectent $\dfrac{A^4}{R^3}$. On pourrait même concevoir mathématiquement des valeurs de d' assez petites pour que la série qui forme le développement de $\sin x$ devînt divergente, δ' étant donné. Mais les mesures d'arcs méridiens ne pourront jamais être faites assez près du pôle pour que ce cas se réalise; et, dans les opérations habituelles, il sera toujours facile de constater par notre formule si le terme en A^4 est sensible ou négligeable. C'est pour ce motif théorique que j'ai poussé le développement jusque-là; car, dans l'application particulière que nous allons en faire, il serait complètement inutile d'aller jusqu'aux A^4.

70. Pour réduire le second membre de cette formule en nombres, nous pouvons, comme dans l'évaluation de l'arc A' ou NS., attribuer à R la valeur de $\omega D^{(o)}$ qui nous a servi alors, et dans laquelle $D^{(o)}$ représente la longueur locale du degré du méridien déterminée par notre première approximation, ce qui nous a donné, en pieds anglais, page 75,

$$\log R = 7,3189636;$$

car, à la petitesse du rapport $\dfrac{A}{R}$, se joint encore ici celle du facteur $\sin^2 i$ qui multiplie les termes que nous voulons évaluer. Mais il faut aussi connaître l'angle d', qui est la distance du pôle au zénith, dans la station d'où l'on a mené l'arc Δ' perpendiculaire au méridien éloigné. Or, en revenant à la *fig.* 12, où cette station est désignée par $S_,$, on n'y a pas observé l'angle d'; mais on peut le conclure ici, avec une approximation suffisante, des observations faites à la station plus boréale S, *fig.* 11, puisque l'on connaît la longueur de l'arc méridien SS. qui l'y rattache. En effet, par une mesuration directe, cette longueur a été trouvée égale à $104988^{\text{rds}},4$; mais il faut y ajouter $2^{\text{rds}},2$, partie proportionnelle des $10^{\text{rds}},84$ qu'on doit ajouter à l'arc total pour ramener le mesurage à la température de $16°,25$. Elle devient ainsi $104990^{\text{rds}},6$. Alors sa proportion au degré local approximatif $D^{(o)}$ donnera sa valeur angulaire égale à $1° \dfrac{104990,6}{363781,81}$, ou $0°\,17'\,19''$, dont la station S sera plus éloignée du pôle que la station S_1. Donc, la distance du pôle au zénith en S étant $50°3'41''$ par observation, elle sera, en S_1, plus grande de cette quantité, c'est-à-dire égale à $50°21'0''$. Telle sera donc la valeur de d' dans l'expression de $D'-\Pi'$ ou M_1N. Il est facile de constater par le calcul arithmétique qu'une petite incertitude sur cet élément n'aurait ici qu'une influence inappréciable sur l'évaluation de M_1N, à cause de la petitesse de A et de $\sin i$, ce qui nous soustrait à la nécessité de connaître le rayon R aussi rigoureusement que cela est nécessaire en général pour des conversions pareilles, comme nous l'avons expliqué plus haut, page 75.

74. D'après cela, dans l'application particulière que nous avons en vue, les données du calcul seront

$$A = 434011^{\text{pds}},6, \qquad i = 3°43'30'', \qquad d' = 50°21'0'';$$

et, en se bornant au premier terme de la formule qui est le seul appréciable, on trouve

$$M_1N = 15^{\text{pds}},81.$$

Le terme en $\dfrac{A'}{R'}$ serait ici complétement insensible. M_1N étant connu, on le retranchera de NS_1 ou A' que nous avons calculé tout à l'heure, ce qui donnera M_1S_1. Alors l'arc méridien total, MM_1S_1, *fig.* 11, compris entre les parallèles des stations extrêmes S, S_1, s'obtiendra définitivement comme il suit :

Arc méridien compris entre la station S_1,
et l'intersection du grand cercle, mené
de S_1 perpendiculairement au méridien
de S_1.. $S_1N = 433094,96$ (pieds)

Réduction au parallèle de la station S_1,
soustractive............................... $MN = 15,81$

Portion de l'arc méridien compris entre
les parallèles de S_1 et de S........... $SM_1 = 433079,15$

Première portion d'arc méridien, mesuré
directement de S à S_1, transportée sur
le méridien de S....................... $MM_1 = 104988,40$

Longueur totale de l'arc méridien compris
entre les parallèles de S et de S_1..... $MS_1 = 538067,55$

Correction additive pour ramener le mesurage à la température de $16°,25$....... $10,84$

Arc méridien total évalué en pieds anglais,
à la température centésimale de $16°,25$. $538078,39$

C'est le nombre que j'ai rapporté par anticipation dans la page 56. En le combinant avec l'amplitude céleste $1°28'45''$, comprise entre les normales qui le limitent, on en tire la longueur du degré Ir égale à $363771^{pds},3$ que j'ai restreinte à 363771^{pds} en nombres ronds. La différence n'a aucune importance, étant fort au-dessous des incertitudes que le mesurage de l'arc total comportait; et je n'ai rapporté tous les détails de ces calculs avec tant de soin, que pour offrir l'exemple des réductions que de pareilles opérations nécessitent toujours, même dans un cas de mensuration directe, tel que celui-ci.

72. Pour compléter l'exposé des particularités qui s'y ratta-chent, il resterait à considérer l'équation

$$\sin p = \frac{\sin d'}{\sin d'}$$

laquelle donne l'angle au pôle P compris sur la sphère tangente entre le méridien de S, et le méridien d'une autre station S, séparé de celui-là par un arc de grand cercle S,N ou Δ' qui lui est perpendiculaire. J'expliquerai plus loin l'usage général qu'on fait de cette formule pour définir les positions relatives des points de la surface terrestre, par des coordonnées de ce genre Δ' et p. En ce moment je veux seulement faire remarquer que, lorsqu'on veut tirer d'une pareille équation la valeur de l'angle p en parties de la graduation du cercle, par l'emploi des Tables de sinus, il faut y exprimer les arcs d' et δ' de la sphère centrale, en parties de cette même graduation, et non pas en parties du rayon de cette sphère. Ici d' nous est déjà donné ainsi par les observations astronomiques transportées de S en S,, et nous venons de le trouver égal à $50° 21' 0''$. Pour avoir δ' sous la même forme, il faut considérer qu'il occupe, sur la sphère centrale, le même arc de graduation que Δ', sur la sphère locale dont le rayon est R. Or, on connaît, pour celle-ci, l'arc $D^{(o)}$ qui occupe un degré de la graduation sexagésimale d'un de ses grands cercles ; et nous trouvons sa longueur égale à 363771 pieds anglais. Ayant donc aussi l'arc Δ' exprimé dans la même espèce d'unités de longueur, et l'ayant trouvé égal à $28194^{\text{pds}},718$, page 76, sa valeur Δ'', en parties du degré sexagésimal, sera proportionnellement

$$\Delta^{(o)} = \frac{1^{o}.28194,718}{363771} = 0^{o},0775068 = 4' 39'',024;$$

ce sera donc aussi la valeur de δ' exprimée sous la même forme. Alors, en la combinant avec celle de d', et achevant le calcul par les Tables de sinus, on trouvera

$$p = 6' 1'',359.$$

75. Quoique cette évaluation de l'angle p ne nous fût pas ici particulièrement nécessaire, j'ai jugé utile de la donner comme un exemple numérique de ces conversions, dont la nécessité se reproduit fréquemment. Pour éviter les ambiguïtés qu'elles pourraient faire naître, et qui ont occasionné plus d'une fois des erreurs numériques, je les caractériserai désormais par l'indice $^{(o)}$, affecté en exposant à l'arc quelconque auquel elles s'appliquent ;

de sorte que $A^{(o)}$ représentera généralement l'arc A, transformé en degrés sexagésimaux du cercle quelconque auquel il appartient. Je ne ferai d'exception à cette règle que pour l'expression $D^{(o)}$ par laquelle je continuerai de désigner l'arc qui occupe un degré de la graduation sexagésimale, sur les grands cercles de la sphère localement osculatrice à la surface terrestre, dans le sens du méridien, en chaque lieu que l'on voudra considérer. Alors, si A est aussi un arc de grand cercle appartenant à cette même sphère, $\dfrac{A}{D^{(o)}}$ ou $A^{(o)}$, sera la valeur angulaire de l'arc A, exprimé en parties de la même graduation.

74. Le calcul de l'angle p que je viens d'exposer, me fournit l'occasion de justifier une particularité que j'ai annoncée plus haut comme étant, non pas indispensable, mais très-utile à établir dans la distribution définitive des centres de nos sphères tangentes. Pour la considérer dans les réalités auxquelles elle se rattache, admettons d'avance que la surface générale de la terre pourra, dans ce qu'elle a de régulier, être représentée, avec toute l'exactitude que l'on peut atteindre, par un ellipsoïde de révolution dont l'axe polaire coïncide avec l'axe polaire de la sphère céleste, ce que l'on verra plus loin être en effet le résultat final où l'on est conduit. Nous venons de diriger ici le rayon polaire CP de notre sphère tangente vers les pôles célestes. Il sera donc parallèle à l'axe polaire de l'ellipsoïde par cette condition. Mais si le centre C de la sphère est placé en quelque point que ce soit, hors de ce même axe, le pôle sphérique P lui sera aussi extérieur; et alors les méridiens sphériques menés de ce pôle aux points S_1, S, différeront, comme plans, des méridiens elliptiques menés à ces mêmes points. Donc, quand on aura calculé l'angle polaire p sur la sphère tangente, comme nous venons de le faire, il faudra, pour avoir l'angle analogue compris entre les méridiens elliptiques, appliquer à p des réductions dépendantes de l'écartement des pôles des deux surfaces, réductions qui devront varier avec la position absolue de la sphère tangente que l'on considérera actuellement. On évite ces difficultés en plaçant tous les centres des sphères tangentes sur l'axe même de l'ellipsoïde, ce qui rend leurs rayons polaires physiquement coïncidents avec lui, puisqu'ils se dirigent d'ailleurs comme lui aux pôles de la sphère céleste situés sur son prolongement rectiligne. Alors les méridiens elliptiques et les méridiens sphériques, menés aux mêmes points S_{i}, S_{i} de la surface terrestre, coïncident comme plans, et comprennent ainsi le même angle dièdre p; de sorte que cet angle se trouve connu pour l'ellipsoïde, lorsqu'il a été déterminé sur la sphère tangente par le calcul que nous venons d'exposer. Cette distribution des centres de toutes les sphères locales sur l'axe polaire de l'ellipsoïde offre plusieurs autres avantages qu'il est aisé de pressentir, et que nous aurons l'occasion de reconnaître. Il reste donc à examiner si ces sphères, ainsi définies, peuvent avoir avec la surface de l'ellipsoïde des contacts assez intimes, comme assez prolongés, pour s'assimiler successivement à lui, avec une suffisante précision, dans une petite amplitude conique de 1 ou 2 degrés autour de leur point de tangence. Or c'est ce que nous constaterons par des épreuves numériques indubitables.

NOTE

RELATIVE A LA PAGE 79.

Sur la résolution des équations où le sinus et le cosinus d'une inconnue que l'on sait être fort petite entrent l'un et l'autre, seulement à la première puissance.

Soit x l'inconnue; l'équation proposée sera de cette forme:

$$(1) \qquad A \cos x + B \sin x = C,$$

A, B, C étant trois coefficients donnés, indépendants de x. Appliquons-lui d'abord le mode de raisonnement que nous avons employé dans le texte; $\sin x$ étant supposé une fraction du premier ordre de petitesse, $\cos x$ ne différera de l'unité que par des termes de l'ordre du carré de cette fraction. Ainsi on obtiendra une première évaluation approchée de $\sin x$ en faisant, dans notre équation, $\cos x$ égal à 1, ce qui donne

$$\sin x = \frac{C - A}{B},$$

et par suite, dans le même ordre d'approximation,

$$\cos x = 1 - \frac{1}{2}\frac{(C-A)^2}{B^2}.$$

Alors, si l'on substitue cette valeur de $\cos x$ au lieu de l'unité dans l'équation primitive (1), et que l'on dégage $\sin x$, on en obtiendra une évaluation plus approchée qui sera

$$(2)\qquad \sin x = \frac{(C-A)}{B} + \frac{1}{2}\frac{A(C-A)^2}{B^3}.$$

On voit que la petitesse supposée de $\sin x$ exige d'abord que le rapport $\dfrac{C-A}{B}$ soit une fraction moindre que l'unité, et ensuite que le coefficient A ne soit pas très-considérable.

Pour étendre indéfiniment l'approximation, il faut développer $\sin x$ en série continue. On peut le faire de deux manières que j'exposerai successivement, et je montrerai que les expressions de $\sin x$ auxquelles elles conduisent s'accordent avec les précédentes dans les termes qui dépendent des deux premières puissances de $\dfrac{C-A}{B}$.

A cet effet, je mets d'abord l'équation (1) sous ces deux formes

$$(3)\qquad B\sin x = C - A\cos x, \qquad\qquad (4)\quad A\cos x = C - B\sin x.$$

J'élève les deux membres de (3) au carré, et je remplace, dans le second, $\cos^2 x$ par son expression équivalente $1 - \sin^2 x$; j'ai ainsi

$$(A^2 + B^2)\sin^2 x = A^2 + C^2 - 2AC\cos x;$$

alors j'élimine $A\cos x$ par sa valeur tirée de (4), et, en réunissant les termes semblables, j'obtiens

$$(A^2 + B^2)\sin^2 x - 2BC\sin x = -(C^2 - A^2).$$

Cette équation résultante, étant résolue relativement à son unique inconnue x, donne

$$\sin x = \frac{BC}{A^2 + B^2}\left\{ 1 - \left[1 - \frac{(A^2 + B^2)(C^2 - A^2)}{B^2 C^2} \right]^{\frac{1}{2}} \right\}.$$

Le signe négatif que j'attribue au radical est seul admissible, parce que la valeur de $\sin x$, que nous voulons tirer de l'équation primitive (1), est celle qui devient nulle quand $C - A$ est nul.

Si l'on voulait effectuer numériquement le calcul du second membre, on obtiendrait la valeur exacte de $\sin x$ pour chaque cas particulier que l'on considérerait. Si l'on veut développer l'expression générale de x sous forme de série, il faut se rappeler qu'en désignant par z une fraction moindre que l'unité, on a, par la formule du binôme,

$$(1-z)^{\frac{1}{2}} = 1 - \tfrac{1}{2}z - \tfrac{1}{8}z^2 - \tfrac{1}{16}z^3, \ldots$$

Mettant donc ici pour z sa valeur $\dfrac{(A^2+B^2)(C^2-A^2)}{B^2 C^2}$, on obtiendra

$$\sin x = \tfrac{1}{2}\frac{(C^2-A^2)}{BC} + \tfrac{1}{4}\frac{(A^2+B^2)(C^2-A^2)^2}{B^3 C^3} + \tfrac{3}{16}\frac{(A^2+B^2)^2(C^2-A^2)^3}{B^5 C^5}, \ldots$$

et le second membre pourra être continué aussi loin que l'on voudra, puisque la loi du développement infini d'un binôme est connue.

Quoique cette série se présente sous une forme différente de l'expression (2), elle s'accorde cependant avec elle dans les termes qui contiennent seulement les deux premières puissances de $\dfrac{C-A}{B}$. Pour en avoir la preuve, représentez isolément ce rapport par u, ce qui donnera

$$C = A + Bu;$$

puis, avec cette expression, éliminez C du second membre de la série, et développez ses différents termes suivant les puissances de u, en négligeant celles qui sont supérieures à u^2. Cela reproduira exactement l'expression (2) trouvée d'abord pour $\sin x$ par une voie plus simple.

La seconde méthode de développement consiste à remplacer $\sin x$ et $\cos x$, dans l'équation primitive, par leurs valeurs rationnelles en $\tang\frac{1}{2}x$, qui sont

$$\sin x = \frac{2\,\tang\frac{1}{2}x}{1 + \tang^2\frac{1}{2}x}, \qquad \cos x = \frac{1 - \tang^2\frac{1}{2}x}{1 + \tang^2\frac{1}{2}x}$$

Après cette substitution, en ramenant $1 + \tang^2\frac{1}{2}x$ au numérateur, elle prend la forme suivante

$$(C+A)\,\tang^2\tfrac{1}{2}x - 2B\,\tang\tfrac{1}{2}x = -(C-A).$$

En la résolvant, et se bornant à la seule racine qui devient nulle en même temps que $C - A$, elle donne

$$\tang\tfrac{1}{2}x = \frac{B}{C+A}\left\{1 - \left[1 - \left(\frac{C^2-A^2}{B^2}\right)\right]^{\frac{1}{2}}\right\},$$

et, après avoir développé le radical par la formule du binôme, il reste

$$\tang\tfrac{1}{2}x = \tfrac{1}{2}\left(\frac{B}{C+A}\right)\left[\frac{C^2-A^2}{B^2} + \tfrac{1}{4}\left(\frac{C^2-A^2}{B^2}\right)^2 + \tfrac{1}{8}\left(\frac{C^2-A^2}{B^2}\right)^3 \ldots\right];$$

ou, si l'on veut effectuer la multiplication par le facteur commun extérieur,

$$\tang\tfrac{1}{2}x = \tfrac{1}{2}\left[\frac{C-A}{B} + \tfrac{1}{4}\left(\frac{C-A}{B}\right)^2\frac{(C+A)}{B} + \tfrac{1}{8}\left(\frac{C-A}{B}\right)^3\left(\frac{C+A}{B}\right)^2 \ldots\right]$$

La première de ces deux expressions sera généralement la plus commode pour le calcul numérique. On voit que la convergence plus ou moins rapide de la série dépendra du degré de petitesse du rapport $\dfrac{C^2 - A^2}{B^2}$, suivant les puissances duquel elle procède. Ainsi, on devra se guider sur la petitesse de ce rapport pour la prolonger autant qu'il sera nécessaire dans chaque cas particulier.

Ce développement est tout à fait analogue à notre première expression (2) de $\sin x$, et il s'accorde exactement avec elle quand on le restreint aux deux premières puissances de $\dfrac{C - A}{B}$. En effet, dans cette limite d'approximation, $\tang \frac{1}{2} x$ équivaut à $\frac{1}{2} \sin x$. Si, de plus, on remplace C par A dans le second terme de la série, qui a déjà pour facteur $\left(\dfrac{C - A}{B}\right)^2$, le résultat devient identique à notre expression (2).

Lorsque, par l'une des deux séries précédentes, on aura trouvé $\sin x$ ou $\tang \frac{1}{2} x$ en nombres, avec le degré d'approximation auquel on aura jugé pouvoir se restreindre, si l'on veut obtenir l'arc x en parties de la graduation du cercle, on l'en déduira immédiatement par les Tables logarithmiques de sinus ou de tangentes. Mais, si l'on veut obtenir cet arc en parties du rayon du cercle pris pour unité de longueur, il faudra former directement sa valeur par les séries de la page 86 qui donneront :

En fonction de $\sin x$,

$$ x = \sin x + \frac{1}{6} \sin^3 x + \frac{3}{40} \sin^5 x \dots ; $$

en fonction de $\tang \frac{1}{2} x$,

$$ \frac{1}{2} x = \tang \frac{1}{2} x - \frac{1}{3} \tang^3 \left(\frac{1}{2} x\right) + \frac{1}{5} \tang^5 \left(\frac{1}{2} x\right) \dots $$

D'après ces expressions, lorsque l'arc x sera assez petit pour que l'on puisse négliger les termes de l'ordre $\sin^3 x$, $\tang^3 \frac{1}{2} x$, et, à plus forte raison, ceux des ordres supérieurs, il suffira de prendre

$$ x = \sin x, \qquad \text{ou} \qquad x = 2 \tang \frac{1}{2} x. $$

L'arc x sera ainsi connu dans le cercle dont le rayon est 1. Si l'on veut avoir son homologue X, qui sous-tend le même angle au centre dans un cercle dont le rayon serait exprimé par R, il faudra faire

$$ X = R x. $$

En résumé, lorsque, pour une application spéciale qui sera toujours très-rare, on voudra obtenir une expression particulièrement approchée de l'inconnue x dans une équation de la forme que nous venons de considérer, on emploiera celle des deux séries générales que la forme des coefficients A, B, C fera reconnaître comme la plus commode. Mais, dans presque toutes les réductions que l'astronomie nécessite, notre expression (2) suffira, et alors il sera toujours très-facile de la former directement par le raisonnement très-simple dont nous avons fait usage, sans prendre la peine d'identifier les valeurs des coefficients à leurs expressions générales A, B, C, pour les introduire dans les séries indéfinies que nous venons de former.

SECTION II. — *Mensuration effectuée par triangulation. Formation et calcul des triangles sphériques établis tangentiellement à une petite portion de la surface terrestre régularisée.*

75. Je suis entré dans tous ces détails relativement à l'opération de Pensylvanie, parce que les problèmes géométriques et analytiques qu'elle nous a donné occasion de résoudre, pour des énoncés très-simples, se représentent dans toutes les mesures d'arcs méridiens effectuées par des procédés plus complexes. De sorte que les formules que nous y avons appliquées s'adapteront, sous leur forme littérale, à toutes les opérations de ce genre que nous aurons ultérieurement à considérer. Car elles ne diffèrent de celle-là que par les difficultés naturelles qu'y ajoutent les circonstances moins favorables des localités. On conçoit, en effet, qu'un procédé de mensuration directe, qui était possible dans un pays inhabité, comme l'était alors la presqu'île où Mason et Dixon opéraient, deviendrait complétement inapplicable dans notre Europe, où le sol est couvert de villes, de villages, et de constructions publiques ou particulières. Les astronomes ont donc été obligés de parvenir au même but par une méthode différente. Ils ont eu recours au procédé que l'on emploie dans le levé des plans, pour mesurer la distance des objets en les observant des deux extrémités d'une base connue; et ils s'en sont servis pour étendre, sur la surface terrestre, de grandes triangulations dirigées dans le sens d'un même méridien. Comme ici nous entrons dans les réalités, il faut prendre toutes les connaissances antérieures à l'état où elles existent, et s'en aider au besoin. Or, déjà, les cartes géographiques indiquent très-approximativement la suite des lieux, des villes, des montagnes, des plaines, qui se trouvent sur la direction du méridien d'un lieu donné. Ayant donc adopté un point de départ, on choisit, sur les cartes locales, une suite d'autres points situés des deux côtés du méridien de celui-là, à peu de distance, tels que de chacun d'eux on puisse voir un certain nombre des précédents et des suivants, dans la chaîne de triangles que l'on veut établir, sauf à rectifier ces premiers aperçus par d'autres choix, si un examen plus immédiat des localités faisait reconnaître des difficultés ou des impossibilités qu'on n'aurait pas prévues. Les *stations*, ainsi adoptées, seront, par leur destination même, des sommets de montagnes, de collines, d'édifices publics, élevés au-dessus des obstacles qui pourraient arrêter la vision intermédiaire. Il faut aussi que les droites qui les joignent ne forment pas entre elles des angles trop aigus, afin que les côtes des triangles qu'elles sont destinées à former, et qu'on devra conclure les uns des autres, soient exempts des incertitudes que l'acuité des angles y introduirait. Ce plan arrêté, l'observateur se transporte successivement aux trois sommets du premier triangle, désignés par S, S_1, S_2, *fig.* 13. Il y établit des signaux fixes qui sont, par exemple, de grands disques blancs à centre noir; ou encore, des lampes à courant d'air abritées sous une tente, et munies de réflecteurs métalliques postérieurs, que l'on tourne successivement vers les autres stations d'où l'on veut les observer. Ces signaux doivent être fixés invariablement à des supports solides, et l'on détermine avec grand soin le pied de la verticale qui passe par leur centre de visibilité. Cela s'effectue à l'aide d'un fil-à-plomb, que l'on fait descendre de ce centre sur une plaque métallique horizontale, portée par un pieu enfoncé dans le sol; et, sur cette plaque, on marque le point précis auquel la verticale du centre du signal vient aboutir. Ce point s'appelle *le centre de la station*; et l'on y rapporte toutes les observations des signaux comme étant un sommet fixe du premier triangle, ainsi que des triangles ultérieurs auxquels cette station sera commune. Ces préparations faites, l'observateur s'établit à la première station S, avec l'instrument qui lui sert à mesurer les angles visuels. Il place, s'il le peut, le centre du limbe dans la verticale SN qui passe par le centre de cette station; ou, si des obstacles naturels s'opposent à cette coïncidence précise, ce qui est très-ordinaire, il y supplée par de petites réductions de calcul que j'expliquerai en leur lieu; de sorte que les observations doivent

toujours être supposées faites dans la verticale même du centre S.
Lorsque l'instrument employé est un cercle répétiteur portatif,
l'observateur mesure d'abord l'angle plan a, compris entre les signaux S_1, S_2, ou plutôt entre leurs images réfractées Σ_1, Σ_2, telles
qu'il les voit à travers la portion de l'atmosphère interposée ; et,
immédiatement après, ou dans des circonstances atmosphériques,
autant qu'il le peut, semblables, il mesure aussi les distances apparentes z_1, z_2 de ces images, à son zénith Z. Les droites $S\Sigma_1, S\Sigma_2$,
menées de S à ces images, sont les dernières tangentes des trajectoires lumineuses qui, partant des points S_1, S_2, sont amenées dans
l'œil de l'observateur en S par la réfraction. Elles diffèrent donc
des droites visuelles directes SS_1, SS_2, qui seraient menées de S à
ces points à travers le vide. Elles sont généralement un peu plus
élevées, parfois cependant un peu moins élevées que ces rayons
directs. Mais, à moins d'accidents très-rares, qui sont toujours indiqués par une excessive déformation des images, et pendant lesquels on a soin de ne pas hasarder les observations, les deux trajectoires lumineuses parties de S_1 et de S_2 se forment dans les plans
ZSS_1, ZSS_2 qui passent par ces points et la verticale du point S ; de
sorte que l'angle oblique $\Sigma_1 S \Sigma_2$, ou a, compris entre les tangentes
extrêmes $S\Sigma_1, S\Sigma_2$, est alors constamment limité par ces mêmes
plans.

76. Pour voir l'emploi que l'on peut faire de ces résultats, supposons d'abord que les distances zénithales z_1, z_2 des deux tangentes, et l'angle a qu'elles comprennent, aient été mesurés simultanément, ou dans des états réguliers et rigoureusement
identiques de la portion d'atmosphère interposée, ce qui aura
les mêmes conséquences. On en pourra conclure l'angle dièdre A
compris autour du zénith de S, entre les deux plans $S_1 SZ, S_2 SZ$,
menés par les deux signaux et par la verticale de ce point. En
effet, du point S comme centre, avec un rayon arbitraire, décrivez idéalement une sphère, qui coupera la verticale de S en Z,
et en σ_1, σ_2, les tangentes finales des trajectoires lumineuses, sur la
direction desquelles se voient les images Σ_1, Σ_2. Alors, dans le triangle sphérique $Z \sigma_1 \sigma_2$, on connaîtra les deux côtés verticaux z_1, z_2,
et le côté oblique a. On pourra donc en déduire l'angle dièdre A,

formé en Z ; car il sera lié aux trois côtés z_1, z_2, a du triangle par l'équation générale

$$(1) \qquad \cos a = \sin z_1 \sin z_2 \cos A + \cos z_1 \cos z_2,$$

ou encore

$$\cos a = \cos(z_2 - z_1) - 2 \sin z_1 \sin z_2 \sin^2 \tfrac{1}{2} A.$$

Remplacez, dans celle-ci, $\cos a$ et $\cos(z_2 - z_1)$ par leurs valeurs équivalentes $1 - 2 \sin^2 \tfrac{1}{2} a$, $1 - 2 \sin^2 \tfrac{1}{2}(z_2 - z_1)$, puis dégagez $\sin^2 \tfrac{1}{2} A$, elle donnera

$$\sin^2 \tfrac{1}{2} A = \frac{\sin^2 \tfrac{1}{2} a - \sin^2 \tfrac{1}{2}(z_2 - z_1)}{\sin z_1 \sin z_2};$$

ou, en transformant le second membre en produits, pour le rendre plus propre au calcul logarithmique,

$$\sin^2 \tfrac{1}{2} A = \frac{\sin \tfrac{1}{2}(a + z_1 - z_2) \sin \tfrac{1}{2}(a + z_2 - z_1)}{\sin z_1 \sin z_2}.$$

C'est la formule déjà rapportée, tome II, page 401, pour trouver directement les angles d'un triangle sphérique dont on connaît les trois côtés. Mais cette manière d'obtenir l'angle A n'est pas, à beaucoup près, la plus commode pour l'application que nous avons en vue, parce que le calcul absolu qu'elle exige devrait être fait avec une rigueur qui deviendrait fatigante, dans la succession nombreuse d'opérations de ce genre qu'exige une grande triangulation. Or, on peut arriver au même but, avec moins de soin et plus de sûreté, en profitant des moindres circonstances spéciales dans lesquelles nos triangles sont établis. En effet, les deux signaux S_1, S_2, étant situés comme S, sur la continuité de la surface terrestre, à des hauteurs toujours très-petites, comparativement à leurs distances mutuelles, ils sont toujours angulairement très-près du plan horizontal géométrique de cette première station, ce qui rend leurs distances zénithales z_1, z_2 très-peu différentes de 90°. Ainsi, l'angle dièdre A diffère toujours très-peu de l'angle plan a qui est immédiatement donné par l'observation. C'est pourquoi, au lieu de chercher la valeur absolue de A par la formule directe que nous venons d'établir, on en déduit plutôt la petite différence A — a, qui s'obtient très-aisément, et avec une exactitude illimitée, par un développement en série, que j'expose, plus loin, dans une note spéciale. $A - a$ s'appelle *la réduction à l'horizon*. Pour ne pas interrompre la chaîne des idées que je veux ici présenter, je me bornerai à rapporter le premier terme de son expression qui en renferme la partie de beaucoup la plus sensible, et la seule presque dont il faille habituellement tenir compte. Afin d'y mettre en évidence la petitesse des élévations ou des dépressions occasionnelles par lesquelles les distances apparentes z_1, z_2 diffèrent de $90°$, j'introduis ces différences comme additives dans le calcul, sous la dénomination de h_1 et h_2, c'est-à-dire que je fais généralement

$$z_1 = 90° + h_1; \qquad z_2 = 90° + h_2.$$

Alors si l'on s'arrête au premier terme du développement, qui suffit lorsque h_1 et h_2 sont de très-petits angles, comme cela a lieu presque toujours, on a

$$(2) \quad A = a + 2\frac{\left[\sin^2\tfrac{1}{2}a\,\sin^2\tfrac{1}{2}(h_2 + h_1) - \cos^2\tfrac{1}{2}a\,\sin^2\tfrac{1}{2}(h_2 - h_1)\right]R''}{\cos h_2\,\cos h_1\,\sin a}$$

Le terme correctif de a est ici exprimé en secondes de degré, comme l'annonce le facteur R''. La petitesse des angles $\tfrac{1}{2}(h_2 + h_1)$, $\tfrac{1}{2}(h_2 - h_1)$ rendant les carrés de leurs sinus de très-petites fractions, on voit que ce terme entier sera toujours de l'ordre de ces carrés, pourvu que le dénominateur $\sin a$, qui est aussi une fraction, n'ait pas lui-même des valeurs dont la faiblesse leur soit comparable. Or, c'est ce qu'on a toujours soin de prévenir en choisissant les trois sommets de chaque triangle, de manière qu'aucun de leurs angles a ne se trouve trop aigu.

77. Lorsque les angles h_1, h_2 sont tellement petits, que l'on puisse négliger les quatrièmes puissances de leurs sinus, dans l'expression du terme correctif de a, ce qui a lieu presque toujours, elle se simplifie notablement. Car, d'abord, dans cette limite d'approximation, les facteurs $\cos h_2$, $\cos h_1$ du dénominateur peuvent être remplacés par l'unité. Puis, les sinus des arcs $\tfrac{1}{2}(h_2 + h_1)$ et $\tfrac{1}{2}(h_2 - h_1)$ n'entrant au numérateur qu'élevés à leur deuxième puissance, ils peuvent y être remplacés par les rapports de ces

arcs mêmes au rayon réduit en secondes, c'est-à-dire par $\frac{1}{2}\frac{(h_2 + h_1)^2}{R''^2}$

et $\frac{1}{2}\frac{(h_2 - h_1)^2}{R''^2}$. Alors R'' disparaît une fois des deux termes de la fraction comme facteur commun ; et il reste

$$(3) \qquad A = a + \frac{1}{2}\frac{\left[(h_2 + h_1)^2 \sin^2 \tfrac{1}{2} a - (h_2 - h_1)^2 \cos^2 \tfrac{1}{2} a\right]}{R'' \sin a};$$

ou encore,

$$A = a + \frac{1}{4}\frac{\left[(h_2 + h_1)^2 \tan \tfrac{1}{2} a - \dfrac{(h_2 - h_1)^2}{\tan \tfrac{1}{2} a}\right]}{R''}$$

Cette formule suffit dans la généralité des applications géodésiques. Les valeurs des angles h_1, h_2 qu'on y introduit doivent être évidemment exprimées en secondes de degré. Indépendamment de ses usages pratiques, elle est indispensable pour éclairer plusieurs points importants de théorie, qui resteraient obscurs sans son secours.

78. Je vais, dès à présent, m'en servir pour dissiper un soupçon d'incertitude que pourrait faire naître le procédé par lequel on détermine les éléments qui servent à la calculer. J'ai supposé les observations effectuées dans un état atmosphérique régulier, où les réfractions s'opèrent sans déviation azimutale sensible. C'est le cas le plus habituel, et il est facile d'éviter les circonstances où l'on pourrait soupçonner qu'il n'eût pas lieu. Mais j'ai supposé aussi que l'angle plan a, et les angles verticaux h_1, h_2, étaient mesurés dans des circonstances atmosphériques simultanées ou identiques, et il est pratiquement impossible de s'astreindre avec rigueur, ou même avec certitude, à cette condition. Alors on y supplée en réitérant les observations à différents jours, surtout celle de l'angle a ; et l'on calcule l'angle dièdre A avec la moyenne des éléments ainsi obtenus, ce qui les ramène, avec une approximation suffisante, à la condition idéale de simultanéité. Cela se voit par la formule (2) elle-même. Car la valeur de A, ainsi calculée, serait tout à fait exacte si les valeurs moyennes des angles h_1, h_2 répondaient au même état atmosphérique que la moyenne des angles a. Admettons, comme cela arrivera sans doute, que cette identité d'état moyen ne soit pas tout à fait rigoureuse; au moins, d'après le principe des compensations, elle aura lieu approximativement. Alors les valeurs moyennes de h_1 et de h_2 ne différeront que très-peu des véritables; et comme leur influence absolue sur le terme correctif est extrêmement petite, dans les conditions que nous avons supposées, une très-faible altération de leurs valeurs ne pourra y produire que des changements insensibles. L'expérience confirme cette induction; car lorsqu'on a fait, dans une même station, un grand nombre de mesures des angles a, h_1, h_2, avec les précautions prescrites ci-dessus pour éviter les cas de trop grandes perturbations de l'atmosphère, si l'on partage les résultats en plusieurs moyennes qui se correspondent, et qu'on les emploie séparément au calcul de l'angle dièdre A, par la formule (2), on ne trouve entre ses valeurs que des différences tellement petites et accidentées, qu'elles rentrent dans les limites des erreurs dont on ne peut répondre dans les observations faites avec le plus de soin.

79. La réduction à l'horizon n'a plus besoin d'être calculée quand on observe l'angle entre les objets avec l'instrument appelé *théodolite*, dont le type général a été représenté dans le tome II, *fig.* 81. Le plan de son limbe porte des niveaux croisés rectangulairement, dont les indications servent pour le rendre horizontal. Les deux lunettes adaptées à ce limbe, l'une inférieure, l'autre supérieure, peuvent parcourir son contour de manière à embrasser tous les angles que l'on veut mesurer; et elles ont aussi chacune un mouvement de course peu étendu dans un plan perpendiculaire au limbe, qui permet de les pointer sur des objets situés à peu de distance au-dessus ou au-dessous de l'horizon, sans qu'il cesse lui-même d'être horizontal. Quand on veut prendre l'angle compris entre deux signaux S_1, S_2, on dirige d'abord la lunette inférieure sur un objet fixe quelconque qui servira de point de repère, et on la fixe elle-même au limbe par ses pièces d'attache; de sorte qu'on prévient tout mouvement horizontal que celui-ci pourrait prendre, soit en constatant qu'elle reste toujours sur son

point de mire, soit en faisant tourner horizontalement le limbe avec elle pour l'y ramener, si l'on trouvait que ce point n'est plus sous le fil vertical de son réticule. Cette condition d'immobilité étant ainsi toujours assurée, on dirige la lunette supérieure sur l'image réfractée d'un des deux signaux, par exemple sur Σ_1, en la faisant mouvoir dans son plan vertical pour l'atteindre, et on lit sur le limbe la division à laquelle le vernier de son alidade correspond alors; puis on la détourne vers l'image Σ_2 du signal S_1, et après l'avoir pointée sur elle de la même manière, on lit de nouveau la division à laquelle son vernier est parvenu. L'arc parcouru ainsi sur le limbe est évidemment l'angle dièdre compris entre les verticaux des deux objets. C'est donc notre angle horizontal A qui est ainsi obtenu sans réduction. Mais, pour se procurer cet avantage, on se soumet à dépendre de l'exacte horizontalité du limbe, et aussi de l'exacte perpendicularité du mouvement de la lunette supérieure relativement à son plan. A la vérité, l'accomplissement de ces deux conditions peut être constaté par des vérifications faciles à imaginer; mais il ne faut pas se dispenser de les faire. Le théodolite portatif, tel qu'il est représenté *fig.* 81 du tome II, est aujourd'hui fort employé en France pour les triangulations secondaires; ce qu'il doit à l'exactitude des procédés de division et de construction propres à notre excellent artiste M. Gambey. C'est aussi avec ce même genre d'instrument qu'a été effectuée la triangulation générale de l'Angleterre, pour laquelle Ramsden en avait construit un d'une grande dimension, et d'une exécution admirable. Mais les opérations géodésiques de France et d'Espagne ont été faites en mesurant les angles obliques a avec le cercle répétiteur, et déterminant la réduction à l'horizon par le calcul, d'après les distances zénithales observées des signaux. Ce moyen, plus pénible, était indispensable dans l'état d'imperfection où se trouvait alors en France la construction des instruments astronomiques; et la sûreté des résultats obtenus malgré ce désavantage ne doit pas faire regretter qu'on y ait eu recours.

80. Lorsque les opérations sont terminées à la station S, *fig.* 13, l'observateur va en faire d'analogues aux deux autres stations S_1, S_2, qu'il a choisies pour sommets de son premier triangle terrestre. Il

mesure de même, en celles-ci, les angles plans a_1, a_2, ainsi que les distances zénithales des lignes visuelles qui les limitent, et il conclut de là, par le calcul, les angles dièdres A_1, A_2, propres à chacun de ces sommets, c'est-à-dire compris comme A, entre les plans visuels menés aux deux autres stations par les verticales $S_1 N_1$, $S_2 N_2$ qui leur sont propres.

Pour voir l'usage qu'on peut faire de ces résultats, supposons d'abord que les trois normales se coupent mutuellement dans un même point C, comme le représente la *fig.* 14; alors, de ce point comme centre avec un rayon quelconque CA, ou R, décrivez une surface sphérique qui coupera les trois normales en A, A_1, A_2. Joignez ces points deux à deux par des arcs de grands cercles, vous formerez un triangle sphérique dont les angles seront les angles dièdres précédemment déterminés; de sorte que, si vous pouvez connaître, en outre, la longueur d'un de ses côtés C, C_1, C_2, vous obtiendrez, par le calcul trigonométrique, les longueurs des deux autres.

Venons maintenant au cas général, où les trois normales pourront ne pas s'entrecouper, même deux à deux. Alors, sur la normale indéfinie SN de la *fig.* 13, je prends un point C pour centre d'une sphère qui, dans cette localité, soit osculatrice n'importe dans quel sens, à la surface terrestre régularisée, telle que la formerait le prolongement des mers environnantes; et, de ce même point, je mène aux stations S_1, S_2 deux sécantes que je suppose seulement former de très-petits angles avec les normales réelles qui y correspondent. Cette condition sera toujours réalisable si l'on restreint suffisamment l'étendue du triangle terrestre SS_1S_2, et il faudra seulement lui assigner des limites telles qu'elle soit certainement remplie. En reportant ceci à la *fig.* 14, on pourra encore former, sur la normale CS et les deux sécantes, un triangle sphérique dont l'angle au sommet A sera l'angle dièdre déterminé par l'observation en S. Mais les deux autres angles seront compris entre les plans diamétraux menés par les sécantes CS_1, CS_2, non par les normales. Or, si l'on désigne respectivement ces angles par $(A)_1$, $(A)_2$, je dis que, dans les circonstances supposées, on pourra, sans erreur appréciable, leur substituer les angles dièdres A_1, A_2, observés en S_1 et S_2 autour des normales réelles, comme précédemment.

81. Pour le faire voir, je considère d'abord le sommet S_1. Par supposition, la sécante CS_1 forme avec la normale $S_1 N_1$ un très-petit angle que je désigne par ω. Je le porte, avec les deux droites qui l'embrassent, dans le plan de la *fig.* 15. Le sommet S_1, ainsi reproduit, est commun à la sécante et à la normale. Je mène en S_1 un plan perpendiculaire à cette dernière; et je désigne sa trace sur le plan de la figure par la droite indéfinie $S_1 X$, qui formera avec $S_1 N_1$ un angle droit. Ce plan contiendra l'angle dièdre calculé A_1. Je l'y définis par les deux droites $S_1 T$, $S_1 T_1$, qui le limitent dans sa position réelle, tel qu'on la conclut des observations faites en S_1, sur les images des deux signaux S_2, S_3, réfractées chacune dans leur vertical propre, mené par la normale $S_1 N_1$. Je nomme i l'angle plan que la première de ses branches $S_1 T$ forme avec la trace $S_1 X$, de sorte que la seconde $S_1 T_1$ formera avec cette même trace l'angle $i + A_1$. Maintenant je prolonge CS_1 indéfiniment dans le plan de la figure, ce qui y produira la droite $CS_1 M$. Les deux branches de l'angle A_1 sont obliques à cette droite, par conséquent lui-même se trouve hors du plan tangent à la sphère dont CS_1 est un rayon. Donc, si par CS_1 on mène deux plans diamétraux qui contiennent ses branches $S_1 T$, $S_1 T_1$, ils comprendront un angle dièdre différent de A_1 et que je désigne par A'_1. Je vais d'abord le déterminer. Ce sera une véritable réduction à l'horizon, qui s'effectuera facilement par la formule générale que nous avons établie; et elle nous sera nécessaire plus tard dans un grand nombre de circonstances analogues.

82. A cet effet, autour de S_1, comme centre, je décris une sphère d'un rayon égal à l'unité de longueur; et je marque en x, t, t_1, m les points où elle coupe les droites indéfinies $S_1 X$, $S_1 T$, $S_1 T_1$, $S_1 M$. Considérant m, comme le zénith du sommet S_1, *sur cette sphère*, les angles $m S_1 x$, $m S_1 t$, $m S_1 t_1$, y seront respectivement les distances zénithales des points x, t, t_1. Le premier $m S_1 x$ est évidemment $90° + \omega$, puisque l'arc mx est dans le plan de la figure. Ainsi, la petitesse supposée de ω le rendra très-peu différent de $90°$; les deux autres s'écarteront aussi très-peu de cette

limite; car, si ω était nul, ils seraient aussi égaux à 90°, puisque les points x, t, t_1 se trouveraient alors tous trois dans un plan perpendiculaire à la droite CS_1M. Pour rappeler cette circonstance, je désigne ceux-ci par des dénominations analogues, en faisant

$$mS_1x = 90^\circ + \omega; \qquad mS_1t = 90^\circ + \theta; \qquad mS_1t_1 = 90^\circ + \theta_1.$$

θ et θ_1 peuvent aisément s'évaluer. En effet, les triangles sphériques mxt, mxt_1 sont évidemment rectangles en x, par notre construction. Or on connaît, dans chacun d'eux, le côté commun mx ou $90^\circ + \omega$, et le côté tx, ou t_1x, qui ont respectivement pour valeurs i et $i + A_1$. On aura donc les hypoténuses mt, mt_1 par les relations établies au deuxième cas des triangles sphériques rectangles de Legendre, lesquelles donneront ici

$$\cos mt = \cos mx \cos tx, \qquad \cos mt_1 = \cos mx \cos t_1x,$$

et, en remplaçant les arcs par les angles au centre qu'ils soutendent,

$$\sin\theta = \sin\omega \cos i, \qquad \sin\theta_1 = \sin\omega \cos(i + A_1).$$

Il nous sera tout à l'heure utile de connaître aussi les inclinaisons des mêmes hypoténuses sur le plan de l'angle A_1; ce sont les angles dièdres mtx, mt_1x, formés aux sommets t, t_1 de nos deux triangles. Je les désigne par ces lettres mêmes, et comme ils devront pareillement différer très-peu de 90°, je fais

$$t = 90^\circ + \tau, \qquad t_1 = 90^\circ + \tau_1.$$

Or, le même passage de Legendre, appliqué à ces angles, donne

$$\tang t = \frac{\tang mx}{\sin tx}, \qquad \tang t_1 = \frac{\tang mx}{\sin t_1x};$$

de là on tire

$$\tang\tau = \tang\omega \sin i; \qquad \tang\tau_1 = \tang\omega \sin(i + A_1).$$

85. Nous supposons ω un très-petit angle; il peut être rendu aussi petit que l'on voudra en rapprochant suffisamment les trois sommets S, S_1, S_2, puisqu'il serait évidemment nul si on les rapprochait jusqu'à les mettre en coïncidence. Faisons-le seulement tel que l'on puisse négliger le cube de son sinus. Cela deviendra également permis pour les angles θ, $\theta_{,}$, τ, $\tau_{,}$, qui sont du même ordre que lui, et dont les valeurs seront encore occasionnellement atténuées par les facteurs trigonométriques qui multiplient $\sin \omega$, ou $\tang \omega$, dans leurs expressions. Alors les rapports des sinus et des tangentes de ces petits angles pourront être remplacés, dans les équations précédentes, par de simples rapports d'arcs, ce qui donnera

$$\theta = \omega \cos i, \qquad\qquad \theta_2 = \omega \cos (i + A_{,}),$$
$$\tau = 90^\circ + \omega \sin i, \qquad \tau_{,} = 90^\circ + \omega \sin (i + A_{,}).$$

84. Considérons d'abord θ et θ_2. Ce sont les *dépressions* des deux branches de l'angle $A_{,}$ au-dessous du plan qui serait tangent en S, à notre sphère osculatrice. En les mettant dans notre formule de réduction à l'horizon, restreinte aux dépressions très-petites, elle nous donnera l'angle dièdre $A'_{,}$ compris entre les deux plans diamétraux menés par ces branches et par la sécante CS,M. Nous aurons ainsi

$$A'_{,} = A_{,} + \tfrac{1}{2}\omega^2 \frac{\tfrac{1}{2}[\cos i + \cos (i + A_{,})]^2 \sin^2 \tfrac{1}{2} A_{,} - [\cos i - \cos (i + A_{,})]^2 \cos^2 \tfrac{1}{2}}{R'' \sin A_{,}}$$

Or, les formules trigonométriques fournissent les identités suivantes :

$$[\cos i + \cos (i + A_{,})]^2 = 4 \cos^2 (i + \tfrac{1}{2} A_{,}) \cos^2 \tfrac{1}{2} A_{,};$$
$$[\cos i - \cos (i + A_{,})]^2 = 4 \sin^2 (i + \tfrac{1}{2} A_{,}) \sin^2 \tfrac{1}{2} A_{,};$$

et, en outre,

$$\sin A_{,} = 2 \sin \tfrac{1}{2} A_{,} \cos \tfrac{1}{2} A_{,};$$
$$\cos^2 (i + \tfrac{1}{2} A_{,}) - \sin^2 (i + \tfrac{1}{2} A_{,}) = \cos (2i + A_{,}).$$

En substituant ces équivalents, et faisant disparaître les facteurs qui deviennent communs au numérateur, ainsi qu'au dénominateur, il reste simplement

$$A'_{,} = A_{,} + \frac{\omega^2}{2R''} \sin A_{,} \cos (2i + A_{,}).$$

Ceci nous montre déjà que l'angle dièdre A'_1 ne différera de A_1 que par une quantité toujours moindre que $\frac{\omega^2}{2R''}$, puisque ce coefficient sera encore affaibli par les facteurs trigonométriques qui le multiplient, lesquels sont essentiellement fractionnaires. Si donc nous restreignons assez le triangle terrestre SS_1S_2 pour que $\frac{\omega^2}{2R''}$ ne soit qu'une fraction de seconde négligeable, ces deux angles pourront être substitués l'un à l'autre dans les applications où ils devront entrer. Afin d'apprécier les limites d'amplitude de ω qui satisferaient à cette condition, supposons-le égal à $40''$; alors ω^2 sera 1600 ; et, d'après la valeur de $\log R''$ donnée plus haut, nous aurons

$$\log \omega^2 = 3,2041200$$
$$\log 2R'' = 5,6154551$$
$$\log \left(\frac{\omega^2}{2R''} \right) = \overline{3},5886649, \quad \text{d'où} \quad \frac{\omega^2}{2R''} = 0'',0038776.$$

Une fraction de seconde telle que celle-là n'est pas appréciable aux instruments les plus précis. Or, quand nous serons arrivés à déterminer la figure générale de la terre, nous aurons le moyen de constater que, dans les amplitudes superficielles auxquelles on restreint les triangles géodésiques, et même dans les plus grandes amplitudes que peut leur permettre la condition de visibilité réciproque des signaux, les angles ω sont toujours considérablement moindres que $40''$; de sorte que, pour tous ces cas, les deux angles dièdres A_1, A'_1, quoique géométriquement distincts, peuvent être employés comme égaux entre eux.

83. Mais cela ne suffit pas encore pour résoudre la question pratique que nous nous sommes proposée. Ce qu'il nous importe de connaître, c'est l'angle dièdre $(A)_1$ qui est compris en S_1 entre les deux plans diamétraux menés par la sécante CS_1, et par les deux sommets S, S_2, vus directement de ce point, sans l'intermédiaire des réfractions. Heureusement on peut le déduire de ce qui précède, et prouver qu'il est encore sensiblement égal à A_1 dans les conditions de restriction assignées au triangle terrestre SS_1S_2.

A cet effet, je suppose que les deux sommets S, S_2 puissent être observés directement du point S_1, à travers le vide. Les droites menées de S_1 à ces sommets comprendront entre elles un certain angle plan a_1, quelque peu différent du précédent. Mais elles seront situées dans les mêmes verticaux *réels*, où l'on a observé du même point S_1 leurs images réfractées Σ, Σ_2 à travers l'atmosphère, puisque la réfraction supposée régulière ne les fait point sensiblement sortir de ces plans. Seulement, les branches de l'angle oblique vrai a_1 se trouveront alors avoir des distances zénithales $90° + h_1$, $90° + h_2$, différentes de celles qu'on observe habituellement aux branches de l'angle oblique réfracté. Toutefois, les dépressions positives ou négatives h, h_2, seront encore très-petites, même généralement plus petites, abstraction faite de leur signe propre, que celles qu'on observe à travers l'air. Si l'on introduit ces nouveaux éléments dans la formule qui donne la réduction à l'horizon pour des dépressions ainsi restreintes, elle devra évidemment reproduire le même angle dièdre A_1, que l'on a conclu des images réfractées dans les mêmes verticaux, c'est-à-dire qu'on aura sous cette nouvelle forme

$$A_1 = a_1 + \frac{1}{2}\left[\frac{(h_2 + h)^2 \sin^2 \frac{1}{2} a_1 - (h_2 - h)^2 \cos^2 \frac{1}{2} a_1}{R'' \sin a_1}\right],$$

A_1 étant ici le même que précédemment.

86. Supposons maintenant que les deux mêmes sommets S, S_2 soient observés du sommet S_1 également à travers le vide, mais que l'on mesure leurs distances zénithales à partir de la sécante CS_1M de la *fig.* 15, au lieu de les mesurer, comme tout à l'heure, en partant de la normale réelle. L'angle plan compris entre les droites directes menées à ces sommets, sera encore a_1, comme précédemment. Mais les distances zénithales de ses deux branches que je désigne par ζ, ζ_2, différeront des distances zénithales vraies, et auront, par exemple, des valeurs de cette forme

$$\zeta = 90° + h', \qquad \zeta_2 = 90° + h'_2,$$

h' et h'_2, étant autres que h et h_2. Alors l'angle dièdre compris entre les plans diamétraux menés par ces branches ne sera plus A_1, mais aura une certaine autre valeur $(A)_1$, dont l'expression sera

$$(A)_1 = a_1 + \tfrac{1}{2}\left[\frac{(h'_2 + h')\sin^2 \tfrac{1}{2}a_1 - (h'_2 - h')^2 \cos^2 \tfrac{1}{2}a_1}{R'' \sin a_1}\right];$$

il différera ainsi seulement de A, par l'influence que la diversité des dépressions y exercera.

87. Pour en apprécier l'effet, je reproduis les éléments généraux de la *fig.* 15, dans la *fig.* 16. Mais, afin de ne pas la compliquer, j'y marque seulement la trace S_1T du vertical *vrai* qui contient la branche directe S_1S menée au sommet S, branche dont la dépression TS_1S ou h_1, dans ce même vertical, sera représentée par l'arc *ts* sur la sphère décrite autour de S_1, avec le rayon 1. Alors l'arc *ms* de la même sphère y représentera la distance zénithale ζ de la même branche S_1S, mesurée à partir de la sécante CS_1M. Or, cet arc *ms* peut être évalué, presque sans calcul, avec une approximation parfaitement suffisante pour notre but. En effet, l'angle TS_1X étant désigné par i comme précédemment, nous avons trouvé que l'arc *mt*, ou $90+\theta$ de la *fig.* 15, a pour valeur $90° + \omega \cos i$; et nous avons trouvé que l'angle formé en t par ce même arc avec le plan TS_1X, étant compté vers S_1X, est $90° + \omega \sin i$. En lui ajoutant $90°$, nous aurons, dans notre *fig.* 16, l'angle dièdre total formé au même point t du triangle *mts*; de sorte que la valeur de celui-ci, comptée toujours dans le même sens, sera $180° + \omega \sin i$. Ainsi, dans la construction qui nous sert de type, la disposition du triangle *mts* serait telle que la représente la *fig.* 16 *bis*. Or, le côté *ms* ou ζ du triangle *mts*, se trouvant ainsi opposé à un angle qui diffère seulement de $180°$ par un terme très-petit de l'ordre ω, sa longueur ne différera de la somme des deux autres côtés du triangle que par une quantité d'un ordre bien plus petit encore, puisque son expression, si l'on jugeait nécessaire de la calculer jusqu'aux termes de l'ordre ω^2, serait ici $-\tfrac{1}{2}\omega^2 \sin h \sin^2 i$. Admettant donc qu'on la néglige, d'après cette évaluation, ou d'après la simple évidence géométrique, on en conclura

$$\zeta = 90° + h + \omega \cos i,$$

et , par une analogie évidente,

$$\zeta_2 = 90° + h_2 + \omega \cos(i + A_1);$$

car l'angle oblique a, doit toujours avoir pour projection A_1, sur le plan TS,X qui est perpendiculaire à la normale réelle S,A,.

Les termes qui s'ajoutent à 90° dans ces deux expressions, sont ceux qu'il faut substituer à h' et h'_1 dans l'expression de $(A)_1$. On aura donc

$$(A)_1 = a_1 + \tfrac{1}{2}\left\{ \frac{\{h_2 + h + \omega[\cos i + \cos(i + A_1)]\}\sin^2\tfrac{1}{2}a_1 - \{h_2 - h - \omega[\cos i - \cos(i + A_1)]\}}{R'' \sin a_1} \right.$$

au lieu qu'on avait , dans les mêmes conditions de visibilité directe ,

$$A_1 = a_1 + \tfrac{1}{2}\left[\frac{(h_2 + h)^2 \sin^2\tfrac{1}{2}a_1 - (h_2 - h)^2 \cos^2\tfrac{1}{2}a_1}{R'' \sin a_1} \right].$$

88. Ces deux expressions ne diffèrent que par les petits termes dépendants de ω qui s'ajoutent, dans la première, aux dépressions vraies h, h_2. Si on développait les carrés que contient celle-ci, la différence se trouverait évidemment composée de termes ayant pour coefficient ω^2, ou les produits de ω par les dépressions vraies h, h_2. Or, ces dépressions ne sont jamais que de quelques minutes , et l'angle ω ne dépasse pas un petit nombre de secondes. Les termes dont il s'agit seront ainsi toujours insensibles dans le peu d'étendue que l'on donne aux triangles terrestres. Ils se confondront avec les erreurs des observations. Leur effet sera pareil à celui qui se produit lorsque , ayant mesuré l'angle plan a_1, dans un certain état de l'atmosphère , on calcule la réduction à l'horizon avec des dépressions observées dans un état tant soit peu différent ; or, cela n'y produit aucune altération de quelque importance. D'après cela , nous pouvons admettre qu'en restreignant, comme on le fait , les triangles géodésiques, les angles dièdres A , A_1 , A_2, mesurés entre les plans verticaux menés par les normales réelles aux trois sommets d'un même triangle , peuvent être employés , sans correction aucune, comme formés entre les plans diamétraux d'une même sphère osculatrice à la surface terrestre en un quelconque des trois

sommets. Quoique l'excessive petitesse des angles ω, sur laquelle cette démonstration repose, ne puisse être prouvée que plus tard, par des considérations d'ensemble, elle n'implique pas de cercle *vicieux*, parce qu'il suffira qu'elle justifie alors ce caractère que nous venons de lui attribuer. D'ailleurs nous en trouverons des confirmations de fait dans le cours des opérations géodésiques mêmes.

89. Ceci reconnu, je reviens à la *fig.* 14. C y désigne, sur la normale CS, le centre d'une sphère qui, étant osculatrice, dans cette localité, à la surface terrestre régularisée, s'assimile d'assez près, comme assez continûment, avec elle, pour que les sécantes menées de ce centre aux stations S_1, S_2 ne forment que de très-petits angles avec les normales réelles. Si l'on coupe ces trois sécantes par la surface sphérique décrite du centre C, avec le rayon osculateur local CA ou R, les plans diamétraux qui les contiennent par couples tracent sur la surface de la sphère un triangle curviligne formé par des arcs de grands cercles, ayant pour côtés ces arcs mêmes, AA_1, AA_2, A_1A_2; et pour angles des sommets les trois angles dièdres, A, A_1, A_2, qu'on a déterminés par l'observation autour des normales menées à ces trois sommets respectifs, la petitesse des angles ω_1, ω_2 étant supposée telle que les angles dièdres compris entre les plans diamétraux qui forment le triangle sphérique puissent, sans aucune erreur appréciable, être supposés égaux à ceux-là. Alors, si l'on parvenait à connaître la longueur absolue d'un des arcs AA_1, AA_2, A_1A_2, par une mensuration directe, ou par une opération trigonométrique qui le rattachât à quelque autre arc ainsi mesuré, on obtiendrait les longueurs absolues des deux autres côtés par le théorème connu que, dans tout triangle sphérique, les sinus des côtés sont proportionnels aux sinus des angles opposés. Car, en supposant, par exemple, que l'on eût ainsi le côté C opposé à l'angle A, on en déduirait

$$\sin C_1 = \sin C \frac{\sin A_1}{\sin A}, \qquad \text{et} \qquad \sin C_2 = \sin C \frac{\sin A_2}{\sin A}.$$

A la vérité, pour résoudre *immédiatement* ces équations par les Tables de sinus, il faudrait exprimer le côté C en parties de la graduation de la sphère osculatrice, les angles dièdres A, A_i, A_j étant déjà donnés sous cette forme par les instruments qui les mesurent, ou par la formule qui les déduit des angles obliques a, a_i, a_j et des distances zénithales ainsi exprimées. Cela exigerait donc que l'on connût la longueur $D^{(o)}$ qu'un degré de la graduation adoptée occupe sur le contour d'un des grands cercles de cette sphère; et cette connaissance serait nécessaire encore pour obtenir les longueurs absolues des arcs C_i, C_j, d'après les valeurs que le calcul, fait avec les Tables, leur assignera dans le même mode de graduation. Mais la partie principale de ces conversions devient inutile si l'on suppose, comme c'est le cas réel, que les arcs C, C_i, C_j, ici considérés, ne dépassent pas en longueur 2 degrés sexagésimaux, limite qu'on ne leur laisserait même pas atteindre dans ces opérations quand on pourrait étendre aussi loin la vision réciproque. Car alors, les expressions approximatives que nous avons établies dans le § **62**, page 68, deviennent applicables et suffisantes. Or, si on les emploie pour développer d'abord l'expression d'un des côtés cherchés, par exemple celle de C_i, en fonction de son sinus, dont la valeur est ici donnée; puis, que, dans ce développement, on remplace les puissances de $\sin C$ par leurs valeurs en fonction de l'arc C, en se bornant toujours aux limites d'approximation que nos formules embrassent, on trouve

$$C_i = C \frac{\sin A_i}{\sin A} + \frac{1}{6} \frac{\sin A_i \sin(A_i + A)\sin(A_i - A)}{\sin^3 A} \cdot \frac{C}{R^2};$$

et semblablement

$$C_j = C \frac{\sin A_j}{\sin A} + \frac{1}{6} \frac{\sin A_j \sin(A_j + A)\sin(A_j - A)}{\sin^3 A} \cdot \frac{C}{R^2}.$$

Si l'on effectue la même transformation par nos formules logarithmiques approximatives, on trouve également

$$\log C_i = \log\left(\frac{C \sin A_i}{\sin A}\right) + \frac{k}{6} \frac{\sin(A_i + A)\sin(A_i - A)}{\sin^2 A} \frac{C^2}{R^2};$$

et

$$\log C_j = \log\left(\frac{C \sin A_j}{\sin A}\right) + \frac{k}{6} \frac{\sin(A_j + A)\sin(A_j - A)}{\sin^2 A} \frac{C^2}{R^2}.$$

λ est le module logarithmique direct, dont la valeur est $0,43429\,44819$ et le logarithme tabulaire $\bar{1},63778\,43113$. Ces valeurs de $\log C_1$ et de $\log C_2$, données par nos formules générales, s'accordent, en effet, avec celles qu'on déduirait directement des expressions précédentes de C_1 et de C_2, en se restreignant aux mêmes limites d'approximation. Maintenant on voit que, dans ces expressions, la connaissance du rayon R de la sphère osculatrice locale est seulement nécessaire pour calculer les termes correctifs qui s'ajoutent à la partie principale du côté cherché; et cette partie est précisément celle qu'on obtiendrait si l'on résolvait le triangle $A\,A_1\,A_2$ comme rectiligne, auquel cas les sinus des angles A, A_1, A_2 ne seraient pas proportionnels aux sinus des côtés opposés, mais à ces côtés eux-mêmes. Il reste donc à voir si la valeur locale de R peut être toujours connue, assez approximativement, pour servir à évaluer ces termes correctifs, qui sont essentiellement très-petits, par le peu d'extension des triangles, à sommets réciproquement visibles, que l'on peut former sur la surface terrestre.

90. A cet effet, j'annoncerai d'avance que, lorsque l'ensemble de la surface terrestre nous sera connu, par la comparaison des mesures de degrés du méridien, effectuées en des régions très-distantes entre elles, et que nous aurons établi définitivement, d'après cet ensemble, la succession de nos sphères osculatrices pour toute l'étendue de la surface, nous arriverons à reconnaître que les longueurs de leurs rayons R sont comprises entre les valeurs suivantes, que j'exprime en toises :

le plus grand aux pôles $\quad R = 3282300^T, \quad \log R = 6,5161785$;

le plus petit à l'équateur $\quad R = 3271867 \quad \log R = 6,5147956$.

Maintenant, dans la formule qui exprime les longueurs des côtés C_1, C_2 en fonction du côté donné C, je suppose C égal à 100000^T, ce qui lui donne une extension qui n'a jamais été réalisée dans aucune opération géodésique, et qu'il serait très-difficile d'embrasser entre des signaux réciproquement visibles, si l'on en avait l'intention. Ceci admis, je calcule successivement le coefficient du terme correctif $\dfrac{C^3}{6R^3}$, avec les valeurs attribuées ici à nos deux rayons extrêmes, et je trouve :

$$\text{par le plus grand rayon} \quad \frac{C^3}{6R^2} = 15^T,47 ;$$

$$\text{par le plus petit.} \ldots\ldots \quad \frac{C^3}{6R^2} = 15^T,57.$$

Ainsi, dans ces suppositions exagérées, tant pour l'excessive longueur attribuée au côté C que pour la disproportion extrême des rayons R employés au calcul du coefficient considéré, les deux évaluations qu'on en obtiendrait ne différeraient entre elles que de $0^T,1$, quantité dont on ne pourrait répondre, même sur la mesure directe d'un si grand arc; de sorte que le choix qu'on pourrait faire entre ces deux valeurs du rayon R serait tout à fait indifférent. A la vérité ces évaluations précises ne peuvent être connues qu'après qu'on a définitivement arrêté le sens d'oscillation que l'on veut attribuer à ces sphères, d'où résultent les positions locales de leurs centres, et les longueurs de leurs rayons sur les diverses normales où ils sont placés. Mais on pourrait, sans craindre une erreur plus sensible, leur substituer, dans ce calcul, le rayon de toute autre sphère que l'on aurait reconnue déjà comme approchant beaucoup de s'assimiler à la surface terrestre dans une région quelconque sur un arc de petite étendue. Par exemple, prenons pour le rayon R la valeur 3259442^T, qui nous a été donnée par l'opération de Pensylvanie, comme appartenant à un cercle qui coïnciderait avec un degré du méridien terrestre dans cette région. Cette longueur sera moindre que la plus petite que nous venons d'attribuer à nos sphères osculatrices comme n'étant pas assujettie aux mêmes conditions de position des centres d'où on les suppose décrites (*). Néanmoins le coefficient $\dfrac{C^3}{6R^{32}}$, calculé

____

(*) Elle appartient au système des plus petits rayons osculateurs de la surface terrestre, et les précédents au système des plus grands. Voyez cette distinction dans le § 48.

avec cette valeur de R pour l'exemple que nous venons de considérer, serait

$$\frac{C^3}{6R^2} = 15^{\mathrm{T}},69.$$

De sorte qu'il ne présenterait, avec les précédentes évaluations, qu'une différence tout à fait négligeable. On pourrait donc, pour exclure ici toute apparence de cercle vicieux, concevoir que les termes correctifs de nos formules seraient calculés avec ce rayon, ou avec tout autre qui aurait été obtenu par quelque opération analogue, sans avoir besoin de lui attribuer aucune relation avec le système général et définitif de nos sphères osculatrices, si ce n'est qu'il a, comme elles, la propriété de suivre de très-près la courbure de la surface terrestre en un certain sens, dans un de ses points. Mais, ceci étant constaté pour la légitimité du raisonnement, lorsqu'on entreprend, de nos jours, une opération géodésique nouvelle, on peut, sans aucun cercle vicieux, attribuer aux sphères tangentes, sur lesquelles on suppose les triangles établis, la distribution relative des centres, et les longueurs de rayons qui ont été reconnues être les plus convenables, d'après l'ensemble des opérations antérieures effectuées en diverses parties de la terre. De sorte qu'en opérant ainsi, on obtient, de prime abord, les nombres définitifs auxquels les approximations successives conduiraient.

91. On parvient à des résultats équivalents à ceux qui précèdent, et ayant un degré de précision exactement égal, au moyen d'un théorème trouvé par Legendre, qui en simplifie beaucoup le calcul numérique; mais, pour en concevoir l'application, et même pour l'effectuer avec justesse, il faut en rappeler le principe fondamental.

Les angles A, A $_{\prime}$, A $_{\prime\prime}$ d'un triangle sphérique rigoureux (*fig.* 14) sont des angles dièdres, mesurés au centre de la sphère par les arcs de grands cercles interceptés entre les plans diamétraux qui les limitent, et auxquels ils sont proportionnels. On peut donc les exprimer par ces arcs mêmes, indépendamment de toute graduation; alors l'expression de l'angle droit sera un quart de circonférence que je nommerai D. Ceci convenu, soient s la superficie courbe du triangle sphérique considéré, et S la superficie totale de la sphère, ces deux quantités étant exprimées dans une même espèce d'unités de surface et de longueur. On démontre, dans les *Éléments de Géométrie* (Legendre, livre VII, prop. XXIII), qu'il existe toujours l'égalité suivante :

$$\frac{A + A_1 + A_2 - 2D}{8D} = \frac{s}{S}.$$

Plus s est petit, comparativement à S, plus les deux membres de cette équation s'affaiblissent. Enfin, si l'on suppose que le rapport $\frac{s}{S}$ devienne insensible, ce qui identifie le triangle sphérique à un triangle rectiligne qui serait compris dans un élément superficiel infiniment petit du plan tangent à la sphère, le numérateur du premier membre doit devenir aussi insensible, comparativement à son dénominateur 8D. Donc, à cette limite finale, la somme des trois angles du triangle est égale à deux angles droits, puisqu'elle ne diffère de deux droits que par un arc $8D\,\frac{s}{S}$, qui peut être supposé moindre que toute quantité assignable par l'atténuation du facteur $\frac{s}{S}$.

92. Cette relation peut se mettre sous plusieurs autres formes, selon les diverses expressions que l'on peut convenir de donner aux angles et aux surfaces. Par exemple, soit R le rayon de la sphère, exprimé dans la même espèce d'unité de longueur qui est employée pour la mesure de s, et des arcs A, A_1, A_2, D. Alors le contour d'un grand cercle sera 4D, sa surface 2DR; et, comme la surface totale de la sphère est quadruple de celle d'un de ses grands cercles, l'expression de S sera 8DR. En la substituant, le dénominateur 8D disparaît, comme commun aux deux membres de l'équation, et il reste

$$A + A_1 + A_2 - 2D = \frac{s}{R}.$$

L'égalité qui avait lieu précédemment entre des rapports abstraits, existe maintenant entre des quantités linéaires.

93. Autour du centre C (*fig.* 14), décrivez une sphère concentrique à la première, mais dont le rayon soit égal à l'unité de longueur, et marquez sur sa surface les trois points où elle est percée par les rayons R dirigés aux sommets A, A_1, A_2. Ces intersections formeront, sur la sphère du rayon 1, un triangle sphérique semblable au premier, et ayant les mêmes angles dièdres. Exprimons-y encore ces angles par les arcs de grands cercles α, α_1, α_2, qui sont compris sur la nouvelle sphère entre les plans qui les limitent, en attribuant les lettres homologues aux angles pareils, et concevant les arcs α, α_1, α_2 exprimés en parties du rayon 1. Désignons aussi par d l'arc de cette même sphère, qui est soutendu par l'angle droit; nous aurons, par une proportionnalité évidente,

$$A = R\alpha, \qquad A_1 = R\alpha_1, \qquad A_2 = R\alpha_2, \qquad D = Rd.$$

Si l'on substitue ces expressions dans notre dernière égalité, il en résulte

$$\alpha + \alpha_1 + \alpha_2 - 2d = \frac{s}{R^2}.$$

Ici, l'égalité existe de nouveau entre des rapports abstraits, puisque α, α_1, α_2 sont de tels rapports, ainsi que $\frac{s}{R^2}$.

94. Supposez, enfin, qu'on veuille exprimer α, α_1, α_2, d, non plus sous cette forme, mais en parties de la graduation numérique du cercle, par exemple en secondes de la division sexagésimale. Alors il faudra convertir le rayon 1 dans cette même espèce d'unités, ce qui le changera dans le nombre que nous avons nommé R''; et, en multipliant les deux membres de l'égalité par ce facteur, on aura

$$\alpha R'' + \alpha_1 R'' + \alpha_2 R'' - 2dR'' = \frac{s}{R^2} R''.$$

Les quatre termes du premier membre sont les valeurs des arcs respectifs α, α_1, α_2, $2d$, exprimés en secondes, ce qui transforme le dernier en $2 . 90 . 3600''$ ou 180°. Je les désignerai respectivement par α'', α''_1, α''_2 et d'', ce qui donnera

$$\alpha'' + \alpha''_1 + \alpha''_2 - 2d'' = \frac{s}{R^2} R''.$$

Le premier membre de ces deux dernières égalités s'appelle l'*excès sphérique* du triangle sphérique considéré, quelle que soit celle des deux formes qu'on adopte pour l'expression des arcs. Je le désignerai désormais par z dans la première, et par z'' dans la deuxième; on aura ainsi

$$z = \frac{s}{R^2}, \qquad z'' = \frac{s}{R} R''.$$

Quelle que soit celle qu'on adopte, on pourra toujours l'évaluer pour un triangle sphérique dont on donnera la superficie s, en la divisant par le carré du rayon R exprimé dans la même espèce d'unités de longueur qu'on aura employée pour calculer s. On voit donc qu'ici encore l'évaluation directe de z exige la connaissance du rayon R. Mais la rigueur d'appréciation de cet élément sera d'autant moins importante que s se trouvera moindre relativement à R^2, c'est-à-dire à mesure que l'étendue superficielle du triangle considéré sera plus petite, comparativement à la surface totale de la sphère sur laquelle il est établi.

95. J'arrive maintenant au théorème de Legendre. Considérons un triangle sphérique quelconque, dont les angles soient A, A₁, A₂ et C, C₁, C₂ les côtés respectivement opposés; on aura rigoureusement

$$\sin C_1 = \sin C \frac{\sin A_1}{\sin A}, \qquad \sin C_2 = \sin C \frac{\sin A_2}{\sin A}.$$

Avec ces mêmes côtés C, C₁, C₂, étendus en ligne droite, formez un triangle plan, *fig.* 17, dans lequel A', A'₁, A'₂ désignent les angles qui leur seront respectivement opposés; pour celui-ci, on aura

$$C_1 = C \frac{\sin A'_1}{\sin A'}, \qquad C_2 = C \frac{\sin A'_2}{\sin A'}.$$

On pourrait donc le résoudre immédiatement et complètement par les Tables de sinus, supposant que ses angles fussent connus avec le côté C. Il est d'ailleurs évident que ces angles doivent différer de leurs analogues dans le triangle curviligne, puisque leurs sinus ont entre eux des rapports différents. Mais on peut prévoir aussi

qu'ils se rapprocheront de ces premiers, à mesure que la surface
du triangle curviligne sera moindre, comparativement à la surface
totale de la sphère, puisque la somme de ceux-ci doit s'accorder
avec eux pour former deux angles droits exacts, à la limite finale
de petitesse où ce rapport de superficie deviendrait insensible. La
différence entre les angles homologues des deux triangles doit donc
pouvoir se développer en une série convergente formée avec les
éléments décroissants de ce rapport, c'est-à-dire ordonnée suivant
les puissances de $\dfrac{C}{R}$, $\dfrac{C}{R}$, $\dfrac{C}{R}$, R étant le rayon de la sphère sur laquelle le triangle curviligne est tracé. En effet, lorsqu'on effectue
ce calcul en exprimant les angles par les arcs qui les mesurent
sur une sphère dont le rayon serait égal à l'unité de longueur, si
l'on borne les développements à leur premier terme, ce qui en fait
seulement omettre qui ont pour diviseur R^3 ou des puissances supérieures de R, on trouve

$$ A' = A - \tfrac{1}{3}\frac{s}{R^2}, \qquad A'_1 = A_1 - \tfrac{1}{3}\frac{s}{R^2}, \qquad A'_2 = A_2 - \tfrac{1}{3}\frac{s}{R^2}, $$

s étant la superficie *du triangle sphérique* exprimée en mêmes unités de surface que R^2. Si s n'est pas donné, mais que l'on connaisse
la superficie du triangle rectiligne que je désignerai par s', on
pourra la substituer à s, en conservant le même ordre d'approximation, et l'on aura encore

$$ A' = A - \tfrac{1}{3}\frac{s'}{R^2}, \qquad A'_1 = A_1 - \tfrac{1}{3}\frac{s'}{R^2}, \qquad A'_2 = A_2 - \tfrac{1}{3}\frac{s'}{R^2}, $$

D'après ce qu'on a vu dans le paragraphe précédent, $\dfrac{s}{R^2}$ exprime
l'excès sphérique du triangle curviligne, lorsque l'on prend les
arcs qui mesurent ses angles dièdres sur les grands cercles d'une
sphère dont le rayon est 1, et qu'on les suppose exprimés en parties de ce même rayon. Si, au contraire, on veut les exprimer en
parties de la graduation du cercle, les mêmes relations auront lieu
entre les angles analogues des deux triangles ainsi exprimés,
pourvu qu'on les associe à l'excès sphérique s' exprimé de la

même manière, ce qui exige seulement que l'on remplace $\frac{s}{R^2}$ ou $\frac{s'}{R^2}$

par $\frac{s}{R^2} R''$ ou $\frac{s'}{R^2} R''$ dans les équations que nous venons de former.

96. Puisque ces expressions contiennent en dénominateur le carré du rayon de la sphère sur laquelle on suppose le triangle établi, nous avons ici à considérer, comme dans nos formules précédentes, jusqu'à quel point l'évaluation de l'excès sphérique ε'', exprimé en secondes de degré, comme il faut l'avoir pour le répartir entre les trois angles A, A_1, A_2, serait affectée par les petites incertitudes où l'on pourrait être sur la valeur précise du rayon R. Car, bien que, dans une grande triangulation, l'on ait toujours soin de se transporter successivement aux trois sommets de chaque triangle, pour déterminer par l'observation les angles qui y correspondent, ce qui en donne l'excès sphérique, sans calcul, par leur somme même, on verra tout à l'heure que, pour la plupart des résultats qu'on déduit d'une telle triangulation, l'on est obligé de subdiviser ces triangles primitifs en triangles partiels, où l'un des angles est souvent inconnu ; de sorte que, pour le conclure de la somme des deux autres, il faut d'abord calculer théoriquement la valeur totale de l'excès sphérique ε'', d'après le rapport de la superficie du triangle considéré, au carré R^2 de la sphère sur laquelle on le suppose établi.

A cet effet, je reprends les mêmes rayons qui nous ont hypothétiquement servi dans l'épreuve précédente, p. 109. Seulement, pour les distinguer les uns des autres, je nomme R, celui de la sphère osculatrice polaire, R_1 celui de la sphère osculatrice équatoriale que l'on emploie dans les réductions géodésiques, et je désigne par R_2 celui qui nous a été donné par l'opération de Pensylvanie, comme étant osculateur suivant le méridien même, au lieu où cette opération a été faite. Je suppose alors que pour un certain triangle idéal, dont les côtés seraient approximativement connus, l'excès sphérique ε'' ait été trouvé égal à $40''$, en prenant pour dénominateur le rayon R_2. Si ce même excès était calculé, en prenant pour dénominateur le rayon R, ou le rayon R_1, on lui trouverait

respectivement pour valeur $\dfrac{\varepsilon' R_2^2}{R_1^2}$ ou $\dfrac{\varepsilon' R_3^2}{R_1^2}$. Or, d'après les expressions attribuées plus haut aux logarithmes de ces trois rayon
exprimés en toises, on a

$$\frac{R_2^2}{R_1^2} = 1,00639, \qquad \frac{R_3^2}{R_1^2} = 1,01408.$$

Multipliant donc ces rapports par $40''$, valeur supposée de ε',
quand on le calcule sur la sphère du rayon R_1, on aurait pour sa
valeur, dans la deuxième supposition, $40'',2556$, et, dans la troisième, $40'',5632$, au lieu de $40''$ juste. Ainsi, dans la répartition
de l'excès par tiers, entre les trois angles sphériques du triangle
considéré, pour le transformer en un triangle rectiligne, l'erreur
possible sur chaque angle réduit serait le tiers de l'excès de ces
nombres sur $40''$, ou $0'',085$ dans le premier cas, et $0'',188$ dans
le second. Ce sont là des quantités à peine appréciables aux observations les plus précises; et, dans l'état actuel de la géodésie, on
ne serait jamais exposé à les avoir si grandes, parce que l'on connaît beaucoup trop approximativement les rayons des sphères osculatrices locales, d'après les opérations antérieurement faites,
pour leur attribuer des valeurs si différentes de celles qui leur conviennent dans chaque cas donné. On n'aura donc jamais à craindre
des incertitudes, même si petites, sur l'évaluation théorique d'un
excès sphérique de $40''$. Or, aucun triangle géodésique jusqu'ici
réalisé n'a été assez étendu pour présenter un excès aussi considérable. Celui que nous avons employé, M. Arago et moi, pour
lier la petite île d'Iviza à la côte d'Espagne, a eu pour excès sphérique $39''$. C'est de beaucoup le plus grand qui ait été jamais exé-
cuté, et la nécessité de cette jonction a pu seule nous décider à
subir toutes les difficultés que présentaient les observations de signaux placés à de si grandes distances. Aussi n'en trouve-t-on
de cet ordre dans aucune autre triangulation, et par conséquent
les excès sphériques qui s'affaiblissent comme le carré des dimensions du triangle y sont tous généralement si petits, que l'on n'a
rien absolument à craindre dans leur évaluation, par l'influence

des faibles incertitudes que pourrait présenter l'appropriation du rayon R employé pour les calculer théoriquement.

97. Les résultats précédents peuvent se résumer dans un énoncé général, qui a été donné par Legendre :

1°. *Étant donné un triangle sphérique, dont la surface est très-petite, comparativement à la surface totale de la sphère sur laquelle il est établi, comme sont les triangles géodésiques formés localement sur le sphéroïde terrestre, si les angles dièdres de ce triangle sont* A, A_1, A_2, *et* C, C_1, C_2 *les longueurs des côtés respectivement opposés à ces angles, comme le représente la fig. 14, formez un triangle plan* $A'A'_1A'_2$, *fig. 17, dont les côtés rectilignes soient égaux à* C, C_1, C_2, *et dont les angles* A', A'_1, A'_2 *respectivement opposés à ces côtés aient pour valeurs*

$$A' = A - \tfrac{1}{3}\varepsilon, \qquad A'_1 = A_1 - \tfrac{1}{3}\varepsilon, \qquad A'_2 = A_2 - \tfrac{1}{3}\varepsilon.$$

Toutes les relations que la trigonométrie rectiligne établira entre les côtés C, C_1, C_2 *de ce triangle idéal auront lieu aussi entre ces mêmes côtés dans le triangle sphérique, en ne négligeant que des termes de l'ordre* $\dfrac{1}{R^3}$, *et d'ordres supérieurs.*

2°. *Si les trois angles* A, A_1, A_2 *sont donnés en parties de la graduation du cercle, ou sous toute autre forme convenue, on pourra aisément calculer la valeur de* ε *sous la même forme, puisqu'il est égal à l'excès de leur somme sur deux angles droits. On pourra encore le calculer sans avoir ces angles, si l'on connaît la surface* s *du triangle sphérique considéré, puisqu'il suffira de la diviser par le carré du rayon R de la sphère, exprimé en unités de surface de même nature que* s. *Enfin, si l'on ne connaît pas la surface exacte* s *du triangle sphérique, on pourra la remplacer, dans le même ordre d'approximation, par la surface* s' *de ce même triangle considéré comme rectiligne, et formé par les côtés* C, C_1, C_2, *combinés avec ceux des angles sphériques* A, A_1, A_2, *qui seront donnés. Le rapport* $\dfrac{s'}{R^2}$ *donnera l'excès inconnu* ε *ou* s *du triangle sphérique dans des limites d'approximation du même ordre que si l'on avait pu le calculer directement par les éléments mêmes de ce triangle, combinés selon leurs rapports trigonométriques rigoureux.*

98. À l'aide de ces deux théorèmes, les triangles géodésiques, quoique ayant leurs côtés courbes, se résolvent immédiatement par les Tables logarithmiques ordinaires, de nombres, de sinus et de tangentes, comme si ces côtés étaient rectilignes. On emploie donc immédiatement, dans le calcul, leurs longueurs absolues C, C_1, C_2, telles qu'elles sont données par la mensuration, sans avoir besoin de les diviser d'abord par le rayon R pour les réduire en parties de ce rayon, et de les multiplier ensuite par R'' pour les avoir en parties de la graduation du cercle, comme les Tables usuelles supposent les arcs exprimés. La connaissance du rayon R n'est indispensable que pour calculer théoriquement l'excès sphérique du triangle d'après le rapport de sa superficie à celle de la sphère, lorsque ses angles dièdres A, A_1, A_2 n'ont pas été tous trois déterminés par l'observation ; et son usage y est analogue à celui qu'il a pour le calcul des termes correctifs, dans la résolution des mêmes triangles par les développements que nous avons d'abord exposés. C'est pourquoi on n'a besoin de l'y connaître aussi qu'avec une approximation d'un ordre pareil.

99. Pour compléter ce rapprochement, je vais montrer que, dans les limites de petitesse des triangles auxquels le théorème de Legendre est applicable, il donne des résultats identiques avec les développements que nous avons formés tout à l'heure dans le § 89, page 108; son unique avantage, c'est de suppléer à l'évaluation des termes correctifs de ces développements, par l'emploi de l'excès sphérique du triangle considéré.

Pour donner un exemple simple et convaincant de ce fait, résolvons ainsi le même problème que nous avons traité par les développements (§ 89, page 108). Connaissant les trois angles du triangle sphérique AA_1A_2, *fig.* 14, et un côté C, trouver les deux autres côtés C_1, C_2.

Puisque les trois angles sont donnés, et exprimés, si l'on veut, en parties de la graduation du cercle, leur somme, diminuée de deux angles droits, donnera l'excès sphérique sous la forme ε''. On aura donc, par le théorème,

$$C_1 = C \frac{\sin(A_1 - \frac{1}{2} z'')}{\sin(A - \frac{1}{2} z')}, \qquad C_2 = C \frac{\sin(A_2 - \frac{1}{2} z)}{\sin(A - \frac{1}{2} z')}.$$

Je considère d'abord la première de ces relations, et, pour la rapprocher de nos développements, j'y décompose, dans les deux termes du second membre, les sinus d'arcs complexes en sinus d'arcs simples. Puis, comme z'' est toujours un très-petit arc, dont l'expression abstraite est de l'ordre $\frac{1}{R}$, je remplace son sinus par cette expression même $\frac{z}{R^2}$, ou z, qui le donne en parties du rayon des Tables pris pour unité. Par un motif pareil, je remplace le cosinus de cet arc par l'unité, ce qui revient encore à négliger les termes de l'ordre $\frac{1}{R^2}$, ou des ordres supérieurs; j'ai ainsi finalement

$$C_1 = C \frac{(\sin A_1 - \frac{1}{2} z \cos A_1)}{(\sin A - \frac{1}{2} z \cos A)} = C \frac{\sin A_1}{\sin A} \left(\frac{1 - \frac{1}{2} z \frac{\cos A_1}{\sin A_1}}{1 - \frac{1}{2} z \frac{\cos A}{\sin A}} \right).$$

z est déjà de l'ordre $\frac{1}{R}$; en conséquence, si nous développons

$$\frac{1}{1 - \frac{1}{2} z \frac{\cos A}{\sin A}}$$

en série par la division, il faudra se borner aux deux premiers termes du quotient, et négliger tous les ultérieurs qui, étant d'ordres plus élevés, s'associent à des termes déjà supprimés, dans la formation du théorème. On aura ainsi, après quelques réductions faciles,

$$C_1 = C \frac{\sin A_1}{\sin A} + \frac{1}{2} z C \frac{\sin(A_1 - A)}{\sin^2 A}.$$

Maintenant, considérons le triangle rectiligne idéal (*fig.* 17), dont les côtés sont C, C_1, C_2 de la *fig.* 14. Si, du sommet A', on mène une perpendiculaire A'P' sur le côté opposé C, la longueur de cette perpendiculaire sera $C_1 \sin A'$; mais on pourra la remplacer par

$C_1 \sin(A'_1 + A')$, puisque, le triangle étant plan, un quelconque de ses angles est supplément de la somme des deux autres. Sa superficie sera donc $\frac{1}{2} CC_1 \sin(A'_1 + A')$. En la divisant par R^2, on aura, avec une approximation du même ordre, conséquemment suffisante, l'excès sphérique du triangle réel $A A_1 A_2$, *fig.* 14, exprimé sous sa forme abstraite, lequel sera

$$\varepsilon = \frac{1}{2}\,\frac{CC_1 \sin(A'_1 + A')}{R^2}$$

Or, les angles plans A', A'_1, ne diffèrent de leurs analogues du triangle sphérique que parce qu'ils sont chacun plus petits d'une quantité égale à $\frac{1}{3}\varepsilon$, qui est de l'ordre $\frac{1}{R^2}$. Donc, puisque nous négligeons les termes de l'ordre $\frac{1}{R^4}$, nous pouvons substituer ces angles sphériques aux angles plans dans l'expression de ε même, ce qui donnera, dans le même ordre d'approximation,

$$\varepsilon = \frac{1}{2}\,\frac{CC_1 \sin(A_1 + A)}{R^2};$$

et, par suite, en substituant dans C_1,

$$C_1 = \frac{C \sin A_1}{\sin A} + \frac{1}{6}\,\frac{C^2 C_1 \sin(A_1 + A)\sin(A_1 - A)}{R^2 \sin^3 A}.$$

Il ne reste plus qu'à chasser C_1 du second membre pour l'avoir entièrement dégagé. Or, comme il n'entre que dans le terme divisé par R^2, il faut, pour rester dans le même ordre d'approximation, l'y remplacer par la portion de sa valeur qui n'est pas déjà de cet ordre, c'est-à-dire par $\dfrac{C \sin A_1}{\sin A}$. On a ainsi finalement

$$C_1 = \frac{C \sin A_1}{\sin A} + \frac{1}{6}\,\frac{\sin A_1 \sin(A_1 + A)\sin(A_1 - A)}{\sin^3 A}\,\frac{C^3}{R^2}.$$

Cette expression est identique avec celle que nous avons trouvée, § 89, page 108, par le développement immédiat de C_1; et la connaissance du rayon R n'y est non plus nécessaire que pour cal culer les termes correctifs qui rendent le triangle sphérique différent d'un triangle rectiligne formé par des côtés d'égale longueur.

100. Legendre a démontré que son théorème avait encore lieu pour les très-petits triangles formés sur un ellipsoïde de révolution, par les lignes de plus courte distance qui joignent leurs sommets; et d'autres géomètres ont étendu la même proposition aux petits triangles tracés aussi par les lignes de plus courte distance sur un sphéroïde quelconque. Ces démonstrations, qui ont demandé beaucoup d'habileté, me semblent n'être que des jeux d'analyse, dont le résultat pouvait se prévoir par les simples considérations d'osculation que j'ai exposées. Quelle que soit la forme du sphéroïde, pourvu qu'elle soit continue, si l'on conçoit une sphère qui lui soit osculatrice en un quelconque de ses points, n'importe dans quel sens, il y aura toujours, autour du point de contact, une petite amplitude superficielle dont tous les points différeront aussi peu que l'on voudra de ceux de la sphère qui se trouvent sur les mêmes sécantes. Alors, quand on aura fixé les limites de cette amplitude par les conditions d'approximation auxquelles on veut considérer la distance mutuelle de ces points homologues comme négligeable, les lignes de plus courte distance, tracées sur le sphéroïde dans l'amplitude ainsi restreinte, se confondront, dans le même ordre d'approximation, avec les arcs de grands cercles menés sur la sphère osculatrice. Ainsi le théorème de Legendre aura lieu pour les petits triangles qui y seront compris. La forme particulière du sphéroïde n'influe que sur l'extension plus ou moins grande que l'on peut donner au théorème autour de chaque point de contact, avec un degré d'approximation égal (*).

(*) A l'occasion du sujet qui est traité dans cette section, on pourra lire avec beaucoup de fruit un remarquable Mémoire de Lagrange inséré au *Journal de l'École Polytechnique*, tome II, page 270, où les principes de la trigonométrie sphérique et le théorème de Legendre sont établis avec une extrême clarté. On y voit que le théorème fondamental que j'ai rapporté page 112 a été d'abord énoncé comme induction par Albert Girard en 1627, et démontré pour la première fois, en 1632, par Cavalieri.

Sur la réduction à l'horizon des angles observés dans des plans obliques.

Conservant toutes les déterminations adoptées dans la page 93, § **76**, je reprends l'équation transformée de la page 94 :

$$(1) \qquad \sin^2 \tfrac{1}{2} A = \frac{\sin^2 \tfrac{1}{2} a - \sin^2 \tfrac{1}{2}(z_2 - z_1)}{\sin z_1 \sin z_2}.$$

En retranchant de ses deux membres $\sin^2 \tfrac{1}{2} a$, j'ai

$$\sin^2 \tfrac{1}{2} A - \sin^2 \tfrac{1}{2} a = \frac{(1 - \sin z_1 \sin z_2)\sin^2 \tfrac{1}{2} a - \sin^2 \tfrac{1}{2}(z_2 - z_1)}{\sin z_1 \sin z_2}.$$

Comme les distances zénithales z_1, z_2 sont toujours peu différentes de 90°, il sera bon de mettre en évidence les petites hauteurs apparentes ou les petites dépressions accidentelles qui complètent le quadrant ; les considérant donc comme négatives dans le premier cas, et comme positives dans le second, je fais généralement

$$z_1 = 90^\circ + h_1, \qquad z_2 = 90^\circ + h_2,$$

ce qui donne

$$\sin^2 \tfrac{1}{2} A - \sin^2 \tfrac{1}{2} a = \frac{(1 - \cos h_1 \cos h_2)\sin^2 \tfrac{1}{2} a - \sin^2 \tfrac{1}{2}(h_2 - h_1)}{\cos h_1 \cos h_2},$$

or, on a identiquement

$$\sin^2 \tfrac{1}{2} A - \sin^2 \tfrac{1}{2} a = \sin \tfrac{1}{2}(A + a)\sin \tfrac{1}{2}(A - a),$$

et

$$(1 - \cos h_1 \cos h_2) = \sin^2 \tfrac{1}{2}(h_2 + h_1) + \sin^2 \tfrac{1}{2}(h_2 - h_1).$$

Ces équivalents étant substitués dans l'équation précédente, elle prend la forme qui suit :

$$(2)\ \sin \tfrac{1}{2}(A + a)\sin \tfrac{1}{2}(A - a) = \frac{\sin^2 \tfrac{1}{2} a \sin^2 \tfrac{1}{2}(h_2 + h_1) - \cos^2 \tfrac{1}{2} a \sin^2 \tfrac{1}{2}(h_2 - h_1)}{\cos h_1 \cos h_2}.$$

On voit alors que le second membre sera toujours une quantité très-petite de l'ordre du carré de h_2 et de h_1. En outre, comme on prend toujours soin que l'angle a ait une notable grandeur, $\sin \tfrac{1}{2}(A + a)$ ne sera jamais assez petit pour compenser, comme dénominateur, l'atténuation produite par les facteurs $\sin^2 \tfrac{1}{2}(h_2 + h_1)$, $\sin^2 \tfrac{1}{2}(h_2 - h_1)$. Conséquemment $\sin \tfrac{1}{2}(A - a)$, et par suite l'arc $A - a$, seront de même ordre qu'eux. D'après cela, si l'on consentait à négliger le carré de $A - a$, on pourrait supposer A égal à a dans le facteur $\sin \tfrac{1}{2}(A + a)$, ce qui le transformerait en $\sin a$ qui est connu, et l'on aurait, par cette première approximation,

$$\sin \tfrac{1}{2}(A - a) = \frac{\sin^2 \frac{1}{2} a \sin^2 \frac{1}{2}(h_2 + h_1) - \cos^2 \frac{1}{2} a \sin^2 \frac{1}{2}(h_2 - h_1)}{\cos h_1 \cos h_2 \sin a};$$

alors, en se restreignant à ces termes, on devra considérer l'arc $\frac{1}{2}(A - a)$ comme proportionnel à son sinus. Donc, si on veut l'obtenir en secondes de degré, et qu'on représente par R″ la longueur du rayon du cercle exprimé de la même manière, comme nous l'avons fait dans la note de la page 62, $\sin \frac{1}{2}(A - a)$ devra être remplacé par $\frac{1}{2}\frac{(A - a)}{R''}$, ce qui, étant égalé à sa valeur précédente, donnera, dans cet ordre d'approximation,

$$A = a + \frac{2\{\sin^2 \frac{1}{2} a \sin^2 \frac{1}{2}(h_2 + h_1) - \cos^2 \frac{1}{2} a \sin^2 \frac{1}{2}(h_2 - h_1)\} R''}{\cos h_1 \cos h_2 \sin a}.$$

Le terme qui s'ajoute à a dans le second membre se trouvera ainsi exprimé en secondes de degré, et, dans les limites de l'approximation à laquelle nous nous sommes restreint, on pourra, en le calculant, remplacer $\cos h_1$, $\cos h_2$ par l'unité à son dénominateur, parce que les quantités qui complètent ces cosinus étant de l'ordre $\sin^2 h_1$, $\sin^2 h_2$, si on les concevait reportées par développement au numérateur, elles y formeraient, avec les termes qui le composent, des produits que nous avons supposés tacitement négligeables quand nous nous sommes borné à la première puissance de $\sin \frac{1}{2}(A - a)$ dans l'expression de l'arc $\frac{1}{2}(A - a)$ en fonction de ce sinus.

Pour justifier la petitesse supposée de l'arc $\frac{1}{2}(A - a)$ malgré la présence de R″ comme facteur au numérateur de la quantité qui l'exprime, il faut considérer que, les hauteurs apparentes h_1, h_2 étant admises comme très petites dans notre approximation, les carrés $\sin^2 \frac{1}{2}(h_2 + h_1)$ et $\sin^2 \frac{1}{2}(h_2 - h_1)$ qui se trouvent au numérateur compenseront cette influence. En effet, en supposant les arcs h_1 et h_2 exprimés en secondes de degré, comme $A - a$, ces carrés seront de l'ordre $\frac{1}{4}\frac{(h_2 + h_1)^2}{R''^2}$ et $\frac{1}{4}\frac{(h_2 - h_1)^2}{R''^2}$, ce qui rétablira R″ en diviseur définitif. Ainsi, quand on prendra les valeurs des logarithmes de ces sinus dans les Tables, et qu'on effectuera régulièrement le calcul avec leurs valeurs, la compensation s'établira toujours, soit qu'on ajoute au résultat log R″, ou qu'on en retranche log sin 1″, ce qui reviendra au même d'après la note de la page 62. La correction qui complète a se trouvera toujours exprimée en secondes de degré, et elle sera aussi toujours très petite, comme nous l'avons prévu d'après la nature de la question.

Cette expression approchée de la réduction à l'horizon suffira dans le très grand nombre des cas; mais, si l'on veut en obtenir une plus exacte, et même d'une exactitude théoriquement indéfinie, il faut résoudre l'équation (2) par les séries relativement à $A - a$, en fondant la légitimité des développements sur la petitesse reconnue du second membre. Pour cela je fais, par abréviation,

$$\frac{\sin^2 \tfrac{1}{2} a \sin^2 \tfrac{1}{2} (h_2 + h_1) - \cos^2 \tfrac{1}{2} a \sin^2 \tfrac{1}{2} (h_2 - h_1)}{\cos h_1 \cos h_2} = c \sin a,$$

et $\quad\quad \tfrac{1}{2}(A - a) = x, \quad\quad$ d'où $\quad\quad \tfrac{1}{2}(A + a) = a + x,$

x sera une quantité connue que nous savons être fort petite, et $2x$ sera l'inconnue ou la réduction à l'horizon que nous voulons déterminer ; alors notre équation (2) deviendra

$$\sin (a + x) \sin x = c \sin a,$$

ou, en développant le premier facteur,

$$\sin a \cos x \sin x + \cos a \sin^2 x = c \sin a.$$

Maintenant divisez les deux membres par $\cos^2 x$, et remplacez dans le second $\frac{1}{\cos^2 x}$ par son expression équivalente $1 + \operatorname{tang}^2 x$; l'équation ne contiendra plus d'inconnue que $\operatorname{tang} x$, et, en l'ordonnant par rapport à cette quantité, elle deviendra

$$\operatorname{tang}^2 x + \frac{\operatorname{tang} a}{1 - c \operatorname{tang} a} \cdot \operatorname{tang} x = \frac{c \operatorname{tang} a}{1 - c \operatorname{tang} a}$$

Si l'on voulait considérer $\operatorname{tang}^2 x$ comme négligeable comparativement à $\operatorname{tang} x$, ainsi que nous l'avions fait d'abord, cette équation nous donnerait $\operatorname{tang} x$ égal à c, et, par suite, cette tangente pouvant être remplacée par $\sin x$ ou $\sin \tfrac{1}{2}(A - a)$ dans le même ordre d'approximation, il viendrait

$$\sin \tfrac{1}{2}(A - a) = c,$$

résultat identique à l'évaluation que nous avions obtenue directement avec les mêmes restrictions. Pour aller plus loin, il faut résoudre notre équation du second degré, en ne prenant que celle des deux racines qui donne x nul quand c est nul, comme notre équation primitive non divisée. En effectuant cette résolution, on trouve, après quelques réductions faciles,

$$\operatorname{tang} x = \frac{\operatorname{tang} a}{2(1 - c \operatorname{tang} a)} \left\{ - 1 + \left[1 + \frac{4c(1 - c \operatorname{tang} a)}{\operatorname{tang} a} \right]^{\frac{1}{2}} \right\}.$$

Il ne reste plus qu'à développer la partie radicale du second membre suivant les puissances de la quantité très-petite qui s'y trouve associée à l'unité. Cela se fera au moyen de la formule du binôme

$$(1 + u)^{\frac{1}{2}} = 1 + \tfrac{1}{2} u - \tfrac{1}{8} u^2 + \tfrac{1}{16} u^3 - \tfrac{5}{128} u^4 \ldots,$$

et l'on aura $\operatorname{tang} x$ avec telle approximation que l'on voudra ; d'où l'on déduira l'angle x par les Tables logarithmiques usuelles.

Je me bornerai, comme exemple, à effectuer ce développement jusqu'à la seconde puissance de e inclusivement, ce qui revient à négliger seulement les quantités de l'ordre tang² x comparativement à tang x ; j'obtiens, dans ces limites,

$$\text{tang } x = e - \frac{e^2}{\text{tang } a}$$

Or, dans un cercle dont le rayon est pris pour unité, l'expression d'un arc x moindre que 45°, en fonction de sa tangente, est

$$x = \text{tang } x - \tfrac{1}{3}\,\text{tang}^3\, x + \tfrac{1}{5}\,\text{tang}^5\, x \ldots$$

Ainsi, quand on néglige le cube de tang x, comme nous l'avons fait ici, l'arc se réduit à la tangente même; alors, si l'on représente par R'' le rayon exprimé en secondes de degré, comme nous l'avons fait dans la note de la page 62, et que l'on suppose l'arc x exprimé de la même manière, le rapport abstrait x ou tang x devra être remplacé par $\frac{x}{R''}$, ce qui, étant égale à la valeur trouvée ci-dessus pour tang x, donnera

$$x = eR'' - \frac{e^2 R''}{\text{tang } a}$$

et, en restituant pour x sa valeur $\frac{1}{2}(A - a)$, il en résultera

$$A = a + 2eR'' - \frac{2e^2 R''}{\text{tang } a}$$

Cette expression coïncide, dans son premier terme, avec celle que nous avions trouvée d'abord; elle n'en diffère que dans le second, qui sera le plus souvent insensible et négligeable.

Section III. — *Mensuration par une triangulation continue. Formation des réseaux des triangles sphériques établis consécutivement sur la surface terrestre, dans le sens d'un même méridien. Calcul de la longueur de l'arc méridien qui les traverse.*

101. Dans la section précédente, nous avons constaté que si, en un point donné de la surface terrestre régularisée, c'est-à-dire ramenée à la courbure uniforme des mers, on conçoit une sphère qui lui soit osculatrice, n'importe dans quel sens, il y aura toujours, autour du point de contact, un petit espace, dans lequel cette surface se confondra d'assez près, avec la sphère qui l'oscule, pour que les points qui y seront compris ne diffèrent de ceux qui sont situés sur les mêmes sécantes de la sphère que par des quantités négligeables. Alors, si l'on forme entre trois de ces derniers points un triangle sphérique composé d'arcs de grands cercles de la sphère osculatrice, lequel devra être censé commun aux deux surfaces, nous avons prouvé que les angles dièdres de ce triangle peuvent, sans erreur appréciable, être déterminés par des observations faites autour des normales réelles menées aux stations terrestres qui aboutissent aux mêmes sécantes. Ensuite, ces angles étant supposés connus, nous avons établi les méthodes les plus convenables pour en déduire les rapports de longueur des côtés du triangle ainsi constitué.

Nous allons maintenant considérer un réseau de triangles pareils, formés consécutivement dans le sens d'un même méridien terrestre, et s'appuyant, ou pouvant être censés s'appuyer les uns sur les autres, par des côtés communs, comme le représente la *fig.* 18. C'est ce qu'on appelle *les triangles principaux* d'une opération géodésique. Je leur conserverai cette dénomination. Mais, pour appliquer légitimement une telle construction, avec la continuité d'enchaînement qu'on lui attribue, il faut spécifier, dans ses particularités, ce qu'elle a d'exact et ce qui n'y est qu'approximatif (*).

(*) Pour éviter tout malentendu, je crois devoir prévenir que, dans cette

102. A cet effet, établissons-la d'abord dans l'hypothèse simple où la surface terrestre régularisée serait une sphère rigoureuse, ce que nous savons déjà être très-peu éloigné de la réalité. Pour abréger les énoncés, désignons par la lettre O le centre de cette sphère, et par Σ, Σ_1, Σ_2,... les points de la surface irrégulière qui ont servi de stations pour mesurer les angles dièdres A, A_1, A_2,... Du centre O, menez les sécantes $O\Sigma$, $O\Sigma_1$, $O\Sigma_2$,... Elles perceront la sphère en autant de points S, S_1, S_2,... Ceux-ci, étant joints entre eux par des arcs de grands cercles, formeront une suite continue de triangles sphériques tracés sur la sphère même qui exprime la configuration générale de la terre, comme le représente la *fig.* 18. Alors, les triangles consécutifs qui ont deux sommets communs ont aussi un côté commun formé par l'arc de grand cercle qui joint ces sommets. Les trois angles A, A_1, A_2 de chaque triangle, étant connus par observation, leur somme, diminuée de 180°, exprime l'excès sphérique ε'' qui lui est propre. Le tiers de cet excès, retranché de chaque angle, donne, par le théorème de Legendre, les angles correspondants A', A'_1, A'_2 du triangle rectiligne qui serait formé par les mêmes côtés C, C_1, C_2, étendus en ligne droite. De là on déduit les rapports de ces arcs entre eux. Donc, si l'on avait la longueur de l'arc sphérique qui constitue un seul des côtés de la chaîne, par exemple SS_1 ou SS_2, on en déduirait, par des résolutions successives, les longueurs de tous les autres côtés, le passage de chaque triangle au triangle consécutif s'effectuant par l'emploi du côté commun. Ce calcul n'exige point que l'on connaisse le rayon R de la sphère sur laquelle le réseau est établi. La connaissance de l'excès sphérique ε'', propre à chaque triangle, y supplée.

103. On obtiendra encore un résultat pareil, mais déjà seulement approximatif, si la terre, n'étant pas rigoureusement sphérique, diffère toutefois assez peu de la sphéricité, pour que le réseau

---

fig. 18, comme dans toutes celles qui vont suivre, les lettres S, S_1, S_2,... ne désignent plus les stations mêmes où les angles dièdres ont été mesurés, mais les points où chaque sphère osculatrice est percée par les sécantes menées de son centre à ces stations.

entier d'une même triangulation, toujours très-peu étendu comparativement à sa surface générale, puisse être considéré avec une exactitude suffisante, comme établi sur une même sphère, qui serait osculatrice à cette surface, dans la partie moyenne de la longueur qu'il recouvre. Alors, les sommets S, S_1, S_2,... des triangles, formés sur la sphère, n'appartiendront plus rigoureusement à la surface terrestre. Ils seront situés à l'extrémité des rayons menés, comme sécantes, aux diverses stations Σ, Σ_1, Σ_2,..., où l'on a mesuré les angles dièdres que l'on transporte à ces sommets. Conséquemment, pour que ce transport soit légitime, il faudra d'abord que, dans toute l'étendue de l'opération, les normales réelles menées en Σ, Σ_1, Σ_2,... forment des angles extrêmement petits avec les sécantes correspondantes, et ce sera là une condition indispensable, pour que la même sphère osculatrice puisse y être partout employée. Les sommets S, S_1, S_2,... des triangles sphériques ainsi formés différeront des points σ, σ_1, σ_2,..., où les sécantes percent la surface terrestre régularisée. Mais l'écart sera d'autant moindre que cette surface approchera plus de la forme sphérique, et que l'étendue de l'opération sera plus restreinte autour du point où l'osculation a lieu. Si donc les intervalles $S\sigma$, $S_1\sigma_1$, $S_2\sigma_2$,..., évalués sur toute la longueur du réseau, peuvent y être supposés assez petits, pour que l'arc de grand cercle SS_n qui joint ses sommets extrêmes sur la sphère osculatrice, et l'arc de plus courte distance compris entre les points correspondants σ, σ_n sur le sphéroïde, ne diffèrent entre eux que par une longueur négligeable, la chaîne de triangles sphériques formés entre les sommets S, S_1,..., S_n, pourra, dans le même ordre d'approximation, être substituée à la surface réelle. Alors, les triangles consécutifs de cette chaîne se lieront encore entre eux par les arcs sphériques qui joignent leurs sommets communs. On pourra donc déduire tous leurs côtés d'un seul d'entre eux, comme précédemment. Cette évaluation sera d'autant moins fautive, que la différence du sphéroïde à une sphère rigoureuse sera moindre, et que l'étendue totale du réseau sera plus restreinte. Ces deux circonstances concourent si heureusement, dans toutes les opérations géodésiques jusqu'ici effectuées, que l'on éprouve à peine le besoin, ou la possibilité, d'appliquer des

corrections appréciables aux longueurs qu'on obtient en les calculant ainsi.

104. Essayons toutefois de nous approcher davantage des réalités. Ne supposons plus tout notre réseau appliqué sur une même
sphère osculatrice ; mais formons chaque triangle sur une sphère
osculatrice qui lui soit propre , en y déterminant toujours ses sommets par l'intersection des sécantes , menées de chaque centre aux
points Σ, Σ_1, Σ_2, ..., Σ_n de la surface terrestre , qui ont servi de stations pour mesurer les angles dièdres entre les normales , et qu'une
même sphère osculatrice peut embrasser. Alors les triangles consécutifs , dont deux sécantes aboutiront aux mêmes stations , par
exemple à Σ_1 et à Σ_2 , auront leurs sommets correspondants S_1, S_2,
physiquement distincts , excepté dans le cas , infiniment particulier ,
où ces deux stations se trouveraient à la fois sur l'une et l'autre
sphère , ce qu'exclut , en général , la condition d'osculation locale
que l'on suppose remplie ailleurs qu'en ces points-là. Les arcs qui
joindront , sur chaque sphère , ces sommets distincts , ne seront
plus coïncidents. Ainsi , les triangles auxquels ils appartiendront
n'auront plus de côté commun qui les rattache l'un à l'autre ,
et qui puisse servir d'intermédiaire rigoureux pour passer du
premier au second , puis de celui-ci aux suivants , par un calcul
continu.

105. Néanmoins , dans ce cas encore , la jonction pourra se
faire , sinon rigoureusement , du moins avec des conditions d'erreurs dont les effets deviendront pratiquement négligeables , ou
même insensibles , quand l'étendue individuelle des triangles sera
extrêmement petite comparativement à la convexité générale du
sphéroïde , ainsi que cela a toujours lieu dans nos opérations de
géodésie. Pour ne pas nous jeter dans des abstractions mathématiques éloignées de notre but, admettons que la surface terrestre ,
dans ce qu'elle a de régulier , soit représentée , avec toute la précision réalisable , par un ellipsoïde de révolution , ayant son axe
polaire dirigé vers les pôles célestes , et à peine plus court que
l'équatorial; ce qui le rend très-peu différent d'une sphère rigoureuse. C'est , comme je l'ai annoncé , le dernier résultat auquel on
parvient , et l'on y serait déjà conduit par les approximations

précédentes. Dans une telle configuration, si l'on trace sur notre *fig*. 18, la courbe PSM$_a$, pour désigner l'arc méridien mené par le premier sommet S, à travers le réseau des triangles, ce sera un arc de l'ellipse génératrice. Toutes les normales, menées au sphéroïde, en divers points de cet arc, seront comprises dans un même plan contenant l'axe polaire; et toutes les sphères, qui seront transversalement osculatrices au méridien considéré, auront leurs centres répartis, sur cet axe, à une très-petite distance autour du centre du sphéroïde, avec leurs rayons R extrêmement peu différents entre eux, comme on en peut juger par leurs valeurs extrêmes que j'ai présentées par avance page 109. Employons ce système de sphères pour y placer les divers triangles discontigus, dont se compose notre réseau, et considérons-y spécialement les deux premiers désignés par les n°s 1 et 2. Pour faire bien sentir ce qu'ils ont de différent et de commun, je les reproduis séparément *fig*. 19, avec des conditions de discontiguïté monstrueusement exagérées. Dans le n° 1, je suppose que la sphère locale sera osculatrice en S, et aura pour rayon R. Ainsi ce sommet sera un point de la surface terrestre régularisée. Σ_1, Σ_2 désignent les deux autres points, distincts, mais toujours très-peu distants de cette surface, où l'on a observé les angles autour des normales réelles. La sphère s'en écarte, et les sécantes menées de son centre à ces points vont percer sa superficie en S$_1$, S$_2$, en formant, avec ces normales, des angles extrêmement petits. D'après cela, on transporte aux points S$_1$, S$_2$ de la sphère les angles dièdres observés en Σ_1, Σ_2, et on les applique au triangle sphérique SS$_1$S$_2$ ainsi construit. Passant au triangle n° 2, l'osculation s'y fera, en un point quelconque de sa superficie, par une autre sphère du rayon R′, quelque peu différente de la première, tant pour la position de son centre sur l'axe polaire que pour la longueur de son rayon. Les sécantes menées de ce centre aux mêmes points précédents Σ_1, Σ_2 déterminent, sur la deuxième sphère, les points S′$_1$, S′$_2$ qui, joints entre eux et à S$_2$ par des arcs de grands cercles tracés sur sa superficie propre, y forment le triangle sphérique n° 2, dont le côté S′$_1$S′$_2$ est nécessairement discontigu avec S$_1$S$_2$. Cette discontiguïté n'est même pas détruite par la supposition commune aux deux triangles, que leurs sommets propres s'écartent à peine des points Σ_1, Σ_2, puisque leurs côtés ne laissent pas, pour cela, d'appartenir à des sphères distinctes. Mais, sans qu'elle cessât d'exister mathématiquement, on pourrait se dispenser d'en tenir compte, si les étendues des deux triangles étaient tellement restreintes, que la petitesse de l'intervalle compris sur l'axe polaire entre les centres des sphères qui leur sont respectivement osculatrices, et l'égalité presque exacte des rayons de ces sphères qui en serait la conséquence, rendissent le défaut de coïncidence des deux côtés $S_1 S_2$, $S'_1 S'_2$, insensible aux observations ; en sorte que l'on pût, sans erreur appréciable, considérer la distance qui les sépare comme nulle, et attribuer des valeurs communes aux angles, ainsi qu'aux arcs, appartenant à leurs sommets distincts. Alors le résultat apparent de ces circonstances serait le même que si les deux points S_1 et S'_1, S_2 et S'_2, auxquels ces sommets distincts correspondent, pouvaient être censés compris sur une même sphère osculatrice. Or, puisqu'un même réseau de triangles peut déjà, presque sans erreur, être calculé, comme s'il était appliqué tout entier sur une sphère osculatrice unique, à plus forte raison peut-on, sans crainte, négliger la différence première des rayons, et des positions des centres de ces sphères, pour deux triangles consécutifs très-petits, sauf à reporter idéalement le côté de jonction de ces triangles, d'abord sur la sphère qui précède, puis sur la sphère qui suit immédiatement, sans étendre l'assimilation plus loin. Cette tolérance étant admise, un même réseau, quoique composé de triangles physiquement discontigus, pourra être calculé par les mêmes déductions que la contiguïté fournirait, pourvu que l'on connaisse par observation l'excès sphérique ε'' propre à chaque triangle ; ou, si cet excès n'est pas donné, pourvu que l'on connaisse les rayons des sphères osculatrices successives avec une approximation qui permette de le calculer théoriquement, par le théorème de Legendre. Or nous avons prouvé que toutes les opérations déjà faites sur la mesure de la terre fournissent des données plus que suffisantes pour cette évaluation.

106. La continuité du réseau des triangles principaux étant ainsi établie soit rigoureusement, soit avec une approximation qui rende leur discontiguïté insensible, il faut avoir la longueur d'un quelconque de leurs côtés. Mais la mensuration directe de ceux-ci pourrait être souvent rendue très-difficile, ou même impraticable par des accidents de localités auxquels il n'est pas nécessaire d'avoir égard dans leur choix. On y supplée en rattachant un ou plusieurs d'entre eux par des triangulations secondaires, à d'autres arcs sphériques, ordinairement d'une moindre longueur, sur lesquels cette opération peut être effectuée exactement. Pour cela, dans l'étendue que l'on découvre d'une des stations, par exemple autour de la première S, on choisit un terrain à peu près de niveau, et l'on y mesure, avec tous les soins que nous avons décrits, une base rectiligne horizontale BB_1, *fig.* 18, contenue tout entière dans un même plan vertical, ou entre une suite de verticales qui s'occultent mutuellement les unes les autres, ce qui la fait sensiblement coïncider avec un arc de grand cercle de la sphère qui serait osculatrice à la surface terrestre régularisée, au lieu où le tracé est ainsi effectué. On réduit par le calcul cette base à la longueur qu'elle aurait entre les mêmes sécantes de la sphère, si elle s'y trouvait placée à la hauteur de la mer environnante, et on la rattache à l'un des côtés de la chaîne générale, par exemple à SS_1, par de petits triangles sphériques, dont on détermine tous les angles au moyen d'observations faites autour de chacune des normales menées à leurs divers sommets. Ces angles étant ainsi connus donnent l'excès sphérique ε'' propre à chaque triangle de jonction : de là, par le théorème de Legendre, on déduit les longueurs relatives de leurs côtés, par conséquent celle de l'arc SS_1 en fonction de l'arc BB_1, et cet arc donne ensuite tous les autres côtés de la chaîne, comme je l'ai expliqué, soit qu'on les place en succession sur la première sphère osculatrice, ou sur d'autres ultérieures, progressivement différentes de celle-là par des changements infiniment petits. Quand ce calcul est terminé, si l'on mesure une seconde base bb_1, que l'on rattache de même au dernier côté de la chaîne, elle devra se déduire de la première, sans erreur appréciable, par l'intermédiaire des triangles qui l'en séparent, supposé toutefois que les étendues superficielles de ces triangles aient été assez restreintes pour qu'on puisse légitimement leur appliquer toutes les conditions d'approximation spécifiées plus haut, tant pour les évaluations de leurs angles dièdres que pour la continuité de leur connexion. L'accord que l'on trouvera ainsi par déduction, entre les deux bases extrêmes, comme entre celles-ci et d'autres rapportées à des côtés intermédiaires de la chaîne, prouvera donc que ces conditions ont été suffisamment remplies. Or c'est ce qui est arrivé dans toutes les grandes opérations géodésiques effectuées depuis un demi-siècle, en diverses régions de la terre, avec les soins que la perfection des instruments et des méthodes d'observations a permis d'y apporter.

107. Mais on a encore une autre vérification de ce fait qui peut s'appliquer en particulier à chaque triangle. Je prends pour exemple le premier $S S_1 S_2$ de la *fig.* 18, et je suppose que la longueur de son côté $S S_2$ a été conclue de la triangulation qui le rattache à la base $B B_1$. On a obtenu, par observation, les trois angles sphériques en S, S_1, S_2 : ils ont été conclus, sans réductions, des mesures angulaires faites autour des normales réelles, menées aux trois points de la surface terrestre, situés sur le prolongement des sécantes menées du centre de la sphère osculatrice locale, jusqu'à ces mêmes points. Je nomme ces angles A, A_1, A_2, en leur donnant l'indice du sommet auquel chacun d'eux appartient. Maintenant je prends pour uniques données les angles A, A_1, et la longueur connue du côté $S S_2$, qui sera C_1. Si l'on considère le triangle $S S_1 S_2$ comme rectiligne, on pourra avec ces éléments calculer sa surface s' ; et, en la divisant par le carré du rayon R propre à la sphère osculatrice locale, ou même à toute autre quelconque de ces sphères, telle que celle que nous avons conclue par mensuration directe de l'arc de Pensylvanie, on obtiendra le nombre de

secondes ε'' ou $\dfrac{s'}{R^2} R''$ dont la somme des trois angles du triangle,

considéré comme rigoureusement sphérique, devra surpasser $180°$; de sorte que cette somme $A + A_1 + A_2$ aura pour valeur $180° + \varepsilon''$. Donc, les deux angles A, A_1 étant connus, on en conclura le troisième A_2 égal à $180° + \varepsilon'' - A - A_1$, dans la même hypothèse de sphéricité. Or, entre les limites d'étendue superficielle où l'on restreint généralement, et presque nécessairement, les triangles géodésiques, cette valeur de A_2, ainsi calculée, se trouvera toujours, sans différence appréciable, égale à l'angle dièdre observé au sommet S, entre les plans verticaux menés par les deux autres sommets $S, S_{,}$, et la normale réelle propre à ce point. Cet accord prouvera donc que l'étendue superficielle où l'on a restreint ce premier triangle principal, satisfait suffisamment à la condition d'osculation qu'on lui suppose ; et la même épreuve, répétée sur tous les autres triangles de la chaîne, fournira une pareille justification pour chacun d'eux.

108. Je considère maintenant le réseau de la *fig*. 18 dans son ensemble ; et, le supposant établi dans le sens du méridien du premier sommet S, je marque sur la surface commune la trace SM, de ce méridien, prolongé à travers tout le système des triangles, suivant des conditions de direction successive que nous allons ultérieurement déterminer. Je prolonge aussi ce même méridien, dans le sens opposé, sur la surface terrestre, jusqu'au pôle le plus proche P, que, pour fixer les idées, je supposerai être le boréal. Si la terre est rigoureusement sphérique, ce sera son pôle boréal réel. Si elle ne l'est pas, ce sera le pôle de la sphère qui lui est osculatrice en S, et sur laquelle le premier triangle $SS_{,}S_{,}$ a été établi.

109. On connaît, par les observations précédentes, les trois angles, et les trois côtés de ce premier triangle. Puisqu'il satisfait aux conditions d'osculation, la portion du méridien qui le traverse sera représentée, sur la sphère osculatrice, par un arc de grand cercle $Sm_{,}$, dirigé suivant la méridienne locale de S. Pour connaître cette direction, on relève astronomiquement l'angle dièdre qu'un des côtés principaux, par exemple $SS_{,}$, forme en S avec le méridien céleste. J'expliquerai dans un moment le détail de cette opération. L'angle $S_{,}Sm_{,}$, ainsi obtenu, est l'*azimut* de ce côté sur l'horizon de S : je le nomme i. Alors, le triangle partiel $SS_{,}m_{,}$ étant supposé sphérique, on y connaît le côté $SS_{,}$ et les deux angles adjacents, $i, A_{,}$. Si on le traite d'abord comme rectiligne, on obtiendra avec ces données sa surface approximative s', et par suite son excès sphérique $\frac{s'}{R^2}R''$

ou ε'', R désignant le rayon de la sphère osculatrice locale, ou, à son défaut, celui de toute autre de ces sphères que l'on aura déterminé antérieurement. On aura ainsi la somme des trois angles $180^\circ + \varepsilon''$, d'où l'on conclura le troisième $Sm_{,}S_{,}$, qui aura pour valeur $180° + i' - i - A_1$. Alors, avec le côté SS_1, qui est connu, le théorème de Legendre donnera les deux autres côtés de ce triangle partiel. L'un, Sm_1, sera la portion du méridien de S qui est interceptée dans le premier triangle principal SS_1S_2. L'autre, S_1m_1, sera un des segments dans lesquels il subdivise le côté S_1S_2 opposé à S; et l'on en conclura la longueur du segment complémentaire m_1S_2, puisque S_1S_2 est connu. On aura aussi l'angle Sm_1S_1 supplément de Sm_1S_2, et sa valeur sera $i + A_2 - i'$.

110. Passons de là au deuxième triangle principal $S_1S_2S_3$. Pour avoir la portion du méridien de S qui s'y trouve pareillement interceptée, je considère d'abord ce méridien comme plan. Cette supposition serait rigoureuse si la terre avait une forme exactement sphérique; elle l'est encore si sa surface est de révolution autour de l'axe polaire de la sphère céleste, ce qui se trouve être la condition définitive de la forme à laquelle on peut l'assimiler. Mais, sans admettre par anticipation ce dernier résultat, il suffit qu'elle soit incontestablement très-peu différente d'une sphère exacte, pour que, dans la petite étendue de longueur méridienne qu'un même réseau trigonométrique embrasse, ses méridiens puissent être supposés plans, avec une approximation dont l'erreur possible se décelera par les erreurs mêmes que les conséquences de cette hypothèse pourraient présenter ultérieurement, lorsqu'on les comparera avec les réalités aux deux extrémités d'une très-longue chaîne, dont les portions consécutives auront été ainsi évaluées. Admettant donc que la seconde portion d'arc méridien m_1m_2, interceptée ici dans notre second triangle, doit être l'intersection de celui-ci par le prolongement du plan méridien qui contient Sm_1, l'arc sphérique m_1m_2 ne pourra pas être le prolongement circulaire de l'arc Sm_1, puisqu'il est censé décrit sur une seconde sphère osculatrice différente de la première par la position de son centre, ainsi que par la longueur de son rayon, ces deux sphères ayant seulement leurs plans méridiens coïncidents. Pour rendre l'effet de cette séparation manifeste, je construis, dans la *fig.* 20, l'intersection de la surface réelle, par les plans dont il s'agit. La lettre c y désigne le centre de la sphère, qui est osculatrice transversalement au méridien en S; m_1 est le point où la ligne méridienne de cette station, considérée comme circulaire, va

couper le côté $S_1 S_2$ du triangle n° 1 de la *fig.* 18. De ce point je
mène une nouvelle normale $m_1 c_1$, qui perce l'ellipsoïde au
point μ_1, distinct du premier, mais qui en est assez peu distant pour
que l'on puisse considérer comme nul l'intervalle qui les sépare.
$c_1 \mu_1$ sera le rayon de la seconde sphère, transversalement osculatrice au méridien en μ_1; et l'arc $\mu_1 m_2$, compris de même dans le
plan de la figure, représentera l'élément de l'arc méridien prolongé
sur sa surface, élément dont nous voulons déterminer la direction
dans le deuxième triangle de la *fig.* 18. Pour cela, par les
points m_1, μ_1, considérés comme coïncidents, menez deux droites
indéfinies, $m_1 t_1$, $\mu_1 \theta_1$, l'une tangente au premier arc, l'autre au
second. Le plan qui contiendra ces deux tangentes tracera sur la
seconde sphère la direction de l'arc méridien $\mu_1 m_2$, et y déterminera l'angle azimutal $\theta_1 \mu_1 S_2$, ou $m_2 m_1 S_2$, qu'il doit former dans la
fig. 18 avec le segment $m_1 S_2$, supposé commun aux deux sphères.
Or, les angles formés ainsi par les deux tangentes avec ce segment
commun ne différeront entre eux que par une réduction à l'horizon, qui, en restreignant suffisamment les triangles, pourra être
rendue négligeable, comme étant proportionnelle au carré du
sinus de l'angle $c m_1 c_1$, compris, dans la *fig.* 20, entre les droites menées de m_1 ou de μ_1 aux centres des deux sphères. Ainsi on aura le
droit de la supposer telle, en prenant les précautions nécessaires
pour que cette condition soit remplie, et constatant son accomplissement par des vérifications ultérieures. Ceci admis, reprenons la
fig. 18. La première tangente, menée extérieurement en m_1 à l'arc $S m_1$,
forme avec le segment $m_1 S_2$ un angle $S_2 m_1 t_1$ égal à son opposé $S m_1 S_1$,
du premier triangle. Donc la seconde tangente menée de ce même
point m_1 à l'arc $m_1 m_2$, devra former avec ce même segment un
angle sensiblement égal, précisément comme si le premier arc $S m_1$
était prolongé directement sur une même sphère. Cette condition
d'égalité donnera l'azimut $m_2 m_1 S_2$, ou t', que le segment $S_1 m_1$
du premier triangle principal forme avec la direction du méridien $m_1 m_2$, dans le second triangle, auquel ce même segment peut
être censé aussi appartenir, comme nous l'avons prouvé. On sera
donc ici exactement dans les mêmes conditions où l'on était pour
le premier triangle principal quand on a entrepris de déterminer

la portion d'arc méridien Sm_1 qui s'y trouvait interceptée. En opérant absolument de la même manière pour le cas actuel, on déterminera : 1° la portion d'arc méridien $m_1 m_2$, interceptée dans le triangle n° 2, entre le premier point de rencontre m_1 et le second point de rencontre m_2, que l'on appelle *des nœuds*; 2° on aura par différence les segments $S_2 m_2$, $m_2 S_3$; 3° enfin on obtiendra l'angle sphérique $m_1 m_2 S_3$ et son supplément $m_1 m_2 S_2$. Cela donnera, par égalité, leurs opposés $S_3 m_2 m_1$, $S_2 m_2 m_1$, qui seront les azimuts des deux segments, sur l'horizon de m_2, autour de $m_1 m_2$, prolongement du méridien primitif dans la partie ultérieure du réseau.

111. Maintenant je ne suppose plus que le méridien terrestre qui passe par le sommet S doive être plan; et, sans rien préjuger sur sa forme, j'emploie la construction précédente pour tracer sur le sphéroïde, quel qu'il puisse être, une ligne qui, partant de S, avec la même direction méridienne initiale, se prolonge à travers le réseau des triangles avec la même condition d'égalité azimutale entre les angles tangentiels opposés de chaque nœud. Considérant d'abord les deux premiers éléments Sm_1, $m_1 m_2$, en leur seule qualité de grands cercles tracés sur les deux sphères osculatrices consécutives, ils seront sur chacune de ces sphères les lignes de plus courte distance qui puissent être menées entre les points qui les terminent; et, si l'on suppose leur étendue individuelle suffisamment restreinte, la même propriété aura lieu sur le sphéroïde pour les arcs qui en seront les projections. Maintenant, d'après l'égalité azimutale établie en m_1, si l'on conçoit ces deux segments repliés dans le plan tangent à ce point, ils se trouveront y constituer une même ligne droite, qui mesurera, sur ce plan, la plus courte distance des points extrêmes S, m_2 ainsi repliés. Donc, en les replaçant sur le sphéroïde, avec la petitesse que nous leur attribuons, ils y formeront une courbe qui jouira de la même propriété, laquelle se transmettra à tous les éléments circulaires ultérieurs qu'on en dérivera suivant la même condition d'opposition azimutale. Ainsi, quelle que puisse être la figure de la terre, la ligne donnée par ce tracé sur sa surface régularisée sera définie par les deux propriétés suivantes : 1° d'avoir son premier élément tangentiel au méridien de S; 2° d'être la plus courte que l'on puisse mener sur le sphéroïde, entre deux points quelconques pris à volonté sur sa direction.

112. Ayant établi cette conception générale, je reviens au cas réel où cette ligne, bornée à une étendue suffisamment restreinte, se trouve coïncider, sans écart appréciable, avec les méridiens apparents des points qui la composent, ce qui revient à supposer les méridiens terrestres sensiblement plans sur la petite amplitude qu'elle embrasse; et je vais chercher à déterminer trigonométriquement les longueurs de ses éléments successifs, à travers le réseau total des triangles qu'elle doit traverser.

La *fig.* 18 représente le triangle principal n° 3, comme ne coupant plus le méridien prolongé de S. Cela a été fait à dessein, afin d'en prendre occasion de considérer un tel cas. Suivant donc les particularités qu'il présente, je prolonge idéalement l'arc de grand cercle $S_1 S_2$, jusqu'à sa rencontre en m, avec la méridienne de m_2 dont nous venons de tracer le prolongement. Alors, considérant le triangle sphérique $S_1 m_2 m_3$, on y connaîtra, par ce qui précède, le côté $m_3 S_1$ et l'angle $S_1 m_3 m_2$. On pourra avoir aussi l'angle $m_3 S_1 m_2$, puisqu'il est le supplément de $S_2 S_1 S_3$ dans le triangle principal précédent. On en déduira donc, 1° la portion d'arc méridien $m_2 m_3$; 2° le segment $S_1 m_2$; 3° l'angle $S_1 m_2 m_3$ dont le supplément à 180 degrés sera l'angle $S_1 m_2 m_4$, formé par ce même segment avec la direction de la méridienne $m_2 m_4$, prolongée sur la sphère osculatrice suivante.

Arrivés ainsi au point m_3, notre *fig.* 18 nous présente un quadrilatère sphérique $m_4 S_3 S_4 m_5$, où nous connaissons deux côtés $S_3 m_4$, $S_3 S_4$, avec les trois angles en m_4, S_3, S_4, que l'on peut déduire des résultats précédents. Alors on traversera ce quadrilatère par un arc de grand cercle auxiliaire $S_4 m_4$, ce qui le partagera en deux triangles sphériques. Le premier $m_4 S_3 S_4$ pourra d'abord se résoudre, puisqu'on y connaîtra les deux côtés $S_3 m_4$, $S_3 S_4$ avec l'angle compris en S_3. On obtiendra donc ainsi le côté $m_4 S_4$, et les deux angles adjacents intérieurs. Ceux-ci étant retranchés des angles $S_3 m_4 m_5$, $S_3 S_4 m_5$, qui sont connus par les calculs précédents, ou peuvent s'en déduire, on aura, dans le second triangle $m_4 S_4 m_5$, le côté $m_4 S_4$ avec les deux angles adjacents. On pourra donc encore resoudre ce triangle, et trouver ses deux autres angles ainsi que la portion de l'arc méridien $m_3 m_4$, située sur le prolongement de Sm_3. Par des combinaisons pareilles ou analogues, convenablement appropriées à la disposition du réseau de triangles que l'on considère, on obtiendra finalement toutes les portions de l'arc méridien qui s'étendent depuis la première station S, jusqu'au point m_6 où cet arc est coupé par le côté le plus austral du dernier triangle, que je désigne par $S_a S_{a-1}$ dans notre figure, S_a étant la station la plus australe de ce même côté. On pourra utilement, dans le cours de ce calcul, varier les combinaisons géométriques qui sont propres à donner diversement les portions successives de l'arc total, ce qui servira pour vérifier l'exactitude de son évaluation. C'est ce que j'ai indiqué ici, en formant le nœud intermédiaire m, par le prolongement circulaire du côté $S_a S_3$. Mais il faudra éviter celles de ces combinaisons qui donneraient des triangles dont les côtés auraient des longueurs trop exagérées.

115. Quand on est arrivé au dernier sommet S_a, on se place à la station située sur sa normale, et l'on y mesure astronomiquement la distance du pôle au zénith, comme on l'a déjà fait en S. Je la désigne par d'. Du point S_a on conçoit un arc de grand cercle $S_a N$, mené perpendiculairement au méridien primitif. Cela forme le triangle sphérique $S_a m_6 N$, rectangle en N. On connaît déjà, par les opérations précédentes, le point d'intersection m_6 du dernier côté $S_a S_{a-1}$ avec la méridienne prolongée, qui est contenue dans ce même méridien. On a aussi la longueur du segment $S_a m_6$ que je nommerai A, et, en outre, l'angle $S_a m_6 N$ qu'il forme avec le prolongement austral de la méridienne, puisque cet angle est égal, par opposition, à l'un de ceux qu'on a précédemment obtenus. Je le désignerai par i, comme dans le premier triangle, en attribuant ici à cette lettre sa valeur locale propre. Avec ces données on calcule, 1° la portion de la méridienne $m_6 N$ qui est un côté du triangle sphérique ainsi formé; 2° la longueur de l'arc perpendiculaire $S_a N$ que je désigne par Δ, et qui est un autre côté de ce triangle. L'arc $m_6 N$ ajouté aux portions de la méridienne déterminées précédemment donne l'arc total, compris depuis le premier sommet S jusqu'au pied N de l'arc perpendiculaire. Maintenant, connaissant S_nN ou Δ, et la distance du pôle au zénith en S_n que j'ai désignée par d', on détermine l'arc NM_n de la méridienne qui est compris entre la perpendiculaire S_nN et le parallèle de S_n. Ce calcul est exactement pareil à celui que nous avons fait page 81, pour la deuxième portion de l'arc méridien de Pensylvanie, et il s'effectue par les mêmes formules. Seulement, dans la *fig.* 18 que nous considérons actuellement, l'arc NM_n devient additif à la partie de la méridienne déjà trouvée, parce que notre dernier sommet S_n est supposé ici plus distant que m_n du pôle P, ce qui était le contraire alors, *fig.* 12 (*). Ici donc on ajoute NM_n à SN déjà

(*) Cette réduction est indispensable dans toutes les opérations analogues à celle que nous considérons ici lorsqu'on les calcule par la résolution successive des triangles sphériques dont les côtés principaux ou partiels vont couper un même arc de méridien en divers points de son prolongement; c'est pourquoi je rappellerai ici le raisonnement qui la donne, en l'appliquant, avec quelques additions de détails, aux derniers éléments de la *fig.* 18, que je reproduis sur une plus grande échelle, *fig.* 21.

Dans cette dernière figure, NM_n représente le prolongement final du méridien primitif auquel on a mené l'arc de grand cercle perpendiculaire S_nN, dont la longueur Δ a été trouvée par la résolution du triangle sphérique $S_n m_n N$ de la *fig.* 18. Le triangle $S_n NM_n$, formé par cet arc Δ et par l'arc de parallèle $S_n M_n$, est établi sur la sphère qui est osculatrice en S_n transversalement au méridien propre du sommet S_n; ainsi l'arc $S_n M_n$ est un petit cercle de cette sphère. Si la terre est exactement sphérique, la sphère ainsi décrite coïncide complètement avec elle. L'arc $S_n P$, menée sur sa surface, de S_n au pôle commun P, sera situé dans le méridien propre de S_n, et il soutendra, au centre commun, l'angle d', distance du pôle au zénith qu'on a observée à cette station. Si la terre est de révolution autour de l'axe polaire du ciel, et que l'on prenne pour sphères osculatrices celles qui ont leurs centres sur cet axe, la coïncidence des plans méridiens aura lieu encore, et l'arc $S_n P$, mené du sommet S_n à l'axe polaire commun, sur la sphère osculatrice en S_n, soutendra aussi à son centre l'angle d' qui aura été observé alors entre le pôle céleste et le prolongement zénithal de la normale en S_n. Je m'arrête à cette seconde supposition, plus approchée de la réalité que la première, et qui est la dernière à laquelle on est conduit par l'ensemble de tous les résultats observés. Ceci convenu, soient D' la longueur de l'arc PS_n sur la sphère osculatrice, et Π' la longueur de l'arc PN qui est sa projection sur le méridien de cette même sphère contenant l'arc NM_n du méridien primitif prolongé. L'angle au pôle P, compris entre les plans de ces deux méridiens, est toujours fort petit, à cause de la petitesse de l'arc Δ, comparativement à D' dans les applications. Conséquemment Π' est trouvé, et l'on a l'arc total de la méridienne qui est compris entre les parallèles des deux sommets extrêmes S et S_n. Il ne reste plus qu'à diviser cette longueur par la différence des distances du pôle au zénith, observées dans les deux stations Σ, Σ_n, situées sur les normales de ces sommets, en exprimant cette différence en degrés et

---

moindre que D' et en diffère peu. Maintenant, par le sommet S_n, décrivons, toujours sur la sphère osculatrice, le petit cercle qui y forme le parallèle propre de cette station, et supposons qu'il coupe le prolongement du méridien primitif en M_n. L'arc PM_n sera alors égal à PS_n, ou D', par définition. Ainsi l'arc NM_n que nous voulons évaluer est $D' - \Pi'$.

Pour calculer cette différence, je conçois, par le centre de la sphère, trois verticales menées respectivement aux points P, S_n, N; et, par ce même centre, je décris une sphère du rayon 1 qui coupe ces trois droites en autant de points que je joins par des arcs de grands cercles. Le triangle central ainsi formé sera semblable au triangle $PS_n N$, et conséquemment rectangle comme lui. Si l'on désigne par d', π', δ ses côtés homologues à D', Π', Δ, on aura évidemment

$$D' = R d', \qquad \Pi' = R \pi', \qquad \Delta = R \delta.$$

Maintenant, dans ce triangle rectangle central, l'hypoténuse d' et le côté d' seront liés à δ par la relation

$$\cos d' = \cos \pi' \cos \delta.$$

C'est précisément la même équation que nous avons déjà obtenue dans la page 78, pour un cas de réduction absolument pareil; et ici, de même, la petitesse de l'arc δ doit rendre $d' - \pi'$ très-petit du même ordre. Employant donc le même genre de raisonnement que nous lui avons alors appliqué, nous en tirerons, comme dans la page 80, et entre des limites d'approximation pareilles :

$$d' - \pi' = \frac{1}{2} \frac{\delta^2}{\tang d'} + \frac{1}{4} \left(1 + \frac{1}{2 \tang^2 d'} \right) \frac{\delta^4}{\tang d'}$$

Les arcs d', π', δ appartiennent à la sphère centrale; si on les remplace par leurs valeurs en D', Π', Δ dans les termes qui sont dégagés de signes trigonométriques, on aura

$$M_n N = D' - \Pi' = \frac{1}{2 \tang d'} \frac{\Delta^2}{R} + \frac{1}{4 \tang d'} \left(1 + \frac{1}{2 \tang^2 d'} \right) \frac{\Delta^4}{R^3}$$

L'angle d', qui reste sous le signe tangente, est la distance du pôle au zénith observée à la dernière station Σ_n, et transportée au sommet S_n sur la même normale. Elle est, conséquemment, connue en parties de la graduation du cercle, et il faut l'employer ainsi dans le calcul du second mem-

fractions de degré, de la graduation du cercle. Le quotient sera le degré moyen $D^{(o)}$ résultant de l'arc total ainsi mesuré. Si cet arc est assez grand pour que les variations des degrés terrestres puissent y être sensibles, ou si l'on veut seulement y constater leur caractère, soit de constance, soit de variabilité, on mesurera la distance du pôle au zénith dans plusieurs stations intermédiaires entre les extrêmes; et l'on comparera les valeurs des degrés $D^{(o)}$ qui correspondent aux divers intervalles de leurs parallèles consécutifs. C'est ce qu'on a fait dans la grande opération de France et d'Espagne; et nous rapporterons bientôt les résultats que cette subdivision de l'arc total y fournit.

414. On peut faire, au dernier sommet S_n, une vérification très-importante. La construction que nous avons employée pour prolonger la ligne méridienne du premier sommet S, à travers le réseau des triangles, suppose les méridiens terrestres plans. Mais, d'après la définition générale donnée page 34, ils pourraient ne pas l'être; c'est-à-dire que les points de la surface terrestre dont les méridiens propres sont parallèles à un même méridien céleste, étant considérés consécutivement, au lieu de former sur la surface du sphéroïde une ligne plane, pourraient y être répartis suivant

---

bre. Le premier terme de cette expression a été jusqu'ici le seul qu'on ait employé pour évaluer l'arc $M_n N$ ou *la distance du parallèle à la perpendiculaire*, et il a paru suffire. Mais le second deviendrait peut-être sensible dans des réseaux de triangles où la station S_n serait rapprochée du pôle, ce qui affaiblirait la valeur de d', et par suite de tang d', qui entre ici en dénominateur. Delambre, et après lui la plupart des auteurs qui ont rapporté ou employé cette formule, y ont introduit, au lieu de d', son complément $90^o - d'$, qui est la latitude géographique du sommet S_n, et ils l'ont désignée par L'; en outre, ils ont remplacé le rayon R de la sphère osculatrice par la normale N comprise entre le sommet S_n et l'axe polaire réel de la terre, normale qui, dans un sphéroïde de révolution, est, en effet, la longueur du rayon des sphères osculatrices dont le centre est situé sur l'axe passant par les pôles. Alors l'expression $M_n N$ prend cette forme

$$M_n N = \frac{\Delta^2}{2N} \, \text{tang} \, L' + \tfrac{1}{3} \, \text{tang} \, L' \left(1 + \tfrac{1}{3} \, \text{tang}^2 L'\right) \frac{\Delta^4}{N^3}$$

C'est ainsi, mais en se bornant au premier terme, qu'on l'a généralement appliquée. Je rapporte cette forme, qu'on lui donne habituellement, pour faire sentir l'identité réelle des deux expressions.

one courbe à double courbure. Dans un pareil cas, le premier élément Sm_1, tracé dans notre *fig.* 18, sur la première sphère osculatrice, y suivrait encore la ligne méridienne locale propre au sommet S, puisque sa direction a été déterminée astronomiquement par cette condition. Mais son prolongement dans le second triangle, tel que nous l'y avons introduit par notre construction fondée sur l'égalité d'opposition azimutale, ne coïnciderait pas avec la ligne méridienne propre de m_2. Ce second élément, prolongé de la même manière, s'écarterait pareillement du méridien propre au nœud suivant m_3; et le tracé étant prolongé jusqu'au dernier nœud m_n, suivant la même loi, il pourrait arriver que le méridien propre de ce point extrême formât avec le segment $S_n m_n$, un angle azimutal assez différent de celui qui est donné par notre construction, pour qu'en déterminant sa valeur locale vraie, par des observations astronomiques, le défaut d'identité devînt appréciable. A la vérité, cette comparaison ne peut pas s'effectuer au point m_n même, puisqu'il n'est pas marqué sur la surface terrestre; mais on peut atteindre le même but par des observations faites à la dernière station Σ_n, à laquelle il est lié trigonométriquement. L'épreuve ainsi transportée nécessite, pour quelques-uns de ses détails, une connaissance déjà assez exacte de la figure générale de la terre. Mais je puis exposer le principe de la méthode, en me bornant à signaler, parmi les éléments d'application qu'elle suppose, ceux qui devront être obtenus ultérieurement.

113. On détermine d'abord avec toute la précision possible la direction vraie du méridien au sommet S_n, *fig.* 18. Cela se peut faire par divers procédés que j'expliquerai plus tard. Mais le plus commode, et de beaucoup le plus sûr, est d'établir à la station Σ_n, sur la même normale, un instrument de passages que l'on dirige dans ce méridien et que l'on y fixe par les méthodes astronomiques indiquées au tome II, page 340. Dans une dissertation spéciale sur l'emploi de cet instrument qui sera insérée à la fin du présent ouvrage, on verra que l'on peut obtenir ainsi la direction du méridien avec une précision à peine croyable, par des observations qui ne demandent qu'un petit nombre de jours. Alors, ayant marqué cette direction par une mire fixe, on mesure

avec beaucoup de soin l'angle plan a, compris entre elle et le signal S_n, ou Σ_{n-1}. On mesure aussi les distances zénithales des deux branches de cet angle. De là, par les formules de la page 95, on déduit l'angle dièdre i' formé autour de la normale de S_n, entre le méridien propre à ce sommet et le plan central qui contient le dernier côté $S_n S_{n-1}$ de la chaîne. C'est l'*azimut vrai* de ce dernier côté sur l'horizon de S_n. L'opération qui le donne, et que je viens de décrire, est exactement pareille à celle que l'on a dû faire au premier sommet S pour obtenir l'azimut d'un des côtés SS_1 du premier triangle autour du méridien de ce sommet.

Si l'on négligeait l'angle dièdre que le méridien de S_n, *fig.* 18, forme en convergeant vers le pôle, avec celui de S prolongé à travers le réseau des triangles, angle qui est toujours fort petit dans les applications, l'azimut du côté $S_n S_{n-1}$, vu ainsi de S_n, serait évidemment égal à l'angle $S_n m_n N$, ou i, déjà calculé d'après les éléments géodésiques. Mais, à cause de cette convergence, il doit différer quelque peu de i, même en supposant les méridiens plans. Or, on va voir tout à l'heure que, dans cette supposition, sa valeur exacte peut se déduire des éléments du réseau combinés avec l'angle connu i. Comparant donc cette valeur calculée avec celle que donnent les opérations faites dans la verticale S_n, on devra, si les méridiens sont plans, les trouver égales entre elles, dans les étroites limites d'erreur que les éléments de cette comparaison peuvent comporter. Et si leur inégalité sort de ces limites supposables, on en devra conclure que la forme des méridiens terrestres diffère sensiblement d'un plan parfait, même dans l'étendue, toujours très-restreinte, que le réseau des triangles a pu embrasser.

146. Il reste à exposer la déduction trigonométrique. Pour en développer le calcul avec netteté, j'extrais de la *fig.* 18 les éléments dont il dépend, et je les représente à part dans la *fig.* 22, que j'établis tout entière sur la sphère locale, qui est osculatrice en S_n, dans le sens transversal au méridien propre de ce sommet. Sur cette même sphère, je place le segment $S_n m_n$ du dernier côté de notre réseau, qui se termine en m_n, à la ligne méridienne du sommet S, prolongée trigonométriquement jusque-là, en supposant les méridiens plans; et j'y trace le dernier élément $m_n M_n$ de cette

ligne, qui rejoint en M_n le parallèle propre de S_n. Enfin, je décris, toujours sur la même sphère, l'intersection du méridien plan de S_n, que j'y conduis jusqu'à son pôle P, situé sur le rayon central parallèle à l'axe polaire céleste, et j'y fais rétrograder l'élément méridien $m_n M_n$ jusqu'à ce même pôle. En considérant la terre comme un sphéroïde régulier, de révolution autour de ce même axe céleste, ce qui est le complément final de l'hypothèse que je veux suivre, le centre de notre sphère sera situé sur l'axe physique du sphéroïde, d'après le sens d'osculation transversal que nous lui avons attribué; et son rayon polaire coïncidera aussi entièrement avec la direction de cet axe. Conséquemment le pôle P s'y trouvera placé; et, par suite, les plans diamétraux qui contiennent les arcs $S_n P$, $m_n P$ coïncideront avec les plans méridiens du sphéroïde menés par les mêmes points S_n, m_n.

117. Cela posé, le calcul des triangles précédents nous a déjà fait connaître : 1° la longueur du segment $S_n m_n$; je la désigne par A; 2° l'élément d'arc méridien $m_n M_n$, compris entre le point m_n et le parallèle de S_n; je le nomme U; 3° enfin, l'angle azimutal $M_n m_n S_n$, ou i, que cet élément forme en m_n, vers le sud, avec le segment $m_n S_n$. On a mesuré astronomiquement en S_n, ou sur la verticale de S_n, la distance angulaire du pôle au zénith; elle est obtenue en degrés, minutes et secondes. Je la représente par l'arc d', qu'elle soutendrait au centre d'un cercle décrit avec un rayon égal à l'unité de longueur. Cela revient à diviser sa valeur angulaire par R^o. L'ayant mise sous cette forme, si on la multiplie par le rayon R de notre sphère osculatrice, exprimé dans la même espèce d'unités, le produit $R d'$ ou D' exprimera la longueur de l'arc méridien $S_n P$, mené de S_n au pôle P sur cette sphère, et ce sera aussi celle de l'arc $M_n P$. Alors, si l'on désigne par D l'arc analogue $m_n P$, mené du point m_n au même pôle, sa longueur sera $D' - U$, et l'on aura ainsi sa valeur. D'après cela, si l'on suppose le rayon R donné, ou déduit d'une discussion générale de la figure de la terre, avec une approximation suffisante pour les évaluations définitives auxquelles il devra ici servir, suffisance qu'il faudra ultérieurement constater, on connaîtra, dans le triangle sphérique $P S_n m_n$, les trois côtés, et l'angle en m_n, qui est $180^o - i$. C'est plus d'éléments qu'il n'est

nécessaire pour calculer, dans ce même triangle, l'angle intérieur en S_a, que je désigne par i'. Cela permettra donc de choisir les combinaisons qui détermineront sa valeur de la manière la plus favorable; après quoi il restera à examiner jusqu'à quel point elle peut être identifiée avec l'angle azimutal correspondant, observé en S_a, *sur le sphéroïde réel.*

Pour effectuer ce calcul, je rapporte tous nos arcs terrestres à la sphère qui serait décrite du même centre, avec un rayon égal à l'unité de longueur; et désignant par d', α, u, d les arcs de cette sphère, qui sont respectivement homologues à D', A, U, D, j'obtiens évidemment

$$D' = Rd'; \quad A = R\alpha; \quad U = Ru; \quad D = Rd; \quad d = d' - u.$$

Le triangle sphérique homologue à $Pm_a S_a$, sur la sphère centrale y sera ainsi semblablement déterminé par ses arcs correspondants, associés aux mêmes angles dièdres $180° - i$ et i'. Pour y calculer celui-ci, je pose la condition générale qui, dans tout triangle sphérique, rend les sinus des angles proportionnels aux sinus des côtés opposés, et je pose aussi les équations qui donneraient à volonté les côtés d ou d' en fonction des deux côtés opposés et de l'angle compris entre eux. J'ai ainsi les trois relations suivantes :

$$(1) \qquad \sin i' \, \sin d' = \sin i \, \sin d \, ;$$

$$(2) \qquad \cos d' = - \sin d \, \sin \alpha \, \cos i \quad + \cos d \, \cos \alpha \, ;$$

$$(3) \qquad \cos d = + \sin d' \, \sin \alpha \, \cos i' + \cos d' \, \cos \alpha.$$

L'arc α étant toujours fort petit dans nos opérations, $i - i'$ sera toujours un très-petit angle, et c'est, par conséquent, cette différence qu'il faut chercher à évaluer. Pour cela, le premier moyen qui se présente à l'esprit serait de l'introduire directement comme inconnue dans quelqu'une de ces équations, et de la dégager par les séries générales dont nous avons exposé la formation dans la note de la page 87. Mais on arrive ainsi à des séries particulières dont le calcul numérique est fort pénible, et qui même ne sont pas toujours convergentes. Ce fait est facile à constater, et l'on peut voir, dans le tome III de la *Base du système métrique*, que

Delambre ne l'a éludé qu'en limitant l'approximation par des restrictions qui ne sont qu'incomplétement justifiables. Or, on évite tous ces inconvénients, par une combinaison de nos trois équations, qui donne directement $\sin(i - i')$ par une expression finie, rigoureusement exacte, et toujours très-aisée à réduire en nombres. Pour cela, je déduis d'abord des équations (2) et (3) les deux suivantes :

$$\sin d \sin \alpha \cos i = -\cos d' + \cos d - 2\cos d \sin^2 \tfrac{1}{2}\alpha;$$
$$\sin d' \sin \alpha \cos i' = +\cos d - \cos d' + 2\cos d' \sin^2 \tfrac{1}{2}\alpha.$$

Retranchant la première de la seconde, j'obtiens

$$(\sin d' \cos i' - \sin d \cos i)\sin \alpha = 2(\cos d + \cos d')\sin^2 \tfrac{1}{2}\alpha.$$

Or, on a identiquement

$$\sin \alpha = 2\sin \tfrac{1}{2}\alpha \cos \tfrac{1}{2}\alpha,$$

et

$$\cos d + \cos d' = 2\cos \tfrac{1}{2}(d' + d)\cos \tfrac{1}{2}(d' - d).$$

En vertu de la première, $2\sin \tfrac{1}{2}\alpha$ disparaît une fois des deux membres, comme facteur commun ; et, en divisant le résidu par $\cos \tfrac{1}{2}\alpha \sin d'$, on a

$$\cos i' - \frac{\sin d}{\sin d'}\cos i = \frac{2\cos \tfrac{1}{2}(d' + d)\cos \tfrac{1}{2}(d' - d)}{\sin d'}\tang \tfrac{1}{2}\alpha.$$

Or, en vertu de l'équation (1), le rapport $\dfrac{\sin d}{\sin d'}$ est égal à $\dfrac{\sin i'}{\sin i}$; substituant donc cette valeur, et multipliant les deux membres par $\sin i$, on a finalement

$$[2]\quad \sin(i - i') = \frac{2\cos \tfrac{1}{2}(d' + d)\cos \tfrac{1}{2}(d' - d)}{\sin d'}\sin i \, \tang \tfrac{1}{2}\alpha.$$

Lorsque la différence $i - i'$ aura été calculée par cette expression, si on la désigne par μ, on en tirera évidemment

$$i' = i - \mu,$$

et puisque l'angle i est connu par les déterminations trigonométriques précédentes, on connaîtra l'angle cherché i'. Mais, pour faire un usage légitime de cette valeur, il faut préalablement examiner le degré de précision que pourront présenter les éléments numériques d'où l'on déduit la différence μ.

118. μ est un angle que notre formule donnera en parties de la graduation du cercle. C'est la forme sous laquelle l'angle l', qui en résulte, devra être comparé aux observations azimutales faites en S_n. Mais pour l'obtenir ainsi exprimé, il faudra d'abord avoir l'arc z exprimé de la même manière. La valeur de celui-ci, déduite de l'arc A, est $\frac{A}{R} R''$. Cette conversion exigera donc déjà que l'on connaisse le rayon R de la sphère qui est localement osculatrice au sphéroïde en S_n, dans le sens transversal au méridien, et qu'on le connaisse avec assez de précision pour que la réduction de A en secondes de degré ne puisse comporter que des erreurs négligeables, ou au moins du même ordre que celles qu'on est forcé de tolérer dans les mesures pratiques les plus précises. On ne saurait évidemment obtenir cette certitude qu'après une discussion générale de la figure de la terre. Ainsi, par nécessité, l'application de la formule à la vérification délicate que nous nous sommes proposée, devra être reculée jusque-là. On voit en outre qu'on accroîtra la probabilité de son exactitude, si l'on dispose les derniers triangles du réseau de manière que le segment $S_n m_n$, *fig.* 18, approche d'être perpendiculaire au dernier élément $m_n M_n$ du méridien primitif. Car alors il s'en faudra de peu qu'il ne le soit aussi au méridien $S_n P$ de la station S_n. Et cette circonstance l'assimilera de plus près à la surface terrestre, en l'écartant moins du sens d'osculation transversal que nous avons adopté.

La connaissance du rayon R sera nécessaire encore pour convertir en secondes de degré l'élément de l'arc méridien $m_n M_n$, ou U, qui, ainsi exprimé, donnera n égal à $\frac{U}{R} R''$; d'où l'on déduira, sous la même forme, l'angle d, égal à $d'-n$. Ici le sens d'osculation transversal attribué à la sphère locale semble avoir un inconvénient grave, puisque l'élément $m_n M_n$ appartiendrait de plus près à la surface réelle, s'il était appliqué sur une sphère osculatrice suivant le méridien même. Mais cet inconvénient sera considérablement affaibli par la précaution ci-dessus recommandée, de rendre le segment $S_a m_a$ presque perpendiculaire à cette dernière direction. Car alors, U ou $m_a M_a$ devenant fort petit, l'impropriété du sens d'osculation de la sphère sur laquelle on l'applique produira évidemment un effet absolu moindre, dans la valeur totale de d que u complète. Et comme les deux rayons d'osculation extrêmes, situés sur une même normale, ont toujours des longueurs très-peu différentes dans l'ellipsoïde terrestre, comme nous le constaterons plus tard, leur inégalité pourra n'avoir qu'une influence insensible sur l'évaluation angulaire du petit élément $m_a M_a$ ainsi atténué.

119. Les précautions précédentes étant admises, la différence $i — i'$ sera réductible en nombres, puisque les autres éléments angulaires i, d', sont donnés immédiatement par l'observation, en parties de la graduation du cercle; et la valeur de i' qu'on en déduira, présentera toutes les chances présumables d'exactitude. Mais, pour la pouvoir comparer au relèvement azimutal du segment $S_a m_a$, il faut examiner si ces deux angles i', l'un observé, l'autre déduit des triangles sphériques, devront ici présenter des valeurs mathématiquement égales, ou ne différant de l'égalité que par des quantités insensibles dans l'hypothèse des méridiens plans que nous considérons. Or, d'abord, la branche qui les limite dans le sens du méridien sera commune, puisque la sphère, qui est osculatrice transversalement à ce plan en S_a, est tangente au sphéroïde dans tous les autres sens; de sorte que la droite qui touche la section du méridien vrai en ce point, y touche aussi le cercle méridien de la sphère. L'autre côté de l'angle *observé* i' se trouvera, sur le sphéroïde, dans le plan vertical mené par la normale en S_a et par le signal $S_{a...}$, situé sur le prolongement du segment $S_a m_a$. Ce vertical est aussi un plan diamétral de la sphère, qui est osculatrice au point S_a. Donc, le côté dont il s'agit pourra être assimilé à un arc de grand cercle de cette même sphère, d'autant plus approximativement que sa direction s'approchera davantage du sens d'osculation transversale établi en S_a. Maintenant, le côté analogue de l'angle *calculé* i', partant de $S_{a...}$, est antérieurement établi sur une sphère osculatrice différente. Il ne rejoint donc pas mathématiquement le point S_a, à cause de l'écart progressif qui s'opère entre le sphéroïde et cette sphère, à mesure qu'on s'éloigne

du point d'osculation. Mais il est facile de prévoir que les différences de longueur ainsi que de direction, produites par cette circonstance sur un sphéroïde presque sphérique, y deviendront insensibles, si l'arc considéré est suffisamment restreint. Il y aurait plus d'incertitude à craindre dans la longueur attribuée, sur cet arc, au segment $S_i m_u$, et dans l'évaluation de l'angle azimutal i, qui entrent tous deux dans le calcul de l'angle i'; car ces deux éléments sont affectés par les erreurs de toutes les osculations antérieures qui y conduisent. Mais l'effet de cette transmission devra encore être très-faible lorsque, comme dans nos opérations, le sphéroïde sera si peu différent d'une sphère, et le réseau des triangles comparativement si restreint, que l'on puisse déjà, presque sans erreur, le calculer tout entier comme appliqué sur une sphère osculatrice commune, auquel cas toutes les coïncidences supposées deviendraient rigoureuses. Ces conditions étant admises, les valeurs calculées et observées de l'angle azimutal i' devront se trouver égales entre elles, ou à peine différentes dans les limites d'erreurs que les observations même comportent, si les méridiens terrestres sont des lignes exactement planes, ou si leur double courbure est inappréciable dans la portion de leur longueur que le réseau des triangles a embrassée; et l'expression rigoureuse que nous avons donnée de $\sin(i - i')$ servira pour décider cette alternative.

120. Dans les applications l'arc z ou $\dfrac{A}{R} R''$ n'atteindra jamais $2°$ de la graduation sexagésimale du cercle. En conséquence, comme la comparaison à laquelle on veut ici l'employer doit être très-précise, au lieu de le mettre sous cette dernière forme, pour prendre le logarithme de $\tan \frac{1}{2} z$ dans les Tables usuelles, il vaudra mieux calculer directement ce logarithme par les séries de la page 61, qui, étant restreintes à leurs deux premiers termes, donneront ici

$$\log \tan \tfrac{1}{2}\alpha = \log\left(\tfrac{1}{2}\frac{A}{R}\right) + \frac{k}{3}\left(\tfrac{1}{2}\frac{A}{R}\right)^2,$$

k étant le module direct des Tables logarithmiques ordinaires pour lequel on a

$$\log k = \overline{1},6377843113.$$

Alors, quand on aura obtenu, par la formule, le logarithme de $\sin (i — i')$, comme l'arc $i — i'$ est aussi toujours très-petit, on le conclura immédiatement en secondes de degré, par les mêmes séries, qui donneront, comme dans la page 64,

$$\log (i — i')'' = \log \mathrm{R}'' + \log \sin (i — i') + \frac{k}{6} \sin^1 (i — i'),$$

où l'on a $\qquad\qquad \log \mathrm{R}'' = 5,3 1 4 4 2 5 1.$

On voit que le rayon R de la sphère osculatrice entre, par nécessité, dans la première de ces expressions, et que son influence subsiste tout entière dans l'expression angulaire de $(i — i')$. Mais on constatera plus loin que, dans l'état actuel de la géodésie, ce rayon local R peut toujours être évalué avec une approximation suffisante pour le calcul de $i — i'$.

121. Pour n'avoir plus à revenir sur cette formule, je ferai remarquer que l'expression de $\sin (i — i')$ ne contient les arcs $\frac{1}{2} (d' + d)$, $\frac{1}{2} (d' — d)$ que sous des signes de cosinus. Elle donne donc toujours $i — i'$ positif, soit que le sommet S_n, extérieur au méridien primitif, auquel appartient l'azimut i', se trouve plus éloigné du pôle que le point m_n auquel appartient l'azimut i, comme le représente la *fig.* 22, qui nous a servi de type, soit qu'il s'en trouve le plus rapproché, comme le représente la *fig.* 23. Cela tient à ce que, dans les deux cas, l'angle extérieur i, compté à partir du prolongement du méridien primitif, est toujours plus grand que son opposé intérieur i', à cause de l'angle également intérieur p qui ferme le triangle polaire auquel appartiennent ces éléments.

122. La comparaison des angles i, calculés et observés, n'a malheureusement pas été faite sur le grand arc méridien de France et d'Espagne, avec toutes les précautions que je viens de spécifier pour la rendre rigoureuse. Cela est venu probablement du peu d'usage qu'on faisait alors de l'instrument des passages pour déterminer les azimuts successifs, et des incertitudes que comportaient les autres procédés par lesquels on les mesurait habituellement. On y employait, pour l'ordinaire, des observations du soleil levant et du soleil couchant qui, dans un même lieu et pour un même observateur, présentaient des différences s'élevant jusqu'à 40 et 50 secondes de degré ; de sorte qu'une répétition excessive de résultats individuellement si imparfaits pouvait à peine faire espérer qu'ils se rectifiassent suffisamment par des compensations mutuelles. Néanmoins, les incertitudes finales que l'on peut supposer dans les déterminations ainsi obtenues ne semblent pas assez fortes pour expliquer les écarts d'un ordre, parfois presque égal, et dépourvu de toute loi, que l'on découvre sur plusieurs points de ce grand arc entre les azimuts i' calculés et déduits. C'est ce qu'a fait remarquer Delambre, en rapportant les éléments de cette comparaison dans son ouvrage intitulé : *Base du système métrique décimal*, tome III, page 85. Il est difficile de ne pas croire, avec lui, que des discordances, à la fois si fortes et si capricieuses, ne résultent pas, au moins en partie, d'irrégularités locales réellement existantes dans la configuration du sphéroïde terrestre. Cette conséquence a été confirmée par les écarts du même ordre que d'autres observateurs ont constatés dans des opérations géodésiques faites avec toutes les précautions imaginables, où les azimuts ont été observés avec des instruments de passage soigneusement réglés ; et l'on verra plus loin que les longueurs des degrés du méridien présentent aussi des anomalies pareilles dont la réalité ne saurait être mise en doute.

123. La formule [2], que nous venons d'établir page 148, peut servir généralement pour calculer, par déduction, les azimuts de tous les côtés d'un réseau de triangles, autour du méridien de la station qui constitue chaque sommet. Et, en la combinant avec celles que nous avons formées dans la page 108, pour la résolution directe des triangles sphériques par approximation, on peut en conclure immédiatement toutes les portions successives de l'arc méridien qui traverse un même réseau de triangles, sans avoir besoin de décomposer ce réseau en triangles partiels, comme nous l'avons jusqu'ici supposé. Avant d'exposer cette importante application, je simplifierai l'énoncé de toutes les questions analogues que nous aurons à résoudre, par un changement de dénomination que je n'ai pas cru devoir y introduire plus tôt. En considérant les sommets S, S_1, S_2,..., S_n de nos triangles sphériques établis sur le sphéroïde terrestre régularise, je les ai toujours soigneusement distingués des stations Σ, Σ_1, Σ_2, ..., Σ_n situées sur le prolongement des mêmes normales ou des mêmes sécantes sphériques, dans lesquelles l'observateur a dû effectivement établir ses instruments pour mesurer les angles dièdres, et les distances du pôle au zénith, que l'on transporte à ces sommets. Mais maintenant que cette distinction doit être suffisamment comprise, je me bornerai à la sous-entendre, comme on a coutume de le faire dans tous les ouvrages qui traitent des opérations géodésiques; et, conformément à l'usage, je donnerai indifféremment aux sommets S, S', S'', ..., S$^{(n)}$, le nom de *stations*, comme si les éléments d'observation qu'on y transporte y avaient été effectivement obtenus. De sorte que les points ainsi désignés devront toujours être censés situés sur la surface régularisée qui coïncide avec le prolongement continu des mers.

124. Cette convention étant admise, je considère dans la *fig.* 24 deux stations pareilles S, S', jointes par l'arc de grand cercle SS', appartenant à une sphère du rayon R, qui est osculatrice en S, dans le sens transversal au méridien de ce point, lequel est représenté par l'arc PSM' de cette même sphère. Le centre de celle-ci est placé sur l'axe même du sphéroïde, que l'on suppose presque sphérique et de révolution autour de la droite passant par les pôles célestes, comme précédemment. Alors le plan diamétral qui contient l'arc PSM' coïncide avec le plan méridien réel mené dans le sphéroïde par le même point S. On est supposé connaître la distance angulaire d du pôle au zénith en S, soit qu'elle ait été obtenue par l'observation immédiate, ou par déduction, comme je le dirai ultérieurement. On connaît aussi la longueur de l'arc SS', ou A, obtenue par la résolution des triangles principaux rattachés à une ou plusieurs bases mesurées, et qui doit toujours occuper, sur la sphère locale, une amplitude angulaire moindre que 2°. Enfin l'on donne l'azimut i que l'arc A forme, vers le sud, avec le prolongement du méridien PS. Si la distance angulaire d' du pôle au zénith avait été pareillement observée en S', on aurait tous les éléments nécessaires pour calculer l'angle intérieur i' du triangle polaire PSS' par la formule que nous venons d'établir; et cet angle, ou son supplément à 180°, serait l'azimut du point S sur l'horizon de S'. Or, je dis que, d'après la condition de petitesse attribuée à l'arc A, l'observation immédiate de d' n'est pas nécessaire pour obtenir l'angle i'. Car, en restant dans les limites d'approximation permises par cette circonstance, nous pouvons, avec les seules données d, A, i, calculer l'angle i', ainsi que la portion SM′ d'arc méridien comprise sur notre sphère, entre le point S et l'arc de parallèle S′M′, mené par la station S′.

124. A cet effet, il nous suffira de reproduire un calcul que nous avons déjà fait précédemment, avec la seule précaution d'en rassembler les résultats sous une forme plus explicite. Par la station S′ je mène d'abord un arc de grand cercle S′N perpendiculaire au méridien primitif. Je forme ainsi un triangle sphérique SS′N, rectangle en N, dans lequel on connaît l'hypoténuse SS′ ou A et l'angle i. On peut donc en conclure, 1° le côté SN, projection de A sur la méridienne primitive; je le nomme A′; 2° l'arc perpendiculaire S′N; je le nomme Δ. Nous avons déjà fait un calcul pareil, page 71, à propos de l'opération de Pensylvanie; et je l'ai reproduit, sous une forme générale, dans la note de la page 141. Transportons donc nos calculs trigonométriques sur la sphère centrale, dont le rayon est 1, comme nous l'avons fait alors. Nous y construirons un système d'arcs, semblable à celui que la *fig.* 24 nous représente sur la sphère transversalement osculatrice, à la surface terrestre, dans la région S′SM′; et, les y désignant par des lettres analogues, conformément à la notation dont nous avons toujours fait usage, leur proportionnalité avec ceux qui y correspondent sur la sphère réelle dont le rayon est R donnera respectivement

$$D = Rd, \quad D' = Rd'; \quad A = Rz; \quad A' = Rz'; \quad \Delta = R\delta.$$

Alors dans le triangle central, homologue à S′SN, on aura rigoureusement, comme dans la page 73,

$$\operatorname{tang} z' = \operatorname{tang} z \cos i; \qquad \sin \delta = \sin z \sin i.$$

Ce sont les mêmes équations que nous avons déjà employées dans cette première application. En les développant en séries, fondées sur la petitesse de l'arc z, nous en tirerons, comme nous l'avons fait alors,

$$\alpha' = \alpha \cos i + \tfrac{1}{3}\alpha^3 \cos i \sin^2 i ; \qquad \delta = \alpha \sin i - \tfrac{1}{3}\alpha^3 \sin i \cos^2 i.$$

Les termes qui seraient affectés par les puissances supérieures de α, dans ce développement, y seront toujours insensibles, à cause de la petitesse supposée de cet arc, comme nous l'avons constaté page 61.

Maintenant, selon le mode de notation employé page 78, nommons Π' l'arc PN compris entre le pôle et le point N sur le méridien primitif. Si l'on désigne par π' son homologue sur la sphère centrale, on aura par proportionnalité

$$\Pi' = R\pi'.$$

Le triangle polaire central, homologue à PS'N, sera comme lui rectangle, et il donnera, comme dans la page 78,

$$\cos\pi' = \frac{\cos d'}{\cos \delta}.$$

Si l'on développe $d' - \pi'$ par les séries, comme nous l'avons fait alors, en négligeant les quatrièmes puissances de l'arc δ qui, d'après son expression trouvée tout à l'heure, sont de l'ordre α^4 que notre approximation actuelle n'embrasse point, on aura, comme dans les pages 80 et 142 (note),

$$d' - \pi' = \frac{1}{2}\frac{\delta^2}{\tan d'}.$$

Si l'on y remplace δ par son expression trouvée tout à l'heure, il faudra la borner à son premier terme $\alpha \sin i$; car le suivant donnerait dans δ^2 des termes de l'ordre α^4 que nous négligeons. Ainsi, en restant dans le même ordre d'approximation, on aura

$$d' - \pi' = \frac{\sin^2 i}{2\tan d'}\alpha^2.$$

Par la station S' de la *fig.* 24, menons, sur la même sphère, l'arc de petit cercle S'M' qui soit le parallèle de cette station. Alors M'N sera D'—Π', et conséquemment $d'-\pi'$, ici trouvé, sera l'arc homologue à M'N sur la sphère centrale. Si on l'ajoute à d, homologue de PS, qui est supposé connu , et à α' homologue de SN ou A', trouvé tout à l'heure, la somme formera l'arc total d' homologue à PS' ou PM' que nous voulons obtenir. On aura donc sur cette sphère

$$d' = d + \alpha \cos i + \tfrac{1}{2} \alpha^2 \cos i \sin^2 i + \frac{\sin^2 i}{2\,\mathrm{tang}\, d'} \alpha^2.$$

A la vérité le second membre contient encore le facteur $\dfrac{1}{\mathrm{tang}\, d'}$ qui est inconnu. Mais, comme le terme que ce facteur affecte est déjà multiplié par α^2, nous pouvons y remplacer d' par sa valeur approchée $d + \alpha \cos i$, laquelle diffère seulement de la véritable par des termes de l'ordre α^2 et α^4, qui en donneraient de l'ordre α^4 dans l'évaluation de ce dernier terme, si on les conservait. Appliquant donc à cette expression approchée la formule qui développe la tangente de la somme de deux arcs, en fonction de leurs tangentes particulières, nous aurons, avec le degré d'approximation nécessaire pour notre but,

$$\mathrm{tang}\, d' = \frac{\mathrm{tang}\, d + \alpha \cos i}{1 - \alpha \cos i \, \mathrm{tang}\, d},$$

ou , en renversant ,

$$\frac{1}{\mathrm{tang}\, d'} = \frac{1}{\mathrm{tang}\, d} \left(\frac{1 - \alpha \cos i \, \mathrm{tang}\, d}{1 + \dfrac{\alpha \cos i}{\mathrm{tang}\, d}} \right).$$

En formant $\mathrm{tang}\, d'$, j'ai dû écrire $\alpha \cos i$ au lieu de $\mathrm{tang}\,(\alpha \cos i)$, parce que la différence ne donnerait que des termes d'ordres supérieurs qu'il faut ici négliger. Il ne reste plus qu'à développer, par la division , le facteur qui contient α , sous forme complexe, en se bornant toujours à la première puissance de α , comme précédemment. Cela donnera

$$\frac{1}{\mathrm{tang}\, d'} = \frac{1}{\mathrm{tang}\, d} \left[1 - \left(\mathrm{tang}\, d + \frac{1}{\mathrm{tang}\, d} \right) \alpha \cos i \right]$$

$$= \frac{1}{\mathrm{tang}\, d} - \left(1 + \frac{1}{\mathrm{tang}^2 d} \right) \alpha \cos i.$$

Cette expression de $\dfrac{1}{\text{tang }d'}$, substituée dans le dernier terme de d', en produit un de l'ordre α^2 et un de l'ordre α^3. Ce dernier se réunit à celui du même ordre qui existait déjà parmi les précédents, et, après les avoir réduits entre eux, on trouve finalement (*)

$$[\mathbf{1}] \quad d' = d + \alpha \cos i + \tfrac{1}{2}\alpha^2 \frac{\sin^2 i}{\text{tang }d} - \tfrac{1}{2}\alpha^3 \left(1 + \frac{3}{\text{tang}^2 d}\right) \cos i \sin^2 i.$$

125. Les arcs d, d', α de la sphère centrale, qui apparaissent ici hors des signes trigonométriques, sont exprimés en parties du rayon de cette sphère pris pour unité de longueur. Si l'on veut les exprimer en secondes de la graduation sexagésimale du cercle, il faudra exprimer le rayon de la sphère centrale par cette même espèce d'unité, en fonction desquelles sa valeur sera R''. On devra

---

(*) La formule [1] a été donnée par Delambre dans le tome III de la *Base du système métrique*, pages 20 et 21; mais il y est parvenu différemment. Considérant le triangle PSS' de la *fig.* 24, il pose d'abord la relation générale

$$\cos d' = -\sin d \sin \alpha \cos i + \cos d \cos \alpha;$$

puis d' devant être peu différent de d, il fait $d' = d + x$, et il obtient x en série ordonnée suivant les puissances ascendantes de α, par le second mode de développement que j'ai exposé dans la note de la page 87. La voie que j'ai suivie m'a semblé préférable, d'abord comme plus simple, puis comme mettant mieux en évidence le principe et le degré d'exactitude de l'approximation. En effet, si l'on se reporte à la *fig.* 24, qui nous a servi de type, la première partie de $d' - d$, qui est α', homologue à A', s'obtient d'abord, ainsi que δ, avec la même approximation que si l'on résolvait le triangle sphérique SS'N par le théorème de Legendre, comme nous l'avons établi généralement, page 119, pour cette forme de développement. Puis, δ étant obtenu, l'arc complémentaire $m'n$ de la sphère centrale, qui est homologue à M'N, se calcule avec un degré d'approximation égal, dont la sûreté est évidente. Le résultat, quoique le même, se trouve donc bien plus clairement et plus rapidement établi. On le tirerait encore très-aisément de cos d' en réduisant l'expression de l'arc d' en série, suivant les puissances de α par le théorème de Taylor. Mais, outre que ce mode de déduction est moins élémentaire, l'emploi abstrait que l'on y fait de l'analyse littérale ne rend pas sensible le peu d'importance des quantités que l'on néglige, aussi évidemment que le calcul direct fondé sur l'évaluation partielle des arcs qui composent le résultat cherché.

alors remplacer les expressions abstraites des arcs par les rapports $\frac{d}{R''}$, $\frac{d'}{R''}$, $\frac{z}{R}$, dans les termes qui les contiennent explicitement. Cela rendra la première puissance du facteur $\frac{1}{R}$ commune à tous ces termes, et, après l'avoir fait disparaître, il restera

$$[1] \quad (d' - d)'' = z'' \cos i + \frac{1}{2} \frac{z''^2 \sin^2 i}{R'' \, \mathrm{tang}\, d} - \frac{1}{6} \frac{z''^3}{R''^2}\left(1 + \frac{3}{\mathrm{tang}^2 d}\right) \cos i \sin^2 i.$$

Il faut se rappeler que, selon l'évaluation rapportée page 62, on a, en se bornant à sept décimales,

$$\log R'' = 5{,}3144251 \; ; \text{ conséquemment, } \log\left(\frac{1}{R''}\right) = \bar{6}{,}6855749.$$

Si, au contraire, on veut obtenir la relation semblable qui existe entre les arcs D, D', A de la sphère terrestre, il faudra éliminer les arcs d, d', z de la sphère centrale par leurs rapports de proportionnalité avec ceux-là, c'est-à-dire les remplacer par leurs valeurs équivalentes $\frac{D}{R}$, $\frac{D'}{R}$, $\frac{A}{R}$, dans les termes où ils se trouvent explicitement. Alors une des puissances de $\frac{1}{R}$ disparaît encore comme facteur commun, et il reste

$$[1] \quad D' - D = A \cos i + \frac{1}{2} \frac{A^2 \sin^2 i}{R \, \mathrm{tang}\, d} - \frac{1}{6 R^2} A^2 \left(1 + \frac{3}{\mathrm{tang}^2 d}\right) \cos i \sin^2 i.$$

L'arc terrestre $D' - D$, ou SM', *fig.* 24, sera ainsi connu en unités de longueur de la même espèce que celles que l'on aura employées pour exprimer l'arc A ; et le rayon local R, qui devra être exprimé aussi dans cette même espèce d'unités, n'entrera que dans l'évaluation des termes correctifs associés à la partie principale $A \cos i$. Ainsi, en raison de leur petitesse, il n'aura besoin d'être connu qu'approximativement, comme nous l'avons prouvé page 110. Pour obtenir commodément et avec exactitude la valeur du produit $A \cos i$, il conviendra de remplacer le second facteur par son expression équivalente $1 - 2\sin^2 \tfrac{1}{2} i$, ce qui le changera en

$A - 2\,A\sin^2\frac{1}{2}\,i$, dont la première partie sera toute donnée, et la seconde s'évaluera facilement, par les Tables logarithmiques ordinaires, avec une précision toujours suffisante.

126. Dans la *fig.* 24, qui nous a servi pour établir cette formule, la station extra-méridienne S' est représentée comme plus éloignée du pôle que la station S; et l'azimut donné i est figuré comme moindre qu'un angle droit. Quand cette dernière circonstance aura lieu en effet, $\cos i$ sera positif; et la formule donnera $d' - d$ positif, comme la figure type le représente. Mais si l'angle i se trouvait obtus, son cosinus deviendrait négatif; et s'il était assez grand dans ce sens pour que le produit $\alpha\cos i$, devenu négatif, l'emportât sur le terme toujours positif $\frac{1}{2}\,\alpha^2\,\dfrac{\sin^2 i}{\tang d}$, et sur le suivant, ou seulement fût égal à leur somme, la formule donnerait $d' - d$ négatif ou nul, conséquemment d' moindre que d ou égal à d. C'est-à-dire que la station S' se trouverait plus rapprochée du pôle que la station S, ou s'en trouverait à une même distance. Ainsi, quoique établie sur un type particulier de construction, la formule [1] s'appliquera également à toutes les relations de distances polaires des stations S, S', pourvu que l'on donne fidèlement à $\cos i$ le signe algébrique que lui assigne l'amplitude de l'angle auquel il appartient.

127. Lorsqu'on aura trouvé ainsi la valeur de l'angle d', d'après les données d, α, i, qui ont servi de base à notre calcul, on obtiendra l'azimut réciproque i' de notre *fig.* 24, par la formule rigoureuse

$$[2] \qquad \sin(i - i') = \frac{2\cos\frac{1}{2}(d'+d)\cos\frac{1}{2}(d'-d)}{\sin d'}\,\sin i \, \tang\tfrac{1}{2}\,\alpha.$$

Mais ici l'application de cette formule a besoin d'être préalablement légitimée dans un de ses détails. La sphère, qui est transversalement osculatrice en S, ne l'est plus en S'; et la sécante, menée de son centre à ce point, diffère de la normale réelle qui lui est propre. Si l'intervalle de la surface sphérique à la surface réelle peut y être négligé, à cause de la petitesse de l'arc A, la sécante et la normale n'en restent pas moins distinctes en direction; ce qui produit une différence du même ordre entre les deux tangentes menées de S' à la courbe du méridien réel, et au cercle S' P. Or, les angles formés par ces deux tangentes avec l'arc S'S, supposé commun au sphéroïde et à la sphère, constituent l'azimut vrai et l'azimut sphérique i' de cet arc, lesquels ont ainsi mathématiquement d'inégales valeurs. Mais, quand nous aurons étudié l'ensemble du sphéroïde terrestre, on verra qu'en vertu de la petitesse des arcs A, et de la sphéricité presque exacte de la terre, l'angle compris entre les deux tangentes que nous venons de considérer est toujours restreint à un petit nombre de secondes ; de sorte que l'azimut vrai i' rapporté à l'horizon du sphéroïde, et l'azimut analogue du même arc rapporté à l'horizon de la sphère, ne peuvent différer entre eux que par des quantités angulaires inappréciables, en vertu de la formule de réduction démontrée page 96. On pourra donc toujours, dans de telles circonstances, employer ces azimuts comme égaux entre eux sans aucune réduction.

Ceci étant admis, l'équation [2] se réduira en nombres, soit immédiatement par les Tables de sinus, soit par le détour arithmétique expliqué dans la page 64 ; ce qui exigera de même la connaissance suffisamment exacte du rayon osculateur R pour calculer le rapport α ou $\dfrac{A}{R}$ qui est un de ses éléments.

128. La petitesse habituelle de l'angle $i - i'$ peut faire souvent désirer de l'obtenir par les séries. Cela sera très-facile ; car, en supposant, par abréviation,

$$c = \frac{\cos\frac{1}{2}(d'+d)\cos\frac{1}{2}(d'-d)}{\sin d'}\sin i,$$

elle deviendrait

$$\sin(i - i') = 2c \, \operatorname{tang} \tfrac{1}{2}\alpha.$$

Alors, la petitesse de l'arc α permettrait de la traiter comme nous avons fait pour une équation analogue, page 73, § 66. Ainsi, en se bornant aux troisièmes puissances de l'arc α, qui sont la limite suffisante de toutes nos approximations, on en tirerait d'abord, par les développements de la page 60,

$$i - i' = 2c \, \operatorname{tang} \tfrac{1}{2}\alpha + \tfrac{2}{3}c^3 \, \operatorname{tang}^3 \tfrac{1}{2}\alpha ;$$

et, en outre,

$$\tang \tfrac{1}{2}\alpha = \tfrac{1}{2}\alpha + \tfrac{1}{24}\alpha^3.$$

Remplaçant donc, dans la première expression, $\tang \tfrac{1}{2}\alpha$ par la valeur tirée de la seconde, et se restreignant aux α^3, il en résultera

$$i - i' = c\alpha + \tfrac{1}{12}c\,(2c^2 + 1)\,\alpha^3.$$

Les arcs $i - i'$ et α sont censés ici exprimés en parties du rayon du cercle pris pour unité de longueur. Si l'on veut les exprimer en secondes de degré, il faudra remplacer les lettres qui les désignent par les rapports $\dfrac{(i-i')''}{R''}, \dfrac{\alpha''}{R''}$, R'' étant le nombre de secondes que contient le rayon plié en arc. On aura donc ainsi

$$(i - i')'' = c\,\alpha'' + \tfrac{1}{12}c\,(2c^2 + 1)\,\frac{\alpha''^3}{R''^2},$$

en prenant

$$\log R'' = 5,3144251\,3.$$

Nous apprécierons plus loin le degré d'exactitude de cette approximation par un exemple, en la comparant à l'évaluation rigoureuse.

129. L'angle i', ainsi obtenu, sera, dans notre *fig.* 24, l'azimut réciproque de S vu de S', en comptant cet azimut à partir du pôle vers S ; au lieu que l'angle i, azimut de S', vu de S, avait été donné comme compté du point sud vers S'. Dans une triangulation continue, il convient d'exprimer tous les azimuts par un mode de numération similaire, qui procède toujours, depuis 0° jusqu'à 360°, dans un sens convenu, par exemple en allant du sud vers l'est autour du centre de chaque station. En appliquant ceci à la *fig.* 24, si nous nommons généralement Z, Z' nos deux azimuts réciproques ainsi définis, et que nous supposions la station S' située à *l'est* du méridien primitif PS, nous aurons évidemment, comme le montre la *fig.* 25,

$$\text{Azimut de S' vu de S} \dots\dots Z = i ;$$
$$\text{Azimut de S vu de S'} \dots\dots Z' = 180° + i'.$$

Mais si S' était situé à l'ouest du méridien PS, comme le représente la *fig.* 26, il faudrait, pour conserver le même mode de notation, écrire,

$$\text{Azimut de } S' \text{ vu de } S \ldots \ldots \quad Z = 360^\circ - i;$$
$$\text{Azimut de } S \text{ vu de } S' \ldots \ldots \quad Z' = 180^\circ - i'.$$

D'après cela, quand l'azimut Z sera donné selon ces conventions, s'il est moindre que 180°, il faudra faire, dans notre formule [2], $\sin i = + \sin Z$, et appliquer la valeur résultante de i' à la première combinaison pour avoir Z'. Mais si Z surpasse 180°, il faudra faire $\sin i = - \sin Z$, et appliquer la valeur de i' à la seconde forme de Z'. Dans tous les cas, ce seront ces valeurs, ainsi déduites du premier azimut de la chaîne des triangles, qu'on devra comparer aux azimuts qui auraient été déterminés astronomiquement, dans une on plusieurs des stations suivantes.

On obtiendrait des formules analogues si l'on voulait compter les azimuts en allant du sud vers l'ouest, comme on le fait souvent. Alors, en les désignant par [Z], [Z]', on aurait généralement

$$[Z] = 360^\circ - Z, \qquad [Z]' = 360^\circ - Z';$$

ce qui donnerait

$$fig. \; 25: \qquad [Z] = 360^\circ - i, \qquad [Z]' = 180^\circ - i';$$
$$fig. \; 26: \qquad [Z] = i, \qquad [Z]' = 180^\circ + i'.$$

130. Enfin, après qu'on aura obtenu ces résultats, on pourra trouver directement l'angle au pôle p, par la proportionnalité des sinus des angles aux sinus des côtés opposés, ce qui, en revenant à la $fig.$ 24, donnera, pour $\sin p$, ces deux expressions équivalentes:

$$[3] \qquad \sin p = \frac{\sin i}{\sin d'} \sin \alpha, \quad \text{ou encore,} \quad \sin p = \frac{\sin i'}{\sin d} \sin \alpha.$$

On réduira donc ces équations en nombres, soit immédiatement, par les Tables de sinus, soit en faisant usage de l'artifice auxiliaire, dont j'ai rappelé l'application à l'équation [2]. On obtiendra ainsi deux valeurs de p qui devront se trouver identiques; et leur accord servira de preuve pour assurer l'exactitude des calculs arithmétiques par lesquels on aura déterminé d' et i'. L'angle dièdre p, ainsi calculé, sera commun au sphéroïde et à la sphère osculatrice, puisque, par les conditions de construction assignées à cette dernière, les plans des méridiens, vrais et sphériques, menés par les mêmes points, sont coïncidents.

131. Si l'on voulait obtenir les valeurs de l'angle p, par les séries, en se fondant sur la petitesse de l'arc α, on y parviendrait avec facilité par le procédé de développement que j'ai appliqué tout à l'heure à l'équation [2], et l'on trouvera,

par la première équation ,

$$[3]\quad\left\{\begin{array}{l} p = \alpha\,\dfrac{\sin i}{\sin d'} - \tfrac{1}{6}\alpha^3\,\dfrac{\sin i\,\sin\left(d'+i\right)\sin\left(d'-i\right)}{\sin^3 d'}\,; \\[1em] \text{par la deuxième ,} \\[0.5em] p = \alpha\,\dfrac{\sin i'}{\sin d} - \tfrac{1}{6}\alpha^3\,\dfrac{\sin i'\,\sin\left(d+i'\right)\sin\left(d-i'\right)}{\sin^3 d}. \end{array}\right.$$

Dans ces développements, les angles p, α sont censés exprimés en arcs de la sphère centrale dont le rayon est 1. Sous cette forme, α est égal à $\dfrac{A}{R}$, A représentant l'arc de grand cercle compris sur la sphère terrestre dont le rayon est R. Si l'on veut exprimer ce même arc en secondes de la division sexagésimale et le désigner par α'', on aura

$$\alpha'' = \frac{A}{R}\,R'' = \alpha\,R''.$$

Alors il conviendra d'exprimer l'angle p sous une forme semblable, et, en l'y désignant par p'', on aura pareillement

$$p'' = p\,R''.$$

Tirant donc de ces relations α en α'' et p en p'' pour le substituer dans nos développements, un des facteurs $\dfrac{1}{R''}$ disparaîtra comme commun aux deux membres de chaque équation, et il restera

$$[3]\quad\left\{\begin{array}{l} p'' = \alpha''\,\dfrac{\sin i}{\sin d'} - \dfrac{1}{6}\dfrac{\alpha''^3}{R''^2}\,\dfrac{\sin i\,\sin\left(d'+i\right)\sin\left(d'-i\right)}{\sin^3 d'}\,, \\[1em] \text{ou encore,}\quad p'' = \alpha''\,\dfrac{\sin i'}{\sin d} - \dfrac{1}{6}\dfrac{\alpha''^3}{R''^2}\,\dfrac{\sin i'\,\sin\left(d+i'\right)\sin\left(d-i'\right)}{\sin^3 d}. \end{array}\right.$$

Quoique ces résultats fussent faciles à prévoir, d'après toutes

les transformations analogues que nous avons eu déjà l'occasion
d'effectuer, j'ai cru devoir les exposer en détail pour faire bien
sentir la double acception que prend le rapport $\dfrac{A}{R}$, dans le second
membre, selon que l'on veut obtenir l'angle p exprimé par un arc
de la sphère centrale dont le rayon est 1, ou en secondes de la graduation sexagésimale du cercle.

152. Revenant à la première forme, si l'on suppose le rapport
α ou $\dfrac{A}{R}$ assez petit pour que l'on puisse négliger les α^2, la première
des équations (3) donnera

$$p = \alpha \frac{\sin i}{\sin d'}.$$

Or, le développement qui donne $i - i'$ étant restreint de même,
se réduit à

$$i - i' = \alpha \frac{\cos \frac{1}{2}(d' + d)\cos \frac{1}{2}(d' - d)}{\sin d'}\sin i.$$

Prenant le facteur $\dfrac{\alpha \sin i}{\sin d'}$ dans la première, celle-ci devient

$$i - i' = p \cos \tfrac{1}{2}(d' + d)\cos \tfrac{1}{2}(d' - d).$$

Multipliez le second membre par l'unité mise sous la forme
$\dfrac{\cos \frac{1}{2}(d' - d)}{\cos \frac{1}{2}(d' - d)}$, cela donnera au numérateur le facteur $\cos^2 \frac{1}{2}(d' - d)$,
ou $1 - \sin^2 \frac{1}{2}(d' - d)$, qui pourra être réduit à l'unité, à cause de la
petitesse de $d' - d$ qui rendra le produit $p \sin^2 \frac{1}{2}(d' - d)$ toujours
négligeable, l'angle p étant déjà supposé très-petit par lui-même.
Il en résulterait donc

$$i - i' = p \frac{\cos \frac{1}{2}(d' + d)}{\cos \frac{1}{2}(d' - d)}.$$

Je rapporte cette expression parce qu'elle a été présentée dans des
ouvrages très-répandus, et qu'elle a été aussi fort généralement
appliquée. Mais elle ne me paraît avoir aucun avantage sur les expressions plus directes que j'ai rapportées ; et elle me semble même

conserver inutilement, à son dénominateur, $\cos\frac{1}{2}(d'-d)$, qui ne diffère de l'unité que par des quantités de l'ordre $\sin^2\frac{1}{2}(d'-d)$ qu'on a déjà supposées négligeables précédemment.

133. Lorsqu'on a trouvé, comme nous venons de le dire, l'angle au pôle p, compris entre les méridiens sphériques des deux stations S, S', ainsi que le distance polaire d' de cette dernière, on peut aisément calculer l'arc de parallèle SΠ, *fig.* 27, qui, partant de S, est compris entre ces mêmes méridiens. Pour cela, reportons notre triangle sphérique PSS' sur la sphère complète POEE', *fig.* 28, dont O est le centre, OP ou R le rayon polaire, EE' le grand cercle équatorial décrit du même centre, avec le même rayon R, dans un plan perpendiculaire à OP. Si, par la station S, on conçoit un plan SO'Π, également perpendiculaire à OP, la section sera un cercle parallèle au cercle équatorial, mais décrit du centre O' avec un rayon r moindre que R, et dont la longueur sera $R\sin d$, d étant la distance polaire POS de la station S. La portion SΠ de ce cercle comprise entre les deux méridiens PS, PS', est l'arc de parallèle que nous voulons évaluer, et il soutend au centre O' le même angle dièdre p que nous venons d'obtenir. Or, cet angle exprimé en α représente l'arc équatorial ee' de la sphère centrale décrite du rayon i, qui est intercepté entre les plans méridiens PSE, PS'E' de nos deux stations. Ainsi l'arc SΠ qui soutend le même angle à l'extrémité du rayon r aura proportionnellement pour longueur pr ou $pR\sin d$. Prenant donc la première expression de p en α, qui est

$$p = \alpha\frac{\sin i}{\sin d'} - \frac{1}{6}\frac{\sin i \sin(d'+i)\sin(d'-i)}{\sin^3 d'}\alpha^3,$$

et nous rappelant que α y représente le rapport $\dfrac{A}{R}$, nous aurons, en la multipliant par $R\sin d$,

$$S\Pi = \frac{A\sin i\sin d}{\sin d'} - \frac{1}{6}\frac{\sin i\sin d\sin(d'+i)\sin(d'-i)}{\sin^3 d'}\frac{A^3}{R^2}.$$

Si l'on voulait obtenir l'arc de parallèle compris entre les mêmes méridiens sphériques PS, PS', à toute autre distance polaire $d_{,}$ différente de d, sur la même sphère, ce qui est souvent nécessaire,

comme on le verra tout à l'heure, on le déduirait aisément de ce
résultat. Car il suffirait évidemment de le multiplier par le rapport
du nouveau rayon r_n au rayon r, conséquemment par le rapport
$\dfrac{\sin d_n}{\sin d}$ des distances polaires qui correspondent respectivement à
ces rayons. Alors, en désignant généralement par SH_n la longueur
du nouvel arc de parallèle ainsi défini, on aurait

$$[4] \quad SH_n = \frac{A \sin i \sin d_n}{\sin d'} - \frac{1}{2} \frac{\sin i \sin d_n \sin (d' + i) \sin (d' - i) A^2}{\sin^3 d'} \frac{A^2}{R^2},$$

expression dans laquelle il faudrait toujours conserver aux éléments i, d', A, les valeurs propres aux deux stations primitives
S, S', ainsi qu'à l'arc intercepté entre elles sur la sphère du
rayon R.

154. On emploie cette formule pour tracer sur le sphéroïde
terrestre de grands arcs de parallèles situés à une même distance polaire d_n, comme on y trace des arcs de méridiens. Pour
cela on établit une triangulation générale, dirigée approximativement dans le sens du parallèle de la première station. On détermine,
par l'observation, tous les angles sphériques des triangles qui la
composent, et on la lie trigonométriquement à une ou plusieurs
bases mesurées, d'où l'on déduit la longueur du côté qui s'y rattache, puis successivement tous les autres, par l'intermédiaire des
côtés communs aux triangles consécutifs. Pour tout cela, les méthodes d'observation et les procédés de calcul sont les mêmes que
dans les triangulations méridiennes. De même encore, à la première station, supposée S, *fig.* 27, on détermine astronomiquement la distance angulaire d, du pôle au zénith, et l'azimut i
que le côté SS' ou A du premier triangle forme avec la direction de
son méridien PSm. Considérant alors le triangle polaire PSS'
comme établi sur la sphère qui est osculatrice en S, transversalement au méridien PS, on en conclut, comme nous l'avons expliqué tout à l'heure, 1° la longueur de l'arc SH, compris, sur le
parallèle de S, entre les deux plans méridiens PS, PS'; 2° l'azimut i' du côté A sur l'horizon sphérique de S'; 3° la distance d'

du pôle au zénith en S′, comptée à partir du rayon mené à S′ du centre de la sphère. Si la terre était exactement sphérique, ou seulement si elle pouvait être supposée telle dans une petite étendue d'un même parallèle, le même calcul pourrait se continuer ultérieurement sans modification ; et les résultats obtenus dans le premier triangle polaire, étant successivement transportés à la station S′, puis aux suivantes, suffiraient pour obtenir toutes les portions de parallèles comprises entre leurs méridiens propres, lesquelles, transportées par réduction sur le parallèle de S et ajoutées les unes aux autres, composeraient l'arc total. En effet, si l'on désigne par S″ la station qui suit immédiatement S′, elle s'y rattachera par l'arc sphérique S′S″ ou A′ qui est connu par la résolution des triangles principaux. En outre, l'angle S″S′S, ayant été préalablement déterminé dans ces mêmes triangles, on en retranchera i' qui vient d'être obtenu, et l'on aura l'angle S′S′P, dont le supplément S″S′m' sera l'azimut du côté A′ sur l'horizon sphérique de S′, compté dans le même sens que i. Enfin on connaîtra aussi la distance angulaire du pôle au zénith en S′, qui sera d'. On se trouvera donc dans les mêmes conditions qu'en S, avec des données pareilles, d'où l'on déduira des résultats analogues propres à la station S′; et de celle-ci on passera de même à S″, puis à toutes les autres progressivement. Mais la surface terrestre n'étant pas exactement sphérique, ce transport ne peut plus s'effectuer avec tant de simplicité. Pour faire nettement comprendre les modifications qu'il exige, je me borne, comme précédemment, au cas réel où la terre est assimilable à un sphéroïde très-peu différent d'une sphère et de révolution autour de l'axe qui passe par les pôles célestes. Alors la sphère, qui est transversalement osculatrice en S, s'écartera en S′ de la surface réelle régularisée. Si l'on désigne par Σ′, *fig.* 29, le point de cette surface qui constitue le vrai sommet correspondant du premier triangle que l'on a formé, le point S′ se trouvera à l'extrémité du rayon mené du centre C de la sphère par le point Σ′. L'intervalle S′Σ′ décroîtra avec la distance mutuelle des deux stations S, Σ′, proportionnellement au carré de cette distance, et, en les supposant suffisamment rapprochées, sa dimension linéaire pourra devenir négligeable, comme on verra qu'elle l'est effectivement dans nos triangulations. Alors il n'en résultera pas d'inégalité sensible entre les longueurs de l'arc circulaire SS′ et de l'arc SΣ′ qui en est la projection verticale sur le sphéroïde; et cette circonstance, jointe à la coïncidence de nos méridiens sphériques avec les méridiens vrais menés par les mêmes points, rendra aussi l'angle azimutal calculé i', sensiblement égal à sa valeur vraie, comme nous l'avons déjà remarqué page 150. Mais, pour transporter à la station S′ de la *fig.* 27 le calcul qu'on a fait à la station S, il faut d'abord y concevoir une nouvelle sphère transversalement osculatrice au méridien PS′, laquelle devra généralement différer de la première, par la situation de son centre sur l'axe polaire, par l'inclinaison de son rayon R′ sur cet axe, et par la longueur de ce rayon. Car ces trois éléments ne pourraient rester constants, sur toute la ligne de l'opération, que dans le cas infiniment particulier, et jamais pratiquement réalisable, où toutes les stations seraient situées exactement sur le parallèle de la première station S. Il faudra, en outre, connaître la distance angulaire du pôle au zénith *vrai* de S′, laquelle devant être comptée à partir de la normale locale Σ′N′, *fig.* 29, différera généralement de la distance d' calculée dans le premier triangle polaire, puisque celle-ci est évaluée à partir du rayon CS′ ou CΣ′. Cela exigera donc une petite correction dépendante de l'angle CΣ′N′ compris entre ces deux droites; et l'on ne pourra l'obtenir qu'après avoir déterminé la configuration générale du sphéroïde avec assez d'approximation pour pouvoir l'évaluer. Cette détermination sera également nécessaire pour donner aux rayons successifs R, R′,... des sphères osculatrices leurs véritables valeurs. Enfin elle le deviendra encore pour réduire à une même distance polaire vraie, *sur le sphéroïde*, toutes les portions d'arcs de parallèle, séparément évalués entre les méridiens des stations consécutives. Nous établirons plus loin les formules analytiques de toutes ces corrections. Mais il était essentiel d'en faire pressentir, dès à présent, la nature et l'emploi indispensable pour obtenir des résultats définitivement exacts.

155. Un raisonnement exactement pareil va nous montrer comment, au moyen de corrections analogues, les formules [1] et [2], ci-dessus établies, peuvent servir à calculer la longueur totale d'un arc méridien compris entre deux stations S, S_n, liées entre elles par un réseau de triangles sphériques, sans avoir besoin de subdiviser ce réseau en triangles partiels appuyés sur la méridienne prolongée de S, comme nous l'avons fait précédemment. Pour cela je reproduis, dans la *fig.* 30, le même réseau que nous avions déjà considéré *fig.* 18. On suppose de même que l'on connaît les angles sphériques de tous les triangles, les longueurs absolues de tous leurs côtés, l'angle azimutal Z que l'un de ces côtés, par exemple SS′, forme, en S, avec la direction de la méridienne locale, enfin les distances angulaires d, d_n du pôle au zénith vrai des deux stations extrêmes S, S_n. Pour simplifier la première exposition du raisonnement, supposons d'abord toute la chaîne des triangles établie sur une même sphère dont P soit le pôle et R le rayon, exprimé dans l'espèce d'unité de longueur qu'on aura choisie, par exemple en toises. Il n'y aura plus aucune construction à faire. Car, connaissant la longueur de l'arc SS_1, l'angle azimutal Z, et la distance d du pôle au zénith observée en S, la formule [1], page 159, donnera immédiatement la longueur de l'arc SM_1, compris sur le méridien de S entre les parallèles des deux stations S, S_1. Soit (D), la longueur de cet arc, exprimé en unités de même nature que R ; sa valeur angulaire, en secondes de degré, sera $\frac{(D)_1}{R} R''$. En l'ajoutant à d qui est connu, la somme d_1 sera la distance angulaire du pôle P au zénith de la station S_1. Avec ces deux angles, et l'arc SS_1 ou A qui, réduit aussi en secondes, vaudra $\frac{A}{R} R''$ ou z'', la formule [2], page 160, fera connaître l'azimut Z′ de la station S sur l'horizon de S′, compté autour du méridien de celle-ci, dont le cercle aboutit aussi au pôle P. Alors, en ajoutant à Z′ les angles formés autour de cette station par les sommets des triangles qui s'y joignent, on obtiendra l'azimut du côté S_1S_2 ou S_1S sur son horizon. Fixons-nous à cette dernière évaluation. La longueur du côté S_1S_2 est déjà connue par le calcul des triangles. On se retrouvera donc dans les mêmes conditions qu'en S, avec un système de données pareilles. Ainsi, en leur appliquant les mêmes formules, on en conclura de même l'arc $S_1\mu_1$, compris sur le méridien de S_1 entre les parallèles des stations S_1, S_2, plus l'azimut de S_2 vu de celle-ci. Or, ce parallèle est ici supposé tracé autour du même pôle commun P. Donc, si on le prolonge idéalement jusqu'au méridien primitif PSm, qu'il rencontrera en M_1, l'arc M_1M_2 sera égal à $S_1\mu_1$, puisque tous les méridiens sont pareils et partent du même pôle; de sorte que l'on connaîtra ainsi l'arc total SM_2 compris entre les parallèles de S et de S_2 sur ce premier méridien. On voit même, par la figure, qu'on aurait pu l'évaluer d'une autre manière, en prenant pour intermédiaire la station S_1, ce qui fournira une vérification des calculs par lesquels cet intervalle aura été conclu. Arrivé ainsi à la station S_2, on passera aux suivantes de la même manière, en calculant les différences d'arcs méridiens compris entre leurs parallèles successifs jusqu'à ce que l'on parvienne à la plus australe S_n. Le parallèle de celle-ci, conduit jusqu'au méridien primitif PSm, donnera la dernière portion d'arc méridien compris entre elle et la précédente. La somme de tous ces intervalles consécutifs composera l'arc total du méridien primitif SM_n, compris entre les parallèles extrêmes du réseau total. On pourra, en outre, déterminer, par la formule [3] les angles polaires compris entre les méridiens de toutes les stations que l'on aura accouplées successivement; et la formule [4] donnera encore, si l'on veut, les longueurs des arcs de parallèles que ces méridiens interceptent à partir de chacune des mêmes stations.

156. Dans la série des opérations que je viens de décrire, le rayon R de la sphère qui porte les triangles sert d'abord pour réduire en secondes les portions successives des intervalles méridiens donnés par la formule (1), afin d'obtenir la distance angulaire du pôle au zénith dans la station suivante; et il sert encore pour opérer une conversion pareille sur les côtés mêmes des triangles, afin d'obtenir les azimuts de ces côtés sur les horizons successifs des diverses stations. Mais il importe de remarquer que, si l'on a pour but unique ou principal d'obtenir la longueur de l'arc méridien compris entre les parallèles des stations extrêmes S, S_n, la longueur absolue du rayon R n'a pas besoin d'être connue avec la dernière rigueur. Car, si l'on examine la formule [1], qui donne les portions (D) d'arc méridien comprises entre les parallèles des stations consécutives, on verra d'abord que les distances angulaires d du pôle au zénith n'y entrent que dans les termes correctifs toujours très-petits, de sorte qu'une légère erreur sur cet élément n'aurait qu'une très-faible influence sur les valeurs totales de (D). La même considération s'applique aux valeurs des azimuts i qui entrent dans ces mêmes termes. Quant au terme principal de (D), qui est $A \cos i$, si on le décompose en $A - 2A \sin^2 \frac{1}{2} i$, les petites erreurs qui pourraient affecter l'évaluation de i n'y auront qu'une influence très-atténuée. Donc, lorsque le rayon R sera seulement connu avec une approximation qui ne laisse que très-peu d'incertitude sur les rapports $\dfrac{A}{R}$ et $\dfrac{(D)}{R}$, les portions de l'arc méridien comprises entre les parallèles des stations consécutives devront s'obtenir ainsi très-exactement.

157. Maintenant, si nous supposons le réseau des triangles établi sur un sphéroïde presque sphérique et de révolution autour de l'axe polaire céleste, il faudra placer les stations successives sur autant de sphères différentes, transversalement osculatrices à leurs méridiens propres, ayant ainsi toutes leurs centres placés sur ce même axe, et leurs rayons polaires coïncidents avec lui en direction. Commençant alors par la station S, où la distance vraie d du pôle au zénith a été observée, on la concevra établie sur une sphère pareille ayant pour rayon R, dont la valeur approximative devra être supposée connue. Alors, ayant aussi, comme précédemment, la longueur du côté $SS_{,}$ ou A, avec l'azimut Z de ce côté sur la méridienne de S, on en déduira de même, par les formules [1] et [2] : 1° la portion d'arc méridien $SM_{,}$, comprise entre les parallèles des deux stations ; 2° la distance angulaire du pôle au zénith sphérique de $S_{,}$; 3° l'azimut i' de S sur l'horizon sphérique de $S_{,}$. Passant à cette deuxième station, il faudra la concevoir établie sur la sphère transversalement osculatrice qui lui est propre, et dont le centre sera situé sur sa normale réelle. L'azimut précédemment calculé i' s'y transportera sans avoir besoin de correction, et l'on en conclura celui du côté $S_{,}S_{,,}$ comme précédem-

ment. Mais la distance angulaire d' du pôle au zénith, qui a été donnée par le calcul à partir du rayon CS, de la sphère précédente, devra subir une petite correction pour être rapportée à la normale vraie de $S_{\prime}$, laquelle formera généralement avec ce rayon un petit angle qu'on devra évaluer d'après la connaissance générale du sphéroïde. Cette réduction étant supposée faite, on se retrouvera en $S_{\prime}$, dans les mêmes conditions où l'on était en S, avec des données pareilles. On y évaluera donc de la même manière l'intervalle méridien $S_{\prime}\mu_{\prime}$, qui se transportera encore sur le méridien primitif de S et s'y appliquera à la suite de $SM_{\prime}$, avec sa vraie valeur, puisque tous les méridiens sont pareils, le sphéroïde étant supposé de révolution. En continuant ainsi progressivement jusqu'à la dernière station S_n, on connaîtra la longueur totale de l'arc méridien compris entre son parallèle et celui de la première station S d'où l'on est parti.

138. Les mêmes considérations que nous avons appliquées tout à l'heure au cas d'une sphère unique montreront ici encore que les rayons osculateurs successifs R, $R_{\prime}$,... n'ont besoin d'être connus qu'approximativement, pour l'évaluation des termes correctifs où ils entrent comme dénominateurs. Mais ils seront nécessaires, en outre, pour calculer, par déduction, les azimuts successifs i', dont l'angle calculé d' est aussi un élément. Heureusement, dans ces applications, les rayons successifs R, $R_{\prime}$,... ne varient que par des différences très-petites, que l'on peut toujours évaluer avec une approximation suffisante, d'après la connaissance générale de la forme du sphéroïde obtenue antérieurement.

139. Delambre considérait la méthode précédente comme la plus simple et la plus directe que l'on pût employer pour trouver l'arc total SM_n, *fig.* 30, et il la préférait, à cause de la régularité de son application, à celle qui fait obtenir les mêmes résultats en prolongeant les côtés des triangles successifs jusqu'au méridien primitif PSm, comme je l'ai exposé d'abord sur la *fig.* 18. En supposant que l'on calcule les azimuts successifs et les angles polaires par les formules [1] et [2], il est évident que les deux méthodes doivent conduire à des résultats identiques si on les applique exactement. Car les distances successives du pôle au zénith, dont on fait usage dans la dernière

méthode que je viens d'exposer, s'obtiennent avec un degré d'approximation exactement égal à celui que donne la règle de Legendre pour résoudre les triangles sphériques primitifs ou auxiliaires que l'on emploie dans la première ; et tous les autres éléments des calculs successifs résultent rigoureusement des formules [2] et [3], d'après cette unique évaluation. Chacun pourra donc employer celui des deux procédés qui lui paraîtra le plus commode ; et, en effet, l'application qui en a été souvent faite à un même réseau de triangles a donné des résultats complétement pareils quand les calculs ont été exactement effectués.

140. M. Largeteau a judicieusement combiné l'emploi des deux méthodes pour calculer le plus simplement possible l'arc de méridien compris, dans la triangulation d'Espagne , entre les parallèles de Montjouy et de Formentera. Le réseau qui lie ses stations extrêmes est représenté *fig.* 50 et 51, avec deux systèmes différents de constructions géométriques , par lesquelles M. Largetean a déterminé concurremment l'arc méridien intercepté. Ces deux systèmes partent d'une origine commune que j'indiquerai d'abord. En jetant les yeux sur ces figures , on voit que les deux stations extrêmes, Montjouy et Formentera , sont situées sur des méridiens peu différents. Mais la nécessité de traverser la mer qui les sépare a forcé de rejeter d'abord le réseau des triangles vers l'ouest, puis de le ramener vers l'est sur cette dernière station , par des côtés d'une étendue considérable. C'est pourquoi, si l'on voulait déterminer les intervalles méridiens des stations les plus écartées vers l'ouest, par la première méthode , en prolongeant les constructions géométriques auxiliaires jusqu'au méridien de Montjouy, on aurait à évaluer des côtés bien plus longs encore, ce qui exigerait des précautions de calcul particulières pour obtenir les derniers chiffres de leurs expressions. Afin d'éviter cette difficulté, M. Largeteau prend pour méridien primitif une des stations intermédiaires, située vers l'origine boréale du réseau , mais déjà notablement rejetée vers l'ouest, telle que celle de Saint-Jean. Au moyen des triangles qui la lient à Montjouy , où l'on a déterminé astronomiquement la distance d du pôle au zénith, ainsi que l'azimut i d'un des côtés du réseau, Montjouy-Matas , il détermine : 1° l'arc méridien compris entre les parallèles de Montjouy et de Saint-Jean ; 2° la distance du pôle au zénith dans cette dernière station ; 3° enfin, l'azimut d'un des côtés du réseau, par exemple du côté Saint-Jean-Montagut sur son horizon. Il a donc ainsi toutes les données nécessaires pour calculer trigonométriquement l'arc méridien compris entre Saint-Jean, comme point de départ, et Formentera, en conduisant seulement les arcs des triangles auxiliaires jusqu'au méridien de cette première station, ce qu'il fait de deux manières différentes, représentées dans les *fig.* 50 et 51. Ayant obtenu ainsi des résultats qui concordent, il ajoute à cet intervalle la première portion d'arc méridien intercepté entre les parallèles de Saint-Jean et de Montjouy, ce qui lui donne l'intervalle compris entre ceux de Montjouy et de Formentera. Je rapporte en note ce double calcul à la suite du présent chapitre, ne pouvant offrir une application plus complète, ou plus probante, des procédés employés pour ce genre de détermination. Mais je le renvoie jusque-là pour y introduire les petites corrections qu'il faut y faire lorsqu'on veut assimiler la surface terrestre à un ellipsoïde de révolution légèrement aplati à ses pôles, ce qui est plus exact que de la supposer tout à fait sphérique, quoique cette hypothèse plus complexe ne la représente pas encore avec une complète rigueur, ainsi qu'on le verra bientôt.

141. Pour prouver l'exactitude des formules, tant rigoureuses qu'approximatives, que je viens d'établir dans la présente section, je les appliquerai à un cas numérique que Delambre a aussi choisi comme exemple, pour le même but, dans le tome III de son ouvrage intitulé : *Base du système métrique*, page 34.

Reprenant le triangle sphérique PSS', *fig.* 24, on se donne les trois côtés du triangle homologue de la sphère centrale, et l'on prend, pour leurs valeurs angulaires,

$$d = 45° 10', \qquad d' = 45° 30', \qquad a = 1°;$$

conséquemment

$$d' - d = 0° 20' 0'',0.$$

De là, par les formules finies de la trigonométrie sphérique, on tire les valeurs exactes des trois angles de ce triangle, et l'on prend le supplément de l'angle S pour exprimer l'angle *i* employé dans notre notation. En faisant ce calcul avec les Tables ordinaires de sinus à sept décimales, et bornant les évaluations aux centièmes de seconde, on trouve

$$i = 70°59'45'',07, \qquad i' = 70°\ 3'50'',07, \qquad p = 1°19'32'',39;$$

conséquemment

$$i - i' = 0°55'55'',00.$$

Maintenant, de ces résultats extrayons seulement d, i, z, qui sont les données admises dans nos formules, et cherchons les valeurs que celles-ci assignent, en conséquence, aux trois autres éléments d', i', p.

Je calcule d'abord la différence $d' - d$ par son expression approximative [1] de la page 159 qui, en supposant l'arc z exprimé en secondes, est

$$(d' - d)'' = z\cos i + \frac{1}{2}\frac{z^2}{\mathrm{R}''}\frac{\sin^2 i}{\tang d} - \frac{1}{6}\frac{z^3}{\mathrm{R}''^2}\left(1 + \frac{3}{\tang^2 d}\right)\cos i\sin^2 i,$$

où il faut mettre pour données

$$z = 1° = 3600'', \qquad i = 70°59'45'',07, \qquad d = 45°10',$$

et

$$\log \mathrm{R}'' = 5,3144251.$$

Et, en me bornant, comme ci-dessus, aux centièmes de seconde, limite que nous avons adoptée dans les évaluations rigoureuses, je trouve, par les différents termes de cette expression,

$$(d' - d)'' = 1172'',29 + 27'',92 - 0'',21 = 1200'',00 = 20'0'',00.$$

Ce résultat coïncide jusque dans les centièmes de seconde avec l'évaluation exacte; les valeurs calculées de $i - i'$ et p coïncideront par conséquent aussi avec leurs analogues dans les mêmes limites, puisque nos formules [2] et [3] les dérivent en toute rigueur du résultat précédent, combiné avec les valeurs données de z, i, d. C'est en effet ce que le calcul confirme, et je ne rapporte point ici ces déductions, en raison de leur identité absolue avec les valeurs rigoureuses. Je vais seulement soumettre à cette épreuve les expressions approchées de $i - i'$ et de p que nous avons développées en puissances de l'arc z dans les pages 162 et 164.

Je commence par celle de $i - i'$, qui, énoncée en secondes de degré, est

$$(i - i')'' = i\,cz'' + \tfrac{1}{7}\,c\,(2c^2 + 1)\,\frac{z''^3}{\mathrm{R}''^2};$$

en faisant

$$c = \frac{\cos\tfrac{1}{2}(d' + d)\,\cos\tfrac{1}{2}(d' - d)\,\sin i}{\sin d'}.$$

Réduite en nombres avec les éléments ici adoptés, elle donne

$$(i - i')'' = 0^\circ\,55'\,54'',76 + 0'',23 = 0^\circ\,55'\,54'',99.$$

Elle diffère donc seulement de $0'',01$ de la valeur exacte que donne notre formule rigoureuse, dont le calcul est tout aussi facile. On voit que les termes en z^3 ne peuvent pas y être négligés.

Je passe aux deux expressions analogues de l'angle p qui, exprimées aussi en secondes, sont

$$p'' = z''\,\frac{\sin i}{\sin d'} - \frac{1}{6}\,\frac{z''^3}{\mathrm{R}''^2}\,\sin i\,\frac{\sin(d' + i)\,\sin(d' - i)}{\sin^3 d'},$$

$$p'' = z''\,\frac{\sin i'}{\sin d} - \frac{1}{6}\,\frac{z''^3}{\mathrm{R}''^2}\,\sin i'\,\frac{\sin(d + i')\,\sin(d - i')}{\sin^3 d}.$$

Elles s'accordent toutes deux à donner

$$p'' = 1^\circ\,19'\,32'',212 + 0'',183 = 1^\circ\,19'\,32'',395;$$

elles reproduisent donc la valeur exacte de p'', et l'on voit encore que les termes en z^3 n'y sont pas négligeables.

D'après cela, on doit s'attendre à obtenir moins de précision par les formules plus restreintes que l'on a introduites dans l'usage habituel, et qui sont

$$p'' = \frac{z''\sin i}{\sin d'}; \qquad p'' = \frac{z''\sin i'}{\sin d}; \qquad (i - i')'' = p''\,\frac{\cos\tfrac{1}{2}(d' + d)}{\cos\tfrac{1}{2}(d' - d)}.$$

En effet, celles-ci donnent

$$p'' = 1^\circ\,19'\,32'',212; \qquad (i - i')'' = 0^\circ\,55'\,54'',79.$$

L'évaluation de p'' présente une erreur égale à $0'',183$; celle de $(i - i')''$ est en erreur de $0'',21$, c'est l'effet des termes qu'on y a négligés. Ces expressions ne devraient donc pas être employées pour calculer des opérations d'où l'on veut déduire des résultats précis, surtout si les valeurs qu'on en tire se transportent successivement à de longues chaînes de triangles. Car l'erreur des azimuts calculés tend alors à s'accroître progressivement par son accumulation. Il me semblerait donc préférable de calculer seulement les valeurs de $d' - d$ par la formule approximative dont l'exactitude est assurée jusque dans les termes en x^2 qu'elle renferme, et d'en conclure l'angle polaire p, ainsi que la différence $i - i'$ par les formules rigoureuses dont l'emploi est presque aussi simple que celui des approximations imparfaites qu'on leur a substituées.

SECTION IV. — *Preuves de la non-sphéricité de la terre. Sa forme s'assimile à celle d'un ellipsoïde de révolution légèrement renflé à l'équateur et aplati aux pôles.*

142. La non-sphéricité de la terre se manifeste par l'inégale longueur des degrés du méridien, mesurés à différentes distances angulaires du même pôle céleste. Sur une sphère, ces longueurs devraient être égales, tandis qu'en réalité on trouve qu'elles décroissent en allant des pôles vers l'équateur, suivant une proportion peu différente de celle du carré du cosinus de la distance polaire. C'est ce que prouveront les mesures que nous allons rapporter.

Le plus grand arc d'un même méridien que l'on ait jamais mesuré, est celui qui, partant du parallèle de l'observatoire de Greenwich, traverse la France, l'est de l'Espagne, et se termine dans la petite île de Formentera, l'une des Pythiuses. Les distances du pôle au zénith ont été astronomiquement observées, non pas seulement aux extrémités boréale et australe de cet arc, mais encore dans cinq stations intermédiaires, ce qui a fourni six mesures distinctes du degré terrestre dans les diverses parties de son amplitude. Tous les résultats de cette grande opération se trouvent rassemblés dans le tableau placé ici en regard de la page suivante. Je l'extrais de l'ouvrage de Delambre, intitulé : *Base du système*

NOMS DES STATIONS.	DISTANCES du zénith au pôle boréal, observées en chaque station.	MOYENNES entre les distances polaires consécutives. d.	AMPLITUDE de l'arc céleste compris entre les stations consécutives.	LONGUEUR des arcs terrestres correspondants à chaque amplitude, en toises.	LONGUEUR du degré sexagésimal conclue, en toises. D^o.	LONGUEUR de l'arc terrestre correspondant à 1° sexagésimale, en toises.
Greenwich.	38° 31' 20",00					
		38° 44' 35",750	0°26' 31",50	25241,9	57097,61	15,860448
Dunkerque.	38.57.51,50					
		40. 3.31,065	2.11.19,13	124944,8	57087,68	15,857690
Panthéon.	41. 9.10,63					
		42.29.14,045	2.40. 6,83	153293,1	57069,31	15,852586
Evaux.	43.49.17,46					
		45.18.11,580	2.57.48,24	168846,7	56977,36	15,827044
Carcassonne.	46.47. 5,70					
		47.42.39,560	1.51. 7,72	105499,0	56960,46	15,822350
Montjouy.	48.38.13,42					
		49.59.10,125	2.41.53,41	153675,3	56955,38	15,820939
Formentera.	51.20. 6,83					
Amplitudes totales.			12°48' 46" 83	730500,8		

Longueur moyenne entre les six degrés évalués. . . . . 57024,635, égale à $\frac{1}{6} \Sigma D^{(o)}$.

Distance du pôle au zénith correspondante à ce degré moyen. . . . . 43°51'54", déterminée par la condition que le carré de son cosinus $= \frac{1}{7} \Sigma \cos^2 d$.

Astronomie physique, T. III, page 179.

métrique, tome III, page 549, en y faisant quelques rectifications de détail devenues nécessaires, par un calcul plus exact de l'arc d'Espagne, et par une nouvelle détermination de la distance du pôle au zénith à Formentera, plus sûre que celle qu'on avait faite primitivement. Toutes les longueurs sont exprimées en toises de l'ancien étalon de l'Académie des Sciences, qui avait servi aux premières opérations des académiciens français au Pérou, et auquel on avait soigneusement comparé les règles de platine employées dans l'opération nouvelle. Cet étalon, qui est en fer, est supposé représenter exactement 2 toises, à la température centésimale de $16°\frac{1}{4}$. C'était la véritable unité scientifique de longueur adoptée en France avant qu'on y eût substitué le mètre dont nous parlerons plus loin (*).

143. Ce tableau suggère plusieurs réflexions. D'abord on y voit qu'en effet les longueurs des degrés partiels y vont toutes en croissant, à mesure que le pôle céleste se rapproche davantage du zénith des lieux où ils sont mesurés. Mais si l'on compare les différences successives de ces longueurs aux différences des distances polaires moyennes qui y correspondent, et que l'on peut tirer de la troisième colonne, on reconnaîtra aisément que la diminution ne suit pas une marche exactement régulière. Car, par exemple, entre les deux premiers, elle est de 10^T pour une variation de distance polaire moyenne égale à $1°19'$, tandis qu'entre les deux derniers, elle n'est que de 5^T pour une différence de $2°16'30''$ en nombres ronds. Cela provient très-vraisemblablement de deux causes : d'abord d'irrégularités réelles, existantes sur les diverses parties de cet arc terrestre, comme il s'en manifeste entre les longueurs du pendule qu'on y a mesurées, ainsi que cela a été établi, tome II, pages 472 et suivantes ; puis des légères inexactitudes qui ont pu être commises dans l'évaluation trigonométrique des longueurs, et dans les déterminations des distances polaires d, la dernière colonne du tableau montrant qu'une erreur de $1''$ sur cette der-

---

(*) Le détail de ces comparaisons est consigné dans le tome III de la *Base du système métrique*, page 402 ; et leur résultat final est exprimé tel que je viens de le dire, à la page 613.

nière détermination équivaut à une erreur de $15^{T},8$ sur la longueur de l'arc d'où chaque degré partiel est conclu. Or, à l'époque où l'opération fut faite, les cercles répétiteurs français présentaient des imperfections qui permettaient difficilement de répondre de quantités angulaires aussi petites ; et la distance polaire du zénith à Formentera, qui a été reprise en 1825, est peut-être la seule où l'on puisse espérer d'avoir obtenu la précision de $1''$. Le moyen le plus naturel de compenser ces incertitudes consiste à prendre une évaluation moyenne du degré terrestre entre toutes celles-là. Mais, pour le faire judicieusement, il faut employer ici un artifice pareil à celui que nous avons appliqué aux mesures du pendule, tome II, page 471. Car sachant, comme cela sera prouvé plus tard, que l'expression générale d'un degré terrestre $D^{(a)}$ est très-approximativement de la forme

$$D^{(a)} = A + B \cos^2 d,$$

A et B étant deux coefficients sensiblement constants pour une série de degrés qui se suivent sur une même portion de méridien de peu d'étendue, on en conclura, par le raisonnement dont nous avons fait alors usage, que la moyenne arithmétique entre les longueurs de ces degrés devra, abstraction faite de leurs irrégularités, répondre à une distance moyenne D du pôle au zénith, telle qu'on ait

$$\cos^2 D = \frac{1}{n} \Sigma \cos^2 d,$$

n étant le nombre total des degrés dont on fait la somme. J'ai rapporté le résultat de ce calcul dans les deux dernières lignes placées au bas du tableau, et je le prendrai comme un élément unique, déduit de toute l'opération.

144. Maintenant, pour en tirer parti, je l'associerai à diverses autres mesures de degrés de méridiens qui ont été effectuées avec le plus de soin, en des lieux de la terre où les distances du même pôle céleste au zénith sont très-différentes. Pour que cette association fût complètement rigoureuse, il faudrait que ces degrés appartinssent tous à un même méridien. Mais, quoique les opérations effectuées jusqu'ici n'offrent pas un pareil caractère d'identité, cela n'aura qu'une influence très-secondaire sur les résultats généraux que nous en pourrons déduire, parce qu'à des distances égales du pôle céleste au zénith, les longueurs des degrés mesurées sur des méridiens divers approchent tellement de l'égalité, qu'on n'a pu encore y constater de différences générales. De sorte que la forme de la surface terrestre, dans ce qu'elle a de régulier, paraît être, sinon rigoureusement, du moins très-approximativement assimilable à un sphéroïde de révolution, dont l'axe coïncide en direction avec l'axe polaire céleste, et dont tous les méridiens sont sensiblement pareils. Cette hypothèse est donc, du moins, la première qu'il faille essayer de lui adapter, et le tableau suivant nous fournira les éléments nécessaires pour en faire l'épreuve :

LIEUX où les degrés ont été mesurés.	DISTANCES moyennes du zénith au pôle boréal observées. d.	LONGUEURS corresp. du degré terrestre en toises de l'étalon de l'Acad. $D(\varphi)$.	OBSERVATIONS.
Les Andes du Pérou.	88° 28' 59"	56736,81	Opération de Bouguer et la Condamine, recalculée par Delambre, *Base du système métrique*, tome III.
Inde....................	77.27.59	56762,30	Opérat. du colonel Lambton.
France et Espagne...	43.51.54	57024,64	Opération française.
Angleterre............	37.57.40	57066,06	Opération du général Mudge, recalculée, pour l'amplitude terrestre, par Rodriguès, *Ph. Trans.*, 1812, part. II, p. 332.
Laponie..............	23.39.50	57196,16	Opération de Clairaut, Outhier et Maupertuis, effectuée de nouveau et rectifiée par Swanberg.

Ici, nous voyons se réaliser avec une évidence indubitable le mode de variation que l'arc de France et d'Espagne nous avait déjà présenté. Les longueurs des degrés vont en croissant à mesure que la distance du pôle céleste au zénith du lieu devient moindre, par conséquent à mesure que les normales de la surface sphéroïdale se rapprochent de son axe de révolution. Les incertitudes que l'on peut supposer dans les déterminations de ces longueurs seraient tout à fait insuffisantes pour y produire des différences si grandes, et si continûment progressives. La surface terrestre, corrigée de ses inégalités locales, et ramenée au niveau régulier des mers, n'est donc pas exactement sphérique. Ses méridiens, supposés pareils, ne sont pas des cercles parfaits. Mais la différence est petite, à en juger par le peu de variation totale des degrés comparativement à leur longueur absolue. Le sphéroïde doit donc être, relativement, un peu aplati à ses pôles où les degrés sont les plus longs, et légèrement renflé à son équateur où ils sont les plus courts. La courbe génératrice qui représente les méridiens doit ainsi différer très-peu d'un cercle, et reproduire ces inégalités relatives de configuration, dans les points correspondants de son contour. L'idée la plus naturelle, et qui devra déjà en fournir une représentation, au moins très-approchée, c'est de l'assimiler à une ellipse, ayant son axe polaire $PP_{,}$ un peu plus court que l'équatorial $AA_{,}$, comme le représente la *fig.* 31. Mais, pour réaliser cette assimilation, et même pour savoir si elle est admissible, il faut d'abord assigner généralement les lois suivant lesquelles les longueurs des degrés varient sur le contour d'une ellipse en raison de l'inégalité de ses axes, puis chercher par le calcul, jusqu'à quel point d'exactitude on peut représenter ainsi les variations des longueurs exprimées dans le tableau précédent. L'établissement des lois mathématiques doit donc nécessairement précéder ici toute application.

145. Afin de rendre bien sensibles les conséquences qui résultent de l'inégalité des axes, je prends pour type la *fig.* 32, où elle est représentée comme très-considérable, comparativement à leur longueur absolue. O est le centre de l'ellipse; OA, ou $OA_{,}$, son demi-axe équatorial, que je désigne par a; OP, ou $OP_{,}$, son demi-axe polaire, que je nomme b. Nous savons déjà que celui-ci devra être plus court que l'autre. Faisons généralement

$$\varepsilon = \frac{a - b}{a}, \qquad \text{ce qui donnera} \qquad b = a(1 - \varepsilon).$$

La lettre ε représente ce que l'on appelle d'ordinaire l'*aplatissement* de l'ellipse, par conséquent aussi celui de l'ellipsoïde qu'elle devra engendrer en tournant autour de son axe polaire PP_1 (*).

Faisons encore $$e^2 = \frac{a^2 - b^2}{a^2}.$$

Le radical $\pm \sqrt{a^2 - b^2}$ est l'excentricité OF ou OF$_1$ de l'ellipse. La lettre e représente donc ici le rapport de cette excentricité au demi-grand axe a.

Si l'on prend la valeur de b en a et ε, puis qu'on la substitue

––––––––––––––––

(*) C'est la définition établie par Delambre, *Base du système métrique*, tome II, page 662, et il s'y est conformé dans tous les calculs de ce même ouvrage. Il l'a reproduite dans son *Traité d'Astronomie*, tome III, page 555. Elle a été adoptée par les auteurs qui ont écrit après lui sur la Géodésie; en conséquence, j'ai cru devoir m'y assujettir dans un ouvrage destiné aux applications pratiques. Mais je dois cependant avertir que cette définition de l'aplatissement n'est pas celle qu'ont employée les géomètres théoriciens, par exemple Laplace et Legendre. Le premier dans l'*Exposition du Système du monde*, chap. XIV, le second dans ses recherches sur la Trigonométrie sphéroïdique, *Mémoires de l'Institut* pour 1806, page 142, appellent aplatissement le rapport $\frac{(a-b)}{b}$. Si l'on désigne celui-ci par ε', en continuant de représenter $\frac{a-b}{a}$ par ε, la condition d'égalité des valeurs de a et de b, tirées de ces deux notations, donnera

$$1 - \varepsilon = \frac{1}{1 + \varepsilon'}, \qquad \text{conséquemment} \qquad \varepsilon' = \frac{\varepsilon}{1 - \varepsilon}.$$

On voit ainsi que ε' surpasse ε, et que la différence est de l'ordre ε^2. Or, les termes de cet ordre, quoique très-faibles, ne sont pas toujours négligeables dans les opérations géodésiques, de sorte qu'il est bien essentiel d'y distinguer celle des deux définitions de l'aplatissement que l'on veut adopter pour l'énoncé des résultats.

dans l'expression de e^2, a disparaît, et il reste

$$e^2 = 2\varepsilon - \varepsilon^2,$$

les deux quantités e, ε sont donc toujours liées l'une à l'autre par cette relation.

Pour rendre sensibles les détails de notre figure type, j'y ai représenté le demi-axe a comme beaucoup plus long que le demi-axe polaire b. Mais, dans l'ellipse que nous voulons adapter aux méridiens terrestres, ces deux axes différeront très-peu l'un de l'autre, relativement à leur valeur totale, ce qui fait que les rapports ε, e^2 y seront exprimés par de très-petites fractions. Cela permet de calculer très-exactement et très-simplement ε, quand on connaît e^2 qui, ainsi qu'on le verra tout à l'heure, est donné immédiatement par la comparaison des différents degrés. En effet, si l'on tire ε de la relation précédente, en ne prenant que celle des deux racines qui lui donne une valeur très-petite de l'ordre e^2, on a

$$\varepsilon = 1 - \left(1 - e^2\right)^{\frac{1}{2}};$$

la petitesse de e^2, relativement à l'unité, permet de développer l'expression radicale en une série très-convergente, par la formule du binôme; et comme on a, en général,

$$(1 - u)^{\frac{1}{2}} = 1 - \tfrac{1}{2}u - \tfrac{1}{8}u^2 - \tfrac{1}{16}u^3 - \tfrac{5}{128}u^4 \dots,$$

en remplaçant u par e^2, il en résultera

$$\varepsilon = \tfrac{1}{2}e^2 + \tfrac{1}{8}e^4 + \tfrac{1}{16}e^6 + \tfrac{5}{128}e^8 \dots$$

On pourrait prolonger le second membre indéfiniment. Mais, dans aucune application à la figure de la terre, on n'a besoin de dépasser les e^4; et, en particulier, pour obtenir ε dans les limites d'exactitude dont les observations permettent de répondre, il n'est pas besoin d'aller jusque-là.

146. Prenons maintenant sur un même quadrant de notre ellipse un nombre quelconque de points M_1, M_2, M_3,…, et menons, par chacun d'eux, autant de normales à cette courbe, que nous prolongerons dans son plan, jusqu'à ce qu'elles coupent le petit

axe aux points N_1, N_2, N_3,.... Je désignerai généralement par N les longueurs M_1N_1, M_2N_2, M_3N_3,... des portions de chaque normale ainsi limitées. Tout cercle, qui a son centre sur ces normales, et qui aboutit à leur point de départ, est tangent à la courbe en ce point-là. Mais, pour chaque normale, il y en a un dans le nombre, dont le contact avec la courbe est plus spécialement intime, parce qu'il s'y prolonge jusque sur les deux éléments infiniment petits, situés immédiatement de part et d'autre du point de tangence. Celui-là se caractérise, en géométrie, par la dénomination très-expressive de *cercle osculateur* de la courbe, au point considéré. L'intimité particulière de son contact donne lieu au résultat suivant qui la rend sensible, et qui est représenté graphiquement, *fig.* 33. Soient LML une courbe plane quelconque, et, dans son plan, la droite TMT qui la touche en M. Par ce point, perpendiculairement à la tangente, menons dans le même plan la normale indéfinie MN, et plaçons sur elle, en C, le centre du cercle qui est osculateur en M. Si, par tout autre point C_1, C_2, pris sur la même normale, on décrit des cercles dont les rayons soient C_1M, ou C_2M, ces cercles toucheront encore la courbe en M. Mais tous ceux dont le centre C_1 sera situé entre le point C et le point M, seront intérieurs à la courbe autour du point de tangence comme AMA; et tous ceux dont le centre C_2 sera situé au delà du point C relativement à M, lui seront extérieurs comme BMB. Ceux-ci, dans le voisinage du point M, passeront toujours entre la courbe LML et sa tangente rectiligne, dont ils se rapprocheront sans cesse à mesure que leur rayon s'allongera; de sorte qu'elle sera leur limite extrême. Le cercle osculateur, décrit du point C, se maintiendra plus près de la courbe et la suivra plus longtemps qu'aucun de ceux-là.

147. Revenant à notre ellipse, représentée *fig.* 32, j'y définirai la direction de chaque normale, par l'angle M_1N_1P, M_2N_2P, M_3N_3P,... qu'elles forment avec l'axe polaire OP, et je nommerai généralement cet angle d, en le comptant, comme je viens de le dire, vers le pôle P, que je désignerai comme boréal. On verra tout à l'heure que cet angle d est réellement la distance angulaire du pôle au zénith, telle qu'on l'observerait sur l'ellipsoïde à partir du prolongement extérieur de la normale de l'ellipse, laquelle devient aussi la normale de la surface en chaque point. Mais je me borne à faire pressentir cette application ; et, considérant seulement ici les particularités propres à l'ellipse génératrice, j'y désignerai généralement par γ la longueur du rayon osculateur pour la distance angulaire d. J'appellerai aussi N la longueur de la normale correspondante, limitée à la rencontre de l'axe polaire. On démontre, dans les Traités de calcul différentiel, que N et γ ont les expressions suivantes (*) :

$$N = \frac{a}{(1 - e^2 \cos^2 d)^{\frac{1}{2}}} ; \qquad \gamma = \frac{a(1 - e^2)}{(1 - e^2 \cos^2 d)^{\frac{3}{2}}}.$$

De là, on tire généralement

$$N = \gamma \frac{(1 - e^2 \cos^2 d)}{1 - e^2} = \gamma \left[1 + \frac{e^2}{1 - e^2} \sin^2 d \right].$$

148. Dans toutes les ellipses que nous voulons considérer, a est plus grand que b, et le carré e^2 est une quantité positive très-petite comparativement à l'unité. Ainsi, dans ces ellipses, la normale N terminée au petit axe, comme nous l'avons admis, est toujours un peu plus grande que le rayon osculateur γ qui y correspond. C'est aussi ce que représente notre figure type, où les centres d'osculation propres à chaque normale sont désignés par $C_1, C_2, C_3, \ldots$. Seulement, la nécessité où l'on s'est trouvé d'y mettre une grande disproportion entre les deux axes pour rendre ses détails perceptibles, fait que l'excès de N sur γ y est plus grand qu'il ne le serait dans une ellipse où e^2 serait moindre ; mais cet excès est toujours de l'ordre de e^2, d'après l'expression que je viens d'en donner.

149. Le plus grand de tous les rayons osculateurs d'une pareille ellipse est celui qui coïncide avec la direction du petit axe polaire pour lequel on a $d = 0$, et sa longueur est représentée par $PC_{,}$

(*) Ces expressions seront rappelées dans une Note analytique placée à la fin de la présente section, où j'expose plusieurs applications qui en dépendent.

dans la figure. Le plus petit est celui qui coïncide avec la direction du grand axe, pour lequel $d = 90°$; et sa longueur est représentée par AC_a. En donnant successivement à d ces deux valeurs dans les expressions précédentes, on trouve:

Pour le premier cas,

$$d = 0, \qquad N = \gamma; \qquad \gamma = \frac{a}{(1 - e^2)^{\frac{1}{2}}} = \frac{a^2}{b};$$

pour le deuxième,

$$d = 90°, \qquad N = a; \qquad \gamma = a(1 - e^2) = \frac{b^2}{a}.$$

Dans les ellipses que nous considérons, le demi-axe équatorial a est plus grand que le demi-axe polaire b; ainsi le plus grand rayon osculateur qui correspond à $d = 0$ est plus long que b, et le plus petit correspondant à $d = 90°$ est moindre que a. On a marqué ces deux centres de courbures extrêmes, aux points C_p et C_a de la figure, d'après les valeurs des deux rayons qui convenaient à ses dimensions.

150. Si, dans un même quadrant PA de l'ellipse, on conçoit, à partir du pôle P, une série de normales infiniment voisines, elles se couperont successivement, puisqu'elles auront des directions différentes et qu'elles sont dans un même plan. Leurs points d'intersection, supposés ainsi infiniment proches, seront les centres d'osculation successifs; et la série de ces centres formera une courbe continue C_p C_1 C_2 C_3 C_4 que l'on appelle *la développée du quadrant considéré.* Cette dénomination est fondée sur ce que, si l'on conçoit un fil parfaitement flexible et inextensible, qui, partant du sommet équatorial A, s'enroule sur cette courbe et se termine en C_p, puis, que l'on développe graduellement ce fil en le tenant toujours tendu sur la courbe, son extrémité A décrirait le quadrant AP de l'ellipse, en lui restant toujours normal. Une conséquence évidente de cette génération, c'est que toutes les normales menées dans un même quadrant de l'ellipse sont successivement tangentes à sa développée dans les centres d'osculation propre à chaque normale.

La grande différence de longueur relative que l'on a donnée

aux axes a et b de notre figure type, fait que la développée du
quadrant PA a une étendue considérable et s'éloigne beaucoup
du centre O. Cela était nécessaire pour rendre ces détails sensibles. Mais, dans les ellipses des méridiens terrestres, où b diffère
très-peu de a, l'étendue de la développée est relativement beaucoup moindre et se rapproche beaucoup plus du centre O, dans
lequel elle se rassemblerait tout entière si l'on faisait $b = a$,
c'est-à-dire si l'ellipse devenait un cercle. En ce sens, on peut
donc dire que la développée du cercle se réduit à un point unique
qui est le centre même O (*).

151. Ceci va nous servir pour éclaircir une difficulté qui se
présente continuellement dans le calcul des arcs méridiens, et à
laquelle, je crois, on n'avait jamais fait attention. Soit $M_1 M_2$ un
très-petit arc de méridien, dont $M_1 N_1$, $M_2 N_2$ représentent les normales extrêmes, et $M_3 N_3$ la normale au point moyen. Supposons
cet arc assez restreint pour qu'on puisse le considérer comme se
confondant sensiblement avec le contour du cercle qui serait osculateur en M_3, ce qui sera l'assimilation la plus exacte qu'on en
puisse faire. C'est aussi celle que l'on emploie généralement pour
évaluer les amplitudes angulaires des petits arcs de méridien,
mesurés sur la surface terrestre. Nommons A la longueur de cet
arc exprimé en toises, et ρ la longueur du rayon osculateur
en M_3, exprimé dans la même espèce d'unités. L'angle $M_1 I M_2$, ou I,
compris entre les deux normales extrêmes, est donné par les observations astronomiques. C'est la différence des distances angulaires du pôle au zénith qui s'observent en M_1 et en M_2. Car les
normales déterminent le point zénithal de chaque station, par
leur prolongement extérieur. Lorsque l'angle I est donné par
l'observation, en degrés de la graduation sexagésimale du cercle,
et que l'on connaît aussi la longueur du rayon ρ en toises,
on en conclut la longueur A de l'arc que cet angle embrasse
sur la circonférence osculatrice, par sa valeur proportionnelle

---

(*) Pour ne pas interrompre les raisonnements, je rejette à la fin de cette
section une Note analytique sur les rayons osculateurs et la développée de
l'ellipse, qui justifiera toutes les notions dont je fais usage ici.

$A = 2 \varpi p \dfrac{I}{360^\circ}$. Si, au contraire, l'arc A est donné en toises, ainsi que p, on en conclut l'angle au centre I par l'expression inverse $I = 360^\circ \dfrac{A}{2 \varpi p}$. Mais cela suppose, *ou semble supposer*, que les deux rayons menés du centre d'osculation moyen C_2, aux points extrêmes de l'arc, coïncident sensiblement avec les deux normales extrêmes, ou s'en écartent de quantités angulaires si petites, qu'on peut légitimement les négliger. Or, d'abord, la coïncidence dont il s'agit ne peut pas exister rigoureusement si le méridien n'est pas exactement circulaire; et pour les méridiens elliptiques, cela se voit par notre figure même. Car le centre d'osculation moyen C_2 étant nécessairement placé entre les centres d'osculation extrêmes, par la nature de la développée qui est convexe vers le centre O, les deux rayons $C_2 M_1$, $C_2 M_3$, menés de ce centre moyen aux deux points extrêmes de l'arc $M_1 M_3$, diffèrent évidemment des deux normales correspondantes. Reste donc à examiner s'ils formeraient avec ces normales des angles négligeables. Mais ceci n'aurait lieu, même pour des méridiens aussi peu différents du cercle que ceux de la terre, qu'en restreignant l'arc $M_1 M_3$ auquel on applique ces conversions beaucoup plus qu'on ne le fait habituellement. En effet, si l'on suppose que l'angle I, compris entre les normales, soit seulement de 2°, on trouve que les angles $C_2 M_1 I$, $C_2 M_3 I$ seraient de $0'',300$, ce qui est loin d'être une quantité négligeable dans des calculs précis. Toutefois le résultat de la conversion effectuée comme je l'ai dit tout à l'heure devient exact, par un effet de compensation que l'on peut concevoir sur notre figure. Car, d'après la forme convexe de la développée, les deux rayons d'osculation extrêmes $C_2 M_1$, $C_2 M_3$, s'écartent dans un même sens des normales correspondantes; et dans une ellipse très-peu aplatie, comme celle des méridiens terrestres, les valeurs angulaires de ces deux écarts sont sensiblement égales jusque dans les millièmes de seconde, pour un angle total I de 2°, en quelque point du quadrant de l'ellipse qu'on le suppose formé. Ainsi, en n'appliquant pas la formule de conversion à des angles plus grands que cette amplitude, et c'est ce qu'on est bien loin de faire, l'angle $M_1C_1M_2$, soutendu par l'arc A au centre du cercle osculateur, se trouve, en somme, égal à l'angle des deux normales, jusque dans les dernières limites d'évaluation appréciables, comme on l'avait toujours supposé, sans en avoir, je crois, la démonstration. Ce résultat sera établi dans une Note qui fait suite à la section présente. Le calcul, et la *fig.* 32 elle-même, s'accordent, en outre, à montrer que, pour des relations de position pareilles, les segments M_1I, M_2I des deux normales extrêmes sont sensiblement égaux entre eux, ainsi qu'au rayon osculateur moyen M_2C_2.

132. Notre ellipse génératrice étant ainsi bien étudiée, faisons-la tourner autour de son axe polaire PP_1 pour former l'ellipsoïde de révolution que nous voulons assimiler à la surface terrestre. Dans ce mouvement, tous les points de l'ellipse décriront simultanément des circonférences de cercle dont les rayons seront leurs distances respectives à l'axe polaire. Conséquemment, l'ellipsoïde ainsi constitué aura pour méridiens l'ellipse génératrice elle-même. Or, les normales de cette ellipse deviendront les normales de l'ellipsoïde en chaque point que l'on voudra considérer. Car, d'abord elles seront perpendiculaires à la tangente de l'ellipse en ce point, et elles seront ainsi perpendiculaires à la tangente transversale du cercle, mené en ce même point perpendiculairement au plan de rotation. Étant perpendiculaires à ces deux droites, elles le seront aussi au plan qui les contient, lequel sera tangent à l'ellipsoïde dans le point spécifié. D'après cela, les points situés dans des méridiens différents, à une même distance angulaire du pôle, auront leurs normales propres dirigées vers un même point de l'axe polaire où elles s'entrecouperont mutuellement; et, pour chaque distance polaire assignée, ils se trouveront eux-mêmes situés sur une circonférence de cercle dont le plan sera perpendiculaire à l'axe de rotation, de sorte qu'elle sera *un parallèle de l'ellipsoïde*. Mais si l'on choisit, dans les méridiens différents, deux points placés à des distances polaires inégales, leurs normales iront couper l'axe polaire en des points distincts; et, comme les plans méridiens qui contiennent ces normales n'ont que cet axe de commun, elles y poursuivront leur marche indéfinie, sans se rencontrer jamais.

153. Ici j'ai besoin de rappeler un résultat géométrique, commun à toutes les surfaces dont la convexité est continue. Si, en un point quelconque d'une telle surface, on mène une normale au plan tangent, il y aura sur cette normale une longueur finie, dont chaque point pourra être le centre d'une sphère osculatrice au sphéroïde dans le lieu considéré. Mais le sens d'osculation de ces sphères, c'est-à-dire celui où elles ont avec la surface du sphéroïde un contact du second ordre, sera différent, selon le point où l'on aura placé leur centre. Dans l'intervalle de la normale ci-dessus spécifié, il y a toujours deux de ces sens, rectangulaires, entre eux, pour l'un desquels le rayon de courbure est le plus grand, et l'autre le moindre de tous ceux qui aboutissent au même point de la surface. Si, autour de ce point, on cherche la suite des centres de courbure qui ont cette propriété de maximum ou de minimum, on les trouve placées sur deux surfaces réglées, qui se croisent rectangulairement au point désigné. Ces deux surfaces sont formées par la série des normales infiniment voisines, qui se coupent mutuellement, d'abord avec la normale primitive, puis chacune successivement, avec une des normales suivantes. Leur intersection avec le sphéroïde considéré y trace deux lignes courbes, que l'on appelle ses lignes de plus grande ou de moindre courbure, selon qu'elles contiennent le système de rayons osculateurs maximum ou minimum autour du point de départ. Et on les reconnaît sur chaque sphéroïde par la géométrie ou par le calcul, d'après ce caractère d'intersections mutuelles, propre au système des normales qui les composent; car il leur est spécial.

154. Cela va nous les faire aisément apercevoir dans notre ellipsoïde de révolution. D'abord, l'ellipse génératrice est évidemment une de ces lignes. En effet, sur chaque méridien, les normales successives menées en ses divers points s'entrecoupent nécessairement dans son plan, puisqu'elles y ont des directions diverses. Les circonférences des parallèles nous offriront l'autre ligne de courbure. Car les normales menées aux divers points d'un même parallèle sont les arêtes rectilignes d'un cône droit ayant son centre sur

l'axe polaire, où elles s'entrecoupent ainsi mutuellement. Les portions de chaque normale comprises entre chaque point de l'ellipsoïde, et leur point d'intersection de l'axe polaire, constituent donc les rayons osculateurs propres à ce second système de courbure. Aussi est-il rectangulaire à l'autre, conformément à la règle générale, en chaque point de l'ellipsoïde que l'on veut considérer. Il ne reste plus qu'à savoir sur lequel des deux systèmes se trouvent les plus grands ou les plus petits rayons osculateurs propres à chaque point. Or cela est encore très-facile. En effet, si l'on désigne par N les longueurs des segments de chaque normale terminés à l'axe polaire, et par γ le rayon osculateur de l'ellipse, pour une même distance polaire d, nous avons trouvé généralement, page 186,

$$N = \gamma \left(1 + \frac{e^2}{1 - e^2} \sin^2 d \right).$$

Dans notre ellipsoïde, e^2 étant une fraction positive moindre que 1, N est toujours plus grand que γ pour un même point. Ainsi, sur chaque normale, le plus petit de tous les rayons osculateurs de l'ellipsoïde est γ; le plus grand est N. Leur différence $N - \gamma$, ou

$$\frac{\gamma e^2}{1 - e^2} \sin^2 d,$$

exprime la longueur du segment de la normale qui contient tous les centres d'osculation divers, propres à un même point; et cet intervalle, pour chaque distance polaire donnée, est une fraction de γ d'autant plus petite que e^2 est moindre, de sorte que sur une sphère rigoureuse il devient nul avec e^2. Ce sont les conséquences particulières de la proposition générale énoncée plus haut, page 188, § 150.

153. Quand on connaît, dans une surface quelconque, le plus petit rayon de courbure ρ_i et le plus grand ρ_{ii}, situés sur les deux systèmes de lignes que nous venons de définir, on peut facilement trouver le rayon de courbure ρ qui est osculateur à la surface suivant un plan formant un angle quelconque i avec le plan de la moindre courbure. Car on démontre, dans la théorie des surfaces, que l'on a toujours la relation suivante trouvée par Euler :

$$\frac{1}{\rho} = \frac{1}{\rho_i} \cos^2 i + \frac{1}{\rho_2} \sin^2 i.$$

Dans notre ellipsoïde, le rayon ρ_1 est celui de l'ellipse génératrice, que nous avons nommé γ, et le rayon ρ_2 est la normale prolongée jusqu'à l'axe polaire, que nous avons nommée N; d'après les expressions que nous avons données de ces deux quantités (page 186), on aura donc ici

$$\rho_1 = \gamma = \frac{a\,(1 - e^2)}{(1 - e^2 \cos^2 d)^{\frac{3}{2}}}; \qquad \rho_2 = N = \frac{a}{(1 - e^2 \cos^2 d)^{\frac{1}{2}}}.$$

Ainsi, quand l'osculation devra avoir lieu dans l'azimut i, compté autour du méridien elliptique, on aura le rayon osculateur ρ par cette formule

$$\frac{1}{\rho} = \frac{(1 - e^2 \cos^2 d)^{\frac{3}{2}}}{a\,(1 - e^2)} \cos^2 i + \frac{(1 - e^2 \cos^2 d)^{\frac{1}{2}}}{a} \sin^2 i,$$

qui peut se mettre sous cette forme

$$\frac{1}{\rho} = \frac{1}{N} \left[1 + \frac{e^2}{(1 - e^2)} \sin^2 d \cos^2 i \right],$$

en faisant comme ci-dessus

$$N = \frac{a}{(1 - e^2 \cos^2 d)^{\frac{1}{2}}}.$$

Nous discuterons plus loin l'emploi de cette formule, dans son application aux arcs terrestres pour lesquels l'angle i a une valeur intermédiaire entre ses limites extrêmes $i = 0$ et $i = 90°$. Mais auparavant il faut procéder à la comparaison des degrés du méridien mesurés à diverses distances du pôle, pour en déduire la valeur de e^2, ainsi que la longueur des demi-axes terrestres a et b, en toises. Car l'accord plus ou moins approché de ces résultats obtenus par les différentes mesures dont nous avons donné le tableau page 181, est la première épreuve qu'il faut faire pour savoir si un ellipsoïde de révolution quelconque peut être employé avec une suffisante exactitude à la représentation de la figure de la terre.

136. Mais, avant de procéder à cette recherche, il est essentiel de lever un doute qui pourrait se présenter à l'esprit. Les longueurs

des degrés, rapportées dans notre tableau de la page 181, représentent autant de petits arcs du méridien terrestre, soutendant chacun un angle de 1° au centre du cercle qui est osculateur à ce méridien, même dans les lieux où ils ont été individuellement mesurés. Mais ils ont été conclus de triangulations dont nous avons considéré toutes les parties comme appliquées sur des sphères de rayons progressivement variables, et transversalement osculatrices au méridien terrestre, ce qui suppose ces rayons égaux aux segments N des normales, et non pas aux rayons osculateurs y de l'ellipse. N'y a-t-il pas une contradiction logique entre ces deux manières d'envisager successivement les mêmes résultats?

Pour résoudre cette difficulté, qui n'est qu'apparente, il faut revenir un moment sur la marche des calculs qui nous ont donné les longueurs des arcs. Nous avons d'abord l'arc de Pensylvanie, où elle a été déterminée par une mensuration immédiate. En divisant cette longueur par l'amplitude angulaire de l'arc céleste compris entre ses normales extrêmes, nous avons, sans nous en rendre compte alors, obtenu le même résultat que si nous l'eussions placé sur le cercle osculateur local de l'ellipse méridienne, puisque, en raison de sa petitesse, il aurait soutendu au centre de ce cercle le même angle que nous avons employé. Quant aux longueurs des arcs méridiens qui ont été déduites des triangulations, si on les suppose calculées par le théorème de Legendre, la connaissance des rayons osculateurs consécutifs sur le réseau des triangles ne devient nécessaire que pour évaluer la portion d'arc méridien comprise entre le dernier nœud de la méridienne, et le parallèle de la dernière station. Or, ce segment étant toujours très-petit, on peut placer indifféremment le triangle qui le donne, sur l'une ou l'autre des sphères osculatrices extrêmes, en lui attribuant, même pour son rayon, celui qui résulte de l'arc de Pensylvanie. En effet, l'erreur de cette évaluation ne pouvant être que fort petite, puisque le sphéroïde est presque sphérique, elle n'influera pas sensiblement sur la longueur absolue du segment très-restreint auquel on l'appliquera. L'arc total ainsi obtenu sera donc exact. S'il est peu étendu, en le divisant par l'amplitude angulaire de l'arc céleste compris entre ses normales extrêmes, amplitude donnée par les observations astronomiques, on le place virtuellement sur le cercle qui serait osculateur à l'ellipse dans sa partie moyenne, et l'on obtient ainsi la longueur de l'arc D(°), qui soutendrait au centre de ce cercle un angle de $1°$. Si l'arc total paraît trop grand pour pouvoir être légitimement appliqué sur un même cercle osculateur local de l'ellipse, on le subdivise en portions plus petites, aux extrémités desquelles on détermine astronomiquement les distances angulaires du pôle du zénith, comme on l'a fait dans l'opération de France et d'Espagne. On peut alors y calculer séparément les longueurs du degré propres à chaque cercle osculateur de l'ellipse, qui aurait son point de contact au milieu de leurs parties diverses. Ainsi ces déterminations atteignent, sans cercle vicieux logique, toute l'exactitude que l'on peut attendre d'opérations pratiquement réalisées.

Si nous considérons maintenant les longueurs d'arcs méridiens qui se déduisent des mêmes triangulations par la méthode de Delambre, les rayons des sphères sur lesquelles on applique successivement les côtés des triangles pour en déduire les segments de méridien compris entre les parallèles de deux stations consécutives, servent seulement pour l'évaluation des termes correctifs, où ils entrent explicitement avec leurs valeurs absolues, et aussi comme éléments de calcul, $1°$ pour transporter les azimuts d'une station à une autre; $2°$ pour obtenir les distances du pôle au zénith propres à chaque station dans le premier mode de leur emploi. La petitesse des termes auxquels ils s'appliquent, permettrait de leur attribuer sans erreur appréciable, sur toute l'étendue de la triangulation, une longueur commune, par exemple celle qui résulte de l'arc de Pensylvanie. Quant à la correction que les azimuts exigent, nous avons montré qu'elle est rendue insensible par le sens d'osculation transversal attribué aux sphères successives, jointe à la petitesse de l'angle formé à chaque station entre la normale vraie et le rayon de la sphère osculatrice précédente dans un ellipsoïde de révolution presque sphérique. A la vérité, ce même angle entre avec toute sa valeur dans la réduction qu'il faut faire aux distances d' du pôle au zénith calculées sur la sphère, pour les rapporter à la normale réelle de la nouvelle station où on les transporte. Mais cette réduction est toujours si petite sur l'étendue restreinte d'une même triangulation, qu'on pourrait la négliger presque sans erreur dans les termes correctifs qui seuls la contiennent. Pour le montrer, il suffira de dire par avance, que, sur l'arc total de France et d'Espagne qui embrasse une amplitude totale de $12°48'47''$, l'angle formé par la dernière normale avec la sécante menée du centre de la première sphère osculatrice, au point correspondant de la surface réelle, est moindre que $3'56''$, comme je le prouverai plus tard. De sorte que l'on obtiendrait encore les valeurs individuelles des termes correctifs, avec des erreurs presque nulles, ou même insensibles, en négligeant ses variations intermédiaires, ce qui reviendrait à calculer ces termes, comme si tout le réseau entier était appliqué sur la sphère localement osculatrice à la première station. Or la longueur totale de l'arc méridien comprise entre les parallèles des stations extrêmes étant ainsi obtenue exactement, son application sur les cercles localement osculateurs dans le sens de l'ellipse se fait sans erreur en divisant sa totalité, ou ses diverses portions, par l'amplitude céleste qu'elles embrassent, et que l'observation donne, rapportées aux normales vraies de leurs points extrêmes. Ce mode de calcul, de même que le précédent, n'impliquent donc pas de cercle vicieux logique, mais seulement l'emploi des approximations successives dont l'application est universelle dans l'astronomie. Même au point où se trouve aujourd'hui la géodésie, ces approximations peuvent être converties de prime abord en résultats définitifs, la forme générale de la surface terrestre étant assez bien connue pour que l'on puisse, si on le juge convenable, calculer très-exactement toutes ces petites réductions que j'ai supposé d'abord que l'on négligeait. Aussi la méthode de Delambre et celle de Legendre, étant appliquées aux mêmes triangulations, ont-elles toujours donné des longueurs d'arcs méridiens où l'on ne trouve que des différences négligeables.

157. Toute difficulté logique étant dissipée par cette discussion, les divers degrés du méridien rapportés dans notre tableau de la page 181 doivent être considérés comme autant de petits arcs sous-tendant un angle de $1°$ au centre du cercle qui est osculateur à l'ellipse des méridiens terrestres dans la partie moyenne de chacun d'eux. Soit donc généralement $D^{(n)}$ la longueur d'un quelconque de ces arcs exprimé en toises à l'endroit de l'ellipse où la distance angulaire du pôle céleste au zénith est d, et plaçons-le sur le cercle qui est osculateur à l'ellipse à ce même endroit, en désignant par γ la longueur du rayon de ce cercle exprimé aussi en toises. Le contour de la circonférence osculatrice sera $2\varpi\gamma$, ϖ étant le rapport de la circonférence au diamètre ; et comme ce contour comprend 360°, la longueur $D^{(d)}$ du degré considéré en devra être la 360ᵉ partie. Cela donnera l'égalité

$$D^{(d)} = \frac{\varpi\gamma}{180},$$

ou, en mettant pour γ sa valeur analytique, propre à la distance polaire d, dans une ellipse,

$$(1) \qquad D^{(d)} = \frac{\varpi}{180} \frac{a(1-e^2)}{(1-e^2\cos^2 d)^{\frac{3}{2}}}.$$

158. Lorsque e^2 est une très-petite fraction de l'unité, comme on verra que c'est le cas de l'ellipsoïde terrestre, le facteur $\frac{1}{(1-e^2\cos^2 d)^{\frac{3}{2}}}$ peut se développer, par la formule du binôme, en une série convergente qui est

$$\frac{1}{(1-e^2\cos^2 d)^{\frac{3}{2}}} = 1 + \tfrac{3}{2} e^2\cos^2 d + \tfrac{15}{8} e^4\cos^4 d + \tfrac{35}{16} e^6\cos^6 d + \tfrac{315}{128} e^8\cos^8 d + \ldots;$$

ce qui donne

$$D^{(d)} = \frac{\varpi}{180} a(1-e^2)\left(1 + \tfrac{3}{2} e^2\cos^2 d + \tfrac{15}{8} e^4\cos^4 d + \tfrac{35}{16} e^6\cos^6 d + \tfrac{315}{128} e^8\cos^8 d + \ldots\right).$$

Le facteur commun $\frac{\varpi a}{180}(1-e^2)$ représente la longueur du degré lorsque $\cos^2 d$ est nul, ce qui suppose $d = 90°$. C'est donc le degré équatorial ; je le désignerai par D_0^0. Si e^2 est une fraction très-petite, le terme dépendant de sa première puissance est beaucoup plus considérable que ceux qui le suivent. Alors on voit que, dans une ellipse ainsi constituée, les longueurs des degrés vont en croissant de l'équateur au pôle, presque proportionnellement au carré du cosinus de la distance polaire.

En combinant des degrés mesurés sur des parties des méridiens terrestres correspondantes à des distances polaires très-différentes, nous reconnaîtrons bientôt que, par les appréciations les plus exactes, on a à fort peu près, en toises,

$$D_i^o = 56741^T,22 \quad \text{et} \quad \log e^2 = \overline{3},8039924.$$

Prenant donc le premier nombre comme représentant le facteur $\dfrac{\varpi}{180} a(1 - e^2)$, on pourra évaluer tous les autres coefficients numériques des puissances de $\cos^2 d$, par les Tables de logarithmes ordinaires à sept décimales, et l'on trouvera pour la valeur d'un degré quelconque correspondant à la distance polaire d,

$$D^{(o)} = 56741^T,22 + 541^T,986 \cos^2 d + 4^T,314 \cos^4 d$$
$$+ 0^T,032 \cos^6 d + 0^T,00023 \cos^8 d + \ldots$$

Les deux derniers termes de cette évaluation sont déjà si faibles, que l'on ne peut répondre de pareilles quantités dans des mesures effectives ; à peine peut-on espérer de reproduire celui qui les précède. Maintenant, si l'on a plusieurs mesures de degrés faites à des distances polaires peu différentes les unes des autres, le terme $4^T,314 \cos^4 d$ y sera presque constant, et les petites variations qu'il éprouvera pourront être censées se confondre avec les erreurs des observations, ainsi qu'avec les irrégularités réelles du sphéroïde terrestre. On se donnera donc une chance de compensation très-présumable, en prenant la moyenne arithmétique de tous ces degrés, et l'affectant à une distance polaire moyenne D, telle que le carré de son cosinus soit aussi une moyenne entre les carrés des cosinus de toutes les distances, comme je l'ai fait pour l'arc de France et d'Espagne au commencement de cette section.

139. Je vais maintenant exposer par quelle combinaison on peut déterminer les deux éléments caractéristiques de l'ellipse, a et e^2. A cet effet, je prends deux degrés $D_1^{(o)}$, $D_2^{(o)}$, dont les longueurs ont été mesurées aux distances respectives, d_1, d_2 du pôle, d_2 étant, pour fixer les idées, plus grand que d_1, ce qui, d'après

notre tableau de la page 181, supposera $D_2^{(o)}$ moindre que D_1^0;
l'équation générale étant appliquée successivement à ces deux observations, on aura

$$(1) \quad D_1^{(o)} = \frac{\pi}{180} \frac{a(1-e^2)}{(1-e^2\cos^2 d_1)^{\frac{3}{2}}}, \quad D_2^{(o)} = \frac{\pi}{180} \frac{a(1-e^2)}{(1-e^2\cos^2 d_2)^{\frac{3}{2}}};$$

et, en divisant la seconde de ces égalités par la première, il en résultera

$$\frac{D_2^{(o)}}{D_1^{(o)}} = \left(\frac{1-e^2\cos^2 d_1}{1-e^2\cos^2 d_2}\right)^{\frac{3}{2}};$$

par conséquent,

$$\frac{1-e^2\cos^2 d_1}{1-e^2\cos^2 d_2} = \left(\frac{D_2^{(o)}}{D_1^{(o)}}\right)^{\frac{2}{3}}.$$

Ceci détermine donc e^2; car, en le dégageant, on a

$$e^2\left[\cos^2 d_1 - \cos^2 d_2\left(\frac{D_1^{(o)}}{D_2^{(o)}}\right)^{\frac{2}{3}}\right] = 1 - \left(\frac{D_2^{(o)}}{D_1^{(o)}}\right)^{\frac{2}{3}},$$

égalité dans laquelle tout est connu, excepté e^2.

Pour tirer parti de cette relation, il faut remarquer que, d'après
notre tableau de la page 181, le rapport $\frac{D_2^{(o)}}{D_1^{(o)}}$ sera moindre que l'u-
nité, mais n'en différera que par une très-petite fraction que je
désigne par μ; on aura donc

$$\frac{D_2^{(o)}}{D_1^{(o)}} = 1 - \mu, \quad \text{par conséquent} \quad \left(\frac{D_2^{(o)}}{D_1^{(o)}}\right)^{\frac{2}{3}} = (1-\mu)^{\frac{2}{3}}.$$

Or, μ étant une petite fraction qui sera ici toujours positive, on
pourra développer $(1-\mu)^{\frac{2}{3}}$ en une série convergente par le moyen
de la formule du binôme, qui donnera

$$\left(\frac{D_2}{D_1^{(o)}}\right)^{\frac{2}{3}} = 1 - \tfrac{2}{3}\mu - \tfrac{1}{9}\mu^2 - \tfrac{4}{81}\mu^3 - \tfrac{7}{243}\mu^4 - \ldots$$

On pourrait pousser plus loin ce développement, mais on verra tout à l'heure que cela serait inutile. Pour en abréger l'expression, je fais

$$\Sigma = \tfrac{2}{3}\mu + \tfrac{1}{2}\mu^2 + \tfrac{1}{81}\mu^3 + \tfrac{15}{243}\mu^4\ldots\,; \qquad \text{d'où}\qquad \left(\frac{D_2^{(n)}}{D_1^{(0)}}\right)^{\frac{2}{3}} = 1 - \Sigma.$$

Ceci étant substitué dans le premier membre de notre équation, il s'y forme la différence $\cos^2 d_1 - \cos^2 d_2$ qui se peut transformer en $\sin(d_2 + d_1)\sin(d_2 - d_1)$, produit qui sera toujours positif, puisque d_2 est supposé plus grand que d_1. Cette réunion étant faite, l'équation prendra cette forme :

$$(2) \qquad e^2[\sin(d_2 + d_1)\sin(d_2 - d_1) + \Sigma\cos^2 d_2] = \Sigma.$$

Il ne restera donc plus qu'à en tirer numériquement e^2. Or, cela sera facilité par cette circonstance, que Σ se trouvera toujours être une fraction très-petite, non pas seulement en comparaison de l'unité, mais en comparaison du produit des deux sinus qui forme la première partie du coefficient de e^2. Cela permettra d'effectuer ce calcul par les Tables ordinaires de logarithmes à sept décimales, comme on va tout à l'heure s'en convaincre. Seulement, pour n'avoir pas à opérer sur de trop petits nombres, et aussi pour obtenir des valeurs de e^2 qui ne soient pas trop fortement affectées par les erreurs qui ont pu être commises dans les évaluations des deux degrés comparés, il faudra les prendre à des distances polaires d_1, d_2 différentes l'une de l'autre, ce qui rendra le rapport μ notablement plus assuré.

160. Lorsque l'on connaîtra e^2, on mettra sa valeur dans les deux équations primitives (1) pour en déduire le demi-grand axe a. En effet, en considérant ces équations sous leur forme générale, chacune d'elles donne

$$a = \left(\frac{180}{\varpi}\right) D^{(0)} \frac{(1 - e^2\cos^2 d)^{\frac{1}{2}}}{1 - e^2}\,;$$

mais e^2 entrant au numérateur et au dénominateur du second membre, celui-ci ne se développerait pas commodément en une série régulière ; et, en outre, comme a doit être un grand nombre, les différents produits dont ce développement se composent, devraient être évalués avec des soins fatigants de précision. Ces difficultés s'éludent en cherchant d'abord à obtenir log a, au lieu de a. En effet, si l'on prend les logarithmes tabulaires des deux membres de l'équation, il en résulte

$$\log a = \log D^{(a)} + \log\left(\frac{180}{\varpi}\right) + \tfrac{1}{2}\log(1 - e^2\cos^2 d) - \log(1 - e^2);$$

le rapport $\dfrac{180}{\varpi}$ s'est déjà présenté fréquemment dans nos calculs.

C'est celui que nous avons nommé par abréviation ω, et, en bornant l'évaluation de son logarithme à dix décimales, nous avons trouvé

$$\log\left(\frac{180}{\varpi}\right) = 1,7581226324.$$

Je suppose que l'on prenne le $\log D^{(a)}$ dans les mêmes limites de précision : ce sera le seul de la formule qui exigera ce soin. Car, pour les autres qui contiennent e^2, on les obtiendra, par le développement de leur expression logarithmique, en séries régulières, dont tous les termes seront très-aisément calculables. En effet, si l'on nomme k le module direct des Tables ordinaires pour lequel on a

$$\log k = \overline{1},6377843113, \qquad \text{et} \qquad \log(\tfrac{1}{2}k) = \overline{1},8138755704,$$

le développement connu de $\log(1 - x)$ donnera ici

$$\log a = \log D^{(a)} + \log\left(\frac{180}{\varpi}\right) - \tfrac{1}{2}k\left(e^2\cos^2 d + \tfrac{1}{2}e^4\cos^4 d + \tfrac{1}{3}e^6\cos^6 d + \tfrac{1}{4}e^8\cos^8 d\ldots\right)$$
$$+ k\left(e^2 \qquad + \tfrac{1}{2}e^4 \qquad + \tfrac{1}{3}e^6 \qquad + \tfrac{1}{4}e^8\ldots\right),$$

expression très-simple dont la loi est évidente, et dans laquelle tous les termes dépendants de e^2 pourront se calculer par les Tables ordinaires, à sept décimales, avec une suffisante précision. Si l'on voulait prétendre à un peu plus de rigueur numérique, il faudrait calculer, avec dix décimales seulement, les deux termes qui dépendent de la première puissance de e^2, auquel cas il faudrait avoir obtenu son logarithme dans les mêmes limites. Mais cela supposerait qu'on évalue aussi $\log \cos^2 d$ avec une exactitude de même ordre, ce qui exigerait des Tables dont l'usage est jusqu'ici peu commun. Au reste, cette recherche serait pratiquement superflue et illusoire, parce que les erreurs que comportent les mesures des degrés $D^{(o)}$ dépasseraient les limites de précision numériques qu'on obtiendrait ainsi péniblement sur les derniers chiffres des termes en e^2.

Il faudra effectuer successivement le calcul de $\log a$ avec les deux degrés $D_1^{(o)}$, $D_2^{(o)}$, qui ont servi à déterminer e^2, afin de constater que les deux résultats s'accordent, dans les très-petites limites d'erreur que comportent les dernières décimales négligées; et cela servira pour constater l'exactitude des opérations numériques desquelles ces résultats sont déduits.

161. Enfin, lorsque cette vérification sera faite, on calculera l'aplatissement ε d'après son expression en e^2 qui, d'après la page 184, est

$$(4) \qquad \varepsilon = \tfrac{1}{2}e^2 + \tfrac{1}{8}e^4 + \tfrac{1}{16}e^6 + \tfrac{5}{128}e^8 \ldots$$

Le premier terme s'évaluera directement en prenant la moitié de e^2, et les suivants se calculeront avec les Tables de logarithmes à sept décimales. Connaissant ainsi ε, on en déduira la longueur du demi-axe polaire

$$b = a - a\varepsilon,$$

le terme correctif $a\varepsilon$ se calculant par les mêmes Tables, soit en une seule fois, soit par l'évaluation de ses parties correspondantes aux différents termes dont ε est composé.

162. Les deux éléments a, e de l'ellipse méridienne étant ainsi déterminés, on en pourra déduire les longueurs qu'elle donne aux degrés $D^{(o)}$, correspondants à des distances polaires d quelconques; car, en retournant l'équation (3), on en tirera

$$(5) \quad \left\{ \log D^{(o)} = \log a - \log\left(\frac{180}{\varpi}\right) - k\left(e^2 \quad + \tfrac{1}{2}e^4 \quad + \tfrac{1}{2}e^6 \quad + \tfrac{1}{2}e^8 \ldots \right. \right.$$
$$\left. + \tfrac{3}{2}k\left(e^2\cos^2 d + \tfrac{1}{2}e^4\cos^2 d + \tfrac{1}{2}e^6\cos^2 d + \tfrac{1}{2}e^8\cos \ldots \right. \right.$$

Si dans cette formule on fait $d = 90^\circ$, elle donnera le degré équatorial ; je le représente par $D_q^{(o)}$. Si l'on y fait $d = o$, elle donnera le degré polaire ; je le représente par $D_p^{(o)}$; on aura ainsi

$$\log D_q^{(o)} = \log a - \log \left(\frac{18o}{\varpi} \right) - k \left(e^2 + \tfrac{1}{2} e^4 + \tfrac{1}{3} e^6 + \tfrac{1}{4} e^8 \ldots \right),$$

$$\log D_p^{(o)} = \log a - \log \left(\frac{18o}{\varpi} \right) + \tfrac{1}{2} k \left(e^2 + \tfrac{1}{2} e^4 + \tfrac{1}{3} e^6 + \tfrac{1}{4} e^8 \ldots \right),$$

et généralement

$$\log D^{(o)} = \log D_q^{(o)} + \tfrac{1}{2} k \left(e^2 \cos^2 d + \tfrac{1}{2} e^4 \cos^4 d + \tfrac{1}{3} e^6 \cos^6 d + \tfrac{1}{4} e^8 \cos^8 d \ldots \right).$$

Ainsi, lorsqu'on aura calculé le logarithme du degré équatorial dans l'ellipse obtenue, on aura celui qu'elle assigne pour toute autre distance polaire donnée d, en calculant la partie corrective qui s'ajoute à ce premier résultat. On verra tout à l'heure que, dans l'ellipse terrestre, la petitesse de e^2 fait que les trois premiers termes suffisent toujours. Ce développement équivaut à celui que nous avons déduit dans la page 197 de l'expression explicite de $D^{(o)}$, en y supposant connue la longueur du degré équatorial, qui est un de ses facteurs.

165. J'emploierai d'abord ces formules pour combiner le degré du Pérou avec le degré moyen de France et d'Espagne. D'après notre tableau de la page 181, les données du calcul seront

$$D_2^{(o)} = 56736^T,81 ; \qquad d_2 = 88^\circ 28' 59'' ;$$

$$D_1^{(o)} = 57024^T,64 ; \qquad d_1 = 43^\circ 51' 54'' ;$$

de là on tire
$$\frac{D_2^{(o)}}{D_1^{(o)}} = 1 - \frac{287,83}{57024,64} = 1 - \mu ;$$

et, en calculant μ par les Tables de logarithmes à sept décimales, avec le seul soin d'évaluer directement les parties proportionnelles par division ou multiplication des différences totales, on trouve

$$\log \mu = \bar{3},7o3o7\,35 ; \qquad \mu = o,oo5o4\,74674.$$

Si l'on avait évalué μ par la division arithmétique rigoureuse, on aurait trouvé seulement 2 unités de moins sur la dernière décimale. Or, déjà une unité de l'ordre $0,0000000I$, dans le rapport μ, ne donnerait pour résultat, dans la reproduction de $D_1^{(o)}$, que $0^T,0005706\frac{4}{}$, c'est-à-dire des demi-millièmes de toise, fraction bien inférieure à celles dont on peut répondre sur de semblables mesures. L'évaluation de $\log \mu$ et de μ par les Tables de logarithmes à sept décimales est donc ici parfaitement suffisante pour représenter les résultats réels des observations, et je n'aurai plus besoin de répéter cette remarque dans les autres cas pareils.

μ étant connu, il faut former la fonction Σ par son expression

$$\Sigma = \tfrac{1}{2}\mu + \tfrac{1}{3}\mu^2 + \tfrac{4}{5\cdot6}\mu^3 + \tfrac{1}{7\cdot8}\mu^4\ldots$$

Le premier s'évaluera directement, et les suivants se calculeront par les logarithmes ordinaires. On aura ainsi, en exagérant l'appréciation des décimales, pour ce premier exemple :

$$\tfrac{1}{2}\mu = 0,00336\ 49782\ 6$$
$$\tfrac{1}{3}\mu^2 = 0,00000\ 28307\ 7$$
$$\tfrac{1}{4}\mu^3 = 0,00000\ 00063\ 5$$
$$\tfrac{1}{5}\mu^4 = 0,00000\ 00000\ 2$$
$$\overline{}$$
$$\Sigma = 0,00336\ 78154\ 0 \qquad \log \Sigma = \overline{3},52734\ 83.$$

Maintenant il faut former l'équation

$$c^2\left[\sin(d_1 + d_1)\sin(d_2 - d_1) + \Sigma\cos^2 d_1\right] = \Sigma.$$

En calculant les deux termes du coefficient de c^2, on trouve

$$\log \sin(d_2 + d_1)\sin(d_2 - d_1) = \overline{1},71525\ 39$$
$$\log \Sigma\cos^2 d_1 = \overline{6},37294\ 09,$$

ce qui donne

$$\sin(d_2 + d_1)\sin(d_2 - d_1) = 0,51910\ 34524$$
$$\Sigma\cos^2 d_1 = 0,00000\ 23601\ 57$$
$$\overline{}$$

Somme ou coefficient de c^2 . . . . $0,51910\ 58126$

dont le logarithme est . . . . $\overline{1},71525\ 59$

On tire donc de la

$$e^2 = \frac{0,00336\ 78154}{0,51910\ 58126}; \quad \log e^2 = \overline{3},81209\ 24 ; \quad e^2 = 0,00648\ 77239.$$

En effectuant directement la division arithmétique, on obtiendrait 3 unités de plus sur la dernière décimale, ce qui dépasse de bien loin les quantités dont on peut répondre dans les données primitives, et ne produirait aucune différence appréciable sur les résultats réels. On voit que le second terme du coefficient de e^2 se trouve ici fort petit, comparativement au premier, et il en sera toujours de même dans les autres cas d'après son facteur $\cos^2 d_i$, parce que les opérations ne seront jamais effectuées très-près du pôle. Cela suggère une autre manière plus prompte de calculer la fraction qui exprime e^2. En effet, si l'on représente par A et B les deux parties de son coefficient, on pourra la transformer de la manière suivante :

$$e^2 = \frac{\Sigma}{A+B} = \frac{\dfrac{\Sigma}{A}}{1+\dfrac{B}{A}} = \frac{\Sigma}{A} - \left(\frac{\Sigma}{A}\right)\left(\frac{B}{A}\right) + \left(\frac{\Sigma}{A}\right)\left(\frac{B}{A}\right)^2 \text{etc.};$$

et, en effectuant le calcul de la série par les logarithmes à sept décimales déjà obtenus, on trouve, en se bornant aux deux premiers termes,

$$\frac{\Sigma}{A} = \quad 0,00648\ 775373$$

$$- \left(\frac{\Sigma}{A}\right)\left(\frac{B}{A}\right) = - 0,00000\ 002950$$

conséquemment $\quad e^2 = \quad 0,00648\ 77242$

Les termes ultérieurs seraient évidemment insensibles. Cette évaluation s'accorde avec celle que nous avons trouvée plus haut dans les limites de différences négligeables que j'ai indiquées.

164. Connaissant e^2, nous pouvons calculer le logarithme du

demi-grand axe a de l'ellipse par son expression générale

$$\log a = \log \mathrm{D}^{(\circ)} + \log\left(\frac{180}{\varpi}\right) - \tfrac{1}{2}k\left(e^2\cos^2 d + \tfrac{1}{2}e^4\cos^4 d + \tfrac{1}{3}e^6\cos^6 d + \tfrac{1}{4}e^8\cos^8 d \dots\right.$$
$$\left. + k\,(e^2 \qquad + \tfrac{1}{2} \qquad + \tfrac{1}{3}e^6 \qquad + \tfrac{1}{4}e^8 \dots\right.$$

où l'on a

$$\log\left(\frac{180}{\varpi}\right) = 1{,}73815\,26324\,,$$
$$\log k = \overline{1}{,}63778\,43113\,,$$
$$\log (\tfrac{2}{3} k) = \overline{1}{,}81387\,55703\,,$$

et il conviendra d'évaluer ainsi a successivement par chacun des deux degrés combinés, afin de confirmer l'exactitude des opérations numériques par lesquelles on a déterminé e^2.

J'effectue d'abord cette évaluation de a en employant le degré du Pérou. Les données du calcul seront

$$\mathrm{D}^{(\circ)} = 56736^{\mathrm{T}}{,}81\,; \quad d = 88^\circ 28'59''.$$

Par un essai de précision que l'on verra être superflu, je prends le logarithme de $\mathrm{D}^{(\circ)}$ avec dix décimales; j'ai ainsi . . . . $\log \mathrm{D}^{(\circ)} = 4{,}74914\,15386$

J'y ajoute. . . . . $\log\left(\dfrac{180}{\varpi}\right) = 1{,}75812\,26324$

Ce qui donne la partie principale de
$\log a$ . . . . $6{,}51198\,75465$

J'y joins la somme des termes dépen-
dants de e^2, que je trouve être. . . . $+\,0{,}00282\,38006$

Et j'obtiens. . . . . $\log a = 6{,}51481\,13473$

Le calcul des termes dépendants de e^2 se fait par les Tables des logarithmes à sept décimales, comme il suit :

Termes négatifs.	Termes positifs.

$$\tfrac{3}{2}kc^2\cos^3 d = 0,00000\,29618\,3 \qquad\qquad kc^2 = 0,00281\,7583\,1$$

$$\text{(Les suivants sont négligeables.)} \qquad\qquad \tfrac{1}{2}kc^4 = 0,00000\,91398$$

$$\tfrac{1}{4}kc^6 = 0,00000\,00395$$

$$\tfrac{1}{5}kc^8 = 0,00000\,00002$$

Somme des termes positifs. . . . . $+\,0,00282\,67626$

Somme des termes négatifs. . . . . $-\,0,00000\,29618$

Excès positif à joindre à la partie prin-

cipale de $\log a$ . . . . $+\,0,00282\,38008$

C'est le nombre que j'ai employé.

163. J'effectue maintenant le même calcul de $\log a$ avec le degré moyen de France et d'Espagne. Ici les données seront

$$D^{(n)} = 57024^{T},64, \qquad \text{et} \qquad d = 43^\circ 51' 54'',$$

ce qui donne $\qquad\qquad \log\cos^3 d = \overline{1},7158396.$

Alors, en opérant comme tout à l'heure, je prends d'abord. . . . . $\log D^{(n)} = 4,75606\,25522$

$$\log\left(\frac{180}{\varpi}\right) = 1,75812\,26324$$

Partie principale de $\log a$ . . . . $6,51418\,51846$

Termes correctifs dépendants de c^2 . . $+\,0,00062\,61636$

Ce qui donne. . . . . $\log a = 6,51481\,13482$

Les termes positifs qui dépendent de c^2 sont les mêmes que précédemment. Mais les négatifs sont plus sensibles, parce qu'ici $\cos^3 d$ est beaucoup moindre. En voici le détail, où je me borne aux trois premiers termes, parce que les suivants sont négligeables :

$$\frac{3}{2}kc^2\cos^3 d = 0,00219\,68864$$

$$\frac{3}{2}\frac{kc^4}{2}\cos^3 d = 0,00000\,37043$$

$$\frac{3}{2}\frac{kc^6}{3}\cos^3 d = 0,00000\,00083$$

Somme des termes négatifs. $\qquad -\,0,00220\,05990$

La somme des positifs est, comme ci-
  dessus. . . . . $+0,0028267626$

Excès positif à ajouter à la partie principale de
  $\log a$. . . . . $+0,0006261636$

C'est le nombre que j'ai employé.

Nos deux valeurs de $\log a$ ne différant que de 9 unités sur la dixième décimale, je prends la moyenne entre elles, et j'ai ainsi . . . . $\log a = 6,5148113477$

De là je tire, par les Tables de loga-
  rithmes à dix décimales. . . . . $a = 3271985^{T},329$

Et, par les Tables ordinaires à sept
  décimales . . . . $a = 3271985^{T},321$

Ces dernières suffiraient donc encore même pour ce calcul. Car on ne saurait avoir la prétention de répondre des millièmes de toises dans la longueur du demi-axe de l'ellipse terrestre, puisqu'on ne peut pas répondre des centièmes, ni même des dixièmes dans les mesures des degrés combinés.

166. L'accord des deux évaluations de $\log a$ prouvant l'exactitude des opérations numériques d'où l'on a conclu c^2, on peut avec sûreté en déduire l'aplatissement ε par son expression en c^2, qui est

$$\varepsilon = \tfrac{1}{2}c^2 + \tfrac{1}{8}c^4 + \tfrac{1}{16}c^6 + \tfrac{5}{128}c^8\ldots$$

Je forme le premier terme directement et je calcule les autres par les Tables ordinaires de logarithmes à sept décimales ; les deux suivants sont seuls sensibles. J'obtiens ainsi

$$\tfrac{1}{2}c^2 = 0,0032438621$$
$$\tfrac{1}{8}c^4 = 0,0000052613$$
$$\tfrac{1}{16}c^6 = 0,0000000171$$

Donc $\varepsilon = 0,0032491405$ $\log \varepsilon = 3,5112685$

ou, en fraction ordinaire, $\varepsilon = \dfrac{1}{307,774}$

167. Le demi-axe polaire b est lié au demi-grand axe par la relation convenue, page 183,

$$b = a - a\varepsilon;$$

avec les valeurs précédentes de a, $\log a$ et $\log \varepsilon$, on trouve

$$a\varepsilon = 10631^{\mathrm{T}}, 139,$$

donc

$$b = 3271985^{\mathrm{T}}, 329 - 10631^{\mathrm{T}}, 139 = 3261354^{\mathrm{T}}, 19.$$

D'après cette évaluation, le rayon de l'équateur terrestre n'excéderait le rayon mené au pôle que d'environ cinq lieues communes et trois dixièmes, anciennes mesures, en faisant chaque lieue de 2 000 toises.

168. Nous pouvons maintenant calculer la valeur générale de $\log \mathrm{D}^{(o)}$ dans notre ellipse, d'après les expressions établies page 202. Pour cela, nous formerons d'abord la partie constante $\log a - \log \left(\dfrac{180}{\varpi} \right)$. Or, nous avons

$$\log a = 6,51481\,13477$$
$$\log \left(\frac{180}{\varpi} \right) = 1,75812\,26324$$

donc
$$\log a - \log \left(\frac{180}{\varpi} \right) = 4,75668\,87153$$

Nous avons trouvé déjà, page 207,

$$k \left(e^{3} + \tfrac{1}{2} e^{5} + \tfrac{1}{3} k e^{6} + \tfrac{1}{4} k e^{8} \ldots \right) = 0,00282\,67626.$$

D'après ce qui a été démontré page 203, si l'on retranche cette somme de la partie constante, on aura $\log \mathrm{D}_q^{(o)}$; ajoutant, au contraire, sa moitié à cette même partie, on aura $\log \mathrm{D}_p^{(o)}$. On trouvera ainsi

$$\log \mathrm{D}_q^{(o)} = 4,75386\,19527, \qquad \log \mathrm{D}_p^{(o)} = 4,75810\,20966.$$

De là on tire

Longueur du degré équatorial en toises. $D_4^{(e)} = 56736^T,42$

Longueur du degré polaire en toises. . . $D_4^{(o)} = 57293^T,06$

Excès du degré polaire sur l'équatorial . $\overline{ 556^T,44}$

Et ensuite généralement, pour une distance polaire quelconque,

$$\log D^{(o)} = 4,75386\ 19527 + \tfrac{2}{3}k\left(e^2\cos^2 d + \tfrac{1}{3}e^4\cos^4 d + \tfrac{1}{3}e^6\cos^6 d + \tfrac{1}{4}e^8\cos\ldots\right.$$

169. Comme exemple de cette évaluation, et aussi pour en apprécier la justesse, je l'emploierai à la détermination de la longueur du degré, mesuré dans l'Inde par le colonel Lambton. L'unique donnée nécessaire pour le calcul sera la distance polaire d qui, d'après notre tableau de la page 181, est

$$d = 77°27'39'';$$

d'où l'on tire

$$\log\cos^2 d = \overline{2},73334\ 76.$$

Ce logarithme, combiné avec ceux de k et de e^2, qui sont déjà connus, donne, pour les deux premiers termes correctifs qui sont seuls sensibles,

$$\tfrac{2}{3}k\,e^2\cos^2 d = 0,00019\ 92120$$

$$\tfrac{2}{3}k\,\frac{e^4}{2}\cos^4 d = 0,00000\ 00304$$

Somme de termes correctifs, additive $0,00019\ 92424$

Cette somme étant ajoutée à la partie constante de $\log D^{(o)}$, il en résulte, à la distance polaire assignée,

$$\log D^{(o)} = 4,75406\ 11951, \qquad D^{(o)} = 56762^T,45 \text{ calculé.}$$

On a, par notre tableau. . . $D^{(o)} = \overline{56762^T,30}$ mesuré.

Excès du calcul. . . . $+ 0^T,15$

Il est impossible de répondre d'une différence de cet ordre. Pour la faire disparaître, il suffirait d'appliquer la petite correction soustractive $- 0''{,}015$ à l'amplitude astronomique de l'arc mesure, laquelle était de $1° 34' 56''$ dans l'opération du colonel Lambton. Or, les observations faites avec les meilleurs instruments et les soins les plus minutieux, comportent des erreurs bien plus grandes que cette limite (*).

(*) Comme on a sans cesse besoin d'évaluer ainsi les différences de longueur des degrés, en différences correspondantes qu'elles supposeraient dans l'observation des amplitudes astronomiques ou géodésiques d'où on les a déduits, pour se faire une idée exacte de leur importance, il convient de réduire cette évaluation en formule.

Soient A l'amplitude de l'arc observé exprimée en toises, N le nombre de secondes sexagésimales que contient son amplitude astronomique observée; $D^{(o)}$ la longueur du degré sexagésimal qu'on déduit de ces données réunies. On aura évidemment

$$D^{(o)} = \frac{3600\,A}{N}.$$

Soit maintenant $D_e^{(o)}$ le degré correspondant à la même distance polaire moyenne, qui est obtenu théoriquement, et nommons x le nombre de secondes sexagésimales dont il faudrait *augmenter* N pour le conclure tel de la même amplitude A. On aura pareillement

$$D_e^{(o)} = \frac{3600\,A}{N + x}.$$

Divisant la première égalité par la seconde, il en résulte

$$\frac{N + x}{N} = \frac{D^{(o)}}{D_e^{(o)}}, \qquad \text{conséquemment} \qquad x = N\left(\frac{D^{(o)} - D_e^{(o)}}{D_e^{(o)}}\right).$$

L'évaluation de x se fera très-aisément par logarithmes. Ici, par exemple, nous avons $D^{(o)} - D_e^{(o)} = -0^T,15$ et $N = 5696''$. Quant à $D_e^{(o)}$, son logarithme est déjà trouvé. Le calcul s'effectuera donc comme il suit :

$$\begin{aligned}
\log 0^T,15 &= 1,1760913 -\\
\log N &= 3,7555700\\
\hline
&\;\;\;3,9316613 -\\
\log D_e^{(o)} &= 4,7540612\\
\hline
\log x &= 3,1776001 -, \qquad \text{ce qui donne} \qquad x = -0'',015017.
\end{aligned}$$

C'est-à-dire que, pour obtenir une augmentation de $0^T,15$ dans la longueur

170. Je vais faire un calcul pareil pour les deux autres arcs de notre tableau de la page 181, qui ont été mesurés au nord des limites de distance polaire que nos données embrassent. Je considère d'abord celui d'Angleterre, pour lequel on a

$$d = 37°57'40'', \qquad \log\cos^2 d = \bar{1},7935246.$$

Avec cet élément et la valeur précédente de e', je trouve

$$\tfrac{3}{2}\,k\,e'\cos^2 d = 0,00262\ 71933$$

$$\tfrac{3}{2}\,k\,\frac{e'}{2}\cos^4 d = 0,00000\ 52976$$

$$\tfrac{4}{2}\,k\,\frac{e'}{3}\cos^6 d = 0,00000\ 00142$$

$$\text{Somme additive à } \log \mathrm{D}_q^{(o)} \dots\dots\dots \qquad 0,00263\ 25051$$

---

du degré qui se déduit de l'amplitude A, il faudrait *diminuer* l'amplitude astronomique de cette quantité. En opérant de même dans tous les cas pareils, on obtiendra la valeur et le signe de la correction x, exprimée en secondes de degré sexagésimal.

Si l'on voulait opérer l'accord de l'observation et du calcul en altérant l'amplitude géodésique A et laissant l'amplitude astronomique la même, il faudrait supposer que A devient $A + a$, N restant constant. Alors a devrait être tel que l'on eût l'égalité

$$\mathrm{D}_c^{(o)} = \frac{3600(A + a)}{N},$$

et, en divisant celle-ci par la première, qui avait donné $\mathrm{D}^{(o)}$ pour l'amplitude A, on en tirera

$$\frac{A + a}{A} = \frac{\mathrm{D}_c^{(o)}}{\mathrm{D}^{(o)}}, \qquad \text{conséquemment} \qquad a = \left(\frac{\mathrm{D}_c^{(o)} - \mathrm{D}^{(o)}}{\mathrm{D}^{(o)}}\right)A.$$

Alors a sera exprimé en unités linéaires de même espèce que A, et l'on voit que son signe serait toujours contraire à celui de la correction x, qu'il faudrait appliquer l'amplitude astronomique pour produire le même accord. On pourrait encore éliminer $\dfrac{A}{\mathrm{D}^{(o)}}$ par sa valeur $\dfrac{N}{3600}$ tirée de la première égalité, ce qui donnerait

$$a = \left(\frac{\mathrm{D}_c^{(o)} - \mathrm{D}^{(o)}}{3600}\right)N,$$

et cette seconde expression donnerait la même valeur de a que la précédente.

ce qui donne, pour la distance polaire désignée,

$$\log \mathrm{D}^{(o)} = 4,75649\,44578. \qquad \mathrm{D}^{(o)} = 57081^{\mathrm{T}},37 \text{ calculé.}$$

On a, par notre tableau . . . $\mathrm{D}^{(o)} = \underline{57066^{\mathrm{T}},06}$ mesuré

Donc, excès du calcul . . . $ + \ 15^{\mathrm{T}},31$

L'amplitude astronomique de l'arc total mesuré par le colonel Mudge était de $2^{\mathrm{u}}50'23'',35$. Pour faire disparaître la différence indiquée, il faudrait la diminuer de $2'',74$. Cette correction, quoique un peu forte, n'est pas inadmissible, car les mesures de l'amplitude conclues par les distances zénithales d'étoiles différentes présentaient des différences qui s'élevaient jusqu'à $4''$.

171. Considérons enfin l'arc de Laponie, et déduisons-le de la même formule. Pour cela, on a

$$d = 23°39'50'', \qquad \log \cos^2 d = \overline{1},9237110.$$

Avec cette donnée, on trouve

$$\tfrac{2}{3} k\, e^2 \cos^2 d = 0,00354\,55123$$

$$\tfrac{2}{3} k\, \frac{e^4}{2} \cos^4 d = 0,00000\,96483$$

$$\tfrac{2}{3} k\, \frac{e^6}{3} \cos^6 d = 0,00000\,00350$$

Somme additive à $\log \mathrm{D}_2^{(o)}$ . . . . . . $ 0,00355\,51926$

Ce qui donne, pour la distance polaire désignée,

$$\log \mathrm{D}^{(o)} = 4,75741\,71483. \qquad \mathrm{D}^{(o)} = 57202^{\mathrm{T}},78 \text{ calculé.}$$

On a, par notre tableau . . . $\mathrm{D}^{(o)} = \underline{57196^{\mathrm{T}},16}$ mesuré.

Donc, excès du calcul . . . $ + \ 6^{\mathrm{T}},62$

L'amplitude totale de l'arc observé était de $1°37'19'',57$. Pour faire disparaître l'excès donné par le calcul théorique, il faudrait la diminuer de $0'',676$, et M. Swanberg ne pouvait pas répondre d'une si petite quantité avec le cercle répétiteur dont il faisait usage, surtout comme on l'employait alors.

172. On voit donc qu'à juger par les épreuves précédentes, l'ellipse déduite du degré du Pérou, combinée avec le degré moyen de France et d'Espagne, reproduirait généralement les longueurs des degrés depuis l'équateur jusqu'au pôle, dans des limites d'écart qui n'excéderaient pas l'étendue des erreurs possibles des observations d'où ils sont conclus. Nous reconnaîtrons toutefois, un peu plus loin, que l'exactitude de cette représentation est très-loin d'être partout aussi parfaite, et que la forme du sphéroïde terrestre s'en écarte notablement en certaines localités. Mais, avant de passer à ces comparaisons définitives, il sera bon de voir quelle ellipse nous aurions trouvée si, au lieu de combiner le degré moyen de France et d'Espagne avec celui du Pérou, nous l'avions combiné immédiatement avec celui de Laponie, dont il reproduit si approximativement la longueur mesurée. Cela nous montrera l'étendue des variations que subissent le demi-grand axe a, et le carré de l'excentricité e^2, lorsqu'on les conclut de données aussi peu différentes ; et, par leur plus ou moins de stabilité, nous apprécierons la confiance numérique qu'on peut accorder à leurs valeurs absolues.

173. Comme ces calculs sont exactement pareils à ceux que nous avons effectués dans la précédente combinaison, je les exposerai beaucoup plus brièvement. Ici, d'après notre tableau de la page 181, les données seront :

Degré moyen de France et d'Espagne,

$$D_1^{(o)} = 57024^T,64, \quad d_2 = 43°51'54''; \quad \log \cos^2 d_2 = \overline{1},7158398.$$

Degré de Laponie,

$$D_1^{(o)} = 57196^T,16, \quad d_1 = 23°39'50''; \quad \log \cos^2 d_1 = \overline{1},9237110.$$

De là je tire d'abord

$$\frac{D_2^{(o)}}{D_1^{(o)}} = 1 - \frac{171,52}{57196,16}, \quad \mu = 0,00299\,88027; \quad \log \mu = 3,4769479.$$

Avec cette valeur de μ, je forme la somme Σ, et je trouve

$$\Sigma = 0,00200\,02023; \quad \log \Sigma = \overline{3},3010739.$$

Avec ces nombres, et les valeurs données des distances polaires d_2, d_1, je conclus

$$e^2 = \frac{0,00200\,02023}{0,32013\,71060} = 0,062479570; \quad \log e^2 = \bar{3},7957381.$$

Cette valeur de e^2 se trouve ainsi un peu plus faible que par la combinaison précédente. Pour en vérifier l'exactitude numérique, je calcule successivement $\log a$, en l'associant à chacun des deux degrés employés ici comme données; et j'obtiens deux évaluations qui diffèrent seulement de quatre unités sur la dixième décimale logarithmique. Négligeant donc cette différence, je prends leur moyenne, et j'ai

$$\log a = 6,51478\,00106,$$

ce qui donne
$$a = 3271749^{\mathrm{T}},243$$

En combinant le même degré moyen
de France et d'Espagne, avec
celui du Pérou, nous avons
trouvé. . . . . $a = \underline{3271985^{\mathrm{T}},329}$

Excès de la première évaluation. . . . $236^{\mathrm{T}},086$

Le demi-axe équatorial se trouve donc ici un peu plus court. Mais la différence est bien petite sur une si grande longueur. Avec la valeur que nous venons d'obtenir ici pour e^2, je cherche l'aplatissement ι, et je trouve

$$\iota = 0,0031288732 = \frac{1}{319,603}; \quad \log \iota = \bar{3},4953879.$$

Cet aplatissement est un peu plus faible que la combinaison précédente ne l'avait donné, comme la moindre valeur de e^2 devait le faire prévoir. En le combinant avec la valeur moyenne de $\log a$, obtenue tout à l'heure, on en conclut

$$a\iota = 10236^{\mathrm{T}},87$$

Et puisqu'on a trouvé. . . . . $a = 3271749^{\mathrm{T}},24$

il en résulte. . . . . $b = \overline{3261512^{\mathrm{T}},37}$

Le demi-axe polaire b se trouve donc ici un peu plus grand que dans la première combinaison, tandis que le demi-axe équatorial a a été trouvé un peu moins. C'est une conséquence de ce que l'aplatissement ε est ici plus faible qu'il n'était alors. Mais, par la manière dont ces valeurs s'obtiennent, on conçoit combien il est facile qu'elles présentent de pareilles discordances.

174. Avec les valeurs de $\log a$ et de c^2 ainsi obtenues, je trouve :

$$\log a - \log \left(\frac{180}{\varpi} \right) = 4,7566573782,$$

$$k \left\{ e^2 + \tfrac{1}{2} c^4 + \tfrac{1}{3} e^6 + \tfrac{1}{4} e^8 \dots \right\} = 0,027139664.$$

Ces nombres étant combinés selon la règle de la page 203, et appliquées comme dans la page 209, donnent

$$\log D_q^{(o)} = 4,7539434118, \qquad \log D_p^{(o)} = 4,7580143614;$$

et par suite

Longueur du degré équatorial en toises, $D_q^{(o)} = 56747^{\mathrm{T}},066$

Longueur du degré polaire en toises... $D_p^{(o)} = 57281^{\mathrm{T}},493$

Excès du degré polaire sur l'équatorial. $\qquad\qquad \overline{534^{\mathrm{T}},427}$

de là on tire, pour une distance polaire quelconque,

$$\log D^{(o)} = 4,7539434118 + \tfrac{3}{2} k \left\{ e^2 \cos^2 d + \tfrac{1}{2} e^4 \cos^4 d + \tfrac{1}{3} e^6 \cos^6 d + \tfrac{1}{4} e^8 \cos^8 d \right.$$

Ce nouveau degré équatorial surpasse de $10^{\mathrm{T}},644$ celui que nous avions obtenu par la combinaison de l'arc du Pérou avec l'arc moyen de France et d'Espagne. Le degré polaire, au contraire, est moindre de $11^{\mathrm{T}},572$ que celui que la même combinaison nous avait donné. Les deux calculs reposent d'ailleurs sur une donnée commune, qui est l'arc moyen de France et d'Espagne. Or, les deux écarts ici obtenus répondent respectivement à des différences de $0'',675$ et $0'',727$ dans les amplitudes astronomiques de l'arc de $1°$, qui seraient mesurées à l'une et à l'autre de ces distances polaires ; et l'on répondrait difficilement de pareilles quantités sur la mesure pratique de ces amplitudes, aux époques où elles ont été obtenues. Nous pouvons donc en conclure que ces deux combinaisons représenteraient la partie régulière de l'ellipse terrestre avec une approximation à peu près également admissible. Cependant elles donnent des valeurs de e^2 et de ε notablement différentes, puisque nous trouvons :

Par le degré du Pérou, combiné avec le degré moyen de France et d'Espagne,

$$e^2 = 0,0064877239; \quad \varepsilon = 0,0032491405 = \frac{1}{307,774}.$$

Par le degré de Laponie combiné avec le même degré moyen,

$$e^2 = 0,0062479570; \quad \varepsilon = 0,0031288732 = \frac{1}{319,604}.$$

Ceci nous apprend donc que, dans l'état où se trouvaient les observations astronomiques et les opérations géodésiques, lorsque l'on a fait ces diverses mesures de degrés terrestres, on ne peut pas répondre de la quatrième décimale sur l'évaluation de e^2 ou de l'aplatissement ε.

175. Les déterminations précédentes nous donnent ainsi ce que l'on pourrait appeler la partie régulière de l'ellipsoïde terrestre, telle que peuvent la fournir les éléments employés dans le calcul. Mais, en appliquant ces résultats aux degrés qui ont été mesurés dans certaines localités, on y découvre des écarts trop considérables pour qu'on puisse les attribuer aux erreurs des observations. De sorte qu'il faut nécessairement y voir des irrégularités réelles, qui rendent la forme du sphéroïde terrestre occasionnellement différente d'un ellipsoïde de révolution dans les lieux dont il s'agit.

Ces irrégularités sont surtout manifestes en Europe, vers le 45e degré de distance polaire, où les longueurs du pendule s'écartent aussi le plus notablement d'une loi de variation continue, comme je l'ai fait remarquer dans le tome II, page 472. C'est pourquoi, le degré moyen qui répond à peu près à cette distance polaire étant un élément commun aux deux combinaisons que nous venons d'effectuer, on peut indifféremment employer l'ellipse régulière déduite de l'une ou de l'autre, pour l'appliquer à ces éva-

luations locales. J'y emploierai , en conséquence, celle qui résulte
de l'arc moyen d'Espagne et de France, combiné avec celui du
Pérou , laquelle donne, en général , pour la longueur d'un degré
quelconque en toises,

$$\log \mathrm{D}^{(o)} = 4{,}75386\,19527 + \tfrac{1}{2}k\left\{e^2\cos^2 d + \tfrac{1}{2}e^4\cos^4 d + \tfrac{1}{3}e^6\cos^6 d + \tfrac{1}{4}e^8\cos^8 d\dots\right.$$

expression dans laquelle il faut faire

$$\log \tfrac{1}{2}k = \overline{1}{,}81387\,55703 , \quad \text{et } \log e^2 = \overline{3}{,}8120924.$$

176. J'appliquerai d'abord cette formule à l'évaluation du degré moyen mesuré entre Evaux et Carcassonne, parce que c'est,
dans l'arc de France, celui qui paraît le plus s'écarter de la loi générale. D'après notre tableau A de la page 179, l'unique donnée
à prendre pour élément du calcul est la distance polaire moyenne

$$d = 45^\circ\,18'\,11'',58, \quad \text{ce qui donne} \quad \log\cos^2 d = \overline{1}{,}6943488.$$

Avec ces éléments je trouve

$$\log \mathrm{D}^{(o)} = 4{,}57386\,19527 + 0{,}00209\,41831 = 4{,}75595\,61358 ;$$

d'où l'on tire . . . . $\quad \mathrm{D}_i^{(o)} = 57010^{\mathrm{T}},66$ calculé.

Or, notre tableau de la page 179
donne, à cette même dis-
tance polaire. . . . . $\quad \mathrm{D}^{(o)} = 56977^{\mathrm{T}},36$ mesuré

Donc, excès de la mesure sur le
calcul. . . . . $\mathrm{D}^{(o)} - \mathrm{D}_i^{(o)} = -\quad 33^{\mathrm{T}},30$

L'amplitude astronomique de l'arc mesuré était 2° 57′ 48″,24,
ainsi que le rapporte Delambre , *Base du système métrique*,
tome III, page 549. Pour faire disparaître l'écart, il faudrait la diminuer de 6″,2895, d'après la formule rapportée dans la note de la
page 211. Une si grande erreur n'est pas absolument impossible
avec les instruments et le mode d'observation qu'on employait
alors. Mais elle est peu vraisemblable, et il y a lieu de présumer que
l'écart obtenu est , au moins en partie, l'effet d'une irrégularité

réelle propre à cette localité. Si l'on voulait établir l'accord en altérant l'amplitude géodésique, il faudrait, d'après la même formule, l'augmenter de $99^T,606$, ce qui est encore moins supposable.

177. Voici un autre exemple qui n'offrira pas de doute. Il s'offre dans le voisinage de Turin, sur la portion de l'arc méridien qui s'étend entre Andrate et Mondovi. Une première mesure avait été faite, en 1762 et 1763, dans cette localité, par le père Beccaria, et le résultat semblait s'écarter considérablement de l'ellipse moyenne propre à cette portion de l'Europe. Mais on pouvait légitimement mettre en doute l'exactitude de l'opération, ce qu'une vérification effective a depuis confirmé. MM. Carlini et Plana, astronomes de Turin, l'ont recommencée, tant pour la partie astronomique que pour la partie géodésique, avec toutes les recherches de précision que l'on pouvait attendre de leur habileté et des excellents instruments qu'ils ont mis en usage. Ils ont obtenu les résultats suivants, que j'extrais de l'ouvrage de M. Plana intitulé : *Mesure d'un arc du parallèle moyen*, tome II, pages 346 et suivantes :

Longueur totale en toises de l'arc méridien compris entre les stations d'Andrate et de Mondovi.......... $64849^T,8$

Amplitude astronomique de l'arc, observée... $1^o\ 7'\ 27''$

Distance du pôle au zénith au milieu de l'arc, conclue de la moyenne entre les observations faites aux deux stations extrêmes.... $d = 45^o\ 2'\ 31''$

De là on tire proportionnellement la longueur du degré sexagésimal pour cette distance polaire.............................. $D^{(o)} = 57687^T,0$

Maintenant la valeur assignée de la distance polaire moyenne donne

$$\log \cos^2 d = \overline{1},6983336;$$

et en introduisant cet élément avec e' dans notre expression générale des degrés, on trouve

$$\log D^{(o)} = 4,7538619527 + 0,0021135179 = 4,7559754706.$$

d'où l'on tire . . . . $D_c^{(o)} = 57013^T,204$ calculé.

Or, par les observations
  de MM. Carlini et
  Plana, nous avons. . . $D^{(o)} = 57687^T,000$ observé.

Donc, excès de la mesure

  sur le calcul. . . . . $D^{(o)} - D_c^{(o)} = + 673^T,796$

Pour faire disparaître cette différence, il faudrait, d'après la formule de la page 211 (note), augmenter l'amplitude astronomique de $47'',828$, ou diminuer l'amplitude géodésique de $757^T,46$. Ces deux corrections sont également inadmissibles, dans une opération qui a été faite par des astronomes habiles, avec le soupçon d'une première erreur ou d'une anomalie réelle, et avec les plus grandes recherches de précision. Il faut donc en conclure que, dans la localité dont il s'agit, le sphéroïde terrestre s'écarte considérablement de la forme elliptique dont il approche généralement dans son ensemble. On a vu dans le tome II, page 483, que les longueurs du pendule mesurées depuis Bordeaux jusqu'à Fiume, sur ce même parallèle de 45 degrés, s'écartent aussi beaucoup de la constance qu'elles auraient sur un sphéroïde de révolution, ayant à l'intérieur une constitution uniforme sur un même méridien. De telles inégalités n'ont rien qui doive surprendre si l'on considère les grandes modifications physiques que les couches extérieures de la terre ont subies partiellement à diverses époques, et qui continuent encore de s'opérer avec lenteur de notre temps même, puisque certaines portions des continents terrestres paraissent s'élever graduellement et d'autres s'abaisser.

Quoique les deux combinaisons que nous venons d'employer pour déterminer les éléments de l'ellipse terrestre nous aient conduits à des résultats qui ne diffèrent entre eux que par des quantités si petites, que l'on ne saurait en répondre dans des opérations pratiquement effectuées, on peut espérer d'obtenir une évaluation, sinon certainement plus exacte, du moins plus digne encore de confiance, en prenant une moyenne arithmétique entre les valeurs qu'elles nous ont données pour les éléments déterminatifs log a

et ε. Je forme ainsi le tableau suivant qui, d'après le système de données combinées, présente les dimensions en moyennes du sphéroïde terrestre considéré comme un ellipsoïde de révolution, en faisant abstraction de ses irrégularités locales. Les longueurs y sont exprimées en toises de l'Académie, qui a servi primitivement d'étalon commun à toutes les mesures. Elle était en fer, et elle est censée rapportée à la température de $16°\frac{1}{4}$ du thermomètre centésimal.

Demi-axe équatorial,

$$a = 3271867^{\mathrm{T}},28; \qquad \log a = 6,5147956789.$$

Aplatissement,

$$\varepsilon = 0,0031890085; \qquad \log \varepsilon = \bar{3},5036554$$

ou

$$\varepsilon = \frac{1}{313,77}.$$

Carré de l'excentricité,

$$e^2 = 0,0063678439; \qquad \log e^2 = \bar{3},8039924.$$

Excès du demi-axe équatorial sur le demi-axe polaire,

$$a\varepsilon = 10434,01; \qquad \log a\varepsilon = 4,0184511310.$$

Demi-axe polaire,

$$b = 3261433,27; \qquad \log b = 6,5134084971.$$

Avec ces éléments moyens, je réduis en nombres l'expression développée d'un degré quelconque, qui, d'après la page 197, est

$$D^{(d)} = \frac{\varpi}{180} a(1-e^2)\left(1 + \tfrac{3}{2} e^2 \cos^2 d + \tfrac{15}{8} e^4 \cos^4 d + \tfrac{35}{16} e^6 \cos^6 d + \tfrac{315}{128} e^8 \cos^8 d \ldots\right).$$

Le coefficient commun se calcule d'abord par parties, de la manière suivante :

$$\log a = 6{,}51479\ 56789$$

$$\log \frac{180}{\varpi} = 1{,}75812\ 26324$$

$$\log\left(\frac{\varpi}{180}\,a\right) = 4{,}75667\ 30465 \qquad\qquad \frac{\varpi}{180}\,a = 57104^{\mathrm{T}}{,}8568$$

$$\log e^2 = \overline{3}{,}80399\ 24 \qquad\qquad \frac{\varpi}{180}\,a e^2 = 363^{\mathrm{T}}{,}6347$$

$$\log\left(\frac{\varpi}{180}\,a e^2\right) = 2{,}56066\ 54 \qquad \frac{\varpi}{180}\,a(1 - e^2) = 56741^{\mathrm{T}}{,}2221$$

et, en achevant le calcul des termes suivants avec ce coefficient commun, on trouve généralement

$$D^{(o)} = 56741^{\mathrm{T}}{,}22 + 541^{\mathrm{T}}{,}986\cos^2 d + 4^{\mathrm{T}}{,}3141\cos^4 d$$
$$+\ 0^{\mathrm{T}}{,}03205\cos^6 d + 0^{\mathrm{T}}{,}0002296\cos^8 d.$$

C'est la série que j'ai annoncée dans la page 198, et l'on voit qu'il suffira toujours d'évaluer ses deux premiers termes, pour dépasser les limites accessibles à l'expérience. J'emploierai désormais ces résultats moyens dans tous les calculs d'application que nous aurons ultérieurement à effectuer.

178. Je joindrai ici l'expression du logarithme de la normale N, limitée à l'axe polaire, parce que l'on en a un continuel besoin dans les applications. Nous savons que l'expression de cette normale est

$$N = \frac{a}{\left(1 - e^2\cos^2 d\right)^{\frac{1}{2}}},$$

on aura donc

$$\log N = \log a + \frac{k}{2}\left(e^2\cos^2 d + \tfrac{1}{2}e^4\cos^4 d + \tfrac{1}{3}e^6\cos^6 d \ldots\right)$$

Il faudra limiter le nombre de termes de cette série selon le nombre de chiffres décimaux que l'on voudra obtenir dans log N. Le tableau ci-dessus fournira toutes les constantes de ce calcul en y ajoutant la valeur de $\log\frac{1}{2}k$, qui est

$$\log\tfrac{1}{2}k = \overline{1}{,}33675\ 43156.$$

NOTE

AFFÉRENTE A LA PAGE 188.

Sur la développée de l'ellipse, et sur ses rayons osculateurs.

Pour préciser les considérations exposées dans le § 150, je joins ici quelques détails analytiques, que je tire des formules démontrées par Lacroix dans son *Traité de Calcul différentiel et intégral*, tome 1er, page 442.

1. Rapportons l'ellipse à un système de coordonnées rectangulaires x, y, comptées à partir de son centre, *fig.* 32, dont la première se prenne sur l'axe a positivement vers A, la seconde sur l'axe b positivement vers P. L'équation de cette courbe sera

$$a^2 y^2 + b^2 x^2 = a^2 b^2.$$

De là on tire les coefficients différentiels

$$\frac{dy}{dx} = -\frac{b^2 x}{a^2 y}, \qquad \frac{d^2 y}{dx^2} = -\frac{b^4}{a^2 y^3}.$$

En les substituant dans l'expression du rayon osculateur que Lacroix nomme γ, on trouve comme lui, page 451,

$$\gamma = \frac{(a^4 y^2 + b^4 x^2)^{\frac{3}{2}}}{a^4 b^4}.$$

Aux sommets de l'axe polaire PP$_1$, $x = 0$ et $y = \pm b$; on a donc alors

$$\gamma = \frac{a^4 b^3}{a^4 b^4} = \frac{a^2}{b}.$$

Aux sommets de l'axe équatorial AA$_1$, $y = 0$ et $x = \pm a$; on a donc alors

$$\gamma = \frac{b^6 a^3}{a^4 b^4} = \frac{b^2}{a}.$$

Dans chaque cas le rayon γ doit, par définition, être porté sur la normale du point considéré, à partir de ce point intérieurement à la courbe. C'est pourquoi je ne lui attribue pas de signe propre. Les valeurs que ces expressions lui attribuent sont conformes aux énoncés que j'ai donnés dans le texte.

2. Lorsqu'on substitue les mêmes coefficients différentiels dans les expressions des coordonnées rectangulaires du centre d'osculation que Lacroix nomme α et β à la page citée, en les prenant, comme lui, parallèles aux x, y,

et les comptant aussi du centre O, cette substitution donne

$$\alpha = \frac{(a^2 - b^2)}{a^4} x^3, \qquad \beta = -\frac{(a^2 - b^2)}{b^4} y^3,$$

et en faisant, comme dans le texte,

$$e^2 = \frac{(a^2 - b^2)}{a^2}, \quad \text{d'où} \quad b^2 = a^2(1 - e^2),$$

elles deviennent

$$(1) \qquad\qquad \alpha = \frac{e^2}{a^2} x^3, \qquad\qquad \beta = -\frac{e^2}{a^2(1 - e^2)^2} y^3.$$

Sous cette forme simple, on voit que, pour chaque point de l'ellipse dont les coordonnées sont x, y, les deux coordonnées α, β du centre d'osculation décroissent simultanément avec l'excentricité dont le carré est représenté par e^2. Enfin elles deviennent nulles quand e est nul, c'est-à-dire quand l'ellipse devient un cercle, auquel cas les centres d'osculation, après s'être rapprochés progressivement du centre O, finissent par coïncider tous avec lui.

5. En éliminant b^2 de l'équation de l'ellipse par son expression en e^2, cette équation devient

$$(2) \qquad\qquad y^2 + (1 - e^2) x^2 = a^2(1 - e^2).$$

Prenez les valeurs de x et de y en α et β, puis substituez-les dans celle-ci, vous aurez le lieu général des centres d'osculation, c'est-à-dire l'*équation de la développée*; et après la suppression des facteurs qui seront communs aux deux membres, vous trouverez pour résultat

$$(3) \qquad\qquad \sqrt[3]{\beta^2 (1 - e^2)} + \sqrt[3]{\alpha^2} = \sqrt[3]{a^2}\, e^2.$$

Cette équation comprend les quatre branches de la développée qui correspondent aux quatre quadrants de l'ellipse, et qui sont toutes pareilles à celle qu'on a tracée dans la *fig.* 32 pour le quadrant à coordonnées positives PA. Cherchons par exemple les points où la courbe coupe l'axe équatorial des x. Pour cela il faudra faire $\beta = 0$. Alors l'équation donne

$$\alpha = \pm a\, e^2 = \pm \frac{(a^2 - b^2)}{a}.$$

Il y a donc pour ce cas deux valeurs de l'abscisse α, lesquelles sont

$$\alpha_1 = a - \frac{b^2}{a}, \qquad\qquad \alpha_2 = -a + \frac{b^2}{a}.$$

La première répond au point qui est désigné par C_a dans la *fig.* 32, et la seconde à son homologue C_a', situé symétriquement de l'autre côté du contre O. Ces valeurs s'accordent à donner $\dfrac{b^2}{a}$ pour la longueur du rayon osculateur aux deux sommets A, A, de l'ellipse, comme nous l'avions déjà trouvé directement.

Cherchons de même le point où la développée coupe l'axe polaire des y. Alors il faut faire x nul, et l'équation donne

$$\beta = \pm \frac{a\,e^2}{\sqrt{1 - e^2}} = \pm \frac{(a^2 - b^2)}{b},$$

d'où résultent ces deux valeurs

$$\beta_1 = \frac{a^2}{b} - b, \qquad\qquad \beta_2 = + b - \frac{a^2}{b}.$$

a étant supposé plus grand que b dans la *fig.* 32, la seconde racine β_2, y est négative. Elle répond au point désigné par C_p. C'est le centre d'osculation du sommet P. La première racine, au contraire, est positive. Elle répond au point homologue désigné par C_{p_1}, qui est le centre d'osculation du sommet inférieur P_1. Ces résultats reproduisent encore ceux que nous avions trouvés directement pour les rayons d'osculation aux sommets P, P_1.

On trouvera de même tous les autres points des quatre branches de la développée qui correspondent aux quatre quadrants de l'ellipse, en attribuant à leurs abscisses α, ou à leurs ordonnées β, les valeurs, soit positives, soit négatives, pour lesquelles on veut les déterminer.

4. Maintenant, pour donner à l'expression du rayon osculateur γ la forme rapportée dans le texte, reproduisons, *fig.* 34, une ellipse pareille à celle de la *fig.* 32, afin de ne pas compliquer celle-ci. En un point quelconque M de cette courbe, menez une normale MN terminée à l'axe b. On démontre, dans les éléments de géométrie analytique, qu'elle coupe cet axe sous un angle MNP, ou d, tel qu'on a

$$\operatorname{tang} d = \frac{b^2 x}{a^2 y} = \frac{x}{y}(1 - e^2);$$

cela se voit, en effet, immédiatement, d'après la valeur du coefficient différentiel $\dfrac{dy}{dx}$ rapportée plus haut.

Tirez y en x de cette expression, et substituez-le dans l'équation de l'ellipse mise sous la forme

$$(2) \qquad\qquad y^2 + (1 - e^2)\,x^2 = a^2(1 - e^2).$$

Il en résultera

$$x^2 = \frac{a^2 \sin^2 d}{1 - e^2 \cos^2 d},$$

et, par suite,

$$y^2 = \frac{a^2 (1 - e^2)^2 \cos^2 d}{1 - e^2 \cos^2 d}.$$

Mettez maintenant ces valeurs dans l'expression du rayon osculateur, en coordonnées rectangulaires, qui est

$$y = \frac{(a^4 y^2 + b^4 x^2)^{\frac{3}{2}}}{a^4 b^4},$$

on, en remplaçant b^2 par sa valeur $a^2(1-e^2)$,

$$y = \frac{[a^4 y^2 + a^4(1-e^2)^2 x^2]^{\frac{3}{2}}}{a^4(1-e^2)^2}.$$

Après avoir supprimé les facteurs communs aux deux termes de la fraction et remplacé $\sin^2 d + \cos^2 d$ par 1, vous trouverez

$$(4) \qquad\qquad y = \frac{a(1-e^2)}{(1-e^2\cos^2 d)^{\frac{3}{2}}};$$

c'est l'expression que j'ai rapportée dans le texte.

5. Pour avoir les coordonnées α, β, du centre d'osculation exprimées aussi en fonction de l'angle d, il n'y a qu'à reprendre leurs valeurs en coordonnées rectangulaires x, y, que nous avons trouvées être

$$\alpha = \frac{e^2}{a^2} x^3, \qquad\qquad \beta = -\frac{e^2}{a^2(1-e^2)^2} y^3.$$

Si l'on remplace x, y, par leurs équivalents tirés des équations (3), en attribuant à l'un et à l'autre le signe positif qu'elles ont dans le quadrant PA, on aura, pour les centres d'osculation qui y correspondent :

$$(5) \qquad \alpha = \frac{a e^2 \sin^3 d}{(1-e^2\cos^2 d)^{\frac{3}{2}}}; \qquad \beta = -\frac{a e^2 (1-e^2)\cos^3 d}{(1-e^2\cos^2 d)^{\frac{3}{2}}}.$$

6. Pour obtenir l'expression de la normale N sous une forme analogue, il faut remarquer que dans le triangle rectangle NEM, où ME est x, elle est égale à $\dfrac{x}{\sin d}$. Employant donc la valeur ci-dessus de x en d, vous aurez

$$(6) \qquad\qquad N = \frac{a}{(1-e^2\cos^2 d)^{\frac{1}{2}}};$$

Il est quelquefois utile d'avoir ON, distance du centre de l'ellipse au point N, où la normale rencontre l'axe polaire. Cette distance, considérée comme positive vers P, a évidemment pour valeur N cos $d - y$. Mettant pour N et y leurs valeurs en d, on trouve

$$(7) \qquad\qquad ON = \frac{a e^2 \cos d}{(1-e^2\cos^2 d)^{\frac{1}{2}}}.$$

7. Le rayon vecteur central R, ou OM, est également facile à obtenir sous la

même forme, puisque son carré est évidemment égal à $x^2 + y^2$. Faisant donc la somme de ces expressions et dégageant la portion $1 - e^2 \cos^2 d$ qui se trouve commune au numérateur ainsi qu'au dénominateur, on aura

$$(8) \quad R^2 = a^2 \left[1 - \frac{e^2 (1 - e^2) \cos^2 d}{1 - e^2 \cos^2 d} \right] \quad \text{et} \quad R = a \left[1 - \frac{e^2 (1 - e^2) \cos^2 d}{1 - e^2 \cos^2 d} \right]^{\frac{1}{2}}.$$

Lorsque e^2 est une quantité-très-petite, comme dans les ellipses des méridiens terrestres, ces expressions sont très-aisées à développer en séries rapidement convergentes, ordonnées suivant les puissances ascendantes de e^2; et il est également très-facile d'avoir les expressions de leurs logarithmes tabulaires développées sous la même forme.

8. Enfin, on peut aussi vouloir connaître l'angle MOP que le rayon R forme avec l'axe polaire OP. Je le désignerai désormais par la lettre D. Sa tangente trigonométrique est évidemment égale à $\frac{x}{y}$. Cela donne

$$\operatorname{tang} D = \frac{\operatorname{tang} d}{1 - e^2}.$$

Cet angle diffère ainsi très-peu de d lorsque e^2 est une quantité fort petite, comme dans les ellipses des méridiens terrestres. De là on pourrait aisément déduire la tangente de la différence $D - d$, différence représentée dans notre figure par l'angle OMN que je nommerai ε. Mais l'expression de cette tangente ne se prêterait pas à un développement toujours convergent. C'est pourquoi il vaut mieux chercher l'expression de son sinus. Or, cela est très-facile. Car d'abord, on a évidemment

$$\sin D = \frac{x}{R} = \frac{\sin d}{[1 - e^2 (2 - e^2) \cos^2 d]^{\frac{1}{2}}}; \quad \cos D = \frac{y}{R} = \frac{(1 - e^2) \cos d}{[1 - e^2 (2 - e^2) \cos^2 d]^{\frac{1}{2}}}.$$

Or, on a identiquement

$$\sin (D - d) = \sin D \cos d - \cos D \sin d.$$

Substituant les valeurs précédentes de $\sin D$ et $\cos D$, puis réduisant les termes du numérateur qui se compensent, on trouve

$$(9) \quad \sin (D - d) = \frac{\frac{1}{2} e^2 \sin 2 d}{[1 - e^2 (2 - e^2) \cos^2 d]^{\frac{1}{2}}},$$

expression qui peut aisément se développer en une série toujours convergente lorsque e^2 est une fraction très-petite de l'unité, comme dans les ellipses des méridiens terrestres.

D'après cette valeur générale, l'angle $D - d$ ou ε devient nul quand d est égal à 0° ou 90°. En effet, dans ces deux cas, le rayon R et la normale N se confondent en une même direction, qui coïncide avec l'axe b ou l'axe a. Entre ces deux limites extrêmes, la plus grande valeur de $D - d$ a lieu à très-peu de chose près, lorsque $d = 45°$; ce qui rend $\sin 2d$ égal à l'unité. Donnant donc à d cette valeur, on a pour ce cas :

$$\sin (D - d) = \frac{\frac{1}{2}e^2}{\left[1 - \frac{e^2}{2}(2 - e^2)\right]^{\frac{1}{2}}} = \frac{\frac{1}{2}e^2}{(1 - e^2 + \frac{1}{4}e^4)^{\frac{1}{2}}}$$

Prenons, avec Delambre,

$e^2 = 0,0064695024$, ce qui répond à l'aplatissement $\varepsilon = 0,00324$.

En réduisant le second membre en nombres et cherchant d dans les Tables trigonométriques par la valeur du logarithme de sa tangente, on trouvera

$$D - d = 0° 11' 9'',38.$$

Delambre, dans les trois volumes de son ouvrage intitulé : *Base du système métrique*, a présenté les développements des expressions (1), (2), (3), (4), sous diverses formes de séries convergentes convenablement préparées pour composer des Tables numériques continues de leurs valeurs. Il ne restera qu'à étudier les diverses modifications qu'il leur fait subir pour les approprier à ce but.

9. Les expressions établies dans les paragraphes précédents vont me servir pour démontrer l'importante proposition que j'ai énoncée dans le texte, page 188, § 151. A cet effet, revenant à la *fig.* 32, je prends sur une partie quelconque du quadrant elliptique PA trois points M_1, M_2, M_3, tels que les normales menées aux deux extrêmes forment, avec la normale intermédiaire, des angles ω égaux entre eux, et assez petits pour que l'on puisse considérer comme négligeable le produit du cube de leurs sinus par le carré e^2 de l'excentricité de l'ellipse, ce qui permettra de les étendre jusqu'à 2° ou même davantage. Je désigne généralement par d l'angle que la normale intermédiaire $M_2 N_2$ forme avec l'axe polaire, de sorte que les deux autres feront respectivement, avec ce même axe, les angles $d - \omega$ et $d + \omega$, ω étant restreint aux limites ci-dessus spécifiées. Cela posé, soit C_1 le centre du cercle qui est osculateur en M_1. Je mène d'abord, à partir de ce centre, la droite $C_1 M_2$, dirigée au point M_2, et je vais chercher l'angle d_1 qu'elle forme avec l'axe polaire. Quand nous l'aurons obtenu, il suffira d'y changer $-\omega$ en $+\omega$ pour avoir l'angle analogue d_{11}, relatif à la droite similaire $C_3 M_2$, menée du même centre de courbure C_3 au point M_2.

Or, en nommant x_1, y_1 les coordonnées rectangulaires du point M_1, et α, β celles du centre de courbure C_1, on aura évidemment, selon l'acception générale et usuelle des formules algébriques,

$$\tan d_1 = \frac{x_1 - \alpha}{y_1 - \beta}.$$

Il ne reste qu'à introduire dans le second membre les expressions des coordonnées x_1, y_1, α, β.

Formons d'abord celles des points M_1, M_2. Comme ils sont situés sur le quadrant positif PA de l'ellipse, on les conclura des formules (3) en y mettant pour d les valeurs particulières à chacun de ces points. On aura donc ainsi

$$x_1 = \frac{a \sin(d-\omega)}{[1 - e^2 \cos^2(d-\omega)]^{\frac{3}{2}}}, \qquad y_1 = \frac{a(1-e^2)\cos(d-\omega)}{[1 - e^2 \cos^2(d-\omega)]^{\frac{3}{2}}},$$

$$x_2 = \frac{a \sin d}{(1-e^2\cos^2 d)^{\frac{3}{2}}}, \qquad y_2 = \frac{a(1-e^2)\cos d}{(1-e^2\cos^2 d)^{\frac{3}{2}}}.$$

Maintenant, le centre de courbure C_2, étant situé sur la normale intermédiaire, menée par le point M_1 du quadrant PA, ses coordonnées α, β, seront, d'après les formules (5),

$$\alpha = \frac{ae^2 \sin^3 d}{(1-e^2 \cos^2 d)^{\frac{3}{2}}}, \qquad \beta = \frac{ae^2(1-e^2)\cos^3 d}{(1-e^2 \cos^2 d)^{\frac{3}{2}}}.$$

Et après les avoir substituées, conjointement avec x_1, y_1, dans l'expression de $\operatorname{tang}\delta_1$, on pourra aisément lui donner cette forme :

$$\operatorname{tang}\delta_1 = \frac{\operatorname{tang}(d-\omega)}{1-e^2} \left\{ \frac{1 - \dfrac{e^2 \sin^3 d}{\sin(d-\omega)} \cdot \dfrac{[1 - e^2 \cos^2(d-\omega)]^{\frac{3}{2}}}{(1 - e^2 \cos^2 d)^{\frac{3}{2}}}}{1 + \dfrac{e^2 \cos^3 d}{\cos(d-\omega)} \cdot \dfrac{[1 - e^2 \cos^2(d-\omega)]^{\frac{3}{2}}}{(1 - e^2 \cos^2 d)^{\frac{3}{2}}}} \right\}.$$

Le facteur compris entre les parenthèses ne diffère de l'unité que par des termes de l'ordre e^4. Je bornerai son développement à la première puissance de e^2, et la suite du calcul fera voir que cette limite est parfaitement suffisante, étant combinée avec la petitesse convenue de l'angle ω. Alors les radicaux qui entrent dans cette expression devront être réduits à l'unité ; et si l'on reporte le terme en e^2 du dénominateur au numérateur, par la division, en ne l'y conservant qu'à sa première puissance, comme nous sommes convenus de le faire, on aura

$$\operatorname{tang}\delta_1 = \frac{\operatorname{tang}(d-\omega)}{1-e^2} \left\{ 1 - e^2 \left[\frac{\sin^3 d}{\sin(d-\omega)} + \frac{\cos^3 d}{\cos(d-\omega)} \right] \right\}.$$

Pour développer les rapports dont la somme compose le coefficient de e^2, je mets d sous la forme équivalente $d - \omega + \omega$, ce qui donne

$$\sin d = \sin(d-\omega)\cos\omega + \cos(d-\omega)\sin\omega = \sin(d-\omega) + \cos(d-\omega)\sin\omega$$
$$- 2\sin(d-\omega)\sin^2 \tfrac{1}{2}\omega,$$

$$\cos d = \cos(d-\omega)\cos\omega - \sin(d-\omega)\sin\omega = \cos(d-\omega) - \sin(d-\omega)\sin\omega$$
$$- 2\cos(d-\omega)\sin^2 \tfrac{1}{2}\omega.$$

En faisant usage de ces expressions dans le terme multiplié par e^2, je supposerai l'angle ω assez petit pour que l'on puisse y négliger le cube et les puissances supérieures de son sinus. Cela permettra de remplacer $2\sin^2\frac{1}{2}\omega$, dans les seconds membres, par $\frac{1}{2}\sin^2\omega$. Alors, si l'on élève les deux membres de chaque équation au cube par la formule du binôme, en se restreignant à cette limite d'approximation, puis qu'on divise respectivement ces cubes par $\sin(d-\omega)$ et $\cos(d-\omega)$, on trouve

$$\frac{\sin^3 d}{\sin(d-\omega)} = \sin^2(d-\omega) + 3\sin(d-\omega)\cos(d-\omega)\sin\omega$$
$$+ 3\left[-\tfrac{1}{2}\sin^2(d-\omega) + \cos^2(d-\omega)\right]\sin^2\omega,$$
$$\frac{\cos^3 d}{\cos(d-\omega)} = \cos^2(d-\omega) - 3\cos(d-\omega)\sin(d-\omega)\sin\omega$$
$$+ 3\left[-\tfrac{1}{2}\cos^2(d-\omega) + \sin^2(d-\omega)\right]\sin^2\omega.$$

En ajoutant ces deux équations pour former le coefficient de e^2, les deux termes qui contiennent $\sin\omega$ à la première puissance se détruisent mutuellement, et tous ceux qui contiennent $\sin^2(d-\omega)$ ou $\cos^2(d-\omega)$ se réunissent en autant de sommes, égales chacune à l'unité ; il en résulte donc

$$\frac{\sin^3 d}{\sin(d-\omega)} + \frac{\cos^3 d}{\cos(d-\omega)} = 1 + \tfrac{3}{2}\sin^2\omega.$$

Ainsi, dans l'ordre d'approximation auquel nous nous sommes restreints, le coefficient de e^2 se trouve être indépendant de d ; et comme il ne contient que le carré de $\sin\omega$, il restera le même si l'on change $+\omega$ en $-\omega$ pour obtenir $\tan\delta_2$ au lieu de $\tan\delta_1$. Substituant donc cette valeur dans les expressions de ces tangentes, et effectuant la division par $1 - e^2$, on aura définitivement

$$\tan\delta_2 = \tan(d-\omega)\left[1 - \frac{3}{2}\frac{e^2}{(1-e^2)}\sin^2\omega\right],$$

et de même

$$\tan\delta_1 = \tan(d+\omega)\left[1 - \frac{3}{2}\frac{e^2}{(1-e^2)}\sin^2\omega\right].$$

On voit que nous avons pu très-légitimement ne conserver que la première puissance de e^2, puisqu'en définitive elle se trouve multipliée par $\sin^2\omega$.

10. δ_1 et δ_2 sont les angles que les droites C_1M_1, C_2M_2 forment respectivement avec l'axe polaire PP_1 de la *fig.* 32. D'après les expressions trouvées ici pour leurs tangentes, le premier est plus petit que $d-\omega$, et le second plus petit que $d+\omega$, comme le représente notre figure, et comme l'exige évidemment la forme de la développée. Mais, pour une même valeur de d, ces deux différences sont égales entre elles, aux quantités près de l'ordre du cube de ω, ce qui rend l'angle $M_1C_1M_2$ égal à l'angle compris entre les deux normales dans les mêmes limites d'approximation. C'est aussi ce que le calcul démontre quand on déduit des expressions précédentes l'angle $\delta_1 - \delta_2$.

En effet, on a

$$\tang(\delta_2 - \delta_1) = \frac{\tang \delta_2 - \tang \delta_1}{1 + \tang \delta_2 \tang \delta_1},$$

ou, en faisant, pour abréger, $c^2 = \frac{3}{2}\frac{e^2}{(1-e^2)}$,

$$\tang(\delta_2 - \delta_1) = (1 - c^2 \sin^2 \omega) \left[\frac{\tang(d+\omega) - \tang(d-\omega)}{1 + \tang(d-\omega)\tang(d+\omega)(1-c^2\sin^2\omega)^2} \right].$$

Puisque nous négligeons le cube de $\sin \omega$, le facteur carré qui entre au dénominateur du second membre doit être réduit à $1 - 2c^2 \sin^2 \omega$. Cela étant fait, multipliez les deux termes de la fraction par $\cos(d-\omega)\cos(d+\omega)$; et, en réunissant les termes qui s'associent, on aura pour résultat

$$\tang(\delta_2 - \delta_1) = \tang 2\omega \left[\frac{1 - c^2 \sin^2 \omega}{1 - \dfrac{2c^2 \sin(d-\omega)\sin(d+\omega)}{\cos 2\omega}\sin^2 \omega} \right].$$

On voit, par cette expression, que l'angle $\delta_2 - \delta_1$ compris entre les deux droites $C_1 M_1$, $C_2 M_2$, *fig.* 32, diffère de l'angle 2ω compris entre les deux normales, seulement par des termes qui seraient de l'ordre du cube de $\sin \omega$ multiplié par e^2; de sorte que cette différence serait tout à fait inappréciable aux observations, même quand l'angle ω formé autour de la normale moyenne s'étendrait jusqu'à 2°.

11. Mais ceci est un effet de compensation, comme le montre la *fig.* 32. Car, dans ces limites d'amplitude, chacun des angles δ_2, δ_1 diffère notablement de l'angle $d - \omega$, $d + \omega$, propre à la normale extrême à laquelle il correspond. Pour le voir, il n'y a qu'à former les tangentes de $d - \omega - \delta_1$ et de $d + \omega - \delta_2$. On aura ainsi

$$\tang(d - \omega - \delta_1) = \frac{\tang(d - \omega) - \tang \delta_1}{1 + \tang(d - \omega)\tang \delta_1},$$

$$\tang(d + \omega - \delta_2) = \frac{\tang(d + \omega) - \tang \delta_2}{1 + \tang(d + \omega)\tang \delta_2}.$$

Substituez respectivement, dans ces expressions, les valeurs trouvées plus haut pour $\tang \delta_1$ et $\tang \delta_2$, en faisant, comme ci-dessus, $c^2 = \frac{3}{2}\frac{e^2}{(1-e^2)}$, il en résultera

$$\tang(d - \omega - \delta_1) = \frac{\frac{1}{2}c^2 \sin 2(d - \omega) \sin^2 \omega}{1 - c^2 \sin^2 \omega \sin^2(d - \omega)},$$

$$\tang(d + \omega - \delta_2) = \frac{\frac{1}{2}c^2 \sin 2(d + \omega) \sin^2 \omega}{1 - c^2 \sin^2 \omega \sin^2(d + \omega)}.$$

Ces différences sont donc individuellement de l'ordre $c^2 \sin^2 \omega$. Si on les restreint à cette partie la plus sensible, en négligeant les termes qui seraient

de l'ordre du cube de $\sin \omega$, puis, qu'on revienne des tangentes aux arcs, par
le rapport de proportionnalité qui sera alors légitime, on aura pour leurs
valeurs, en secondes de degré,

$$d - \omega - \delta_1 = \frac{3}{4} \frac{e^2\, \omega^3 \sin 2d}{(1 - e^2)\, R^2}, \qquad d + \omega - \delta_2 = \frac{3}{4} \frac{e^2\, \omega^3 \sin 2d}{(1 - e^2)\, R^2}$$

Elles seront donc égales entre elles dans cette partie principale de leur
valeur. Voilà le principe de la compensation qui rend $\delta_2 - \delta_1$ égal à 2ω.
Mais ces valeurs elles-mêmes seront individuellement sensibles dans les
limites d'amplitude attribuées ci-dessus à ω, et elles atteindront leur maximum quand d sera égal à $45°$. Évaluons-les alors pour les méridiens terrestres, en supposant ω égal à $2°$ ou $7200''$. Nous avons

$$\log R^2 = 5,3144251, \qquad \log e^2 = 3,8639924.$$

De là on tire

$$\frac{3}{4} \frac{e^2}{(1 - e^2)} \frac{\omega^3}{R^2} = 1'',29.$$

Cette quantité ne serait pas négligeable dans des observations exactes ;
mais elle disparaîtra par compensation dans l'angle que les deux droites
$C_1 M_1$, $C_2 M_2$ forment entre elles. Ce résultat est d'autant plus assuré dans
les opérations pratiques, que jamais on n'y considère des arcs 2ω dont l'amplitude s'étende ainsi jusqu'à $4°$. Or, l'écart dont il s'agit variant comme le
carré de ω, il ne sera plus que $0'',3$ quand 2ω sera réduit à $1°$, ce qui est
encore une amplitude inusitée, et il s'éteindra complètement lorsque l'angle ω sera restreint aux limites habituelles. Conséquemment, lorsqu'un arc
du méridien terrestre A sera compris entre deux normales formant entre
elles un petit angle de cet ordre, exprimé par l'arc 2ω, dans un cercle dont
le rayon est l'unité, si on le suppose placé sur le cercle osculateur correspondant à la normale moyenne qui bissecte cet angle, on pourra admettre,
sans aucune erreur appréciable, qu'il sous-tend au centre de ce cercle un
angle 2ω. De sorte que si l'on désigne par γ la longueur du rayon osculateur
exprimée en unités de même nature que A, on aura généralement

$$A = \gamma \frac{2\omega\, \pi}{180}$$

lorsque l'angle 2ω sera exprimé en parties du rayon pris pour unité ;

et encore,

$$A = \gamma \frac{2\omega''}{R''}$$

lorsque l'angle 2ω sera exprimé en secondes.

De là on tirera l'arc A en toises si 2ω est donné, ou inversement. Cette
relation est d'un usage continuel dans les opérations géodésiques ; mais elle
est spéciale pour la conversion des arcs de méridien.

12. D'après les conditions de positions relatives que la *fig.* 32 indique entre le centre d'osculation moyen C_2 et le point I, où se coupent mutuellement les deux normales extrêmes $M_1 N_1$, $M_2 N_2$, il est évident qu'ils devront être toujours très-proches l'un de l'autre lorsque l'angle 2ω sera fort petit, comme nous l'avons supposé. Cela est facile à constater presque sans calcul. En effet, soient X, Y les coordonnées rectangulaires du point d'intersection I, et α, β celles du centre d'osculation C_2 dont nous avons formé l'expression explicite pour chaque distance polaire d. Si e^2 était nulle, c'est-à-dire si l'ellipse se réduisait à un cercle, les points I et C_2 coïncideraient quel que fût ω, puisque toutes les normales s'entrecouperaient au centre du cercle, qui deviendrait le centre d'osculation commun. Ainsi, dans cette circonstance, les différences $X - \alpha$, $Y - \beta$ seraient nulles. Elles le seraient encore toutes deux si ω était nul ou infiniment petit, e^2 étant quelconque, puisque le centre d'osculation C_2 est déterminé par la condition même d'être le point d'intersection de deux normales menées à des points de l'ellipse infiniment voisins. Ces deux cas de nullité étant indépendants l'un de l'autre, il faut, par nécessité, que les expressions générales de $X - \alpha$ et de $Y - \beta$ satisfassent à l'un et à l'autre avec la même indépendance, ce qui exige que ces différences soient d'un ordre de petitesse exprimé par $e^2 \sin \omega$, ou par quelque puissance plus élevée, conséquemment plus petite de ce produit fractionnaire. C'est aussi ce que l'on trouverait en formant leurs expressions explicites. Mais la considération précédente suffit pour montrer que, dans une ellipse, où e^2 sera très-petit, et où l'on donnera à ω des valeurs très-petites, les deux points I et C_2 seront toujours extrêmement rapprochés l'un de l'autre, puisque leur écart sera proportionnel au produit des deux facteurs e^2 et $\sin \omega$.

Section V. — *Des corrections nécessitées dans les opérations géodésiques, par l'ellipticité du sphéroïde terrestre.*

179. Lorsque nous avons exposé les procédés de triangulation employés dans les opérations géodésiques, nous avons montré qu'on pouvait ne pas les restreindre à une sphère rigoureuse, mais étendre leur application à tout sphéroïde presque sphérique, en concevant les triangles consécutifs individuellement établis sur des sphères progressivement différentes, qui seraient osculatrices à la surface réelle, dans les diverses portions du réseau considéré. Ajustant même, par avance, cette conception au cas où la surface serait un ellipsoïde de révolution autour de l'axe qui joint les pôles célestes, nous avons remarqué qu'alors il était avantageux de placer les centres de toutes les sphères sur cet axe même, ce qui amène leurs rayons polaires propres à coïncider avec lui en direction, et fait coïncider leurs plans méridiens avec les plans méridiens réels. J'ai annoncé que, dans ce mode de construction, le sens de l'osculation de chaque sphère était transversal à ces méridiens, ce que nous avons depuis démontré.

Ayant maintenant prouvé, qu'en effet, la forme de la surface terrestre est très-approximativement assimilable à un ellipsoïde ainsi construit, il devient nécessaire d'examiner si la distribution des centres que nous avons attribués à nos sphères locales, et le sens d'osculation transversal qui en est la conséquence, offrent, en effet, la combinaison la plus avantageuse que l'on puisse choisir sur une pareille surface. Puis, si nous la trouvons telle, il faudra établir les lois de variations des rayons des sphères sur l'étendue d'une même triangulation, assigner les valeurs qu'on doit attribuer à leurs longueurs absolues pour les diverses parties qu'elle embrasse, et enfin, modifier ou compléter les formules que nous avions établies pour des sphères distinctes, afin d'y introduire toutes les corrections que nécessitent leur diversité et leur succession.

180. Toutes les formules que nous avons préparées dans la section précédente peuvent être considérées comme ayant pour objet les particularités du problème général auquel se rapporte la *fig.* 24, et que nous avons résolu dans tous ses détails pages 154 et suivantes. C'est pourquoi j'en reproduis ici les éléments dans la *fig.* 35, en les transportant, dans leur disposition la plus générale, sur un ellipsoïde de révolution pareil à celui qui constitue la surface terrestre, avec la précaution conventionnelle d'exagérer graphiquement le rapport d'inégalité de ses axes, pour pouvoir rendre perceptibles les détails de construction que nous devrons y effectuer. O est le centre de l'ellipsoïde, AA' son axe équatorial $2a$, PP' son axe polaire $2b$, celui-ci coïncidant avec l'axe polaire céleste, un peu plus court que l'autre, et ayant avec lui la proportion d'inégalité exprimée par l'équation

$$b^2 = a^2(1 - e^2), \qquad \text{où l'on a} \qquad \log e^2 = 3{,}8039924.$$

$A'PA$ est un méridien identique avec l'ellipse génératrice, et situé dans le plan même de la figure. Sur une partie quelconque de son contour, on prend un point S, où l'on mène la normale SN, contenue dans son plan, et formant l'angle SNP, ou d, avec l'axe polaire PP; en sorte que d est la distance angulaire du pôle céleste visible, par exemple, du boréal, au zénith vrai de S. Je désigne, comme précédemment, par N la longueur du segment SN de la normale, qui se termine à ce même axe polaire. La sphère décrite du centre N, avec la longueur N pour rayon, est osculatrice à l'ellipsoïde en S dans le sens perpendiculaire au méridien PSA, et son contact se prolonge sur toute la circonférence qui constitue le parallèle du point S. Sur la même normale, je place en C le centre du cercle qui est osculateur à l'ellipse elle-même, et je représente par γ la longueur de son rayon. La sphère décrite du centre C, avec le rayon γ, est osculatrice à l'ellipsoïde en S, dans le sens du méridien PSA; mais son contact ne s'y étend généralement, dans ce sens, que sur deux éléments consécutifs infiniment petits. D'après ce qui a été démontré antérieurement, page 186, on a toujours

$$N = \frac{a}{(1 - e^2\cos^2 d)^{\frac{1}{2}}}, \qquad \gamma = \frac{a(1 - e^2)}{(1 - e^2\cos^2 d)^{\frac{3}{2}}}.$$

conséquemment

$$N = \gamma \left(1 + \frac{e^2}{1 - e^2} \sin^2 d \right).$$

Dans l'ellipsoïde terrestre où e est une fraction positive moindre que 1, N est le rayon de plus grande courbure, et γ le rayon de plus petite courbure, propres au point S. Toutes les autres sphères, qui sont osculatrices en ce même point, ont leurs centres situés sur la normale dans l'intervalle CN. Et si l'on désigne par i l'angle azimutal, compté à partir du méridien, qui désigne le sens suivant lequel leur osculation individuelle s'opère, la longueur ρ, du rayon correspondant à l'azimut i, sera donnée par l'équation

$$\frac{1}{\rho} = \frac{1}{\gamma} \cos^2 i + \frac{1}{N} \sin^2 i.$$

Nous avons établi toutes ces expressions dans la section qui précède ; mais je suis obligé de les rappeler ici, parce que nous allons avoir besoin d'y recourir continuellement.

181. Arrivant au problème général que nous nous sommes proposé, je désigne par SS_1, ou A, le côté d'un triangle principal d'un réseau géodésique, partant du point S, et y formant, avec le plan du méridien de ce point, l'angle azimutal i, que je compte à partir de la branche australe SA. Je suppose cet arc SS_1 assez petit pour qu'en l'appliquant, comme arc de grand cercle, sur une des sphères qui sont osculatrices en S, son extrémité S_1 ne s'écarte du point de l'ellipsoïde, situé sur la même normale ou sur la même sécante, que d'une quantité négligeable. Les autres points intermédiaires entre S et S_1 s'écarteront encore moins de ceux de l'ellipsoïde qu'on leur comparerait par les mêmes conditions. Ainsi, dans l'amplitude restreinte que nous considérons, la ligne courbe formée par ces derniers ne différera pas sensiblement en longueur de l'arc SS_1, que je nommerai A ; et comme cet arc A est le plus court que l'on puisse mener entre les points S, S_1, sur la sphère osculatrice où il est tracé, il s'assimilera, dans ces conditions de petitesse, à la ligne la plus courte que l'on puisse tracer sur le sphéroïde, entre le point S et le point correspondant à S_1.

182. Cette assimilation ne pouvant toutefois être qu'approximative, il semblerait d'abord convenable d'établir généralement nos formules sphériques, en plaçant l'arc donné A ou SS, sur la sphère qui est spécialement osculatrice en S, suivant sa direction azimutale i, afin qu'elle y eût un contact aussi intime et aussi prolongé que possible avec la surface réelle, dans le sens même de l'élément circulaire qu'on veut identifier à celle-ci. Mais on va voir que cet avantage ne s'obtiendrait qu'avec l'inconvénient d'une grande complication dans les résultats trigonométriques qu'il nous est le plus nécessaire de transporter de la sphère à l'ellipsoïde. En effet, soit C, le centre d'osculation spécial, propre à l'arc SS, considéré. Si, par ce centre, nous menons une droite parallèle à l'axe polaire NOP de l'ellipsoïde, ce sera l'axe polaire de notre sphère, lequel percera sa surface en un point polaire p, situé hors de l'axe NOP. De ce point, menons sur cette même sphère des arcs de grands cercles, aux deux points S, S, que nous supposerons assez rapprochés l'un de l'autre pour être censés tous deux appartenir à l'ellipsoïde, quoique le premier seul, où l'osculation s'opère, lui appartienne en effet rigoureusement. En résolvant le triangle sphérique SpS, par les formules [1], [2], [3], établies pages 158 et suiv., nous connaîtrons, *sur notre sphère*, 1° la différence de distance polaire des deux points S, S ; 2° l'angle SpS, formé à son pôle ; 3° l'angle azimutal pS,S, compté en dedans du second méridien sphérique pS, . Mais ces trois éléments différeront de ceux auxquels le même arc SS, correspond sur l'ellipsoïde ; et les deux derniers qui, surtout, nous seront nécessaires, ne pourront s'en conclure que par des réductions dans lesquelles on devra tenir compte de la position spéciale du pôle p, relativement au pôle réel P, ce qui offrira beaucoup de difficultés. On évitera cet inconvénient grave, en renonçant à la rigueur de l'osculation spéciale, et plaçant l'arc SS, sur la sphère osculatrice décrite du point N avec la normale NS ou N pour rayon, comme le représente la *fig.* 36. A la vérité alors, la sphère ainsi décrite ne sera plus généralement osculatrice à l'ellipsoïde suivant l'arc SS,. Elle le sera transversalement au méridien de S, sur tout le contour du parallèle circulaire qui part de ce point. Cela pourra obliger de restreindre l'amplitude de l'arc SS, dans les formules sphériques, un peu plus qu'on ne l'aurait fait si on les avait établies sur sa sphère osculatrice spéciale, afin que les déductions obtenues, d'après sa longueur A, sur cette autre sphère qui s'écarte davantage de la surface réelle, puissent encore être transportées à l'ellipsoïde avec une approximation suffisante, soit immédiatement, soit avec de petites corrections que l'on sache évaluer. Mais le léger inconvénient de cette limitation sera racheté par beaucoup d'avantages. Car alors l'axe polaire Np de la sphère adoptée coïncidera toujours rigoureusement, en direction, avec l'axe polaire NP de l'ellipsoïde ; et son pôle propre p ne dépassera le pôle réel P, sur cet axe, que d'une petite quantité de l'ordre e^2, puisque la coïncidence serait exacte si e^2 était nulle, ce qui réduirait l'ellipsoïde à une simple sphère. Pour faire bien voir les conséquences de cette construction, je vais les suivre dans la supposition énoncée plus haut, que l'arc circulaire A sera assez petit pour que son extrémité, que je désigne par S, sur la sphère, ne diffère pas sensiblement du point S, de l'ellipsoïde qui est situé sur la même sécante ou la même normale. Je prouverai plus loin que cette condition d'identité finale presque exacte est toujours réalisée, pour les côtés principaux de nos triangulations géodésiques, dans les limites d'amplitude où on les restreint. Ceci admis, la coïncidence des rayons polaires de nos sphères avec le rayon polaire de l'ellipsoïde a d'abord pour effet de rendre identiques, pour les deux surfaces, les plans méridiens menés par les extrémités S, S, de l'arc A. L'angle dièdre SpS, ou SPS, compris entre ces méridiens, à l'un ou l'autre pôle, sera donc égal. Ainsi, quand on l'aura calculé pour la sphère, d'après les valeurs données de d, de A, et de l'azimut i, on pourra le transporter aux méridiens elliptiques sans aucune correction. Je prouverai en outre que, dans les mêmes suppositions, l'azimut sphérique final pS,S ne différera de l'azimut elliptique final PS,S que par une sorte de réduction à l'horizon, qui échappera toujours aux appréciations angulaires les plus précises ; de sorte qu'on pourra encore employer ces deux azimuts comme égaux entre eux. Je démontrerai ensuite que l'arc de méridien D'— D, compris entre les parallèles de S et de S, sur la sphère, ne différera pas sensiblement en longueur de l'arc elliptique compris sur l'ellipsoïde, entre les parallèles réels de ces mêmes points, ce qui permettra encore de les substituer l'un à l'autre. Le seul résultat du calcul sphérique qui aura besoin de modification pour être transporté à l'ellipsoïde, sera la distance polaire d' de l'extrémité de l'arc A. Car, exprimant dans ce calcul l'angle SNP, que le rayon central NS, forme avec l'axe polaire de la sphère, il faudra y faire quelques changements pour avoir la distance polaire elliptique S,N,P, comptée à partir de la normale réelle $S,N,$, menée au même point de l'ellipse génératrice. Mais on va voir que cette correction, très-facile à évaluer, sera toujours très-petite, comme je l'ai annoncé précédemment.

185. Pour établir les deux dernières propositions que je viens d'énoncer, je reproduis à part le méridien elliptique final PS,N dans le plan de la *fig.* 37. Je place en N, sur son axe polaire, le centre de la sphère qui a été transversalement osculatrice à l'origine S de l'arc A, *fig.* 36; et sur son contour je marque un point S situé sur le même parallèle que cette origine, en sorte qu'il s'y trouvera aussi à l'extrémité d'une normale SN formant avec l'axe polaire le même angle d que la normale primitive de la *fig.* 36, ce qui lui donnera également pour longueur N. Puisque notre sphère, décrite dans cette figure avec le rayon NS, est osculatrice à l'ellipsoïde suivant toute la circonférence qui forme le parallèle réel de S, sa section par le plan du méridien elliptique de la *fig.* 37 sera un cercle décrit du même centre N et tangent à l'ellipse génératrice au point que nous y avons désigné par S. C'est sur ce cercle que la résolution du triangle sphérique de la *fig.* 36, place l'extrémité de l'arc $SS,$, d'après sa longueur donnée A et son azimut de départ i. Elle l'y porte par exemple en $S,$, à une certaine distance polaire $d + \bar{d}$, différente de d, telle que l'arc circulaire $SS,$ a pour longueur la valeur $D' - D$ donnée par la formule [t] de la page 159; et conséquemment l'angle $\bar{d}$, ou $SNS,$, exprimé en secondes, a pour valeur $\dfrac{(D' - D)\,R''}{N}$. Maintenant si l'on marque en $S,$, sur le contour de l'ellipse, le point où elle est coupée par le rayon final S,N, je dis que, pour les limites d'amplitude données à nos arcs géodésiques, l'intervalle $S_1 S'_1$ sera négligeable, et que l'arc circulaire SS'_1, ou $D' - D$, sera aussi sensiblement égal en longueur à l'arc elliptique SS' compris entre les mêmes rayons menés du centre N.

184. L'extrême petitesse de l'intervalle SS' peut se pressentir presque sans calcul, par la seule considération des éléments dont il dépend. Et l'on en conclut avec évidence qu'il devra devenir insensible dans les opérations géodésiques, en y restreignant la longueur des arcs A, comme on le pratique toujours. Car d'abord il serait rigoureusement nul si l'excentricité de l'ellipse était nulle, ce qui rendrait e^2 égal à zéro, et ferait coïncider tout l'ellipsoïde avec la sphère osculatrice dont le rayon est N. Ce même intervalle s'évanouirait encore quelle que fût la valeur de e^2, si l'arc SS', ou A, était nul, ce qui rendrait nulle la différence δ des distances polaires de ses extrémités, calculée sur la sphère où on le place. D'après ces deux considérations seulement, l'écartement des deux points S_1, S'_1, devrait déjà être très-petit de l'ordre $e^2 \sin \delta$. Mais la condition de tangence qui a lieu en S l'affaiblit encore davantage, et la rend de l'ordre $e^2 \sin^2 \delta$, comme on pourrait au besoin le constater par un calcul direct, si la théorie générale des contacts ne montrait d'avance qu'il en doit être ainsi. Or, l'excentricité e^2 ayant une valeur très-petite dans les méridiens terrestres, et les arcs géodésiques SS'_1, lorsqu'ils leur sont obliques, étant toujours si petits que la différence δ des distances polaires de leurs extrémités, calculée dans la sphère, ne s'élève presque jamais à $1°$, une quantité de l'ordre $e^2 \sin^2 \delta$ est toujours négligeable dans les résultats qu'on en peut déduire, parce qu'elle s'y confond tant avec les erreurs inévitables des observations qu'avec les effets des irrégularités locales qui rendent la portion de la surface terrestre, à laquelle les triangulations s'appliquent, toujours quelque peu différente d'un ellipsoïde de révolution tout à fait rigoureux.

185. Malgré la certitude géométrique que présentent par elles-mêmes les considérations précédentes, les conséquences qu'elles sont destinées à établir sont si importantes, que je crois utile d'en donner la preuve matérielle, pour le cas où la sphère tangente, décrite du rayon NS, s'écarte le plus rapidement possible de l'el-

lipsoïde, ce qui aura lieu lorsque le point de contact se trouvera placé sur l'équateur même, puisque c'est là que la normale NS diffère le plus du rayon η, qui est osculateur au même point de l'ellipse génératrice. Tel est l'objet de la *fig.* 38. Elle est complétement analogue à la *fig.* 37 ; seulement le point de départ de l'arc SS, y est placé en A, sur le contour de l'équateur à la distance polaire $d = 90°$. Dans ce cas, la normale N a son origine au centre même de l'ellipsoïde, en O ; et sa longueur est égale au demi-grand axe OA, ou a, comme on le déduit de son expression générale. On suppose donc que l'arc géodésique considéré, partant de son origine équatoriale, suivant un azimut i quelconque, a embrassé, sur la sphère, une différence de distances polaires représentée par les portions AS', du cercle tangent. Alors, admettant que cette différence, de chaque côté de l'axe OA, soutende, *au centre de ce cercle*, un angle $S'_{,}OA$, égal, par exemple, à 1 degré sexagésimal, on demande quelle sera la distance des points $S'_{,}$ de la sphère aux points $S_{,}$ de l'ellipsoïde qui sont situés sur le même rayon sphérique ; et aussi, quel sera l'excès de longueur des arcs circulaires $AS'_{,}$, sur les arcs elliptiques $AS_{,}$, rectifiés rigoureusement ? Or, par un calcul très-simple que j'expose dans une Note à la fin de la présente section, on trouve que sur la terre, dans les suppositions précédentes, l'intervalle $S'_{,}S_{,}$, exprimé en toises, sera $3^{T},173$; et que l'arc circulaire $AS'_{,}$ excédera l'arc elliptique $AS_{,}$ de $0^{T},0185$ ou moins de $\frac{1}{100}$ de toise. De telles quantités sont bien légitimement négligeables dans des évaluations pareilles ; et comme elles sont les plus grandes qui puissent se réaliser dans les applications, tant à cause de l'étendue attribuée ici à la différence des distances polaires extrêmes, qu'à cause de la localité où nous la supposons exister, on doit en conclure, en toute assurance : 1° que, pour tous les arcs géodésiques compris entre des parallèles dont l'écart sera au plus de 1 degré, les points $S'_{,}$, où ils se terminent sur la sphère transversalement osculatrice à leur origine, se confondront sensiblement avec les points $S_{,}$ de l'ellipsoïde situés sur les mêmes rayons sphériques ; 2° que la différence des distances polaires extrêmes, *évaluée en arcs de la sphère*, égalera sensiblement en longueur l'arc du méridien elliptique, compris entre ces mêmes rayons.

186. Revenant donc aux *fig*. 36 et 37, négligeons-y le petit intervalle $S_1S'_1$, compris entre l'ellipsoïde et la sphère, sur le rayon sphérique extrême NS'_1. Alors le rayon vecteur NS_1, mené du point N à l'extrémité de l'arc SS_1, devra être considéré comme égal en longueur à la normale N. Mais ce rayon, ainsi dirigé, ne sera plus normal à l'ellipse en S_1. Il y aura en ce point une autre normale elliptique $S_1 N_1$, formant avec l'axe polaire un angle d', lequel, d'après la forme de la développée de l'ellipse, devra être plus grand que $d + \delta$, si ce point extrême S_1 de l'arc géodésique est plus austral que le point de tangence primitif S, comme le représentent nos *fig*. 36 et 37, mais qui sera, au contraire, moindre que d, et même que $d - \delta$, si ce point extrême est plus boréal que S, comme le représente la *fig*. 39. Ainsi, lorsqu'on aura calculé, *sur la sphère*, la différence δ des distances polaires comprises entre les deux extrémités de l'arc géodésique considéré, il faudra déterminer d' en d et δ pour avoir la différence correspondante des distances polaires sur le méridien elliptique terminal. C'est ce que je vais faire, en prenant pour type le *fig*. 36, ou la *fig*. 37 qui n'en est que le rabattement.

D'abord $S_1 N_1$ ou N_1 devant être la longueur de la normale à l'ellipse, pour la distance polaire elliptique d', comme SN ou N l'est pour la distance polaire d, ces deux longueurs auront les expressions générales suivantes :

$$N_1 = \frac{a}{(1 - e^2 \cos^2 d')^{\frac{1}{2}}}; \qquad N = \frac{a}{(1 - e^2 \cos^2 d)^{\frac{1}{2}}}.$$

Maintenant, dans la *fig*. 37, qui nous sert de type, N et N_1 sont les côtés d'un même triangle rectiligne où N_1 est opposé à l'angle $d + \delta$; on aura donc la condition

$$N_1 \sin d' = N \sin (d + \delta),$$

ou, en remplaçant N et N_1 par leurs expressions analytiques,

$$\frac{\sin d'}{(1 - e^2 \cos^2 d')^{\frac{1}{2}}} = \frac{\sin (d + \delta)}{(1 - e^2 \cos^2 d)^{\frac{1}{2}}}$$

Reste à déduire d' de cette relation. C'est à quoi l'on parvient avec facilité en se guidant sur la remarque suivante :

Si l'arc géodésique considéré avait une longueur nulle, ou s'il s'étendait sur un même parallèle, δ serait nul ; et alors, d'après notre équation, d' serait égal à d. Si e^2 était nul, quelle que fût la longueur de l'arc, l'équation donnerait d' égal à $d + \delta$ comme sur la sphère. Ces deux conditions étant indépendantes l'une de l'autre, il n'y a qu'à faire, en général,

$$d' = d + \delta + u,$$

et la quantité complémentaire u sera nécessairement de l'ordre $e^2 \sin \delta$. Ainsi, en l'introduisant comme inconnue, il devra être facile de l'obtenir par les séries, à cause de la petitesse du facteur dont elle dépend.

Pour cela je fais, par abréviation,

$$c = \frac{\sin(d + \delta)}{\left(1 - e^2 \cos^2 d\right)^{\frac{1}{2}}};$$

puis, élevant les deux membres de l'équation au carré, j'en dégage successivement $\sin^2 d'$ et $\cos^2 d'$ sous ces deux formes

$$\sin^2 d' = \frac{c^2(1 - e^2)}{1 - e^2 c^2}; \qquad \cos^2 d' = \frac{1 - c^2}{1 - e^2 c^2}.$$

Or, puisque u est égal à $d' - (d + \delta)$, on aura

$$\sin u = \sin d' \cos(d + \delta) - \cos d' \sin(d + \delta),$$

ou, en mettant pour $\sin d'$ et $\cos d'$ leurs valeurs,

$$\sin u = \frac{c\left(1 - e^2\right)^{\frac{1}{2}} \cos(d + \delta) - \left(1 - c^2\right)^{\frac{1}{2}} \sin(d + \delta)}{\left(1 - e^2 c^2\right)^{\frac{1}{2}}}.$$

Mais, d'après la convention faite tout à l'heure, on a

$$c = \frac{\sin(d + \delta)}{\left(1 - e^2 \cos^2 d\right)^{\frac{1}{2}}}$$

et

$$1 - e^2 = \frac{1 - e^2 \cos^2 d - \sin^2(d + \delta)}{(1 - e^2 \cos^2 d)} = \frac{\cos^2(d + \delta) - e^2 \cos^2 d}{1 - e^2 \cos^2 d}$$

$$= \frac{\cos^2(d + \delta)\left[1 - \dfrac{e^2 \cos^2 d}{\cos^2(d + \delta)}\right]}{1 - e^2 \cos^2 d}.$$

Substituant ces deux quantités dans l'expression de $\sin u$, après avoir pris la racine carrée de la seconde, le produit $\sin(d + \delta)\cos(d + \delta)$ devient facteur commun du numérateur; et, en le séparant, on a

$$\sin u = \sin(d + \delta)\cos(d + \delta) \frac{\left\{(1 - e^2)^{\frac{1}{2}} - \left[1 - \dfrac{e^2 \cos^2 d}{\cos^2(d + \delta)}\right]^{\frac{1}{2}}\right\}}{(1 - e^2 \cos^2 d)^{\frac{1}{2}}(1 - e^2 e^2)^{\frac{1}{2}}}.$$

Le seul aspect de cette expression montre que le facteur du numérateur, qui est compris entre les parenthèses, est de l'ordre e^2. Si donc on consent à négliger les termes d'ordres supérieurs, dont l'effet déjà très-faible, même sur la longueur totale des rayons terrestres, va se trouver encore ici atténué par le facteur $\sin \delta$, on pourra faire e^2 nul dans les facteurs du dénominateur; et, en développant le numérateur seul, jusqu'aux quantités de l'ordre e^2 inclusivement, il deviendra

$$1 - \tfrac{1}{2} e^2 - 1 + \tfrac{1}{2} \frac{e^2 \cos^2 d}{\cos^2(d + \delta)} = \tfrac{1}{2} \frac{e^2 [\cos^2 d - \cos^2(d + \delta)]}{\cos^2(d + \delta)}$$

$$= \tfrac{1}{2} \frac{e^2 \sin(2d + \delta) \sin \delta}{\cos^2(d + \delta)}.$$

Alors, en l'associant au facteur extérieur, on aura simplement

$$\sin u = \tfrac{1}{2} e^2 \tang(d + \delta) \sin(2d + \delta) \sin \delta.$$

Cette expression est exacte jusqu'aux quantités de l'ordre e^2; mais la petitesse de l'arc δ permet encore habituellement d'y négliger les puissances de δ supérieures à la première, et de conclure u de $\sin u$ par simple proportionnalité. On a alors

$$u = \delta e^2 \sin^2 d\,;$$

et par suite,

$$d' = d + \delta + \delta e^2 \sin^2 d = d + \delta(1 + e^2 \sin^2 d).$$

Ainsi, lorsqu'on aura calculé la différence δ des distances polaires, exprimée en parties de la graduation du cercle sur la sphère dont le rayon est N, pour l'arc géodésique A que l'on aura considéré, il suffira de la multiplier par le facteur $(1 + e^2 \sin^2 d)$ pour avoir la différence correspondante sur l'ellipsoïde. Le produit sera additif à la distance polaire primitive d, si δ est positif, c'est-à-dire si l'extrémité de l'arc géodésique considéré est plus australe que son origine. Il sera soustractif de la distance d dans le cas contraire, comme on l'aurait trouvé directement si l'on avait pris celui-ci pour type du calcul, ainsi que le représente la *fig.* 39.

187. Afin d'apprécier la petitesse de cette correction, ce qui justifiera les limites d'évaluation auxquelles nous l'avons restreinte, calculons la valeur de son coefficient $e^2\delta$ en donnant à l'arc δ la valeur extrême de $1°$ ou $3600''$. Alors, en donnant à e^2 la valeur moyenne que nous lui avons trouvée page 221, nous aurons

$$\log \delta'' = 3,5563025$$
$$\log e^2 = \overline{3},8039924$$
$$\log e^2 \delta'' = 1,3602949 \quad \text{d'où} \quad e^2 \delta'' = 22'',924.$$

La correction dont il s'agit sera donc toujours petite dans ce cas même, puisqu'elle doit être multipliée par le facteur $\sin^2 d$ qui l'affaiblira généralement. Elle est toutefois bien loin d'être négligeable. On voit que sa valeur absolue dépend de celle que l'on attribue à e^2, c'est-à-dire à $2\varepsilon - \varepsilon^2$, ε étant l'aplatissement de l'ellipsoïde. Elle sera par conséquent affectée des incertitudes qui peuvent rester encore sur l'évaluation moyenne de cet élément ; mais elle le sera bien plus encore par les accidents de localité qui peuvent le rendre notablement différent de sa valeur générale, dans la région où l'on opère.

Pour cette évaluation, j'ai supposé l'arc δ donné en secondes de degré ; mais le calcul géodésique le donne en unités de longueur, sur la sphère dont le rayon est la normale N à l'origine de l'arc mesuré. Soit cette longueur Δ, on en déduira

$$\delta'' = \frac{\Delta R''}{N}, \qquad \text{en faisant} \qquad N = \frac{a}{(1 - \varepsilon^2 \cos^2 d)^{\frac{1}{2}}}.$$

La petitesse du rapport $\frac{\Delta}{a}$ y rendra toujours très-peu sensible l'effet des incertitudes qui peuvent exister dans l'évaluation du demi-grand axe a de l'ellipsoïde qui s'adapterait le mieux à la configuration de la surface terrestre dans chaque localité considérée; mais elles pourront devenir sensibles, sur l'étendue d'un très-grand arc méridien, si après y avoir transporté de proche en proche la distance polaire d de son origine, en lui appliquant les corrections successives $\varepsilon^2 \delta'' \sin^2 d$ qui servent à passer de la distance polaire sphérique à la distance polaire elliptique immédiatement consécutive, on compare cette distance polaire finale à celle que l'on peut déterminer astronomiquement par l'observation.

188. J'emploierai l'expression de $\sin u$, sous sa première forme moins restreinte, pour justifier l'énoncé numérique que j'ai donné dans la page 196. Concevons une triangulation géodésique établie dans le sens d'un même méridien, et ayant son origine boréale sur le parallèle elliptique où la distance du pôle au zénith est $45°$. Je suppose que, par une exagération ayant seulement pour but une épreuve fictive, on veuille appliquer sur la première sphère osculatrice, toute la longueur de l'arc conclu, que je ferai de $13°$. On demande quel sera, à l'extrémité de l'arc, l'angle compris entre la normale réelle et la sécante menée du centre de la sphère à cette même extrémité ?

D'après l'énoncé qui précède, on aura ici, pour données de calcul,

$$d = 45°, \qquad \delta = 13°, \qquad d + \delta = 58°, \qquad 2d + \delta = 103°.$$

Alors, en adoptant la valeur de ε^2, employée dans l'exemple précédent, la valeur de $\log \sin u$ s'obtiendra de la manière suivante :

$$\log \operatorname{tang} (d + \delta) = 0,2042108$$
$$\log \sin (2d + \delta) = \overline{1},9994044$$
$$\log \sin \delta = \overline{1},3520880$$
$$\log \tfrac{1}{2} c^2 = \overline{3},5029624$$

donc $\qquad \log \sin u = \overline{3},0586656$ et, par suite, $u = 3'56'',1$.

Rien ne saurait faire mieux sentir combien peu l'ellipsoïde terrestre diffère d'une sphère exacte, que la petitesse de l'angle formé ainsi, entre le rayon d'une de ses sphères originairement osculatrices, et sa normale réelle à l'extrémité d'un si grand arc méridien.

189. Revenons maintenant à la *fig.* 36, et achevons de reporter sur l'ellipsoïde l'angle au pôle p, ainsi que l'azimut $pS'_1 S$, calculé sur la sphère du rayon N. Le premier de ces éléments n'a besoin d'aucune réduction, puisque les plans des deux méridiens pS, pS'_1 de notre sphère coïncident rigoureusement avec ceux de l'ellipsoïde, auquel elle est transversalement osculatrice en S. Mais l'azimut sphérique $pS'_1 S$ sera mathématiquement différent de l'azimut elliptique $PS_1 S$: d'abord, parce que le point S'_1 de la sphère sera tant soit peu au-dessus du point S_1 de l'ellipsoïde situé sur le même rayon sphérique NS'_1; puis, parce que les tangentes menées de ce dernier point au méridien elliptique, et à l'arc sphéroïdique $S_1 S$, ne coïncideront pas exactement avec les tangentes menées de S'_1 aux arcs sphériques $S'_1 p$, $S_1 S$.

Toutefois, sans avoir besoin de calculer l'effet de ces circonstances sur l'évaluation de l'azimut elliptique $PS_1 S$, on peut aisément voir qu'il ne différera de l'azimut sphérique $pS'_1 S$, que par des quantités négligeables. Car d'abord nous pouvons négliger l'intervalle des deux points S_1, S'_1 que nous avons vu être de l'ordre $c^2 \sin^2 \delta$, et presque insensible dans ses valeurs extrêmes. Quant à l'écart angulaire des tangentes, nous voyons, en premier lieu, que, dans le méridien terminal, il sera égal au petit angle u ou $c^2 \delta \sin^2 d$ que nous venons d'évaluer. Dans la direction de la ligne géodésique tracée sur l'ellipsoïde, cet écart sera aussi de l'ordre $c^2 \delta$. Car d'abord il deviendrait évidemment nul si δ était nul, c'est-à-dire si l'arc géodésique se réduisait à une longueur nulle, ou s'il s'étendait exactement sur le parallèle de son origine S; et il serait nul encore, quelle que fût sa longueur, si e' était nul, ce qui ferait coincider l'ellipsoïde avec la sphère décrite du rayon N sur laquelle l'azimut sphérique pS',S est calculé. Ceci reconnu, nommons Z, l'azimut elliptique, et Z', l'azimut sphérique, puis proposons-nous de déduire celui-ci du précédent. Ce sera un problème de réduction à l'horizon, exactement pareil à celui que nous avons résolu, page 95, pour avoir l'angle sphérique correspondant à un angle observé dans un plan oblique au rayon de la sphère. D'après la formule trouvée pour ce cas, la différence de l'angle oblique à l'angle sphérique se compose de deux termes, respectivement proportionnels aux carrés des sinus de la demi-somme et de la demi-différence des deux dépressions angulaires. Or, nous venons de reconnaître que ces dépressions seront ici toutes deux de l'ordre e^2d; les carrés dont il s'agit seront donc de l'ordre e^4d^2, conséquemment négligeables. Ainsi l'azimut elliptique Z, pourra toujours être pris comme égal à l'azimut sphérique Z', sans aucune réduction, dans les circonstances où les mensurations géodésiques sont toujours faites.

190. Il ne reste plus qu'à résumer tous ces résultats, dans leur application aux divers problèmes que nous avons résolus sur une sphère rigoureuse, afin d'en conclure les formules qui résolvent les mêmes cas sur le sphéroïde terrestre réel, considéré comme un ellipsoïde de révolution, dont l'excentricité très-petite a son carré exprimé par e^2. Cela n'exigera que quelques modifications extrêmement faciles et simples, dans les formules [1], [2], [3] et [4], établies pages 158 et suivantes pour une sphère unique, en traitant les diverses questions graphiquement indiquées dans les *fig.* 24–27. Afin d'épargner ici des répétitions inutiles, je supposerai que le lecteur se reporte à ces antécédents.

D'abord, le rayon R de nos sphères devra généralement être remplacé dans toutes ces formules par la longueur N de la normale locale, menée à l'origine de l'arc A, où la distance d du pôle au zénith elliptique est censée connue. L'expression de ce rayon sera donc

$$N = \frac{a}{(1 - e^2 \cos^2 d)^{\frac{1}{2}}},$$

Il n'y aura pas d'autre modification à faire dans la formule [1] qui donne la portion d'arc méridien $D' - D$, comprise entre les deux parallèles menés aux deux extrémités boréale et australe de l'arc A. La longueur de ce segment sur le méridien elliptique, comme sur la sphère osculatrice à l'origine de l'arc, sera également

$$[1] \quad D' - D = A \cos i + \frac{1}{2} \frac{A^2}{N} \frac{\sin^2 i}{\tang d} - \frac{1}{6} \frac{A^3}{N^2} \left(1 + \frac{3}{\tang^2 d} \right) \cos i \sin^2 i.$$

L'azimut i est supposé donné autour du méridien local mené par l'origine de l'arc A, et il est à peine nécessaire de rappeler que la longueur N devra être exprimée en unités de longueur de même espèce que celles qui sont employées pour cet arc.

$D' - D$ étant ainsi connu, $\left(\dfrac{D' - D}{N} \right) R''$ sera la quantité angulaire qu'il faut ajouter à la distance polaire primitive d pour avoir, *sur la sphère*, la distance polaire de l'extrémité de l'arc A, comptée à partir du rayon central mené à cette extrémité. Je la désignerai par d', comme je l'ai fait précédemment. Mais, pour avoir la distance polaire de cette même extrémité comptée à partir de la normale elliptique qui y correspond, distance que je nommerai $d'_{,}$, il faudra multiplier la différence précédente par le facteur $1 + e^2 \sin^2 d$. On aura donc

Distance polaire de l'extrémité de l'arc A :

1°. Sur la sphère qui est osculatrice à l'origine de cet arc,

$$d' = d + \left(\frac{D' - D}{N} \right) R'';$$

2°. Sur l'ellipsoïde,

$$d'_{,} = d + \left(\frac{D' - D}{N} \right) R'' (1 + e^2 \sin^2 d);$$

en prenant, dans les deux formules,

$$\log R'' = 5,3144251.$$

Les quantités additives à la distance polaire primitive d, dans ces formules, se trouveront ainsi exprimées en secondes de degré ; et il faudra toujours les associer à d, avec le signe propre que la différence $D' - D$ leur donnera.

L'azimut transporté i', et l'angle polaire p, se calculeront par les formules [2] et [3] qui les donnent sur la sphère avec les valeurs de i, de d et de d'. Seulement l'arc z qui, dans ces formules, représente $\dfrac{A}{R}$, devra être remplacé par $\dfrac{A}{N}$, si on l'exprime en parties du rayon de la sphère centrale pris pour unité, et par $\dfrac{A}{N} R''$, si on veut l'exprimer en secondes de degré. Faisant donc généralement

$$\alpha = \frac{A}{N}, \quad \text{et} \quad \alpha'' = \frac{A}{N} R'',$$

on aura d'abord, sans autre modification, par la formule [2] de la page 160,

$$[2] \quad \sin(i - i') = 2 \frac{\cos\frac{1}{2}(d' + d)\cos\frac{1}{2}(d' - d)}{\sin d'} \sin i \, \mathrm{tang}\tfrac{1}{2}z.$$

Quand la différence $i - i'$ sera ainsi obtenue en secondes de degré, on en conclura

$$i' = i - (i - i'');$$

alors i' étant connu, on aura l'angle polaire p, par l'une ou l'autre des formules [3], page 163, lesquelles donneront

$$[3] \quad \sin p = \frac{\sin i}{\sin d'}\sin\alpha, \quad \text{ou encore} \quad \sin p = \frac{\sin i'}{\sin d}\sin z.$$

Si, au lieu de ces formules finies, on veut employer leurs développements, on les en déduira sous la même forme où nous les avons obtenues pour la sphère, puisqu'elles n'offrent de différence que dans la spécification du rayon R, qui s'y trouve remplacé par sa valeur locale N.

Il n'y a pas plus de difficulté pour adapter à l'ellipsoïde la formule [4] de la page 166, qui donne les portions d'arcs de parallèle, et que nous avions établie sur le type de la *fig.* 27. Reportant donc les éléments du même problème sur la *fig.* 36 relative à l'ellipsoïde, j'y trace d'abord, à partir de l'origine S de l'arc, le segment de parallèle SΠ, limité au méridien final PS₁. Se trouvant ainsi placé sur notre sphère osculatrice, on l'obtiendra immédiatement par la formule citée, en se bornant à y remplacer le rayon R de la sphère par sa valeur actuelle N. On aura donc ainsi :

Longueur du segment de parallèle, compris sur l'ellipsoïde, entre les méridiens extrêmes de l'arc A, cette longueur étant mesurée à la distance polaire d de son origine S,

$$[4] \qquad S\Pi = \frac{A \sin i \sin d}{\sin d'} - \frac{1}{6} \frac{\sin i \sin d \sin(d' + i) \sin(d' - i)}{\sin^3 d'} \frac{A^3}{N^2};$$

i est l'azimut initial de l'arc A, compté de l'équateur vers le pôle, et d' est la distance polaire de son extrémité, calculée sur la sphère par l'expression rappelée ci-dessus.

Soient r le rayon de la circonférence qui constitue un parallèle de notre ellipsoïde à la distance polaire d; r_n le rayon analogue pour toute autre distance polaire d_n. Les arcs interceptés sur ces circonférences par deux méridiens donnés, seront proportionnels en longueur à ces rayons, puisqu'ils devront soutendre le même angle au centre de chacune d'elles. En conséquence, si l'on désigne par $S_n \Pi_n$ ce que deviendrait ici $S\Pi$ étant mesuré sur l'ellipsoïde à la distance polaire d_n, on aura

$$S_n \Pi_n = S\Pi \frac{r_n}{r}.$$

Maintenant, plaçons notre ellipse génératrice dans le plan de la *fig.* 40; et, ayant marqué sur son contour deux points S, S₍ₙ₎, situés aux distances polaires respectives d, d_n, menons en ces points deux normales terminées à l'axe polaire; elles formeront respectivement avec lui ces mêmes angles, par définition; et, en nommant N, N₍ₙ₎ leurs longueurs, on aura

$$N = \frac{a}{(1 - e^2 \cos^2 d)^{\frac{3}{2}}}; \qquad N_n = \frac{a}{(1 - e^2 \cos^2 d_n)^{\frac{3}{2}}}.$$

Par les points S, S₍ₙ₎ menons à l'axe polaire deux perpendiculaires que nous terminerons à cet axe; ce seront les rayons r, r_n des parallèles de ces deux points. Or, leur relation de position avec les normales donne évidemment

$$r = \mathrm{N} \sin d, \qquad r_{\scriptscriptstyle n} = \mathrm{N}_{\scriptscriptstyle n} \sin d_{\scriptscriptstyle n};$$

expressions dans lesquelles d et $d_{\scriptscriptstyle n}$ sont des distances polaires elliptiques. Multipliant donc l'arc SH par le rapport de ces valeurs, nous aurons :

Longueur du segment de parallèle, compris sur l'ellipsoïde entre les méridiens extrêmes de l'arc A, cette longueur étant mesurée à la distance polaire elliptique $d_{\scriptscriptstyle n}$,

$$[4] \quad \mathrm{S}_{\scriptscriptstyle n} \mathrm{H}_{\scriptscriptstyle n} = \mathrm{A}\, \frac{\mathrm{N}_{\scriptscriptstyle n} \sin i \sin d_{\scriptscriptstyle n}}{\mathrm{N} \sin d'} - \frac{\imath}{6} \frac{\sin i \sin d_{\scriptscriptstyle n} \sin(d'+i) \sin(d'-i)}{\sin^3 d'} \frac{\mathrm{A}^3 \mathrm{N}_{\scriptscriptstyle n}}{\mathrm{N}^2}.$$

i est toujours l'azimut initial de l'arc A, et d' est la distance polaire de son extrémité calculée sur la sphère osculatrice à son origine, comme précédemment. Sur une sphère, les normales N, N$_{\scriptscriptstyle n}$ seraient toutes deux égales au rayon R, ce qui reproduirait la formule de transport établie pour ce cas, page 167. Mais, sur l'ellipsoïde, leurs longueurs changent avec la distance polaire, et le segment de parallèle, intercepté entre les mêmes méridiens, se trouve modifié par ces variations.

494. Les formules [1], [2], [3], [4], transportées ainsi à l'ellipsoïde, donnent tous les résultats que l'on y peut déduire d'un seul arc géodésique dont on connaît la distance polaire initiale vraie d, l'azimut initial i, et la longueur A. Pour les appliquer aux côtés consécutifs d'une triangulation continue, il faut se procurer les mêmes éléments de calcul propres à chacun d'eux. Désignons les stations consécutives par S, S$_1$, S$_2$, ..., et nommons A, A$_1$, A$_2$,... les longueurs des arcs sphériques interceptées entre elles, longueurs qui sont connues par la résolution des triangles principaux. On a d'abord déterminé astronomiquement en S la distance d du pôle au zénith, et l'azimut i; mais, parvenu en S$_1$, il faut y obtenir les deux éléments analogues par déduction. Le premier sera la distance polaire elliptique d'_1 rapportée à la normale réelle de S$_1$; elle se conclut des éléments A, i, d, combinés avec la correction d'ellipticité dépendante de e^2. Le second est l'azimut initial de l'arc A$_1$, compté du méridien propre de S$_1$. Pour l'obtenir, on calcule d'a-

bord l'azimut de S sur l'horizon de S_1, en le déduisant de l'angle i', déterminé sur la sphère osculatrice précédente, cet angle pouvant être transporté en S_1, et appliqué sur l'ellipsoïde sans aucune correction. Ce résultat, combiné avec l'angle sphérique SS_1S_2 qui a été observé en S_1, donne l'azimut du côté S_1S_2, ou A_1, autour du méridien de cette station. La longueur A_1 est connue. On se retrouve donc en S_1 avec le même système de données qu'on avait en S, et on les combine, par les formules, de la même manière. Cela conduit à la station suivante S_2, puis à S_3, et ainsi indéfiniment sur toute l'étendue de la triangulation. Le transport des éléments astronomiques primitifs d, i, ne souffre d'incertitude que dans l'emploi qu'on y fait de la petite correction dépendante de c^2, par laquelle on rapporte les distances polaires sphériques aux normales vraies, en passant de chaque station à la station suivante. Car, cette correction étant calculée d'après la valeur de c^2 qui convient à la configuration générale du sphéroïde terrestre, elle ne tient pas compte des anomalies qui pourraient occasionnellement écarter les normales locales de la direction régulière qu'on leur attribue. Lorsqu'il s'agit d'un arc méridien, ces accidents ne sauraient produire que des différences très-faibles, ou insensibles, dans l'évaluation de sa longueur. Car, d'abord, dans l'expression des segments consécutifs, le terme principal $A \cos i$ pouvant se mettre sous la forme $A - 2A \sin^2 \frac{1}{2} i$, les petites variations supposables de l'angle i changeront à peine sa valeur, d'autant que, dans un tel cas, la direction générale du réseau permet toujours d'y choisir des côtés médiocrement inclinés sur le méridien. Après celui-là, les éléments transportés d, i, n'entrent plus que dans les termes correctifs qui le complètent, et qui, étant toujours très-petits, seront très-peu modifiés par de faibles variations qui s'y introduiraient. Or, la somme de ces segments qui compose l'arc total, est le résultat spécial, et presque unique, que l'on veut alors conclure des formules, pour le comparer à la différence des distances polaires, comprises entre les stations extrêmes, laquelle se détermine toujours par observation. L'influence de l'angle i est plus grande sur un arc de parallèle, où il entre dans chaque segment par le facteur principal $A \sin i$, indépendamment des termes correctifs qui le contiennent encore. Mais c'est surtout dans les valeurs absolues de i, obtenues à l'extrémité d'un long réseau de triangles, que l'existence des irrégularités locales peut se manifester le plus évidemment. Car le transport qu'on y fait de l'azimut initial i s'opère au moyen des évaluations successives des distances polaires d' et $d'_{,}$, transportées de chaque station à la suivante avec la correction d'ellipticité régulière qui dépend de e^2, laquelle entre tout entière dans ces évaluations. Il pourrait donc en résulter que l'azimut final du dernier côté d'une chaîne de triangles, dirigée suivant un méridien ou un parallèle, étant calculé par nos formules, se trouvât différer sensiblement de la valeur réelle que l'observation lui assigne ; et cette différence décèlerait l'existence d'irrégularités locales entre les deux stations extrêmes pour lesquelles le dernier azimut aurait été conclu du premier. Pour une pareille épreuve, les valeurs successives de $i - i'$ devraient être évaluées entre chaque couple de stations consécutives au moyen de la formule rigoureuse qui donne $\sin(i - i')$; et il ne serait pas, je crois, avantageux de chercher, par des développements, la relation immédiate du premier au dernier azimut, parce qu'il serait difficile, dans une transmission un peu prolongée d'approximations, d'apprécier l'influence relative des termes que l'on conserve et de ceux que l'on néglige, aussi bien qu'on peut le faire successivement sur chacune des sphères osculatrices auxquelles on n'applique qu'un seul arc toujours très-petit.

192. Lorsqu'on a obtenu, par la formule [4], tous les segments interceptés dans une triangulation dirigée à peu près sur un même parallèle, et qu'on les a transportés tous sur un parallèle commun situé à la distance polaire elliptique d_n peu distante de leur direction générale, leur somme, que je désignerai par Π_a, donne l'arc total de ce parallèle qui est compris entre les méridiens des stations extrêmes. En le divisant par le rayon elliptique du même parallèle, qui est $N \sin d_n$, le quotient $\dfrac{\Pi_a}{N \sin d_a}$ exprime l'arc soutendu à son centre C_m, fig. 40, sur une circonférence d'un rayon égal à l'unité de longueur. Donc, si l'on nomme I'' l'amplitude angulaire de cet arc

central, exprimé en secondes de degré, on aura

$$I'' = \frac{\Pi_a}{N \sin d_a}.R'';$$

I'' représente alors l'angle dièdre compris entre les méridiens des stations extrêmes, exprimé en parties de la même graduation. Or cet angle, conclu des mesures géodésiques, peut être soumis à une comparaison astronomique, analogue à celle qu'on applique aux arcs méridiens, mais qui, malheureusement, comporte beaucoup moins de précision.

193. Pour cela, il faut se rappeler les notions établies dans les chapitres XI et XV du volume précédent, sur l'uniformité du mouvement diurne de la sphère céleste, ainsi que l'emploi de sa révolution pour constituer l'unité de temps que l'on appelle le jour sidéral. Si l'on définit, dans chaque lieu, l'origine de ce temps par le passage méridien d'une étoile absolument fixe, ou rendue idéalement telle par les petites corrections que j'ai annoncées, pages 327, sous les noms de *précession*, d'*aberration* et de *nutation*, l'angle dièdre décrit par le cercle horaire de cette même étoile mesurera, pour chaque observateur, les parties du temps écoulées depuis son passage méridien; et cet angle lui sera indiqué à chaque instant, par son horloge, s'il a déterminé soigneusement la marche de celle-ci, en la comparant au mouvement du ciel par des observations de passages, comme cela a été expliqué au chapitre XI. Concevons maintenant deux observateurs établis aux deux stations extrêmes S_o, S_a du parallèle calculé, munis tous deux d'horloges exactement réglées comme je viens de le dire, et comptant tous deux le temps sidéral à partir du passage de la même étoile à leur méridien. Désignons par I'' le nombre de secondes de degré qui exprime l'angle dièdre compris entre ces plans, et supposons S_a plus occidental que S_o. Lorsque l'étoile prise pour signal céleste, passera au méridien de S_a, elle se trouvera à l'occident du méridien de S_o, et son cercle horaire s'en sera éloigné, dans ce sens, d'un nombre de secondes de temps sidéral égal à $\frac{I''}{15}$, puisque la vitesse de son mouvement uniforme lui fait décrire les 360° de sa révolution entière en vingt-quatre heures de

ce même temps. Donc, en général, si l'on nomme H_a, H_o les temps absolus que les deux observateurs comptent simultanément sur leur propre horloge, *à un même instant physique*, on aura toujours

$$H_a + \frac{I''}{15} = H_o.$$

D'après cela, si l'on pouvait connaître, pour un même instant quelconque, la différence $H_o - H_a$, l'angle I'' se déduirait de cette égalité. C'est à quoi l'on parvient en faisant apparaître entre les deux stations un signal soudain, visible de l'une et de l'autre, tel que le produit l'inflammation d'une petite quantité de poudre. Car l'instant de l'apparition étant noté par chaque observateur sur sa propre horloge, la différence de ces indications donne $H_o - H_a$. Si ces identifications pouvaient se faire avec une parfaite rigueur, une seule suffirait. Mais, comme elles comportent inévitablement quelque incertitude, on réitère la même épreuve un grand nombre de fois, à des instants fixés, en les espaçant par des intervalles de temps convenus d'avance, et l'on atténue, par compensations, les erreurs partielles, en prenant la moyenne de tous les résultats ainsi obtenus. Ayant donc ainsi $H_o - H_a$, on en conclut

$$I'' = 15\,(H_o - H_a).$$

Cette évaluation astronomique de I'' peut alors être comparée à son évaluation géodésique (*). Or, celle-ci est déduite de la longueur de l'arc mesuré, combinée avec sa distance polaire observée et avec les éléments a, e^2, de l'ellipse qui représente la forme générale des méridiens terrestres. L'accord ou la discordance des deux résultats apprend donc si, sur le segment de parallèle où l'on a opéré, la configuration de la surface terrestre s'identifie exactement avec l'ellipsoïde régulier de révolution qui représente son ensemble, ou si elle en diffère localement. Mais, pour bien apprécier l'étendue de ces écarts, lorsque le calcul les accuse, et même en constater sûrement la réalité, il faut discuter l'influence des erreurs de détail

---

(*) Dans les pages suivantes, on a imprimé par erreur $H_a - H_o$, au lieu de $H_o - H_a$; il faut intervertir les indices pour avoir cette différence positive comme on l'a supposée.

qui pourraient fausser la comparaison, en altérant les valeurs des éléments observés sur lesquelles on l'établit.

194. L'évaluation géodésique de I″ offre peu d'incertitude. Ses éléments sont, 1° les distances polaires des stations extrêmes qui se déterminent astronomiquement avec beaucoup de précision; 2° la longueur de l'arc. Elle se conclut d'une triangulation, ordinairement appuyée sur plusieurs bases qui donnent la longueur absolue de ses côtés principaux, qu'elles vérifient par leur déduction mutuelle. Les segments du parallèle qui la traversent se calculent avec exactitude d'après ces éléments, au moyen des formules que nous avons établies, en supposant qu'on ne les tronque point par des simplifications hasardées, qui pourraient diminuer leur précision; 3° enfin, les éléments a, e^2, de l'ellipse générale sont connus, avec une approximation qui suffit certainement pour assurer les petites corrections qui en dépendent. La valeur de I″, obtenue ainsi, représente donc bien l'amplitude vraie que devrait occuper l'arc mesuré du parallèle, en l'appliquant sur l'ellipsoïde terrestre, considéré dans la régularité abstraite de sa configuration générale. On peut donc légitimement l'employer comme premier terme de la comparaison.

Mais l'évaluation astronomique de I″, par les différences des temps absolus, ne comporte pas, à beaucoup près, autant de sûreté. D'abord son expression montre qu'une erreur de 1ˢ de temps, commise dans l'appréciation de $H_a - H_o$, en produit une de 15″ de degré sur sa valeur. Or, les erreurs de cette appréciation se composent, 1° de celles qu'on peut commettre sur l'évaluation du temps absolu dans chaque station où les signaux instantanés s'observent; 2° de l'application qu'on fait à chaque horloge du phénomène perçu, soit qu'on l'effectue directement, ou en y transportant l'époque de la perception par l'intermédiaire d'un chronomètre; 3° de l'inégalité qui existe entre le jugement que chaque observateur porte sur l'époque comptée du phénomène perçu. Car, dans les observations qui se font, par exemple, avec l'instrument des passages, on a remarqué que l'occultation des étoiles, par chaque fil du réticule, est rapportée, par différents observateurs, à des temps quelque peu différents de l'horloge qu'ils écoutent; ce qui produit une inégalité d'identification à laquelle il devient nécessaire d'avoir égard, dans des déterminations précises de temps absolu. Cette circonstance affectera donc l'intervalle $H_a - H_o$, d'une erreur constante pour chaque couple d'observateurs, si on ne l'a pas spécialement mesurée *pour eux*, par des expériences préalables, ou si l'on n'a pas constaté que son résultat devient insensible par opposition, dans leurs observations simultanées du signal intermédiaire. Les effets des trois causes d'erreur que nous venons d'énumérer, devenant quinze fois plus grands dans l'évaluation astronomique de $1''$, elle est nécessairement beaucoup moins sûre que l'évaluation géodésique; et il faut apprécier, avec une sévère critique, la part qu'elles peuvent avoir dans les différences que ces deux déterminations présentent, avant d'en conclure qu'elles décèlent des anomalies locales réelles dans la configuration du parallèle mesuré.

195. Peut-être améliorerait-on les observations du signal instantané, en substituant aux feux de poudre, les éclipses réciproques de lampes à courant d'air, munies de réflecteurs, qui seraient fixement établies dans chaque station. Elles seraient occultées par la chute d'un écran métallique, tombant d'une hauteur suffisante pour donner à leur disparition une durée sensiblement nulle, ou que sa constance permettrait d'évaluer. L'observation se ferait, à chaque station, avec une lunette fixe dirigée vers l'autre. Le signal serait successivement donné et reçu, dans toutes deux, à des époques fixées, se succédant par des intervalles de temps convenus d'avance, ce qui permettrait de réunir un très-grand nombre d'observations réciproques en fort peu de jours. Le mode d'identification de la perception et du temps, propre à chaque observateur, et qu'on appelle *son équation personnelle*, se conclurait d'expériences préalables, faites simultanément par tous deux dans une même station, où ils observeraient et reporteraient à la même horloge les éclipses soudaines qu'un aide opérerait dans l'autre.

196. Supposant l'amplitude astronomique $1''$ déterminée par ce procédé ou par d'autres analogues, soit pour l'étendue totale de l'arc mesuré, soit pour les divers segments dans lesquels on subdiviserait sa longueur par des stations intermédiaires, on en pourra conclure proportionnellement la longueur d'un degré du

I.	II.	III.	IV.	V.	VI.	VII.	VIII.
NUMÉROS d'ordre des segments consécutifs.	LIMITES DES ARCS.	LEUR AMPLITUDE astronomique, déterminée par les feux de poudre, et exprimée en temps sidéral : H.	LES MÊMES, converties en arcs en multipliant leurs parties du temps par le facteur 15. $15 H$.	AMPLITUDES des mêmes arcs, mesurées géodésiquement, exprimées en mètres et ramenées à la distance polaire commune $44° 16' 48''$: B.	LONGUEUR du degré du parallèle donné, par chaque intervalle, à la distance polaire commune $44° 16' 48''$: $D° = \frac{3600\,B}{15\,H^2}$.	EXCÈS de chaque degré partiel sur le degré moyen conclu de l'arc total.	CORRECTION qu'il faudrait faire dans l'amplitude astronomiq. H de chaque segment, évaluée en temps sidér., pour détruire leur excès prop. sur le degré moyen.
1	Marennes-Saint-Preuil..	0. 3.48,990	0.57.14,850	74414,958	77992,872	+ 89,859	+0,26413
2	Saint-Preuil-Sauvaguac.	0. 6.23,094	1.35.46,410	124194,791	77805,320	— 97,693	—0,48041
3	Sauvaguac-Isson..	0. 6.51,391	1.42.50,865	133359,090	77799,935	—103,078	—0,54433
4	Isson-Genève.	0.11.57,820	2.59.27,300	233111,083	77939,490	+ 36,477	+0,33611
5	Genève-Milan.	0.12. 9,570	3. 2.23,550	236741,475	77878,672	— 24,341	—0,22796
6	Milan-Padoue.	0.10.45,383	2.41.20,745	209279,518	77825,254	— 77,759	—0,64419
7	Padoue-Fiume (Jardin Scarpa) ..	0.10.13,356	2.33.23,040	199571,635	78067,472	+164,459	+1,29522
Éléments relatifs à l'arc total.		1. 2. 9,784	15.32.26,760	1210672,550	77903,613		

parallèle considère. Pour cela, nommons H' la différence $H_s - H_n$ exprimée en secondes de temps sidéral ; en sorte que I'' soit égale à $15H'$. Alors, Π étant la longueur mesurée qui correspond à l'amplitude I'', la longueur d'un degré sera $\dfrac{3600''\Pi}{15H'}$. En supposant les éléments de cette détermination exempts de toute erreur, le produit ainsi obtenu devrait être constant sur tout le contour d'un même parallèle, soit qu'il fût conclu de l'arc entier ou de ses segments ; et s'il ne l'était pas, on devrait en conclure que la configuration de la surface terrestre s'y écarte de sa régularité générale, propre à un sphéroïde de révolution rigoureux. Il sera toujours important de faire cette épreuve. Mais, si les valeurs des degrés, ainsi calculées par les divers segments de l'arc, présentent des différences entre elles, il faudra, avant d'en inférer l'existence d'anomalies locales, examiner si ces différences sont assez fortes pour ne pas pouvoir provenir des seules erreurs d'observation qui affectent les divers éléments d'où on les déduit.

197. Le plus grand arc de parallèle que l'on ait jusqu'à présent mesuré, traverse une triangulation continue, établie à peu près sur le 45e degré de distance polaire, ayant son extrémité occidentale sur les côtes de l'Océan, près de Bordeaux, et son extrémité orientale près de la ville de Fiume, en Istrie. C'est sur cette même ligne qu'ont aussi été faites un grand nombre d'expériences sur la longueur du pendule, rapportées à la fin de notre tome II, p. 482 ; de sorte que ces expériences s'y associent aux déterminations géodésiques, aussi complétement que sur l'arc de méridien qui s'étend depuis la petite île d'Unst, dans l'archipel des Shetland, jusqu'à celle de Formentera, arc dont les Anglais ont mesuré, ou achèvent de mesurer, la partie boréale.

Cette grande mesure de parallèle, d'abord projetée en France, a été exécutée, dans ses diverses parties, par des observateurs très-habiles appartenant aux différents États que l'arc devait traverser. C'étaient, pour la France, feu le colonel Brousseaud, ayant sous ses ordres des officiers pris dans le corps des ingénieurs-géographes ; pour la Savoie, M. Plana, l'astronome royal de Turin ; pour l'Autriche, M. Carlini, de l'observatoire de Milan ; et des officiers sous les ordres de M. le colonel Fallon, directeur du bureau topographique de Vienne. L'amplitude géodésique a été appuyée sur deux bases extrêmes, l'une occidentale, mesurée dans les landes de Bordeaux; l'autre orientale, mesurée sur les bords du Tesin. Les amplitudes astronomiques de l'arc entier et de plusieurs de ses segments ont été déterminées par des feux de poudre. Les temps absolus ont été fixés, soit par des instruments de passages, soit par des observations de hauteurs d'astres prises avec le cercle répétiteur. Les résultats généraux de l'opération entière ont été rassemblés dans un ouvrage publié par le colonel Brousseaud, sous le titre de *Mesure d'un arc du parallèle moyen entre le pôle et l'équateur*. C'est de là que j'ai tiré tous les éléments contenus dans le tableau placé en regard de la page précédente. Les longueurs mesurées sont exprimées en mètres français, dont la longueur légale en toises est $0^{T},5130740$. Nous verrons plus loin comment ce rapport se détermine; pour le moment, je l'emploie comme un fait convenu.

193. Ce tableau parle de lui-même. On y voit, dans la colonne VI, que les divers segments du parallèle mesuré donnent des longueurs du degré notablement différentes les unes des autres, et qui, comparées au degré moyen conclu de l'arc total, sont tantôt plus grandes, tantôt moindres d'un nombre de mètres qui, pour quelques-unes, paraît fort considérable. Mais la dernière colonne montre qu'en remontant aux déterminations expérimentales dont ces degrés sont déduits, leurs inégalités métriques répondent à des différences de temps, que les observations les plus habilement faites ont pu difficilement rendre certaines (*).

(*) Les nombres contenus dans cette dernière colonne sont calculés par la méthode que j'ai indiquée en note page 211, mais il ne sera pas inutile de la reproduire ici dans l'application spéciale que je lui ai donnée. Soit Π la longueur en mètres d'un de nos segments de parallèle dont $1°$, ou $15\Pi'$, est l'amplitude astronomique exprimée en secondes de temps sidéral. La longueur $\Pi(°)$ du degré qui s'en déduira aura pour expression

$$\Pi(°) = \frac{3600\,\Pi}{15\,\Pi'}.$$

Désignons maintenant par x le nombre de secondes de temps qu'il faudrait

Toutefois, si l'on suit la marche de ces différences entre les segments consécutifs, pour y chercher les indices les plus saillants d'anomalies locales, que l'on puisse juger réelles, leur maximum se présente vers les deux extrémités, occidentale et orientale, de l'arc, avec des signes opposés. Or, c'est aussi vers ces mêmes extrémités que les longueurs observées du pendule ont offert les anomalies les plus considérables, et pareillement de signes contraires, comme on le voit dans le tableau inséré à la page 482 du tome précédent. Si l'on ajoute à cela que, sur l'arc méridien de France et d'Espagne, les variations les plus irrégulières des degrés se manifestent également vers le 45e degré de distance polaire, on conclura de ces rapprochements, avec toute vraisemblance, que, dans la portion de la France où le méridien de Paris coupe le 45e parallèle, la configuration de la surface terrestre s'écarte sensiblement de l'ellipsoïde général qui représente son ensemble. Cet écart est probablement plus marqué encore sur d'autres parties plus orientales du même parallèle, par exemple vers Padoue et Fiume. Car c'est là que les longueurs des degrés, mesurées sur son contour, et les longueurs du pendule qu'on y a observées, diffèrent le plus des lois générales. Aussi, lorsque Padoue a été rattaché à Milan par triangulation géodésique, les astronomes italiens ont trouvé une discordance de $13'',5$ entre la latitude de cette

---

ajouter à H^4, pour que le quotient reproduisît la valeur moyenne $\Pi^{(o)}$ du degré, telle que la donne l'arc total. D'après cette condition, il faudra qu'on ait

$$\Pi_2^{(o)} = \frac{3600\,\Pi}{15\,(H^4 + x)}.$$

Si l'on divise la première équation membre à membre par cette dernière, il en résulte

$$\frac{\Pi^{(o)}}{\Pi_2^{(o)}} = \frac{H^4 + x}{H^4}, \qquad \text{d'où l'on tire} \qquad x = H^4 \cdot \frac{(\Pi^{(o)} - \Pi_2^{(o)})}{\Pi_2^{(o)}}.$$

Les nombres contenus dans la dernière colonne du tableau ont été calculés par cette formule. On voit que la correction x est toujours de même signe que la différence $\Pi^{(o)} - \Pi_2^{(o)}$.

ville, déterminée astronomiquement, et celle qui se déduit de Milan par les triangles intermédiaires supposés appliqués sur l'ellipsoïde terrestre général.

199. Le parallèle sur lequel ont été prises les mesures d'arcs rapportées dans le tableau précédent ayant sa distance polaire $d_n = 44^o\ 16'\ 48''$, il se trouve très-peu distant de celui auquel appartient le degré moyen $D^{(o)}$ que nous avons conclu par l'ensemble des opérations de France et d'Espagne, ce dernier se rapportant à la distance polaire $d = 43^o\ 51'\ 54''$. En combinant ces deux genres de déterminations, il est facile d'en conclure les dimensions de l'ellipsoïde particulier, qui serait osculateur à la surface terrestre dans le point où le degré moyen $D^{(o)}$ coupe son parallèle propre; c'est ce que je vais exposer.

Pour cela je prends d'abord la moyenne des quatre degrés de parallèle, qui ont été obtenus par les observations faites entre Marennes et Genève, parce que le milieu de l'arc qu'elles embrassent se rapproche spécialement du méridien auquel appartient notre degré $D^{(o)}$. Cette moyenne est $77884^m,404$, qui, converties en toises de l'Académie par le rapport légal $0,5130740$, valent $39960^T,46$, en négligeant les fractions ultérieures dont on ne saurait répondre. Je désigne cette longueur par Π_n.

La première chose à faire, c'est de la transporter sur le parallèle dont la distance polaire est d, ce qui exige qu'on la multiplie par le rapport $\dfrac{r}{r_n}$ des rayons des circonférences correspondantes aux distances d, d_n. Ces rayons, dans un même ellipsoïde, ont pour expressions $N \sin d$, $N_n \sin d_n$. Nommant donc $\Pi^{(o)}$ la longueur du degré de parallèle ainsi transporté, on aura

$$\Pi^{(o)} = \frac{\Pi_n \sin d}{\sin d_n} \cdot \frac{N}{N_n}.$$

Au premier aperçu, cette opération de transport semblerait impliquer un cercle vicieux, non quant au rapport $\dfrac{\sin d}{\sin d_n}$ qui se déduira rigoureusement de nos données, mais par l'évaluation qu'il nous

faudra faire du rapport $\dfrac{N}{N_n}$ des deux normales dans l'ellipsoïde in-
commu. Heureusement cette difficulté disparaît ici, à cause du peu
d'écartement des deux parallèles entre lesquels le transport s'opère.
Car, ainsi qu'on le verra tout à l'heure, la partie de la réduction
qui est produite par le facteur $\dfrac{N}{N_n}$ est si petite, qu'elle s'évaluera
très-exactement avec la valeur de e^2 appartenant à l'ellipsoïde
général.

Je commence donc par former le produit qui dépend de l'autre
facteur. On l'obtiendrait sans erreur sensible par l'application directe des logarithmes. Mais on apercevra mieux la petitesse de
cette première réduction, en représentant par ω la petite différence $d_n - d$ des distances polaires, qui est $0^o 24' 54''$. Car, en
substituant à d la valeur équivalente $d_n - \omega$, on aura

$$\sin d = \sin d_n \cos \omega - \cos d_n \sin \omega = \sin d_n - \cos d_n \sin \omega - 2 \sin d_n \sin^2 \tfrac{1}{2}\omega,$$

ce qui donne

$$\frac{\sin d}{\sin d_n} = 1 - \frac{\sin \omega}{\tan g\, d_n} - 2 \sin^2 \tfrac{1}{2}\omega;$$

et, en effectuant par parties le calcul des deux termes qui dépendent du petit angle ω, on trouvera

$$\Pi_n \frac{\sin d}{\sin d_n} = 39960^T,46 - 296^T,803 - 1^T,048 = 39662^T,61.$$

C'est ce qu'on aurait pu trouver directement, mais avec une appréciation moins évidente de l'effet de ce facteur.

200. Je viens maintenant au rapport $\dfrac{N}{N_n}$ des deux normales.
D'après leurs expressions dans l'ellipsoïde, il sera

$$\frac{N}{N_n} = \left(\frac{1 - e^2 \cos^2 d_n}{1 - e^2 \cos^2 d} \right)^{\frac{1}{2}} = \left[\frac{1 - e^2 \cos^2 d + e^2 (\cos^2 d - \cos^2 d_n)}{1 - e^2 \cos^2 d} \right]^{\frac{1}{2}}$$

$$= \left[1 + \frac{e^2 \sin (d_n + d) \sin (d_n - d)}{1 - e^2 \cos^2 d} \right]^{\frac{1}{2}}.$$

Sous cette dernière forme, on voit que le terme qui s'ajoute à l'unité sous le radical est rendu très-petit par l'association des deux facteurs e^2 et $\sin(d_a - d)$. C'est là ce qui permet de le calculer avec la valeur générale de e^2 : je fais donc, par abréviation,

$$u = \frac{e^2 \sin(d_a + d) \sin(d_a - d)}{1 - e^2 \cos^2 d}$$
$$= e^2 \sin(d_a + d) \sin(d_a - d)(1 + e^2 \cos^2 d + e^4 \cos^4 d \ldots).$$

Lorsque u sera réduit en nombres par cette expression, sa petitesse permettra d'obtenir rapidement $\dfrac{N}{N_a}$ par le développement du binôme qui donnera

$$\frac{N}{N_a} = 1 + \tfrac{1}{2} u - \tfrac{1}{8} u^2 + \tfrac{1}{16} u^3 \ldots,$$

or, en effectuant le calcul de u, on trouve

$$\log u = \bar{5},6651211 ; \quad \log u^2 = \bar{9},3302422.$$

On voit qu'il serait tout à fait inutile d'aller au delà de ces deux premières puissances. Leur appliquant donc les diviseurs respectifs qui les affectent dans le développement de $\dfrac{N}{N_a}$, puis ajoutant à chaque terme le logarithme de $\dfrac{\Pi_a \sin d}{\sin d_a}$, on trouve, en se bornant aux centièmes de toise,

$$\Pi^{(o)} = 39662^{\mathrm{T}},61 + 0^{\mathrm{T}},92 = 36963^{\mathrm{T}},53.$$

L'excessive petitesse de la correction, qui dépend ici du rapport des normales, légitime parfaitement l'emploi que nous avons fait de la valeur générale de e^2 pour la calculer.

204. D'après cela, les éléments déterminatifs de notre ellipsoïde local seront :

La longueur du degré de méridien. . . $\quad D^{(o)} = 57024^{\mathrm{T}},64$

La longueur du degré de parallèle. . . $\quad \Pi^{(o)} = 39663^{\mathrm{T}},53$

applicables à la dist. polaire commune. . $\quad d = 43°51'54''.$

Le degré $D^{(2)}$ appartient au cercle qui est osculateur de l'ellipse génératrice, à la distance polaire d. Le rayon de ce cercle, que je désigne par γ, aura donc pour expression générale

$$\gamma = \frac{a(1-e^2)}{(1-e^2\cos^2 d)^{\frac{3}{2}}}$$

a, e^2 étant les deux constantes inconnues de l'ellipsoïde qu'il s'agit de déterminer.

Le degré $\Pi^{(2)}$ appartient à la circonférence du parallèle situé sur l'ellipsoïde à la même distance polaire d. Soit r le rayon de cette circonférence; r sera $N \sin d$, N étant la longueur du segment de la normale qui se termine à l'axe polaire. Mettant donc pour N son expression générale, on aura

$$r = \frac{a \sin d}{(1-e^2\cos^2 d)^{\frac{1}{2}}}.$$

Or, les rayons des deux cercles doivent être respectivement proportionnels aux arcs de 1°, mesurés sur chacun d'eux. On devra donc avoir

$$\frac{\gamma}{r} = \frac{D^{(2)}}{\Pi^{(2)}}, \qquad \text{ce qui donne ici} \qquad \frac{1-e^2}{(1-e^2\cos^2 d)\sin d} = \frac{D^{(2)}}{\Pi^{(2)}};$$

d'où l'on tire aisément

$$(1) \qquad \frac{e^2\sin^2 d}{1-e^2\cos^2 d} = \frac{\Pi^{(2)}-D^{(2)}\sin d}{\Pi^{(2)}}.$$

e^2 pourra donc être déterminé par cette équation. Quand il sera conclu, on obtiendra le demi-grand axe a d'après la longueur absolue de l'un ou l'autre des degrés mesurés, puisque l'on a évidemment

$$(2) \qquad \gamma = D^{(2)}\frac{R''}{3600''} \qquad r = \Pi^{(2)}\frac{R''}{3600''}.$$

Égalant donc ces valeurs aux expressions analytiques de γ ou de r, on en déduira a, puisque e^2 aura été préalablement déterminé.

202. e^2 est le carré du rapport de l'excentricité au demi-grand axe. Ce carré est donc du même ordre que le second membre de l'équation (1), et il deviendrait nul si $\Pi^{(o)}$ se trouvait égal à $D^{(o)} \sin d$; de sorte que l'ellipsoïde se réduirait alors à une sphère. La raison de ce résultat est sensible. Dans une sphère, les degrés de tous les grands cercles sont égaux ; et ainsi $D^{(o)} \sin d$ représente la longueur du degré équatorial, transformé en degré de parallèle pour la distance polaire d, ce qui rend ce produit égal à $\Pi^{(o)}$, comme l'équation l'indique pour un tel cas, en montrant que e^2 y devient nul. D'après cela, notre ellipsoïde local devant être peu différent d'une sphère, le second membre de l'équation (1) devra se trouver fort petit, et c'est aussi ce qui arrive. Car, en le réduisant en nombres d'après les données que nous avons rassemblées, on trouve $D^{(o)} \sin d$ égal à $39515^{\mathrm{T}},88$, ce qui diffère peu de $\Pi^{(o)}$. De là on tire

$$\Pi^{(o)} - D^{(o)} \sin d = 147^{\mathrm{T}},65,$$

et, par suite,

$$\frac{\Pi^{(o)} - D^{(o)} \sin d}{\Pi^{(o)}} = 0,0037247.$$

La différence $\Pi^{(o)} - D^{(o)} \sin d$, qui caractérise la forme elliptique, surpasse les discordances que les diverses évaluations des degrés de notre parallèle nous ont présentées. Sa réalité est donc ici indubitable ; mais elle est comparable en grandeur à ces discordances, et doit être considérablement influencée par les erreurs des observations qui y concourent. Nous devons donc nous attendre qu'en combinant ainsi des évaluations diverses des degrés $D^{(o)}$ et $\Pi^{(o)}$, correspondants à une distance polaire commune, nous obtiendrons des ellipsoïdes très-différents les uns des autres, tant par les irrégularités réelles de la surface terrestre que par l'intervention des erreurs que ces évaluations comportent, sans que nous puissions assigner la proportion dans laquelle chacune de ces causes modifie les résultats.

203. Pour achever ici le calcul de e^2, je fais généralement

$$\mu = \frac{\Pi^{(o)} - D^{(o)} \sin d}{\Pi^{(o)}},$$

ce qui donne ici

$$\log \mu = \overline{3},5708310.$$

Je me borne à l'exprimer ainsi ; car, en ne poussant pas les évaluations au delà des centièmes de toise, ce qui serait fort inutile,
puisque l'on ne peut déjà pas y répondre de ces centièmes, il
suffit d'employer les Tables logarithmiques ordinaires à sept décimales dans tout ce calcul. Alors, en dégageant e^2 de l'équation (1),
on a

$$e^2 = \frac{\mu}{\sin^2 d + \mu \cos^2 d}.$$

Pour profiter de la petitesse de μ, je mets cette expression sous la
forme

$$e^2 = \frac{\mu}{\sin^2 d} \left(\frac{1}{1 + \dfrac{\mu}{\tang^2 d}} \right),$$

et, en développant le second facteur en série par la division, elle
donne

$$e^2 = \frac{\mu}{\sin^2 d} \left(1 - \frac{\mu}{\tang^2 d} + \frac{\mu^2}{\tang^4 d} \ldots \right).$$

L'extrême petitesse de μ rend la convergence très-rapide. Le troisième terme ne donne déjà plus qu'une unité sur les décimales du
septième ordre ; en s'y bornant, on trouve

$$e^2 = 0,00772\,087, \qquad \log e^2 = \overline{3},8876663.$$

Nous avons vu, dans la page 184, que e^2 est lié à l'aplatissement ϵ
de l'ellipsoïde par l'équation

$$e^2 = 2\epsilon - \epsilon^2,$$

d'où l'on tire

$$\epsilon = \tfrac{1}{2} e^2 + \tfrac{1}{8} e^4 + \tfrac{1}{16} e^6 + \tfrac{1}{128} e^8 \ldots.$$

Mettant donc ici pour e^2 sa valeur, on trouve

$$\epsilon = 0,00386\,9715 = \frac{1}{258,54}.$$

Cet aplatissement est beaucoup plus fort que celui que nous avons obtenu en combinant les degrés du méridien mesurés à des distances polaires très-inégales, et qui s'est trouvé être en moyenne $\frac{1}{313,71}$, page 221; mais la nature des données d'où nous l'avons déduit peut seulement attester le sens de la différence, non sa quantité absolue.

Je ne m'arrêterai pas à calculer la valeur de a, qui se trouve associée à cet aplatissement, par la valeur trouvée de e^2, parce que ce serait une recherche de pure curiosité. Mais je signalerai une conséquence plus importante des résultats qui précèdent.

204. Supposez que, dans un lieu donné S, on ait déterminé astronomiquement la direction de la ligne méridienne, et la distance angulaire d du pôle au zénith. Puis, qu'on rattache un autre lieu S_n, à celui-là, par un réseau de triangles sphériques, où l'on aura observé tous les angles, et déterminé les longueurs des côtés en les rapportant à une base mesurée. Au moyen des formules que nous avons établies, on pourra, en procédant de proche en proche, déterminer, 1° la portion d'arc méridien comprise entre S et S_n, ce qui donnera la distance polaire relative de cette dernière station; 2° l'azimut du dernier côté de la chaîne des triangles autour de la ligne méridienne de son horizon propre; 3° enfin, l'angle dièdre compris au pôle entre les méridiens de S et de S_n. Mais toute cette déduction ne s'effectuera qu'en transportant, à la station S_n, les éléments astronomiques de la station S, par l'intermédiaire des triangles supposés établis sur un même ellipsoïde de révolution, auquel on ne pourra généralement attribuer que les valeurs de a et de e^2 qui conviennent à l'ensemble de la surface terrestre, abstraction faite de ses irrégularités locales. L'influence de celles-ci, que nous voyons être fort sensible, produira donc habituellement des discordances du même ordre, entre les éléments de position réels, donnés par les observations astronomiques, et ces mêmes éléments géodésiquement calculés. C'est, en effet, ce qui arrive dans presque tous les cas où l'on peut faire des épreuves pareilles. Les différences que l'on trouve alors entre les résultats de l'observation et ceux du calcul décèlent l'existence et donnent la mesure des anomalies de la surface terrestre,

entre les deux stations extrêmes ainsi rattachées trigonométriquement l'une à l'autre.

205. Tous les éléments, tant généraux que particuliers, de l'ellipsoïde terrestre que j'ai déduits, dans cette section, des longueurs des degrés mesurés sur les méridiens ou les parallèles peuvent être établis par des calculs analytiques, où l'on emploie, comme éléments, les amplitudes totales des arcs embrassés par chaque opération locale. C'est la méthode que Delambre a suivie dans son ouvrage intitulé : *Base du système métrique*, et l'on peut voir au tome II, pages 674 et suiv., la formule générale que la rectification analytique des arcs d'ellipse lui a fournie pour ce but. Mais, si l'on considère l'incertitude inévitable des données physiques sur lesquelles la solution du problème repose, on pourra légitimement douter que cette méthode, mathématiquement plus rigoureuse, et aussi plus complexe, conduise à des résultats beaucoup plus certains. Je me borne donc à l'indiquer, ayant préféré ici la marche naturelle et simple qui emploie les degrés eux-mêmes comme des éléments de combinaison suffisamment rapprochés de l'infiniment petit. C'est, au reste, la même forme de données que Laplace a employée dans le tome III de la *Mécanique céleste*, et cet exemple me justifiera suffisamment.

206. Les géomètres ont donné le nom général de *lignes géodésiques* aux courbes *de plus courte distance* que l'on puisse tracer, soit sur le sphéroïde terrestre, soit sur un sphéroïde quelconque, entre deux points donnés de sa surface. Sur la sphère, une telle ligne est l'arc de grand cercle qui passe par les points donnés; alors elle est toujours plane. Mais, pour toute autre forme de surface, les lignes de plus courte distance ne sont planes que par exception; elles sont généralement *à double courbure*. Le nom de *géodésique* leur a été donné d'après l'application spéciale qu'on en a faite à la surface terrestre. Comment peut-on les y décrire, et les déduire des triangulations sphériques établies sur cette surface? C'est ce que l'on va aisément comprendre quand j'aurai expliqué les conditions de tracé d'une ligne de ce genre sur un ellipsoïde de révolution, d'après la propriété de plus courte distance qu'on lui attribue.

207. Soit A,PA, *fig.* 42, un méridien de l'ellipsoïde que je supposerai très-peu différent d'une sphère pour me rapprocher des applications réelles, quoique cette particularité ne soit pas essentielle au mode de raisonnement dont je ferai usage. Sur ce méridien, désignons par m le point de départ de la ligne de plus courte distance que l'on veut tracer ; et donnons-nous, pour condition initiale de sa direction, qu'elle doive y faire un certain angle assigné i avec le méridien primitif PmA. Puis, concevons qu'en vertu de ces éléments primitifs, elle doive suivre, dans son cours, la série des points m, m_1, m_2, …. Pour établir le raisonnement, je prendrai ces points très-rapprochés les uns des autres, comparativement aux dimensions générales du sphéroïde, afin que, sur la surface terrestre par exemple, chacun des petits arcs mm_1, m_1m_2, puisse se trouver intercepté dans un des triangles principaux d'un réseau géodésique, établi suivant la direction générale que suivra la ligne que l'on veut tracer. Du pôle P je mène une suite de plans méridiens, passant par les points m_1, m_2,…, ainsi définis ; et je suppose les amplitudes des petits arcs mm_1, m_1m_2,… assez restreintes pour que, sur toute leur longueur individuelle, le sphéroïde ne s'écarte pas sensiblement de la sphère qui serait transversalement osculatrice au méridien de leur origine propre. Ceci convenu, le premier élément mm_1 appartiendra à celle de ces sphères qui sera ainsi osculatrice en m ; et il devra suivre, sur sa surface, la direction d'un grand cercle partant du point m, suivant la direction azimutale i qui est assignée. Cela détermine son extrémité m_1 sur cette même sphère ; et, par hypothèse, en ce dernier point comme sur toute l'étendue de sa longueur, il se confond sensiblement avec la ligne de plus courte distance qui partirait du point m, avec la même condition azimutale, sur le sphéroïde réel. On obtiendra donc, par nos formules sphériques, 1° la longueur de ce côté mm_1 dans le premier triangle principal où il se trouvera intercepté ; 2° la distance polaire de son extrémité m_1, sur la sphère, que l'on convertira en distance polaire elliptique Pm_1 ; 3° son azimut final pm_1m, qui se transportera sur l'ellipsoïde, et donnera l'angle Pm_1m, sans aucune réduction. C'est exactement le même calcul que nous avons fait sur la *fig.* 18, pour y déterminer le premier nœud m_1 de l'arc méridien, si ce n'est que la valeur de l'azimut initial i sera différente. Parvenus ainsi en m_1, *fig.* 42, nous passons sur une autre sphère osculatrice, dont le rayon n'est plus la normale elliptique mn, mais la normale elliptique m_1n_1, qui est contenue dans le méridien propre de ce point ; et il faut chercher quelle devra être la direction du second élément m_1m_2 sur la surface de cette seconde sphère. Elle sera donnée par la condition fondamentale de la ligne demandée. Car, devant être la plus courte que l'on puisse tracer sur l'ellipsoïde, entre deux points quelconques pris sur les éléments mm_1, m_1m_2, il faudra, qu'à leur point de jonction m_1, ces deux éléments forment, avec la tangente menée au méridien elliptique en m_1, des angles opposés égaux entre eux, afin que leurs segments infiniment petits, contenus dans le plan tangent en ce point, s'y suivent en ligne droite. En effet, s'ils ne se continuaient pas ainsi, les points que l'on y prendrait autour de m_1 pourraient être joints, dans ce même plan, par une ligne plus courte, ce qui est contraire à la condition assignée. Cela donne donc l'angle azimutal m_2m_1P égal à l'azimut final Pm_1m de l'élément précédent ; et la même condition d'égalité existera entre les angles opposés que les mêmes éléments formeraient avec toute autre tangente, menée sur l'horizon de m_1, suivant une direction quelconque. Par là on connaîtra l'angle initial que l'élément m_1m_2 doit former avec le côté commun des deux premiers triangles principaux qui passe par le point m_1. On pourra alors diriger, dans le second de ces triangles, ce second élément, comme on a dirigé le premier dans le triangle qui précédait. Ceci conduira au troisième point m_2 de la courbe, et de là, progressivement, à tous ceux qui doivent le suivre, comme dérivant du premier mm_1, dont le point de départ et l'azimut initial ont été donnés arbitrairement. Les détails du calcul seront d'ailleurs exactement pareils à ceux que nous avons faits, sur la *fig.* 18, pour conduire un même arc méridien à travers toutes les parties d'une triangulation sphérique.

208. Cette construction montre pourquoi la ligne ainsi tracée sur l'ellipsoïde n'est pas généralement plane. Le premier élément mm_1 est contenu dans un plan mené du centre n suivant la normale mn ; le second m_1m_2 est contenu dans le plan mené d'un

autre centre $n_{,}$, suivant la normale $m_{,} n_{,}$, différente de mn en longueur, et située dans un autre méridien. Ces circonstances, jointes à l'égalité des angles opposés formés en $m_{,}$ sur l'horizon de $m_{,}$ empêchent ces plans de coïncider, si ce n'est dans deux cas : d'abord quand l'azimut de départ i est nul, ce qui rend tous ses dérivés pareillement nuls, et fait coïncider tous les méridiens des points m, $m_{,}$, $m_{,}$, avec le méridien primitif; secondement, lorsque l'angle i est égal à 90° et le point m placé en A à la distance polaire de 90°, sur l'équateur même. Car alors, l'azimut $PM_{,}A$ étant aussi 90° comme celui de départ, et la normale $OM_{,}$ partant du même centre O, dans le même plan équatorial, l'opposition des angles en $M_{,}$ maintient l'élément $M_{,}M_{,}$ dans ce même plan; de sorte que, pour ce système de données, la ligne de plus courte distance est la circonférence équatoriale elle-même. Or, ce dernier résultat a toujours lieu sur la sphère, parce que les données initiales peuvent toujours être ramenées à des conditions pareilles. En effet, soit, *fig.* 42 *bis*, m le point de départ pris, partout où l'on voudra, sur le méridien Pm, et soit i l'azimut initial quelconque que doit suivre le premier élément $mm_{,}$. Menez en m un arc de grand cercle perpendiculaire à cet élément, et soit P' son pôle, ce qui fera l'arc $P'm$ égal à un quart de la circonférence. Alors, en prenant le plan qui contient $P'm$, pour le méridien de départ de notre construction, ce qui ne changera rien aux conditions ultérieures du tracé, l'arc $P'm_{,}$, mené du même pôle, sera aussi perpendiculaire à $m_{,}m_{,}$ et l'opposition des angles azimutaux formés en $m_{,}$ continuera la même condition de perpendicularité qui, dès lors, se transmettra à tous les éléments suivants. La courbe de plus courte distance ainsi tracée aura donc tous ses éléments perpendiculaires aux méridiens menés du même pôle P'; elle sera donc un grand cercle de la sphère, ayant ce point pour pôle. Mais la sphère est la seule surface sur laquelle on puisse toujours ramener les données primitives à une pareille relation d'identité polaire. C'est aussi ce que confirment les formules [1] et [2], que nous avons établies pages 158, 159 et 160, pour calculer les coordonnées finales D', i' d'un premier élément de grand cercle $mm_{,}$, pris sur une sphère transversalement osculatrice au méridien de son origine. Car, si l'on y fait simultanément, à cette origine, $i = 90°$ et $d = 90°$, ce qui réalisera le changement de pôle effectué *fig.* 42 *bis*, elles donneront d'abord, par la page 158, $d' = d = 90°$. Ensuite, dans la page 160, $\frac{1}{2}(d' + d)$ étant 90°, $i - i'$ deviendra nul, ce qui donnera encore $i' = i = 90°$. Mais supposez seulement $i = 90°$, d étant quelconque, ce qui conviendrait à une ligne géodésique partant d'un point quelconque m du méridien elliptique, *fig.* 42, sous l'azimut initial de 90°. Alors la distance polaire finale D' du premier élément $mm_{,,}$ mesurée en arc sur la sphère osculatrice, y différera de D par le terme $\frac{i}{2}\frac{A^3}{N \tan g\, d}$, ce qui la rendra plus grande que D de cette quantité. Par suite, la distance elliptique finale d' différera également de l'initiale d. En outre, dans la formule de la page 160, $\frac{1}{2}(d' + d)$ n'étant plus égal à 90°, $i - i'$ ne s'évanouira point; ainsi l'azimut final i', différant de i, ne sera plus, comme lui, égal à 90°. Par ces deux causes, le second élément m, m_i s'écartera de la direction qu'il avait sur la première sphère. Cet écart ne deviendra nul sur l'ellipsoïde que si d devient aussi 90°, comme i, ce qui place l'origine m dans la circonférence équatoriale elle-même. Car alors, $\tan g\, d$ devenant infini en même temps que $i = 90°$, le terme $\frac{i}{2}\frac{A^3}{N \tan g\, d}$ sera nul, comme ceux auxquels il est associé dans l'expression de D' — D; et, par suite, i' sera égal à 90°, comme i.

269. La ligne de plus courte distance tracée sur l'ellipsoïde, *fig.* 42, à partir d'un point donné m, sous la seule condition initiale $i = 90°$, s'appelle généralement la *perpendiculaire à la méridienne* qui passe par son origine m. Elle ne diffère d'un grand cercle tracé sur la première sphère osculatrice, avec la même condition azimutale, que par des quantités de l'ordre de l'excentricité de l'ellipsoïde. Mais l'existence de cet élément, quelque petit qu'on le suppose, modifie progressivement son cours, de manière à l'écarter de plus en plus du cercle dont il s'agit. Soit m, *fig.* 43, son point de départ sur le méridien elliptique A, PA placé dans le plan de la figure même. Elle descend progressivement vers l'équateur, le dépasse, puis, lorsqu'elle a atteint le parallèle $c'm$, situé à la même distance

polaire que son parallèle de départ cm, elle s'y retrouve de nouveau perpendiculaire au méridien local Pm_2, formant avec le primitif PmA un angle moindre que $180°$. De là elle remonte vers son
parallèle de départ cm, qu'elle ne dépasse point, mais elle le rejoint dans un méridien antérieur au primitif PA; et elle continue
ainsi indéfiniment sa marche spirale, en restant toujours comprise
entre les circonférences des mêmes parallèles. Ces propriétés, démontrées par Legendre, la distinguent essentiellement de la ligne
analogue tracée sur la sphère, *fig. 42 bis*. Car celle-ci étant un grand
cercle ne revient à la même direction azimutale que lorsqu'elle rejoint le prolongement de son méridien primitif au point m_2, à l'extrémité du diamètre qui passe par son point de départ m; après
quoi, elle retourne de nouveau à ce point, d'où elle recommence
une révolution nouvelle, sans sortir jamais des mêmes limites ni
du même plan central.

240. La méridienne et la perpendiculaire s'emploient comme
axes de coordonnées rectangulaires dans les grandes cartes topo-
graphiques, pour représenter par développement, sur une surface plane, les positions horizontales relatives des divers points
d'une même contrée. On prend pour un de ces axes la ligne méridienne qui passe par le point principal de la carte, autour duquel
on veut grouper toutes les autres, et l'on rattache ceux-ci entre eux
par une grande triangulation qui recouvre toute la surface que l'on
veut représenter. Ce réseau est lié à une ou plusieurs bases mesurées, qui servent à calculer tous les côtés de ses triangles principaux. Ayant choisi sur le méridien principal un point m qui servira d'origine aux deux axes coordonnés, on y détermine astronomiquement la distance d du pôle au zénith, et l'azimut formé
avec sa ligne méridienne par un des côtés des triangles principaux
qui y aboutissent. Par exemple, pour la triangulation de la France,
supposons que ce point de départ soit la station de Dunkerque.
Alors, adoptant un ellipsoïde de révolution dont l'excentricité soit
donnée, on calcule progressivement, par les formules que nous
avons établies, tous les nœuds dans lesquels la méridienne prolongée coupe les côtés des triangles qui se trouvent sur sa direction, ce qui donne leurs distances en arcs à l'origine m. Puis, ré-

solvant aussi les triangles latéraux, on calcule de proche en proche :
1° les distances polaires individuelles de leurs sommets ; 2° les
angles dièdres p compris entre leurs méridiens propres et le méridien primitif ; 3° leurs azimuts réciproques, éléments que l'on rapporte toujours à l'ellipsoïde adopté. Cela fait, on conçoit autant de
lignes géodésiques, qui, partant de ces sommets connus, se dirigent perpendiculairement à la méridienne primitive, et, par des
procédés que j'expliquerai tout à l'heure, on détermine pour chacun d'eux : 1° la longueur de la perpendiculaire Δ terminée à
cette méridienne ; 2° la longueur de l'arc méridien compris entre
le point d'intersection et l'origine m. Ce sont les deux coordonnées
cherchées. La première s'appelle, en termes de géodésie, *la distance à la méridienne* ; la seconde, *la distance à la perpendiculaire*,
menée sur l'ellipsoïde par l'origine m. Ces deux déterminations
exigeraient des calculs très-complexes, si l'on voulait les effectuer
avec une complète rigueur. Mais, comme la représentation graphique à laquelle on veut ainsi arriver n'embrasse jamais qu'une
portion très-restreinte de la surface terrestre, sur laquelle les plus
grandes valeurs des angles polaires p atteignent rarement huit ou dix
degrés, on admet que chaque perpendiculaire Δ peut être évaluée
sur la sphère qui serait transversalement osculatrice au méridien de
la station d'où elle part, ce qui la réduit à un arc de grand cercle
tracé sur cette sphère perpendiculairement au méridien primitif.
Alors la détermination de sa longueur et de la position du point où
elle se termine, n'exige plus que la résolution d'un triangle sphérique rectangle, plus une très-petite correction qui a pour but de
transformer la distance polaire sphérique de ce point en distance
polaire elliptique comptée sur le méridien primitif. Cette simplification est encore légitimée par deux circonstances. La première,
c'est qu'en vertu des irrégularités de la figure de la terre, les coordonnées angulaires des stations, calculées géodésiquement, ont
presque toujours des valeurs tant soit peu différentes de celles qu'on
leur trouve par les observations astronomiques immédiates ; en sorte
qu'on ne pourrait jamais les associer rigoureusement sur un même
ellipsoïde ; la seconde, c'est que le but final qu'on se propose étant
une représentation graphique, il serait absolument inutile de cher-

cher à lui donner une rigueur idéale que le tracé ne reproduirait
pas.

211. Le calcul devient très-facile pour les stations peu distantes
du méridien principal, et qui appartiennent au réseau de triangles
à travers lequel on a progressivement déterminé sa direction, ainsi
que ses divers segments. Soient, *fig.* 44, PM ce méridien, et M la
station à partir de laquelle on a commencé à le tracer; désignons
par S′ le sommet que l'on veut y rapporter. Parmi les points où les
côtés des triangles coupent la méridienne et qui ont été déterminés
par le calcul successif, choisissez celui qui est le plus rapproché
de S′, et que je désignerai par S. Le segment MS du méridien est
déjà connu : je le nomme M. Concevez en S la sphère qui est osculatrice transversalement à ce méridien. Son rayon sera la normale
elliptique N menée par le point S, et, comme elle peut être censée
embrasser le sommet S′, menez l'arc de grand cercle SS′ sur sa
surface. Vous pourrez toujours déterminer, dans le réseau des
triangles, la longueur A de cet arc et son angle azimutal *i* sur l'horizon de S, si déjà ces deux éléments n'ont pas été obtenus dans
la suite même des opérations que le prolongement de l'arc MS nécessite. Alors du point S′, sur cette même sphère, menez un arc de
grand cercle S′N ou Δ, perpendiculaire au méridien primitif; ce
sera la distance de S′ à la méridienne, et NS + SM sera sa distance à la perpendiculaire de M. Les longueurs de Δ et du segment
SN ou A′ s'obtiendront en résolvant le triangle sphérique SS′N,
rectangle en N. C'est exactement le même problème que nous avons
traité primitivement § 66, page 73, puis une seconde fois page 159,
55, en prenant pour type la *fig.* 24, et j'ai employé ici les mêmes
lettres pour désigner ses éléments. Ainsi nous pourrons leur appliquer les mêmes formules, sauf que le rayon R de la sphère
deviendra ici la normale elliptique N, propre au point S.

212. Conformément à la marche que nous avons suivie alors,
je transporte les calculs trigonométriques sur la sphère centrale
décrite avec un rayon égal à l'unité de longueur, en y traçant les
arcs homologues

$$s = \frac{A}{N}; \qquad s' = \frac{A'}{N}; \qquad \delta = \frac{\Delta}{N}$$

et le triangle semblable, formé par ceux-ci, donne

$$\tan g\,\alpha' = \tan g\,\alpha \cos i; \qquad \sin \delta = \sin \alpha \sin i.$$

La petitesse supposée de l'arc α permettant de résoudre ces équations par développement, on en tire, comme dans le passage cité,

$$\alpha' = \alpha \cos i + \tfrac{1}{2}\,\alpha^2 \cos i \sin^2 i; \qquad \delta = \alpha \sin i - \tfrac{1}{2}\,\alpha^2 \sin i \cos^2 i,$$

et, en revenant de la sphère centrale à la sphère réelle, il en résulte

$$A' = A \cos i + \frac{1}{3}\frac{A^3}{N^2} \cos i \sin^2 i, \qquad \Delta = A \sin i - \frac{1}{6}\frac{A^3}{N^2} \sin i \cos^2 i.$$

Δ est la distance cherchée de S' à la méridienne PM, et la distance du même point à la perpendiculaire est M + A'.

C'est par ce procédé, ou par d'autres équivalents, que Delambre a calculé, pour la grande triangulation qui traverse la France et la Catalogne, les distances de toutes les stations à la méridienne et à la perpendiculaire de Dunkerque, rapportées au tome III de la *Base du système métrique*. Il y a joint, pour chaque station, sa distance polaire d', et les distances respectives des parallèles. Celles-ci ont été obtenues en ajoutant à chaque segment A' le terme correctif

$$\frac{1}{2}\frac{\Delta^2}{N \tan g\, d'},$$

qui exprime la distance de l'intersection de chaque parallèle au pied N de la perpendiculaire, d étant la distance polaire de S'. Tout cela est conforme à ce que nous avons trouvé pages 80 et 142 (note).

213. Ces approximations ne peuvent plus être employées quand la station S' fait partie d'une triangulation latérale, sur laquelle elle se trouve à une grande distance du méridien principal auquel on veut la rapporter. Soient alors PS'A, *fig.* 45, le méridien elliptique propre de cette station, situé dans le plan même de la figure, et PMB le méridien principal formant, avec celui-là, un angle polaire p, que l'on appelle, par abréviation, la *longitude relative* de S'. Sur ce méridien, je marque en M la station prise pour origine, où l'on a déterminé astronomiquement la distance

angulaire d du pôle au zénith. La résolution des triangles qui rat-
tachent S' à M, étant effectuée de proche en proche, par les formules que nous avons établies, a fait connaître l'angle p, et la distance angulaire d' du pôle, au zénith de S' sur l'ellipsoïde adopté.
De là on peut déduire l'arc $D'—D$ de l'ellipse génératrice, qui est
compris entre les parallèles de ces points. On l'obtient directement
par une formule que j'exposerai dans la Note II, annexée à la présente section. Maintenant, en S', on conçoit la sphère qui serait osculatrice transversalement au méridien PS'; et, comme elle continue
de l'être sur toute la circonférence du même parallèle, on admet
qu'elle comprendra, sans erreur appréciable, les portions du méridien PM qui en seraient très-peu distantes. Le pôle propre de
cette sphère, que je désigne par P', est situé sur l'axe polaire de
l'ellipsoïde comme le pôle vrai P, dont il s'écarte d'une quantité
que j'exagère dans la figure pour l'y rendre perceptible; car elle
est du même ordre de petitesse que l'excentricité. Mais, comme
les plans méridiens des deux surfaces coïncident, l'angle dièdre p,
compris entre eux, est le même; et, en outre, la distance polaire
angulaire P'N'S', du rayon S'N', est égale à d', puisqu'il est normal
à l'ellipse en S'. Cela posé, je mène sur la sphère l'arc de grand
cercle S'II perpendiculaire au méridien primitif, et je désigne sa
longueur inconnue par Δ. Je désigne aussi par II la longueur de
l'arc P'II, compris sur le méridien sphérique, entre le point II et
le pôle P'. Je vais d'abord déterminer les valeurs de ces deux éléments; après quoi nous examinerons quelles corrections ils peuvent nécessiter pour être employés, sur l'ellipsoïde, à la solution
du problème que nous nous sommes proposé.

214. Le triangle sphérique P'IIS' est rectangle en II par construction, et il est tracé sur la sphère dont le rayon est la normale S'N'
ou N', terminée à l'axe polaire. Je forme son homologue sur la
sphère décrite du même centre N', avec un rayon égal à l'unité de
longueur; puis, désignant les côtés de ce triangle central par des
lettres respectivement analogues, je fais

$$\pi = \frac{\Pi}{N'} \qquad \delta = \frac{\Delta}{N'}$$

L'arc homologue à P'S' est donné par son expression angulaire d'.

L'angle polaire p est aussi commun aux deux triangles. On aura donc, par le troisième cas des triangles sphériques rectangles de Legendre,

(1) $\quad \sin \delta = \sin p \sin d'$; $\qquad$ (2) $\quad \tan \varpi = \tan d' \cos p$.

La première de ces équations donnera immédiatement l'arc δ en parties de la graduation du cercle. Si l'on nomme δ'' sa valeur exprimée en secondes de degré, on en tirera proportionnellement, sur la sphère dont le rayon est N',

$$(1) \qquad \delta = N' \frac{\delta''}{R''}.$$

L'équation (2) admet une transformation qui en facilite singulièrement le calcul numérique. Dans tous les cas auxquels on l'applique, p est un angle qui atteint au plus 10°, de sorte que son cosinus est une fraction de très-peu moindre que 1. D'après cela, ϖ se trouve toujours moindre que d', mais la différence $d' - \varpi$ doit être fort petite; et, en effet, on verra tout à l'heure qu'elle s'élève seulement à 26'18'',78 pour la limite extrême de p que je viens de spécifier. Il convient donc de chercher à extraire de l'équation (2) cette différence plutôt que la valeur absolue de ϖ. C'est ce qui est très-facile, car on a généralement

$$\tan(d' - \varpi) = \frac{\tan d' - \tan \varpi}{1 + \tan d' \tan \varpi}.$$

Remplaçant $\tan \varpi$ par sa valeur, dans le second membre, on en déduit, après quelques réductions évidentes,

$$(2) \qquad \tan(d' - \varpi) = \frac{\sin^2 \frac{1}{2} p \, \sin 2d'}{1 - 2 \sin^2 d' \sin^2 \frac{1}{2} p}.$$

Or, un arc $d' - \varpi$ ne diffère de sa tangente trigonométrique que par des quantités de l'ordre du cube de cette tangente, lesquelles seraient ici de l'ordre $\sin^6 \frac{1}{2} p$. Admettant que la petitesse de l'angle p rendra toujours ici ces quantités négligeables, on pourra très-légitimement se borner à prendre

$$d' - \varpi = \frac{\sin^2 \frac{1}{2} p \, \sin 2d'}{1 - 2 \sin^2 d' \sin^2 \frac{1}{2} p}.$$

Dans cette expression, l'arc $d' - \pi$ est exprimé en parties du rayon de la sphère centrale, qui est égal à l'unité de longueur. Si l'on veut l'exprimer en parties du rayon N', sa valeur sera $\dfrac{D' - \Pi}{N'}$; si l'on veut l'exprimer en secondes de degré, ce sera $\dfrac{(d' - \pi)''}{R''}$.

On aura donc, dans ces deux suppositions,

$$(2)\quad D' - \Pi = \frac{N' \sin^2 \frac{1}{2} p \sin 2d'}{1 - 2 \sin^2 d' \sin^2 \frac{1}{2} p} \; ; \quad (d' - \pi)'' = \frac{R'' \sin^2 \frac{1}{2} p \sin 2d'}{1 - 2 \sin^2 d' \sin^2 \frac{1}{2} p}.$$

215. Venons maintenant à l'application de ces résultats. Δ est la distance cherchée de S' au méridien principal. On l'emploiera comme telle, sans modification, lorsque δ'' sera calculé. $D' - \Pi$ exprime la longueur du segment de méridien qui est compris, sur la sphère osculatrice, entre le parallèle de S' et le parallèle du point Π. Or, le parallèle de S' coupe le méridien primitif PM à la même distance polaire elliptique d' correspondante à l'arc elliptique D' comptée du pôle P, puisque tous les méridiens de l'ellipsoïde sont pareils. Ainsi, sa distance en arc au point M est $D' - D$, que l'on peut évaluer en toises, d'après les distances polaires elliptiques d et d' qui la limitent. Conséquemment, si l'on place, sur le méridien primitif, le petit arc sphérique $D' - \Pi$ que nous venons d'évaluer sur la sphère osculatrice, et qu'on l'y retranche de $D' - D$, le reste sera la distance en arc du point Π au point M, sur ce même méridien. On aura donc encore, sans aucune réduction :

Distance *en arc* de la station S' à la perpendiculaire de M,

$$D' - D = \frac{N' \sin^2 \frac{1}{2} p \sin 2d'}{1 - 2 \sin^2 d' \sin^2 \frac{1}{2} p}.$$

216. Mais il y aurait un petit calcul ultérieur à faire, si l'on voulait avoir, *en angles*, la distance polaire *absolue* du point Π sur le méridien PM, comptée à partir de la normale elliptique ΠN propre à ce point. En effet, l'angle π, que nous venons d'évaluer sur la sphère osculatrice, est représenté, dans la *fig.* 45, par l'angle P'N'Π, que le rayon central N'Π, mené dans le plan du méridien primitif, forme avec l'axe polaire; et l'angle qu'il faudrait connaître est PNΠ, ou

$\pi_{,}$, formé avec ce même axe par la normale elliptique vraie HN,
menée du point H. Mais nous avons déjà établi généralement la petite
correction que nécessite un pareil transport aux pages 242-245,
en prenant pour type les *fig.* 37 et 39, dont la dernière convient
au cas actuel, puisque le point H est plus rapproché du pôle que le
point S'. L'application sera donc immédiate. C'est-à-dire que, lorsqu'on aura calculé le petit angle positif $(d' - \pi)$, en secondes de
degré, sur la sphère osculatrice, ce qui y donnera l'angle π égal
à $d' - (d' - \pi)''$, il faudra le multiplier par $1 + e' \sin^2 d'$ pour
avoir l'angle $\pi_{,}$. On obtiendra ainsi, définitivement:

Distance polaire elliptique vraie du pied de l'arc perpendiculaire
S'H sur le méridien primitif,

$$\pi_{,} = d' - \frac{R'' \sin^2 \tfrac{1}{2}p \, \sin 2d'}{1 - 2 \sin^2 d' \sin^2 \tfrac{1}{2}p} \, (1 + e' \sin^2 d').$$

Voilà, je crois, la solution la plus simple et surtout la plus évidente du problème que nous nous étions proposé. Elle me semble
préférable, par ses caractères, à celles qu'on trouve dans d'autres
ouvrages, établies sur des développements analytiques extrêmement
complexes, auxquels on impose des restrictions dont l'esprit ne
peut pas apprécier la portée, et qui conduisent en définitive à des
résultats numériques identiques, ou physiquement équivalents, à
ceux que nous obtenons directement ici.

217. La petitesse du terme correctif qui dépend de $\sin^2 \tfrac{1}{2}p$
permet de lui appliquer un mode d'évaluation approximatif qui en
facilitera habituellement le calcul. Représentons-le généralement
par x. Si l'on développe son dénominateur en série par la division, et que l'on se borne aux termes de l'ordre $\sin^4 \tfrac{1}{2}p$, on
aura d'abord

$$x = \frac{\sin^2 \tfrac{1}{2}p \, \sin 2d'}{1 - 2\sin^2 d' \sin^2 \tfrac{1}{2}p} = \sin^2 \tfrac{1}{2}p \, \sin 2d' + 2 \sin^4 \tfrac{1}{2}p \, \sin 2d' \sin^2 d';$$

or, on a, dans les mêmes limites d'approximation,

$$\sin \tfrac{1}{2}p = \tfrac{1}{2}p - \tfrac{1}{48}p^3; \quad \sin^2 \tfrac{1}{2}p = \tfrac{1}{4}p^2 - \tfrac{1}{48}p^4; \quad \sin^3 \tfrac{1}{2}p = \tfrac{1}{8}p^3.$$

Ceci étant substitué dans le second membre donne

$$x = \tfrac{1}{4} p^3 \sin 2d' + \tfrac{1}{12} p^5 \sin 2d' (6\sin^2 d' - 1);$$

ou, si l'on exprime p en secondes de degré, ce qui sera plus commode pour le calcul numérique,

$$x = \frac{1}{4}\frac{p''^3}{R''^2}\sin 2d' + \frac{1}{48}\frac{p''^5}{R''^4}\sin 2d'(6\sin^2 d' - 1).$$

218. Lorsqu'on substituera x sous cette dernière forme dans l'expression précédente de π_1, un des facteurs, R'', disparaîtra du dénominateur, ce qui conservera l'homogénéité. Mais on obtiendra tout de suite cet effet, avec une application plus générale de l'évaluation de x, si on l'exprime en secondes de degré, en faisant

$$(3)\qquad x'' = \frac{1}{4}\frac{p''^3}{R''^2}\sin 2d' + \frac{1}{48}\frac{p''^5}{R''^4}\sin 2d'(6\sin^2 d' - 1).$$

Car on aura alors :

Distance en arc de la station S' à la perpendiculaire de M,

$$(2)\qquad D' - D = N'\frac{x''}{R''}.$$

Distance polaire elliptique du pied de la perpendiculaire S' 11 sur le méridien primitif,

$$\pi_1 = d' - x''(1 + e^2 \sin^2 d').$$

Longueur de cette perpendiculaire,   (1) $N'\dfrac{\delta''}{R''}$,

δ'' étant déduit de l'équation. . . . .   (1) $\sin\delta = \sin p \sin d'$

Alors x'' et δ'' seront les seules quantités nécessaires à calculer. On les obtiendra avec une exactitude toujours suffisante par les Tables logarithmiques ordinaires à sept décimales, ce qui permettra de prendre

$$\log\left(\frac{1}{R''}\right) = \log\sin 1'' = \overline{6},6855749,$$

nombre que l'on a sous les yeux dans ces Tables mêmes

219. Pour constater que cette évaluation approximative de x'' ou $(d' — \pi)''$ sera toujours suffisante, je prends le cas extrême où l'angle p serait égal à 10°; et je supposerai, en outre, d' égal à 45°, ce qui donne à l'angle $d' — \pi$, à très-peu près, sa valeur maximum, pour une même valeur de p. On aura alors :

Par l'expression rigoureuse,

$$\mathrm{tang}(d' — \pi) = \mathrm{tang}^2 \tfrac{1}{2} p; \qquad d' — \pi = 26'18'',775 = 1578'',775.$$

Par l'expression approchée,

$$x'' = (d' — \pi)'' = \frac{1}{4}\frac{P''^3}{R''} + \frac{1}{24}\frac{P''^5}{R''^3}; \qquad\qquad (d' — \pi)'' = 1578'',77.$$

La différence des deux évaluations sera donc toujours insensible.

220. Pour sujet d'application numérique, je prendrai une des stations appartenant à la triangulation générale de la France, exécutée par les ingénieurs géographes du Dépôt de la Guerre. Tout le réseau de cette grande opération se rattache à la ligne méridienne qui passe par un point central d'une des salles de l'Observatoire royal de Paris, appelée *salle de la méridienne*. La résolution progressive des triangles, effectuée sur un ellipsoïde de révolution convenu, a fait connaître les distances polaires, tant relatives qu'absolues, de tous les sommets, ainsi que les angles dièdres p compris entre leurs méridiens propres et celui de l'Observatoire royal, qui passe par le point M adopté pour centre dans la salle désignée. On a, en outre, dans plusieurs stations, déterminé par des observations astronomiques, leur distance polaire absolue, les angles azimutaux des côtés qui s'y joignent, et même en quelques-unes leur longitude relative p, afin d'apprécier les irrégularités occasionnelles de la figure de la Terre sur l'étendue superficielle que le réseau embrasse, en comparant ces éléments de position réels avec ceux qui se déduisent du calcul géodésique pour ces mêmes points. De là on a conclu la distance de chacun d'eux à la méridienne, et à la perpendiculaire du point M; on y a joint leurs hauteurs relatives au-dessus du niveau de l'Océan, obtenues par les observations comparées du baromètre, ou des distances zénithales réciproques, et la réunion de ces résultats constitue les éléments d'une nouvelle carte générale de la France, qui est en cours d'exécution. Les résultats généraux des opérations géodésiques et astronomiques, jusqu'ici effectuées, ont été rendus publics dans un ouvrage intitulé : *Description géométrique de la France*, dont deux volumes ont déjà paru. J'en extrais, comme sujet de calcul, les données suivantes, relatives à la position du clocher de Biarritz, l'une des stations du parallèle de Rodez, tome Ier, page 327 :

Distance polaire, obtenue par le calcul

géodésique . . . . $d' = 46°31'29'',11$

Longitude relative, comptée à l'occident

du point M de l'Observatoire de Paris. $p = 3°53'37'',714$

On demande la distance de ce point à la méridienne et à la perpendiculaire du point M.

J'ai choisi ce cas parce qu'il est présenté comme exemple de calcul dans ce même ouvrage, tome Ier, page 329. Je n'ai fait que convertir en division sexagésimale les éléments de position qui, d'après des considérations plus influentes alors qu'elles ne le paraîtraient aujourd'hui, ont été malheureusement exprimées en parties de la graduation décimale, dont l'usage n'a pas prévalu.

Avec ces données je trouve d'abord :

Par l'équation (1),

$$\delta'' = 2°49'28'',548 = 10168'',548; \qquad \log \frac{\delta''}{R''} = 2,6928338;$$

Par l'expression (3),

$$x'' = 237'',823 + 0'',198 = 238'',021; \qquad \log \frac{x''}{R''} = 3,0621902.$$

Pour continuer le calcul plus loin, il faut convenir de l'ellipsoïde que l'on veut adopter. La diversité des choix que l'on peut faire à cet égard aura peu d'influence sur le terme correctif de x, qui dépend de e^2, parce qu'il est extrêmement petit. Mais les conséquences en seront plus sensibles dans les évaluations des arcs de distance par les expressions (1) et (2), où la longueur absolue de la normale N' entre comme coefficient. Comme exemple d'appli-

cation numérique, j'adopterai ici les élémens moyens de l'ellipsoïde, qui sont donnés par notre tableau de la page 221, et je
calculerai le logarithme de N' pour la distance polaire donnée d',
par son expression en série, rapportée dans la page 222. Quand
on a un grand nombre de calculs de ce genre à effectuer, on forme
d'avance une Table des logarithmes des normales de 20' en 20'
pour toute l'étendue de distances polaires que la triangulation
embrasse, et l'on conclut les valeurs intermédiaires par parties
proportionnelles. Ici, nous devrons effectuer le calcul direct pour
la distance polaire d' par la série indiquée. Je trouve ainsi, sur
notre ellipsoïde :

$$\log N' = \log a + 0{,}000655\,5877 = 6{,}51545\,5877;$$

nous avons, en outre,

$$\log z' = \overline{3}{,}8039924.$$

En associant ces nombres aux valeurs précédentes de ∂'' et z'', on
obtient :

Distance du clocher de Biarritz à la perpendiculaire de M, en toises
(formule 2),

$$D' - D = 3781^{T}{,}30.$$

Distance à la méridienne de M (formule 3),

$$161542^{T}.$$

Distance polaire elliptique du pied π de cette perpendiculaire sur
le méridien de M,

$$\pi_1 = d' - 238'{,}819 = 46^{\circ}27'30''{,}291.$$

Cette distance polaire surpasse seulement de $0''{,}001$ celle qui est
rapportée dans l'ouvrage cité, tome I, page 330, et l'on ne peut
pas répondre d'une si petite fraction avec les Tables à sept décimales. La valeur qu'on y assigne pour la distance à la méridienne
est moindre de 10^3 que celle que nous obtenons, ce qui s'explique
suffisamment par la différence des dimensions de l'ellipsoïde
adopté pour la calculer. Mais l'influence de ce choix, sensible sur

les résultats numériques, ne le serait point sur la construction graphique d'une carte.

221. Si l'on voulait pour quelque but théorique tracer rigoureusement une perpendiculaire au méridien principal, en partant d'un point m, pris à volonté sur sa ligne méridienne, on y parviendrait facilement par le mode de construction successif que nous avons décrit *fig.* 42. Pour cela, on supposerait d'abord l'angle p égal à 1°, et l'on calculerait par nos formules, 1° la longueur du premier élément sphérique mm_1; 2° son azimut final l' sur le second méridien Pm_1; 3° la distance polaire sphérique d_1 du point m_1, que l'on transformerait en distance polaire elliptique d'_1, comptée sur ce second méridien, par l'emploi de la correction exprimée page 249. Avec ces données, on ferait un calcul pareil, pour passer du point m_1 au point m_2, situé sur un troisième méridien formant aussi, avec le deuxième, un angle de 1°; et l'on prolongerait ainsi progressivement la courbe par des intervalles semblables, aussi loin que l'on voudrait.

NOTE I,

Pour démontrer les deux résultats énoncés ici dans le texte, je construis la *fig.* 51. PAP' est un demi-méridien de l'ellipse génératrice, O est son centre, OA son demi-grand axe, lequel se trouve être aussi la longueur de la normale N pour le sommet équatorial A. Du point O avec OA pour rayon, je décris la circonférence tangente en A et je mène le rayon OM', formant avec OA un angle v que nous devrons faire ultérieurement égal à 1°. Ce même rayon coupe l'ellipse en M_1, et devient généralement, pour elle, un rayon vecteur dont je nomme la longueur r. Cela posé, je vais évaluer l'intervalle $M_1 M'_1$, et calculer l'excès de l'arc de cercle AM' sur l'arc de l'ellipse AM_1.

À cet effet, je rapporte d'abord cette courbe à deux coordonnées rectangulaires x, y, parties du centre O et comptées respectivement sur les directions OA, OP. Son équation en fonction de ces coordonnées est, comme on l'a vu,

$$y^2 + x^2 (1 - e^2) = a^2 (1 - e^2),$$

et, en désignant par ds l'élément de l'arc elliptique compté de A vers P, on a

$$ds^2 = dx^2 + dy^2.$$

Maintenant j'introduis, au lieu de x et y, les coordonnées polaires r et v en faisant

$$x = r \cos v ; \qquad y = r \sin v.$$

Cela donne, par substitution,

$$r^2 = \frac{a^2 (1 - e^2)}{1 - e^2 \cos^2 v} \quad \text{et} \quad ds^2 = dr^2 + r^2 \, dv^2.$$

Considérant d'abord r, je mets son expression sous la forme

$$r = \frac{a}{\left(1 + \frac{e^2}{1 - e^2} \sin^2 v \right)^{\frac{1}{2}}} \qquad \text{ou} \qquad r = a \left(1 + \frac{e^2}{1 - e^2} \sin^2 v \right)^{-\frac{1}{2}},$$

et, en développant le radical en série par la formule du binôme, j'obtiens

$$r = a \left[1 - \frac{1}{2} \left(\frac{e^2}{1 - e^2} \right) \sin^2 v + \frac{3}{8} \frac{e^4}{(1 - e^2)^2} \sin^4 v - \frac{5}{16} \frac{e^6}{(1 - e^2)^3} \sin^6 v \ldots \text{ etc.} \right].$$

Lorsque nous aurons donné à l'angle v sa valeur finale, $a - r$ exprimera l'intervalle $M_1 M'_1$. Mais, pour les limites de petitesse auxquelles nous voulons restreindre cet angle, nous pourrons borner la série au terme où e^2 se trouve à la première puissance, ce qui nous donnera

$$(1) \qquad M'_1 M_1 = a - r = \tfrac{1}{2} a e^2 \sin^2 v.$$

Si l'on transforme de même l'expression de ds^2 en r et v, on pourra l'écrire ainsi :

$$ds^2 = r^2 \left[1 + e^4 \frac{\sin^2 v \cos^2 v}{(1 - e^2 \cos^2 v)^2} \right] dv^2.$$

Alors, en y négligeant les termes en e^4, comme nous venons de le faire, elle donnera simplement

$$ds = r\,dv = a\,(1 - \tfrac{1}{2} e^2 \sin^2 v)\,dv.$$

Cela aurait pu se voir directement sans substitution : car la condition de tangence établie en A rend dr de l'ordre $e^2 \sin^2 v$, par conséquent dr^2 de l'ordre des termes que nous négligeons, ce qui réduit ds à $r\,dv$ comme nous venons de le trouver.

Pour intégrer l'expression de ds, il faut y remplacer $\sin^2 v$ par la quantité équivalente $\frac{1 - \cos 2v}{2}$, ce qui donne

$$ds = a\,(1 - \tfrac{1}{4} e^2 + \tfrac{1}{4} e^2 \cos 2v)\,dv,$$

et alors, en l'intégrant, on a

$$s = a\,[(1 - \tfrac{1}{4} e^2)\,v + \tfrac{1}{8} e^2 \sin 2v].$$

Je n'ajoute point de constante, parce que je fais commencer l'arc s en A, où v est nul en même temps que lui. Dans ce calcul, l'arc v est censé exprimé en parties du rayon pris pour unité de longueur. Si l'on veut l'exprimer en secondes de degré, il faudra remplacer la lettre v par $\frac{v''}{R''}$. Alors l'équation précédente donnera

$$(2) \qquad a \frac{v''}{R''} - s = \tfrac{1}{4} a e^2 \left(\frac{v''}{R''} - \tfrac{1}{2} \sin 2v \right).$$

$\frac{av''}{R''}$ est la longueur de l'arc circulaire AM'_1 correspondante à l'angle v ou v''. s est la longueur de l'arc elliptique AM_1 pour le même angle, le second membre de l'équation ici obtenue exprime donc l'excès cherché du premier arc sur le second.

Il ne reste plus qu'à convertir les formules (1) et (2) en nombres, avec les aleurs moyennes de a et de e^2 que nous avons trouvées convenir à l'ellipsoïde terrestre. Je prends donc, d'après la page 221, où a est exprimé en toises,

$$\log a = 6,5147967 ; \qquad \log c^2 = \overline{3},8039924.$$

Alors en faisant l'angle v égal à $1°$ ou v'' égal à $3600''$, on trouve d'abord, par l'équation (1),

$$M', M, = \tfrac{1}{4} a c^2 \sin^2 v = 3^{T},173;$$

et ensuite par les éléments de l'équation (2),

$$\tfrac{1}{2} a c^2 \frac{v^2}{R^2} = 90^{T},9085$$

$$-\tfrac{1}{4} a c^2 \sin 2v = -\ 90\ ,8900$$

Conséquemment, $$\frac{a v^2}{R^2} - s = \ 0^{T},0185$$

Ce sont les nombres que j'ai rapportés dans le texte. La compensation presque exacte qui s'opère dans les deux termes de $\frac{a v^2}{R^2} - s$ pouvait se prévoir d'après la petitesse de l'angle v. Car, si l'on considérait le cube de $\sin v$ comme négligeable, on pourrait remplacer ce sinus par $\frac{2 v^2}{R^2}$; et alors, le terme $-\tfrac{1}{4} \sin 2v$ détruirait complétement le précédent auquel il est associé dans la différence cherchée.

NOTE II.

Sur la rectification générale de l'ellipse.

222. Prenons à volonté, sur le contour de l'ellipse, un point M situé à la distance polaire v, exprimant l'angle formé avec l'axe polaire par la normale menée à ce point. Soient, à cette même distance polaire, ds l'élément infiniment petit de l'arc, et γ le rayon du cercle osculateur à l'ellipse en M, on aura

$$\gamma = \frac{a\,(1 - e^2)}{(1 - e^2 \cos^2 v)^{\frac{3}{2}}}.$$

Ce cercle a son centre sur la normale du point M. Par la condition de l'osculation, sa circonférence coïncide en ce point avec le contour de l'ellipse sur toute l'étendue de l'élément ds, et deux rayons menés de son centre aux extrémités de cet élément sont dirigés suivant des normales à cette courbe. L'angle qu'ils comprennent représente donc la variation infiniment petite que l'angle v subit en passant de l'une à l'autre. Exprimons généralement la valeur locale de cet angle par l'arc qu'il soutendrait au centre d'un cercle décrit avec un rayon égal à l'unité de longueur. Alors le petit angle soutendu au centre du cercle osculateur par l'élément ds sera la différentielle dv de l'angle v ainsi exprimé. Ainsi le petit arc du même cercle, qui sera compris entre ses branches et aura pour longueur $\gamma\,dv$, devra être égal à l'élément ds de l'ellipse. Cette identité, qui n'était qu'approximative quand nous l'avons appliquée à des angles d'une amplitude sensible telle que $1°$, devient rigoureuse dans les amplitudes infiniment petites. Remplaçant donc γ par son expression analytique générale, la condition de cette coïncidence élémentaire sera

$$ds = \frac{a\,(1 - e^2)\,dv}{(1 - e^2 \cos^2 v)^{\frac{3}{2}}}.$$

Dans l'ellipse des méridiens terrestres que nous voulons spécialement considérer, e^2 est une fraction très-petite ; on pourra donc, par la formule du binôme, développer le radical $(1 - e^2 \cos^2 v)^{-\frac{3}{2}}$ en une série très-convergente procédant suivant les puissances ascendantes de $e^2 \cos^2 v$, ce qui donnera

$$ds = a\,(1 - e^2)\left(1 + \frac{3}{2} e^2 \cos^2 v + \frac{15}{8} e^4 \cos^4 v + \frac{35}{16} e^6 \cos^6 v + \dots\right) dv.$$

Je me borne à écrire les quatre premiers termes, parce qu'ils suffisent toujours dans les applications. Mais les coefficients numériques de la série peuvent s'écrire sous une forme qui permet d'en prolonger indéfiniment l'appréciation numérique, comme Delambre l'a montré dans le tome II de la *Base du système métrique*, page 674.

223. Maintenant, dans le *Traité de Calcul différentiel et intégral* de La-

croix, Introduction, page 90, on trouve les égalités suivantes, qui ont été
établies par Euler :

$$2\cos^2 v = \cos 2v + 1,$$
$$8\cos^4 v = \cos 4v + 4\cos 2v + 3,$$
$$32\cos^6 v = \cos 6v + 6\cos 4v + 15\cos 2v + 10.$$

Ces transformations peuvent être étendues indéfiniment suivant une loi générale de leurs coefficients numériques, qui est rapportée dans l'ouvrage que
je viens de citer. Je les borne ici à la puissance sixième de $\cos^2 v$, à laquelle
nous avons arrêté notre développement; mais il est essentiel de remarquer
que, quelque loin qu'on les prolonge, tous leurs termes demeurent constamment positifs et ne contiennent jamais que des multiples pairs de
l'angle v, lorsque la puissance de $\cos v$ qu'elles remplacent est également
paire, ce qui aura toujours lieu dans notre expression de ds, quelque loin
qu'on la suppose prolongée.

En substituant ces expressions des puissances de $\cos v$, le second membre
ne contiendra plus que des termes composés de ce genre de multiples. Et si
l'on fait, par abréviation,

$$A = 1 + \frac{3}{4}e^2 + \frac{45}{64}e^4 + \frac{175}{256}e^6 \ldots,$$
$$B = \phantom{1+{}} \frac{3}{4}e^2 + \frac{15}{16}e^4 + \frac{525}{512}e^6 \ldots,$$
$$C = \phantom{1+\frac{3}{4}e^2+{}} \frac{15}{64}e^4 + \frac{105}{256}e^6 \ldots,$$
$$D = \phantom{1+\frac{3}{4}e^2+\frac{15}{16}e^4+{}} \frac{35}{512}e^6 \ldots,$$

on trouvera ici

$$ds = a(1-e^2)(A + B\cos 2v + C\cos 4v + D\cos 6v \ldots)\, dv.$$

224. Chaque terme de la série ainsi transformée peut être intégré immédiatement; et, en faisant commencer toutes les intégrales partielles, de manière que l'angle total s soit nul quand v est nul, sa longueur, depuis le
pôle jusqu'à la distance polaire v, se trouve être évidemment

$$s = a(1-e^2)\left(Av + \frac{1}{2}B\sin 2v + \frac{1}{4}C\sin 4v + \frac{1}{6}D\sin 6v \ldots\right).$$

La lettre v, qui entre hors des signes trigonométriques dans le premier terme,
représente l'angle v exprimé en parties du rayon pris pour unité de longueur.
Cela en fait un rapport abstrait, comme sont aussi les sinus qui entrent dans
les termes suivants; et, de cette manière, l'homogénéité des deux termes
de l'équation se trouve conservée. Par exemple, si cet angle devait être droit,
la valeur de v serait $\frac{1}{2}\pi$, π étant le nombre 3,1415926..., qui exprime la
demi-circonférence dont le rayon est 1. Si sa valeur, exprimée en secondes
de degré, était v'', il faudrait faire v égal à $\dfrac{v''}{R''}$.

225. D'après la remarque faite tout à l'heure sur la forme des cosinus qui composent la série avant l'intégration, tous les termes de l'expression de z qui suivent le premier $A v$ ne contiendront que des sinus de multiples pairs de l'angle v. Ainsi tous ces termes s'évanouiront si l'on suppose cet angle égal à $90°$, auquel cas l'arc total z deviendrait un quadrant de l'ellipse que je désignerai par Q. Alors la lettre v doit être remplacée par $\frac{1}{2}\varpi$ hors des signes trigonométriques, comme nous venons de le voir. On aura donc, par l'équation ainsi réduite,

$$Q = \tfrac{1}{2}\varpi\, aA\,(1 - e^2);$$

ce résultat nous servira dans la section VII.

226. Notre expression générale de z nous donnera aisément la longueur du segment de l'ellipse qui serait compris entre deux points M_1, M_2, de son contour, dont les distances polaires respectives seraient v_1, v_2. Car, en évaluant les longueurs des arcs z_1, z_2 compris depuis le pôle jusqu'à chacun de ces points, nous aurons évidemment

$$z_1 = a\,(1 - e^2)\,[A v_1 + \tfrac{1}{2} B \sin 2v_1 + \tfrac{1}{4} C \sin 4v_1 + \tfrac{1}{6} D \sin 6v_1 \ldots],$$
$$z_2 = a\,(1 - e^2)\,[A v_2 + \tfrac{1}{2} B \sin 2v_2 + \tfrac{1}{4} C \sin 4v_2 + \tfrac{1}{6} D \sin 6v_2 \ldots].$$

En supposant v_2 plus grand que v_1, $z_2 - z_1$ sera la longueur du segment cherché. On simplifiera son expression par l'emploi de la relation générale

$$\sin p - \sin q = 2 \sin \tfrac{1}{2}(p - q) \cos \tfrac{1}{2}(p + q),$$

et l'on obtient alors

$$z_2 - z_1 = a\,(1 - e^2) \left[\begin{array}{l} A\,(v_2 - v_1) + B \sin(v_2 - v_1) \cos(v_2 + v_1) \\ + \tfrac{1}{2} C \sin 2(v_2 - v_1) \cos 2(v_2 + v_1) + \tfrac{1}{3} D \sin 3(v_2 - v_1) \cos 3(v_2 + v_1) \ldots \end{array} \right].$$

Delambre, dans son ouvrage intitulé : *Base du système métrique*, s'est servi de cette formule, particulièrement tome II, page 677, et tome III, page 134, pour déterminer les éléments de l'ellipse terrestre par une sorte de règle de fausse position, en supposant ces éléments déjà très-approximativement connus, et cherchant les petites variations qu'il faut leur faire subir pour satisfaire le mieux possible aux mesures de segments de méridiens que l'on peut croire avoir été obtenues avec le plus de précision. Si ces mesures pouvaient être employées comme des données rigoureuses, on réaliserait très-directement cette idée en employant la valeur déjà approximativement connue de e^2 pour calculer les termes de $z_2 - z_1$ qui contiennent les puissances supérieures de cette quantité, et n'y laissant d'inconnue que la première seule. Alors deux arcs mesurés donnant deux valeurs de $z_2 - z_1$, on obtiendrait les deux éléments a, e^2 de l'ellipse, par la condition de reproduire exactement leurs valeurs. Mais nous avons trop évidemment reconnu que les erreurs des observations, et les irrégularités locales de forme du sphéroïde terrestre, jettent, dans les mesures partielles, des discordances inévitables qui ôtent toute possibilité d'en déduire des valeurs constantes, pour une quantité aussi petite que l'ellipticité des méridiens terrestres. La méthode approximative dont nous avons fait usage me paraît, par cette raison, suffire pour comparer de pareilles données, et pour en tirer les résultats généraux les plus vraisemblables qu'elles puissent fournir.

SECTION VI. — *Des grands nivellements géodésiques.*

227. Lorsque j'ai exposé la théorie des réfractions atmosphériques dans le chapitre VII du tome Ier, j'ai annoncé, page 267 (note), que, dans les grandes triangulations géodésiques, les observations de distances zénithales réciproques faisaient connaître les différences relatives de hauteur des stations au-dessus du sphéroïde formé par la continuation régulière de la surface des mers environnantes; d'où l'on déduit toutes leurs hauteurs absolues par une seule d'entre elles directement mesurée. J'ai fait seulement pressentir alors le procédé général par lequel on réalise cette importante application. Je vais maintenant l'expliquer dans ses détails.

228. Relativement à une sphère, deux points sont de niveau quand ils sont à une égale distance de la surface sphérique, sur leurs sécantes propres menées à son centre. Relativement à un sphéroïde de forme quelconque, deux points sont de niveau lorsqu'ils sont à égale distance de la surface sphéroïdale, sur leurs normales propres.

Dans l'application au sphéroïde terrestre, l'opération se divise en deux parties. On détermine d'abord directement la hauteur absolue d'une des stations au-dessus du niveau moyen de la mer la plus proche; on détermine ensuite la différence successive de hauteur de toutes les autres stations sur leurs normales propres, au-dessus de l'ellipsoïde de révolution qui est la continuation de cette mer.

229. Pour obtenir le premier résultat, on conduit le réseau des triangles jusqu'à une station voisine du bord de la mer d'où l'on veut partir. Désignons cette station par S, *fig.* 46. On mesure, par un nivellement direct, les hauteurs absolues Sh_1, Sh_2, ou h_1, h_2 du point S au-dessus du niveau de deux hautes mers consécutives, et aussi sa hauteur absolue Sh ou h au-dessus de la basse mer intermédiaire. $\frac{1}{2}(h_1 + h_2)$ donne la hauteur de S au-dessus de la haute mer moyenne, et $\frac{1}{2}\left(\frac{h_1 + h_2}{2} + h\right)$ ou $\frac{h_1 + h_2 + 2h}{4}$ est sa hauteur au-dessus du niveau moyen. On procède à ces observations par un temps calme, pour éviter les irrégularités accidentelles que les oscillations périodiques de la mer éprouvent en vertu de l'action momentanée des vents; et on les compense, en prenant la moyenne totale de plusieurs déterminations obtenues à des jours différents.

230. Connaissant ainsi la hauteur absolue de la station S, on détermine successivement les hauteurs de toutes les autres relativement à celle-là, par le procédé des distances zénithales réciproques. J'en ai expliqué complétement l'application sur une sphère dans le chapitre cité, pages 251 et suivantes. Il s'agit maintenant de l'étendre à des stations réparties sur un ellipsoïde de révolution, dont la configuration est donnée conventionnellement; et je vais montrer qu'il s'y applique avec la plus grande facilité, presque sans modification de calcul.

231. Pour le faire voir, je considère d'abord le cas simple où les deux stations, dont on veut connaître la hauteur relative, S_1, S_2, *fig.* 47, seraient comprises dans le plan d'un même méridien elliptique PM_1M_2A. On connaît, par la triangulation, les distances polaires d_1, d_2 de leurs normales propres, la position des points M_1, M_2, où elles coupent le méridien elliptique, et la longueur de l'arc elliptique M_1M_2 qui les sépare. En effet, dans le cas que nous considérons, cet arc sera un côté des triangles principaux; et, à cause du peu d'étendue qu'on leur donne, on pourra, sans erreur appréciable pour l'application actuelle, l'assimiler, quant à sa longueur, à un arc de cercle décrit du centre N, avec le rayon NM, égal à la normale N, menée au point M, qui est intermédiaire entre M_1 et M_2. La première idée qui se présente serait donc d'évaluer d'abord, par les distances zénithales réciproques, la différence de hauteur des deux stations S_1, S_2, au-dessus du cercle ainsi décrit, et de transporter le résultat à l'ellipse par quelque correction qui ne pourrait être que fort petite. Mais cette marche présenterait deux inconvénients graves. A la vérité, les intervalles compris sur chaque normale entre l'ellipse et le cercle tangent en M seront fort petits. Car, aux pages 241 et 289 (note), nous avons trouvé que, dans les plus grandes amplitudes que l'on donne à l'arc M_1M_2, ces intervalles n'excéderaient pas 3 toises; et la différence de leurs valeurs s'ajouterait seule à la différence de niveau évaluée sur le cercle tangent. Mais la dissymétrie de l'ellipse autour du point M rendant ces valeurs inégales, diversement selon sa position, il deviendrait nécessaire de calculer la variation locale de leur inégalité, et il serait embarrassant de le faire. Ensuite, l'évaluation de la différence de niveau, même sur la sphère, suppose que les distances zénithales y sont mesurées à partir des sécantes qui seraient ici $NM_1\Sigma_1$, $NM_2\Sigma_2$; tandis qu'en réalité on les observe à partir des normales réelles $N_1M_1V_1$, $N_2M_2V_2$, lesquelles font avec les sécantes des angles variables qu'on ne peut pas négliger. Cela exigerait encore une autre réduction. Delambre, qui a suivi cette voie dans son ouvrage sur la *Base du système métrique*, tome II, page 738, a été conduit ainsi à des calculs horriblement complexes, dont la conclusion finale a été, que toutes ces corrections lui paraissent pouvoir être habituellement négligées; et il a été imité en cela par la plupart des auteurs qui ont voulu traiter cette question après lui. Mais toutes ces difficultés disparaissent, comme par enchantement, quand on envisage le problème sous un autre aspect, et qu'on y applique les formules très-simples de la réfraction terrestre que j'ai exposées dans le tome Ier de cet ouvrage.

252. Pour cela, continuant à considérer d'abord le cas de deux stations situées dans un même méridien elliptique, *fig.* 48, je les rapporte, non pas à la sphère tangente qui serait décrite du centre N avec le rayon NM, comme dans la *fig.* 47, mais à la sphère osculatrice dans le sens du méridien même, qui serait décrite du centre C, avec le rayon osculateur elliptique γ. Cela aura deux avantages. D'abord, l'intervalle compris sur les normales de chaque station, entre l'ellipsoïde et cette sphère, sera beaucoup moindre que pour la sphère tangente décrite du centre N; et, dans son excessive petitesse, il sera, en outre, égal pour les deux stations, de sorte que leur *différence de niveau*, mesurée sur cette sphère, sera exactement la même que sur l'ellipsoïde. Ensuite, dans les plus grandes amplitudes que l'on donne à l'arc M_1M_2, les rayons osculateurs sphériques CM_1, CM_2 ne feront que des angles de quelques dixièmes de seconde, avec les normales menées des deux stations S_1, S_2, comme nous l'avons démontré pages 189 et 232. Par conséquent, si l'on emploie les distances zénithales observées à partir des normales, comme partant des prolongements M_1C, M_2C de ces deux rayons,

le résultat sera absolument le même que si l'on supposait une erreur du même ordre dans les réfractions qui affectent ces distances, lesquelles comportent toujours individuellement des variations et des altérations physiques incomparablement plus considérables, que l'on est forcé de négliger. Le calcul se fera donc ainsi très-exactement avec l'emploi du rayon osculateur au milieu M de l'arc $M_1 M_2$, rayon dont la longueur γ peut toujours être évaluée en nombres sur l'ellipsoïde adopté, puisque les positions absolues des points M_1, M_2 sur le contour de l'ellipse sont connues.

253. Venant alors au cas où les deux stations S_1, S_2 ne sont pas comprises dans un même méridien, je les rapporte de même à la sphère qui serait osculatrice à l'ellipsoïde dans le sens de l'arc de plus courte distance mené par les pieds de leurs normales propres, *fig.* 49. Soient C le centre de cette sphère, ρ la longueur de son rayon qui peut toujours se calculer. Les résultats de cette construction seront les mêmes que tout à l'heure. Car d'abord, les intervalles compris sur chaque normale entre l'ellipsoïde et la sphère étant encore excessivement petits et sensiblement égaux, la différence de niveau des deux stations, au-dessus de la sphère, sera la même qu'au-dessus de l'ellipsoïde. Quant aux angles formés par chaque rayon CM_1, CM_2 avec les normales, ils seraient rigoureusement nuls si les deux stations étaient situées sur un même parallèle, puisqu'alors le centre de la sphère coïnciderait avec le point de rencontre des deux normales sur l'axe polaire. A partir de ce cas d'exacte nullité, ces deux angles croissent à mesure que les deux stations se rapprochent d'un même méridien. Mais puisqu'alors, à cet état de maximum, leurs valeurs sont négligeables dans l'application actuelle, comme nous venons de le voir, elles le seront toujours à plus forte raison dans les azimuts intermédiaires. Ainsi, les distances zénithales observées à partir des normales réelles, pourront encore être censées mesurées à partir du rayon de la sphère qui est osculatrice au milieu M de l'arc $M_1 M_2$, dans le sens de cet arc, comme dans le cas précédent.

254. Il ne reste donc qu'à transporter ici les formules générales que nous avons établies dans le tome Ier, pages 265 et suivantes, pour calculer les différences de niveau par l'observation des dis-

tances zénithales réciproques, ou non réciproques, sur une sphère
d'un rayon donné. Nous pourrons ensuite examiner jusqu'à quel
degré de précision la connaissance et l'emploi spécial du rayon
osculateur ρ sont nécessaires pour les réduire en nombres, quand
on connaît la longueur de l'arc circulaire $M_1 M_2$ ou A qui joint les
pieds des normales sur la sphère considérée. Car cet arc est toujours donné par la triangulation dans les circonstances actuelles ,
puisqu'il est un des côtés des triangles principaux.

255. Dans les formules citées, on a désigné par r', r'' les distances respectives des deux stations S_1, S_2 au centre de la sphère.
L'indice ^{1} s'applique aux éléments de celle pour laquelle cette distance est connue, sans s'inquiéter si elle est la plus haute ou la plus
basse, le jeu des signes algébriques décidant cette alternative dans
le résultat. Soit donc h', *fig.* 49, la hauteur *absolue* de la station S_1
au-dessus de l'ellipsoïde, hauteur que l'on devra supposer connue
par les opérations antécédentes. On aura alors

$$r' = \rho + h',$$

et $r'' - r'$ sera la différence de niveau, qui se trouvera positive si
S_2 est plus élevée que S_1, et négative dans le cas contraire.

Les formules contiennent l'angle au centre $S_1 C S_2$ ou v compris
entre les sécantes menées aux deux stations. L'arc $M_1 M M_2$ étant
donné, on en pourra toujours déduire la valeur de cet angle. Si on
veut l'exprimer par l'arc qui le mesure dans un cercle dont le rayon
est 1, on aura

$$v = \frac{A}{\rho}.$$

Si on veut l'exprimer en secondes de degré, et le désigner sous
cette forme par v'', on aura

$$v'' = \frac{A}{\rho} R''.$$

Nous aurons aussi besoin de connaître la longueur de la corde rectiligne $M_1 M_2$. En la désignant par C, les expressions établies
page 68 donneront, avec une exactitude toujours suffisante,

$$C = A - \frac{1}{24} \frac{A^3}{\rho^2}.$$

Il faut se rappeler, d'ailleurs, que la corde C et l'angle au centre v sont liés l'un à l'autre, par la relation rigoureuse

$$C = 2\rho \sin \tfrac{1}{2} v.$$

L'expression précédente de C n'est que le développement de celle-ci, limitée aux troisièmes puissances du rapport $\dfrac{A}{\rho}$.

236. Maintenant, conformément à la notation adoptée dans le tome I, page 265, soient Z′, Z″ les deux distances zénithales *apparentes*, observées ou observables en S_1 et S_2; et nommons $+\delta'$, $+\delta''$, les réfractions locales, connues ou inconnues, qu'il faudrait *ajouter* respectivement à chacune d'elles, pour avoir les distances zénithales *vraies*, rapportées à la corde rectiligne que l'on mènerait de S_1 à S_2. Le triangle rectiligne S_1CS_2 établira d'abord entre celles-ci la relation générale

$$Z' + Z'' + \delta' + \delta'' = 180° + v;$$

prenant ensuite une quantité auxiliaire x telle qu'on ait

$$x = \operatorname{tang} \tfrac{1}{2} v \operatorname{tang} \tfrac{1}{2} (Z'' - Z' + \delta'' - \delta'),$$

l'expression de la différence de niveau cherchée sera

$$r'' - r' = \frac{2 r' x}{1 - x}.$$

Cette expression est générale : elle ne spécifie nullement si les distances zénithales apparentes ont été observées simultanément sur la même trajectoire lumineuse, ou à des époques différentes et sur des trajectoires lumineuses diverses. Elle suppose seulement que les réfractions locales δ', δ'' sont évaluées, théoriquement ou pratiquement, telles qu'elles ont dû se produire dans la trajectoire spéciale sur laquelle chaque signal a été observé.

La corde C peut s'introduire dans l'expression de x, par sa relation avec l'angle v au moyen de la transformation suivante :

$$x = \frac{2\rho \sin \tfrac{1}{2} v}{2\rho \cos \tfrac{1}{2} v} \operatorname{tang} \tfrac{1}{2}(Z'' - Z' + \delta'' - \delta') = \frac{C \operatorname{tang} \tfrac{1}{2}(Z'' - Z' + \delta'' - \delta')}{2\rho \cos \tfrac{1}{2} v}.$$

237. Dans les applications, x est toujours une fraction très-

petite : d'abord, parce que la corde C est toujours très-petite comparativement au rayon osculateur ρ ; puis, les triangulations s'appliquant à la convexité de la surface terrestre, deux sommets de triangles réciproquement visibles l'un de l'autre ont toujours une différence de niveau très-petite comparativement à la longueur de l'arc qui les sépare. Cela fait que l'angle contenu sous le signe tangente dans l'autre facteur de x est habituellement très-peu différent de zéro, qui serait sa valeur si la différence de niveau était nulle ainsi que les réfractions ; et, par suite, la tangente de cet angle, qui forme le second facteur de x, n'a jamais qu'une très-petite valeur. Profitant donc de cette circonstance, je développe en série le facteur $\dfrac{1}{1-x}$ qui entre dans l'expression de $r'' - r'$; ce qui donne

$$r'' - r' = 2r'x(1 + x + x^2 \ldots);$$

alors, remplaçant r' dans le second membre par sa valeur $\rho + h'$, et mettant pour x son expression en C que nous venons de former, on a

$$r'' - r' = C\left(1 + \frac{h'}{\rho}\right)\frac{\tan\frac{1}{2}(Z'' - Z' + \delta'' - \delta')}{\cos\frac{1}{2}e}\left\{ \begin{array}{l} 1 + \dfrac{C}{2\rho}\dfrac{\tan\frac{1}{2}(Z'' - Z' + \delta'' - \delta')}{\cos\frac{1}{2}e} \\[2ex] + \dfrac{C^2}{4\rho^2}\dfrac{\tan^2\frac{1}{2}(Z'' - Z' + \delta'' - \delta')}{\cos^2\frac{1}{2}e} \\[1ex] \text{etc.} \end{array} \right\}.$$

238. Examinons d'abord la composition du facteur qui précède la parenthèse. Le rayon osculateur ρ ne s'y montre *explicitement* que comme diviseur de h'. Or le rapport $\dfrac{h'}{\rho}$ sera toujours excessivement petit, même quand la triangulation traverserait les plus hautes chaînes de montagnes du globe ; et, hors de ces circonstances exceptionnelles, il sera habituellement négligeable. L'emploi précis du rayon local ρ ne sera donc jamais nécessaire pour évaluer ce rapport avec une suffisante précision, et l'on pourra y substituer toute autre quelconque de ses valeurs. La longueur de ce rayon entre aussi *implicitement* dans l'évaluation de la corde C, comme on

l'a vu tout à l'heure ; mais son carré y sert seulement de diviseur au terme correctif en A^3, de sorte qu'on pourrait encore l'y remplacer par quelque longueur qui en serait peu différente. Enfin, ce rayon entre aussi *implicitement* dans l'évaluation de l'arc v. Mais cet angle ne paraît ici que par le cosinus de sa moitié, qui peut être mis sous la forme $1 - 2\sin^2\frac{1}{2}v$. Or, v étant toujours fort petit dans les applications, où il ne dépasse jamais $1°30'$, limite qu'il est même bien loin d'atteindre habituellement, le terme qui en provient sera au plus $1 - 2\sin^2 22'30''$ ou $1 - 0,0000409182$. Ainsi, dans ce cas même, il produirait seulement 4 centimètres sur une différence de niveau de 1000 mètres. Ce terme correctif serait donc encore très-suffisamment exact si l'on y évaluait v avec une valeur de ρ qui ne serait pas absolument rigoureuse. La même remarque s'applique, à plus forte raison, à tous les termes compris dans la grande parenthèse qui proviennent des puissances supérieures de x. Ainsi, en supposant que l'on connût d'ailleurs exactement les deux distances zénithales Z', Z'' et les réfractions δ', δ'' qui les affectent, une erreur d'application locale, sur l'évaluation précise du rayon ρ, n'aurait qu'une influence insensible ou à peine sensible sur $r'' - r'$. Voilà pourquoi Delambre trouvait, qu'en définitive, les corrections dépendantes de l'ellipticité du sphéroïde terrestre devenaient à peu près négligeables dans l'évaluation des différences de niveau ; et voilà pourquoi aussi tous ceux qui l'ont suivi ont pu obtenir ces différences avec assez d'exactitude, en prenant comme rayon de la sphère la normale N menée du milieu de l'arc à l'axe polaire, en remplacement du rayon ρ qui est osculateur dans le sens spécial de l'arc A. Mais ils n'ont pas aperçu plus que lui le véritable principe qui rend cette substitution sans inconvénient. Lorsque nous arriverons tout à l'heure aux applications numériques, nous examinerons les limites de choix auxquelles on peut l'étendre.

239. Quand les deux distances zénithales réciproques Z', Z'', sont toutes deux observées au même instant physique, les rayons visuels qui les donnent sont tangents à la trajectoire commune que la disposition actuelle de la couche d'air, intermédiaire entre les deux stations, fait alors décrire aux éléments lumineux qui la traversent, en allant de l'une à l'autre. Dans un tel cas, on *sup-*

pose généralement que les deux réfractions locales δ', δ'' sont
égales entre elles et de même signe, ce qui les fait disparaître dans
les symboles trigonométriques, et ramène la différence de niveau
$r'' - r'$ à contenir, sous ces symboles, les seules distances zénithales observées. J'ai discuté la réalité de cette hypothèse dans un
Mémoire spécial, sur les réfractions terrestres, lu à l'Académie
des Sciences le 19 novembre 1838, et inséré dans les *Additions
à la Connaissance des Temps* pour l'année 1842. J'ai prouvé alors
que, même dans le cas d'un équilibre régulier, où la densité des
couches d'air décroît également sur toutes les sécantes menées du
centre de la sphère que l'atmosphère recouvre, les réfractions qui
affectent deux distances zénithales réciproques, prises sur une
même trajectoire lumineuse, sont inégales. Celle qui appartient à
la station la plus basse est plus forte que celle qui appartient à la
station la plus élevée, et leur inégalité croît à mesure que l'angle
au centre augmente. Mais, lorsque cet angle est borné aux amplitudes restreintes qu'on lui donne dans les opérations géodésiques,
la différence des deux réfractions s'affaiblit au point de pouvoir
être négligée, sans qu'il en résulte une erreur sensible. Ainsi, dans
les circonstances météorologiques sur lesquelles j'ai établi mes
calculs, et qui représentaient l'état de l'atmosphère lors de l'ascension de M. Gay-Lussac, l'excès de la réfraction inférieure sur
la supérieure s'est trouvé être $19'',68$ pour un angle au centre
de $1°30'$. En négligeant cet excès, et supposant les deux réfractions
égales, aux deux points de la trajectoire compris entre cet angle et
ses rayons vecteurs, la différence de niveau obtenue entre les deux
points a été $1854^{m},017$ au lieu de $1846^{m},060$, qui était sa valeur
rigoureuse, ce qui fait seulement une erreur de $7^{m},957$ sur une
mesure totale si grande. Cette erreur décroît rapidement à mesure
que l'angle au centre devient moindre. Car en le réduisant, par
exemple, à $30'$, ce qui est encore une amplitude peu commune
dans les opérations géodésiques, la différence des deux réfractions
n'a plus été que $0'',478$, et ne pouvait plus produire qu'une erreur insensible dans la différence de niveau, devenue aussi considérablement moindre que dans le cas précédent.

240. Cette hypothèse d'égalité ne peut toutefois être admise, même par approximation, qu'à condition que la densité des couches réfringentes décroît suivant une même loi sur toutes les sécantes de la sphère, dans la portion de l'atmosphère qui sépare les stations considérées. Heureusement c'est là l'état habituel; et ainsi, l'on peut en compenser les petites variations accidentelles en réitérant plusieurs fois les observations à différents jours, par des temps calmes. Mais, en outre, il faut toujours que les distances zénithales réciproques, qu'on veut assembler par couples, aient été observées aux mêmes instants physiques, pour qu'elles puissent appartenir à une même trajectoire lumineuse. Car, sans cette condition, comme elles devront presque infailliblement appartenir à des trajectoires lumineuses différentes, on ne pourrait plus admettre, avec aucune vraisemblance, l'égalité, même approximative, des deux réfractions extrêmes. C'est cependant ce qu'ont fait, pendant longtemps, tous les observateurs, et en particulier Delambre, qui a combiné, comme physiquement réciproques, des distances zénithales observées à des jours différents, entre les sommets consécutifs du réseau de triangles qui s'étend des bords de l'Océan, à Dunkerque, jusqu'aux bords de la Méditerranée, à Barcelone. A la vérité, le défaut de simultanéité s'affaiblit, quand on combine ainsi beaucoup de séries d'observations réitérées à chaque station, pendant des jours calmes, à des époques de l'année peu différentes pour toutes deux, ce qui y ramène, à peu près, l'atmosphère à un état moyen commun. Et c'est probablement pour cela que la différence totale de niveau obtenue ainsi par Delambre, entre l'Océan et la Méditerranée, à ses deux stations extrêmes, s'est trouvée nulle, ou de l'ordre des erreurs que ses observations comportaient.

241. Toutefois, lorsque les distances zénithales réciproques Z', Z'' n'ont pas été observées simultanément, il serait beaucoup plus exact d'évaluer, pour chacune d'elles, la réfraction actuelle qui l'affecte, laquelle peut se conclure des circonstances météorologiques existantes au moment où on l'a mesurée, comme je l'ai expliqué aux pages 262 et 266 du tome I. Dans de tels cas, si la stratification des couches d'air satisfait aux conditions de sphéricité, on peut très-approximativement admettre qu'entre les intervalles restreints qu'occupent les arcs géodésiques, la *somme*

$\delta' + \delta''$ des deux réfractions est proportionnelle à l'angle au centre v. Le coefficient c de la proportionnalité, propre à chaque distance Z' ou Z'', se déduit d'observations barométriques et thermométriques, faites à diverses hauteurs, au moment où on la mesure; et on le calcule en nombres par la formule que j'ai rapportée alors page 262. Quand il est connu, on suppose, comme précédemment, que les réfractions δ', δ'' qui existaient au même instant, aux deux extrémités de la trajectoire lumineuse, étaient égales entre elles; et prenant la moitié de leur somme cv, c'est-à-dire $\frac{1}{2}cv$ pour leur valeur individuelle, on l'applique à la distance zénithale observée, qui se change ainsi en distance vraie. Mais, pour conclure de cet élément unique la différence de niveau $r'' - r'$, il faut, dans l'expression analytique de celle-ci, modifier le facteur

$$\operatorname{tang} \tfrac{1}{2}(Z'' - Z' + \delta'' - \delta'),$$

de manière à ce qu'il ne contienne plus que la seule distance zénithale Z' ou Z'' que l'on a observée. On y parvient en se servant de la relation générale

$$Z' + Z'' + \delta' + \delta'' = 180^o + v.$$

Lorsque nous avons établi cette relation dans le tome 1, page 254, nous avons remarqué que l'égalité qu'elle exprime s'applique à tous les couples de distances zénithales apparentes et réciproques, qui sont accompagnées de la réfraction actuelle qui les affecte, soit qu'on les ait observées simultanément ou non simultanément. On peut donc l'appliquer ici à la trajectoire lumineuse qui existait au moment où une seule des deux distances zénithales a été observée, et en conclure l'autre. Alors, si l'on a observé, par exemple, Z', on exclura $Z'' + \delta''$ de dessous le signe tangente, en tirant de l'équation précédente

$$\tfrac{1}{2}(Z'' + \delta'') = 90^o + \tfrac{1}{2}v - \tfrac{1}{2}(Z' + \delta'),$$

ce qui donnera

$$\tfrac{1}{2}(Z'' - Z' + \delta'' - \delta') = 90^o + \tfrac{1}{2}v - \tfrac{1}{2}(Z' + \delta') - \tfrac{1}{2}(Z' + \delta')$$
$$= 90^o - (Z' + \delta' - \tfrac{1}{2}v),$$

et par suite

$$\operatorname{tang} \tfrac{1}{2}(Z'' - Z' + \delta'' - \delta') = \frac{1}{\operatorname{tang}(Z' + \delta' - \tfrac{1}{2}v)};$$

si, au contraire, on a observé Z'', on exclura Z', en prenant

$$\tfrac{1}{2}(Z' + \delta') = 90^\circ + \tfrac{1}{2}v - \tfrac{1}{2}(Z'' + \delta''),$$

ce qui donnera

$$\tfrac{1}{2}(Z'' - Z' + \delta'' - \delta') = \tfrac{1}{2}(Z'' + \delta'') - 90^\circ - \tfrac{1}{2}v + \tfrac{1}{2}(Z'' + \delta'')$$
$$= -90^\circ + (Z'' + \delta'' - \tfrac{1}{2}v),$$

et par suite $\quad \tang\tfrac{1}{2}(Z'' - Z' + \delta'' - \delta') = -\dfrac{1}{\tang(Z'' + \delta'' - \tfrac{1}{2}v)}.$

Alors si l'on a trouvé, par les circonstances météorologiques, le coefficient c de la proportionnalité, égal, dans le premier cas, à c', dans le second à c'', on fera δ' égal à $\tfrac{1}{2}c'v$, ou δ'' égal à $\tfrac{1}{2}c''v$, et l'on aura

Par la seule distance zénithale Z',

$$\tang\tfrac{1}{2}(Z'' - Z' + \delta'' - \delta') = \dfrac{1}{\tang[Z' - \tfrac{1}{2}(1 - c')v]},$$

Par la seule distance zénithale Z'',

$$\tang\tfrac{1}{2}(Z'' - Z' + \delta'' - \delta') = -\dfrac{1}{\tang[Z'' - \tfrac{1}{2}(1 - c'')v]}.$$

J'y mets les coefficients de v sous cette forme, parce que les valeurs du coefficient c sont habituellement peu différentes de $0,15$, ce qui rend $1 - c'$ et $1 - c''$ positifs. Quoique les tangentes se trouvent maintenant en dénominateur, les termes où elles se trouvent ne cesseront pas d'être très-petits, parce que, dans les applications, Z' et Z'' sont toujours peu différentes de 90°. Ces expressions, substituées dans le développement de $r'' - r'$, lui laisseront donc encore sa rapide convergence, et l'on aura :

Par la seule distance zénithale Z',

$$r'' - r' = + C\left(1 + \frac{h'}{\rho}\right)\frac{1}{\cos\tfrac{1}{2}v\,\tang[Z' - \tfrac{1}{2}(1 - c')v]}\left\{ \begin{array}{l} 1 + \dfrac{C}{2\rho\cos\tfrac{1}{2}v\,\tang[Z' - \tfrac{1}{2}(1 - \\[4pt] + \dfrac{C^2}{4\rho\cos^2\tfrac{1}{2}v\,\tang^2[Z'' - \tfrac{1}{2}(1 - \\[4pt] \text{etc.} \end{array}\right.$$

Par la seule distance zénithale Z'',

$$r'' - r' = - C\left(1 + \frac{h'}{\rho}\right)\frac{1}{\cos\tfrac{1}{2}v\,\tang[Z'' - \tfrac{1}{2}(1 - c'')v]}\left\{ \begin{array}{l} 1 + \dfrac{C}{2\rho\cos\tfrac{1}{2}v\,\tang[Z'' - \tfrac{1}{2}(1 - \\[4pt] + \dfrac{C^2}{4\rho^2\cos^2\tfrac{1}{2}v\,\tang^2[Z'' - \tfrac{1}{2}(1 - \\[4pt] \text{etc.} \end{array}\right.$$

Dans les applications habituelles, le facteur qui précède la parenthèse, sera fréquemment le seul, soit de l'expression générale, soit de ces dernières, auquel il faille avoir égard; et l'on aura tout au plus besoin de calculer le terme de l'autre facteur qui contient la première puissance de $\frac{C}{2\rho}$. C'est ce que le calcul même montrera pour chaque cas. Mais, dans les expressions où l'on n'emploie qu'une seule distance zénithale, l'angle e entrant sous le signe tangente, on peut croire que son évaluation nécessitera plus spécialement l'emploi du rayon osculateur exact ρ, que l'expression générale où cet angle entre seulement par le cosinus de la moitié de sa valeur. C'est ce que nous apprendront les applications numériques que nous allons faire. Les calculs qu'elles exigent s'abrègent en mettant en évidence la dépendance mutuelle des termes dont se composent les formules que nous venons de préparer. Tel est l'objet des quantités auxiliaires que je vais y introduire.

1er cas : Les deux distances zénithales réciproques Z', Z'', ont été observées simultanément.

Formez la quantité auxiliaire. . . . . $\quad x' = \dfrac{C \tan\frac{1}{2}(Z'' - Z')}{\cos\frac{1}{2}e}$.

Vous aurez la différence de niveau :

$$(1) \qquad r'' - r' = \left(1 + \frac{h'}{\rho}\right) x' \left(1 + \frac{x'}{2\rho} + \frac{x'^3}{4\rho^3} \cdots\right).$$

2e cas : Z' seul observé. c' le coefficient de proportionnalité actuel, ou $\delta' + \delta'' = c'e$.

Quantité auxiliaire. . . . . $\quad x' = \dfrac{C}{\cos\frac{1}{2}e \tan\left[Z' - \frac{1}{2}(1 - c')e\right]}$.

Différence de niveau :

$$(2) \qquad r'' - r' = \left(1 + \frac{h'}{\rho}\right) x' \left(1 + \frac{x'}{2\rho} + \frac{x'^3}{4\rho^3} \cdots\right).$$

3e cas : Z'' seul observé. c'' le coefficient de proportionnalité actuel, ou $\delta' + \delta'' = c''e$.

Quantité auxiliaire. . . . . . $x' = -\dfrac{C}{\cos\frac{1}{2}c\,\mathrm{tang}\left[Z'' - \frac{1}{3}\left(1 - c''\right)c\right]}$

Différence de niveau :

$$(3)\qquad r'' - r' = \left(1 + \frac{h'}{\rho}\right)x'\left(1 + \frac{x'}{2\rho} + \frac{x'^2}{4\rho^2}\cdots\right).$$

La marche à suivre dans les détails du calcul sera toujours la même. On formera d'abord x', puis on en déduira les diverses puissances de $\dfrac{x'}{2\rho}$: le tout par les Tables de logarithmes à sept décimales. Dans ces formules, les éléments affectés d'un seul accent appartiennent *invariablement* à la station S, , dont les opérations antécédentes sont censées avoir fait connaître la hauteur absolue h' au-dessus de la surface de l'ellipsoïde, par conséquent au-dessus de la sphère osculatrice dont le rayon est ρ ; et la corde C est toujours prise dans cette sphère même. On va voir tout à l'heure que, dans les applications pratiques, on n'aura jamais besoin de pousser l'évaluation de la série au delà de son premier terme $\dfrac{x'}{2\rho}$; les autres étant toujours insensibles. Je ne les ai indiqués que pour rappeler l'expression finie dont ils dérivent par développement.

242. Pour compléter l'exposition de ces formules par un exemple numérique, je choisis un système de données qui dépassera toutes les limites d'amplitude que les opérations géodésiques peuvent présenter. Je l'extrais de mon Mémoire sur les réfractions terrestres, annexé à la *Connaissance des Temps* de 1842, en y faisant quelques modifications nécessaires à notre but actuel, comme je l'expliquerai dans une Note à la suite de la présente section. Les longueurs y sont exprimées en unités métriques, aujourd'hui légalement adoptées en France ; je leur conserverai cette forme, afin que les résultats auxquels nous serons conduits par notre approximation actuelle, qui suppose les réfractions égales dans les distances zénithales réciproques simultanément prises, soient immédiatement comparables à ceux qui ont été obtenus, dans le Mémoire cité, par un calcul rigoureux, où l'on employait leurs véritables valeurs individuelles. Par le même motif, je laisserai à ces longueurs les frac-

tions de mètre qui les complètent, et j'y joindrai leurs logarithmes à dix décimales. Cette rigueur numérique, qui serait aussi exagérée qu'inutile dans une application réelle, aura ici l'avantage de nous reproduire exactement les données angulaires sur lesquelles les calculs du Mémoire ont été fondés. Ceci convenu, voici les éléments correspondants aux deux distances zénithales apparentes Z', Z'' supposées observées simultanément, avec les valeurs de ces distances zénithales elles-mêmes.

Longueur de l'arc compris entre les pieds des normales des deux stations,

$$A = 166664^{m},1083, \quad \log A = 5,22184\ 20829.$$

Hauteur absolue de la station S, au-dessus de la surface de l'ellipsoïde, identifiée avec la surface de la sphère osculatrice dans le sens de l'arc A,

$$h' = 98^{m},00, \qquad \log h = 1,9912261.$$

Longueur du rayon osculateur dans le sens de l'arc A,

$$\rho = 6366100^{m},00, \qquad \log \rho = 6,8038734363.$$

Distances zénithales apparentes observées simultanément dans les deux stations,

$$Z' = 90°0'0'', \qquad\qquad Z'' = 91°16'27'',90.$$

Avec ces données, je cherche d'abord la longueur de la corde de l'arc A par son expression

$$C = A - \tfrac{1}{24} A',$$

et je trouve

$$C = 166664^{m},1083 - 4^{m},7596 = 166659^{m},3487,$$

d'où l'on déduit

$$\log C = 5,22182\ 96802.$$

Je cherche ensuite l'angle au centre c par son expression en secondes de degré, qui est :

$$c'' = \frac{A}{\rho} R''.$$

Le calcul s'effectue comme il suit :

$$\log A = 5,22184\ 20829$$
$$\log \rho = 6,80387\ 34563$$
$$\overline{1,41796\ 86266}$$
$$\log R'' = 5,31442\ 51332$$
$$\log r'' = 3,73239\ 37598, \quad \text{d'où } z'' = 5400'' = 1°30'0''$$

Conséquemment,

$$\tfrac{1}{2}z'' = 0°45'; \quad \log\cos\tfrac{1}{2}z = \overline{1},9999628.$$

Les deux distances zénithales apparentes Z', Z'' étant supposées observées simultanément, ce sera le cas de la formule (1). Considérant d'abord le facteur extérieur à la parenthèse, j'ai pour données :

$$\tfrac{1}{2}(Z''-Z') = 0°38'13'',95 ; \qquad h' = 98^m.$$

Alors j'achève le calcul comme il suit, en restreignant désormais les logarithmes à sept décimales :

$$\log C = 5,2218297$$
$$\log \operatorname{tang} \tfrac{1}{2}(Z''-Z') = \overline{2},0461767$$
$$\overline{3,2680064}$$
$$\log\cos\tfrac{1}{2}e = \overline{1},9999628$$
$$\log x' = 3,2680436 \qquad x' = 1853^m,7179$$
$$\log \frac{h'}{\rho} = 5,1873527$$
$$\overline{2,4553963} \qquad \frac{h'x'}{\rho} = 0^m,0285$$
$$\text{Facteur extérieur} \ldots \ldots \quad F = \overline{1853^m,7464}$$
$$\log F = 3,2680503$$

Voilà la partie principale de $r''-r'$. Les termes de la série qui se combinent avec F, par multiplication, se calculent comme il suit. Je me borne aux deux premiers, car on va voir que le second est déjà inutile, ne produisant que des centièmes de millimère, qu'on est bien éloigné d'atteindre par ce genre d'observations.

$$\log x' = 3,2680436$$
$$\log 2\rho = 7,1049034$$
$$\log \left(\frac{x'}{2\rho}\right) = 4,1631402 \qquad \log \left(\frac{x'}{2\rho}\right)^2 = 8,3262804$$
$$\log \mathrm{F} = 3,2680503 \qquad \log \mathrm{F} = 3,2680503$$
$$\overline{1,4311905} \qquad \overline{5,5943307}$$
$$\left(\frac{x'}{2\rho}\right)\mathrm{F} = \quad 0^m,26989 \qquad \left(\frac{x'}{2\rho}\right)^2 \mathrm{F} = 0^m,00003\,9295$$
$$\mathrm{F} = 1853^m,7464 \qquad \text{négligeable.}$$

Somme $r'' - r' = 1854^m,016$

Telle est donc la différence de niveau, évaluée dans l'hypothèse d'égalité des deux réfractions δ', δ''. La différence rigoureuse, calculée avec leurs valeurs individuelles, est $1846^m,06$, comme on peut le voir dans le Mémoire cité, page 41. La supposition de leur égalité ne produit donc ici qu'une erreur de $7^m,956$. Étant si faible pour un si grand arc, on conçoit qu'elle deviendrait promptement négligeable pour des arcs moindres. C'est en effet ce que le calcul confirme; car la différence des deux réfractions, qui était ici $19'',68$, ne serait déjà plus que $0'',658$ pour un angle au centre de $30'$, comme on le voit, pages 43 et 45 du Mémoire cité. Or, ce sera là déjà une amplitude peu commune dans les opérations géodésiques; et, pour un nivellement que l'on voudrait rendre très-exact, on pourrait aisément procéder par des intervalles d'une amplitude moindre.

245. Dans ce calcul, la station dont la hauteur absolue était donnée se trouve être l'inférieure. Supposons, au contraire, que cette hauteur eût été donnée pour la supérieure, les deux distances zénithales observées restant d'ailleurs les mêmes que précédemment. Cela intervertira seulement le signe de leur différence $Z'' - Z'$ qui deviendra $- 1°16'27'',90$. Pour obtenir la nouvelle valeur de h', en conservant le même système de données physiques, il faudra ajouter 98^m à la différence relative exacte

$1846^m,06$. Cela donnera donc h' égal à $1944^m,06$. Alors x' deviendra négative, en conservant d'ailleurs la même valeur absolue que précédemment. Mais la valeur de $\dfrac{h'}{2\rho}$, qui se combinera avec elle, deviendra plus grande que tout à l'heure; et, en effectuant le calcul numérique de la même manière, pour obtenir d'abord le facteur extérieur F, on aura :

$$\log h' = 3,2887097$$
$$\log \rho = 6,8038735$$
$$\log \left(\frac{h'}{\rho}\right) = \overline{4,4848362}$$
$$\log x' = 3,2680436-$$
$$\log \left(\frac{h'}{\rho}\right)x' = \overline{1,7528798-} \qquad \frac{h'}{\rho}x' = -\ \ \ 0^m,56608$$
$$x' = -\ 1853^m,7179$$
$$\mathrm{F} = -\ 1854^m,2840$$

Conséquemment $\qquad \log \mathrm{F} = \ \ \ 3,2681762-$

Le facteur F, devenu négatif, se trouve notablement plus fort que précédemment. Mais la compensation va être opérée par le produit $\mathrm{F}\left(\dfrac{x'}{2\rho}\right)$ qui devient ici positif à cause du signe négatif de ses deux facteurs. En effet, le calcul des deux premiers termes de la série, effectué comme tout à l'heure, donne

$$\log \left(\frac{x'}{2\rho}\right) = \overline{4},1631402- \qquad \log \left(\frac{x'}{2\rho}\right)^2 = 8,3262804+$$
$$\log \mathrm{F} = 3,2681762- \qquad \log \mathrm{F} = 3,2682762-$$
$$\overline{1,4313164+} \qquad \overline{5,5945366-}$$
$$\left(\frac{x'}{2\rho}\right)\mathrm{F} = +\ \ \ 0^m,26997 \qquad \left(\frac{x'}{2\rho}\right)^2\mathrm{F} = -\ 0^m,00003\ 9306$$
$$\mathrm{F} = -\ \overline{1854^m,2840} \qquad \text{négligeable.}$$

Som. $r''-r' = -\ \overline{1854^m,014}$

La différence du niveau calculée se retrouve donc la même que précédemment, à 2 millimètres près. Mais elle a changé de signe, parce que la station dont la hauteur absolue était donnée se trouve

vait être la plus haute des deux. Cette petite différence de 0ʳ,002
tient ici à l'erreur de l'hypothèse d'égalité des deux réfractions,
qui n'a pas une influence tout à fait égale quand on procède de
l'une ou de l'autre manière. Cela n'existe plus quand on fait le
calcul sur la trajectoire rigoureuse, en appliquant à chaque distance zénithale observée la réfraction δ' ou δ'' qui l'affecte; c'est
ce que j'ai démontré dans le Mémoire cité, page 49. Ici la différence trouvée n'a aucune importance, et je ne la signale que pour
faire remarquer que toute approximation, fondée sur des principes théoriques exacts, doit, comme celle-ci, ne donner que des
discordances négligeables, dans quelque ordre qu'on l'applique, à
deux stations spécifiées par des éléments assignés.

244. Je vais maintenant examiner jusqu'à quel point ces déterminations exigent l'emploi rigoureux du rayon ρ, qui est osculateur à l'ellipsoïde, dans le sens de l'arc A qui joint les pieds des
normales des deux stations. Pour cela, je recommencerai le calcul
avec les mêmes données, en attribuant à ce rayon une longueur
très-notablement différente, quoique néanmoins contenue entre
les limites générales des valeurs qu'il peut prendre dans l'ellipsoïde considéré. Je choisis, pour cette épreuve, le rayon qui serait
osculateur au point milieu d'un arc terrestre situé à la distance
polaire de 45°, et formant aussi un angle de 45° avec la direction
du méridien local. Ce sera une sorte de rayon osculateur moyen
qui, s'il peut suffire, nous dispensera de chercher le rayon osculateur local, dans chaque cas proposé.

245. Soient: ρ ce rayon inconnu; γ, N les deux rayons respectivement osculateurs dans le sens du méridien, et dans le sens transversal au point moyen de l'arc considéré. En nommant i l'azimut
de cet arc, on aura généralement, d'après ce qui a été dit page 192,

$$\frac{1}{\rho} = \frac{1}{\gamma}\cos^2 i + \frac{1}{N}\sin^2 i.$$

Pour l'ellipsoïde terrestre, les valeurs de γ et de N, à la distance
polaire d, sont

$$\gamma = \frac{a(1-e^2)}{(1-e^2\cos^2 d)^{\frac{3}{2}}}, \qquad N = \frac{a}{(1-e^2\cos^2 d)^{\frac{1}{2}}}.$$

Dans l'application que nous en voulons faire à la distance polaire de 45°, $\cos^2 d$ devient $\frac{1}{2}$, ce qui donne

$$\frac{1}{\gamma} = \frac{\left(1 - \frac{1}{2} e^2\right)^{\frac{3}{2}}}{a\left(1 - e^2\right)}, \qquad \frac{1}{N} = \frac{\left(1 - \frac{1}{2} e^2\right)^{\frac{1}{2}}}{a};$$

et comme l'azimut $i = 45°$, que nous attribuons à l'arc A, donne aussi $\cos^2 i = \sin^2 i = \frac{1}{2}$, on aura, pour cet ensemble de conventions,

$$\frac{1}{\rho} = \frac{1}{2a} \left[\frac{\left(1 - \frac{1}{2} e^2\right)^{\frac{3}{2}}}{1 - e^2} + \left(1 - \frac{1}{2} e^2\right)^{\frac{1}{2}} \right].$$

Je développe en série les deux parties du facteur qui est compris dans les parenthèses, et j'arrête les développements aux termes en e^4. J'obtiens ainsi

$$\frac{\left(1 - \frac{1}{2} e^2\right)^{\frac{3}{2}}}{1 - e^2} = 1 + \frac{1}{4} e^2 + \frac{11}{32} e^4 \dots, \qquad \left(1 - \frac{1}{2} e^2\right)^{\frac{1}{2}} = 1 - \frac{1}{4} e^2 - \frac{1}{32} e^4 \dots$$

La première puissance de e^2 disparaît donc dans la somme de ces deux quantités, et, en les substituant dans l'expression de ρ, il reste

$$\frac{1}{\rho} = \frac{1}{a}\left(1 + \frac{5}{32} e^4 \dots\right).$$

Le rayon osculateur, défini par les conventions précédentes, ne diffère donc du demi-grand axe a, que par des quantités de l'ordre e^4 qui sont extrêmement petites dans l'ellipsoïde terrestre. Ainsi, nous pourrons très-bien le remplacer par ce demi-grand axe même, dans l'épreuve approximative que nous nous proposons.

246. Nous avons trouvé ci-dessus la valeur de a en toises. Pour l'employer dans notre calcul actuel, il faut la convertir en mètres. Or, sans anticiper sur l'évaluation de l'unité métrique que nous effectuerons plus tard, il nous suffit de savoir que le rapport du *mètre légal* à la toise est $\dfrac{443,296}{864}$. De là on tire :

Logarithme du mètre légal en toises.... $\log m = \overline{1},71018\,00700$

Mais, en exprimant a en toises, nous avons trouvé, page 221............ $\log a = 6,51479\,56789$

Nous aurons donc, en mètres de la longueur légale..................... $\log a = 6,80461\,56089$

Je vais employer cette valeur pour calculer la différence de niveau $r'' - r'$ en la substituant à celle du rayon réellement osculateur dont nous avions fait d'abord usage.

Cherchons d'abord l'angle au centre e par son expression

$$e'' = \frac{A}{a} R'',$$

nous aurons, comme précédemment :

$$\log A = 5,22184\,20829$$
$$\log a = 6,80461\,56089$$
$$\overline{2},41732\,64740$$
$$\log R'' = 5,31442\,51332$$
$$\log e'' = 3,73165\,16072$$

de là on tire $e'' = 5390'',78 = 1° 29' 50'',78$;

conséquemment $\frac{1}{2} e'' = 0° 44' 55'',39$; $\log \cos \frac{1}{2} e = \overline{1},9999629$.

On voit que ce calcul aurait pu très-bien s'effectuer avec les logarithmes à sept décimales. La valeur obtenue ici pour e'' est relativement trop faible de $9'',22$. Mais cela ne produit qu'une unité de différence sur la septième décimale du logarithme de $\cos \frac{1}{2} e$. Je calcule de même la corde C par son expression

$$C = A - \frac{1}{24} \frac{A^3}{a^2},$$

et je trouve $C = 166664^m,1083 - 4^m,7433 = 166659^m,365$,

d'où $\log C = 5,22182\,97227$.

L'erreur de l'évaluation de C est extrêmement petite, comme on devait s'y attendre; elle ne change pas d'une unité la septième décimale de son logarithme. Il n'en pourra résulter aucune différence sensible dans la valeur de $r'' - r'$.

J'achève le calcul avec ces nouveaux éléments, pour le premier cas que nous avons considéré, dans lequel la hauteur absolue donnée est celle de la station S, égale à 98^m. Car cette valeur de h' est indépendante de la longueur que l'on attribue au rayon de la sphère osculatrice; d'ailleurs on a toujours

$$\tfrac{1}{2}(Z'' - Z') = 0^o 38' 13'',95.$$

Il en résulte donc :

$$\log C = 5,2218297$$
$$\log \tan \tfrac{1}{2}(Z'' - Z') = \overset{\_}{2},0461767$$
$$\overline{3,2680064}$$
$$\log \cos \tfrac{1}{2}v = \overset{\_}{1},9999629$$
$$\log x' = 3,2680435 \qquad\qquad x' = 1853^m,7174$$
$$\log\left(\frac{h'}{a}\right) = 5,1866105$$
$$\overline{}$$
$$\overset{\_}{2},4546540 \ .. \ \frac{h'x'}{a} = \qquad 0^m,0285$$
$$\overline{}$$
$$F = 1853^m,7459$$
$$\log F = \ 3,2680502$$

La partie principale de $r'' - r'$ se trouve ainsi à peine différente de ce qu'elle était précédemment. Je passe au calcul des termes correctifs.

$$\log x' = 3,2680435$$
$$\log 2a = 7,1056456$$
$$\overline{}$$
$$\log\left(\frac{x'}{2a}\right) = \overset{\_}{4},1623979 \qquad \log\left(\frac{x'}{2a}\right)^2 = 8,3247958$$
$$\log F = 3,2680502 \qquad\qquad \log F = 3,2680502$$
$$\overline{} \qquad\qquad \overline{}$$
$$1,4304481 \qquad\qquad 5,5928460$$
$$\left(\frac{x'}{2a}\right)F = \qquad 0^m,26943 \qquad \left(\frac{x'}{2a}\right)^2 F = 0,00023918$$
$$F = 1853^m,7459 \qquad\qquad \text{négligeable.}$$
$$\overline{}$$
$$r'' - r' = 1854^m,0153$$
$$\text{au lieu de} \quad r'' - r' = 1854^m,016$$

L'emploi du demi-grand axe a en remplacement du rayon osculateur dans le sens de l'arc n'a donc produit ici aucune différence sensible dans l'évaluation de la différence de niveau. Par conséquent, il en sera de même dans toutes les applications habituelles où la longueur de l'arc A sera généralement beaucoup moindre que dans notre exemple. Ainsi, lorsque les distances zénithales réciproques seront en outre simultanées, la recherche du rayon local qui est spécialement osculateur dans le sens de l'arc A ne sera point nécessaire. On pourra calculer tous les résultats en lui substituant le demi-grand axe de l'ellipsoïde, considéré comme rayon osculateur moyen. Mais celle des deux hauteurs absolues h' ou h'' qui sera donnée devra être toujours comptée à partir de la surface même de l'ellipsoïde, sur la normale vraie de chaque station. En outre, ceci suppose que la longueur de l'arc terrestre A est *exactement* connue.

247. Je vais procéder à des épreuves semblables pour le cas où les distances zénithales Z', Z'', quoique réciproques, n'ont pas été prises simultanément; de sorte qu'il faut alors calculer la différence de niveau par leurs valeurs individuelles, associées au coefficient c de la proportionnalité qui convient aux circonstances locales de chaque observation. L'expression de ce coefficient se trouve dans mon Mémoire sur les réfractions terrestres, page 54, et je l'ai reproduite au tome I du présent ouvrage, page 262 (*). Pour les conditions atmosphériques propres à la station inférieure désignée ici par S_1, la formule le donne égal à 0,1473252, comme je l'ai rapporté à la page 263 du tome I, et comme on pourrait le constater en mettant dans cette formule les éléments météorologiques qui se trouvent consignés dans la même page. En l'admet-

---

(*) Je profite de cette occasion pour signaler deux fautes d'impression qui se sont glissées dans la transcription de cette formule, à la page 54 du Mémoire cité. La lettre ρ y désigne la somme des deux réfractions locales qui est proportionnelle à l'angle au centre u, dans cette forme d'approximation. Or, dans l'expression de ρ, telle qu'on l'a imprimée, on a commis deux erreurs, heureusement faciles à apercevoir. D'abord, on lui a donné le signe — au lieu du signe +, qu'elle doit avoir évidemment; en outre, dans un des facteurs de son numérateur, on a écrit $\frac{c'+c''}{2c'}$ au lieu de $\frac{c'+c''}{2i}$, qui est sa vraie

tant, je vais calculer la valeur de $r'' - r'$ par la formule (2). J'effectue d'abord cette opération avec le véritable rayon osculateur ρ, déjà employé dans le premier exemple, de sorte que les autres données c, v, h' seront ici les mêmes que nous les avons eues alors; et de plus il faudra y joindre la distance zénithale apparente $Z' = 90°$.

248. L'angle au centre v est encore égal à $1°30'0''$; en l'associant à $c' = 0,1473252$, nous en tirerons, par multiplication,

$$\tfrac{1}{2}(1 - c')v'' = 0°45'0'' - 6'37'',778 = 0°38'22'',222;$$

conséquemment, $$\frac{1}{\tang[Z' - \tfrac{1}{2}(1 - c')v]} = \tang 38'22'',222.$$

Le produit $\tfrac{1}{2}c'v$, égal à $6'37'',778$, représente ici la réfraction locale δ' que l'on suppose devoir être ajoutée à la distance apparente Z' pour la transformer en distance zénithale vraie. La valeur exacte de cette réfraction, calculée rigoureusement d'après les données météorologiques propres à la station S_1, est $6'55'',89$, comme on le peut voir à la page 43 de mon Mémoire, et c'est aussi ce que je lui attribue dans le tome I du présent ouvrage, page 258. L'erreur de $18'',11$, qui se trouve dans son évaluation actuelle, est le résultat combiné des deux hypothèses par lesquelles on suppose ici les deux réfractions δ', δ'' égales entre elles, et leur somme proportionnelle à l'amplitude de l'arc v. Ces deux causes d'inexactitude subsisteront toujours dans le calcul des différences de niveau où l'on ne pourra

---

valeur, comme on le voit page 51, où ce même facteur est reproduit sous une autre forme. L'expression exacte de θ est donc

$$\theta = +\frac{2k\rho_1 \cdot \dfrac{(r_1+r_2)}{2r_1}\dfrac{(\rho_1+\rho_2)}{2\rho_1}}{\left(\dfrac{l}{r_1}\right)\left[A+B\dfrac{(\rho_1+\rho_2)}{\rho_1}\right]\left[1+2k\rho_1\dfrac{(\rho_1+\rho_2)}{\rho_1}\right]}$$

C'est ainsi qu'elle a été employée dans l'application numérique dont les éléments sont rapportés à la page 55 du même Mémoire, et c'est de là que j'ai déduit le coefficient de v égal à $0,147352$, qui résulte de ces éléments.

Ces deux fautes n'ont point été transportées dans l'impression du présent ouvrage. L'expression analytique du coefficient c, qu'on y trouve à la page 262 du tome I, est exacte, et elle reproduit identiquement, sous une autre forme, celle que je donne ici du coefficient de v dans l'expression de θ.

employer qu'une seule distance zénithale. Et l'on aura, en outre,
à craindre les erreurs que l'on pourra commettre sur l'évaluation
du coefficient de proportionnalité ε, si on ne l'a pas calculé d'après
les circonstances météorologiques contemporaines à l'observation
de la distance apparente, comme nous l'avons fait ici.

249. Partant donc de ces données, je les introduis dans la formule (2) pour en tirer la valeur de la différence de niveau $r'' - r'$,
et je rapporte en détail le type du calcul, pour que l'on puisse
suivre pas à pas l'influence des quantités qui le font différer de
celui que nous avons effectué d'abord, dans le cas où l'on employait les deux distances zénithales Z', Z''.

$$\log C = 5,2218297$$
$$\log \mathrm{tang}\,(38'22'',222) = \overline{2},0477401$$
$$\overline{\phantom{\log \mathrm{tang}\,(38'22'',222) = }3,2695698}$$
$$\log \cos \tfrac{1}{2}v = \overline{1},9999628$$
$$\overline{\log x' = 3,2696070} \qquad x' = 1860^{\mathrm{m}},4030$$
$$h' = 98^{\mathrm{m}} \qquad \log\left(\frac{h'}{\rho}\right) = \overline{5},1873527$$
$$\overline{2},4569597 \qquad \left(\frac{h}{\rho}\right)x' = \underline{0^{\mathrm{m}},0286}$$
$$F = 1860^{\mathrm{m}},4316$$
$$\log F = 3,2696137$$

Termes correctifs :

$$\log x' = 3,2696070$$
$$\log 2\rho = 7,1049034$$
$$\log\left(\frac{x'}{2\rho}\right) = \overline{4},1647036 \qquad\qquad \log\left(\frac{x'}{2\rho}\right) = 8,3294088$$
$$\log F = 3,2696137 \qquad\qquad\qquad \log F = 3,2696137$$
$$\overline{1},4343173 \qquad\qquad\qquad\qquad 5,5990225$$
$$\left(\frac{x'}{2\rho}\right)F = 0^{\mathrm{m}},27184 \qquad \left(\frac{x'}{2\rho}\right)^{3}F = 0^{\mathrm{m}},000039721$$
$$F = 1860^{\mathrm{m}},4316 \qquad\qquad\qquad\qquad \text{négligeable.}$$
$$r'' = r' = 1860^{\mathrm{m}},7034$$

Évaluation précédente. . 1854^{m},016.

La différence de niveau trouvée ici, est donc plus forte que celle que nous avions obtenue par l'emploi des deux distances simultanées et réciproques. Elle s'écarte aussi davantage de la différence réelle $1846^m,06$. C'est une conséquence inévitable des deux hypothèses approximatives qui entrent dans cette nouvelle évaluation ; et, tant par cette cause que par les erreurs que l'on commettrait sur la valeur du coefficient c si on ne le déterminait pas d'après des observations météorologiques, les différences de hauteurs ainsi calculées ne devront pas être employées pour un nivellement géodésique que l'on voudrait rendre exact, à moins que les amplitudes des arcs A ne fussent beaucoup moindres que nous ne l'avons supposé dans cet exemple (*).

230. Je vais maintenant recommencer le même calcul en em-

(*) Il doit s'être glissé une erreur numérique dans l'évaluation de $r''-r'$ par la méthode précédente, que j'ai rapportée dans mon Mémoire sur les réfractions terrestres, page 36, car elle y est présentée inexactement comme étant égale à $1862^m,351$. La remarque n'est pas sans importance. En effet, dans cette même page du Mémoire, la valeur de $r''-r'$, déduite de l'observation faite à la station supérieure avec l'emploi du coefficient c'' propre à cette station, a été trouvée égale à $1847^m,329$. Or, si on l'associe, par une moyenne, avec l'évaluation exactement calculée que nous venons d'obtenir, on aura les résultats suivants :

Valeur de $r''-r'$, obtenue par la distance zénithale inférieure Z'

    combinée avec son coefficient c' .... $1860,703$

Valeur de $r''-r'$, obtenue par la distance zénithale supérieure Z''

    combinée avec son coefficient c'' .... $1847,329$

                                       Somme ...... $3708,032$

          Moyenne arithmétique entre les deux résultats..... $1854,016$

Cette moyenne est identique avec la valeur que nous avons trouvée par l'emploi des deux distances zénithales simultanées. Ainsi, lorsqu'on aura des distances zénithales réciproques, mais non simultanées, si l'on détermine théoriquement, d'après les circonstances météorologiques, les coefficients de proportionnalité c', c'', qui conviennent à chacune d'elles, ce que l'on peut faire par la formule rapportée tome I, page 412, la moyenne des résultats ainsi obtenue sera la même que si les distances eussent été observées simultanément ; et le résultat ne sera en défaut que par la petite erreur provenant de l'égalité supposée des deux réfractions, aux deux limites d'une même trajectoire lumineuse.

ployant le demi-grand axe a de l'ellipsoïde, au lieu du rayon oscu-lateur vrai ρ, comme je l'ai fait dans le premier exemple sur les dis-tances réciproques, afin d'apprécier l'erreur qui pourra résulter ici de cette substitution.

Il en résultera d'abord quelques différences dans les valeurs de la corde C et de l'angle au centre v qui se déduisent de l'arc donné A. Nous les avons déjà calculées dans la page 313. Mais ici, la nou-velle évaluation de l'angle v acquerra plus d'influence par sa pré-sence dans le produit $(1 - c')v$. Nous avons trouvé pour ce cas v'' égal à $1° 29' 50'',78$ ou $5390'',78$. En combinant cette valeur avec celle du coefficient c' qui est $0,1473252$ pour la station S, que nous considérons, on trouve

$$\tfrac{1}{2}(1 - c')v'' = 0° 44' 59'',39 - 6' 37'',099 = 0° 38' 18'',291,$$

donc

$$\frac{1}{\tang Z' - \tfrac{1}{2}(1 - c')v} = \tang 38' 18'',291$$

L'arc qui entre ici sous le signe tangente est moindre de $4''$ que dans le cas précédent. Il se rapproche davantage de la valeur que lui assignent les deux distances zénithales simultanées. La diffé-rence de niveau $z'' - z'$ en deviendra donc un peu plus faible, et moins différente de celles que ces distances avaient données par leur association. Avec ces données et les résultats déjà obtenus page 313, en prenant a pour rayon osculateur, le calcul s'achève comme il suit :

$$\log C = 5,2318297$$
$$\log \tang(38' 18'',291) = 2,0469979$$
$$\overline{ 3,2688276}$$
$$\log \cos \tfrac{1}{2}v = \overline{1,9999629}$$

$$\log z' = 3,2688647 \qquad\qquad z' = 1857^m,2256$$
$$h' = 98^m \quad \log\left(\frac{h'}{a}\right) = 5,1866105 \quad \left(\frac{h'}{a}\right)z' = \qquad 0^m,0285$$
$$\overline{ 2,4554752} \qquad\qquad \overline{F = 1857^m,2541}$$
$$\log F = 3,2688714$$

Termes correctifs :

$$\log x' = 3,2688647$$
$$\log 2a = 7,1056456$$

$$\log \left(\frac{x'}{2a}\right) = \overline{7},1632191 \qquad \log \left(\frac{x'}{2a}\right)^2 = 8,3264582$$
$$\log \mathrm{F} = 3,2688714 \qquad\qquad \log \mathrm{F} = 3,2688714$$
$$\overline{1,4320905} \qquad\qquad \overline{5,5953296}$$
$$\left(\frac{x'}{2a}\right)\mathrm{F} = \quad 0^{\mathrm{m}},27055 \qquad \left(\frac{x'}{2a}\right)^2 \mathrm{F} = 0,000039385$$
$$\mathrm{F} = 1857^{\mathrm{m}},2541 \qquad\qquad \text{négligeable.}$$
$$\overline{r'' - r' = 1857^{\mathrm{m}},5247}$$

au lieu de......... 1860^{m},7034 trouvés avec l'emploi du rayon osculateur dans le sens de l'arc.

La différence de ces deux évaluations est seulement de 3^{m},179. Elle est donc déjà très-faible en elle-même. Mais elle le paraîtra bien plus encore si on la compare aux amplitudes d'erreurs que les déterminations obtenues par une seule distance zénithale comportent toujours, à cause de l'incertitude attachée à l'emploi du coefficient c', que les observateurs, jusqu'à présent du moins, ne prennent pas la peine de calculer d'après les éléments météorologiques, se contentant d'en adopter une évaluation moyenne qui doit être inexacte dans la multitude des cas particuliers. Par ce motif, joint aux incertitudes propres de la méthode en elle-même, je crois être autorisé à conclure que, dans cette application, comme dans celle où l'on emploie les distances zénithales simultanées, il est parfaitement inutile de faire varier les longueurs des rayons osculateurs que l'on applique aux arcs donnés A. Car les différences de niveau obtenues auront toute l'exactitude à laquelle on peut prétendre si on les calcule avec le rayon osculateur moyen, et constant, qui est représenté par le demi-grand axe de l'ellipsoïde sur lequel le nivellement est opéré. D'ailleurs, ceci suppose toujours que la longueur de l'arc A est donnée *exactement*, et que le rayon a lui est seulement appliqué pour calculer le très-petit terme correctif qui sert à en déduire la corde C. Quant à la valeur de l'angle au centre ε, qui se calcule aussi avec le rayon a d'après la longueur donnée de l'arc, il est essentiel de remarquer qu'elle est seulement suffisante pour l'usage qu'on en veut faire ici. Mais, pour toute autre application où l'on aurait besoin de connaître exactement cet angle au centre, il faudrait le calculer avec la valeur spéciale du rayon ρ, qui est osculateur dans le sens de l'arc, comme nous avons d'abord supposé que nous le faisions dans la page 307.

251. Dans les opérations géodésiques, on observe la dépression de l'horizon de la mer, à toutes les stations d'où on le découvre, et l'on en tire une évaluation de la hauteur absolue. J'ai exposé ce procédé avec détail dans le tome I de cet ouvrage, § 146, page 271, et dans mon Mémoire sur les réfractions terrestres, section VI, page 70. Je n'ai rien à ajouter à ce que j'ai dit alors. Je rappellerai seulement que, dans ce cas, l'angle au centre ε étant inconnu, il faut y suppléer par l'emploi des circonstances météorologiques, que l'on ne peut malheureusement déterminer par l'expérience que dans le lieu même où l'on observe, puisque le point de tangence sur la surface de la mer est inconnu. Or, c'est là surtout que les conditions du décroissement des densités sont le plus variables, par les diverses causes que j'ai expliquées, dont la principale consiste dans la différence qui existe presque toujours entre la température de la surface des eaux et celle de la couche d'air qui la recouvre. Ce procédé de détermination est donc très-peu sûr. Mais on en pourrait faire un usage très-utile pour la physique de l'atmosphère en renversant le problème. Car, dans des cas pareils, la hauteur absolue de la station étant toujours déterminable directement, soit par un nivellement conduit jusqu'au bord de la mer, soit par des observations barométriques simultanées, faites à la station et sur le rivage, la comparaison qu'on en pourrait faire avec le résultat conclu des dépressions de l'horizon apparent, décèlerait les inflexions que la trajectoire lumineuse subit entre l'horizon et le point de tangence, ce qui pourrait conduire à des résultats très-importants.

252. En théorie, la connaissance du décroissement des densités, sur les verticales terminées à une même trajectoire lumineuse,

étant combinée avec les distances zénithales réciproques qu'on y observerait simultanément, suffirait pour calculer la différence de niveau comprise entre ces deux points, indépendamment de l'angle au centre c, ou de l'arc terrestre A, qui sépare les pieds de ces verticales. Mais, comme je l'ai fait remarquer tome I, page 270, ce mode d'évaluation emploie réellement, pour base, la longueur totale du rayon terrestre, mené du centre de la sphère osculatrice à celle des stations dont on connaît la hauteur absolue au-dessus de cette sphère, et la grandeur de cet élément rend le résultat obtenu fort incertain. C'est précisément ce qui arrive lorsque l'on conclut les hauteurs d'après la mesure des dépressions de l'horizon de la mer. La formule qu'on emploie alors est précisément celle qui s'applique au cas général où les deux distances zénithales réciproques seraient observées simultanément. Mais s'il faut bien se résoudre alors à cette incertitude inévitable, il est essentiel de l'éviter dans tous les cas où cela est possible, en introduisant, comme élément déterminatif, la corde de l'arc terrestre compris entre les deux stations.

253. Dans une communication que j'adressai à l'Académie des Sciences le 18 juin 1838, sur l'application des circonstances météorologiques à la mesure des différences de niveau par les distances zénithales réciproques et simultanées, je n'avais pas suffisamment insisté sur cette distinction, et je m'étais beaucoup trop exagéré les avantages de la formule purement théorique. Cette inadvertance donna lieu, de la part de feu Puissant, à des remarques critiques, fort justes en ce point, mais qui cessaient de l'être en ce qu'il niait l'exactitude mathématique de la formule théorique elle-même. Après avoir reconnu, comme je le devais, ce qu'il y avait de fondé dans la première partie de son opinion, je combattis la seconde, et il s'ensuivit une discussion dans laquelle tous les points de la théorie des réfractions terrestres furent successivement controversés. Les détails en sont consignés dans les tomes VI et VII des *Comptes rendus des séances de l'Académie des Sciences,* où les personnes qui voudraient approfondir ce point de physique mathématique pourront les retrouver d'après les indications que je donne ici en note. Je ne mentionne ces débats qu'à cause des éclaircissements qu'ils pourront offrir sur les questions que je viens de traiter (*). .

Dans sa communication insérée au tome VII, page 289, et que j'ai marquée d'une astérisque, Puissant avait rapporté un exemple de distances zénithales réciproques et simultanées, accompagné d'observations barométriques et thermométriques, qu'il présentait comme un document certain, extrait des registres du Dépôt de la Guerre, et parfaitement propre à éprouver la formule théorique que j'avais proposée. Les circonstances météorologiques rapportées dans ce document étaient toutefois bien peu favorables, puisque la température s'y montrait *croissante de bas en haut*, contrairement à l'état habituel de l'atmosphère. Je crus cependant, pour cela même, devoir discuter ces observations avec un soin spécial, pour voir les conséquences auxquelles elles pourraient conduire, ce que je fis dans mon Mémoire sur les réfractions terrestres, pages 63 et suivantes. J'arrivai ainsi à reconnaître que pour obtenir, par les deux distances zénithales, des résultats individuels qui s'accordassent entre eux, il fallait combiner les autres données qu'on leur associait dans le calcul, de manière à éliminer les termes où les erreurs de quelques-unes d'entre elles auraient eu le plus d'influence ; et je tirai de là une conclusion que j'exprimai dans les termes suivants, page 73 :

(*) *Comptes rendus de l'Académie des Sciences,*
1er semestre de 1838, tome VI, page 840, Biot, 1re communication.
Id., 2e semestre de 1838, tome VII, page 5, Puissant, 1res remarq.

Id.	93,	Biot.
Id.	129,	Puissant.
Id.	253,	Biot.
Id.	*289,	Puissant.
Id.	471,	Puissant.
Id.	543,	Biot.
*Id.	848,	Biot.
Id.	992,	Puissant.
Id.	1038,	Biot.
Id.	1043,	Puissant.
Id.	1132,	Puissant.

Id., 1er semestre de 1839, tome VIII, page 1, Biot.
Id. 3, Puissant.
Id. 37, Biot.

21...

« Cette concordance , obtenue par le rejet des observations an-
» gulaires , dans le terme où leurs erreurs peuvent exercer le
» plus d'influence , me semble rendre très-vraisemblable qu'il y
» a eu en effet une erreur commise , soit en les faisant, soit en les
» réduisant à des mires correspondantes , soit enfin en les trans-
» crivant ; et que c'est à cette cause , bien plus qu'au défaut de
» sphéricité possible des couches aériennes , qu'il faut attribuer
» la grande et inadmissible différence donnée par la relation théo-
» rique quand on y introduit ces observations , en laissant à leurs
» erreurs toute l'influence qu'elles y peuvent exercer. »

Or cette conséquence , que j'avais fait sortir de la théorie , reçut
plus tard une confirmation manifeste. Car, dans un appendice
sur les observations barométriques , inséré au tome II de la *Description géométrique de la France*, Puissant déclara , page 659,
*Qu'en compulsant de nouveau, et avec moins de précipitation, les
minutes originales où les observations dont il s'agit étaient consignées,* il s'est assuré que la mire d'une des stations se trouvait *au-
dessous* du centre du cercle avec lequel on y mesurait la distance
zénithale , et non pas *au-dessus,* comme il l'avait imprimé dans
l'énoncé des données inséré aux *Comptes rendus* de l'Académie.
Cette rectification , quant au sens de son application et à la nature
de l'erreur qui l'avait nécessitée , s'accordait donc complétement
avec ce que j'avais prévu et indiqué aux pages 66 et 73 de mon
Mémoire. C'est ce que je fis remarquer dans une note insérée
parmi les Additions à la *Connaissance des Temps* de 1843,
page 67. Je rappelle la succession de ces circonstances , pour
montrer la solidité de la théorie que j'ai exposée ici. Car les théories mathématiques prouvent leur vérité et leur force, en décou-
vrant et prédisant des erreurs d'observation , tout aussi bien qu'en
manifestant des vérités nouvelles , quoique leur succès soit alors
moins fructueux.

*Justification des éléments atmosphériques rapportés § 242,
    sur lesquels est établi le calcul des différences de niveau
    proposé comme exemple dans la section précédente.*

J'ai dit que ces éléments sont tirés de mon Mémoire sur les
réfractions terrestres, annexé à la *Connaissance des Temps* de 1842.

La manière dont ils en ont été déduits ne sera pas inutile à expliquer pour montrer aux personnes qui voudraient approfondir cette théorie, avec quelle fidélité toutes ses parties se correspondent.

Dans ce Mémoire, j'avais pris pour base les observations simultanées du baromètre, du thermomètre et de l'hygromètre, faites par M. Gay-Lussac aux diverses hauteurs où il s'était progressivement élevé lors de sa mémorable ascension. Je les avais discutées dans un premier Mémoire annexé à la *Connaissance des Temps* de 1841. En combinant ces données avec les conditions d'équilibre des couches atmosphériques, j'en avais déduit une constitution d'atmosphère qui, partant du sol de l'Observatoire de Paris, s'élevait à toutes les hauteurs parcourues, en reproduisant partout les rapports observés entre les températures, les densités et les pressions. Dans les couches les moins distantes de la surface terrestre, la relation qui unissait ces deux derniers éléments était une parabole du second degré très-peu courbe, dont les pressions étaient les abscisses; et, pour les stations les plus hautes, cette parabole dégénérait en une simple ligne droite. Dans ce même Mémoire, en appliquant des considérations analogues aux observations météorologiques faites par M. de Humboldt sur les flancs et jusqu'à la cime du Chimborazo, je prouvai qu'elles établissaient aussi une relation rectiligne finale entre les densités et les pressions. J'arrivai encore au même résultat en discutant de la même manière trois séries distinctes d'observations analogues faites par M. Boussingault sur les hautes cimes des Andes, ce que je fis dans un Mémoire inséré au tome XVII des *Mémoires de l'Académie des Sciences*, page 768. Ainsi, cette loi finale paraît généralement exister dans toutes les couches élevées de l'atmosphère où l'on peut porter des instruments, en quelque lieu qu'on les étudie. Une de ses conséquences, c'est que le décroissement de la température va toujours en s'accélérant dans les couches aériennes dont il s'agit, à mesure qu'elles deviennent plus hautes; et toutes les observations s'accordent, en effet, pour établir l'existence d'une telle accélération, d'autant plus manifeste que l'on se soustrait davantage aux perturbations qu'y produit le rayonnement du sol dans les couches inférieures. C'est aussi ce que l'on conclut des considérations théoriques sur la communication et la transmission de la chaleur dans une atmosphère gazeuse, comme je l'ai fait voir dans le Mémoire cité, page 805. Or, cette extension théorique de l'accélération étant ainsi établie, si on l'associe au progrès du décroissement réellement observé dans les couches supérieures où l'on a pu porter des instruments, on en conclut, avec une rigueur mathématique, que la limite extrême de hauteur de l'atmosphère terrestre ne peut pas excéder 47000 mètres. Car, pour qu'il en fût autrement, il faudrait que, dans les couches supérieures à celles que l'on a pu atteindre, le décroissement des températures devînt, à de certaines hauteurs, plus lent que dans celles-ci, disposition qui serait contraire aux considérations physiques et mécaniques, surtout pour les couches équatoriales. C'est ce que je démontre dans le travail que je viens de rappeler.

La constitution atmosphérique existante lors de l'ascension de M. Gay-Lussac étant ainsi connue avec ses particularités réelles, je l'employai comme type, dans mon Mémoire de 1842, pour déterminer les valeurs exactes des réfractions qui devaient s'y produire entre des signaux terrestres séparés par des angles au centre connus; et je fondai sur cet exemple l'établissement des méthodes, tant rigoureuses qu'approximatives, au moyen desquelles on peut calculer généralement les différences de niveau d'après les distances zénithales apparentes réciproques, ou non réciproques, observées simultanément ou non simultanément. Ce sont les mêmes que j'ai appliquées ici dans la section VI, avec une légère modification de données nécessaire pour présenter leur emploi sous une forme générale, modification qu'il me reste à expliquer.

Dans ce Mémoire, je considérais une trajectoire lumineuse qui, partant du sol même de l'Observatoire, suivant une direction horizontale, se prolongeait dans l'atmosphère que M. Gay-Lussac avait parcourue. Le rayon osculateur terrestre, à ce point de départ $M_{\prime\prime}$, était supposé avoir pour longueur 6366198^m. Je le désignai par a. Avec ces données, je calculai rigoureusement la longueur du rayon vecteur r de cette trajectoire pour un angle au centre de 1°30', d'où je conclus la différence de niveau $r-a$ entre ces deux points extrêmes $M_{\prime\prime}$, M, égale à 1846^m,060. Je calculai

aussi les distances zénithales vraies et apparentes des deux mêmes
points, vus réciproquement l'un de l'autre, ce qui me donna les
deux réfractions locales qui s'y produisaient. Ces résultats sont
rassemblés dans un tableau placé à la page 43 de mon Mémoire.
J'effectuai aussi des calculs pareils pour un angle au centre seulement de $0° 30'$, et j'en rassemblai les résultats dans un second
tableau placé à la page 45. Pour ce deuxième cas, la différence de
niveau exacte $r - a$ fut trouvée seulement de $204^m,3;3$.

Ce sont ces mêmes résultats que j'ai employés comme éléments
d'observation fictifs dans la section précédente. Mais l'application
en aurait paru trop particulière pour le but que je me proposais si
j'avais présenté ici la première station S, comme située au niveau même du sol. C'est pourquoi, ôtant 98^m du rayon a, qui
était 6366198^m, je supposai cette première station située à la hauteur $h' = 98^m$, au-dessus d'un sphéroïde dont le rayon osculateur
local était seulement 6366100^m. Puis j'attribuai à l'arc terrestre A
la valeur calculée $166664^m,1083$ qu'il devait avoir, pour un angle
au centre de $1° 30'$, dans un cercle décrit avec ce rayon. Il est clair
que ces modifications ne changeaient absolument rien à la forme ni
à la marche de la trajectoire calculée, pourvu que l'on remplaçât
idéalement la couche supprimée du sphéroïde solide par une couche
aérienne de même hauteur, où les densités croîtraient en descendant
au-dessous de S, suivant la loi de continuité propre à l'atmosphère
considérée. Cette substitution tacite me permettait donc de transporter à l'exemple actuel tous les éléments de la trajectoire lumineuse déjà obtenus dans mon Mémoire, et c'est aussi ce que j'ai fait.

Quoique cette fiction suffise pour le but que je m'étais ici proposé, on peut être curieux de la réaliser et de connaître quels auraient dû être les éléments météorologiques de la couche aérienne
fictive, à sa surface inférieure, où elle serait en contact avec le
nouveau sphéroïde solide dont le rayon osculateur se réduirait à
6366100^m, au lieu de 6366198^m, qu'il avait dans mon premier
calcul. Cela est très-facile, d'après la constitution de l'atmosphère
considérée, et ce sera une occasion de faire bien sentir la connexion des formules qui en établissent toutes les particularités dans
mon Mémoire de 1842.

Pour cela, j'y prends d'abord, à la page 33, un développement en série qui, partant du sol de l'Observatoire, exprime la densité de toute autre couche aérienne, dont la hauteur est donnée, relativement à celle-là, jusqu'à une limite d'épaisseur d'au moins 4500^m. Ce développement est déduit de la relation parabolique entre les densités et les pressions, que j'ai appelée *initiale*. La notation littérale qu'on y a employée est rappelée dans le tableau suivant :

	RAYON sphérique de la couche.	SA DENSITÉ.	PRESSION en millim. de mercure. à 0°.	TEMPÉRAT. centésim.
Éléments de la couche aérienne située au niveau du sol de l'Observatoire	r_1 ou a	ρ_1	P_1	t_1
D'une autre couche aér. quelconq.	r	ρ	p	t

L'expression de la densité ρ est donnée en fonction d'une variable indépendante s, telle qu'on ait

$$\frac{r - r_1}{r} = s,$$

et elle a pour forme

$$\rho = \rho_1 \left[1 - i_1 s - \beta (i_1 s)^2 - \gamma (i_1 s)^3 - \delta (i_1 s)^4 \ldots \right],$$

$i_1, \beta, \gamma, \ldots$ étant des coefficients numériques dont les valeurs sont

$$i_1 = + 596.453; \qquad \beta = - 0,399522;$$
$$\gamma = + 0,0529808; \qquad \delta = + 0,0134211.$$

Supposons maintenant que l'on veuille continuer cette atmosphère jusqu'à 98^m au-dessous de la couche dont le rayon est r_1, ou 6366198^m et la densité ρ_1. Cela donnera r égal à 6366100^m, et par suite

$$s = \frac{-98}{6366100} = - 0,00001\,53940\,4; \qquad \log s = \bar{5},1873525.$$

Alors, le calcul des termes de la série étant effectué par les Tables de logarithmes à sept décimales, on trouvera, en se bornant aux trois premières puissances du produit (i,s), les nombres suivants :

$$- i,s = + \ 0,00918\ 182$$
$$- \beta\,(i,s)^2 = + \ 0,00003\ 36905$$
$$- \gamma\,(i,s)^3 = + \ 0,00000\ 00516$$
$$\text{Somme}\ldots\ldots\ u = \ 0,00921\ 55621$$

Conséquemment,

$$\rho = \rho_1\,(1 + u), \qquad \text{où l'on a} \qquad \log u = \bar{3},96452\ 19.$$

Telle aurait donc été la densité d'une couche d'air placée à 98^m au-dessous du sol de l'Observatoire, si l'atmosphère existante alors eût descendu jusque-là, suivant sa loi actuelle de superposition.

L'exactitude de cette valeur de ρ peut se vérifier par un calcul inverse, en l'introduisant comme donnée dans la relation parabolique initiale, et en déduisant la hauteur correspondante. Cette relation, rapportée page 34 du Mémoire, est

$$\frac{r_1 z}{r_1 + z} = \frac{lA}{M}\log\left(\frac{\rho_1}{\rho}\right) + 2lB\,\frac{(\rho_1 - \rho)}{\rho_1}.$$

Dans le premier membre, z exprime la hauteur relative de la couche aérienne dont la densité est ρ ; dans le second membre, M représente le module direct des Tables logarithmiques ordinaires, ou $0,4342945$; l est une constante égale à $8917^m,29$ (*) ; enfin A et B sont deux coefficients numériques propres à la parabole initiale et dont les valeurs respectives sont

$$A = + 0,95664\ 39; \qquad B = + 0,12014\ 60.$$

Le rayon sphérique r_1, propre à la couche dont la densité est ρ_1 ,

---

(*) Je saisis cette occasion pour faire remarquer que, dans le tableau joint à la page 69 de mon Mémoire annexé à la *Connaissance des Temps* de 1841, on a imprimé inexactement, pour la constante l, la valeur $8917^m,24$. Celle qui se déduit des observations de M. Gay-Lussac est réellement $8917^m,29$, comme je l'ai employée ici, et c'est ce que l'on peut voir à la page 26 du Mémoire cité, où elle est établie primitivement. Il faut aussi, dans la cinquième colonne du même tableau, rétablir, à la première ligne, le facteur $2B\left(1 - \frac{\rho}{\rho_1}\right)$, dont le chiffre 2 a disparu au tirage.

est d'ailleurs supposé égal à 6366198^m, comme je l'ai dit précédemment. Pour faire la vérification demandée, il faut donner à p, dans le second membre, sa valeur $p_1(1+u)$ trouvée tout à l'heure, et voir si z en résulte égal à 98^m, comme nous l'avions supposé. Cette substitution, étant d'abord faite algébriquement, donne

$$\frac{r_1 z}{r_1 + z} = -\frac{lA}{m} \log(1 + u) - 2l\,Bu.$$

La petitesse de u permet de développer ici $\log(1+u)$ en une série très-rapidement convergente; après quoi, en réunissant les termes affectés des mêmes puissances de u, on a

$$\frac{r_1 z}{r_1 + z} = -l(A + 2B)\,u + \tfrac{1}{2}lA\,u^2 - \tfrac{1}{3}lA\,u^3\dots$$

Comme $A + 2B$ diffère peu de 1, il faut, pour plus de précision, effectuer séparément le produit de lu par ses deux parties au moyen des logarithmes, ce qui permet de borner ceux-ci à sept décimales. On trouve ainsi

$$\frac{r_1 z}{r_1 + z} = -98^m,00163.$$

Alors, si l'on représente par c le second membre, on en tire

$$z = c + \frac{c^2}{r_1 - c},$$

et, en donnant à r sa valeur 6366198^m, il en résulte finalement

$$z = -98^m,00163 + 0^m,00151 = -98^m,00012.$$

La reproduction de la hauteur supposée z est donc ainsi suffisamment exacte, car la petite différence qui s'y ajoute s'explique par les décimales négligeables dans les évaluations des logarithmes employés.

Veut-on connaître la pression barométrique qui correspondrait à la densité calculée ρ? il n'y a qu'à prendre, à la page 3o du Mémoire, la relation des pressions aux densités dans la parabole inifiale, relation qui est généralement

$$\frac{p_1 - p}{p_1} = \frac{A(p_1 - p)}{p_1} + \frac{B(p_1 - p)(p_1 + p)}{p_1^2},$$

les coefficients A et B étant les mêmes que ci-dessus. Alors, en y mettant pour p sa valeur $1 + u$, elle deviendra

$$\frac{p_1 - p}{p_1} = -(A + 2B)u - Bu^2,$$

et, en réduisant le second membre en nombres, elle donnera

$$\frac{p_1 - p}{p_1} = -0,011040407;$$

conséquemment,

$$p = p_1 + p_1 . 0,011040407.$$

D'après les observations de M. Gay-Lussac rapportées page 40 du Mémoire, la pression initiale p_1, exprimée en millimètres de mercure à 0°, était $761^{mm},44$. Avec cette valeur de p_1 on trouve

$$p = 761^{mm},44 + 8^{mm},4066 = 769^{mm},8466.$$

Telle aurait donc été la hauteur du baromètre dans une couche aérienne située à 98^m au-dessous du sol de l'Observatoire, si l'atmosphère considérée s'était étendue jusque-là.

Enfin, si l'on voulait savoir quelle aurait dû être la température de cette couche, il faudrait se reporter à la page 13 du Mémoire annexé à la *Connaissance des Temps* de 1841, où j'ai discuté les observations de M. Gay-Lussac. Car on y voit qu'en compensant, par construction, les petites irrégularités qu'elles présentent, le décroissement ascendant de la température dans les couches voisines du sol était de $1°$ centésimal pour un intervalle de hauteur égal à $188^m,5$. Ainsi, pour un intervalle descendant de 98^m, l'augmentation de la température aurait été proportionnellement $1°.\frac{98}{188,5}$ ou $0°,5199$; et, comme la température initiale t_1 était $30°,75$, elle aurait été, dans cette couche inférieure de 98^m, égale à 31°,27, du moins en supposant qu'elle eût toujours suivi la même loi avec régularité.

Il serait à désirer que, dans tous les lieux où il existe de grands observatoires astronomiques, on déterminât plusieurs fois chaque année le décroissement progressif de la pression, de la température et de l'humidité hygrométrique, depuis la surface du sol jusqu'à de grandes hauteurs, par des ascensions aérostatiques faites en diverses saisons; et il serait encore moins difficile d'obtenir habituellement les mêmes données, pour de médiocres hauteurs, au moyen de ballons captifs portant des instruments à index. En appliquant à de telles observations le mode de discussion que j'ai employé pour celles de M. Gay-Lussac, de M. Boussingault et de M. de Humboldt, dans mon Mémoire annexe à la *Connaissance des Temps* de 1841, et dans celui qui est inséré au tome XVII de la Collection de l'Académie, on en déduirait, sur la vraie constitution de l'atmosphère, des notions précises que, jusqu'à présent, nous ne faisons qu'entrevoir. De là, par les méthodes que j'ai exposées dans mes Mémoires annexés aux *Connaissances des Temps* de 1839 et de 1842, on tirerait des Tables de réfractions beaucoup plus certaines qu'on n'en a actuellement, tant pour les cas où les trajectoires lumineuses traversent toute l'atmosphère en venant des astres, que pour ceux où elles sont restreintes entre deux signaux terrestres. Dans ces calculs, il faudrait employer le coefficient exact de la dilatation de l'air atmosphérique, qu'on sait maintenant être 0,003665 pour chaque degré du thermomètre centésimal, et non pas 0,00375, comme on l'admettait lorsque je composai les Mémoires cités; et il conviendrait aussi de substituer aux tensions hygrométriques dont j'ai fait usage, les valeurs beaucoup plus sûres qui se concluent des expériences de M. Regnault. Mais ces perfectionnements ne changeraient rien au mode de discussion des données physiques, non plus qu'aux méthodes analytiques par lesquelles les résultats seraient déduits.

Des expériences pareilles deviennent, je crois, aujourd'hui indispensables pour donner à la théorie de la constitution de notre atmosphère l'extension qu'elle n'a pas reçue encore, et qui, seule, peut la rapprocher de la réalité. On a jusqu'ici établi cette théorie pour une atmosphère sphérique en équilibre, où le décroissement des températures suit la même loi sur tous les rayons partis du centre. Il faudrait maintenant considérer le cas plus général d'une atmosphère recouvrant un ellipsoïde de révolution tournant autour de son axe polaire, ayant, à diverses latitudes, des températures superficielles inégales, périodiquement changeantes avec les positions annuelles du soleil, et se communiquant aux couches aériennes inférieures qui lui sont superposées. Alors il faudrait avoir égard aux courants constants développés dans cette atmosphère par ces inégalités de température combinées avec le mouvement de rotation de l'ellipsoïde solide, phénomènes dont nous avons établi l'existence dans le tome I, § 104, pages 179 et suivantes. Ce problème, extrêmement difficile à résoudre, devra toujours être l'objet des travaux des analystes futurs. Sans doute les lois de configuration des trajectoires lumineuses, traversant une telle atmosphère, en deviendront beaucoup plus complexes, et le calcul analytique des réfractions qui s'y produisent deviendrait aussi beaucoup plus pénible, sinon tout à fait impraticable. Mais, dans la troisième partie de mon Mémoire annexé à la *Connaissance des Temps* de 1839, page 76, j'ai donné une méthode générale par laquelle on peut éluder cette dernière difficulté et déterminer les réfractions dans toute atmosphère de constitution donnée, sans être arrêté par aucun obstacle d'intégration. Ainsi, lorsque la combinaison du calcul et des expériences aura permis d'assigner, dans chaque lieu, le mode réel de superposition instantané des couches aériennes, on pourra, par cette méthode, conclure numériquement les réfractions qui s'y opèrent. Car la rapidité du mouvement de transmission de la lumière fera que les trajectoires lumineuses s'y formeront comme dans une atmosphère en repos. Ce sera là le résultat final auquel ces théories puissent prétendre, et qu'elles doivent s'efforcer d'atteindre un jour.

Section VII. — *Application des résultats précédents à l'évaluation du mètre théorique et du mètre légal.*

234. L'excessive diversité des mesures de longueur, de volume et de poids, autrefois usitées dans les diverses provinces de la France, présentait au Gouvernement, ainsi qu'au commerce, des inconvénients depuis longtemps reconnus. Mais le caractère légal, attaché aux usages individuels de ces provinces, n'aurait pas aisément permis à l'Administration royale de les ramener à l'uniformité. Lorsque la grande révolution de 1789 eut mis toute la force d'un pouvoir central aux mains de l'Assemblée constituante, quelques hommes éclairés songèrent à profiter de cette position pour donner à la France un système de mesures général et uniforme, dont toutes les parties fussent astreintes à un mode régulier de dérivation. Une Commission, prise dans l'Académie des Sciences, composée de Borda, Lagrange, Laplace, Monge et Condorcet, fut chargée de proposer un choix d'unité fondamentale, et d'indiquer les opérations nécessaires pour la déterminer. Ils songèrent d'abord à prendre pour étalon la longueur du pendule simple à secondes, mesurée sous le parallèle de 45°. On ne soupçonnait pas alors quelle fût variable sur un même parallèle terrestre. Mais ils y renoncèrent, en considérant que la détermination de cette longueur renferme un élément étranger et arbitraire, qui est l'unité de temps pour laquelle on la définit. Il leur parut préférable de choisir pour unité la dix-millionième partie du quart d'un méridien terrestre, qu'on a désignée depuis par le nom de *mètre*. Ce n'est pas qu'ils regardassent comme certain que tous les méridiens fussent identiques entre eux, car ils émirent formellement le soupçon contraire. Mais, en choisissant celui qui passe par Paris, et qui se trouve aussi peu éloigné de Londres, ils espéraient qu'un élément, qui serait ainsi presque physiquement commun aux deux nations alors les plus savantes de l'Europe, paraîtrait suffisamment dégagé d'application particulière pour être accepté universellement. Ils demandèrent en conséquence qu'une grande opération géodésique et astronomique fût entreprise, pour ce but, depuis Dunkerque

jusqu'à Barcelone, et qu'on déduisît l'unité linéaire de ses résultats, soit seuls, si cela était possible, soit combinés au besoin
avec les mesures du même genre, déjà effectuées par les académiciens français au Pérou et en Laponie. Ce principe fut adopté
par l'Assemblée constituante, converti en loi, et toutes les mesures d'exécution furent aussitôt décidées. Telle fut l'occasion des
grands travaux de géodésie, d'astronomie et de physique, exé-
cutés depuis par Méchain, Delambre et Borda, travaux que la
tourmente politique qui s'éleva bientôt, remplit de difficultés
et de périls. Le zèle infatigable de ces illustres savants triompha
de tous ces obstacles. Les résultats de leurs opérations, discutés
par une Commission composée de savants de toutes les nations
alors en relation avec la France, furent présentés à l'adoption du
Corps législatif, le 4 messidor an VII (22 juin 1799), ainsi que
les étalons de mesures de longueur et de poids qui en résultaient,
lesquels furent légalement adoptés comme définitifs. Le MÈTRE y
était présenté comme égal à 443^l,295936 de la toise en fer du
Pérou, prise à la température centésimale de 16°,25, ou, en
nombres ronds 443^l,296. Cela supposait le quart du méridien
elliptique égal à 5130740 toises ainsi définies, et par conséquent
sa dix-millionième partie, ou le MÈTRE, égal à 0^T,5130740. On était
arrivé à ces nombres en combinant l'arc du méridien mesuré entre
Montjouy et Dunkerque, avec l'aplatissement supposé $\frac{1}{334}$. Telle est
donc la longueur du MÈTRE LÉGAL de France, laquelle est représentée
par l'étalon de platine déposé aux archives nationales. Il n'y a plus
à revenir sur cet élément, comme type d'unité linéaire désormais
adopté. Des calculs plus approfondis ont prouvé depuis, comme je
vais le montrer, que cette évaluation ne reproduit pas tout à fait exactement la dix-millionième partie du quart du méridien terrestre, qui
se conclut, dans l'hypothèse elliptique, soit de l'arc observé lui-
même, soit de ce même arc étendu entre les parallèles de Greenwich
et de Formentera. Elle est réellement un peu trop petite, ce qui
tient, en partie, aux irrégularités locales de l'arc, qui s'écarte notablement de l'ellipse moyenne terrestre, et aussi à la valeur trop
particulière de l'aplatissement employé. Mais il n'en est pas moins
heureux qu'on se soit empressé d'adopter ces résultats, quoiqu'on

puisse justement les soupçonner de n'avoir pas une précision absolue. Car le grand avantage que l'on se proposait d'obtenir, celui de
l'uniformité des mesures légales dans toute la France, a été ainsi
réalisé ; et peut-être aurait-on renoncé à l'établir sur cette base physique, ou sur toute autre analogue, si l'on avait su que la diversité
des méridiens terrestres, et les irrégularités particulières au méridien de France, rendraient impossible la détermination rigoureuse
qu'on avait d'abord espérée. C'est ce que l'on va clairement reconnaître par la discussion dans laquelle je vais entrer.

255. Soit Q la longueur d'un quart d'ellipse, dont le demi-grand
axe est a, et le carré de l'excentricité e^2. On démontre par le
calcul intégral que l'on a

$$Q = \tfrac{1}{2}\varpi a \left(1 - \tfrac{1}{4}e^2 - \tfrac{3}{64}e^4 - \tfrac{5}{256}e^6 - \tfrac{175}{16384}e^8 \ldots \right).$$

Cette expression se trouve établie dans le *Traité de Calcul différentiel et intégral* de Lacroix, tome II, pages 71 et 175. Elle est
d'accord avec celle que j'ai rapportée dans la Note II placée à la
suite de la section précédente, page 292. La série peut être prolongée indéfiniment suivant une loi numérique évidente. Mais la
petitesse de e^2 dans les ellipses terrestres, rend plus que suffisante
l'application des termes que j'ai ici rapportés.

Employons d'abord les valeurs de a et de e^2 qui nous ont été
données par la combinaison de l'arc de France et d'Espagne avec
celui du Pérou. En exprimant a en toises, nous avons trouvé,
pages 205 et 208,

$$\log e^2 = 3,8120924, \qquad \text{et} \qquad \log a = 6,5148113477$$

Avec ces valeurs, on aura d'abord, pour le terme principal de Q,

$$\log a = 6,5148113477$$
$$\log \tfrac{1}{2}\varpi = 0,1961198770$$

Donc, $\log \tfrac{1}{2}\varpi a = 6,7109312247$; $\tfrac{1}{2}\varpi a = 5139622^{\mathrm{T}},536.$

Les termes correctifs étant ensuite calculés avec ce facteur, et le
logarithme donné de e^2, on trouve, en s'arrêtant aux millièmes de

toise,

$$\frac{1}{2}\varpi a\,\frac{e^2}{4} = 8336^T,113$$

$$\frac{1}{2}\varpi a\,\frac{3}{64}\,e^4 = \quad 10^T,140$$
$$\frac{1}{2}\varpi a\,\frac{5}{256}\,e^6 = \quad 0^T,027$$
$$\frac{1}{2}\varpi a\,\frac{175}{16384}\,e^8 = \quad 0^T,0009$$

Somme des termes soustractifs. $8346^T,281$

On voit que déjà le terme en e^4 est presque insensible, et nous pourrons désormais le négliger dans des épreuves pareilles. Cette somme de termes étant soustraite du terme principal. . . . $5139622^T,536$
on a le quadrant d'ellipse égal à . . . . $5131276^T,256$

La dix-millionième partie de ce nombre donnera la longueur du mètre en toises. En la multipliant par 864, on l'obtiendra en lignes. On aura donc, par cette combinaison :

Longueur du mètre en toises. . . . . $0^T,5131276255$
ou en lignes. $443^l,342268$
Cette évaluation surpasse le mètre légal de. . . . . . $0^l,046332$

286. Je vais faire un calcul semblable par les valeurs de a et de e^2 que nous avons trouvées en combinant l'arc moyen de France et d'Espagne avec celui de Laponie ; mais j'en abrégerai les détails. D'après ce qu'on a vu, page 215, les données seront

$$\log e^2 = \bar{3},7957381 ; \qquad \log a = 6,5147800106.$$

Ces nombres donnent d'abord pour terme principal

$$\log \tfrac{1}{2}\varpi a = 6,7108998876 ; \qquad \tfrac{1}{2}\varpi a = 5139251^T,693$$

On trouve ensuite pour la somme des termes
soustractifs. . . . . $-\ 8036^T,886$

Donc, longueur du quart d'ellipse. . . . . $5131214^T,807$
Ce qui donne la longueur du mètre en toises. $0^T,5131214807$
ou en lignes. . . . . . . $443^l,336959$
Cette évaluation surpasse encore le mètre
légal de. . . . . $0^l,041024$

287. Le mètre légal se trouve ainsi d'environ $\frac{11}{1000}$ de ligne plus court que la dix-millionième partie du quart du méridien déduite de ces deux combinaisons. Les ellipses conclues de l'une et de l'autre offrant des différences si petites, on peut espérer d'en obtenir, par compensation, une évaluation encore plus exacte, en prenant une moyenne arithmétique entre leurs éléments déterminatifs log a et z. C'est ainsi que j'ai formé le tableau de la page 221 qui, d'après le système de données combinées, présente les dimensions moyennes du sphéroïde terrestre, considéré comme un ellipsoïde régulier de révolution, en faisant abstraction de ses irrégularités locales. En appliquant ce système de moyennes à la détermination actuelle, on trouverait:

Longueur moyenne du mètre en toises..... $0^{\text{T}},5131245534$

Longueur moyenne du mètre en lignes.... $443^{\text{l}},339614$

Sans pouvoir répondre des dernières décimales qui sont trop fortement influencées par les erreurs des mesures ainsi qu'on vient de le voir, il résulte toujours de ceci que le mètre légal contenant $443^{\text{l}},296$ est certainement un peu plus court que la dix-millionième partie du quart du méridien terrestre supposé elliptique, ce qui dément le caractère théorique qu'on avait espéré pouvoir lui donner.

288. On peut encore déterminer la longueur du mètre par une combinaison qui donne une influence prédominante à l'arc de France et d'Espagne; de sorte que le résultat devient presque indépendant, ou au moins très-peu dépendant, des opérations étrangères. Pour cela, reprenant la formule qui exprime le quadrant Q de l'ellipse, je fais, par abréviation,

$$u = \tfrac{1}{4}e^2 + \tfrac{3}{64}e^4 + \tfrac{5}{256}e^6 + \tfrac{175}{16384}e^8\ldots,$$

ce qui donne $Q = \tfrac{1}{2}\varpi a\,(1 - u);$

alors je prends les logarithmes tabulaires des deux membres, et, développant celui du facteur $1 - u$, j'ai

$$\log Q = \log \tfrac{1}{2}\varpi + \log a - k\,(u + \tfrac{1}{2}u^2 + \tfrac{1}{3}u^3 + \tfrac{1}{4}u^4\ldots).$$

Or, si l'on forme les quatre premières puissances de u en se bor-

nant à y comprendre les termes de l'ordre e^8, on trouve aisément

$$u^2 = \frac{1}{16}e^4 + \frac{3}{128}e^6 + \frac{13}{1024}e^8,$$
$$u^3 = \frac{1}{64}e^6 + \frac{9}{1024}e^8,$$
$$u^4 = \frac{1}{256}e^8.$$

Il ne reste plus qu'à multiplier ces diverses puissances de u par
leurs coefficients respectifs $1, \frac{1}{2}, \frac{1}{3}, \frac{1}{4}$, qui les affectent dans le
développement de $\log(1 - u)$; et en ajoutant les produits, puis
rassemblant les termes de même ordre, on a finalement

$$\log Q = \log \tfrac{1}{2}\varpi + \log a - k\left(\tfrac{1}{4}e^2 + \tfrac{3}{64}e^4 + \tfrac{7}{192}e^6 + \tfrac{53}{16384}e^8\ldots\right).$$

Or, si l'on désigne par $D^{(a)}$ la longueur d'un degré quelconque
correspondant à la distance polaire d, l'expression de $\log a$ trouvée
page 201 donne

$$= \log(90\,D^{(a)}) - \log(\tfrac{1}{2}\varpi) - \tfrac{3}{2}k\left(e^2\cos^2 d + \tfrac{1}{2}e^4\cos^4 d + \tfrac{1}{3}e^6\cos^6 d + \tfrac{1}{4}e^8\cos^8 d\ldots\right)$$
$$+ k\left(e^2 \quad + \tfrac{1}{2}e^4 \quad + \tfrac{1}{3}e^6 \quad + \tfrac{1}{4}e^8 \qquad\right);$$

en ajoutant cette équation à la précédente, $\log a$ et $\log \tfrac{1}{2}\varpi$ disparaissent par compensation; les termes en e^2, indépendants de $\cos^2 d$,
se détruisent en partie; et, après qu'on a effectué les réductions
numériques auxquelles ils se prêtent, il reste

$$\log Q = \log(90\,D^{(a)}) + k\left(\tfrac{1}{4}e^2 + \tfrac{31}{64}e^4 + \tfrac{31}{192}e^6 + \tfrac{3733}{16384}e^8\ldots\right)$$
$$- \tfrac{3}{2}k\left(e^2\cos^2 d + \tfrac{1}{2}e^4\cos^4 d + \tfrac{1}{3}e^6\cos^6 d + \tfrac{1}{4}e^8\cos^8 d\ldots\right).$$

Si le degré $D^{(a)}$ était mesuré précisément à la distance polaire
de $45°$, intermédiaire entre l'équateur et le pôle, on aurait
$\cos^2 d = \frac{1}{2}$. Alors les deux termes qui contiennent la première puissance de e^2 se détruiraient mutuellement; et le reste de la correction à faire à $\log(90\,D^{(a)})$ pour avoir $\log Q$, ne dépendant plus que
des puissances supérieures de cette quantité, une petite incertitude
sur son évaluation n'aurait qu'une faible influence sur le résultat
total. L'arc moyen de France et d'Espagne n'est pas placé tout à
fait dans cette condition, mais il en approche beaucoup, puisqu'on
a pour lui

$$d = 43°51'57'';$$

il devra donc évidemment participer à l'avantage que nous venons de signaler. Pour s'en convaincre, il suffit de se rappeler que l'on a en général

$$\cos^2 d = \frac{1 + \cos 2d}{2}.$$

Servons-nous de cette relation pour transformer seulement le terme qui contient la première puissance de $\cos^2 d$; alors le terme en e^2 disparaîtra, et notre expression, ainsi réduite, deviendra

$$\log Q = \log(90\,D^{(o)}) \ + k\left(\tfrac{77}{64}e^2 + \tfrac{17}{192}e^4 + \tfrac{2549}{16384}e^6 \ldots\right)$$
$$- \tfrac{3}{4}k\left(\tfrac{1}{2}e^2\cos 2d + \tfrac{1}{2}e^4\cos^4 d + \tfrac{1}{4}e^6\cos^6 d + \tfrac{1}{4}e^8\cos^8 d \ldots\right).$$

Le terme qui contient la première puissance de e^2 n'est donc pas complétement détruit; mais il sera fort affaibli si d diffère peu de $45°$, parce que $2d$ étant presque un angle droit, $\cos 2d$ sera une fraction très-petite. Par exemple, pour notre arc de France et d'Espagne, on aura

$$2d = 87°43'48'' = 90° - 2°16'12'';$$

ce qui donne . . . . $\log\cos 2d = \overline{2},5977896$

On a, en outre, pour ce même arc. . . . . . $\log\cos^2 d = \overline{1},7158396$

Si l'on combine ces valeurs avec la valeur moyenne trouvée plus haut pour e^2, laquelle donne $\log e^2 = \overline{3},8039924$, on trouvera

Somme des termes positifs de la correction. . $+ 0,0000074627$

Somme des termes négatifs. . . . . $- 0,0000857304$

Excès des termes négatifs. . . . . $- 0,0000782677$

Or, on a pour le terme principal

$$D^{(o)} = 57024,64; \qquad\qquad \log D^{(o)} = 4,7560625522$$
$$\log 90 = 1,9542425094$$
$$\log 90\,D^{(o)} = \overline{6},7103050616$$

Correction soustractive. . . . . $- 0,0000782677$

il reste. . . . . $\log Q = \overline{6},7102267939$

ce qui donne. . . . . $Q = 513\,1292^\mathrm{T},7644$

De là résulte la longueur du mètre

    en toises. . . . . $0^\mathrm{T},513\,1292\,7644$

    ou en lignes. . . . . $443^\mathrm{l},343695$

Cette valeur surpasse à peine la moyenne que nous avions tirée de nos deux combinaisons distantes. Elle est beaucoup moins dépendante des erreurs qui ont pu être commises dans les évaluations des degrés du Pérou et de Laponie; mais aussi elle est plus spécialement affectée par les irrégularités locales qui peuvent exister dans l'arc moyen de France et d'Espagne.

259. On voit par cette discussion que, tant à cause des erreurs dont les observations actuelles sont susceptibles, qu'à cause des petites irrégularités qui écartent le sphéroïde terrestre de la forme elliptique rigoureuse, on ne peut pas répondre avec certitude de $\frac{1}{100}$ de ligne dans l'évaluation du mètre théorique, considéré comme la dix-millionième partie du quart du méridien terrestre. Si l'on trouve ultérieurement quelque intérêt à y démêler les influences de ces deux causes d'erreurs, on ne pourra y parvenir que par de nouvelles opérations géodésiques et astronomiques, répétées sur des portions très-diverses du sphéroïde terrestre, et effectuées avec des instruments beaucoup plus précis que ceux qu'on y a jusqu'à présent employés.

260. Si l'on voulait avoir le $\log a$ en mètres théoriques dans une ellipse dont l'excentricité serait e^2, on l'obtiendrait immédiatement en faisant $Q = 10000000$, ou $\log Q$ égal à 7, dans la relation logarithmique établie plus haut entre le quadrant Q et le demi grand axe a. En effet, si l'on déduit $\log a$ de cette relation, elle donne

$$\log a = \log Q - \log \tfrac{1}{2}\varpi + k\left(\tfrac{1}{2}e^2 + \tfrac{3}{24}e^4 + \tfrac{3}{192}e^6 + \tfrac{531}{15924}e^8 \ldots\right).$$

Soit donc $\qquad\qquad \log Q = 7,0000000000$

on a $\qquad\qquad\qquad \log \tfrac{1}{2}\varpi = 0,1961198770$

Conséquemment, $\log Q - \log \tfrac{1}{2}\varpi = 6,8038801230$

Et par suite, a étant exprimé en mètres théoriques, on aura

$$\log a = 6,8038801230 + k\left(\tfrac{1}{2}e^2 + \tfrac{3}{24}e^4 + \tfrac{3}{192}e^6 + \tfrac{531}{15924}e^8 \ldots\right).$$

Cette expression s'accorde avec celle que Delambre a donnée dans son ouvrage intitulé *Base du Système métrique*, tome III. p. 196. Seulement, il y a remplacé e^2 par sa valeur $2\varepsilon - \varepsilon^2$, en fonction de l'aplatissement ε. D'après les combinaisons qui lui avaient paru les plus favorables, il s'était arrêté à faire

$$\varepsilon = 0,00324, \quad \text{ce qui donne } \log \varepsilon = \bar{3},51054\,50103$$

et, par suite, $\varepsilon^2 = 0,00646\,95024$, d'où $\log \varepsilon^2 = \bar{3},81087\,09$.

Avec ces valeurs, il trouve pour $\log a$, en mètres théoriques,

$$\log a = 6,80458\,39646.$$

Pour convertir cette expression en toises, conformément à ses calculs, il faut y appliquer la valeur qu'il attribuait au mètre théorique exprimé dans cette dernière espèce d'unités. Or, en voit, page 193 du même volume, qu'en déduisant le mètre de la portion de l'arc mesurée par lui et Méchain vers le parallèle de 45°, combinée avec l'aplatissement 0,00324, il en avait conclu, par un calcul analogue à celui que nous avons fait en dernier lieu, la longueur

du mètre en lignes,
$$443^l,328 = \frac{4^T.618}{9}.$$

Or, le logarithme de ce rapport est $\quad 1,71021\,14192$.

En l'ajoutant à la valeur de $\log a$ en mètres théoriques, que j'ai tout à l'heure rapportée, on aura le $\log a$ en toises d'après les hypothèses de Delambre, ce qui donnera

$$\log a = 6,51479\,53838, \qquad \text{d'où} \qquad a = 3271865^T,06.$$

Je ne rapporte ces résultats que pour montrer qu'ils diffèrent très-peu de ceux que nous avons obtenus ; et, dans l'état actuel des données d'où l'on peut les déduire, personne ne pourrait assurer positivement que les uns soient préférables aux autres.

261. Dans ce même tome III de son ouvrage, page 197, Delambre a employé une formule tirée du calcul intégral, laquelle exprime, en mètres théoriques, la longueur d'un arc quelconque de son ellipse comptée depuis l'équateur, jusqu'à une distance polaire quelconque assignée. Les différences de ces longueurs, calculées de degré en degré décimal ou sexagésimal, sur tout le contour du quadrant elliptique, lui donnent les longueurs de ces mêmes degrés exprimés aussi en mètres théoriques dont dix millions forment le quadrant total. Il a rassemblé ces évaluations dans une Table insérée

page 286. Puis il présente ces mêmes degrés exprimés en toises dans une autre Table insérée page 294. Mais celle-ci est partout affectée d'une erreur résultante de l'inexactitude de la conversion. En effet, pour transformer ces valeurs métriques en toises, il aurait dû les multiplier par la valeur du mètre théorique en toises conclue de ses hypothèses, c'est-à-dire par $\dfrac{4^{\mathrm{T}},618}{9}$. Au lieu de cela, il a effectué cette conversion au moyen de deux Tables insérées pages 228 et 237, dont la première sert à transformer des nombres quelconques de toises en mètres légaux, ayant pour valeur $0^{\mathrm{T}},5130740$, et la seconde pour transformer les mètres légaux en toises. C'est donc comme s'il avait multiplié les nombres théoriques de ses formules par $0^{\mathrm{T}},5130740$ ou $\dfrac{4^{\mathrm{T}},617666}{9}$. Ainsi le facteur de conversion qu'il a employé est trop faible de $\dfrac{0^{\mathrm{T}},020334}{9}$ ou $\dfrac{0^{\mathrm{T}},000111\frac{1}{3}}{3}$. De sorte qu'il faut multiplier par celui-ci les degrés en mètres théoriques de la page 286, et ajouter chaque produit aux nombres de la page 294 pour obtenir les vraies valeurs des degrés en toises. Cela donne $4^{\mathrm{T}},1$ qu'il faut ajouter à tous les nombres de cette dernière Table, pour les avoir tels qu'il aurait dû les obtenir s'il avait fait cette réduction exactement. Quoique cette erreur soit d'un ordre de petitesse que les observations pourraient difficilement atteindre, il se peut du moins qu'elles y prétendent, et il est inutile de la laisser subsister dans une évaluation théorique, après qu'elle est constatée. C'est pourquoi j'ai jugé utile de la signaler ici.

NOTE

Sur le calcul de l'arc méridien compris entre les parallèles de Montjouy et de Formentera;

Par M. LARGETEAU (*).

Pour calculer les triangles, tant ceux dont on a observé les trois angles que ceux qui ont été formés par la rencontre du méridien avec les côtés des premiers ou avec le prolongement de ces côtés, je me suis servi du théorème de Legendre qui permet de résoudre les triangles sphériques très-peu courbes par les formules de la trigonométrie rectiligne, et j'ai dû, par conséquent, faire précéder les calculs relatifs à un triangle quelconque de la détermination de l'excès sphérique de ce triangle. Pour cela, j'ai fait des calculs provisoires qui m'ont donné toutes les parties des divers triangles avec une exactitude suffisante à l'évaluation de cet excès sphérique.

Dans les triangles dont les trois angles avaient été observés, la comparaison de la somme des trois angles avec ($180° +$ excès sphérique) m'a donné l'erreur du triangle que j'ai répartie par tiers sur chacun des angles, et j'ai ainsi obtenu ce que dans le *tableau des triangles observés*, n° I, j'ai nommé angles sphériques.

Dans les triangles où deux angles seulement étaient connus, j'ai conclu le troisième de manière qu'ajouté aux deux premiers il donnât $180° +$ excès sphérique. Enfin, lorsque dans un triangle

---

(*) Ce travail est celui que j'ai annoncé comme exemple, page 174. Je le rapporte ici tel que M. Largeteau l'a rédigé lui-même, et il y parle en son propre nom. La triangulation à laquelle il s'applique est représentée dans les *fig.* 50 et 51. On suppose d'abord le calcul des triangles principaux effectué, et leurs éléments sont rassemblés dans le tableau n° I ci-annexé, où ils sont respectivement désignés par des chiffres romains, en allant, par ordre, du nord au sud. Les triangles dans lesquels on subdivise ceux-là par les constructions sont aussi désignés dans l'ordre de leur formation, mais au moyen de chiffres arabes compris entre des parenthèses. Leurs éléments sont compris dans le tableau n° II.

Noms des stations.	Angles sphériques.	Logarithmes des côtés.	Côtés en toises.	Noms des stations.	Angles sphériques.	Logarithmes des côtés.	Côtés en toises.
Valvidrera	[illegible]	[illegible]	[illegible]	Le Desierto	[illegible]	[illegible]	[illegible]
Matas	[illegible]	[illegible]	[illegible]	Montsia	[illegible]	[illegible]	[illegible]
Montserrat	[illegible]	[illegible]	[illegible]	Ares	[illegible]	[illegible]	[illegible]
	180. o. 1.43			IX.	180. o. 6.6a		
Montjouy	[illegible]	[illegible]	[illegible]	Espadan	[illegible]	[illegible]	[illegible]
Matas	[illegible]	[illegible]	[illegible]	Le Desierto	[illegible]	[illegible]	[illegible]
Valvidrera	[illegible]	[illegible]	[illegible]	Ares	[illegible]	[illegible]	[illegible]
	180. o. 0.41			X.	180. o. 4.49		
La Morella	[illegible]	[illegible]	[illegible]	Cullera	[illegible]	[illegible]	[illegible]
Matas	[illegible]	[illegible]	[illegible]	Le Desierto	[illegible]	[illegible]	[illegible]
Montserrat	[illegible]	[illegible]	[illegible]	Espadan	[illegible]	[illegible]	[illegible]
I.	180. o. 3.40			XI.	180. o. 7.85		
Montagut	[illegible]	[illegible]	[illegible]	Mongo	[illegible]	[illegible]	[illegible]
La Morella	[illegible]	[illegible]	[illegible]	Espadan	[illegible]	[illegible]	[illegible]
Montserrat	[illegible]	[illegible]	[illegible]	Cullera	[illegible]	[illegible]	[illegible]
II.	180. o. 3.33			XII.	180. o. 5.58		
Saint-Jean	[illegible]	[illegible]	[illegible]	Mongo	[illegible]	[illegible]	[illegible]
La Morella	[illegible]	[illegible]	[illegible]	Le Desierto	[illegible]	[illegible]	[illegible]
Montagut	[illegible]	[illegible]	[illegible]	Cullera	[illegible]	[illegible]	[illegible]
III.	180. o. 3.39			XIII.	180. o. 10.91		
Llobería	[illegible]	[illegible]	[illegible]	Mongo	[illegible]	[illegible]	[illegible]
Saint-Dan	[illegible]	[illegible]	[illegible]	Le Desierto	[illegible]	[illegible]	[illegible]
Montagut	[illegible]	[illegible]	[illegible]	Espadan	[illegible]	[illegible]	[illegible]
IV.	180. o. 5.12			XIV.	180. o. 13.28		
Montsia	[illegible]	[illegible]	[illegible]	Campvey	[illegible]	[illegible]	[illegible]
Saint-Jean	[illegible]	[illegible]	[illegible]	La Desierto	[illegible]	[illegible]	[illegible]
Llobería	[illegible]	[illegible]	[illegible]	Mongo	[illegible]	[illegible]	[illegible]
V.	180. o. 5.23			XV.	180. o. 39.08		
Rosa	[illegible]	[illegible]	[illegible]	Formentera	[illegible]	[illegible]	[illegible]
Montsia	[illegible]	[illegible]	[illegible]	Campvey	[illegible]	[illegible]	[illegible]
Llobería	[illegible]	[illegible]	[illegible]	Mongo	[illegible]	[illegible]	[illegible]
VI.	180. o. 4.04			XVI.	180. o. 13.00		
Le Tasal	[illegible]	[illegible]	[illegible]	Campvey	[illegible]	[illegible]	[illegible]
Montsia	[illegible]	[illegible]	[illegible]	Le Desierto	[illegible]	[illegible]	[illegible]
Rosa	[illegible]	[illegible]	[illegible]	Mongo	[illegible]	[illegible]	[illegible]
VII.	180. o. 3.13			XV*.	180. o. 39.08		
Ares	[illegible]	[illegible]	[illegible]	Formentera	[illegible]	[illegible]	[illegible]
Montsia	[illegible]	[illegible]	[illegible]	Campvey	[illegible]	[illegible]	[illegible]
Le Tasal	[illegible]	[illegible]	[illegible]	Mongo	[illegible]	[illegible]	[illegible]
VIII.	180. o. 3.45			XVI*.	180. o. 13.00		

Pour calculer les triangles XV° et XVI°, on a pris, pour la longueur du côté le Desierto-Mongo, une moyenne entre les valeurs données par les triangles XIII et XIV, mais, dans le calcul de la rectification du méridien, on a employé les triangles XV et XVI, à l'exclusion des triangles XV° et XVI°, parce que, dans le triangle XIII, l'angle au Desierto, entre Cullera et Mongo, a été obtenu par une seule série de [illegible] fois l'angle.

DÉSIGNATION des sommets.	ANGLES sphériques.	LOGARITHMES des côtés.	CÔTÉS en toises.	DÉSIGNATION des sommets.	ANGLES sphériques.	LOGARITHMES des côtés.	CÔTÉS en toises.
Montjouy	[illegible]	[illegible]	[illegible]	Montjouy	[illegible]	[illegible]	[illegible]
Matas	[illegible]	[illegible]	[illegible]	Montagut	[illegible]	[illegible]	[illegible]
Montserrat	[illegible]	[illegible]	[illegible]	Saint-Jean	[illegible]	[illegible]	[illegible]
(1)	180. 0. 4,80			(3)	180. 0. 4,87		
Montjouy	[illegible]	[illegible]	[illegible]	[illegible]	[illegible]	[illegible]	[illegible]
Montserrat	[illegible]	[illegible]	[illegible]	Saint-Jean	[illegible]	[illegible]	[illegible]
Montagut	[illegible]	[illegible]	[illegible]	Montjouy	[illegible]	[illegible]	[illegible]
(2)	180. 0. 3,88			(4)	180. 0. 4,48		

PREMIER SYSTÈME DE TRIANGLES.

SECOND SYSTÈME DE TRIANGLES.

DÉSIGNATION des sommets.	ANGLES sphériques.	LOGARITHMES des côtés.	CÔTÉS en toises.	DÉSIGNATION des sommets.	ANGLES sphériques.	LOGARITHMES des côtés.	CÔTÉS en toises.
[illegible]	[illegible]	[illegible]	[illegible]	[illegible]	[illegible]	[illegible]	[illegible]
Saint-Jean	[illegible]	[illegible]	[illegible]	Saint-Jean	[illegible]	[illegible]	[illegible]
Montsia	[illegible]	[illegible]	[illegible]	Montsia	[illegible]	[illegible]	[illegible]
(5)	180. 0. 4,94			(11)	180. 0. 6,75		
[illegible]	[illegible]	[illegible]	[illegible]	[illegible]	[illegible]	[illegible]	[illegible]
Montsia	[illegible]	[illegible]	[illegible]	[illegible]	[illegible]	[illegible]	[illegible]
Le Desierto	[illegible]	[illegible]	[illegible]	Montsia	[illegible]	[illegible]	[illegible]
(6)	180. 0. 13,13			(12)	180. 0. 12,54		
[illegible]	[illegible]	[illegible]	[illegible]	[illegible]	[illegible]	[illegible]	[illegible]
[illegible]	[illegible]	[illegible]	[illegible]	Montsia	[illegible]	[illegible]	[illegible]
Le Desierto	[illegible]	[illegible]	[illegible]	Le Desierto	[illegible]	[illegible]	[illegible]
(7)	180. 0. 42,58			(13)	180. 0. 26,49		
[illegible]	[illegible]	[illegible]	33,60	[illegible]	[illegible]	[illegible]	[illegible]
Camprey	[illegible]	[illegible]	34,46	Le Desierto	[illegible]	[illegible]	[illegible]
[illegible]	[illegible]	[illegible]	27,94	Mongo	[illegible]	[illegible]	[illegible]
(8)	180. 0. 0,00			(14)	180. 0. 39,46		
[illegible]	[illegible]	[illegible]	[illegible]	[illegible]	[illegible]	[illegible]	[illegible]
[illegible]	[illegible]	[illegible]	[illegible]	[illegible]	[illegible]	[illegible]	[illegible]
Mongo	[illegible]	[illegible]	[illegible]	Mongo	[illegible]	[illegible]	[illegible]
(9)	180. 0. 11,31			(15)	180. 0. 12,31		
[illegible]	[illegible]	[illegible]	[illegible]	[illegible]	[illegible]	[illegible]	[illegible]
Formentera	[illegible]	[illegible]	[illegible]	Formentera	[illegible]	[illegible]	[illegible]
[illegible]	[illegible]	[illegible]	[illegible]	[illegible]	[illegible]	[illegible]	[illegible]
(10)	180. 0. 0,89			(16)	180. 0. 7,09		

XV (7)	Camprey ..... le Desierto	= 8253,64	
	[illegible] .... le Desierto	= 8258,04	
	[illegible] .... Camprey	= 33,60	
XV (8)	Camprey ..... Mongo	= 5653,79	
	[illegible] .... Camprey	= 27,94	
	[illegible] .... Mongo	= 5631,85	
XVI (9)	Mongo ..... Formentera	= 6243,93	
	[illegible] .... Mongo	= 5536,63	
	[illegible] .... Formentera	= 8197,30	

XVI (13)	Mongo ..... Formentera	= 6243,93	
	[illegible] .... Mongo	= 5536,66	
	[illegible] .... Formentera	= 8197,27	

on connaissait deux côtés et l'angle compris, j'ai diminué cet angle du tiers de l'excès sphérique, avant d'appliquer à la résolution de ce triangle les formules qui donnent les deux angles inconnus par leur demi-somme et leur demi-différence. A chacun des deux angles ainsi obtenus j'ai ensuite ajouté le tiers de l'excès sphérique pour avoir les angles qui sont inscrits dans le second tableau sous le titre d'angles sphériques. Dans le dernier cas, j'ai recommencé le calcul du triangle comme si les données étaient un côté et trois angles. Je devais, si j'avais bien opéré, *retrouver* le second côté connu. Pour plus d'uniformité, je n'ai présenté dans le tableau que le second calcul.

Pour appliquer à la détermination de l'arc méridien compris entre les parallèles de Montjouy et de Formentera, la méthode de rectification proposée par Legendre, j'ai pris pour méridien principal celui qui passe par Saint-Jean, *fig*. 50, 51, et j'ai dû orienter, par rapport à ce méridien, la chaîne des triangles observés. Les données que pour cela j'ai empruntées aux observations astronomiques sont les suivantes :

Latitude de Montjouy observée par Méchain, $41°21'46'',58$ (*Base du Système métrique*, tome III, page 549).

Azimut de Matas sur l'horizon de Montjouy observé par Méchain, $207°39'57'',50$, compté du sud vers l'ouest (*Base du Système métrique*, tome II, p. 149).

Cela étant, par Montjouy je mène le côté Montjouy-Monserrat et je forme le triangle Montjouy, Matas, Montserrat, dans lequel je connais les deux côtés Montjouy-Matas et Matas-Montserrat fournis par la triangulation de Méchain. J'ai en outre l'angle compris Montserrat-Matas-Montjouy $=$ Montserrat-Matas-Valvidrera $+$ Valvidrera-Matas-Montjouy, ces deux angles étant aussi donnés par la triangulation de Méchain. La résolution de ce triangle (1) a donné le troisième côté Montjouy-Montserrat $= 20526^t,44$ et les deux angles inconnus, respectivement égaux à $26°31'26'',05$ et $78°5'57'',05$. Ces résultats sont rapportés en tête du tableau n° II.

Je forme le triangle (2) en joignant Montjouy et Montagut ; je connais le côté Montjouy-Montserrat donné par le triangle (1), le côté Montserrat-Montagut donné par le triangle II, et l'angle compris Montagut-Montserrat-Montjouy = Montagut-Montserrat-la Morella + la Morella-Montserrat-Matas — Matas-Montserrat-Montjouy.

Je forme le triangle (3) en joignant Montjouy et Saint-Jean. Dans ce triangle les données sont : le côté Montjouy-Montagut [triangle (2)], le côté Montjouy-Saint-Jean (triangle III), et l'angle compris Saint-Jean-Montagut-Montjouy = Saint-Jean-Montagut-la Morella + la Morella-Montagut-Montserrat — Montserrat-Montagut-Montjouy.

Maintenant si de l'azimut ci-dessus relaté de Matas sur l'horizon de Montjouy je retranche la somme des angles

$$
\begin{aligned}
\text{Matas-Montjouy-Montserrat} \ldots &= 75^\circ 22' 38'',70 \\
\text{Montserrat-Montjouy-Montagut} &= 37^\circ 37' 57'',55 \\
\text{Montagut-Montjouy-Saint-Jean} \ldots &= 24^\circ 54' 26'',56 \\
\hline
\text{Somme} &= 137^\circ 55'\ 2'',81
\end{aligned}
$$

j'obtiens l'azimut de Saint-Jean sur l'horizon de Montjouy = 69° 44′ 54″,69. Avec cet azimut, le côté Montjouy-Saint-Jean = 37339ᵗ,47 et la latitude de Montjouy, je calcule :

Azimut de Montjouy sur l'horizon de Saint-Jean. . . . . = 249° 12′ 44″,15

Retranchant l'angle Montjouy-Saint-Jean-Montagut. . . . . . . = 58° 24′ 21″,24 [(triangle (3)]

j'ai : Azimut de Montagut sur l'horizon de Saint-Jean. . . . . = 190° 48′ 22″,91 (*).

Le côté Montagut-Saint-Jean appartenant à la chaîne des triangles observés, cette chaîne se trouve ainsi orientée par rapport au méridien de Saint-Jean.

La longueur méridienne cherchée se compose de deux parties distinctes : l'une au nord de Saint-Jean, comprise entre ce point et l'intersection du méridien de Saint-Jean avec le parallèle de

---

(*) Par deux autres calculs, qui ne sont pas rapportés ici, on a trouvé, pour cet azimut, 190° 48′ 22″,90 ; c'est cette dernière valeur que l'on a adoptée dans la suite de ce travail.

Montjouy ; l'autre au sud de Saint-Jean , comprise entre ce point et l'intersection du méridien de Saint-Jean avec le parallèle de Formentera. Je vais les calculer séparément.

Pour avoir la première, par Montjouy je mène l'arc P — Montjouy perpendiculaire au méridien de Saint-Jean et le coupant au point P. Je forme ainsi le triangle sphérique rectangle P—Saint-Jean-Montjouy dans lequel je connais le côté Saint-Jean-Montjouy $= 37339^t,47$ triangle (3), l'angle P $= 90^\circ$, l'angle P — Saint-Jean-Montjouy $=$ azimut de Montjouy sur Saint-Jean $- 180^\circ = 69^\circ 12' 44'',15$, d'où je conclus l'angle P — Montjouy-Saint-Jean $= 20^\circ 47' 20'',33$, le côté P — Saint-Jean $= 13252^t,54$ et le côté P — Montjouy $= 34908^t,64$.

L'azimut de Montjouy sur l'horizon du point P est évidemment 270° ; on en conclut la latitude du point $P = 41^\circ 21' 56'',92$. Soient L cette latitude , N la normale correspondante, K le côté P — Montjouy, et nommons M le point où le parallèle de Montjouy coupe le méridien de Saint-Jean , nous aurons

$$PM = \frac{K^2 \tang L}{2N} = 163^t,75 ;$$

d'où   M — Saint-Jean $=$ P — Saint-Jean $- 163^t,75 = 13088^t,79$.

La partie de l'arc méridien située au sud de Saint-Jean peut être obtenue par deux systèmes de triangles entièrement distincts et que je vais examiner successivement.

PREMIER SYSTÈME. *Fig.* 50.

Je prolonge le côté le Tosal-Montsia jusqu'à sa rencontre avec le méridien de Saint-Jean au point h, et je joins h avec le Desierto. Je forme ainsi les triangles (5) et (6). Dans le triangle (5) je connais le côté Saint-Jean-Montsia (triangle V), l'angle à Saint Jean $=$ azimut de Montagut sur Saint-Jean $-$ somme des angles (Montagut-Saint-Jean-Lleberia et Lleberia-Saint-Jean-Montsia) ; l'angle à Montsia $= 180^\circ -$ somme des angles (Saint-Jean-Montsia-Lleberia, Lleberia-Montsia-Bosc et Bosc-Montsia-le Tosal). La résolution du triangle (5) donne le côté h-Saint-Jean et le côté h-Montsia. Dans le triangle (6) je connais le côté *h*-Montsia [triangle (5)], le côté Montsia-le Desierto (triangle IX) et l'angle compris à Montsia = 180° — somme des angles (le Tosal-Montsia-Arès et Arès-Montsia-le Desierto). J'en conclus le côté *h*-le Desierto et les deux angles Montsia.*h*.le Desierto et *h*.le Desierto-Montsia.

Le triangle (7) a pour sommets le point *h*, le Desierto et le point *k*, intersection du méridien de Saint-Jean avec le côté le Desierto-Campvey ou avec son prolongement. Dans ce triangle (7), je connais le côté *h*-le Desierto [triangle (6)], l'angle en *h* = 180° — somme des angles (Saint-Jean.*h*.Montsia et Montsia.*h*.le Desierto) et l'angle *h*.le Desierto.*k* = 360° — somme des angles (*h*.le Desierto-Montsia, Montsia-le Desierto-Arès, Arès-le Desierto-Espadan, Espadan-le Desierto-Mongo et Mongo-le Desierto-Campvey). La résolution du triangle (7) donne le côté *h*-*k*, le côté de ce triangle *k*-le Desierto et l'angle *h*.*k*.le Desierto. Le côté *k*-le Desierto = 82518^t,04. Il est moindre que le côté Campvey-le Desierto = 82556^t,64 du triangle XV. Cela montre que le méridien de Saint-Jean rencontre le côté Campvey-le Desierto sans que celui-ci doive être prolongé. Par conséquent, le côté Campvey-Mongo est aussi coupé par le méridien en un point *o* ; les points *k*, *o* et Campvey sont les sommets du triangle (8).

Dans ce triangle (8) je connais l'angle *k*.Campvey.*o* = l'angle Desierto-Campvey-Mongo ; l'angle *o*.*k*.Campvey = *h*.*k*.le Desierto et le côté *k*-Campvey = le Desierto-Campvey — *k*-le Desierto = 38^t,60. Je conclus le côté *k*-*o* et le côté *k*-Campvey.

Les sommets du triangle (9) sont le point *o*, Mongo et le point *r* intersection du méridien avec le côté Mongo-Formentera ; dans le triangle (9), je connais le côté *o*-Mongo = Mongo-Campvey — *o*-Campvey = 56531^t,85 ; l'angle *r*.*o*.Mongo = *k*.*o*.Campvey, et l'angle *o*.Mongo.*r* = Campvey-Mongo-Formentera. J'en déduis le côté *o*-*r* = 21343^t,96, et le côté *r*-Mongo = 55246^t,63.

Maintenant, par Formentera je mène l'arc *p*-Formentera, perpendiculaire au méridien de Saint-Jean, et le coupant au point *p*. Je forme ainsi le triangle (10) rectangle en *p*, dans lequel je connais le côté *r*-Formentera = Mongo-Formentera — *r*-Mongo = 8197^t,30 ; l'angle *r*.*p*.Formentera = 90°, et l'angle *p*.*r*.Formentera $= o \cdot r$. Mongo. Il en résulte $r \cdot p = 1083^t,98$. Enfin, en opérant comme pour Montjouy, on trouve que la distance $p.F$, du point p au point F, où le parallèle de Formentera coupe le méridien de Saint-Jean $= 8^t,06$. En récapitulant les diverses longueurs que nous venons de calculer, on trouve

$$
\begin{aligned}
M &- S^t\text{-Jean} = 13088^t,79 \\
S^t\text{-Jean} &- h = 42621,91 \\
h &- k = 75494,17 \\
k &- n = 34,46 \\
n &- r = 21343,96 \\
r &- p = 1083,98 \\
p &- F = 8,06 \\
\hline
\end{aligned}
$$

Arc méridien cherché $MF = 153675,33$

DEUXIÈME SYSTÈME DE TRIANGLES. *Fig.* 51.

Je prolonge le côté Arès-Montsia jusqu'à sa rencontre avec le méridien de Saint-Jean au point m, le côté Bosc-Montsia jusqu'à sa rencontre avec le même méridien au point y, et je joins y avec le Desierto et avec Mongo. Je forme ainsi les triangles (11), (12), (13) et (14).

Dans le triangle (11), je connais le côté Saint-Jean-Montsia (triangle V), l'angle à Saint-Jean $=$ azimut de Montagut sur Saint-Jean — somme des angles (Montagut-Saint-Jean-Lleberia, et Lleberia-Saint-Jean-Montsia), comme dans le premier système, et l'angle à Montsia $= 180°$ — somme des angles (Saint-Jean-Montsia-Lleberia, Lleberia-Montsia-Bosc, Bosc-Montsia-le Tosal, le Tosal-Montsia-Arès); en résolvant le triangle, j'obtiens le côte m-Saint-Jean et le côté m-Montsia.

Dans le triangle (12), je connais le côté m-Montsia, l'angle $y \cdot m$. Montsia $= 180°$ — Saint-Jean. m. Montsia, et l'angle m. Montsia. $y = 180°$ — somme des angles (m. Montsia-Saint-Jean, Saint-Jean-Montsia-Lleberia, Lleberia-Montsia-Bosc); je calcule le côté $m \, y$ et le côté y-Montsia.

Dans le triangle (13), les données sont : le côté y-Montsia, le côté Montsia-le Desierto, et l'angle compris y-Montsia-le Desierto $= 180°$ — somme des angles. (Bosc-Montsia-le Tosal, le Tosal-Montsia-Arès, Arès-Montsia-le Desierto). On en conclut le côté y-le Desierto, l'angle y-le Desierto-Montsia, et l'angle Montsia-y-le Desierto.

Dans le triangle (14), les données sont : le côté y-le Desierto, le côté le Desierto-Mongo, et l'angle compris y-le Desierto-Mongo $= 360°$ — somme des angles (y-le Desierto-Montsia, Montsia-le Desierto-Arès, Arès-le Desierto-Espadan, et Espadan-le Desierto-Mongo); la résolution du triangle donne le côté y-Mongo, l'angle le Desierto.y.Mongo, et l'angle y.Mongo-le Desierto.

Les sommets du triangle (15) sont Mongo, le point y et le point r, intersection du méridien de Saint-Jean avec le côté Mongo-Formentera. Dans ce triangle, je connais le côté y-Mongo, l'angle $r.y$.Mongo $= 180°$ — somme des angles (Mongo.y.le Desierto, le Desierto.y.Montsia, Monstia.$y.m$), et l'angle y.Mongo.$r =$ le Desierto-Mongo-Campvey $+$ Campvey-Mongo-Formentera — y.Mongo-le Desierto. Je calcule le côté y-r, l'angle y.Mongo.r, et l'angle $y.r$.Mongo. Ce dernier angle, qui est le même que l'angle r du triangle (9), est, de part et d'autre, $= 82°24'4'',14$. Le côté r-Mongo, qui est aussi commun aux deux triangles (9) et (15), est donné, par le premier, $=55246^t,63$, et, par le second, $= 55246^t,66$.

Le triangle (16) est formé en abaissant de Formentera une perpendiculaire sur le méridien de Saint-Jean; il est le même que le triangle (10), et donne, comme celui-ci, $r.p = 1083^t,98$. On trouverait aussi, comme dans le premier système, $y\mathrm{F} = 8^t,06$.

Récapitulation.

$$
\begin{aligned}
\text{M} \quad &— \quad \text{S}^\text{t}\text{-Jean} \quad = \quad 13088^\text{t},79 \\
\text{S}^\text{t}\text{-Jean} \quad &— \quad m \quad = \quad 19527,87 \\
m \quad &— \quad y \quad = \quad 85418,16 \\
y \quad &— \quad r \quad = \quad 34548,40 \\
r \quad &— \quad p \quad = \quad 1083,98 \\
p \quad &— \quad \text{F} \quad = \quad 8,06
\end{aligned}
$$

$$
\begin{aligned}
\text{Arc méridien cherché} \quad \text{MF} &= 153675,26 \\
\text{Par le premier système, on a} \quad \text{MF} &= 153675,33 \\
\text{Moyenne}\ldots \quad &= 153675,29
\end{aligned}
$$

ADDITION. *Sur quelques précautions qu'il faut prendre pour effectuer avec sûreté et simplicité les calculs numériques dans les applications de Géodésie et d'Astronomie, où ils se répètent sous des formes analogiques pour une longue suite d'opérations.*

Dans les applications isolées où les diverses phases du calcul numérique se suivent avec des formes progressivement différentes, il n'y a pas d'autre recommandation à faire que celle de l'exactitude de chaque détail, qui s'obtient, avec la plus grande probabilité, en réitérant au moins deux fois chaque opération partielle qui conduit au résultat final. Mais, lorsque le travail que l'on doit effectuer comprend une suite plus ou moins prolongée d'applications d'une nature analogue, on trouve beaucoup d'avantage à conserver, autant qu'on le peut, cette analogie dans les opérations de détail, tant par la disposition qu'on leur donne que par l'ordre suivant lequel on les accomplit; et l'on peut encore souvent les abréger, comme aussi les rendre plus sûres, en préparant des Tables auxiliaires qui s'appliquent à toutes, ou en calculant d'avance les quantités constantes dont l'emploi doit s'y répéter.

L'utilité de ce précepte sera facilement sentie dans la pratique; mais, comme on ne peut l'énoncer que d'une manière générale, je le justifierai par un exemple pris parmi les questions mêmes qui viennent de nous occuper.

Je suppose que, dans une grande triangulation géodésique, on ait obtenu tous les angles sphériques des triangles qui s'appuient les uns sur les autres, et que l'on connaisse en outre, en toises, la longueur de l'arc qui constitue le premier côté du réseau de ces triangles sur la sphère osculatrice où on veut le placer. On demande de calculer les longueurs de tous les autres côtés sur la même sphère, ou sur des sphères différentes, dont les rayons varient progressivement suivant une loi donnée.

Ce calcul pourra s'effectuer, soit par le théorème de Legendre, soit par les formules que nous avons exposées pages 107 et 108, § 89. Si l'on emploie la première méthode, on transformera chaque angle donné en angle rectiligne, en retranchant de sa valeur le tiers de l'excès sphérique du triangle auquel il appartient. Alors la proportion s'établira entre les côtés et les sinus de ces angles réduits, et l'application immédiate des logarithmes à ces proportions donnera directement les longueurs cherchées les unes par les autres. Cette voie n'admet que le calcul successif, sans modification ni préparation.

Si, au contraire, on veut employer les formules de la page 107, elles donneront d'abord les logarithmes des côtés C_1, C_2 par la connaissance du côté C, à condition que l'on calcule les termes correctifs qui les complètent. Puis, ces côtés étant connus, on en déduira les suivants par une relation analogue appliquée aux angles des triangles dont ils font partie. Mais, comme ces angles entrent par couples dans chaque terme correctif, leur changement continuel exigera, pour chaque côté, un calcul nouveau, composé de trois éléments, savoir, un côté et deux angles, dont il faudra ainsi renouveler continuellement les valeurs. Or, on arrivera au même but plus brièvement, et par des opérations plus analogues entre elles, en décomposant le calcul des termes correctifs de la manière suivante.

Je considère d'abord un des côtés cherché, par exemple C_1. Sa relation rigoureuse avec le côté donné C est, page 107,

$$(1) \qquad \sin C_1 = \sin C \frac{\sin A_1}{\sin A}.$$

Donc, en prenant les logarithmes tabulaires des deux membres,

$$\log \sin C_1 = \log \sin C + \log \left(\frac{\sin A_1}{\sin A} \right).$$

Le logarithme de $\frac{\sin A_1}{\sin A}$ se prend immédiatement par différence dans les Tables de sinus, puisque A et A_1 sont donnés en valeurs angulaires. Il n'y a de difficulté que pour obtenir log sin C d'après la valeur de l'arc C donné en toises. Mais, si R est le rayon de la sphère osculatrice à laquelle appartient cet arc, on aura, *sur cette même sphère*, par les formules de la page 68,

$$\log \sin C = \log C - \frac{k}{6} \frac{C^2}{R^2};$$

on en déduira donc

$$(2) \qquad \log \sin C_1 = \log \left(\frac{C \sin A_1}{\sin A} \right) - \frac{k}{6} \frac{C^2}{R^2}.$$

Si le réseau des triangles est assez restreint comparativement aux dimensions totales du sphéroïde terrestre, pour que l'on puisse, avec une suffisante exactitude, le supposer étendu sur une même sphère osculatrice au milieu de sa longueur, la connaissance de log sin C_1 suffira pour obtenir immédiatement les logarithmes des sinus de tous les côtés suivants, puisque ces sinus sont liés entre eux par de simples proportionnalités ayant pour coefficients les rapports des sinus des angles opposés aux côtés que l'on compare. Or, d'après l'épreuve que nous avons faite pages 109 et 110, cette supposition d'identité pourra être toujours admise comme suffisamment exacte dans les plus grandes triangulations que l'on puisse effectuer sur la surface d'une même contrée. Car, si l'on suppose le côté C égal à 100000^T, puis, que l'on calcule le terme correctif $-\frac{k}{6} \frac{C^2}{R^2}$ avec les deux valeurs extrêmes de R rapportées page 109, et que l'on forme log sin C dans ces deux suppositions, les valeurs de sin C qui en résulteront seront $999984^T,53$ dans la sphère polaire, et $999984^T,43$ dans l'équatoriale ; de sorte qu'elles différeront entre elles de quantités dont on ne saurait pratiquement répondre sur une si grande longueur. Cette différence deviendra donc bien moindre et complétement négligeable sur l'étendue d'une même triangulation où le rayon osculateur moyen se rapprochera toujours des rayons extrêmes bien plus que ceux que nous venons d'employer comparativement.

Le logarithme de $\sin C_1$, le premier de tous, étant ainsi obtenu numériquement par l'équation (2), on formera de suite tous les autres par ordre, d'après la condition de proportionnalité aux sinus des angles respectivement opposés. Il ne restera plus qu'à revenir de ces logarithmes à ceux des côtés C_1, C_2,... qui y correspondent. Cela se fera encore par les formules de la page 68, qui donneront

$$(3) \quad \begin{cases} \log C_1 = \log \sin C_1 + \dfrac{k}{6}\dfrac{\sin^2 C_1}{R^2}; \\[2ex] \log C_2 = \log \sin C_2 + \dfrac{k}{6}\dfrac{\sin^2 C_2}{R^2},\dots; \end{cases}$$

et ainsi de suite, R étant toujours le rayon de la sphère osculatrice au milieu du réseau considéré.

En comparant les formules (2) et (3), on voit que le facteur $\dfrac{k}{6R^2}$ des termes correctifs y sera le même dans toute la suite des calculs. On obtiendra donc facilement ces termes en formant le logarithme de ce facteur et l'associant à celui de C_1^2, C_1^2, C_2^2,..., ou de $\sin^2 C_1$, $\sin^2 C_2$, $\sin^2 C_3$,..., qui se trouveront déjà tout formés. Car, si on le désigne par $\log F$, les logarithmes des termes correctifs seront

Pour les équations (2), $(\log F + 2\log C_n)$ — ;

Pour les équations (3), $(\log F + 2\log \sin C_{n+1})$ +

Les signes mis après ces deux expressions désignent ceux qu'il faudra donner aux nombres qu'on en déduit.

Dans ces calculs, on devra prendre pour R la normale N qui est le rayon de la sphère transversalement osculatrice au milieu de l'arc que la triangulation embrasse, puisque c'est sur les sphères osculatrices dans ce sens que les triangles sont censés appliqués. Profitant donc, pour cela, de la connaissance déjà obtenue sur la forme générale du sphéroïde, on calculera log N par la série de la page 222, en donnant à la distance polaire d la valeur moyenne qui convient au milieu, ou à peu près au milieu de la triangulation considérée.

Supposons, par exemple, que cette triangulation s'étende sur l'arc méridien compris entre les stations extrêmes de Greenwich et de Formentera. D'après le tableau de la page 179, les valeurs extrêmes de d seront $38° 31' 20''$ et $51° 20' 7''$, ce qui donnera pour moyenne $44° 55' 43'',5$. On pourra donc, sans difficulté, prendre d égal à $45°$ en nombres ronds. Alors, $\cos^2 d$ étant $\frac{1}{2}$, la valeur de log N en toises, calculée, par la série de la page 222, avec sept décimales exactes, se composera des termes suivants :

$$\log a = 6{,}514\,79\,57$$
$$\tfrac{1}{4}ke^2 = 0{,}000\,69\,14$$
$$\tfrac{1}{12}e^4 = 0{,}000\,00\,11$$
$$\log N = 6{,}515\,48\,82$$

Il est évident, par les considérations précédentes, que l'évaluation avec sept décimales sera parfaitement suffisante pour le calcul des termes correctifs. On a, d'ailleurs, dans le même ordre de décimales,

$$\log\left(\frac{k}{6}\right) = \overline{2}{,}859\,63\,31$$
$$\log N^2 = 13{,}030\,97\,64$$

Il en résultera donc $\quad \log F = \overline{15}{,}828\,65\,67$

Alors on devra ajouter à ce logarithme $2\log C_n$, ou $2\log\sin C_{n+1}$, selon que l'on voudra employer les équations (2) ou les équations (3). Mais, d'après ce que nous avons reconnu, le premier mode de correction ne servira qu'une seule fois pour transformer en sinus le premier côté C, base de la triangulation. La petitesse de la caractéristique $\overline{15}$ ne rend pas le terme correctif insensible dans la seconde conversion, parce que les sinus ne sont pas évalués, ici, en parties du rayon de la sphère osculatrice pris pour unité, mais en toises, dont ce rayon contient toujours un grand nombre. Cela donne aux logarithmes des carrés des sinus une caractéristique positive de même ordre que celle des arcs.

Au tome II de la *Base du système métrique*, page 698, Delambre a présenté le calcul des termes correctifs sous cette forme logarithmique, mais avec une petite inadvertance théorique qui, heureusement, ne saurait avoir qu'une influence négligeable sur les résultats qu'il en déduit. Pour concevoir en quoi elle consiste, il faut se rappeler que le calcul des triangles s'effectue, dans ce procédé, en les supposant placés sur la sphère transversalement osculatrice au méridien. C'est donc évidemment la normale moyenne N qu'il faut prendre comme rayon de cette sphère pour calculer les termes correctifs, comme je l'ai fait ici. Au lieu de cela, Delambre forme le facteur F en employant pour R le rayon du cercle qui est osculateur dans le sens du méridien, car il le déduit du degré moyen mesuré dans ce sens. C'est sur ce principe qu'il a calculé les Tables numériques de réduction I et II, rapportées pages 783 et 789 du même volume, Tables dont je parlerai dans un moment. Mais, sans doute, cette inadvertance théorique lui a échappé, parce qu'elle n'a pas, dans les applications, de conséquence appréciable. En effet, en calculant log F par le rayon osculateur elliptique, comme il le fait à la page 698 du tome II, il trouve

$$\log F = \overline{15},831\,33\,33700.$$

Le degré du méridien qu'il y emploie répond à peu près, dans ses hypothèses, à la distance polaire $43° 30'$. Maintenant, si l'on veut trouver la valeur de log F correspondant à cette même distance polaire, sur la sphère transversalement osculatrice à l'ellipsoïde que Delambre a adopté, il faut d'abord prendre au tome III, page 291, le logarithme de la normale pour la distance polaire précédente, en supposant le demi-grand axe égal à l'unité, puis y ajouter le logarithme de ce demi-axe en toises tel que je l'ai donné page 342. On a ainsi le logarithme de la normale en toises dans cette hypothèse, lequel est

$$\log N = 6,5155358338.$$

Alors, en calculant log F avec cette valeur, comme je l'ai fait plus
haut, on trouve

$$\log F = 15,82856\ 13934.$$

Cette évaluation s'écarte à peine de celle que nous avons obtenue
sur notre ellipsoïde pour une distance polaire presque égale. Telle
est donc la valeur de log F que Delambre aurait dû adopter pour
être conséquent avec ses constructions. Mais, pour voir que la différence de ces deux évaluations n'a eu qu'une influence négligeable
sur ses résultats, il n'y a qu'à les employer successivement pour
convertir en sinus la base de Melun, dont la longueur C, exprimée en arc et en toises, tome II, page 698, a pour logarithme

$$\log C = 3,78261\ 06224\ ;$$

car on en déduit ainsi :

Par le facteur elliptique de Delambre,

$$\log \sin C = 3,78361\ 03721\ ;$$

Par le facteur normal,

$$\log \sin C = 3,78361\ 03736.$$

Or, en repassant aux nombres, on trouve que ces deux sinus diffèrent seulement de $\frac{12}{1000}$ de ligne, quantité dont il était impossible de répondre dans les mesures de l'arc C. Ainsi, les sinus de
tous les autres côtés de la chaîne se déduisant de celui-là par simple
proportion, les erreurs que leur évaluation comportait ont dû
être pareillement insensibles.

Dans le calcul de sa triangulation, Delambre n'a pas employé
les termes correctifs sous leur forme logarithmique, comme je les
ai donnés plus haut. Il en a formé deux Tables auxiliaires, rapportées au tome II, pages 783 et 789, où les corrections sont
calculées numériquement pour des valeurs de C ou de sin C, procédant par des intervalles de 1000 toises pour toutes les grandeurs
que sa triangulation embrassait; et il y prenait leurs valeurs précises, par proportionnalité, entre les nombres les plus voisins de
ces Tables. Mais, ainsi qu'on peut le voir par un exemple qu'il en

donne lui-même au tome II, page 698, l'évaluation de ces proportionnelles est aussi pénible et beaucoup plus sujette à erreur, que le calcul direct effectué, pour chaque cas, par les expressions logarithmiques mises sous les formes simples que je leur ai données plus haut. Cette manière de procéder, qu'il a préférée, était appropriée à l'habitude qu'on a eue trop longtemps, à mon avis, dans les calculs astronomiques et géodésiques, d'épargner, autant qu'on le pouvait, l'emploi immédiat des Tables de logarithmes, comme s'il y avait quelque intérêt à exempter de l'usage de cette invention admirable les personnes auxquelles ces calculs étaient confiés. Il me semble, au contraire, très-essentiel, pour la sûreté des résultats, de recourir immédiatement aux Tables logarithmiques pour la traduction des formules en nombres lorsqu'elles se présentent ainsi exprimées, afin de laisser toujours subsister la trace de leur origine ; sauf à réduire, autant que possible, les logarithmes variables qu'il faut y introduire dans chaque application particulière, comme nous l'avons fait ici.

Je terminerai ce que j'ai à dire sur cette partie importante de l'Astronomie qui concerne les opérations géodésiques, en mentionnant, avec de justes éloges, un *Abrégé de Géodésie à l'usage des marins*, qui a été composé par M. Begat, ingénieur-hydrographe de la Marine française. Toutes les questions que les marins peuvent avoir besoin de résoudre pour effectuer les relèvements des côtes, ou pour des nivellements astronomiques, ou même pour des motifs purement scientifiques, y sont exposées avec toute la clarté désirable, et traitées avec la plus grande simplicité. Si les méthodes que j'ai présentées peuvent, comme je l'espère, ajouter encore quelque chose à ces deux qualités, elles ne feront qu'accroître l'appropriation de l'*Abrégé* de M. Begat aux usages nautiques, pour lesquels il l'avait spécialement préparé.

CHAPITRE XIX.

Manière de fixer les positions relatives des différents points de la surface terrestre.

262. Les connaissances que nous venons d'acquérir sur la figure de la terre nous permettent de déterminer avec exactitude les positions relatives des divers points de sa surface, c'est-à-dire la situation précise des différents lieux, leurs distances mutuelles ; en un mot, tous les résultats rigoureux de la géographie mathématique. Entrons dans quelque détail sur cette utile application.

Lorsqu'on veut représenter exactement la configuration d'un terrain, et fixer la position des principaux objets qui y sont situés, on lie ces objets par des triangles dont on mesure les angles et dont on calcule les côtés ; cela s'appelle *lever un plan*.

Si le terrain que l'on doit mesurer est considérable, par exemple s'il s'agit d'une province ou d'un grand pays, on le traverse d'un bout à l'autre par une méridienne, que l'on trace suivant les procédés que nous avons expliqués dans le chapitre XVIII. Ensuite on choisit sur cette méridienne un certain nombre de points plus ou moins rapprochés, et par ces points on trace autant d'arcs de grands cercles, *perpendiculaires à la méridienne*, toujours par les procédés que nous avons décrits. La méridienne et les perpendiculaires forment ainsi un système de coordonnées curvilignes, auxquelles on peut mathématiquement rapporter les différents points de la surface terrestre. En effet, la situation d'un objet est évidemment déterminée lorsqu'on connaît : 1° sa distance à la méridienne, distance qui se mesure sur la perpendiculaire ; 2° l'arc de la méridienne compris entre la perpendiculaire et le point que l'on a choisi sur cette méridienne pour lieu de départ. Pour tracer ces résultats sur un plan, on suppose la méridienne développée suivant une ligne droite, et les perpendiculaires sont figurées par d'autres lignes droites parallèles entre elles et perpendiculaires à la précédente. C'est ainsi qu'a été construite la *grande carte de France* que l'on doit à la famille scientifiquement historique des Cassini, et elle a été appelée de leur nom. La triangulation générale qu'elle a exigée a été entièrement recommencée depuis par les ingénieurs du département de la Guerre, qui l'ont exécutée avec des instruments, des procédés d'observation et des méthodes de calculs beaucoup plus exacts que j'ai exposés dans le chapitre XVIII. On a tiré de ces matériaux les éléments d'une *carte générale de la France* qui sera à la fois meilleure et plus conforme à l'état actuel des localités. Mais le principe de représentation est le même. Tous les points en sont rapportés à la méridienne qui passe par la grande salle de l'Observatoire de Paris. Le point qui sert d'origine des coordonnées, et à partir duquel on commence à compter les arcs de cette méridienne, est au centre de cette salle. La construction de ces cartes offre comme une sorte de réseau étendu sur la surface terrestre, et dont les fils servent de guides pour retrouver la position des lieux.

Dans la supposition de la terre sphérique, supposition bien suffisante pour l'objet qui nous occupe, on a vu que les perpendiculaires sont des grands cercles qui vont tous concourir, sur la sphère, en deux points, ou pôles, situés aux extrémités du diamètre normal au plan du premier méridien. Cependant, pour la construction de la carte, on les représente par des lignes droites parallèles. Les véritables rapports de configuration et d'étendue doivent donc se trouver altérés par cette circonstance. L'erreur est de peu d'importance à une petite distance de part et d'autre du méridien qui sert de point de départ, parce qu'alors la convergence des perpendiculaires n'est pas encore sensible. Mais elle augmente rapidement avec la surface que la carte embrasse. Déjà, dans les extrémités orientales et occidentales de la grande carte de France, les dimensions des pays, du nord au sud, se trouvent ainsi sensiblement dilatées ; ce qui altère leur configuration. C'est un inconvénient de ce genre de construction, dont l'application se trouve ainsi limitée.

263. En la bornant à une étendue convenable, elle offre un avantage ; c'est que les perpendiculaires à la méridienne étant des grands cercles, donnent immédiatement la plus courte distance des lieux à la méridienne. Cette propriété appartient essentiellement

aux lignes géodésiques, et dérive de leur construction, telle que nous l'avons définie. Quelle que soit la figure de la terre, ces lignes sont les plus courtes que l'on puisse mener entre deux points donnés, et elles déterminent, par conséquent, la plus courte distance itinéraire de ces points sur le sphéroïde. Mais la démonstration de cette propriété suppose un calcul qui ne peut trouver place ici.

264. Les opérations du tracé sont bornées à des étendues très-petites, par rapport aux dimensions totales de la terre. Il est impossible de prolonger ces courbes à travers les mers, d'un continent à un autre. On y supplée par des observations astronomiques.

Pour connaître la situation d'un lieu sur la surface terrestre, il suffit de connaître le parallèle sur lequel il se trouve, et sa position sur ce parallèle. Tout se réduit donc à déterminer ces deux éléments.

Le parallèle se détermine par l'observation de la latitude ou de la distance à l'équateur. Nous avons donné plus haut les moyens de la mesurer par des observations de distances zénithales méridiennes, faites avec des instruments fixes. Nous apprendrons plus loin à obtenir le même résultat avec les instruments portatifs. Ce premier élément de position peut donc être considéré, sinon comme connu, du moins comme généralement déterminable pour un lieu quelconque.

La position du lieu sur le parallèle se trouve en calculant sa distance à un méridien connu. Pour cela, on en choisit un, à volonté, que l'on suppose fixe, et que l'on nomme *premier méridien*. Ce sera, par exemple, celui qui passe par Paris. Si l'on imagine plusieurs autres plans méridiens, menés par les divers points d'un même parallèle, ils feront des angles dièdres plus ou moins grands avec le premier. Chaque point sera donc distingué des autres par l'angle qui lui est propre et qui fixe sa position sur le parallèle. Cet angle se nomme la *longitude du lieu*. Comme tous les plans des méridiens se coupent mutuellement, suivant l'axe de rotation du ciel, leurs angles dièdres ont pour mesure l'arc de l'équateur compris entre eux. Ainsi, dans l'application actuelle, la mesure de la lon-

gitude est l'arc de l'équateur compris entre le premier méridien et
le méridien local que l'on veut considérer. La *longitude* est *orientale* ou *occidentale*, selon que le lieu est situé à l'orient ou à l'occident du premier méridien. Au moyen de cette convention, les
valeurs par lesquelles on l'exprime sont toujours moindres qu'une
demi-circonférence.

D'après ces définitions, lorsqu'un astre quelconque passe au
premier méridien, par l'effet du mouvement diurne du ciel, il se
trouve à l'occident de tout méridien plus oriental, et à l'orient de
tout méridien plus occidental. Deux points de la terre qui diffèrent
en longitude comptent, au même instant, des heures différentes.
Par exemple, si l'angle qui les sépare est la vingt-quatrième partie de la circonférence, ou 15 degrés sexagésimaux, lorsque le
soleil sera arrivé au méridien le plus oriental, il sera encore éloigné de l'autre de 15° ou de la vingt-quatrième partie du jour. Les
habitants de cette partie plus occidentale de la terre n'auront donc
pas encore midi, mais onze heures du matin. Ils ne compteraient
que dix heures si l'angle des deux méridiens etait de 30°. En général, le retard est proportionnel à cet angle (*).

C'est ainsi que les matelots de Magellan, lorsqu'ils revinrent en
Portugal, après avoir fait le tour de la terre, comptaient, à bord
de leur vaisseau, un jour de moins que dans le port d'où ils étaient
partis. En effet, tandis que le méridien du port restait fixe, ces
navigateurs s'en étaient éloignés, en se dirigeant toujours vers l'occident, et en suivant, pour ainsi dire, le mouvement diurne du
soleil. Ils avaient transporté, peu à peu, tout autour de la terre,
le méridien de leur navire, d'après lequel ils comptaient les jours.
Ils devaient donc, à leur retour, se trouver en retard d'une révolution entière du soleil, ou d'un jour entier. Le contraire arrive à
ceux qui s'avancent vers l'orient, et qui vont, pour ainsi dire, au-
devant du soleil.

Ainsi, en général, *les observateurs situés sous deux méridiens
différents, comptent, au même instant, des heures différentes, et*

(*) J'emploie encore ici la division ordinaire du jour en 24 heures. Il est
évident que le raisonnement serait le même dans la division décimale.

la différence des longitudes est égale à celle des heures locales, convertie en degrés de l'équateur.

265. On parviendrait à connaître cette différence si l'on pouvait avoir un signal instantané qui fût aperçu en même temps dans les deux lieux. La différence des heures locales absolues, comptées à ce même moment, donnerait la différence des longitudes. Lorsque ces lieux sont assez rapprochés, pour qu'un point intermédiaire de la surface terrestre soit visible de l'un et de l'autre, on opère en ce point des apparitions, ou des disparitions soudaines de signaux lumineux, comme je l'ai expliqué dans le chapitre XVIII en parlant de la mesure des arcs de parallèles. Mais la courbure de la terre rend ce procédé inapplicable entre des lieux plus éloignés.

Heureusement, les phénomènes astronomiques offrent beaucoup de ces apparitions subites propres à servir de signaux. Tels sont, par exemple, les éclipses de lune, de soleil, celles des étoiles par la lune, que l'on nomme *occultations d'étoiles*, et d'autres phénomènes du même genre, que nous ferons connaître par la suite.

On emploie aussi, pour le même objet, l'observation des distances de la lune aux étoiles, que l'on mesure avec des instruments de réflexion, qui peuvent servir même à la mer, et dont nous parlerons plus loin. Le mouvement propre de la lune étant très-rapide, ses distances au soleil ou aux principales étoiles varient à chaque instant. L'observation exacte de cette distance fixe donc et détermine l'instant physique où elle a été faite. Si, par exemple, on observe aujourd'hui en Amérique, à telle heure, telle minute, telle seconde, une distance de la lune au soleil ou à Rigel, et si l'on sait, d'ailleurs, par la *Connaissance des Temps*, que cette distance aura lieu à telle heure, telle minute, telle seconde du méridien de Paris, cette observation sera aussi comme celle d'un signal instantané, et la différence des temps donnera l'angle des méridiens ou la différence des longitudes. C'est pour cela que les distances de la lune au soleil et aux étoiles principales sont calculées, dans la *Connaissance des Temps*, de trois heures en trois heures pour le méridien de Paris. Dans le *Nautical Almanach*, elles le sont pour le méridien de

Greenwich. Nous reviendrons plus tard sur ce procédé, quand nous aurons déterminé les lois du mouvement de la lune, et nous verrons alors quel degré d'exactitude on en peut attendre : sa connaissance est surtout d'une importance extrême pour les marins.

266. On a cherché à atteindre le même but au moyen des instruments nommés *garde-temps*, ou *montres marines*, dont j'ai indiqué la construction mécanique dans le tome II, page 316. Ce sont, comme je l'ai dit alors, des montres portatives construites avec un soin extrême, et munies de compensateurs, de manière à conserver toute leur régularité, malgré les variations de température et malgré les secousses inséparables d'un long voyage. On règle la montre au moment du départ, et si elle marque, par exemple, $0^h 0^m 0^s$ lorsqu'une certaine étoile passe au méridien, quelque part qu'on la transporte ensuite, il en sera toujours de même en supposant sa marche exacte ; et lorsqu'elle marquera $0^h 0^m 0^s$, on sera sûr que l'étoile dont il s'agit passe au premier méridien. Il suffira donc d'attendre que cette étoile passe au méridien du lieu où l'on se trouve, et de voir l'heure que l'horloge indique ; ce sera la distance des deux méridiens exprimée en temps, et l'on en déduira aussitôt la différence des longitudes.

On est obligé, dans cette estimation, d'avoir égard aux petits mouvements particuliers que l'on a remarqués dans les étoiles, et qui font varier un peu l'heure de leur retour au méridien. Mais, dans l'état actuel de l'astronomie, ces mouvements sont très-exactement connus, et il est facile d'y avoir égard. On emploie aussi, avec des corrections analogues, les mouvements du soleil et des planètes.

267. Pour énoncer le procédé de la manière la plus simple, nous avons supposé que l'on observait l'instant où l'astre passe au méridien. On le peut dans un observatoire fixe ; mais cela serait impraticable à la mer, où l'on ne peut faire usage d'aucun instrument immobile, à cause du mouvement du vaisseau. Heureusement, cette condition n'est pas du tout nécessaire. Car, puisque à chaque instant la montre vous indique l'heure qu'il est au point d'où l'on est parti, tout consiste à déterminer l'heure qu'il est au même

instant au point où l'on se trouve ; et c'est ce qu'il est très-aisé de faire, même à la mer, en observant la hauteur du soleil, d'une étoile, ou d'une planète sur l'horizon. En effet, la latitude du vaisseau est connue par les hauteurs méridiennes du soleil ou des étoiles que l'on observe tous les jours et même plusieurs fois par jour, lorsque le ciel est serein. Ainsi on aura l'heure, comme dans le § 329, par le calcul de l'angle horaire, d'après la hauteur observée (*).

Nous avons aussi supposé que la montre marine suivait exactement, malgré le transport, la marche qu'elle avait primitivement au lieu du départ. Cela est presque impossible, à la rigueur, et quelque parfaits que ces instruments puissent être, il serait très-imprudent de s'y confier aveuglément. Mais en observant des hauteurs du soleil ou des étoiles, toutes les fois que cela est possible, on finit par connaître, jour par jour, la marche de la montre, et par déterminer ses plus petites inégalités, auxquelles on a ensuite égard dans le calcul de la longitude. Comme dans ces opérations faites à bord, l'observatoire marche avec l'observateur, on tient compte de l'effet de son déplacement sur les observations que l'on compare, au moyen de divers procédés connus des marins.

Je ferai connaître plus tard, avec détail, l'extrême perfection que l'on a donnée à ces diverses méthodes, chronométriques ou astronomiques, ainsi que l'usage qu'on en fait pour trouver la longitude tant sur mer que sur terre. Mon dessein, dans ces commencements, est seulement d'indiquer la nature des procédés. Mais je dois pourtant dire comment, dans un navire qui oscille sur les flots de la mer, on peut obtenir, par observation, les dis-

---

(*) Soient Δ la distance polaire de l'astre ; Z sa distance zénithale, ou le complément de sa hauteur apparente corrigée de la réfraction ; D la distance du pôle au zénith ou le complément de la latitude ; enfin P l'angle horaire cherché. Les trois quantités Δ, D, Z étant connues par l'observation, on aura

$$\sin \tfrac{1}{2}P = \sqrt{\frac{\sin\left(\dfrac{Z+\Delta-D}{2}\right)\sin\left(\dfrac{Z+D-\Delta}{2}\right)}{\sin\Delta.\sin D}},$$

formule qui a déjà été donnée tome II, page 401.

tances angulaires des astres au zénith fixe, et mesurer aussi les distances angulaires de ces astres entre eux.

268. En cela, comme dans les autres parties de l'astronomie observatrice, l'exactitude est une acquisition toute moderne. On s'est servi à la mer, pendant bien des siècles, d'instruments grossiers tels que l'*astrolabe*, *fig*. 52, et l'*arbalestrille*, *fig*. 53. Je n'en parle que parce qu'ils sont mentionnés fréquemment dans d'anciens voyages, et que leur usage se comprend à la simple inspection. L'astrolabe, appelé aussi *anneau astronomique*, était un cercle de métal divisé, portant à son centre une alidade tournante munie de deux pinnules, et ayant, sur son contour, un anneau A par lequel on le tenait librement suspendu. Le point de suspension figurait le zénith de l'instrument, et le diamètre passant par ce point figurait la verticale. Pour observer, on tournait l'alidade jusqu'à ce que l'œil, placé en O, aperçût l'astre S à travers les pinnules, et on lisait sur la division l'angle formé par la ligne visuelle avec le diamètre vertical AB, ou avec le diamètre horizontal HH. Le premier de ces angles était la distance de l'astre au zénith, le second sa hauteur sur l'horizon. Mais les oscillations du navire, rendant le diamètre vertical instable, devaient causer de grandes erreurs dans l'angle observé. L'arbalestrille, qui a été plus longtemps en usage, et qui est représentée ici, *fig*. 53, se compose d'abord d'une planchette de bois équarrie OL, au milieu de laquelle est implanté un axe cylindrique AX aussi en bois, sur lequel se meut, à frottement, une planchette PP dont le plan lui est perpendiculaire. Pour observer le soleil, unique usage de l'instrument, on tourne le dos à cet astre, et plaçant l'œil en O, on abaisse le bout X de l'axe vers l'horizon apparent de la mer; puis on fait mouvoir la planchette PP, en la tenant toujours alignée sur cet horizon, jusqu'à ce qu'elle atteigne l'extrémité de l'ombre projetée sur l'axe AX, par la branche opaque AL. Supposons ces deux coïncidences simultanément opérées; quand la planchette mobile est arrivée en I, l'angle LIO est évidemment la hauteur actuelle du soleil au-dessus de l'horizon, et il peut se calculer d'après les dimensions de l'instrument, ou il peut se lire sur l'axe même, si le constructeur y a tracé d'avance des divisions qui

expriment sa valeur, pour l'intervalle que la planchette PP a parcouru, depuis l'origine X. On voit que cet instrument n'est, en
réalité, qu'un gnomon sur lequel la limite de l'ombre doit être
fort incertaine ; mais il faut y remarquer l'idée ingénieuse de réaliser une ligne horizontale, ou à peu près horizontale, dans une
station d'observation perpétuellement mobile, en alignant un
rayon visuel sur l'horizon apparent de la mer. Car ce même principe a été appliqué dans tous les instruments postérieurs.

269. A la rigueur, le rayon ainsi aligné n'est pas exactement
perpendiculaire à la verticale du point d'observation, ni même
exactement rectiligne. Il se dirige de ce point, tangentiellement à
la surface sphéroïdale de la mer, en décrivant une trajectoire
courbe, modifiée par l'influence actuelle de la réfraction, entre
le point de départ et le point de tangence. Mais on connaît toujours la hauteur absolue du premier au-dessus du niveau de la
mer, puisque l'observateur s'y trouve. On connaît aussi le rayon
de la surface terrestre que la trajectoire doit toucher. Avec ces
données, on peut calculer la *dépression* de sa première tangente
au-dessous de l'horizontale exacte du point de départ, sinon pour
un cas quelconque et imprévu de l'atmosphère, du moins pour
la supposition de son état moyen. Cela donne déjà une rectification qui rétablit très-approximativement l'horizontalité, et l'on
en prépare l'application par des Tables numériques, où la correction à faire est calculée d'avance, selon les diverses élévations
où l'observateur peut se trouver à bord du navire. Enfin, on peut
l'adapter rigoureusement à la *réfraction* même actuelle, en mesurant, avec des instruments préparés pour ce but, la distance angulaire totale des deux points opposés de l'horizon. Car le supplément de cet angle, à $360°$, est évidemment le double de la
distance du zénith vrai, à chacun des horizons apparents sur lesquels on dirige le rayon visuel, de sorte qu'on sait par là combien ce rayon se trouve au-dessous ou au-dessus de l'horizontale
exacte qui passe par l'œil de l'observateur. A la vérité, la subdivision de l'angle total, par bissection, suppose que la réfraction
totale est égale sur les deux portions diamétralement opposées de
la mer, ce qui peut bien souvent ne pas avoir lieu, surtout près

des côtes. Mais l'incertitude qui peut résulter de cette différence est un accident éventuel que l'on ne saurait éviter, puisqu'il n'est soumis à aucune loi par laquelle on puisse le prévoir.

270. Un perfectionnement notable fut apporté aux dispositions précédentes dans l'instrument représenté *fig.* 54, et que l'on nomme un *quartier anglais*. Il se compose essentiellement d'un quadrant entier en bois ou en métal, divisé sur sa circonférence ; mais pour le rendre plus maniable, ce quadrant est formé de deux arcs concentriques d'un rayon différent. Le plus petit porte en M une pinnule mobile dans laquelle on enchâsse une lentille biconvexe dont l'axe, dirigé au centre commun des deux secteurs, fait converger les faisceaux lumineux sur une petite fente O, derrière laquelle on place l'œil ; et le plus grand arc porte une seconde pinnule M' également mobile sur son contour. Pour observer, on se tourne vers le soleil, et, regardant l'horizon apparent à travers la fente O, on amène la pinnule M' sur cette direction, en coïncidence avec l'image lumineuse du disque formée par la lentille M'. Alors, l'angle au centre MCM' exprime évidemment la hauteur actuelle de l'astre sur l'horizon, et on lit sa mesure sur les divisions du limbe. Cet instrument ne peut encore servir que pour observer le soleil ; mais il est, comme l'arbalestrille, indépendant des oscillations du navire, parce que leur amplitude est toujours insensible comparativement à l'éloignement des objets observés.

271. Enfin, une amélioration importante et définitive fut introduite, dans ces procédés, en armant l'instrument d'une lunette et de deux miroirs, tellement disposés que l'on peut y voir à la fois l'image réfléchie d'un astre quelconque, et l'image directe de l'horizon apparent ou d'un autre astre. C'est là le principe fondamental de tous les *instruments à réflexion*, aujourd'hui universellement employés à la mer, et qui ont donné aux observations nautiques une précision comme une généralité inespérées. Leur type général est le *sextant à réflexion*, inventé par Hadley, et qui est représenté *fig.* 55.

Cet instrument se tient, d'une main, par la poignée PP, qui est représentée ici couchée dans le plan de la figure, comme lorsqu'on veut replacer l'instrument dans sa boîte après s'en être servi.

Mais pour observer, on la fait tourner autour d'une charnière K,
de sorte qu'elle devienne perpendiculaire au plan du limbe qui est
maintenu vertical, ou à peu près vertical, pendant l'opération. Ce
limbe est divisé en demi-degrés subdivisés par un vernier fixé à
l'extrémité de son alidade mobile CL; et, comme la réflexion
double les angles qu'on observe, la graduation les exprime tous
réduits à leur vraie valeur. L'alidade porte à son centre de rotation C
un miroir étamé MM, qui se meut avec elle, et dont le plan est normal; on l'appelle le *grand miroir*. Sur le rayon extrême de l'instrument, il y a un second miroir fixe *mn*, un peu extérieur, pour
ne pas gêner le mouvement de l'alidade. Il est perpendiculaire au
plan du limbe, comme le premier, et, d'après sa moindre étendue
relative, on l'appelle le *petit miroir*. La glace qui le compose a, ou
doit avoir, ses faces exactement parallèles entre elles; mais la face
extérieure est étamée seulement sur une moitié de sa superficie, afin
que l'on puisse y voir simultanément l'un des astres par double réflexion, et l'horizon, ou le second astre par vision directe. La direction fixe de ce second miroir est, ou doit être telle, qu'il se trouve
parallèle au grand miroir MM, lorsque le vernier de l'alidade coïncide avec le zéro de la graduation du limbe, comme le représente
la *fig*. 56. Cette disposition, ainsi que la perpendicularité des deux
miroirs au plan du limbe, est préparée très-approximativement par
l'artiste; mais on vérifie ces conditions par l'expérience, comme
je le dirai tout à l'heure, et on en rectifie au besoin l'accomplissement par des rappels préparés pour ce but. En les supposant
réalisées, lorsque le vernier de l'alidade sera amené sur le zéro de
la division du limbe, comme le représente la *fig*. 56, si l'on dirige
la ligne de vision directe sur l'horizon à travers la partie nue du
petit miroir, on doit évidemment la voir en coïncidence avec
l'image de ce même horizon, formée par double réflexion sur la
portion étamée, et la lunette portée par l'instrument sert seulement
pour apprécier cette coïncidence plus exactement qu'on ne le ferait
à la vue simple; dès lors, si l'on maintient la ligne visuelle directe sur l'horizon, et qu'on fasse tourner l'alidade pour amener
sur cette ligne un astre quelconque, il faudra évidemment qu'elle
décrive dans le plan du limbe un angle égal à la moitié de la distance

angulaire comprise dans ce même plan, entre l'astre et le point de l'horizon sur lequel on vise; ainsi on lira cette distance sur le limbe, après que la coïncidence aura été opérée. Si l'on veut que le plan d'observation soit vertical, on *balance* l'instrument de manière que l'image réfléchie de l'astre reste tangente à l'image directe de l'horizon apparent. Et si, au lieu de celui-ci, on prend pour point de mire direct un second astre, la coïncidence de son image directe avec l'image réfléchie de l'autre donnera de même l'angle visuel compris entre eux. L'exactitude de ces déterminations est facilitée par l'insertion dans la lunette d'un réticule fixe formé de deux fils dont l'un est parallèle au plan du limbe, et l'autre lui est perpendiculaire. Quand un des astres observés est le soleil, on interpose dans le trajet de ses rayons des verres colorés qui en affaiblissent l'intensité, et il faut que les faces de ces verres soient exactement parallèles pour que les rayons qui les traversent ne soient pas déviés.

On vérifie la perpendicularité du grand miroir au plan de l'instrument, en faisant tourner l'alidade de manière à voir par réflexion sur ce miroir une petite portion du limbe, et observant si elle paraît sur le prolongement de son image directe. Ce résultat étant obtenu, on amène l'image réfléchie d'un objet en contact avec l'image directe, et l'on vérifie la possibilité, ainsi que l'exactitude de leur superposition. Le parallélisme des deux miroirs et la direction absolue essentielle à chacun d'eux se vérifient par la disposition expérimentale représentée *fig.* 56, ou en amenant l'image réfléchie du disque solaire, en contact avec son image directe, alternativement par ses bords contraires. La position moyenne de l'alidade, pour ces positions symétriques, doit mettre le zéro de son vernier en coïncidence avec le point zéro du limbe. Il semble, au premier aperçu, qu'on atteindrait le même but en faisant coïncider l'image réfléchie d'une étoile avec son image directe; mais l'expérience a appris aux marins que l'on juge mal la coïncidence de deux pareils points; cela est d'accord avec la remarque faite par M. Bessel sur les incertitudes des coïncidences analogues, opérées avec l'héliomètre, et qui l'a conduit à observer par duplication des intervalles dans des cas pareils.

272. L'amplitude des angles que l'on peut embrasser avec le sextant est limitée par les bornes de son limbe. Borda a étendu ce mode d'observation, en lui substituant un cercle entier, qu'il a même rendu répétiteur; et c'est aujourd'hui l'instrument universellement employé à la mer par les officiers français. Il est représenté en projection verticale et horizontale dans les *fig.* 57 et 58. Le mode d'observation est d'ailleurs fondé sur le même principe que celui du sextant, et c'est ce que je puis me borner à dire pour ne pas entrer ici dans trop de détails. Ces deux instruments s'emploient à la mer pour régler la marche des montres marines par les hauteurs du soleil, de la lune, ou même des étoiles, et ils servent avec une utilité plus admirable encore pour y déterminer la longitude actuelle du navire par l'observation des distances angulaires de la lune au soleil, aux étoiles, ou aux planètes. Telle est la perfection de ces procédés, et celle des Tables lunaires auxquelles on les compare, que la position d'un navire au milieu de l'Océan se détermine ainsi à chaque instant, avec une amplitude d'incertitude moindre que l'étendue de l'horizon que l'œil peut embrasser du pont du navire. On les emploie avec un égal succès dans les relâches, pour le relèvement des côtes, ainsi que pour fixer les positions absolues des lieux. Et c'est par leur association, avec l'usage des montres marines perfectionnées, que la géographie est parvenue de nos jours à un état d'universalité comme de précision, dont auparavant on ne pouvait concevoir aucune idée. Les déterminations de lieux qui nous ont été transmises par les astronomes grecs, et même par les arabes, renferment des erreurs énormes, parce que, manquant de tout moyen précis pour déterminer les longitudes relatives, ils ne pouvaient les évaluer que par des résultats d'itinéraires, ou tout au plus par des éclipses de lune observées en différents lieux, mais encore avec des déterminations extrêmement imparfaites du temps absolu, qui ajoutaient leurs propres erreurs à celles que présente la fixation des phases de ces phénomènes. Aussi toute la géographie ancienne et du moyen âge ne peut plus aujourd'hui servir que pour constater l'existence, et retrouver à peu près les positions de villes maintenant détruites, ou pour marquer historiquement les essais progressifs de l'esprit humain. Il faut toutefois remarquer, en l'honneur des Grecs, que c'est à eux que l'on doit l'idée et la première exécution des cartes géographiques, par lesquelles on représente la position relative de tous les points de la terre sur un dessin plan. Lorsque j'aurai exposé l'ensemble des phénomènes et des méthodes astronomiques, je présenterai dans un Appendice le tableau comparé des applications qu'on en fait dans les observatoires fixes, et à la mer, pour déterminer le temps absolu, ainsi que la latitude et la longitude relative d'un vaisseau en mouvement; renvoyant, pour les détails pratiques de l'astronomie nautique, aux ouvrages qui traitent spécialement de ce sujet.

273. Depuis un petit nombre d'années, l'usage des chemins de fer et des bateaux à vapeur a donné aux communications une facilité et une rapidité dont on n'avait pas eu d'idée jusqu'alors. On a profité de ces circonstances pour déterminer, par des transports de chronomètres, les longitudes relatives de plusieurs observatoires fixes, des plus célèbres qui existent en Europe. J'entrerai dans quelques détails sur cette nouvelle application, et sur les conditions nécessaires à remplir pour que les résultats qu'on en déduit atteignent l'extrême précision qu'exige la fixation d'une donnée astronomique aussi importante.

La question est, au fond, la même que nous avons résolue dans le chapitre XVIII, page 255, pour trouver la différence des temps sidéraux absolus H_0, H_2, marqués au même instant physique dans deux stations S_0, S_2, dont la seconde est la plus occidentale. En nommant I'' l'angle dièdre compris entre les méridiens de ces deux stations, cet angle se trouve lié aux temps absolus par l'équation

$$H_2 + \frac{I''}{15} = H_0,$$

qui donne

$$I'' = 15(H_0 - H_2),$$

lorsque $H_0 - H_2$ est connu en secondes temps : il s'agit de mesurer cette différence.

Excluons d'abord, idéalement, toutes les causes d'erreurs pratiques dont l'expérience pourra être affectée. Les deux horloges établies en S_0 et S_u ont été réglées exactement, sur le temps sidéral, par les passages méridiens ; et l'on connaît, par leurs indications, le temps sidéral *absolu* H_0, H_u, compté à chaque instant, dans chaque observatoire, à partir d'une origine convenue. Prenons un chronomètre parfait, exempt de toutes irrégularités accidentelles, et déterminons d'abord sa marche diurne propre, dans la station S_0, en comparant ses indications, pendant plusieurs jours consécutifs, avec l'horloge de cette station. Concevons-le, comme elle, réglé sur le temps sidéral, et soit a_0 son avance fixe sur elle, en sorte qu'il marque $H_0 + a_0$ sur son cadran propre quand elle marque H_0. On le transporte à la station S_u sans qu'il se dérange, et en le comparant à l'horloge qui s'y trouve établie, on trouve que son avance sur le temps sidéral local est a_u, en sorte qu'il marque $H_u + a_u$ sur son cadran propre, lorsqu'elle marque l'heure H_u. Maintenant, puisque les marches des deux horloges et du chronomètre sont supposées avoir individuellement une parfaite uniformité, si l'on retranche a_0 de son indication actuelle, à un instant quelconque, le reste $H_u + a_u - a_0$ devra exprimer le temps sidéral absolu H_0, que l'horloge de la station S_u marque à ce même instant. On aura donc l'égalité

$$H_u + a_u - a_0 = H_0,$$

d'où l'on tire

$$a_u - a_0 = H_0 - H_u.$$

En effet, si le temps sidéral absolu était identique dans les deux stations, l'avance du chronomètre sur ce temps, dans la seconde station, devrait être a_0, comme dans la première. Le changement qu'on lui trouve alors doit donc exprimer la différence qui existe entre les indications de ce temps dans les deux stations.

Il ne reste plus qu'à discuter les détails pratiques de l'opération pour les ramener aux conditions d'identité et de régularité que nous avons admises.

274. Les deux horloges fixes peuvent être réglées individuellement avec la dernière précision. Mais, comme elles doivent être suivies par des observateurs différents, il faudra préalablement constater la différence qui peut exister, et qui existe presque toujours entre les temps absolus auxquels ils rapportent un même passage dans une même station. Nous en avons déjà fait la remarque en parlant des observations simultanées des feux de poudre, employées dans les mesures d'arcs de parallèles. Cette différence s'appelle l'*équation personnelle*. L'expérience prouve qu'entre des observateurs également habiles, elle peut s'élever jusqu'à $\frac{1}{10}$ de seconde de temps sidéral.

Une erreur du même genre pourrait se produire dans les comparaisons du chronomètre avec chaque horloge, si elle était faite par des observateurs différents. Toutefois, l'expérience prouve que l'effet en est beaucoup moindre. Mais on l'évite complètement en faisant effectuer cette comparaison par le même observateur, qui se transporte successivement d'une station à l'autre, passant d'abord de S_0 à S_n, puis revenant de S_n à S_0, avec le chronomètre employé.

Je ne parle pas des réductions qu'il faut faire pour transformer les indications réelles des deux horloges et du chronomètre, en indications sidérales dans les deux stations. Elles s'effectuent par des calculs dont les principes ont été expliqués dans le tome II, pages 309 et suivantes.

Mais, ce qui n'est pas moins indispensable, et bien plus difficile, il faut assurer à la marche propre du chronomètre une invariable uniformité. C'est ce qui serait pratiquement impossible à réaliser pour aucun de ces instruments, quelques soins que l'on apporte à leur construction. Heureusement, cet inconvénient peut être éludé en opérant le transport du temps, non par un seul, mais par plusieurs dont la marche a été individuellement étudiée et reconnue aussi égale, ou aussi peu inégale qu'on puisse l'espérer. Alors on emploie tous ces chronomètres simultanément, et leurs petites irrégularités propres ne devant pas s'opérer pour tous dans un même sens, ni avec une même valeur, par la nature même des accidents qui les produisent, l'effet doit s'en atténuer dans la moyenne de leurs résultats ; d'autant plus approximativement, que les instruments combinés sont plus parfaits, et en plus grand nombre. Mais toutes les précautions de détail que je viens

d'expliquer sont indispensables pour obtenir sûrement une différence de longitude par ce procédé.

La première expédition chronométrique ainsi effectuée l'a été
par les ordres de l'amirauté anglaise, en 1824. Un bâtiment à
vapeur, muni de trente-cinq chronomètres, rigoureusement comparés et soigneusement suivis, traversa six fois la mer du Nord,
en abordant à quatre stations dont on voulait fixer la position
relative, savoir : Greenwich, Altona, l'île de Heligolam, et Bre-
men. La direction astronomique de l'opération était confiée à
M. Tiarks, connu par ses travaux en Amérique, pour la délimi-
tation des frontières des États-Unis et du territoire anglais. Les
résultats obtenus ont été publiés dans les n.°ˢ 110, 111, et 174 du
Journal astronomique de M. Schumacher, qui, lui-même, y avait
pris une part active. Plusieurs autres entreprises semblables ont eu
lieu depuis. Mais la dernière, et la plus complète, a été effectuée
en 1843 par l'ordre du gouvernement russe, sous la direction du
célèbre astronome F.-G.-W. Struve, pour déterminer la différence
de longitude entre les observatoires de Greenwich, Lubeck, Altona, et celui de Pulkowa, récemment érigé, près de Pétersbourg,
avec le plus grand luxe scientifique, par la munificence de l'em-
pereur de Russie, Nicolas Iᵉʳ. Le choix des chronomètres employés, et leur nombre, fut proportionné à l'importance de la
jonction astronomique qu'on voulait établir entre les deux points
extrêmes, Pulkowa et Greenwich. Ce nombre fut de soixante-
huit dont la marche a été admirable. On les comparait tous les
jours entre eux, tant à bord que dans les points d'arrivage, pour
découvrir leurs petites irrégularités propres par leurs discordances
accidentelles. Le transport et le retour, entre les stations que l'on
voulait rapporter l'une à l'autre, furent réitérés un grand nombre
de fois. Les résultats de cette expédition remarquable ont été décrits, avec les plus grands détails, dans des Rapports faits par
M. Struve à l'Académie de Pétersbourg, lesquels ont été publiés
à Pétersbourg, en 1844. Cet astronome y rend le plus honorable
témoignage au zèle ainsi qu'à l'habileté de tous les observateurs
qui ont concouru à son accomplissement.

275. En supposant la terre sphérique, les degrés de latitude sont égaux entre eux : il n'en est pas de même des degrés de longitude, lorsqu'ils sont comptés sur des parallèles différents. Il est visible, en effet, que les parallèles diminuent de grandeur en approchant du pôle, d'où il suit que les parties aliquotes de ces cercles, comme sont les degrés, diminuent dans le même rapport. Ainsi, pour évaluer en degrés de l'équateur terrestre un certain nombre de degrés, minutes et secondes d'un parallèle connu, la terre étant supposée sphérique, il faut multiplier ce nombre par le rapport des rayons du parallèle et de l'équateur, c'est-à-dire par le sinus de la distance polaire ou le cosinus de la latitude. Car cette opération est la même que celle du § 9, pour la mesure des degrés des parallèles célestes. Or, en appliquant ici la *fig.* 2, que nous avons construite pour ce cas, O désignera le centre de la terre supposée sphérique, QEQ′ le grand cercle de l'équateur, et QPQ′ un grand cercle méridien. Alors, si l'on considère un parallèle quelconque tel que SHS′, qui sera un petit cercle ayant son centre en O′, OS sera le rayon R de la sphère, et SO′ ou r le rayon du parallèle, à la distance polaire SOO′, ou d. Ainsi, r aura pour valeur R sin d, ou R cos QOS.

Lorsque l'on ne veut plus supposer la terre sphérique, la longueur des degrés de longitude dépend de la forme qu'on lui attribue, comme nous l'avons expliqué, page 166, en rapportant les mesures d'arcs de parallèles.

276. Avec ces données on peut calculer la distance itinéraire de deux points quelconques de la terre, dont on connaît la longitude et la latitude; le calcul est des plus faciles, si l'on suppose la terre sphérique. En effet, soient A et B ces deux lieux, *fig.* 59. Leur plus courte distance sera l'arc de grand cercle AB, qui les joint. Soient AP, BP leurs méridiens qui se coupent au pôle P; l'angle de ces plans sera connu, c'est la différence des longitudes. Les distances angulaires des deux lieux au pôle P seront aussi connues. Ce sont les compléments des latitudes AE, BE′. Ainsi dans le triangle sphérique ABP, on connaîtra les deux côtés AP, BP, et l'angle P. On pourra donc calculer toutes les autres parties de ce triangle par les règles de la trigonométrie sphérique. On aura ainsi la longueur de l'arc AB, exprimé en degrés, et en prenant chaque

degré sexagésimal sur le pied de 20 lieues marines, on aura la distance des deux points exprimée en lieues. On l'aurait de même en myriamètres en calculant l'arc en grades, et le multipliant par 10.

On peut aussi calculer la distance de deux lieux sur le sphéroïde elliptique; mais ce calcul ne saurait trouver place ici, et le résultat précédent suffira presque toujours.

277. Connaissant les longitudes et les latitudes d'un grand nombre de points de la surface terrestre, on peut, en les portant sur un globe, figurer les contours des divers pays et en donner la représentation : c'est ce que l'on nomme des *globes terrestres*. Les déterminations que nous avons obtenues dans les chapitres précédents nous mettent en état de comparer la hauteur des montagnes aux dimensions absolues du sphéroïde terrestre, et de savoir quelles dimensions il faudrait leur donner sur ces globes si l'on voulait les y représenter. La plus haute des montagnes connues est le Chimboraço, qui n'a pas plus de 3 200 toises d'élévation en ligne verticale; c'est un peu plus d'une lieue marine. Le diamètre de la terre contient environ 2 292 de ces lieues. Ainsi, en représentant le globe terrestre par une boule de 2 292 millimètres (7 pieds environ) de diamètre, le Chimboraço serait figuré par une saillie d'environ 1 millimètre (une demi-ligne). Sur une boule de 57 millimètres (2 pouces) de diamètre, il le serait par une saillie quarante fois plus petite, en sorte qu'on pourrait à peine l'apercevoir. Les petites aspérités qui se rencontrent sur la peau d'une orange sont beaucoup plus sensibles.

On peut aussi dessiner les configurations des contrées de la terre sur un plan, et placer dans ce dessin les différents lieux d'après leur longitude et leur latitude; on forme ainsi les *cartes géographiques*, dont il y a un grand nombre d'espèces.

Les marins font un grand usage d'une sorte de cartes que l'on nomme *cartes réduites*, et qui sont fondées sur un système de projection peu différent de celle de Cassini. Dans ces cartes, imaginées par Mercator, les méridiens sont aussi représentés par des lignes droites parallèles entre elles, et les parallèles le sont par d'autres lignes droites perpendiculaires aux précédentes. Mais, comme la convergence des méridiens, en approchant des pôles,

se trouve ainsi négligée, il en résulte que l'image des divers pays
est dilatée de l'est à l'ouest, et d'autant plus que ces pays s'éloi-
gnent davantage de l'équateur, ou en général du parallèle que l'on
a choisi pour le milieu de la carte. Pour corriger cet inconvénient,
Mercator imagina de dilater aussi les degrés de latitude dans la
même proportion. De cette manière, les rapports de configuration et d'étendue se trouvent conservés pour les parties de la
carte qui sont situées à peu près sur le même parallèle, quoique
ces rapports soient altérés quand on compare des parallèles
différents. Mais la première condition suffit aux navigateurs qui
n'emploient les cartes réduites que comme des instruments desti-
nés à résoudre graphiquement les principales opérations du pilo-
tage.

On a encore imaginé d'autres espèces de cartes fondées sur des
systèmes de projection différents. Mais la terre étant une surface
arrondie, on sent que les *projections par développement* ne sauraient être rigoureuses, et qu'elles ne peuvent représenter avec
exactitude que des espaces assez petits pour que la courbure de la
terre y soit insensible. Cet inconvénient a fait imaginer les *projections perspectives*, qui ne sont, en effet, que des dessins en perspective de la surface terrestre et des diverses régions qui la cou-
vrent. Les cartes construites de cette manière diffèrent les unes des
autres, selon la position du point de vue où l'on suppose l'observateur, et du tableau sur lequel on suppose la perspective projetée. Par exemple, si le tableau est un plan mené par le centre de
la sphère, et si l'on place le point de vue sur la surface même de
cette sphère à l'extrémité du rayon perpendiculaire au plan du
tableau, l'hémisphère concave opposé, mis en perspective, formera l'espèce de carte que l'on nomme *mappemonde*. Il est facile
de démontrer que, dans ce système de construction, tous les cercles tracés sur le globe ont pour perspective d'autres cercles, ce
qui rend le tracé des mappemondes très-facile. Mais si, en général,
le tracé des cartes est utile pour figurer et rappeler à la mémoire
la forme des régions et la position relative des lieux qu'elles comprennent, ce sont les observations astronomiques seules qui peuvent fixer ces éléments avec précision.

En jetant les yeux sur des cartes géographiques construites chez les diverses nations, on voit que chacune d'elles compte ses longitudes à partir d'un méridien différent. Certainement, si l'utilité réglait les usages, celui-ci n'aurait pas dû s'introduire; car rien n'est plus incommode et plus superflu que de rendre ainsi variable et arbitraire un élément qui devrait être commun à tous les peuples civilisés. Mais l'amour-propre, qui existe pour les nations comme pour les individus, s'est opposé jusqu'ici à ce que l'on soit généralement d'accord sur ce point. Pendant longtemps on s'était assez accordé à prendre pour premier méridien celui de l'île de Fer, la plus occidentale des Canaries. Mais cet usage a perdu de sa généralité. Maintenant chaque peuple compte ses longitudes à partir du méridien qui passe par le principal observatoire de sa nation. Les Anglais comptent de Greenwich, les Français de Paris. On a proposé de prendre pour premier méridien celui qui passe par le sommet du Mont-Blanc. Ce point, le plus élevé de l'Europe, est en effet très-remarquable, et, sous ce rapport, il appartient également à tous les peuples qui habitent cette belle partie de la terre. Mais si l'on craignait encore en cela jusqu'à l'apparence de l'individualité, on pourrait prendre pour premier méridien celui de la petite île de Formentera, située à l'extrémité de la méridienne, et liée par cette opération aux deux principaux observatoires de l'Europe, celui de Paris et de Londres. Le choix de cette petite île presque déserte, et qui n'est qu'un rocher isolé, n'aurait rien qui pût blesser l'amour-propre national d'aucun peuple (*).

(*) Pour avoir plus de détails sur la construction des cartes géographiques, on peut consulter un mémoire de M. Lacroix, dans le 1er volume du *Mémorial topographique*, publié par le Dépôt de la Guerre. Quant à la théorie mathématique, *voyez* les recherches insérées sur cet objet, par Lagrange, dans les *Mémoires de Berlin*.

CHAPITRE XX.

Examen des conséquences physiques qui résultent de l'universalité du mouvement diurne. Il ne s'ensuit pas nécessairement que ce mouvement doive être attribué aux astres plutôt qu'à la terre.

278. Lorsqu'on a établi un fait physique sur des preuves incontestables, il faut en examiner soigneusement les conséquences, et distinguer celles qui sont nécessaires de celles qui sont seulement possibles. Déjà, dans le chapitre IV du tome Ier, nous avons appliqué ce mode de discussion aux premiers résultats que nous avait offerts le simple aspect du ciel. L'exactitude presque mathématique avec laquelle nous avons maintenant déterminé les lois du mouvement diurne nous permet de donner une forme incomparablement plus décidée, et plus précise, aux notions qui nous avaient alors été suggérées comme de simples doutes, ou, tout au plus, comme des apparences de probabilité qu'il fallait suivre.

Pour raisonner avec quelque certitude sur les mouvements célestes, d'après les apparences que nous observons, il fallait connaître à peu près notre position dans l'univers et les dimensions relatives de la terre que nous habitons. Nous voyons maintenant, de la manière la plus évidente, que cette terre, qui nous paraît si vaste, n'est dans l'espace que comme un globule à peu près sphérique.

Nous avons découvert ensuite, par les observations combinées des hauteurs et des passages, que tout le système des astres semble tourner circulairement et uniformément autour d'un axe qui passe par l'intérieur de la terre, suivant une direction que nous avons déterminée. Ce mouvement s'exécute sans aucun trouble; les distances angulaires des étoiles restent invariablement, ou presque invariablement les mêmes. Quelques astres seulement, qui sont le soleil, la lune, les planètes et les comètes, font exception à cette dernière loi : leurs distances respectives varient, et leurs diamètres apparents éprouvent des changements considérables, qui, grossis par le télescope, et mesurés par le micromètre, deviennent sensibles, même après de courts intervalles de temps. A cela près, ces astres sont assujettis, comme tous les autres, aux lois générales du mouvement diurne.

279. Voilà les faits tels que les observations les établissent : il s'agit d'en déduire les conséquences. D'abord le grossissement du disque par le télescope indique que la lune, le soleil, les planètes et les comètes sont incomparablement plus près de nous que les étoiles. De plus, les variations de leurs diamètres apparents prouvent que ces astres ne sont pas toujours à la même distance de la terre; car c'est une règle d'optique qu'un même objet de dimension constante paraît plus grand lorsqu'il est vu de plus près, et plus petit quand il est vu de plus loin (*). Il est vrai qu'on pourrait expliquer ces variations par des changements réels de forme

----

(*) Les observations apprennent que les planètes sont des corps arrondis comme la terre, et comme elle, à fort peu près sphériques. Si, par l'œil de l'observateur et par le centre de l'astre, on mène un plan, ce plan coupera la surface de l'astre, suivant une courbe rentrante ADBD', *fig.* 60; et si du point O, où est situé l'observateur, on mène à la courbe ADBD' deux tangentes qui figureront deux rayons visuels menés aux points opposés du disque, l'angle DOD' sera *le diamètre apparent de l'astre.*

Si la planète est une sphère, ou si elle forme une surface de révolution autour de l'axe AO, l'angle visuel DOD' sera le même dans quelque sens qu'on l'observe, et tous les diamètres apparents observés sur divers diamètres du disque seront égaux entre eux. Au contraire, si ces diamètres sont inégaux, on sera sûr que la ligne de tangence du cône formé par les rayons visuels n'est point circulaire, ce qui indiquera un aplatissement. Si l'on suppose la section ADBD' circulaire, le rayon visuel OD sera perpendiculaire à l'extrémité du rayon CD. Soit celui-ci $= R$, la distance $CO = D$, l'angle visuel DOC, ou le demi-diamètre apparent $= \alpha$, le triangle COD, rectangle en D, donnera évidemment

$$\sin \alpha = \frac{R}{D}.$$

Les dimensions de l'astre étant invariables, R est constant, et *les sinus de deux diamètres apparents d'un même astre sont réciproques à sa distance*; par conséquent, l'angle visuel diminue quand l'astre s'éloigne, et augmente quand il s'approche.

Si l'objet est petit ou fort éloigné, en sorte que l'angle visuel α soit un très-petit angle, $\sin \alpha$ sera aussi une quantité très-petite, et on pourra,

que ces astres éprouveraient. Mais, comme les observations prouvent qu'ils sont opaques, et par conséquent solides, cette explication n'aurait pas la moindre vraisemblance, et il est inutile de nous y arrêter. Au contraire, pour les étoiles, non-seulement les diamètres apparents sont insensibles, mais leurs distances angulaires sont invariables, ou presque invariables, même après de longs intervalles de temps. Aucun point de la sphère des fixes ne s'approche donc ou ne s'éloigne de nous, dans cet intervalle, d'une quantité sensible. Ces différences nous conduisent à regarder le soleil, la lune, les planètes, les comètes et la terre, comme une sorte de groupe particulier parmi les autres corps célestes : c'est ce que l'on nomme notre *système planétaire*.

280. Mais ce repos des étoiles pourrait bien n'être qu'une apparence ; car, à cause de leur immense éloignement, il faut qu'elles parcourent de très-grands intervalles avant que nous puissions nous apercevoir qu'elles ont changé de place. C'est donc au temps à nous éclairer sur cet objet. Malheureusement les observations anciennes ne sont pas assez précises pour que nous puissions en faire usage. Mais déjà, par la discussion des observations modernes, quelques astronomes ont essayé de prouver que les distances angulaires de plusieurs étoiles ont augmenté sensiblement, dans une certaine partie du ciel située vers la *constellation d'Hercule*, et ont diminué dans la partie opposée. Il est donc probable que les premières sont maintenant plus près de nous, et les autres plus loin. Cet écartement n'est encore sensible que dans un petit nombre d'étoiles ; mais on peut penser que si les autres paraissent immobiles, c'est parce qu'elles sont plus éloignées ; car ces mouvements, s'ils existent, doivent se manifester d'abord dans les étoiles qui sont les moins éloignées de nous (*).

---

sans erreur sensible, le supposer proportionnel à l'angle s, d'où résulte ce théorème d'optique :

Les angles visuels sous lesquels on aperçoit un même objet très-éloigné sont réciproques à sa distance ;

Ou, ce qui revient au même, *les distances d'un même objet vu sous de petits angles sont réciproques à ses diamètres apparents.*

(*) Voyez, à la fin de l'ouvrage, la Note relative au mouvement du système planétaire.

281. Ces phénomènes prouvent incontestablement que la distance de la terre aux divers corps célestes ne reste pas toujours la même; mais ils ne nous apprennent pas si le soleil, les planètes et les étoiles sont réellement en mouvement, la terre étant immobile, ou si la terre en mouvement s'approche et s'éloigne de ces astres. Quelque singulière que cette question paraisse, il n'y a rien dans les observations qui puisse la décider. Lorsque le soleil nous semble s'approcher de la terre, un observateur placé dans le soleil devrait, comme nous, se juger en repos et croire que la terre s'approche de lui. Il en est de même du mouvement diurne des astres : nous ne pouvons pas en conclure qu'ils tournent réellement, car les apparences seraient absolument les mêmes si c'était la terre qui tournât. Entraînés avec les corps qui nous environnent, avec les mers et l'atmosphère, nous nous croirions immobiles, et lorsque la terre, par sa rotation, nous présenterait successivement aux divers points du ciel, nous imaginerions que c'est le ciel qui tourne réellement autour de nous.

282. On a des exemples fréquents de ces illusions. Souvent nous attribuons notre propre mouvement aux objets extérieurs. Un voyageur, tranquille au fond d'une voiture qui l'emporte avec rapidité, voit les arbres qui bordent la route courir vers lui à droite et à gauche; une autre personne placée dans la même voiture, mais emportée en arrière, croit les voir s'enfuir. Les yeux s'habituent tellement à cette illusion, qu'elle ne cesse pas aussitôt que la voiture s'arrête, ou plutôt elle en produit une contraire; car alors, en voyant les objets immobiles, on se croit pendant quelques instants transporté dans le sens opposé. Dans d'autres cas, nous faisons abstraction du mouvement réel des corps. Un cavalier qui court à toute bride lance des boules au-dessus de sa tête, et les retient dans sa main : elles lui semblent tomber verticalement; cependant cela ne saurait être, puisqu'il a changé de place pendant leur chute. Elles décrivent réellement des courbes très-composées, et c'est ainsi que les voit un spectateur immobile. Enfin, il y a des circonstances où le mouvement nous semble du repos, et le repos du mouvement. Regardez le ciel le soir lorsqu'il est en partie couvert de nuages que le vent pousse avec rapidité;

si la lune ou quelque étoile paraît entre eux, elle semble se mouvoir rapidement en sens contraire : il est très-difficile et comme impossible de résister à cette illusion.

283. En général, plusieurs causes contribuent à nous faire mal juger des mouvements qui se font hors de nous. D'abord, nous croyons nos yeux en repos, lorsque le mouvement qui nous emporte n'est pas un effet actuel de notre volonté, ou un résultat immédiat de l'action de nos organes. L'illusion est d'autant plus forte que le mouvement est plus rapide; surtout, si nous ne sommes avertis par aucune secousse, comme il arrive dans une voiture qui roule sur la terre. Secondement, nous sommes portés, par l'habitude, à faire abstraction des mouvements auxquels nous participons, parce qu'ils ne nous empêchent pas de saisir, comme à l'ordinaire, les objets qui se déplacent avec nous : c'est le cas du cavalier. Enfin, parmi les objets éloignés, ce sont toujours les plus petits que nous croyons en mouvement. Ceux qui nous semblent plus grands ou plus difficiles à mouvoir, nous les jugeons immobiles. Ainsi, la lune et les étoiles nous paraissant très-petites, par rapport à de vastes amas de nuages qui embrassent l'horizon, ces astres nous semblent en mouvement au milieu d'eux. Nous sommes encore trompés en cela par l'habitude, qui nous montre les petits objets, comme les oiseaux, en mouvement parmi les grands corps, tels que les arbres et les montagnes.

Mais ces faux jugements se redressent avec facilité lorsqu'on a une idée exacte du mouvement; et s'il n'est pas toujours possible de se défendre des illusions qui les occasionnent, on peut du moins toujours en reconnaître l'erreur et en prévenir les conséquences.

284. Le mouvement n'a d'effet sensible que relativement aux choses qui en sont privées; mais, pour celles qui y participent également, il n'est rien et ne produit aucun effet. Voilà le principe général dont il faut bien se pénétrer. Ainsi des marchandises embarquées dans un navire, et parties pour un grand voyage, sont réellement en mouvement pendant toute la traversée, en tant qu'elles passent par plusieurs lieux dont la position ne change point avec le navire, et qui ne se meuvent pas avec lui. Mais si l'on considère les balles et les caisses dont le navire est chargé, par rapport

au navire lui-même, ce mouvement de transport est comme s'il n'existait pas. Il n'altère point les positions respectives de ces objets, parce que tous y participent, et y participent également. Mais si une des caisses se déplace par rapport aux autres, ne fût-ce que d'un millimètre, ce millimètre sera, relativement à elles et au navire, un mouvement plus grand que tout le voyage fait ensemble.

285. Concluons de là que quelque mouvement qu'ait réellement la terre, si tous les objets placés à sa surface y participent, si l'atmosphère le partage, et si nous le partageons nous-mêmes, nous ne pourrons nullement le sentir, et il sera pour nous comme s'il n'existait pas. Mais d'un autre côté, il est également nécessaire que ce mouvement paraisse général et commun à tous les objets visibles qui, étant hors de la terre, et de l'atmosphère qui marche avec elle, sont étrangers à son mouvement. Ainsi, la véritable méthode par laquelle nous pourrons découvrir si l'on peut attribuer un mouvement à la terre, et quel mouvement on peut lui attribuer, c'est de considérer et d'observer si, dans les corps séparés de la terre et de l'atmosphère, comme le sont les astres, on découvre un mouvement commun qui convienne également à tous. Car, par exemple, un mouvement qui s'observerait seulement pour la lune, et qui n'aurait lieu ni pour les planètes, ni pour les étoiles, ne pourrait être attribué qu'à la lune et non pas à la terre. Il n'y a rien de plus général à cet égard que le mouvement diurne qui entraîne en même temps tous les astres d'orient en occident. Ainsi, d'après les seules apparences, ce mouvement peut, avec autant de raison, être attribué à la terre seule, en sens contraire, qu'au reste du monde, la terre exceptée.

On en peut dire autant des autres mouvements très-petits, mais pourtant généraux, dont nous avons reconnu ou annoncé l'existence. Ces mouvements pourraient bien ne pas se faire réellement dans les étoiles, car les apparences seraient absolument les mêmes si l'équateur de la terre et l'axe qui lui est perpendiculaire, restant fixes sur sa surface, se déplaçaient peu à peu dans le ciel. La hauteur du pôle sur l'horizon de chaque lieu serait toujours la même; tous les objets terrestres conserveraient leurs positions respectives, et nous nous croirions encore immobiles au milieu d'eux. Les astres nous paraîtraient donc faire, dans les cieux, tous les mouvements que la terre ferait en sens contraire. Les seules apparences n'offrent absolument rien par quoi l'on puisse décider laquelle de ces deux hypothèses est la véritable.

Dans notre incertitude, il ne nous reste qu'un parti à suivre, c'est d'étudier avec soin les apparences des mouvements célestes, et de voir laquelle des deux hypothèses les explique avec plus de simplicité.

CHAPITRE XXI.

*Conséquences physiques de l'aplatissement de la terre.
Longueur du pendule à secondes sur les différents
parallèles.*

286. Quoique l'aplatissement de la terre soit une quantité très-
petite, sa connaissance est extrêmement importante, à cause des
conséquences qu'elle entraîne.

Et d'abord, on voit que la pesanteur, toujours perpendiculaire
à la surface et dirigée suivant la verticale, ne tend plus au centre
de la terre. Ses directions s'en écartent d'une quantité très-petite,
du même ordre que l'aplatissement. Il y a donc une liaison, un
rapport nécessaire, entre la forme de la terre et la pesanteur. En
suivant cette liaison, nous parviendrons peut-être à découvrir
d'où vient cet aplatissement lui-même, et à quelle cause probable
on peut l'attribuer.

287. En considérant la pesanteur d'une manière générale, nous
voyons qu'elle agit sur tous les corps terrestres comme par une
sorte d'*attraction* qui les sollicite vers la terre et tend à les y précipiter. Cette force subsiste au sommet des montagnes et dans les
cavités les plus profondes. On peut donc considérer la terre entière
comme composée d'une infinité de particules matérielles réunies
et concentrées par la pesanteur.

Si ces particules n'ont pas toujours formé une masse solide, si
elles se sont trouvées autrefois dans un état de mollesse qui donnait plus de liberté à leurs mouvements, elles ont dû s'arranger
d'elles-mêmes, comme l'exigeait la nature des forces dont elles
étaient animées ; et en les supposant sollicitées par la seule pesanteur, elles devaient se réunir en une masse sphérique, comme font
les gouttes d'eau et de mercure. Or, un grand nombre de faits
d'histoire naturelle attestent que cet état a réellement existé, et que
la terre a été primitivement fluide. Mais, puisqu'elle n'a pas pris
la forme sphérique, il faut en conclure que quelque autre cause
agissait aussi sur ses particules, et contribuait à leur arrangement.

Cela devient facile à expliquer, si nous supposons que la terre tourne journellement sur elle-même ; car alors cette cause, qui a renflé l'équateur et aplati les pôles, est sans doute la *force centrifuge* due au mouvement de rotation.

On conçoit en effet que, si la terre tourne, ses diverses parties font effort pour s'éloigner de l'axe de rotation. C'est ainsi qu'une pierre tournée rapidement dans une fronde, tend la corde qui la retient, et la rompt si elle est trop faible. Cette *force centrifuge* s'accroît avec la vitesse ; elle est la plus grande possible pour les points de l'équateur, qui décrivent le plus grand cercle. Elle est nulle aux pôles qui sont immobiles, et elle décroît, par des degrés insensibles, d'une de ces limites à l'autre. La terre, par l'action de cette force, devait donc s'aplatir aux pôles et se gonfler à l'équateur.

Considérons deux colonnes fluides communiquant entre elles, et dont l'une soit dirigée suivant l'axe qui passe par les pôles, l'autre dans le plan de l'équateur, ces colonnes s'étendant du centre à la surface de la terre. Les particules matérielles qui se trouvent dans la colonne de l'équateur sont favorisées par la force centrifuge, qui tend à les éloigner de l'axe de rotation, et leur pesanteur en est un peu diminuée. La colonne des pôles, au contraire, n'a aucune force centrifuge ; elle obéit entièrement à la pesanteur qui l'attire vers le centre de la masse. Elle a donc réellement plus de poids que l'autre, et il ne peut y avoir d'équilibre entre elles, à moins que la colonne de l'équateur ne s'allonge aux dépens de celle des pôles, de sorte que la diminution de la pesanteur se trouve compensée par l'accroissement de la masse. Le même effet doit se produire dans toutes les colonnes parallèles à l'équateur, mais il devient de plus en plus faible à mesure que leur force centrifuge est moindre ; et ces allongements gradués produisent sur le sphéroïde un renflement général qui diminue insensiblement de l'équateur aux pôles.

Ainsi, en supposant que la terre tourne, son aplatissement serait une conséquence nécessaire de sa rotation, et, par conséquent, puisque cet aplatissement existe, il indique cette rotation avec beaucoup de vraisemblance.

288. L'analogie la plus frappante vient encore confirmer ces soupçons. Parmi les planètes, il en est plusieurs dont le disque ovale offre des signes non équivoques d'un aplatissement ; tels sont, par exemple, Jupiter et Saturne. En les observant avec soin, on a découvert, à la surface de leur disque, des *taches* dont le déplacement régulier et le retour périodique décèlent le mouvement de rotation de la planète autour de son plus petit diamètre. Pourquoi la terre, semblable à ces planètes par sa rondeur et par son aplatissement, n'aurait-elle pas aussi comme elles un mouvement de rotation autour de son petit axe ? Loin que ce phénomène doive nous paraître extraordinaire, il serait au contraire fort étonnant qu'il n'eût pas lieu.

289. En suivant cette induction, elle nous mène à une autre conséquence non moins importante. Si la terre était sphérique et homogène, l'attraction exercée par sa masse sur les divers points de sa surface, ou, ce qui revient au même, la pesanteur qui sollicite les corps vers son centre serait la même partout. Mais la forme elliptique détruit cette égalité, et l'attraction doit augmenter en allant de l'équateur au pôle, proportionnellement au carré du sinus de la latitude ; ce que l'on prouve par des calculs que nous ne saurions rapporter ici. Maintenant, si la terre tourne autour de son petit axe, une autre cause se combine avec la précédente. L'action de la force centrifuge tend à diminuer le résultat de l'attraction ; mais cette diminution varie aussi de l'équateur au pôle, parce qu'en s'approchant du pôle, la force centrifuge, toujours perpendiculaire à l'axe de rotation, devient de plus en plus oblique sur le rayon terrestre, et par conséquent sur la direction de la pesanteur. Il est même facile de prouver, par les principes de la mécanique, que cette diminution est aussi proportionnelle au carré du sinus de la latitude, comme celle de l'attraction. Ainsi, par l'effet de ces deux causes, la pesanteur absolue que nous observons, c'est-à-dire l'excès de l'attraction sur la force centrifuge décomposée suivant le rayon terrestre, doit varier de l'équateur au pôle suivant la même loi. Par une conséquence nécessaire, en allant de l'équateur vers les pôles, la chute des corps doit s'accélérer proportionnellement au carré du sinus de la latitude, et le même corps doit devenir plus pesant suivant ce rapport.

Les oscillations du pendule offrent un moyen simple de vérifier ce fait. Si la chute des corps s'accélère, les oscillations doivent se faire plus rapidement, et l'on peut calculer, d'après leur vitesse, l'accroissement de la pesanteur. Car on démontre, en mécanique, que les longueurs des pendules synchrones sont proportionnelles aux intensités de cette force. Or, en transportant un même pendule en différents lieux de la terre, on a trouvé qu'en effet il va plus vite à mesure que l'on s'éloigne de l'équateur; et la loi de cette accélération, que l'on a déterminée avec beaucoup d'exactitude, est, en effet, très-approximativement proportionnelle au carré du sinus de la latitude, comme l'exigerait la rotation du globe terrestre. J'ai rapporté, à la fin du tome II, l'ensemble des expériences qui établissent ce résultat comme vérité générale, en décelant les variations locales d'un ordre incomparablement moindre auxquelles il est sujet.

En négligeant ces variations, ou les faisant disparaître par leurs compensations mutuelles, dans un grand nombre de mesures prises sur les mêmes parallèles et sur des parallèles divers, on obtient le tableau suivant, qui exprime la loi moyenne de variation du pendule simple à secondes sous les diverses latitudes terrestres. La longueur de ce pendule à l'Observatoire de Paris est prise pour unité.

LATITUDES.	LONGUEURS du pendule.
0,00	0,99659
20,00	0,99743
48,44	0,99950
54,26	1,00000
74,22	1,00137

On voit, par ces résultats, qu'en s'éloignant de l'équateur, on est obligé de donner plus de longueur au pendule pour avoir des oscillations de même durée. Il s'ensuit nécessairement que la pesanteur augmente quand on s'avance dans cette direction; car, puisqu'on allonge le pendule, si elle restait la même, les oscillations se ralentiraient. De plus, les variations de ces longueurs sont très-bien représentées par un accroissement proportionnel au carré du sinus de la latitude, comme on peut aisément le vérifier sur les nombres rapportés dans le tableau précédent. L'augmentation de la pesanteur, en allant de l'équateur au pôle, est donc un nouvel indice de la rotation de la terre. De plus, on prouve par le calcul, que les longueurs du pendule à secondes, en différents lieux, sont proportionnelles aux pesanteurs qui l'animent. D'après cela, les rapports exprimés dans le tableau ci-dessus doivent représenter aussi les poids successifs d'une même masse que l'on transporterait successivement à des latitudes diverses.

290. Nous ne donnons ici que les rapports des longueurs absolues du pendule à différentes latitudes. Pour connaître leurs valeurs absolues, il faudrait donner celle d'une des mesures précédentes, par exemple, celle du pendule à Paris. Mais, auparavant, il faut décider de quelle division du temps on veut faire usage, puisque la longueur du pendule à secondes sera nécessairement différente suivant l'espèce de *seconde* que l'on emploiera. Pour nous qui, jusqu'à présent, ne connaissons de mesure du temps que celle qui est donnée par les étoiles, nous n'avons besoin de connaître que le *pendule sidéral*, c'est-à-dire celui qui ferait une oscillation pendant une seconde sexagésimale ou décimale de temps sidéral; or, des expériences *très-exactes*, faites à l'Observatoire de Paris, et vérifiées avec beaucoup de soin, ont donné (*) :

Longueur du pendule sidéral, à secondes sexagésimales. . . . . $0^m,9884327$

Longueur du pendule sidéral, à secondes décimales. . . . . $0^m,7378611$

Avec ces valeurs absolues et les rapports des longueurs, que nous avons donnés dans le tableau précédent, on aura tout de suite les longueurs du pendule sidéral pour les latitudes indiquées dans ce tableau. Et on les obtiendrait également pour un autre paral-

---

(*) Relativement au détail de ces expériences, *voyez* la dissertation placée à la fin du tome II, pages 412 et suivantes.

lèle quelconque en les calculant d'après la loi de variation que nous avons reconnu exister entre elles, c'est-à-dire proportionnellement au carré du sinus de la latitude. Enfin, si l'on voulait les obtenir pour telle autre division du temps que l'on voudrait imaginer, on les trouverait facilement d'après la règle suivante. Les longueurs des pendules simples sont entre elles comme les carrés des temps qui expriment les durées de leurs oscillations. Il faut toutefois se rappeler que l'application des longueurs absolues aux divers parallèles terrestres ne sera exacte que dans son ensemble, les localités y apportant de petites différences accidentelles, qui sont sensibles dans des observations précises.

Les astronomes sont dans l'usage de régler tous leurs calculs sur une période de temps déduite de la marche du soleil, et que l'on nomme le jour moyen. Nous verrons plus loin comment on détermine la durée de cette période, et par quelles conditions elle est donnée. Mais nous pouvons, dès à présent, la définir avec exactitude, en disant que le jour moyen est plus long que le jour sidéral de 235 secondes sexagésimales moyennes et $\frac{84}{100}$, en sorte que 86400 secondes sidérales sexagésimales égalent, en durée, $86164''{,}09$ sexagésimales moyennes. D'après cela, si le jour moyen est représenté par $86400''$ sexagésimales moyennes, le jour sidéral le sera par $86164''{,}09$. Ainsi, en multipliant la longueur du pendule sidéral sexagésimal ou $0^m{,}9884327$ par $\left(\dfrac{86400}{86164{,}09}\right)^2$, rapport du carré des temps, on aura la longueur du pendule à secondes moyennes sexagésimales pour Paris, laquelle sera $0^m{,}9938526$, ou en mesures anciennes $3^{pds}8^l{,}571$, ou en lignes $440{,}571$.

Si l'on voulait la longueur du pendule à secondes décimales moyennes, on l'obtiendrait par un calcul tout semblable, en multipliant la longueur du pendule sidéral décimal, ou $0^m{,}7378611$, par $\left(\dfrac{86400}{86164{,}09}\right)^2$, c'est-à-dire par le carré du rapport du jour moyen au jour sidéral; on aura ainsi $0^m{,}7419070$ pour la longueur du pendule moyen décimal à Paris (*).

(*) En général, soient L la latitude, λ la longueur absolue du pendule

Les valeurs précédentes sont relatives au niveau de la mer. À mesure que l'on s'élève au-dessus de cette surface, il faut raccourcir le pendule pour qu'il fasse le même nombre d'oscillations dans le même temps. Bouguer a fait sur cet objet, au Pérou, un grand nombre d'expériences. En prenant pour unité la longueur du pendule à secondes à l'équateur, et au niveau de la mer, il a trouvé qu'à Quito, à la hauteur de 2857 mètres, cette longueur était 0,999249, c'est-à-dire moindre de près de $\frac{8}{10000}$. Sur le Pichincha, à 4744 mètres de hauteur, cette longueur était encore moindre; elle se trouvait réduite à 0,998816. La pesanteur, toujours proportionnelle à la longueur du pendule, se trouvait donc aussi réduite dans le même rapport. Ainsi la pesanteur diminue à mesure que l'on s'éloigne de la surface de la terre, et si l'on en juge par ces différences, déjà sensibles à une distance si petite, il est bien probable que la même force s'étendrait ainsi indéfiniment, en s'affaiblissant dans l'espace.

294. On est parvenu, par la théorie, à découvrir les rapports qui existent entre l'aplatissement de la terre et les variations de la longueur du pendule, dégagées de leurs accidents locaux. La valeur de l'aplatissement, ainsi calculée par l'ensemble des observations, s'est trouvée égale à $\frac{1}{334}$, c'est-à-dire très-peu différente de celle qui résulte de la mesure des degrés. Et comme, d'après la même théorie, l'allongement du pendule de l'équateur au pôle doit être à fort peu près proportionnel au carré du sinus de la

---

décimal, qui ferait 100000 oscillations dans un jour moyen, on aura la valeur de λ en parties du mètre, par cette formule conclue d'un très-grand nombre d'observations,

$$\lambda = 0,7396776 + 0,004110 . \sin^2 L.$$

Le premier terme est la longueur du pendule à l'équateur. Si l'on substitue, au lieu de $\sin^2 L$, sa valeur $\frac{1 - \cos 2L}{2}$, la formule deviendra

$$\lambda = 0,7416326 - 0,002055 . \cos 2L ;$$

et le premier terme sera la longueur du pendule moyen décimal à la latitude de 50 grades.

latitude, on voit que cet allongement suit encore la même loi que l'accroissement des degrés.

292. La longueur du pendule à secondes étant exprimée en parties du mètre, la connaissance de ce résultat suffirait pour retrouver le MÈTRE, base de toutes nos mesures, si tous les étalons qui fixent sa valeur exacte venaient à se perdre dans la suite des temps. En effet, si l'on se rappelait seulement que la longueur du pendule sidéral à secondes sexagésimales est à Paris de $0^m,9884327$, en observant exactement cette longueur par l'expérience, et la divisant par $0,9884327$, le MÈTRE serait aussitôt retrouvé. Toute autre longueur du pendule, sexagésimal ou décimal, sidéral ou moyen, observée dans une latitude connue, servirait également. Voilà l'avantage que l'on a eu en prenant pour base du système métrique des données fixées par la nature. C'est un avantage que n'avaient point les mesures arbitraires, dont les anciens se sont servis faute d'en savoir déterminer de plus exactes. Aussi, les étalons de ces mesures s'étant perdus par l'effet des révolutions des peuples, leur valeur s'est perdue également pour toujours, et les évaluations auxquelles elles ont servi de base ne peuvent plus servir que de sujet aux recherches et aux conjectures des érudits.

293. La rotation de la terre devient encore sensible dans un autre phénomène très-remarquable; c'est la déviation des corps qui tombent d'une grande hauteur. Pour concevoir ce phénomène, imaginons un corps pesant, placé à une grande distance de la surface terrestre, par exemple au sommet d'une haute tour. Si la terre est immobile, le corps tombera au pied de la tour, suivant la verticale; mais si la terre tourne sur elle-même, le corps qui participe à ce mouvement, aura, à l'instant du départ, une vitesse de rotation plus grande que le bas de la tour, parce qu'il est plus éloigné de l'axe. Ainsi, lorsqu'il tombera avec le mouvement composé de cette vitesse horizontale et de la pesanteur, il devra devancer un peu la verticale dans le sens du mouvement de la terre; et par conséquent, après sa chute, il sera un peu écarté de la tour vers l'orient; c'est ce que l'expérience confirme.

On a calculé, d'après les lois de la mécanique, l'étendue de cet écart pour diverses hauteurs, et la théorie s'est trouvée parfaitement conforme aux résultats observés.

294. Lorsque Copernic, renouvelant les idées des anciens philosophes, présenta le système du mouvement de la terre, on lui objecta que les corps, dans leur chute, ne participant plus à ce mouvement, devraient rester en arrière, et s'écarter vers l'occident de la verticale. Mais quand les lois du mouvement furent mieux connues, on sut que les corps doivent conserver, dans leur chute, la vitesse horizontale résultante de la rotation de la terre, à laquelle ils participaient d'abord. On conclut de là que les corps devaient tomber précisément au pied de la verticale. Enfin, lorsque les principes de la mécanique ont été encore plus approfondis, on a reconnu de nouveau qu'il devait y avoir une petite déviation, mais opposée à celle que l'on imaginait d'abord, et dirigée vers l'est. C'est ainsi que souvent les connaissances se perfectionnent et se rectifient en passant par des erreurs.

Il n'est pas temps encore de faire ressortir toute la force des indices que nous venons de recueillir sur la rotation de la terre. Les phénomènes, en se multipliant, nous amèneront de nouvelles preuves qui établiront enfin la réalité de ce mouvement d'une manière incontestable. Mais nous devons, dès à présent, conclure que, s'il n'est pas encore décidément prouvé par ces phénomènes, il en devient du moins extrêmement probable.

CHAPITRE XXII.

Des parallaxes.

295. Les méthodes d'observation que nous avons jusqu'à présent établies, ont eu spécialement pour objet les étoiles fixes, et elles sont toutes fondées sur la considération de leur distance presque infinie, qui permet de supposer que les rayons visuels, menés des différents points de la terre à une même étoile, sont tout à fait parallèles. Ce principe ne peut plus être employé pour les corps qui composent notre système planétaire, parce qu'ils sont beaucoup plus rapprochés de nous, et le point de la terre d'où on les observe n'est plus si fort indifférent. Ainsi, pour compléter ces méthodes, il faut étudier plus particulièrement les effets de ces différences d'aspect, et trouver le moyen d'en corriger l'influence.

296. Lorsque différents observateurs répartis sur la surface de la terre observent un même astre, ils ne le rapportent pas au même point du ciel; car soient L cet astre, *fig.* 61, C le centre de la terre, O, O' les positions des deux observateurs, OL, O'L les rayons visuels menés de leurs yeux à l'astre. Comme on rapporte toujours les objets sur le prolongement de ces rayons, le premier verra l'astre en *l* sur la sphère céleste, le second le verra en *l'*. La différence de ces deux résultats dépendra de l'angle OLO', sous lequel on verrait, du centre de l'astre, la corde de l'arc terrestre qui joint les deux observateurs. Cet angle se nomme *la parallaxe*. Pour les étoiles il est absolument insensible; cela résulte de nos observations, puisque nous avons trouvé que les rayons visuels OL, O'L peuvent être supposés parallèles sans aucune erreur appréciable; mais la valeur de la parallaxe devient sensible pour le soleil, les planètes, et surtout pour la lune, celui de tous les corps célestes qui est le plus rapproché de nous (*).

(*) C'était réellement la recherche de cette parallaxe que nous faisions dans le tome II, page 368, lorsque nous comparions les hauteurs méridiennes moyennes des étoiles circompolaires observées en des lieux différents.

297. On peut même citer quelques phénomènes qui montrent l'influence de la parallaxe indépendamment d'aucun calcul astronomique. Par exemple, dans la figure précédente, si c'est la lune qui est en L, et que le soleil soit en S, beaucoup plus loin du centre de la terre, les deux observateurs verront en même temps ces deux astres, et apercevront l'intervalle qui les sépare; mais du point E situé sur la ligne SL qui joint leurs centres, cette distance paraîtra nulle, et le soleil sera éclipsé. Ainsi, lorsqu'un nuage passe entre nous et le soleil, nous nous trouvons plongés dans l'ombre, tandis que des lieux souvent peu éloignés sont éclairés de toute sa lumière : la différence de ces effets est due à une véritable parallaxe.

298. Pour éviter les irrégularités dépendantes de ces différents aspects, et rendre toutes les observations comparables, les astronomes sont convenus de les rapporter au centre de la terre supposée sphérique ou sphéroïdique, et ils regardent comme le *lieu vrai* des astres sur la sphère céleste, celui où on les verrait, s'ils étaient observés de ce point. Par opposition ils appellent *lieu apparent* d'un astre le point de la sphère céleste auquel on le rapporte, quand on l'observe de dessus la surface de la terre.

299. Pour plus de simplicité commençons par examiner le cas où la terre serait sphérique, et voyons comment on peut trouver le lieu vrai, quand on connaît le lieu apparent. Dans cette supposition, soit, *fig*. 62, C le centre de la terre, et soit O la position de l'observateur sur sa surface : le rayon CO prolongé sera la verticale. Maintenant si l'observateur mesure la distance de l'astre au zénith, il la trouvera égale à l'angle LOZ ; s'il l'eût observée du centre de la terre, il l'aurait trouvée égale à LCZ ou à LOZ—CLO, parce que l'angle LOZ est extérieur au triangle LOC. L'angle CLO, formé par les deux rayons visuels menés à l'astre, se nomme la *parallaxe de hauteur : en la retranchant de la distance zénithale apparente, on aura la distance vraie.* Nous supposons d'ailleurs

---

Puisque l'axe de rotation de la sphère des fixes semble toujours passer par l'œil de l'observateur, comme nous l'avons reconnu alors, il faut que l'angle sous lequel la terre entière paraîtrait, si elle était vue des étoiles, soit insensible, ou, en d'autres termes, que la parallaxe des étoiles soit nulle.

que l'on ait préalablement fait à la distance observée la correction que la réfraction exige.

500. Les deux rayons visuels OL, CL étant compris dans le même plan vertical, on voit que l'effet de la parallaxe se porte tout entier dans le sens vertical, comme celui de la réfraction ; mais la parallaxe est soustractive de la distance au zénith, au lieu que la réfraction est additive. L'effet de la parallaxe de hauteur est donc d'abaisser les astres dans les verticaux où ils se trouvent, ce qui est le contraire de la réfraction, qui les fait paraître trop élevés.

501. Cet abaissement dépendant du calcul de l'angle OLC n'est pas le même pour toutes les hauteurs. La distance de l'astre à la terre étant supposée constante, il est le plus grand possible à l'horizon, comme en OL'C, *fig.* 63. L'angle OL'C se nomme la *parallaxe horizontale*. Si du point L' on mène deux tangentes au cercle OO', qui représente le contour de la terre, la parallaxe horizontale sera la moitié de l'angle visuel OL'O', sous lequel la terre serait aperçue par un observateur placé dans l'astre, ou, ce qui revient au même, ce sera, pour cet observateur, la moitié du diamètre apparent de la terre.

La parallaxe de hauteur, ou l'angle OLC, diminue à mesure que l'astre s'élève sur l'horizon ; enfin, elle devient nulle lorsqu'il arrive au zénith, parce que le rayon visuel mené du centre de la terre se confond avec le rayon visuel de l'observateur. La loi de cette diminution est facile à calculer par les règles de la trigonométrie, et en supposant que la distance de l'astre au centre de la terre ne varie pas sensiblement dans l'intervalle d'une révolution diurne, on trouve que *la parallaxe correspondante à une hauteur apparente quelconque, est égale au produit de la parallaxe horizontale par le sinus de la distance apparente au zénith* (*).

(*) Pour démontrer cette relation, soit, *fig.* 63, D la distance de l'astre au centre de la terre, distance que nous supposerons constante pendant le temps que l'astre emploie pour s'élever de l'horizon jusqu'à sa plus grande hauteur ; soient R le rayon terrestre, COZ la verticale, Z la distance au zénith ou l'angle LOZ, et π la parallaxe de hauteur, ou l'angle OLC. Cela

502. Tout se réduit donc à déterminer la parallaxe horizontale.
Or, la seule inspection du triangle OL'C montre que le sinus de
cette parallaxe est égal à $\dfrac{CO}{CL'}$ ou à $\dfrac{R}{D}$, en nommant R le rayon terrestre mené à l'observateur, et D la distance de l'astre au centre

posé, dans le triangle LOC, les sinus des angles seront proportionnels aux
côtés opposés, ce qui donnera

$$\sin \varpi = \frac{R.\sin Z}{D}.$$

Supposons maintenant l'astre à l'horizon, la distance au zénith étant égale
à 90° ou à 100 grades, on a $\sin Z = 1$, et en nommant Π la valeur que prend
alors ϖ, c'est-à-dire la *parallaxe horizontale*, la formule précédente donne

$$\sin \Pi = \frac{R}{D};$$

ce qu'on aurait pu trouver directement dans le triangle L'OC, dont le
côté OL' est horizontal et tangent à la terre en O. Comme le sinus d'un angle
est toujours une fraction moindre que l'unité, le produit de $\dfrac{R}{D}$ par $\sin Z$,
ou la parallaxe de hauteur, sera toujours moindre que $\dfrac{R}{D}$, qui est la parallaxe horizontale. La *parallaxe horizontale est donc la plus grande de toutes.*
Si l'on élimine D entre les deux équations précédentes, on obtient

$$\sin \varpi = \sin \Pi.\sin Z.$$

Le grand éloignement des corps célestes fait que Π et ϖ sont toujours de très-
petits angles, même pour la lune, dont la parallaxe horizontale ne surpasse
pas 1° sexagésimal. Or, pour des angles aussi petits, le rapport des arcs
est, à fort peu près, égal à celui des sinus ; ainsi, en substituant $\dfrac{\varpi}{\Pi}$ à $\dfrac{\sin \varpi}{\sin \Pi}$,
dans la relation précédente, on aura

$$\varpi = \Pi.\sin Z,$$

*c'est-à-dire, que la parallaxe de hauteur est égale à la parallaxe horizontale
multipliée par le sinus de la distance au zénith.* À la rigueur, ce rapport a lieu
entre les sinus des parallaxes ; mais, pour juger combien la substitution des
arcs est approchée, il suffit de remarquer que le sinus de 1° sexagésimal est
égal à $0,01745240$, et sa tangente à $0,01745507$, le rayon étant pris pour
unité. Maintenant, comme l'arc est toujours plus petit que sa tangente et
plus grand que son sinus, il est compris entre les deux expressions précédentes, et, par conséquent, il diffère de l'une quelconque de ces deux va-

de la terre. Si l'on pouvait mesurer cette distance, comme on a
la longueur du rayon terrestre, la parallaxe serait connue complétement.

Pour cela, le procédé le plus simple et le plus naturel est celui
que l'on emploie dans la trigonométrie pour mesurer l'éloignement
d'un objet inaccessible, en l'observant des deux extrémités d'une

---

leurs moins que ces deux valeurs ne diffèrent entre elles; l'erreur que
l'on commet en substituant l'arc au sinus, dans cette circonstance, est donc
moindre que $0,00000267$, qui, divisé par $0,0174532\dots$, fait environ $\frac{1}{1142}$ de
la valeur totale de l'arc.

D'après l'expression précédente de $\sin \varpi$, on voit que la parallaxe d'un
astre peut se calculer pour toutes les hauteurs, quand on connaît sa distance
au centre de la terre exprimée en parties du rayon terrestre, ou le rapport $\frac{R}{D}$; réciproquement, on peut calculer la distance quand on connaît la

parallaxe par observation.

Connaissant la parallaxe de hauteur par la formule précédente, si l'on
nomme Z'' la distance *vraie* au zénith, telle qu'on l'observerait du centre
de la terre, on a

$$\sin \varpi = \sin \Pi . \sin Z, \qquad\qquad Z'' = Z - \varpi.$$

Ces formules supposent Z connu. Dans les tables astronomiques qui sont
construites sur les lieux vrais, c'est Z'' qui est supposé connu, et il faut en
déduire Z afin de trouver le lieu apparent. Pour cela, on doit exprimer la
parallaxe ϖ en fonction de Z''; cela est facile, car, puisque $Z = Z'' + \varpi$, en
éliminant Z, on aura

$$\sin \varpi = \sin \Pi . \sin (Z'' + \varpi) = \sin \Pi (\sin Z'' \cos \varpi + \cos Z'' \sin \varpi),$$

d'où l'on tire

$$\tang \varpi = \frac{\sin \Pi . \sin Z''}{1 - \sin \Pi \cos Z''}.$$

Comme la parallaxe horizontale Π est toujours un très-petit arc, cette expression peut se réduire en une série convergente, ordonnée suivant les puissances de $\sin \Pi$; il ne faut, pour cela, qu'effectuer la division indiquée, et
l'on a

$$\tang \varpi = \sin \Pi . \sin Z'' + \frac{\sin^2 \Pi . \sin 2 Z''}{2} + \text{etc.};$$

mais ces deux premiers termes suffiront toujours.

Au reste, si l'on voulait obtenir rigoureusement la valeur de ϖ, on la

base connue. Deux observateurs O, O', *fig.* 64, situés sous le même méridien céleste, observent en même temps la hauteur méridienne de l'astre L, ou sa distance au zénith. Alors, dans le quadrilatère LOCO', on connaît les trois angles O, O' et C; ce dernier étant formé par les deux verticales des observateurs. On a de plus les longueurs des côtés OC, O'C, qui sont des rayons terrestres. On peut donc construire le quadrilatère, et calculer la diagonale CL, qui est la distance de l'astre au centre de la terre. Le rayon terrestre, divisé par cette distance, sera le sinus de la parallaxe horizontale.

Cette méthode, réduite en calcul, conduit au résultat suivant, qui est d'une extrême simplicité. *La parallaxe horizontale est égale à l'angle à l'astre divisé par la somme des sinus des distances zénithales, si l'astre se trouve entre les zéniths des deux observateurs, ou par la différence de ces sinus, si l'astre se trouve du même côté du zénith par rapport à tous deux* (*).

---

pourrait aisément au moyen d'un angle auxiliaire φ, tel qu'on eût

$$\cos \varphi = \sqrt{\sin \Pi \cos Z'},$$

ce qui donne

$$\tan g \, \varpi = \frac{\sin \Pi . \sin Z'}{\sin^2 \varphi},$$

formule à laquelle on peut appliquer le calcul logarithmique.

(*) Le calcul qui conduit à ce résultat est très-simple. Considérons le cas de la *fig.* 64. Soit ϖ la parallaxe de hauteur pour l'observateur placé en O, laquelle est égale à l'angle OLC; soit de même ϖ' l'angle O'LC ou la parallaxe de hauteur pour l'observateur placé en O'; enfin, soit Π la parallaxe horizontale du même astre, laquelle sera la même pour les deux observateurs, dans le cas de la terre sphérique. Cela posé, si l'on nomme Z, Z' les deux distances au zénith observées en O et en O', on aura, par ce qui précède,

$$\varpi = \Pi \sin Z; \qquad \varpi' = \Pi \sin Z';$$

ce qui donne, dans le cas de la *fig.* 64,

$$\varpi + \varpi' = \Pi (\sin Z + \sin Z').$$

Or, $\varpi + \varpi'$ n'est autre chose que l'angle OLO', sous lequel on verrait, du centre de l'astre, la corde de l'arc terrestre qui joint les deux observateurs, et cet angle étant le quatrième dans le quadrilatère COLO', est facile à cal-

503. Il est bon de remarquer que l'angle OLO′, ou l'angle à l'astre, peut se conclure immédiatement des différences de déclinaison observées entre une même étoile et l'astre, et c'est même ainsi qu'en ont usé les astronomes, parce que ces différences peuvent aisément s'observer avec une très-grande exactitude. Pour

---

culer; en effet, l'angle en O est égal à $180° - Z$, l'angle en O′ à $180° - Z'$; soit φ l'angle au centre de la terre compris entre les verticales des deux observateurs, lequel est connu d'après leurs latitudes; la somme des quatre angles du quadrilatère devant être égale à quatre angles droits, on aura, en employant la division sexagésimale du cercle,

$$\varphi + 180° - Z + 180° - Z' + OLO' = 360°;$$

par conséquent

$$OLO' = Z + Z' - \varphi,$$

et puisque cet angle OLO′ est égal à $\varpi + \varpi'$, on aura, en égalant ces deux valeurs,

$$\Pi = \frac{Z + Z' - \varphi}{\sin Z + \sin Z'}.$$

Dans le cas où l'astre serait du même côté du zénith, par rapport aux deux observateurs, comme dans la *fig.* 65, le raisonnement serait tout à fait analogue; seulement l'angle OLO′ ne serait plus $\varpi' + \varpi$, mais $\varpi' - \varpi$, ou $\Pi (\sin Z' - \sin Z)$, ϖ' étant la plus grande des deux parallaxes. On aurait, de plus, dans le triangle OKL,

$$Z + OLO' + 180 - Z' + \varphi = 180°,$$

ce qui donne

$$OLO' = Z' - Z - \varphi.$$

Tout se réduirait donc à faire Z négatif, ainsi que sin Z dans la valeur précédente de Π. Cette formule, où tout est connu, donnera la valeur de la parallaxe horizontale de l'astre; on aura ensuite la distance par la formule

$$\sin \Pi = \frac{R}{D},$$

qui donne

$$D = \frac{R}{\sin \Pi}.$$

L'angle OLO′, ou $Z + Z' - \varphi$, peut aussi se conclure immédiatement des différences de déclinaison observées entre l'astre et une étoile fixe, comme on le dit dans le texte.

On verra, dans le même article, que la parallaxe de Mars a été trouvée,

exposer ce procédé, soit λ une étoile qui passe au méridien en même temps que l'astre, voyez *fig.* 66, et par les deux observateurs, menons à cette étoile deux rayons visuels qui pourront être censés parallèles, puisque la parallaxe des étoiles est insensible. Cela posé, les angles $LO\lambda$, $LO'\lambda$, seront évidemment les différences de déclinaison observées, et l'angle OLO', étant extérieur au triangle LOS, sera égal à la *somme* de ces différences. Si l'astre était du même côté du zénith, par rapport aux deux observateurs, l'angle OLO' serait égal à la différence des angles en O et O'.

Nous avons supposé que l'étoile passe en même temps que l'astre au méridien. Cela est utile pour l'exposé de la méthode, mais cela n'est nullement nécessaire dans la pratique ; car si l'étoile passe avant ou après l'astre, on peut toujours observer séparément leur déclinaison et en prendre la différence. Seulement on choisit des étoiles très-voisines du parallèle de l'astre, afin que, sans déranger la lunette, on puisse y observer le passage de tous les deux, et

---

par cette méthode, de $24'',64$ sexagésimales ; on aura donc, pour Mars,

$$\sin \Pi = 0,00011935 = \tfrac{1}{8372.74},$$

et par suite,

$$D = \frac{R}{\sin \Pi} = R.8372,74,$$

c'est-à-dire que la distance de Mars à la terre était alors égale à 8372 rayons terrestres et $\tfrac{74}{100}$.

On aurait même pu calculer la valeur de D sans le secours des tables de sinus, car l'angle Π étant fort petit, on peut le substituer à son sinus sans une erreur notable ; mais alors, pour rétablir l'homogénéité, il faut convertir le rayon, qui est ici pris pour unité, en parties de même nature que Π, c'est-à-dire en secondes sexagésimales. Or, la valeur du rayon ainsi réduite est $206264'',8$ (page 62) ; on aura donc ainsi

$$D = R\,\frac{206264'',8}{\Pi},$$

et, dans le cas actuel,

$$D = 8371,14\ R,$$

résultat qui ne diffère du précédent que d'une quantité très-petite par rapport à la valeur de D.

On verra plus loin le calcul de la parallaxe horizontale, en ayant égard à l'aplatissement de la terre.

26..

prendre alors leur différence de déclinaison, avec un simple micromètre, comme on prend le diamètre d'une planète ; en effet, l'opération peut se faire avec une très-grande exactitude, parce qu'elle est indépendante de toutes les causes d'erreurs qui peuvent affecter les hauteurs absolues, et qu'elle suppose seulement que les intervalles des divisions de l'instrument sont exacts dans l'étendue très-petite que l'on fait parcourir au fil horizontal ; condition qu'il est très-ordinaire de voir réalisée dans les instruments construits par d'habiles artistes.

Prenons pour exemple les observations de Wargentin et de Lacaille sur la parallaxe de Mars : ils comparaient cette planète à l'étoile λ, de la constellation du Verseau. Mars étant dans le méridien du cap de Bonne-Espérance, Lacaille trouva que le bord boréal de son disque était plus septentrional que l'étoile de 26″,7 ; sa distance au zénith était 25° 2′, en se bornant aux minutes. Au même instant et sous le même méridien, Wargentin, à Stockholm, observait Mars, au méridien, à 68° 14′ de distance zénithale ; le bord septentrional de son disque était plus austral que l'étoile de 6″,6 ; l'angle à l'astre était donc alors 26″,7 + 6″,6 ou 33″,3. Or, le sinus de 68° 14′ est 0,9287, celui de 25° 2′ est 0,4231, et leur somme est 1,3518. C'est le dénominateur de notre formule, qui

$$\text{donne ainsi } \Pi = \frac{33″,3}{1,3518} = 24″,64,$$

valeur de la parallaxe horizontale de Mars à l'instant des observations. On voit que le numérateur de cette expression, ou l'angle OLO′, étant fort petit, il n'est pas nécessaire d'avoir, avec la dernière rigueur, les valeurs des sinus des distances zénithales, ni, par conséquent, ces distances zénithales elles-mêmes ; c'est en cela que consiste l'avantage de cette méthode.

304. Si l'on divise l'unité par le sinus de la parallaxe horizontale, le quotient sera la distance de l'astre à la terre, exprimée en rayons terrestres. Car $D = \dfrac{R}{\sin \Pi}$. D'après les résultats que nous venons de rapporter, la distance de Mars à la terre, à l'instant des observations, était égale à 8373 rayons terrestres.

305. La condition que les deux observateurs se trouvent exac-

tement sous le même méridien, semble limiter beaucoup l'emploi
de cette méthode ; mais on peut aisément l'éluder. D'abord, elle
ne serait pas du tout nécessaire, si l'astre que l'on observe n'avait
point de mouvement en déclinaison, puisque alors sa hauteur méridienne serait la même, pour tous les points situés sur le même
parallèle terrestre. Seulement un des observateurs verrait le passage après l'autre ; mais la distance au zénith, mesurée par le second,
par exemple, pourrait toujours être considérée comme ayant été
observée, à pareille latitude, sous le méridien du premier. La chose
n'est pas tout à fait aussi simple si la déclinaison est variable, parce
qu'alors elle change nécessairement un peu dans le temps que l'astre emploie pour passer d'un méridien à l'autre. Mais il est bien
facile de remédier à cet inconvénient, en observant plusieurs jours
de suite la hauteur méridienne de l'astre. Car les différences successives de ces hauteurs faisant connaître le changement diurne de
la déclinaison, on peut en conclure, avec beaucoup d'exactitude,
la petite variation qu'elle doit éprouver pendant le temps qui s'é-
coule dans le passage d'un méridien à l'autre. Au moyen de cette
correction, les deux observations peuvent se réduire au même
méridien, et la parallaxe s'en conclut, comme nous l'avons dit
plus haut. Pour rendre l'application de la méthode plus exacte, on
tâche de diminuer les corrections autant que possible. A cet effet
on choisit des méridiens peu différents, et on observe l'astre quand
il est dans ses plus grandes déclinaisons, parce qu'alors le mouvement en déclinaison est moindre que dans toute autre circonstance.
Nous en verrons la raison plus tard, mais nous pouvons, dès à
présent, adopter ce fait comme un résultat d'observation.

306. C'est par une méthode toute semblable que la parallaxe
de la lune a été déterminée, en comparant les observations de Lacaille, au cap de Bonne-Espérance, et celles de Lalande à Berlin.
La distance de la lune que l'on en a déduite est à peu près égale
à 60 rayons terrestres, d'où l'on voit que la lune est bien plus
rapprochée de nous que Mars. La distance de la lune à la terre
étant très-variable, sa parallaxe est sujette à des changements
considérables, dont la mesure a beaucoup exercé les astronomes,
et ils ont employé des procédés très-divers pour la déterminer

avec la dernière précision ; mais comme la plupart de ces procédés supposaient une connaissance déjà très-approfondie des mouvements de la lune, nous nous bornerons, pour le moment, à la méthode précédente, qui peut être considérée comme la base de toutes les autres.

507. La parallaxe des astres ne fait pas seulement connaître leur distance à la terre. Comparée à leurs diamètres apparents, elle fait connaître aussi leurs volumes. *Si l'on divise le diamètre apparent d'un astre par le double de sa parallaxe horizontale, on a, en le supposant sphérique, le rapport de son rayon au rayon de la terre.* Car le double de la parallaxe n'est autre chose que le diamètre apparent de la terre, supposée sphérique, pour un observateur qui serait placé au centre de l'astre, § 501 ; et, à distances égales, les dimensions réelles des corps sont proportionnelles à leurs diamètres apparents. Ce théorème nous sera utile par la suite pour comparer les dimensions des corps planétaires à celles de notre globe (*).

(*) Soient, *fig.* 67, C le centre de la terre, C' celui de l'astre. Nommons toujours Π la parallaxe horizontale de l'astre ou l'angle $OC'C$, et D sa distance CC' au centre de la terre, on aura, par ce qui précède,

$$\sin \Pi = \frac{R}{D}.$$

2Π est le diamètre apparent de la terre pour un observateur placé dans l'astre ; réciproquement, le diamètre apparent de l'astre, vu de la terre, n'est autre chose que l'angle $O'CO''$, c'est-à-dire que le double de la parallaxe horizontale de la terre, relativement à ce même observateur. Soient donc R' le rayon de l'astre supposé sphérique, et Δ son diamètre apparent observé, on aura également

$$\sin \tfrac{1}{2}\Delta = \frac{R'}{D};$$

ceci s'accorde avec ce que l'on a vu dans la note de la page 381. En divisant les deux équations précédentes l'une par l'autre, on en tire

$$\frac{\sin \tfrac{1}{2}\Delta}{\sin \Pi} = \frac{R'}{R},$$

ou, en substituant au rapport des arcs, celui de leurs sinus, ce qui suffira,

308. La parallaxe, abaissant le lieu vrai des astres, n'altère pas seulement leur hauteur, elle altère aussi leur angle horaire et leur distance au pôle. Les changements qu'elle produit sur ces deux éléments, forment ce qu'on appelle la *parallaxe d'ascension droite*, et la *parallaxe de déclinaison*; mais on peut aisément les déduire de la parallaxe de hauteur.

309. En effet, si, par l'œil de l'observateur, on mène trois rayons visuels OZ, OL, OP, au zénith, à l'astre et au pôle, ces trois lignes, prolongées indéfiniment, formeront, sur la sphère céleste, un triangle sphérique PZS, entre les éléments du lieu apparent de l'astre, *fig.* 68. Maintenant, si, du centre de la terre, on mène aux mêmes points trois autres rayons visuels CP, CZ, CL, les deux premiers étant parallèles à OP et à OZ, à cause de l'éloignement infini des étoiles, pourront être considérés comme rencontrant la sphère céleste aux mêmes points P et Z, c'est-à-dire que l'angle OPC pourra être considéré comme nul. Mais le troisième rayon CL, s'écartant sensiblement de OL à cause de la parallaxe de l'astre, ira rencontrer la sphère céleste en un point S' différent de S. De là résultera un nouveau triangle sphérique PZS', entre les lieux vrais ; ces deux triangles auront de commun l'arc PZ, distance du zénith au pôle, ou complément de la latitude, et l'angle PZS, égal à l'azimut de l'astre compté du pôle ; car les arcs ZS', ZS, qui sont les distances vraies et apparentes, étant comprises dans le même plan vertical, l'azimut PZS ou l'angle dièdre que forme le méridien avec ce vertical, est le même pour les lieux apparents et pour les lieux vrais. Or, puisque la parallaxe de hauteur SS' est déterminée par ce qui précède, en fonction de la parallaxe horizontale et de la distance au zénith, il s'ensuit qu'un des deux trian-

---

puisque les arcs sont fort petits,

$$\frac{\Delta}{2\Pi} = \frac{R'}{R},$$

ce qui est le théorème énoncé dans le texte. On connaîtra donc ainsi le rapport du rayon de l'astre au rayon de la terre, et, en cubant ce rapport, on aura $\frac{R'^3}{R^3}$ pour celui de leurs volumes.

gles PZS, PZS′ étant donné, l'autre est déterminé complétement.
En effet, on peut les déduire l'un de l'autre par le calcul trigonométrique, et c'est ainsi que l'on obtient les parallaxes de déclinaison et d'ascension droite (*).

(*) Pour trouver ces parallaxes de déclinaison et d'ascension droite, considérons successivement nos deux triangles sphériques ; soient Z la distance
apparente au zénith, ou ZS ; Δ la distance polaire apparente ou PS ; P l'angle
horaire apparent ou l'angle ZPS ; A l'azimut de l'astre, ou l'angle PZS.
PZ, troisième côté du triangle, sera la distance du zénith au pôle, ou le
complément de la latitude ; nous la représenterons par D. Cela posé, d'a-
près les formules de la trigonométrie sphérique, l'angle P pourra être
exprimé en fonction des côtés du triangle et de l'azimut, car on aura

$$\cot P = \frac{\cot Z \sin D - \cos A \cos D}{\sin A}$$

Nommons Z', Δ', P' les quantités analogues dans le triangle ZPS′, entre les
lieux vrais, on aura de même

$$\cot P' = \frac{\cot Z' \sin D - \cos A \cos D}{\sin A},$$

car l'azimut et la distance du pôle au zénith restent les mêmes pour les deux
triangles ; retranchant ces deux équations l'une de l'autre, on trouve

$$\cot P - \cot P' = \frac{(\cot Z - \cot Z') \sin D}{\sin A}.$$

En [substituant aux cotangentes leur expression trigonométrique $\frac{\cos}{\sin}$,
et réduisant au même dénominateur, on en tire

$$\sin (P - P') = \frac{\sin (Z - Z') \sin D \sin P \sin P'}{\sin A \sin Z \sin Z'},$$

$Z - Z'$ est justement la parallaxe de hauteur ϖ, dont le sinus est égal à
$\sin \Pi \sin Z$, Π étant la parallaxe horizontale ; substituant cette valeur, on a

$$\sin (P - P') = \frac{\sin \Pi \sin D \sin P \sin P'}{\sin A \sin Z'}.$$

Pour faciliter l'usage de cette formule, il est avantageux d'en éliminer
l'azimut A, que l'on n'observe pas ordinairement, et qui n'a servi qu'à lier
nos deux triangles. On peut aisément y parvenir ; car, dans tout triangle
sphérique, les sinus des angles sont proportionnels aux sinus des côtés opposés. Ainsi, dans notre triangle ZPS′ entre les lieux vrais, le rapport

310. Les valeurs de ces réductions sont nécessaires dans une infinité de circonstances, par exemple lorsque l'on observe les différences de déclinaison et d'ascension droite de la lune et d'une étoile, avec la machine parallatique; elles sont indispensables dans le calcul des éclipses et des occultations d'étoiles. Enfin, elles servent aussi pour trouver les distances vraies de la lune aux étoiles dans la détermination des longitudes. Il est en effet évident que la parallaxe altère tous ces éléments, mais il est toujours facile de

---

$\dfrac{\sin P''}{\sin \Delta}$ est égal à $\dfrac{\sin Z'}{\sin \Delta'}$, Δ' étant la distance polaire vraie; on a donc, par la substitution de cette valeur,

$$\sin (P - P'') = \frac{\sin \Pi \sin D \sin P}{\sin \Delta'}.$$

$P - P''$ est la différence de l'angle horaire vrai à l'angle horaire apparent. C'est justement ce que l'on nomme *la parallaxe d'ascension droite*; si nous la représentons par α, nous aurons $P = P'' + \alpha$, et en éliminant P, il viendra

$$\sin \alpha = \frac{\sin \Pi \sin D \sin (P'' + \alpha)}{\sin \Delta'};$$

et en développant $\sin (P'' + \alpha)$, on en tire

$$\tang \alpha = \frac{\dfrac{\sin \Pi \sin D \sin P''}{\sin \Delta'}}{1 - \dfrac{\sin \Pi \sin D \cos P''}{\sin \Delta'}}.$$

Cette formule est absolument analogue à celle de la parallaxe de hauteur, page 400; elle peut se développer en série de la même manière; et en se bornant aux deux premiers termes, qui suffiront toujours, on aura

$$\tang \alpha = \frac{\sin \Pi \sin D \sin P''}{\sin \Delta'} + \frac{\sin^2 \Pi \sin^2 D}{2 \sin^2 \Delta'} \sin 2P'' + \dots$$

On pourra même fort souvent négliger le second terme, et alors, en substituant le rapport $\dfrac{\alpha}{\Pi}$ à $\dfrac{\tang \alpha}{\sin \Pi}$, on aura, par approximation,

$$\text{Parallaxe d'ascension droite} = \frac{\Pi \sin D \sin P''}{\sin \Delta'}.$$

Enfin, on pourrait encore trouver rigoureusement la valeur de $\tang \alpha$, par une transformation analogue à celle de la page 401, au moyen d'un angle

trouver, par la trigonométrie sphérique, les variations qu'ils
éprouvent, d'après la connaissance de la parallaxe de hauteur,
puisque celle-ci fixe et détermine la position vraie de l'astre sur la
sphère céleste; c'est pourquoi nous remettrons ces divers calculs
à l'époque où ils nous deviendront nécessaires, et il nous suffira
ici d'avoir énoncé le principe.

---

auxiliaire φ, tel qu'on ait

$$\cos \varphi = \sqrt{\frac{\sin \Pi \sin D \cos P'}{\sin \Delta'}},$$

ce qui donne

$$\tang z = \frac{\sin \Pi \sin D \sin P'}{\sin \Delta' \sin^2 \varphi}.$$

Toutes ces formules, donnant la parallaxe par le moyen des lieux vrais,
sont accommodées à l'usage des Tables astronomiques; elles s'accordent à
faire voir que la parallaxe d'ascension droite est nulle au méridien où P'
est nul.

La parallaxe de déclinaison se trouve, par un calcul analogue, en comparant les distances polaires dans nos deux triangles; en effet, si l'on nomme
A l'azimut SZP compté du pôle, on peut exprimer les distances polaires
Δ, Δ' en fonction de A, de la distance D du pôle au zénith et de l'angle horaire vrai ou apparent. Nous aurons alors

$$\cot \Delta = \frac{\cot A \sin P + \cos P \cos D}{\sin D}, \quad \cot \Delta' = \frac{\cot A \sin P' + \cos P' \cos D}{\sin D},$$

retranchant ces deux équations l'une de l'autre, on en tire

$$\sin(\Delta - \Delta') = -\frac{\sin \Delta \sin \Delta'}{\sin D} [\cot A (\sin P - \sin P') + \cos D (\cos P' - \cos P')].$$

Maintenant que l'azimut a été employé comme constant, nous pouvons
l'éliminer en substituant sa valeur dans le triangle vrai, d'après la formule

$$\cot A = \frac{\cot \Delta' \sin D - \cos P' \cos D}{\sin P'},$$

qui est identique avec celles dont nous sommes partis, et qui a lieu dans
un triangle sphérique où l'on connaît deux côtés Δ' et D, avec l'angle compris P'. A l'aide de cette expression, la formule précédente devient

$$\sin(\Delta - \Delta') = \sin \Delta \left[\frac{\sin \Delta' \cos D \sin (P - P')}{\sin D \sin P'} - \frac{2\cos \Delta' \cos \tfrac{1}{2}(P + P')\sin \tfrac{1}{2}(P - P')}{\sin P'} \right].$$

Nous avons nommé z la parallaxe d'ascension droite $P - P'$; nommons z' la

514. Jusqu'ici nous avons supposé la terre sphérique. Dans ce cas, la parallaxe horizontale d'un astre, placé à une distance constante, est la même pour tous les observateurs, quelle que soit leur position sur la surface terrestre. Mais ce résultat n'a plus lieu si les rayons terrestres sont inégaux, car la parallaxe horizontale est l'angle sous lequel on verrait, du centre de l'astre, le rayon terrestre qui correspond à chaque observateur. Ainsi, deux questions importantes se présentent : l'ellipticité de la terre

---

parallaxe de déclinaison $\Delta - \Delta'$; nous aurons $\Delta = \Delta' + \delta$, de même que nous avons eu $P = P' + \alpha$; et, d'après cela, la formule devient

$$\sin \delta = \left[\frac{\sin \Delta' \cos D \sin \alpha}{\sin D \sin P'} - \frac{2 \cos \Delta' \cos (P' + \frac{1}{2} \alpha) \sin \frac{1}{2} \alpha}{\sin P'} \right] \sin (\Delta' + \delta) ;$$

en substituant ensuite, dans le premier terme, pour $\sin \alpha$ sa valeur $\dfrac{\sin \Pi \sin D \sin (P' + \alpha)}{\sin \Delta'}$, ce qui le simplifiera un peu, nous aurons

$$\sin \delta = \left[\frac{\sin \Pi \cos D \sin (P' + \alpha) - 2 \cos \Delta' \cos (P' + \frac{1}{2} \alpha) \sin \frac{1}{2} \alpha}{\sin P'} \right] \sin (\Delta' + \delta),$$

Le coefficient compris entre les parenthèses ne dépend que des lieux vrais, et sera connu tout entier dès que l'on aura calculé la parallaxe d'ascension droite ; en le représentant par Q, la formule précédente deviendra

$$\sin \delta = Q \sin (\Delta' + \delta).$$

Elle est donc encore analogue à celle qui nous a donné la parallaxe de hauteur, ainsi que la parallaxe d'ascension droite ; elle se résoudra donc de la même manière, soit exactement au moyen d'un angle auxiliaire, soit approximativement au moyen de la série

$$\tan \delta = Q \sin \Delta' + \frac{Q^2}{2} \sin 2 \Delta' + \text{etc.}$$

Dans les applications on pourra toujours, sans erreur sensible, substituer les rapports des arcs α, δ, et Π à ceux de leurs sinus et de leurs tangentes ; ce qui revient à négliger les cubes des parallaxes. Alors on pourra substituer à $\frac{1}{2} \alpha$, la valeur $\frac{1}{2} \dfrac{\Pi \sin D \sin (P' + \alpha)}{\sin \Delta'}$. Enfin, si l'on se borne à la première puissance des parallaxes, ce qui suffira presque toujours, on pourra faire α et δ nuls dans les termes du second membre, qui sont déjà multipliés par Π, et alors il vient

$$\text{Parallaxe de déclinaison} = \Pi (\sin \Delta' \cos D - \cos \Delta' \sin D \cos P').$$

a-t-elle, sur les parallaxes, une influence sensible? Comment peut-on y avoir égard?

La réponse à ces deux questions est facile. Nous avons trouvé précédemment que le sinus de la parallaxe horizontale est égal au rayon terrestre divisé par la distance de l'astre au centre de la terre. Si cette distance est constante, mais que les rayons terrestres soient inégaux, les sinus des parallaxes horizontales seront entre eux comme les rayons correspondants, et ces parallaxes elles-mêmes étant de très-petits angles, seront aussi, à fort peu près, dans le même rapport; la parallaxe équatoriale surpassera donc la parallaxe polaire d'une quantité égale à $\frac{1}{314}$ de sa valeur totale, comme le rayon de l'équateur surpasse le rayon du pôle (*).

La plus grande de toutes les parallaxes est celle de la lune qui, sous l'équateur, s'élève jusqu'à 1 degré sexagésimal, ou 3600 secondes. En prenant la trois cent quatorzième partie de cette quantité, on aura 11″,5 pour l'excès de la parallaxe équatoriale de la lune sur la parallaxe polaire : la différence est encore moindre pour les rayons intermédiaires, et elle varie comme eux, proportionnellement au carré du sinus de la latitude. Mais cette diffé-

---

(*) Soient, en général, Π' la parallaxe horizontale d'un astre à l'équateur, Π cette parallaxe à la latitude L; en nommant D la distance de l'astre, A le rayon de l'équateur, et R le rayon terrestre à la latitude L, on aura

$$\sin \Pi' = \frac{A}{D}, \qquad \sin \Pi = \frac{R}{D};$$

d'où l'on tire

$$\sin \Pi = \frac{R}{A} \sin \Pi';$$

ou, en substituant le rapport des angles Π' et Π à celui de leurs sinus,

$$\Pi = \frac{R}{A} \Pi'.$$

Au moyen de cette formule, on voit que la parallaxe équatoriale est la plus grande de toutes, et la polaire la plus petite. Généralement, lorsqu'on connaîtra Π', on pourra calculer Π en prenant pour valeur de R la normale N dont l'expression est donnée dans la page 222. On voit de plus qu'il suffit de connaître Π par l'observation, relativement à une seule latitude, pour en déduire la valeur de Π' ou de la parallaxe équatoriale.

rence, quoique fort petite, peut avoir une influence très-considérable sur plusieurs phénomènes astronomiques, par exemple, sur
l'époque d'une occultation d'étoile par la lune, ou même sur sa
possibilité. Il est donc nécessaire d'y avoir égard dans des opérations aussi délicates.

312. Pour cela, il faut faire une hypothèse sur la figure de la
terre. Nous la supposerons elliptique, puisque nous avons trouvé
que cette figure représente assez exactement les variations des degrés; et d'ailleurs, cette supposition ne fût-elle qu'approchée, elle
serait suffisante pour l'objet que nous nous proposons. Mais alors,
la première chose à remarquer, c'est que le rayon terrestre ne
coïncide plus avec la verticale (voy. *fig.* 69), et le *zénith apparent* Z, situé sur le prolongement de cette verticale, diffère du
zénith vrai Z', situé sur le prolongement du rayon. Or, c'est autour de la verticale que l'on observe les distances au zénith, puisque cette ligne seule est indiquée par la direction de la pesanteur. Ainsi, pour réduire les observations à ce qu'elles seraient si
l'on était placé au centre de la terre, il faut leur faire subir deux
corrections, l'une pour les ramener au *zénith vrai*, l'autre pour
les ramener au centre de la terre.

313. Ces corrections sont très-faciles lorsque l'astre est observé
dans le plan du méridien, par exemple, en L ou en L', *fig.* 69.
Dans ce cas, la distance au zénith apparent est L'OZ, si l'astre
observé est du côté du pôle; ou LOZ s'il est du côté de l'équateur.
C'est cette distance *apparente* que l'observation donne. La distance *vraie* que l'on cherche est L'OZ' ou LOZ'. Pour l'obtenir,
il faut ajouter à la distance apparente, l'angle du rayon avec la
verticale, lorsque l'astre est observé du côté du pôle, et retrancher ce même angle lorsque l'astre observé se trouve du côté de
l'équateur (*).

(*) En supposant la terre elliptique, on trouve facilement que l'angle a
du rayon avec la verticale, en un lieu dont la latitude géographique est L,
est donné par la formule

$$a = z \sin 2\mathrm{L},$$

z étant l'aplatissement de la terre.

514. Connaissant la distance zénithale LOZ', rapportée au zénith vrai, on prendra la parallaxe de hauteur pour cette distance, comme dans le cas de la terre sphérique, mais en y employant la valeur particulière du rayon terrestre OC, qui répond au lieu de l'observation. Cette parallaxe, retranchée de la distance zénithale LOZ', relative au rayon terrestre, donnera la *distance zénithale vraie*, telle qu'on l'aurait observée du centre de la terre (*).

(*) Soient Z la distance au zénith apparent observée, Z' cette distance réduite au zénith vrai, et enfin Z" la distance Z' réduite au centre de la terre. Nommons ω l'angle ZOZ' formé par le rayon avec la verticale, et ϖ la parallaxe de hauteur pour la distance Z'. Cela posé, si l'astre est dans le méridien du côté de l'équateur, on aura

$$Z' = Z - \omega ; \qquad Z'' = Z' - \varpi ; \qquad \sin \varpi = \sin \Pi . \sin Z'.$$

Π est ici la parallaxe horizontale pour le rayon OC. Ces formules supposent Z connu ; mais, si c'était la distance vraie Z" qui fût donnée, on en tirerait facilement Z, comme dans la page 400 ; car les deux dernières équations donneraient de même ϖ, en fonction de Z", par la série citée, et ensuite on en déduirait

$$Z' = Z'' + \varpi ; \qquad Z = Z' + \omega = Z'' + \varpi + \omega.$$

Il faudrait prendre ω négatif si l'astre était observé du côté du pôle. N'oublions pas que ces formules ne sont applicables que dans le plan du méridien.

Le calcul de la parallaxe, par deux observations faites dans le méridien à de grandes distances, est tout aussi facile dans le sphéroïde que dans la sphère ; car, en désignant toujours les positions des deux observateurs par OO', *fig.* 70 analogue à la *fig.* 54, le quadrilatère COLO' offrira les mêmes relations. Seulement, comme les distances au zénith observées sont LOZ, LO'Z' autour des verticales ON, O'N', Il faudra, pour obtenir les distances LOZ$_1$, LO'Z'$_1$, relatives au zénith vrai, retrancher les angles des rayons CO, CO', avec les verticales correspondantes, angles que nous nommerons ω, ω', et qui peuvent se calculer par la formule de la page précédente. Ainsi, en nommant toujours ϖ, ϖ' les deux angles CLO, CLO', ou les parallaxes de hauteur ; R, R' les deux rayons terrestres en O et O' ; enfin Π, Π' les deux parallaxes horizontales, et D la distance CL de l'astre au centre de la terre, on aura, comme dans la page 401,

$$\sin \Pi = \frac{R}{D} ; \qquad \sin \Pi' = \frac{R'}{D} ; \qquad \varpi = \Pi . \sin (Z - \omega) ; \qquad \varpi' = \Pi' . \sin (Z' - \omega').$$

Nous entendons ici par *parallaxe horizontale* celle qui a lieu lorsque le

318. Si l'astre est observé hors du méridien, comme dans la *fig.* 71, les lignes OZ, OZ' et OL, prolongées indéfiniment, formeront, sur la sphère céleste, un triangle sphérique, où l'on connaîtra le côté ZS, qui est la distance au zénith apparent observée ; le côté ZZ', qui est l'angle du rayon avec la verticale, et l'angle compris Z'ZS qui est le supplément de l'azimut apparent de l'astre, compté du pôle, puisqu'il est formé par le vertical SOZ avec le plan du méridien : on pourra donc calculer le troisième côté Z'S, ou la distance apparente de l'astre au zénith vrai.

---

rayon visuel est perpendiculaire au rayon terrestre. Le rayon visuel n'est point alors tangent au sphéroïde ; de sorte qu'il serait plus juste d'appeler l'angle dont il s'agit, *plus grande parallaxe* ou *parallaxe maximum* ; mais l'usage a prévalu. Le rapport des sinus de ces parallaxes étant à fort peu près le même que celui des arcs, on en tire $\dfrac{H'}{H} = \dfrac{R'}{R}$, c'est-à-dire qu'elles sont proportionnelles aux rayons terrestres, et en profitant de ce rapport pour éliminer HH', les expressions de ϖ et de ϖ', ajoutées ensemble, donnent

$$\varpi + \varpi' = H\left[\frac{H.\sin(Z - \varpi) + R'.\sin(Z' - \varpi')}{R}\right].$$

Mais la somme des parallaxes $\varpi + \varpi'$ est égale à l'angle OLO' ; de plus, la somme des quatre angles du quadrilatère COLO' doit toujours égaler quatre angles droits, comme précédemment : on aura donc

$$OLO' = \varpi + \varpi' = Z - \varpi + Z' - \varpi' - \varphi ;$$

φ étant l'angle OCO' formé par les deux rayons terrestres. Prolongeons les normales ON, O'N' jusqu'à leur rencontre avec la droite OE représentant le plan de l'équateur ; les angles ENO, EN'O', formés par ces normales avec ce plan, seront les latitudes des deux observateurs ; nous les nommerons λ, λ'. Or, ces angles étant extérieurs aux triangles NOC, N'O'C, on aura évidemment

$$\lambda = NCO + \varpi ; \qquad \lambda' = N'CO' + \varpi' ;$$

d'où l'on tire

$$NCO + N'CO' = \varphi = \lambda + \lambda' - \varpi - \varpi' ;$$

valeur qui, étant substituée pour φ dans l'expression de OLO', donne

$$OLO' = Z + Z' - \lambda - \lambda' ;$$

résultat tout à fait analogue à ce qui a eu lieu dans la sphère. Cette valeur de OLO' ou de $\varpi + \varpi'$ étant égale à la première que nous avons obtenue,

On pourra même éliminer l'azimut au moyen de sa valeur en fonction de la distance polaire apparente et de l'angle horaire apparent ; et, par ce moyen, $Z'S$ se trouvera entièrement exprimé en quantités faciles à déduire de l'observation.

Connaissant la distance apparente au zénith vrai $Z'S$, on prendra la parallaxe de hauteur pour cette distance et pour le rayon terrestre OC : cette parallaxe, représentée par le petit arc SS', aura pour expression, $\Pi \sin Z'S$, Π étant la parallaxe horizontale pour le rayon OC. Et ainsi l'on connaîtra la distance vraie $Z'S' = Z'S - SS'$, telle qu'on l'aurait observée du centre de la terre (*).

316. Maintenant, si l'on veut avoir les parallaxes de déclinaison et d'ascension droite, il n'y a rien de plus facile ; car, en rapportant tout au zénith vrai Z', les circonstances deviennent absolument les mêmes que dans le cas de la terre sphérique représentée dans la *fig.* 68. Les expressions trouvées alors pour ces paral-

---

on en déduit la valeur de la parallaxe *maximum* pour l'observateur O, qui sera

$$\Pi = \frac{R(Z + Z' - \lambda - \lambda')}{R\sin(Z - \omega) + R'\sin(Z' - \omega')}$$

Pour l'observateur O' on aurait

$$\Pi' = \frac{R'(Z + Z' - \lambda - \lambda')}{R\sin(Z - \omega) + R'\sin(Z' - \omega')}$$

Ces expressions sont tout à fait analogues à celle de la page 402, et elles ne sont pas plus difficiles à calculer. Nous avons supposé, dans le calcul, que les deux observateurs étaient situés des deux côtés opposés de l'équateur ; s'ils étaient du même côté, il faudrait regarder la plus petite latitude comme négative dans la formule précédente, et faire aussi négative la valeur correspondante de ω ou de ω'. Dans ce cas, si l'astre, au lieu d'être situé entre les deux zéniths, était situé du même côté du zénith, par rapport aux deux observateurs, il faudrait encore regarder comme négative la plus petite des deux distances zénithales. Ces résultats seraient faciles à voir d'après la figure relative à chacun de ces cas particuliers.

(*) Soit A l'azimut apparent de l'astre compté du pôle : ce sera le supplément de l'angle $Z'ZS$. Soient Z la distance au zénith apparent observée, Z' la distance apparente au zénith vrai, ω l'angle du rayon avec la verticale. Cela posé, si l'on fait attention que $\cos(180 - A) = -\cos A$, le triangle

laxes, s'appliqueront donc encore dans le cas actuel; seulement, comme la distance du zénith au pôle entre dans ces formules, il faudra y faire usage de la distance au zénith vrai Z', c'est-à-dire augmenter la distance apparente du zénith au pôle d'une quantité

---

sphérique ZZ'S donnera

$$\cos Z' = - \sin Z \sin \omega \cos A + \cos \omega \cos Z;$$

en prenant un angle auxiliaire tel qu'on ait

$$\operatorname{tang} \varphi = \cos A \operatorname{tang} \omega,$$

il viendra

$$\cos Z' = \frac{\cos \omega}{\cos \varphi} \cos (Z + \varphi).$$

Si l'on veut conclure l'azimut, d'après l'observation de l'angle horaire, ce qui est plus facile et plus ordinaire que de l'observer, rien n'est plus simple. Car si l'on imagine un nouveau triangle sphérique ZPS, formé, *fig.* 72, par les trois rayons visuels menés de l'observateur au pôle, au zénith apparent et à l'astre, on connaîtra, dans ce triangle, la distance apparente observée ou Z; la distance du pôle au zénith apparent ou D; enfin l'angle horaire apparent ou P. L'angle SZP compris entre les deux côtés Z et D de ce triangle, est précisément égal à l'azimut A. On pourra donc calculer cet azimut par la combinaison des formules suivantes, tirées de la trigonométrie sphérique,

$$\operatorname{tang} \psi = \cos D \operatorname{tang} P, \quad \sin (A + \psi) = \frac{\sin \psi \operatorname{tang} D}{\operatorname{tang} Z},$$

où ψ est un angle auxiliaire. Quand on connaîtra A par ces formules, les deux premières équations feront connaître Z', ou la distance apparente au zénith vrai. La parallaxe, pour cette distance, ou $\Pi \sin Z'$, sera ainsi connue. En la retranchant de Z', on aura la distance zénithale vraie $Z'' = Z' - \Pi \sin Z'$.

Si au contraire Z'' était donné, on en déduirait Z' au moyen des formules de la page 400, où ϖ représenterait la parallaxe de hauteur $Z' - Z''$ rapportée au zénith vrai. Ensuite on en déduirait Z, en résolvant le triangle sphérique SZ'Z, dans lequel l'angle Z', qui est l'azimut vrai de l'astre, serait facile à calculer d'après les éléments de son lieu vrai. Mais il est une autre méthode bien plus simple pour trouver directement Z sans passer par Z'. On la verra dans la note suivante.

Lorsque Z est très-considérable par rapport à ω, on peut aisément obtenir la valeur de $Z' - Z$ en série convergente ordonnée suivant les puissances de $\sin \omega$. Mais cette réduction n'est pas possible, en général, parce que les arcs Z, Z', ω peuvent devenir comparables entre eux, lorsque l'astre L est observé très-près du zénith vrai ou apparent.

égale à l'angle Z'OZ, formé par le rayon terrestre avec la verticale. Au moyen de ces résultats rien n'est plus facile que d'obtenir
les éléments du lieu apparent de l'astre, étant donné son lieu vrai,
rapporté au centre du sphéroïde terrestre (*).

517. J'ai dit, dans le tome Ier, page 190, que le diamètre appa-

---

(*) D'après ce que l'on vient de dire, en nommant toujours ϖ l'angle du
rayon terrestre avec la verticale, et désignant par α la parallaxe d'ascension
droite, par δ la parallaxe de déclinaison, les formules trouvées dans la note
de la page 408, pour le cas de la terre sphérique, donneront, dans le sphéroïde,

$$\sin \alpha = \frac{\sin \Pi \sin (D + \omega) \sin (P' + \alpha)}{\sin \Delta'},$$

$$\sin \delta = \left[\frac{\sin \Pi \cos (D + \omega) \sin (P' + \alpha) - 2 \cos \Delta' \cos (P' + \tfrac{1}{2}\alpha) \sin \tfrac{1}{2}\alpha}{\sin P'} \right] \sin (\Delta' + \delta),$$

ou, avec une approximation presque toujours suffisante,

$$\alpha = \frac{\Pi \sin (D + \omega) \sin P'}{\sin \Delta'},$$

$$\delta = \Pi \left[\sin \Delta' \cos (D + \omega) - \cos \Delta' \sin (D + \omega) \cos P' \right];$$

Δ' est la distance polaire vraie, et P' l'angle horaire vrai vus du centre de la
terre. α et δ étant calculés par ces formules, si l'on nomme Δ la distance
polaire apparente, et P l'angle horaire apparent, vus de la surface du sphéroïde terrestre, on aura

$$P = P' + \alpha, \quad \Delta = \Delta' + \delta.$$

Avec P, Δ et D, on peut calculer directement la distance apparente Z. Car
si l'on forme le triangle sphérique SZP, *fig.* 72, par trois rayons visuels
menés de l'observateur au zénith apparent, à l'astre et au pôle, on connaîtra
dans ce triangle les côtés PS $= \Delta$, PZ $=$ D, et l'angle SPZ $=$ P. On en
conclura donc aisément le troisième côté, ou la distance zénithale apparente
ZS $=$ Z. On pourra également calculer l'angle SZP ou l'azimut apparent de
l'astre. On aura donc ainsi tous les éléments du lieu apparent de l'astre, de
la manière la plus simple, au moyen des éléments de son lieu vrai. De
même si l'on forme le triangle sphérique S'Z'P par trois rayons visuels, menés
du centre de la terre au zénith vrai, à l'astre et au pôle, on connaîtra dans ce
triangle les côtés S'P $= \Delta'$, Z'P $=$ D$+\omega$, et l'angle S'PZ' $=$ P'. On pourra donc
calculer le troisième côté S'Z' $=$ Z', d'où l'on conclura Z' ou Z'S par les
formules de la page 400. On pourra aussi calculer l'angle S'Z'P qui est l'a-
zimut vrai de l'astre. On voit que la considération de l'ellipticité de la terre
ne complique nullement ces résultats.

rent de la lune à l'horizon était un peu plus petit qu'au zénith, lorsqu'on le mesure exactement avec le micromètre ; c'est un effet de la parallaxe, et il est facile de le démontrer. Pour cela, considérons d'abord la distance de la lune au centre de la terre comme constante, en sorte qu'elle décrive son cercle diurne autour de ce centre, comme dans la *fig.* 73. Alors la lune, étant au zénith en Z, sera plus près de l'observateur O que lorsqu'elle était à l'horizon en L, car dans le cercle LZL′ la flèche OZ est moindre que la demi-corde OL. La différence de ces deux distances produit un effet sensible sur le diamètre apparent qui augmente à mesure que la lune s'élève (*). La loi de cet accroissement est facile à calculer, et sa valeur totale, depuis l'horizon jusqu'au zénith, est d'environ $\frac{1}{60}$, parce que, dans le passage d'une de ces positions à l'autre, la distance de la lune à l'observateur se trouve diminuée d'une quantité sensiblement égale au rayon OC de la terre, qui en est environ la soixantième partie. L'exacte conformité de cette loi avec les phénomènes, soit que la lune monte ou descende sur l'horizon, ne permet pas de douter qu'ils ne soient dus

---

(*) Nommons r le demi-diamètre OC de la terre, R le rayon CL ou CZ, mené de son centre à celui de la lune. La ligne OL, côté du triangle rectangle COL, aura pour longueur $\sqrt{R^2 - r^2}$; la flèche OZ aura pour longueur $R - r$; et la différence de ces deux lignes, ou l'excès de OL sur OZ, sera exprimée par

$$\sqrt{R^2 - r^2} - (R - r).$$

Si l'on suppose, comme cela a lieu dans la nature, que r soit une très-petite fraction par rapport à R, on pourra se contenter d'extraire, par approximation, la racine carrée indiquée, en se servant, pour cela, de la formule du binôme de Newton ; et en se bornant aux premières puissances de r, on aura, pour cette racine, $R - \frac{r^2}{2R}$. L'expression ci-dessus, qui représente la différence des lignes OZ et OL, sera donc exprimée par $r - \frac{r^2}{2R}$, c'est-à-dire qu'elle est presque égale à r, car le terme $-\frac{r^2}{2R}$ est très-petit par rapport à r, puisqu'il est égal au produit de r par $\frac{r}{2R}$, qui est une fraction extrêmement petite et peu différente de $\frac{1}{120}$.

à la cause que nous venons d'assigner, et l'on voit aussi, par cet accord, que, si la distance de la lune au centre de la terre n'est pas exactement constante, comme nous l'avons supposé, du moins les variations qu'elle éprouve pendant que cet astre s'élève depuis l'horizon jusqu'au zénith, sont trop petites pour produire un changement notable, dans cet intervalle, sur son diamètre apparent.

516. Dans tout ce qui précède, nous n'avons pas encore parlé de la parallaxe du soleil. En effet, elle est si petite qu'aucune des méthodes précédentes ne peut la donner avec exactitude; aussi les astronomes ont ignoré pendant longtemps sa valeur. Enfin, on a réussi à la déterminer, non pas par l'observation immédiate, qui eût été sujette à trop d'inexactitude, mais d'après certains rapports, qui existent entre les distances des diverses planètes et de la terre elle-même, au centre du soleil. On sent que cette méthode indirecte n'a pu être inventée qu'après que l'on a connu, avec beaucoup d'exactitude, les mouvements planétaires. C'est pourquoi je l'exposerai plus tard. La parallaxe du soleil, qu'on en a déduite, est égale à $8'',8$ sexagésimales, ou à $27'',1$ de la division décimale; ce qui donne la distance moyenne de cet astre à la terre, égale à 23578 rayons terrestres, ou plus de trente-quatre millions de lieues. On ne pouvait rien obtenir de précis sur les dimensions du système solaire, tant qu'il restait quelque incertitude sur cet élément. Par conséquent, si l'on voulait suivre réellement la marche d'invention, il faudrait d'abord faire abstraction de cette valeur jusqu'à l'époque où elle a pu être déterminée, et revenir ensuite sur tous les résultats. Telle a été, en effet, la marche réelle de l'astronomie, dont les progrès, comme je l'ai déjà répété plusieurs fois, ne sont qu'une suite d'approximations successives. Mais cette marche, tour à tour directe et rétrograde, serait embarrassante et peu méthodique. Il nous suffira de remarquer que la valeur de cette parallaxe étant fort petite, les résultats approchés que l'on obtiendrait, en n'y ayant point égard, différeraient extrêmement peu des résultats définitifs que l'on trouverait en l'employant dans une seconde approximation. Mais une fois que cette vérité est bien comprise, il est bien plus court d'admettre provi-

soirement l'emploi d'une si petite correction, dont la nécessité est reconnue, et dont la valeur sera par la suite démontrée très-exactement, afin d'arriver d'abord sans retour aux résultats définitifs. Il en est de même des petites corrections relatives à la précession, à l'aberration et à la nutation, dont, pour plus de brièveté et de méthode, nous sommes convenus de faire un usage anticipé. Ainsi, nous supposerons toujours, dans les résultats dont nous ferons usage, qu'on y a corrigé l'effet de la parallaxe solaire, d'après la valeur que nous venons de rapporter.

CHAPITRE XXII (*).

Description et usages du cercle répétiteur.

319. M'étant proposé de réunir et d'expliquer dans cet ouvrage les procédés d'observation les plus exacts et les plus généralement usités, je vais exposer avec détail l'usage du cercle répétiteur, qui à lui seul peut suppléer au mural et à la lunette méridienne; qui les remplace avec une exactitude indéfinie; qui, par son peu de volume et le petit nombre de vérifications qu'il exige, peut être aisément transporté partout; enfin, dont les applications ne sont pas bornées à l'astronomie seule, mais s'étendent à la géodésie, à la topographie et à une infinité de recherches physiques de tout genre, où elles portent une précision inespérée.

320. L'essentiel de cet instrument consiste dans un limbe circulaire vertical ZAP, *fig.* 74, qui peut tourner autour de la verticale CP, menée par son centre, et qui, de plus, peut aussi tourner verticalement autour d'un axe horizontal mené par ce même centre. Une lunette OCL, munie d'un micromètre à fil fixe et d'un vernier, tourne autour du centre C, et peut parcourir successivement tous les points du limbe. L'instrument entier est représenté dans la *Pl. XVII* du tome II. Pour en comprendre l'usage, revenons à la *fig.* 74. Soit S un objet éloigné et immobile, dont on veut mesurer la distance au zénith. Ce sera même, si l'on veut, une étoile. Car, bien que les astres se déplacent à chaque instant par l'effet du

---

(*) Depuis que ce chapitre a été rédigé pour l'édition précédente, les cercles répétiteurs ont reçu de grands perfectionnements, et l'on a aussi amélioré beaucoup la manière de les employer. J'ai cru cependant pouvoir laisser subsister cette première rédaction, comme un exposé suffisant des principes de leur usage, mais on trouvera à la fin de ce volume une dissertation sur la nouvelle mesure que j'ai faite de la latitude de Formentera en 1825, où les méthodes les plus sûres d'observation seront expliquées et confirmées par leur application pratique la plus exacte.

mouvement diurne, on peut calculer les effets de ce déplacement pendant l'intervalle des observations et en tenir compte, comme nous le verrons tout à l'heure ; ce qui ramène la question au même état que si l'on n'avait à observer que des points fixes. Cela posé, voici comment on opère : on commence par fixer le vernier de la lunette sur le point zéro de la division ; puis on dirige le limbe dans le vertical de l'astre, au moyen du mouvement azimutal, et on le fait ensuite tourner verticalement autour de son centre, jusqu'à ce que le point S réponde au centre des fils ; c'est ce que représente la *fig.* 74. Concevons maintenant un fil-à-plomb CP mené par le centre du limbe ; sa direction prolongée déterminera le zénith Z ; et l'arc AZ, lu sur le limbe, sera la distance au zénith. Mais on peut éviter l'usage de ce fil et la lecture de l'arc, comme on va le voir.

321. Les choses étant disposées comme nous venons de le dire, on donne au limbe un mouvement azimutal autour de la verticale qui passe par son centre, et on lui fait faire un demi-tour, de manière à le ramener dans le vertical de l'astre (*voyez fig.* 75). Dans ce mouvement, le point Z du limbe n'a pas changé. Seulement, si le limbe faisait d'abord face à l'est, il fait maintenant face à l'ouest, et comme la lunette est fixe sur le limbe, il s'ensuit que sa direction actuelle LAC fait toujours le même angle avec la verticale. Alors on détache cette lunette, et en la faisant tourner sur le limbe, on la ramène sur l'astre. Sa nouvelle direction CA'S répond alors à un autre point du limbe, tel que A' ; et, puisque nous supposons l'astre immobile, l'arc A'Z est exactement égal à l'arc AZ, ou à la distance au zénith. L'arc total AA', que la lunette vient de parcourir, est donc double de cette distance. Ainsi, en lisant cet arc indiqué par le déplacement du vernier sur la division du limbe, et prenant sa moitié, on aura la distance au zénith, sans qu'il soit du tout nécessaire de connaître le point Z ; et, par conséquent, sans avoir aucun besoin de fil-à-plomb.

322. A la vérité, ceci suppose que le limbe, en passant de la première observation à la seconde, a tourné exactement autour de la verticale, en sorte que chacun de ses points reste exactement à la même hauteur au-dessus du plan horizontal. Pour s'en assurer, on attache derrière le limbe et parallèlement à son plan un niveau à bulle d'air très-sensible, que l'on *cale*, c'est-à-dire que l'on met bien horizontal dans la première position du cercle, où le limbe faisait, je suppose, face à l'est; ensuite, si le point Z du limbe s'est un peu déplacé par le retournement, lorsque le limbe fait face à l'ouest, on en est averti par le niveau qui s'est déplacé avec lui, et dont la bulle ne répond plus aux mêmes points de la division du tube. Alors on ramène le limbe à la position où le niveau rentre dans ses premières limites; ainsi, sans connaître le point Z, on est toutefois assuré qu'il revient dans la même verticale. Il y a, dans tous les cercles, des vis de rappel pour faire ainsi mouvoir le limbe par degrés insensibles, et pour caler le niveau.

525. Après qu'on a ainsi la distance zénithale double, on obtient la distance quadruple de la manière suivante : sans toucher à la lunette, on retourne l'instrument, et on ramène le limbe la face à l'est, comme il était d'abord. La lunette prend alors la direction CA'L, *fig*. 76. Si on la ramenait vers l'astre, le limbe restant fixe, elle reviendrait au point A d'où elle est partie, et on détruirait l'arc qu'on lui a fait parcourir. Au lieu de cela, on la laisse fixe en A', mais on ramène le limbe en le faisant tourner verticalement autour de son centre, jusqu'à ce que l'astre revienne dans la lunette au centre des fils. Alors le point A' est dirigé vers l'astre, et le point de départ descend en A, *fig*. 77. Cela fait, on se retrouve exactement dans les mêmes circonstances où l'on était au commencement de la première observation, *fig*. 74; si ce n'est que le point de départ est A', c'est-à-dire la fin du premier arc parcouru (*). En partant de là, et opérant de la même manière, on peut faire une nouvelle observation double qui amènera la lunette en A″; et comme l'arc A'A″ sera égal à AA', l'arc total AA'A″

______

(*) En faisant ainsi mouvoir le limbe dans la troisième observation, le niveau qui y est attaché se déplace avec lui et cesse d'être horizontal; mais on le détache et on le ramène à cette position, où l'on achève de le fixer par des vis de rappel. On fait la même chose après chaque observation paire.

sera la distance au zénith quadruple ; en le divisant par 4, on aura
la distance simple.

Ayant la distance quadruple, on peut l'avoir sextuple par le
même procédé : il faut retourner le limbe face à l'est, dans sa première position, et ramener le point A″ vers l'astre, sans détacher
la lunette. Alors le nouveau point de départ sera A″ ; une nouvelle
observation double amènera la lunette en A‴, et l'arc AA′A″A‴
sera l'arc sextuple. En le divisant par 6, on aura l'arc simple.

En continuant ainsi indéfiniment, on obtiendra tel multiple de
la distance que l'on voudra, et en divisant l'arc total parcouru par
le nombre des observations, on aura la distance zénithale simple.
On peut faire ainsi parcourir à la lunette plusieurs circonférences
entières dont il faudra tenir compte. Mais, pour s'épargner la peine
de les compter une à une, il suffit de lire une seule fois l'arc double, ce qui fait connaître la distance simple ; et quand les observations sont terminées, on voit aisément quel nombre de circonférences entières il faut ajouter pour que l'arc total, divisé par le
nombre des observations, redonne la distance simple, déterminée
approximativement par la première lecture.

324. Examinons maintenant en quoi consiste l'avantage de cette
multiplication. Elle n'en aurait aucun si les divisions faites sur le
cercle étaient mathématiquement exactes, et si l'observateur poin-
tait toujours parfaitement juste ; car alors, une seule observation
donnerait la distance au zénith exacte. Mais, comme ces conditions
sont impossibles à remplir dans la pratique, la répétition des angles y supplée par des compensations.

D'abord, quant à l'erreur des divisions, on voit que les arcs
mesurés se suivent sans interruption sur le limbe, de manière que
le point du limbe, qui est la fin d'une observation, devient l'origine de la suivante. Cela fait que la somme des observations, ou
l'arc total parcouru, ne renferme absolument aucune erreur intermédiaire, mais seulement les deux erreurs des lectures extrêmes. Ces erreurs elles-mêmes sont encore affaiblies, parce que les
alidades du cercle portent quatre verniers que l'on lit séparément,
et dont la moyenne contribue à marquer le commencement et la
fin de l'arc total avec une plus grande probabilité d'exactitude.

Enfin, la petite erreur, qui peut rester encore, malgré ces précautions, dans les lectures extrêmes, se trouvant répartie par la division sur l'arc entier parcouru sur le limbe, ne conserve plus qu'une influence insensible sur l'arc simple parcouru dans une seule observation, du moins en supposant les observations suffisamment multipliées. Les erreurs des divisions s'affaiblissent donc dans le cercle répétiteur par la répétition même, et la compensation qui s'opère entre elles n'est pas l'effet d'une probabilité, mais d'une certitude.

Pour sentir jusqu'où cette compensation peut aller, il faut savoir que, dans nos cercles répétiteurs qui n'ont ordinairement que 4 décimètres (15 pouces environ) de diamètre, l'erreur des divisions ne peut pas certainement s'élever à 15″ sexagésimales. Elle se réduirait donc au plus à $\frac{1}{2}$ seconde, après trente observations; que devient-elle après quatre-vingts ou cent? que devient-elle si, comme on peut le faire et comme on l'a fait souvent, on laisse les séries des différents jours se succéder sans interruption sur le limbe, de sorte que les deux erreurs des lectures extrêmes se trouvent seules réparties sur un arc total qui contient plusieurs milliers de fois l'arc simple?

L'erreur des divisions est donc comme nulle dans les observations faites au cercle. Il est impossible qu'elle soit aussi rigoureusement détruite dans les plus grands instruments, s'ils ne sont pas répétiteurs. Jamais l'adresse de l'artiste ne peut égaler un procédé mathématique.

323. Mais il y a d'autres erreurs qui se détruisent par le principe des probabilités dans l'usage du cercle, et qui restent dans les autres instruments. Telles sont les erreurs du niveau, qui, déjà très-petites dans les premiers cercles répétiteurs que l'on a construits, sont encore moindres dans nos cercles actuels, où le niveau donne immédiatement les fractions de seconde. Telles sont encore les erreurs du pointé, qui, déjà fort petites par elles-mêmes, se détruisent comme celles du niveau, par leur compensation fortuite dans plusieurs milliers d'observations. Ces erreurs existent aussi dans les observations faites avec de grands instruments comme le mural. Car l'erreur du pointé s'y retrouve, et celle du niveau est

représentée par l'erreur du fil à plomb. Mais ici, le petit nombre des observations ne permet pas d'espérer une compensation aussi exacte que dans le cercle. Si l'on suppose que l'exactitude des résultats moyens soit en raison composée du nombre des observations et de la longueur du rayon de l'instrument, cent observations faites avec un cercle de 2 décimètres de rayon équivaudraient à une observation unique faite avec un mural de 20 mètres. Où pourrait-on trouver de pareils instruments, et surtout comment pourrait-on les employer dans les observations qui exigent des voyages?

526. Après avoir expliqué, en général, le mécanisme de la répétition et ses avantages, il faut entrer dans quelques détails sur les vérifications particulières que l'instrument exige avant d'être employé aux observations.

La première condition à remplir, c'est que le limbe soit exactement vertical, et qu'il puisse se maintenir dans cette position pendant que l'on observe, ou, du moins, qu'on ait des moyens de l'y ramener. Pour cela, on place derrière le limbe, et perpendiculairement à son plan, un petit niveau à bulle d'air qu'on attache à l'axe horizontal autour duquel le cercle tourne (voy. *fig.* 78). Alors, quand le niveau est horizontal, le limbe est vertical à cause de la perpendicularité. Or, il y a dans les cercles répétiteurs une vis de rappel qui fait mouvoir le limbe, et avec laquelle on le ramène à la verticalité, lorsque le niveau perpendiculaire indique qu'il s'en écarte.

Quant à ce niveau lui-même, on voit qu'il est horizontal, quand les extrémités de la bulle d'air qu'il renferme se terminent à deux traits fixes, tracés par l'artiste pour cet objet. Mais il est utile de savoir au besoin suppléer à cette donnée.

En effet, en supposant même que ce niveau eût été parfaitement réglé par l'artiste, il pourrait bien arriver qu'il se dérangeât dans sa monture, et qu'il cessât d'être perpendiculaire au limbe. C'est pourquoi on le vérifie avant de commencer les observations. Pour cela, on attache sur le limbe deux pinces P, Q, sur lesquelles on a tracé deux points extrêmement fins, qui doivent, par construction, se trouver à égales distances du plan du limbe,

auquel les pinces sont appliquées. Les artistes ont des moyens
très-précis et très-simples pour remplir cette condition. A l'un de
ces points, au plus élevé, on suspend un fil-à-plomb et l'on fait
mouvoir le limbe jusqu'à ce que ce fil vienne battre exactement
sur l'autre point. Alors le limbe est vertical, puisque, par construction, la ligne verticale, menée par les deux points P et Q, est
parallèle à son plan. Quand on l'a amené dans cette position, on
fait mouvoir les vis de rappel du petit niveau, de manière qu'il
devienne exactement horizontal, et les variations de ce niveau indiquent ensuite si le limbe s'écarte de la verticalité. La sensibilité
de cet instrument rend même pour cela son usage préférable à celui
du fil à plomb, en même temps qu'il est infiniment plus commode (*).

(*) Pour apprécier l'erreur que produirait un petit défaut de verticalité,
prolongeons le plan du limbe jusqu'à la sphère céleste; il la coupera suivant un grand cercle que nous nommerons HZ'H, *fig.* 79. Le point Z', le
plus élevé de ce cercle, sera le faux zénith indiqué par l'instrument, et la ligne
OZ', menée à ce point par le centre du limbe, sera la verticale apparente
autour de laquelle on mesure, sur le limbe, les distances au zénith. Soit
maintenant OZ la verticale vraie, en sorte que Z'OZ soit l'inclinaison du
plan du limbe sur la verticale, angle que nous nommerons I. Cela posé, si
l'on mène du point O un rayon visuel OS à une étoile quelconque, la distance au zénith véritable sera l'angle ZOS, que nous nommerons Z. Mais la
fausse distance mesurée sur le limbe, sera l'angle Z'OS, que nous nommerons Z'. Les trois côtés ZZ', ZS, Z'S formeront, sur la sphère céleste, un
triangle sphérique, rectangle en Z', et dans lequel on aura

$$\cos Z = \cos Z' \cos I;$$

de là on tirerait Z connaissant Z'. Mais il faudrait faire le calcul avec une
exactitude minutieuse, à cause du facteur cos I, qui diffère très-peu de l'unité,
parce que l'inclinaison I, qui peut rester après les vérifications précédentes,
est nécessairement fort petite. C'est pourquoi il est plus simple de chercher
approximativement la différence des angles Z et Z'. A cet effet, substituons
à cos I sa valeur $1 - 2 \sin^2 \frac{1}{2} I$, nous aurons

$$\cos Z' - \cos Z = 2 \cos Z' \sin^2 \tfrac{1}{2} I$$

Or, $\cos Z' - \cos Z = 2 \sin \frac{1}{2} (Z + Z') \sin \frac{1}{2} (Z - Z')$. Substituant cette va-

327. Si l'on voulait vérifier aussi les pinces elles-mêmes, rien ne serait plus facile. Le petit niveau étant calé, c'est-à-dire rendu horizontal, faites tourner le limbe verticalement, de manière que la pince qui était en haut vienne en bas, et que l'autre qui était en

---

leur, on trouve

$$\sin\tfrac{1}{2}(Z - Z') = \frac{\cos Z' \sin^2 \tfrac{1}{2} I}{\sin\tfrac{1}{2}(Z + Z')},$$

c'est le sinus de la moitié de la différence cherchée. Elle est toujours positive tant que Z' est moindre qu'un angle droit. Par conséquent, dans cette limite, la distance vraie surpasse toujours la distance observée : cela doit être, puisque Z est une hypoténuse. L'inclinaison I ne pouvant jamais être que de quelques minutes, le facteur $\sin^2 \tfrac{1}{2} I$, qui se trouve au numérateur, sera toujours un très-petit nombre, et le dénominateur $\sin\tfrac{1}{2}(Z + Z')$ sera, comparativement, très-considérable, même à $1°$ de distance du zénith. Ainsi, au-dessous de ce terme, la différence des arcs Z et Z' sera extrêmement petite ; on pourra donc alors, sans craindre aucune erreur, supposer $Z = Z'$ dans le second membre, ce qui revient à négliger le carré de $Z - Z'$. On trouvera ainsi définitivement,

$$\sin\tfrac{1}{2}(Z - Z') = \frac{\sin^2 \tfrac{1}{2} I}{\tan g\, Z'}.$$

Pour apprécier l'exactitude de cette formule, il faut comparer les résultats qu'elle donne avec ceux que l'on tire de la formule rigoureuse : $\cos Z = \cos Z' \cos I$. En supposant $I = 10'$ et $Z' = 1°$ sex., on trouve déjà que les deux formules s'accordent presque exactement. Plus près du zénith, l'approximation diminue, et enfin elle cesse d'être suffisamment exacte ; par exemple, quand Z' est nul, elle donne $Z' - Z$ infini, au lieu que la formule rigoureuse donne alors $\cos Z = \cos I$, ou $Z = I$, c'est-à-dire que toute l'erreur de la verticalité se reporte sur la distance au zénith, comme cela doit en effet arriver.

On doit tirer de ceci deux conclusions : la première, c'est qu'il faut atténuer, autant que possible, le défaut de verticalité ; la seconde, qu'il faut éviter d'observer très-près du zénith, où l'influence de ce défaut sur les distances est plus sensible, à cause du dénominateur $\tan g\, Z'$. Ce dernier inconvénient est toujours nul pour la Polaire, qui sert ordinairement à déterminer les latitudes. Sa distance au zénith sort des limites où les erreurs de la verticalité sont considérables, au moins dans tous les pays habitables où l'on peut avoir occasion de l'observer. Enfin, quand on observera près du zénith, même à quelques degrés de distance, on fera bien d'évaluer, aussi exactement que possible, l'inclinaison du plan du limbe, et on en tiendra compte au moyen de la formule précédente, ce qui atténuera toujours l'erreur et pourra même en rendre l'influence tout à fait insensible.

bas vienne en haut. Alors suspendez de nouveau le fil-à-plomb ;
s'il bat encore exactement sur les deux points P et Q, le limbe est
vertical et les pinces sont bien réglées. Dans le cas contraire, l'écart
du fil-à-plomb sera double du défaut de parallélisme. Car, soit,
par exemple, LL, *fig.* 80, la direction du limbe dans sa première
position, la verticale PQ faisant avec lui un certain angle par l'erreur des pinces. Dans le renversement, chacun des points P, Q
décrit une circonférence de cercle autour de l'axe de rotation ACC',
qui est perpendiculaire au limbe. La ligne PQ décrit donc, autour de cet axe, une surface conique dont l'angle au centre
est PC'P' ou Q'C'Q, P' et Q' désignant les nouvelles positions des
points P et Q après le renversement. Si par le point C' on mène
C'L' parallèle au limbe, cette ligne, qui demeure immobile pendant la rotation, divisera l'angle Q'C'P en deux moitiés, dont chacune sera égale à l'angle L'C'P, formé par la ligne PQ avec le
limbe. Or, quand on suspendra de nouveau le fil-à-plomb en Q',
la quantité Q'Q'P', dont il s'écartera de la ligne P'Q' sera égale à
l'angle au centre Q'C'P. Cet écart sera, par conséquent, double
de l'erreur du parallélisme.

Si l'on s'apercevait d'une erreur de ce genre, il faudrait s'occuper de la corriger. Pour cela, il doit y avoir, sur les pinces, des
vis de rappel qui permettent de rapprocher ou d'éloigner les points
P et Q. On fera donc marcher ces points de manière à détruire la
moitié de l'écart observé, et avec les pinces ainsi réglées, on re-
mettra le limbe vertical. Mais comme il est bien difficile que l'on
fasse exactement cette bissection dès la première fois, lorsqu'on
aura rétabli à très-peu près la verticalité du limbe, au moyen des
pinces corrigées, on profitera de cette verticalité approchée pour
corriger de nouveau les pinces, et en procédant ainsi par une
suite d'essais et de corrections successives, on parviendra bientôt
à régler le tout exactement. Le petit niveau perpendiculaire au
limbe indiquera ensuite la conservation de la verticalité. On peut
même, en répétant ces tentatives sur divers points du limbe, s'assurer que l'axe de rotation lui est exactement perpendiculaire, car,
s'il ne l'était pas, les positions du fil-à-plomb ne s'accorderaient pas
entre elles sur les différents rayons du cercle.

328. À la rigueur, on pourrait se contenter de ces précautions, relativement à la verticalité, car si on la trouvait dérangée dans une observation, les vis de rappel de l'instrument suffiraient pour la rétablir, d'après l'indication du niveau perpendiculaire. Mais comme cette opération prend toujours un peu de temps, il faut la rendre aussi rare que possible. Or, on serait forcé de la faire à chaque observation, par le retournement du cercle, si la colonne qui le porte n'était pas exactement verticale. Car si, dans la première position de l'instrument, lorsqu'il fait face à l'est, LM, *fig.* 81, était le limbe supposé vertical, et AB la colonne inclinée à l'horizon; comme celle-ci reste immobile dans le retournement, le limbe, en passant à l'ouest, prendrait la direction $L'M'$, toujours également inclinée sur cet axe, mais non plus verticale; en sorte qu'il serait nécessaire de lui rendre la verticalité, et de la lui rendre ainsi tour à tour, en passant d'un côté à l'autre, dans chaque observation. On évite ces inconvénients en rendant la colonne verticale, et on l'amène à cette situation au moyen de trois vis que porte le cercle horizontal sur lequel la colonne s'élève, et qui sert de base à tout l'instrument.

Ces trois vis, désignées par V, V', V'' dans la *fig.* 82, sont espacées à des intervalles égaux, de manière que les rayons CV, CV', CV'', menés perpendiculairement à l'axe de la colonne, fassent entre eux des angles égaux au tiers de la circonférence. Le procédé consiste à rendre d'abord un de ces rayons, par exemple CV, horizontal, et à faire ensuite tourner le plan $VV'V''$ autour de cette ligne, comme axe, de manière à le rendre enfin parfaitement horizontal dans tous les sens. Alors l'axe CC', qui, par construction, est perpendiculaire à ce plan, se trouve nécessairement vertical.

Pour cela, on profite du grand niveau NN', qui est adapté à la colonne du cercle, et qui sert à conserver le zénith dans les retournements. On dirige le limbe dans le vertical de la vis V, et on met le niveau horizontal; ensuite on donne au cercle un mouvement azimutal autour de la colonne CC', et on lui fait faire un demi-tour qui ramène le limbe dans le vertical de la vis V. Mais alors les deux bouts du niveau ont changé de position par rapport à cette vis. Le bout qui était sud est devenu nord, et celui qui était nord est devenu sud. Puisque la rotation s'est faite autour de la colonne CC', le niveau a décrit une surface conique autour de la ligne CC' comme axe. Si cet axe est vertical, cette surface devient un plan horizontal, et le niveau n'est point dérangé. Mais si la colonne est inclinée à l'horizon, le niveau ne peut plus être horizontal, et l'inclinaison qui produit son écart est doublée par le retournement. On corrige donc la moitié de cet écart en faisant marcher la vis V dans le sens convenable, c'est-à-dire en haussant ou baissant le point V, selon l'indication du niveau. Puis on achève l'autre moitié de la correction en faisant marcher le niveau lui-même, par ses vis de rappel, jusqu'à ce qu'il se trouve ainsi ramené au point d'égalité où on l'avait placé d'abord. Mais comme on n'est jamais assuré d'avoir fait la bissection exactement, on recommence l'opération avec le niveau ainsi corrigé. Si le retournement donne encore une différence, elle est incomparablement moindre, et en peu d'essais on parvient enfin à la détruire.

Alors, la colonne CC' se trouve amenée dans un plan vertical, perpendiculaire à la direction du rayon CV. Mais cela ne suffit point encore pour que cette colonne soit verticale, car elle peut encore pencher vers V' ou vers V″ : aussi, en dirigeant le limbe dans chacun de ces azimuts successivement, trouve-t-on toujours qu'il dévie dans des sens opposés, et d'une quantité égale. Ainsi, en élevant l'une des vis et abaissant l'autre de quantités égales, on doit rétablir la verticalité, et trouver le niveau exact dans tous les sens sans qu'il soit nécessaire d'y toucher ; c'est, en effet, ce qui arrive. Mais comme on n'opère jamais ce partage d'une manière bien exacte, il s'ensuit que le premier rayon CV ne conserve pas tout à fait son horizontalité après ces opérations. On recommence donc de nouveau, en partant de ce rayon, à rétablir la verticalité de l'axe. Mais cette fois les corrections sont incomparablement moindres, et, avec un peu d'habitude, on parvient à rendre l'axe vertical après deux ou trois essais. Alors le niveau reste horizontal, dans quelque azimut que l'on dirige le limbe. L'opération que nous venons de décrire se fait ordinairement avant toutes les autres vérifications, parce qu'elles ne sont jamais si faciles que

quand l'axe est vertical; mais pourtant, comme cette opération n'est
pas de nécessité rigoureuse, je ne l'ai pas décrite d'abord.

329. Lorsque toutes ces vérifications sont faites, si l'on attache
les pinces sur le limbe et qu'on y suspende le fil-à-plomb, il devra
battre sur les points de repère, P et Q, dans quelque azimut qu'on
le place, et, en même temps, le grand niveau parallèle et le petit
niveau perpendiculaire au limbe doivent conserver leur horizontalité sans aucun dérangement. Cette dernière vérification embrasse
et confirme toutes les autres.

330. Il ne reste plus qu'à régler l'axe optique de la lunette. Cela
se fait au moyen de la lunette d'épreuve, comme on l'a expliqué
pour le mural, tome II, page 356. Si l'on n'avait pas de lunette
d'épreuve, on pourrait y suppléer au moyen du cercle azimutal
qui sert de base à la colonne et qui est ordinairement divisé comme
le cercle vertical. Voici en quoi le procédé consiste : dirigez la
lunette sur un point très-éloigné et situé à l'horizon ou très-près
de l'horizon; pour cela, une différence de dix ou douze degrés
n'est d'aucune conséquence. Lisez sur le cercle azimutal le nombre
de degrés et minutes auquel répond l'index de la colonne, ou, pour
plus d'exactitude, choisissez le point de mire de manière que cet
index réponde à une division exacte, tellement que l'on puisse répondre de sa position à très-peu près. L'azimut étant bien lu,
faites tourner la colonne d'une demi-circonférence, en sorte
que l'index qui répondait d'abord à l'azimut A, réponde maintenant à l'azimut A + 200^g, et après l'avoir mis bien exactement dans cette position, fixez-le, au moyen de sa vis de pression, d'une manière invariable. Par cette opération, votre
lunette s'est retournée; détachez-la, et, la faisant glisser sur le
limbe, ramenez-la sur le point de mire, précisément comme si
vous vouliez prendre sa distance au zénith dans une observation
paire. Si l'axe optique de la lunette est parallèle au plan du limbe,
vous devez retrouver le point de mire à l'intersection des fils.
Mais si cet axe a la plus petite inclinaison, comme dans le retournement il décrit une surface conique autour de l'axe central perpendiculaire au limbe, le point de mire ne pourra plus se retrouver à l'intersection des fils : il s'en écartera à droite ou à gauche

Si l'axe optique s'approche réellement du limbe du côté de l'objectif, le point de mire paraîtra s'en éloigner. Au contraire, si cette extrémité de l'axe optique s'éloigne du limbe, le point de mire paraîtra s'en approcher, parce que les lunettes renversent; et, comme le plan du limbe se trouve toujours dans le même vertical, l'écart apparent du point de mire est double de l'erreur produite par l'inclinaison de l'axe optique. C'est ce que montre la *fig.* 83, où ACB représente le plan vertical du limbe, L'CO′ la première direction de la lunette vers l'objet O′, qui répond au centre des fils, L″CO″ la direction de la lunette après le retournement, et O′O″ l'écart de l'objet O′ par l'effet de l'inclinaison de l'axe optique sur le plan du limbe, écart double de O′B qui représente l'effet réel de cette inclinaison.

Voulez-vous mesurer cette erreur, détachez l'index du cercle azimutal, de manière que vous puissiez faire tourner la colonne, et ramenez ensuite l'intersection des fils sur le point de mire; l'angle parcouru par l'index sur le cercle azimutal sera égal à l'angle O″CO′, et, par conséquent, double de l'erreur O″CB, en supposant que l'objet soit à l'horizon. Si cette dernière condition n'était pas remplie, l'angle parcouru sur le cercle azimutal serait la projection horizontale de l'angle réel. Si j'ai choisi l'objet à l'horizon, c'est afin que l'opération donnât tout de suite cette mesure.

Mais, au lieu de mesurer l'erreur, veut-on la corriger? Il n'y a qu'à ramener les fils du micromètre vers le point de mire, et les faire ainsi marcher jusqu'à ce que l'on ait détruit la moitié de l'écart. Si l'on a fait exactement cette bissection, l'axe optique sera devenu parallèle au plan du limbe. Mais comme on n'est jamais sûr d'y parvenir dès la première fois, on recommence la vérification avec cet axe optique déjà réglé, et, en peu d'essais, on parvient à obtenir le parallélisme avec tout le degré d'exactitude nécessaire, degré que le calcul détermine, comme on le verra dans les notes que nous avons placées ici (*).

(*) Apprécions l'erreur qui pourrait résulter d'un défaut de parallélisme de l'axe optique. Pour cela, concevons un rayon visuel mené à l'objet ob-

Je saisis cette occasion de faire remarquer encore une fois que l'exactitude des procédés astronomiques est toujours fondée sur une suite d'essais et d'approximations successives. Cela est également vrai pour les résultats des calculs astronomiques, comme on le verra dans la suite de cet ouvrage; et le même principe, transporté dans les autres sciences, offre également le plus sûr moyen, je dirais presque le seul, de parvenir à une grande précision.

Au moyen des vérifications que nous venons de décrire, le cercle est complétement réglé, et on peut immédiatement s'en servir pour les observations. Toutes ces vérifications sont plus longues à expliquer qu'à faire, lorsqu'on est habitué à l'usage du cercle.

---

serve, et passant par l'axe optique de la lunette. L'angle de ce rayon avec la verticale sera la distance vraie au zénith ou Z; mais la distance apparente Z', telle qu'on la lira sur le limbe, ne sera que la projection de la précédente sur le plan du limbe, au moyen d'un arc de cercle perpendiculaire à son plan. Cet arc mesurera donc l'inclinaison de l'axe optique sur le plan du limbe. Soit I cette inclinaison; il est visible que les angles Z, Z' et I sont les trois côtés d'un triangle sphérique rectangle, dont Z est l'hypoténuse, et par conséquent dans lequel on aura, comme tout à l'heure,

$$\cos Z = \cos Z' \cos I.$$

Cette équation est absolument de même forme que celle que nous avons trouvée pour la verticalité du limbe. On en tirera donc de même, par une approximation toujours suffisante,

$$\sin \tfrac{1}{2}(Z - Z') = \frac{\sin^2 \tfrac{1}{2} I}{\tang Z'}.$$

L'erreur provenant de l'axe optique est encore plus petite que celle qui est due au défaut de verticalité du limbe, du moins ordinairement, car il est très-facile d'éviter, sur l'inclinaison de l'axe optique, 1 minute d'erreur, et l'effet en serait insensible sur les distances au zénith où l'on a coutume d'observer avec le cercle répétiteur. On voit que cet effet tend aussi à diminuer les distances au zénith, puisque la distance Z' lue sur le limbe est moindre que la distance réelle Z.

Si l'on avait mal réglé l'axe optique, ou si l'on avait observé trop loin de cet axe, on pourrait toujours, au moyen de la formule précédente, corriger les observations.

331. Il me reste maintenant à expliquer comment, lorsqu'on observe les hauteurs des astres au cercle répétiteur, on peut éluder les effets du mouvement diurne, et opérer absolument comme si l'astre était immobile.

D'abord, en faisant ces observations, on ne peut ordinairement avoir que deux objets ; de trouver l'heure par le moyen de la hauteur observée, ou de trouver la hauteur méridienne de l'astre. Examinons successivement ces deux cas.

Pour avoir l'heure, il faut déterminer l'angle horaire par le moyen de la hauteur observée. Il est donc avantageux d'observer loin du méridien, parce qu'alors les hauteurs des astres varient plus rapidement ; tandis qu'en approchant du méridien, elles deviennent presque constantes, et une très-petite variation dans la hauteur répond à une grande différence d'angle horaire, de sorte qu'une erreur fort petite sur l'observation de la hauteur en introduirait une considérable sur le temps absolu. Le calcul fait voir que le mouvement en hauteur est le plus rapide lorsque l'azimut est de 100e. Alors l'astre se trouve dans le plan vertical qui contient les points d'est et ouest, et que l'on nomme ordinairement *premier vertical*. C'est donc surtout dans cette position qu'il est avantageux d'observer les distances au zénith, pour en conclure le temps. Mais tous les astres ne peuvent pas satisfaire à cette condition, car il y en a toujours beaucoup d'entre eux qui ne passent jamais au premier vertical. Heureusement cette condition n'est pas non plus rigoureusement nécessaire, et lorsque les circonstances ne permettent pas de s'y astreindre, ce qui arrive fort souvent, il faut seulement choisir l'instant de l'observation et la hauteur de l'astre, de manière que les variations de la hauteur soient assez rapides pour que les erreurs inévitables des observations n'y soient pas considérablement agrandies, quand on en déduit l'angle horaire. Il est toujours très-facile de déterminer, pour chaque astre, les limites convenables, en calculant d'avance les petits changements d'angle horaire qui correspondent à de très-petites variations de hauteur. En général, on sent qu'il faudra, autant que possible, choisir des étoiles situées près de l'équateur, afin que

leur mouvement diurne soit plus rapide, et éviter les étoiles circompolaires, dont le mouvement est trop lent (*).

552. Supposons donc que l'on ait eu égard à ces précautions
diverses : on observe les distances de l'astre au zénith, comme on
ferait s'il était fixe ; mais à chaque observation, soit paire, soit

---

(*) Soient Δ la distance polaire de l'astre que l'on observe, P son angle horaire, Z sa distance zénithale, D la distance du zénith au pôle ou le complément de la latitude du lieu ; cela posé, dans le triangle sphérique formé
par les trois arcs Δ, Z et D, on aura l'angle horaire P, par la formule

$$\cos P = \frac{\cos Z - \cos \Delta \cos D}{\sin \Delta \sin D}.$$

Supposons qu'au bout de quelques minutes la distance zénithale devienne Z',
et l'angle horaire P', Δ et D restant les mêmes, on aura encore

$$\cos P' = \frac{\cos Z' - \cos \Delta \cos D}{\sin \Delta \sin D};$$

retranchant ces deux équations l'une de l'autre, on a

$$\cos P' - \cos P = \frac{\cos Z' - \cos Z}{\sin \Delta \sin D},$$

ou, en transformant ces expressions,

$$\sin \tfrac{1}{2}(P'+P) \sin \tfrac{1}{2}(P'-P) = \frac{\sin \tfrac{1}{2}(Z'+Z) \sin \tfrac{1}{2}(Z'-Z)}{\sin \Delta \sin D}.$$

Si les observations sont assez rapprochées pour que les différences $P' - P$ et
$Z' - Z$ puissent être considérées comme fort petites, on pourra substituer
le rapport des arcs à celui des sinus, et l'on aura

$$P' - P = \frac{(Z' - Z) \sin \tfrac{1}{2}(Z' + Z)}{\sin \tfrac{1}{2}(P' + P) \sin \Delta \sin D};$$

de plus, si l'on néglige les carrés et les puissances supérieures de ces petites
quantités, on pourra, dans le facteur $\dfrac{\sin \tfrac{1}{2}(Z'+Z)}{\sin \tfrac{1}{2}(P'+P)}$, qui multiplie déjà $Z'-Z$
dans le second membre, supposer $Z = Z'$ et $P = P'$, ce qui donnera

$$P' - P = (Z' - Z) \frac{\sin Z}{\sin P \sin \Delta \sin D}.$$

Les circonstances les plus favorables à la détermination de l'angle horaire
sont celles qui donnent à $P' - P$ les plus petites valeurs, $Z' - Z$ restant

impaire, on note exactement l'heure, la minute, la seconde et la fraction de seconde où l'astre s'est placé au centre des fils. Chaque couple d'observations exige au plus deux minutes, quelquefois une seule, selon l'habileté de l'observateur. De temps en temps, à la fin d'une observation paire, on lit sur le limbe l'arc parcouru.

353. Lorsque l'on fait la lecture des arcs, après chaque couple d'observations, leur intervalle étant supposé de deux minutes sexagésimales, on s'aperçoit que, dans l'intervalle de huit ou dix minutes, les hauteurs observées croissent proportionnellement au temps, de sorte que la moyenne des hauteurs correspond exactement à l'époque moyenne, au moins quand on observe assez loin du méridien, comme nous l'avons indiqué. Ceci bien prouvé, on se dispense de lire les arcs à la fin de chaque observation paire, ce qui entraîne des longueurs. On lit après six ou huit observations; en un mot, après un nombre de couples qui comprennent huit ou dix minutes de temps : on nomme cet assemblage *une série*, et on

---

le même; car alors une petite erreur sur Z influera peu sur P. Il faut donc, pour l'exactitude, que le coefficient $\dfrac{\sin Z}{\sin P \sin \Delta \sin D}$ soit le plus petit possible; et comme, relativement à une même étoile et à un même observateur Δ et D sont constants, la condition ne porte que sur le facteur $\dfrac{\sin Z}{\sin P}$. Or, dans le triangle sphérique formé par les trois arcs Z, Δ et D, si l'on nomme A l'azimut opposé au côté Δ, ou aura $\dfrac{\sin Z}{\sin P} = \dfrac{\sin \Delta}{\sin A}$, et comme Δ est constant, on voit que la condition imposée sera remplie, lorsque sin A sera le plus grand possible, pour l'astre que l'on observe; par conséquent, si l'astre peut, d'après sa position, passer au premier vertical, le *maximum* aura lieu quand il y parviendra, car alors l'azimut A sera égal à un angle droit.

On voit aussi que, pour la même étoile, il faut éviter les angles horaires trop petits, qui rendent le dénominateur sin P ou sin A une très-petite fraction, et par conséquent augmentent la valeur du rapport $\dfrac{\sin Z}{\sin P}$ ou $\dfrac{\sin \Delta}{\sin A}$

Quant au choix à faire entre les diverses étoiles, comme toutes ne peuvent pas passer dans le premier vertical, on voit qu'il faut éviter celles dont la distance polaire Δ est trop petite, et s'attacher à celles pour lesquelles le sinus de cette distance est le plus grand possible, ce qui a lieu pour les étoiles situées dans le plan de l'équateur, où Δ est égal à un angle droit.

fait répondre l'époque moyenne des observations à l'arc moyen parcouru sur le limbe. Mais si l'on prolongeait une même série plus longtemps, ou si l'on observait très-près du méridien, cette méthode serait inexacte, comme l'expérience et le calcul s'accordent également à le prouver(*).

(*) Tout cela se voit aisément par la formule

$$Z' - Z = (P' - P)\frac{\sin P \sin \Delta \sin D}{\sin Z},$$

que nous avons trouvée dans la note précédente. Cette formule suppose que l'on part d'une première valeur de P et de Z pour passer à d'autres extrêmement voisines, P′ et Z′. Elle fait connaître le changement Z′ — Z de la distance au zénith, lorsque l'on connaît la variation P′—P de l'angle horaire, laquelle peut se conclure du temps écoulé entre les deux observations. Tant que les différences Z′ — Z et P′— P pourront être supposées très-petites, ces différences seront sensiblement proportionnelles entre elles, et la moyenne arithmétique des distances zénithales correspondra à la moyenne arithmétique des angles horaires ou des époques des observations. Mais, par cela même, on conçoit que cette supposition est limitée et ne peut être admise que pour un temps très-court.

Veut-on juger, dans chaque cas, de son exactitude et de l'étendue que l'on peut lui donner sans craindre d'erreur sensible? Il n'y a qu'à partir d'une valeur donnée de Z et de P, par exemple, de la distance moyenne observée pendant une série, et de l'angle horaire moyen, que l'on peut en conclure, au moyen du triangle sphérique, par la formule rigoureuse

$$\cos P = \frac{\cos Z - \cos \Delta \cos D}{\sin \Delta \sin D}$$

Puis on supposera dans l'angle horaire un changement égal à la moitié de l'intervalle d'une série, par exemple, à 5′ de temps sexagésimal, si les séries sont de 10 minutes, ce qui, étant réduit en arc, fait un changement de $1°\,15'$ sexagésimales sur P; alors, avec la nouvelle valeur $P' = P + 1°\,15'$, on calculera la nouvelle distance Z′ par la formule rigoureuse

$$\cos P' = \frac{\cos Z' - \cos \Delta \cos D}{\sin \Delta \sin D};$$

on aura donc ainsi Z′, et par suite Z′ — Z ; on pourra donc comparer cette valeur à celle qui résulte de la formule approchée

$$Z' - Z = (P' - P)\frac{\sin P \sin \Delta \sin D}{\sin Z}$$

Si elles s'accordent à très-peu près, de manière qu'il n'en résulte pour

354. Ayant ainsi la distance moyenne de l'astre au zénith et l'époque moyenne qui y correspond en temps de la pendule, on résoudra, avec cette distance, le triangle sphérique qui donne l'angle horaire. Cet angle, réduit en temps sidéral, donnera le nombre d'heures, minutes et secondes sidérales, comprises entre l'époque des observations et le passage de l'astre au méridien. Si dans ce calcul on a soin de compter les angles horaires à partir du méridien supérieur, et dans le sens du mouvement diurne, depuis zéro jusqu'à la circonférence entière, il suffira d'ajouter l'angle horaire calculé à l'ascension droite de l'astre réduite en temps, et la somme sera l'angle horaire du point ♈ de l'équateur ou *l'heure sidérale*, § 18. Il est entendu qu'avant d'employer la distance zénithale observée, pour calculer l'angle horaire, il faut la corriger de la réfraction. Quant à la distance polaire de l'astre, qui est aussi un des éléments de ce calcul, on la prend dans les catalogues astronomiques, par exemple, dans la *Connaissance des Temps*; mais comme ces catalogues ne donnent que la *position moyenne* de l'astre, on y fait les petites corrections relatives à la précession, à l'aberration et à la nutation, pour la convertir en *position apparente*.

355. Si l'astre observé est le soleil, l'angle horaire, ainsi observé et compté de midi ou de minuit, donnera l'heure solaire. Les astronomes français, se conformant à l'usage établi généralement dans la société, comptent ces heures à partir du méridien inférieur ou de minuit, et ils vont ainsi, sans interruption, de 0 à 24 heures sexagésimales, ou de 0 à 10 heures décimales, selon qu'ils emploient la division sexagésimale ou décimale du temps.

$Z'-Z$ qu'une différence insensible, par exemple $\frac{1}{125}$ de seconde, on pourra, sans scrupule, employer la formule approchée dans tout l'intervalle d'une série, et, par conséquent, regarder la distance moyenne sur le limbe, comme correspondante à l'époque moyenne des observations. Mais, si les deux valeurs de $Z'-Z$ s'écartent trop l'une de l'autre pour que l'on puisse négliger leur différence, on en conclura que l'on a trop prolongé les séries, et, par conséquent, il faudra resserrer leurs limites. Dans ce calcul, il faut partir de l'époque moyenne, comme la plus favorable, parce qu'étant moins éloignée des extrêmes, elle prolonge moins la proportionnalité des angles horaires et des hauteurs.

Comme le disque du soleil a un diamètre sensible, on ne peut pas, dans les observations consécutives, saisir son centre comme pour une étoile et le placer sous le fil. On élude la difficulté en mettant une fois le fil sur le bord supérieur et une fois sur le bord inférieur. Par ce moyen, une des distances est trop petite de tout le demi-diamètre du disque, mais la suivante est trop grande de la même quantité; et comme les observations au cercle répétiteur se font toujours en nombre pair, il s'ensuit qu'il s'opère toujours, dans chaque série, une exacte compensation. Le même artifice s'appliquerait si l'on observait une planète, ou même la lune. Il est presque inutile de rappeler que, pour observer le soleil, on place devant l'oculaire un verre noirci, et que, pour observer les autres astres de nuit, il faut éclairer les fils du micromètre, excepté pour la lune dont l'éclat suffit à cet effet.

556. Lorsqu'on observe des étoiles, il est souvent difficile et même impossible de les mettre exactement au centre des fils, comme on devrait le faire, pour que leurs images se trouvassent précisément dans l'axe optique de la lunette. La difficulté vient de ce que les fils se croisent à ce centre, ce qui accroît leur épaisseur, ou plus exactement la place que leur image occupe dans le champ de la lunette. Alors, quand on met l'étoile derrière le centre des fils, il arrive souvent qu'elle se trouve cachée tout entière, et que l'on ne pourrait pas répondre de la remettre toujours exactement au même point derrière les fils. On évite cet inconvénient en n'observant pas à la croisée même des fils, mais à une très-petite distance, sur le fil horizontal. Mais comme, malgré tout le soin de l'artiste, il est impossible que ce fil n'ait pas quelque petite inclinaison, on tâche d'éluder cet effet en observant toujours au même point du fil, ou au moins sur des points très-peu éloignés. Pour cela, si, dans la première observation, la lunette étant supposée à droite de l'observateur, on a mis l'étoile un peu à droite du centre des fils, ce qui la met réellement un peu trop près du limbe, puisque nos lunettes renversent, on la place ensuite un peu à gauche de ce centre dans la seconde observation, où la lunette est à gauche, ce qui la met réellement trop près du limbe, comme la première fois. Alors il se trouve qu'on a toujours rapporté l'astre au même point phy-

sique du fil, ou à une si petite distance, que l'effet de l'inclinaison du fil, dans ce court intervalle, n'a presque aucune influence sur la hauteur observée. A la vérité, ou s'écarte de quelques secondes à droite ou à gauche de l'axe optique; mais l'erreur est tout à fait insensible, comme on peut le prouver par les formules que nous avons données précédemment, page 435, pour mesurer cette erreur.

537. La méthode que nous venons d'exposer est celle des *hauteurs absolues*. Elle n'était pas praticable avec les anciens quarts de cercle, qui ne donnaient pas les distances au zénith avec assez d'exactitude, à cause des erreurs de division dont ils étaient presque toujours affectés. On recourait donc plus ordinairement à la méthode des hauteurs correspondantes, que nous avons expliquée dans la page 346 du tome II. Maintenant celle des hauteurs absolues est la plus exacte de toutes, grâce à l'invention du cercle répétiteur, qui permet de mesurer ces hauteurs avec la dernière précision. On peut augmenter encore ses avantages en observant plusieurs séries d'un même astre, et en les prenant de part et d'autre du méridien, ce qui évite toutes les erreurs d'ascension droite et affaiblit même celles de la réfraction. Avec tous ces soins, j'ose affirmer que le cercle répétiteur offre le moyen le plus sûr de déterminer le temps, soit absolu, soit relatif, et je ne doute point qu'il ne l'emporte à cet égard même sur la lunette méridienne.

Pour compléter ces notions, j'ai placé, dans les notes, deux exemples de calculs du temps absolu, par les hauteurs d'une étoile et du soleil. La pratique de ce procédé est indispensable, car la détermination du temps est la base de tout calcul astronomique, et les moyens de l'obtenir avec rigueur sont si faciles, qu'on ne serait pas excusable de ne pas les employer dans les occasions où cela devient nécessaire.

538. L'autre genre d'observations que l'on peut faire avec le cercle répétiteur, c'est la mesure de la hauteur méridienne des astres. Pour cela, peu d'instants avant que l'astre passe au méridien, on commence une série de distances au zénith, que l'on continue jusqu'après le passage, à une distance à peu près égale. La distance moyenne, donnée par cette série, diffère peu de la dis-

tance méridienne. Cependant elle ne lui est pas tout à fait égale,
puisque celle-ci, dans les passages supérieurs, est la plus petite,
et dans les inférieurs, la plus grande de celles que l'on peut observer. Mais, en marquant avec exactitude l'heure, la minute, la seconde et la fraction de seconde où chaque observation particulière
a été faite, et connaissant d'ailleurs l'époque précise du passage de
l'astre au méridien et sa distance polaire, on sait calculer la correction que chaque distance nécessite. Cette correction n'est plus
simplement proportionnelle aux variations de l'angle horaire,
comme dans les hauteurs observées loin du méridien. Elle est proportionnelle au carré du sinus de la moitié de l'angle horaire. Dans
les passages supérieurs, elle est soustractive des distances au
zénith, parce qu'alors la distance méridienne est la plus petite de
toutes ; dans les passages inférieurs, elle est additive par une raison contraire (*). Comme l'arc parcouru sur le limbe est égal à la

---

(*) On a vu, dans la note de la page 437, que les distances successives
d'un astre au zénith, et les angles horaires qui y correspondent, sont liés
entre eux par la relation suivante :

$$\sin \tfrac{1}{2}(Z' + Z) \sin \tfrac{1}{2}(Z' - Z) = \sin \Delta \sin D \sin \tfrac{1}{2}(P' + P) \sin \tfrac{1}{2}(P' - P).$$

Supposons que Z représente la distance méridienne, et Z' une distance observée très-près du méridien, en sorte que $Z' - Z$ soit une très-petite quantité que nous nommerons δ, laquelle sera positive dans les passages supérieurs où Z' surpasse Z, et négative dans les passages inférieurs où Z
surpasse Z'. Supposons encore que l'on compte les angles horaires à partir
du méridien où l'on observe le passage ; l'angle horaire P, correspondant à
la distance Z, sera nul, et l'angle horaire P', correspondant à Z', sera fort
petit. En faisant ces substitutions dans la relation précédente, pour la rendre
applicable aux distances méridiennes, elle deviendra

$$\sin (Z + \tfrac{1}{2}\delta) \sin \tfrac{1}{2}\delta = \sin \Delta \sin D \sin^2 \tfrac{1}{2}P',$$

ou, en développant le premier facteur,

$$\sin Z \sin \delta + 2 \cos Z \sin^2 \tfrac{1}{2}\delta = 2 \sin \Delta \sin D \sin^2 \tfrac{1}{2}P'.$$

La valeur exacte de $\sin \delta$ peut s'exprimer en une série convergente, ordonnée suivant les puissances de $\sin^2 \tfrac{1}{2}P'$; mais on peut, sans aucun calcul,
obtenir le premier terme de ce développement, qui suffit presque toujours.
Car, en remarquant que $\sin \delta$ et $\sin \tfrac{1}{2}\delta$ sont des fractions très-petites, on
voit que le carré de la dernière, ou $\sin^2 \tfrac{1}{2}\delta$, sera beaucoup plus petit que

somme de toutes les distances observées, on y applique la somme de toutes les corrections, dans le sens convenable, et on a autant de fois la distance moyenne qu'il y a d'observations dans la série ; de sorte que, pour trouver cette distance, il suffit de diviser la somme des arcs et des corrections par leur nombre. Ou, ce qui revient au même, on prend la moyenne des distances observées, on y applique la moyenne de toutes les corrections, et on a la distance

---

$\sin \delta$; ainsi, en négligeant ce carré, dans une première approximation, on aura simplement

$$\sin \delta = \frac{2 \sin \Delta \sin D \sin^2 \frac{1}{2} P'}{\sin Z}.$$

On peut encore simplifier cette expression, ou du moins en rendre le calcul plus commode, en remarquant que δ étant un très-petit arc, on peut, sans erreur sensible, supposer la proportion $\sin 1'' : \sin \delta :: 1'' : \delta$, c'est-à-dire que l'on peut substituer à $\sin \delta$ l'expression $\frac{\delta}{1''} \sin 1''$, alors on aura

$$\delta = \frac{\sin \Delta \sin D}{\sin Z} \cdot \frac{2'' \sin^2 \frac{1}{2} P'}{\sin 1''}.$$

C'est la valeur de la correction demandée, qui se trouve ainsi exprimée en secondes. Comme on a, en général, $Z' - Z = \delta$, on aura la distance méridienne $Z = Z' - \delta$. Pour établir la continuité entre les expressions algébriques, il faut compter la distance polaire Δ en allant du méridien supérieur au méridien inférieur, depuis $0°$ jusqu'à la circonférence entière ; alors, dans tous les passages supérieurs, Δ sera moindre que deux angles droits, $\sin \Delta$ sera positif, et la correction δ, par le seul jeu de la formule, restera positive et par conséquent se retranchera des distances au zénith observées. Au contraire, dans les passages au méridien inférieur, Δ étant plus grand que deux angles droits, $\sin \Delta$ deviendra négatif, δ changera de signe et s'ajoutera aux distances zénithales.

Pour appliquer la formule précédente, on calcule les valeurs du facteur $\frac{2'' \sin^2 \frac{1}{2} P'}{\sin 1''}$, correspondantes aux époques des observations, on en fait la somme, et on la divise par le nombre des observations. Puis on multiplie ce résultat par le facteur $\frac{\sin \Delta \sin D}{\sin Z}$, qui est constant pour toutes les séries du même astre, et l'on a la correction moyenne qu'il faut appliquer à la distance observée, dans le sens convenable, selon ce que nous avons dit plus haut. On trouvera un exemple de ce calcul dans les Notes.

méridienne telle qu'on l'aurait observée immédiatement. Le complément de cette distance est la hauteur méridienne.

339. Ce procédé semble impliquer un cercle vicieux. Car, pour calculer les corrections dont nous venons de parler, il faut déjà connaître la distance polaire de l'astre, sa distance méridienne Z et la distance D du pôle au zénith. Or, c'est ordinairement pour trouver une de ces choses que l'on fait les observations dont nous parlons ici. Mais on remarquera que la connaissance exacte de ces éléments n'est pas du tout nécessaire ; il suffit de leur valeur, même grossièrement approchée. Car les erreurs que l'on y peut commettre sont considérablement atténuées, parce que, dans l'expression de la réduction au méridien, elles se trouvent multipliées par le carré du sinus de la moitié de l'angle horaire, quantité qui est toujours une fraction extrêmement petite tant qu'on ne s'écarte pas beaucoup du méridien. De sorte que l'influence de ces erreurs sur la valeur de la réduction que nous nommerons δ devient tout à fait insensible. C'est pourquoi, si l'astre observé est connu, il suffira de prendre sa distance polaire dans la *Connaissance des Temps* ou dans les cartes célestes. Et si, de plus, on connaît à peu près la latitude ou la distance D du pôle au zénith, on en conclura une valeur de Z, c'est-à-dire de la distance méridienne, suffisamment approchée pour calculer la petite réduction δ. Mais si la latitude n'est point connue, même approximativement, on n'a qu'à employer d'abord pour Z la distance moyenne observée, sans autre correction que celle de la réfraction ; avec cette valeur et celle de la distance polaire Δ, qui est supposée connue, on calculera D ou la distance du pôle au zénith. Au moyen de ces valeurs approchées, on obtiendra celles de δ ou les corrections à faire aux observations pour avoir sa vraie distance méridienne ; et recommençant le calcul avec cette distance corrigée, on en tirera une valeur de D plus exacte. Alors ces éléments seront connus avec assez de précision pour qu'on puisse les employer au calcul définitif de la réduction au méridien.

À la vérité, nous empruntons encore ici des Tables la distance polaire de l'astre. Dans l'état actuel de l'astronomie, ces distances sont connues, pour les principales étoiles, avec une extrême précision. Mais si l'astre observé était inconnu, il faudrait au moins supposer que l'on connaît la latitude du lieu où l'on observe, et par conséquent, la distance du pôle au zénith. Alors, avec cette distance et la valeur observée de Z, on calculerait approximativement la valeur de Δ, ce qui suffirait pour avoir les corrections δ, et par suite Z et Δ avec plus d'exactitude, au moyen d'un second calcul, comme dans le cas précédent.

Enfin, si l'on voulait que l'observateur tirât tout de ses propres observations, il faudrait d'abord qu'il déterminât approximativement la latitude par les passages supérieurs et inférieurs des étoiles circompolaires, ce qui n'exige point la connaissance de la distance polaire; après quoi il s'occuperait des autres astres. Telle est la marche d'invention que nous avons suivie dans l'arrangement des précédents chapitres; mais, dans l'application, il faut profiter de tout ce qui est déjà connu.

540. Nous avons supposé que les angles horaires correspondants à chaque observation sont donnés en temps par l'horloge. Pour cela, il faudrait que l'horloge suivît exactement le temps sidéral, si c'est une étoile qu'on observe; le temps solaire, si c'est le soleil; et, en général, que sa marche fût conforme à celle de l'astre observé. Il est presque impossible que cette condition soit remplie à la rigueur, mais elle n'est pas indispensable; il suffit que le mouvement de l'horloge soit bien connu, et on le réduit à ce qu'il devrait être, au moyen du calcul. Si ce mouvement s'écarte peu de la marche de l'astre, il n'en résulte qu'une petite correction très-facile à faire sur le résultat définitif (*).

Il est presque inutile d'ajouter que, si l'astre observé a un dia-

---

(*) La réduction au méridien a pour expression

$$\delta = \frac{\sin \Delta \, \sin D}{\sin Z} \cdot \frac{2'' \sin^2 \frac{1}{2} P'}{\sin 1''}$$

Supposons que, pendant une révolution diurne de l'astre, l'horloge marque $24^h - r$, r étant un petit nombre d'oscillations. Soit T' un des angles horaires observés en temps de l'horloge, c'est-à-dire le nombre d'oscilla-

mètre sensible, il faut mettre alternativement le fil en contact avec son bord supérieur et son bord inférieur. Nous avons déjà indiqué cette précaution dans l'article 533.

Mais, ce qu'il importe beaucoup plus de remarquer, si l'astre observé avait un mouvement propre en déclinaison, il serait né-

---

tions écoulées entre l'époque de l'observation et le passage de l'astre au méridien ; il est visible que cet angle horaire, converti en arc, n'aura pas pour valeur $15\,T'$, comme cela devrait être si l'horloge et l'astre étaient d'accord. Avant de faire cette conversion, le nombre T' devra être modifié dans le rapport de la marche de l'horloge à celle de l'astre, c'est-à-dire dans le rapport de $24^h - r$ à 24^h, et en multipliant le résultat par 15, la valeur de l'angle horaire exprimée en arc deviendra $\dfrac{15\,T'\,24^h}{24^h - r}$, ou, en réduisant tout en secondes sexagésimales, $15\,T' + \dfrac{15\,T'r}{86400 - r}$. Telle serait donc la valeur de P' qu'il faudrait employer dans le calcul de la correction δ ; de sorte qu'en faisant, pour plus de simplicité, $15\,T' = p'$ et $\dfrac{r}{86400 - r} = r'$, on aurait

$$P' = p' + p'r'.$$

Mais, en substituant cette valeur dans l'expression de δ, on peut profiter de ce que r' est une quantité fort petite pour la simplifier beaucoup ; en effet, on a

$$\sin \tfrac{1}{2} P' = \sin \left(\tfrac{1}{2} p' + \tfrac{1}{2} p'r' \right) = \sin \tfrac{1}{2} p' \cos \tfrac{1}{2} p'r' + \cos \tfrac{1}{2} p' \sin \tfrac{1}{2} p'r'.$$

En élevant cette expression au carré, bornons-nous à la première puissance de $\sin \tfrac{1}{2} p'r'$, et négligeons les autres comme exprimant des fractions trop petites, nous aurons

$$\sin^2 \tfrac{1}{2} P' = \sin^2 \tfrac{1}{2} p' + \frac{\sin p' \sin p'r'}{2}.$$

Le second terme de cette valeur étant extrêmement petit à cause de la petitesse des arcs p' et $p'r'$, on peut, sans erreur sensible, lui substituer $2r' \sin^2 \tfrac{1}{2} p'$; ce qui revient à mettre $2 \sin \tfrac{1}{2} p'$ au lieu de $\sin p'$, et $2r' \sin \tfrac{1}{2} p'$ au lieu de $\sin p'r'$. On obtient alors cette expression fort simple

$$\sin^2 \tfrac{1}{2} P' = (1 + 2r') \sin^2 \tfrac{1}{2} p',$$

ce qui donne

$$\delta = \frac{\sin \Delta \sin D (1 + 2r')}{\sin Z} \cdot \frac{2'' \sin^2 \tfrac{1}{2} p'}{\sin 1''}.$$

Par cet artifice, chaque correction, calculée d'après l'angle horaire vrai, se

cessaire d'y avoir égard ; car la distance méridienne qui se déduit de chaque observation partielle au moyen des réductions précédentes, est celle qui aurait réellement lieu si la déclinaison de l'astre restait toujours la même qu'à l'époque de l'observation. Si cette déclinaison varie, la distance réduite doit différer de la distance méridienne véritable, et la différence doit être égale au changement de la déclinaison, depuis l'époque de l'observation jusqu'à celle du passage au méridien. C'est pourquoi, si l'on suppose le mouvement en déclinaison uniforme, pendant la durée de la série, il faudra calculer proportionnellement la correction de chaque distance réduite, en raison de l'angle horaire qui y correspond. Ces corrections seront évidemment de signe contraire avant et après le passage au méridien, en supposant, comme cela est le cas ordinaire, que le changement de la déclinaison se continue dans le même sens pendant toute la série ; car alors, si ce changement augmente les distances au zénith d'un côté du méridien, il les diminuera de l'autre côté. De là résulte cette règle fort simple. Faites séparément la somme des angles horaires observés avant et après le passage, ces angles étant exprimés en temps, par exemple en minutes. Retranchez ces deux sommes l'une de l'autre, divisez leur différence par le nombre des observations, et multipliez le résultat par le mouvement de l'astre en déclinaison pour une

---

trouve dans un rapport constant avec celle que l'on aurait en employant dans le calcul l'angle horaire donné immédiatement par l'horloge. Il en résulte seulement un terme de plus dans le facteur constant, commun à toutes les réductions. Ainsi, quand l'horloge ne suivra qu'à peu près la marche de l'astre observé, on effectuera tous les calculs comme si elle la suivait exactement ; on déterminera les valeurs du facteur $\dfrac{2''\sin^2\frac12 p'}{\sin 1''}$, comme à l'ordinaire, et on aura soin ensuite de tenir compte du facteur $1 + 2r'$, dans le calcul du facteur constant. Ou, si l'on veut, lorsqu'on aura trouvé la correction moyenne de toute la série, telle qu'elle serait si la pendule suivait la marche de l'astre, on lui ajoutera le produit de cette correction par le nombre abstrait $2r'$. Il est clair que r serait négatif, si l'horloge avançait sur l'astre au lieu de retarder, comme on l'a supposé ici. Cette approximation serait encore parfaitement suffisante, quand même on observerait le soleil avec une horloge réglée sur le temps sidéral, ou réciproquement.

minute de temps, mouvement qui est donné par les tables astronomiques. Le produit sera la correction qu'il faut appliquer à la distance méridienne, calculée d'après l'ensemble de la série, comme si la distance polaire était constante.

541. Une seule série de ce genre, faite sur un astre dont on connaît la distance polaire méridienne, suffit pour déterminer la latitude du lieu où l'on observe ; car si l'astre passe au méridien du côté de l'équateur, comme dans la *fig.* 84, en retranchant sa distance méridienne ZS de sa distance polaire PS, on aura la distance PZ du pôle au zénith. Si, au contraire, l'astre passe au méridien du côté du pôle, comme dans la *fig.* 85, on ajoutera, dans les passages supérieurs, la distance polaire à la distance méridienne, dans les passages inférieurs, on la retranchera. De toute manière, on aura la distance du pôle au zénith, et par suite la latitude qui en est le complément. Parmi les étoiles que l'on peut choisir pour obtenir ainsi la latitude, la polaire est la préférable, parce que c'est celle pour laquelle les réductions au méridien sont les plus petites. Cela tient à la petitesse de sa distance polaire (*). C'est elle aussi qui a été la plus observée, surtout dans ces derniers temps ; par conséquent, sa distance polaire est parfaitement connue. On peut encore employer avec sûreté β de la petite Ourse, qui a été aussi beaucoup observée par MM. Méchain et Delambre.

542. Lorsque l'on veut déterminer une latitude avec une précision extrême, par exemple, pour la mesure d'une méridienne ou pour le tracé d'une grande carte, on tâche de se rendre indépendant même de la distance polaire. Pour cela, on observe, au cercle répétiteur, les deux passages supérieurs et inférieurs d'une étoile circompolaire, par exemple de la polaire elle-même, ou de β de la petite Ourse. On réduit ces observations au méridien avec les valeurs de la distance polaire, les plus exactes que l'on peut se procurer, et on tire de chacune d'elles une distance du pôle au

---

(*) Cela se voit de suite par l'expression de ζ, qui contient, à son numérateur, le sinus de la distance polaire. Quant à l'étendue des angles horaires, il convient d'arrêter la série lorsqu'une erreur de $1''$ en temps, sur P', donnerait une erreur d'une seconde de degré sur la réduction ζ.

zénith, affectée de toute l'erreur qui peut avoir été commise sur la distance polaire. Mais cette erreur agit en sens contraire sur les résultats des deux passages. Elle disparaît donc dans leur somme, qui donne ainsi la distance du pôle au zénith, et se double dans leur différence qui donne l'erreur de la distance polaire. Cette compensation est toute pareille à celle qui se fait dans les distances méridiennes du soleil, lorsqu'on observe les deux bords (*).

C'est par ce procédé, uni aux soins de l'exactitude la plus

(*) Soient Z' la moyenne des distances au zénith observées dans les passages supérieurs ; Z'' cette moyenne pour les passages inférieurs ; D la vraie distance du pôle au zénith, et Δ la distance polaire véritable : en calculant avec ces valeurs, que nous supposons exactes, on trouverait

$$\text{Dans les passages supérieurs} \quad D = Z' + \Delta,$$
$$\text{Dans les passages inférieurs} \quad D = Z'' - \Delta ;$$

et ces deux valeurs de D s'accorderaient ensemble. Mais si, au lieu de Δ, on emploie $\Delta + e$, e étant l'erreur de la distance polaire, on trouvera nécessairement des valeurs de D, qui ne s'accorderont plus, et en les nommant D', D'', on aura

$$\text{Dans les passages supérieurs} \quad D' = Z' + \Delta + e,$$
$$\text{Dans les passages inférieurs} \quad D'' = Z'' - \Delta - e ;$$

ou, en mettant pour $Z' + \Delta$ et $Z'' - \Delta$, leur valeur commune D,

$$D' = D + e, \quad D'' = D - e,$$

d'où l'on tire, par addition et soustraction,

$$D = \frac{D' + D''}{2} \qquad e = \frac{D' - D''}{2}.$$

Ainsi, quoique l'on ait opéré avec une distance polaire inexacte, la demi-somme des distances zénithales obtenues par l'observation des deux passages donne la vraie distance du pôle au zénith, et leur demi-différence fait connaître l'erreur de la distance polaire. L'erreur e influe, à la vérité, sur le coefficient constant qui entre dans l'expression de la réduction au méridien, mais cette influence est considérablement affaiblie par la fraction $\sin^2 \frac{1}{2} p'$, ainsi que nous l'avons déjà remarqué. Au reste, si l'on craignait qu'elle ne fût sensible, on n'aurait qu'à calculer de nouveau les réductions au méridien avec les distances D, corrigées par la comparaison des passages supérieurs et inférieurs ; ce qui donnerait ensuite une nouvelle valeur de D, encore plus exacte que la première. Mais, dans l'état actuel des catalogues astronomiques, on n'aura jamais besoin de recourir à cette seconde approximation.

scrupuleuse, que l'on a déterminé la latitude de Paris et celle de plusieurs points situés sur l'arc du méridien, compris entre les parallèles de Formentera et de Dunkerque : c'est, par conséquent, ainsi qu'ont été faites les observations de MM. Méchain et Delambre, rapportées dans le tableau de la page 387, tome II.

543. Le cercle répétiteur n'est pas seulement utile dans les observations astronomiques, il sert encore dans les opérations géodésiques, et dans la levée des plans, pour mesurer les angles de position compris entre les objets. Afin de le rendre propre à cet usage, on substitue au grand niveau une seconde lunette, pareillement mobile autour du centre comme la première, mais placée de l'autre côté du limbe; on désengrène celui-ci et on l'amène dans le plan des deux objets dont on veut mesurer l'angle : il y a, pour cela, des vis de rappel dans tous les cercles. Soient, *fig.* 86, S', S'' ces deux objets, et C le centre du cercle. On met la lunette supérieure L' sur le point zéro de la division du cercle; on l'y fixe, et sans la déranger, on fait tourner le limbe jusqu'à ce que le point de l'objet S' sur lequel on vise, se trouve au centre des fils. Puis on dirige l'autre lunette, la lunette inférieure L'', sur l'objet à gauche, qui est ici S''. Alors les axes optiques des deux lunettes comprennent entre eux l'angle $S'CS''$, qui est celui des deux objets. Mais comme le point A', où répond la seconde, n'est pas marqué sur le limbe, on ne peut pas lire cet arc. On y supplée en le doublant comme on fait pour éviter la lecture du fil-à-plomb dans les observations verticales. Sans toucher aux lunettes, on fait tourner le limbe de manière que la lunette inférieure, qui se trouvait tout à l'heure dirigée sur l'objet à gauche, se dirige maintenant sur l'objet à droite. Alors la lunette supérieure prend la direction CL', *fig.* 87. On la détache, l'autre restant fixe, et on la ramène sur l'objet à gauche, ce qui lui donne la position $CA''S''$, *fig.* 88. Dans ce mouvement, il est évident qu'elle a décrit un angle ACA'', précisément double de l'angle compris entre ces deux objets. Ainsi, en lisant cet arc, indiqué par le vernier de la lunette supérieure, sa moitié sera l'angle demandé (*).

(*) Nous supposons ici la division du limbe tracée de droite à gauche,

344. Veut-on maintenant l'angle quadruple ? laissez les lunettes fixes, et faisant tourner le limbe, ramenez par ce mouvement la supérieure sur l'objet à droite S' ; puis détachez l'inférieure et amenez-la sur l'objet à gauche S″, *fig.* 89. Alors les circonstances redeviennent absolument les mêmes que dans la première observation : seulement le point de départ de la lunette supérieure sur le limbe n'est plus A, mais A″, c'est-à-dire, l'extrémité de l'arc double parcouru dans le premier couple d'observations. Ainsi, en recommençant à opérer de la même manière, on ajoutera un nouvel arc double au premier, et, en multipliant les observations, on aura tel multiple de l'angle que l'on voudra. Quand on croira avoir atteint, par la répétition, une exactitude suffisante, on lira les verniers, et, en divisant l'arc total par le nombre des observations, on aura l'arc simple. Ce procédé possède évidemment tous les avantages que nous avons remarqués dans la répétition, pour les angles verticaux.

345. Voyons maintenant les précautions et les vérifications qu'il exige. La première est de rendre les axes optiques des deux lunettes parallèles au plan du limbe : rien n'est plus facile. On a vu comment il faut opérer pour la lunette supérieure ; quand celle-ci est réglée, on la dirige sur un objet éloigné, et on amène l'axe optique de l'autre sur le même point. Ces axes optiques sont alors parallèles entre eux ; ils sont donc tous deux parallèles au plan du limbe puisque l'un d'eux a été préalablement amené dans cette situation.

346. Nous avons tacitement supposé que la direction de ces axes passait par le centre de l'instrument ; cela ne saurait avoir lieu que par un hasard extraordinaire ; il y a même des cercles

---

comme dans la *fig.* 74. Alors, en opérant comme nous venons de le dire, la lunette supérieure CL′ marche dans le sens des divisions. Mais si le cercle était divisé de gauche à droite, l'arc ainsi parcouru serait le supplément à 400° de celui que le vernier indiquerait. Dans ce cas, il serait un peu plus commode de diriger la lunette supérieure sur l'objet à gauche, et l'inférieure sur l'objet à droite, ce qui obligerait ensuite de faire tourner le cercle de L′ vers L″, en sens contraire de ce que nous avons supposé. Au reste, de quelque manière que l'on opère, l'évaluation des arcs n'a aucune difficulté.

dont les lunettes sont excentriques. Cette excentricité doit produire un effet analogue à l'erreur de collimation dans le mural : examinons-en l'influence.

Supposons d'abord que l'axe optique de la lunette supérieure passe toujours par le centre du limbe, en sorte que l'inférieure seule soit excentrique. Ce cas est celui qui se présente le plus fréquemment. Tout ce que nous avons à considérer, c'est l'étendue de l'arc AA'A", parcouru par la lunette supérieure sur le limbe, *fig*. 88. Or cet arc est composé de deux parties : l'une A'A" est toujours l'arc compris entre les deux objets ; l'excentricité de la lunette inférieure n'y a aucune influence, puisqu'il est intercepté entre deux positions de la lunette supérieure, qui n'est point excentrique. L'autre portion AA' est la quantité dont la lunette supérieure, d'abord dirigée sur S', a été repoussée à droite par la rotation du limbe. L'arc AA' est donc égal à l'arc décrit par la lunette inférieure pour aller de l'un à l'autre objet : or, si cette lunette est excentrique, le recul peut fort bien n'être pas égal à A"A'. Car soit, *fig*. 90, CE l'excentricité, qui ne variera pas, puisque la distance de la lunette et de son axe optique au centre du limbe est constante. Dans la première observation, lorsque la lunette inférieure est dirigée sur l'objet à gauche, la direction de l'axe optique sera ES". Dans la seconde position, lorsqu'elle passe sur l'objet à droite, la direction de l'axe optique deviendra E'S'. L'angle décrit par cet axe en passant de l'un à l'autre objet, est donc égal à S"C'S', ou à l'angle au centre ECE', puisque l'excentricité CE, CE', est supposée perpendiculaire à la direction de l'axe optique. Cet angle ECE', ou S'C'S", exprime donc aussi le recul de la lunette supérieure, qui a fait le même mouvement. Désignons par A l'angle cherché, c'est-à-dire S"CS' ; et nommons S', S" les angles en S' et en S", qui sont réellement les deux parallaxes (*) sous lesquelles

---

(*) On obtient aisément ces parallaxes quand on connaît l'excentricité du cercle et la distance de l'objet ; car, en nommant e l'excentricité, G et D les distances, S', S" les deux angles en S' et en S", on a évidemment

$$\sin S'' = \frac{e}{G}, \qquad \sin S' = \frac{e}{D};$$

ou, en réduisant les sinus en secondes, à cause de la petitesse des angles

un observateur placé à l'un ou l'autre de ces points, verrait l'excentricité. Cela posé, on aura évidemment $S''C'S' = S''BS' — S'$, puisque l'angle $S''BS'$ est extérieur au triangle $BC'S'$. On aura de même $S''BS' = A + S''$, et, par conséquent, $S''C'S' = A + S'' — S'$; c'est-à-dire, que l'angle décrit par le recul de la lunette supérieure est égal à l'angle des deux objets, plus la différence des parallaxes. L'arc total décrit par cette lunette sur le limbe, dans son retour vers l'objet à gauche, est donc égal à l'angle précédent plus A, ou à $2A + S'' — S'$; et sa moitié $A + \dfrac{S'' — S'}{2}$, représente l'arc simple lu sur le limbe. La quantité $\dfrac{S'' — S'}{2}$ exprime donc ce qu'il faut retrancher de cet arc, pour avoir l'angle A compris entre les deux objets; ou ce qui revient au même, il faut à l'arc mesuré par les verniers, ajouter la correction $\dfrac{S' — S''}{2}$, c'est-à-dire la moitié de la parallaxe de l'objet à droite, moins la moitié de la parallaxe de l'objet à gauche. Nous avons supposé l'excentricité à gauche de la lunette inférieure, l'observateur étant placé à l'oculaire; ce serait le contraire, si elle était à droite. Il faudrait alors ajouter la moitié de la parallaxe de l'objet à gauche, moins la moitié de la parallaxe de l'objet à droite. Il y a des cercles où les deux lunettes sont excentriques, mais ce cas est fort rare : l'on peut voir aisément qu'alors la correction définitive est la différence de celles qu'exige chaque excentricité. Au reste, comme l'excentricité des lunettes et

---

S' et S'',

$$S'' = \frac{1''.e}{G \sin 1''}, \qquad S' = \frac{1''.e}{D \sin 1''},$$

et la correction à ajouter à l'angle observé devient

$$\frac{S' — S''}{2} = \frac{1''.e}{2D \sin 1''} - \frac{1''.e}{2G \sin 1''}$$

Elle se trouve ainsi exprimée en secondes. Si les distances des deux objets sont égales, $D = G$, et la correction est nulle. Il est visible qu'il suffira, dans le calcul, de connaître D et G à peu près et même avec une très-grossière approximation.

le limbe du cercle lui-même sont toujours fort petits par rapport à la distance des objets dont on mesure l'angle, il en résulte que les parallaxes S' et S″ sont toujours extrêmement petites, et peuvent, le plus souvent, être négligées (*).

347. Il arrive souvent qu'ayant à observer d'un point C, *fig.* 91, un angle S'CS″, compris entre deux objets éloignés, on ne peut pas se placer précisément au centre C de la station, mais dans quelque autre point, tel que C' situé à une petite distance du premier. Alors l'angle S″C'S', observé de ce point, n'est pas le même que celui qu'on verrait du point C, et il faut y faire une petite correction pour l'y ramener ; c'est ce que l'on nomme *la réduction au centre*.

Ceci est encore une affaire de parallaxe. Soient C l'angle demandé, C' l'angle observé, S', S″ les parallaxes des deux objets, c'est-à-dire les angles sous lesquels ils voient la ligne CC' qui joint les deux centres. On aura, comme tout à l'heure, C' = S″BS' — S', parce que l'angle S″BS' est extérieur au triangle C'BS'. On aura, par une raison semblable, S″BS' = C + S″ ; par conséquent, C' = C + S″ — S', et enfin C = C' + S' — S″. D'où l'on voit que, pour avoir l'angle cherché C, il faut ajouter à l'angle observé la parallaxe de l'objet à droite, et en retrancher la parallaxe de l'objet à gauche. Ces parallaxes sont faciles à évaluer quand on connaît la distance des objets, la distance des centres et les angles observés du point C' (**).

(*) Borda a remarqué que l'effet de l'excentricité est nul sur la somme des trois angles d'un triangle. En effet, soient A, B, C les trois angles, en allant de droite à gauche, et AB, BC, AC les trois côtés ; les corrections dues à l'excentricité seront

$$\text{à l'angle A} \ldots \quad \frac{1''.e}{2\,AC\,\sin 1''} - \frac{1''.e}{2\,AB\,\sin 1''}$$

$$\text{à l'angle B} \ldots \quad \frac{1''.e}{2\,AB\,\sin 1''} - \frac{1''.e}{2\,BC\,\sin 1''}$$

$$\text{à l'angle C} \ldots \quad \frac{1''.e}{2\,BC\,\sin 1''} - \frac{1''.e}{2\,AC\,\sin 1''}$$

dont la somme est égale à zéro.

(**) Soit toujours l'angle observé S″C'S' = C' ; supposons que l'on observe aussi l'angle S″C'C et nommons-le *r*. Appelons G la distance CS″ de

548. Quand on a observé les angles de position formés entre les objets et dans leur plan, il faut les réduire à l'horizon. Pour cela, on redresse le limbe, on le remet vertical, et on mesure les distances des deux objets au zénith; avec ces distances et l'angle observé, on peut trouver la réduction à l'horizon, comme nous l'avons enseigné dans les pages 93 et suivantes.

549. Enfin, le cercle répétiteur peut encore servir, et sert en effet, à trouver l'arc de distance de deux astres, ou la distance angulaire d'un astre à un objet fixe. Le procédé est absolument le même que pour mesurer les angles de position des objets terrestres dans des plans inclinés. Seulement si l'un des objets, ou tous les deux, sont mobiles, il faut que les observateurs fassent continuellement varier l'inclinaison du plan du limbe, de manière à lui faire suivre toujours les deux objets. Chaque fois que la lunette est pointée sur l'astre, on note exactement l'heure, la minute, la seconde et la fraction de seconde, comme dans les autres observations célestes. En bornant les séries à un petit nombre de minutes, on peut regarder la distance moyenne comme correspondante à l'époque moyenne des observations; car nous avons vu qu'à de grandes

---

l'objet à gauche au centre de la station; et D la distance CS' de l'objet à droite; enfin nommons δ la distance CC' des deux centres. Les triangles S'C'C, S"C'C donneront

$$\sin S' = \frac{\delta \sin (C' + \gamma)}{D}, \qquad \sin S'' = \frac{\delta \sin \gamma}{G};$$

d'où l'on tire, en substituant les arcs aux sinus,

$$S' - S'' = 1'' \frac{\delta \sin (C' + \gamma)}{D \sin 1''} - \frac{1'' \delta \sin \gamma}{G \sin 1''}$$

C'est la correction qu'il faut ajouter à l'angle observé : si le second terme l'emporte sur le premier, elle sera négative, et alors il faudra la retrancher. Ces deux termes étant ordinairement fort petits, il suffit de connaître G, D, et l'angle γ approximativement. Pour avoir l'angle γ, on mettra la lunette supérieure sur zéro, et on la dirigera sur S", l'inférieure étant sur S'; alors celle-ci restant fixe, on détachera la première et on la dirigera à vue vers le centre C, puis on lira l'arc sur le limbe; ce sera la mesure de l'angle γ, suffisamment approchée.

distances du méridien, le mouvement de l'astre est sensiblement uniforme dans un petit intervalle de temps.

530. Cette opération, qui exige beaucoup d'habileté et d'exactitude, sert à trouver les azimuts des objets terrestres, par exemple ceux des signaux pour orienter une méridienne ou une carte. La distance du signal au zénith étant constante, peut être facilement observée : celle de l'astre peut se calculer d'après le temps de l'observation. Avec ces données et l'arc de distance, on forme un triangle sphérique où les trois côtés sont connus. On peut donc aisément trouver l'angle opposé à l'arc de distance ; c'est la différence des azimuts. On connaît d'ailleurs l'azimut de l'astre, d'après le temps de l'observation, et d'après l'heure de son passage au méridien. On connaîtra donc l'azimut absolu de l'objet. Il faut remarquer que, dans le calcul, on doit employer les distances apparentes au zénith, affectées de la réfraction, puisque l'arc observé est pris entre ces distances apparentes. Il est clair que l'azimut absolu, et les différences d'azimut restent les mêmes malgré le changement des hauteurs, puisque la réfraction élève les arcs dans les verticaux où ils se trouvent. On fait commodément ces observations sur le soleil. Généralement l'instant le plus favorable est celui où l'angle horaire de l'astre est égal à 100^g, ce qui répond à six heures sexagésimales avant ou après le passage au méridien. Alors, en effet, l'astre est parvenu à son plus grand écart de ce plan. Il cesse de s'en éloigner pour y revenir ensuite en décrivant l'autre portion de son cercle diurne, ce qui fait que, dans les observations voisines de cette époque, l'azimut varie fort peu. D'un autre côté, il faut éviter d'observer trop près de l'horizon, lorsque l'astre entre dans des couches où l'on peut craindre des réfractions extraordinaires. Car alors sa distance au zénith, qu'il faut calculer d'après l'observation du temps, pourrait être fort inexacte. On évite cet inconvénient en employant la Polaire, au lieu du soleil. Alors il faut avoir un signal de feu qui puisse être aperçu la nuit afin de pouvoir observer sa distance angulaire à l'étoile. Pour cet objet rien n'est plus avantageux que les lampes à courant d'air munies de réflecteurs. On prend ensuite à loisir l'angle que ce signal forme avec l'objet terrestre dont on veut

déterminer l'azimut. L'instant le plus favorable pour l'observation de l'arc de distance, est celui où l'étoile se trouve dans la partie de son cercle qui est la moins éloignée du signal, parce qu'alors la distance étant la plus courte possible, éprouve de très-petites variations. La position la plus favorable pour placer le signal est à 100e du méridien de l'observateur, parce qu'alors l'époque des observations approche le plus possible du cercle de six heures. Cette méthode a été employée avec succès en Angleterre, et depuis par Méchain en Espagne.

Comme cette opération peut être fréquemment utile, nous allons développer le petit calcul qu'elle suppose. Nous ferons d'abord abstraction de la réfraction; nous verrons ensuite comment on peut y avoir égard.

Soient, *fig.* 92, O l'observateur, Z le zénith, P le pôle, S S'S" le parallèle que l'étoile décrit; soit R le signal de feu dont on veut avoir l'azimut, représenté par l'angle RZP. Pour cela, nous avons dit qu'il suffit de trouver la distance RP du signal au pôle : en effet, les arcs ZP, ZR, distances du pôle et du signal au zénith, sont donnés par l'observation. Si de plus on parvient à mesurer l'arc RP, alors dans le triangle sphérique RPZ, on connaîtra les trois côtés; on pourra donc aisément calculer l'angle RZP, ou l'azimut du signal.

Pour trouver RP, il suffirait de connaître l'instant où l'astre passe au point S; car alors on mesurerait RS avec le cercle; on y ajouterait SP, distance polaire de l'étoile, et l'on aurait RP. Il n'est pas même indispensablement nécessaire de connaître l'instant du passage en S avec la dernière précision; car l'arc RS étant perpendiculaire en S à l'arc que l'étoile décrit, les variations de sa longueur, de part et d'autre de ce point, sont nécessairement fort petites. Or, l'époque approchée du passage peut se trouver de bien des manières. Par exemple, comme on est supposé connaître l'heure, on sait à quel instant l'étoile passe au méridien de l'observateur : à cet instant, mettez le limbe du cercle vertical, dirigez la lunette sur l'étoile, et lisez sur le cercle azimutal le point de la division auquel repond l'index : puis donnant au cercle un mouvement azimutal, amenez le limbe dans le vertical du signal; placez celui-ci au centre des fils, et lisez de nouveau, sur le cercle azimutal, le point où répond l'index. L'arc parcouru sur le cercle sera évidemment l'azimut du signal, ou l'angle RZP. Alors, dans le triangle sphérique RPZ, vous connaîtrez deux côtés RZ, PZ, et l'angle compris; vous pourrez donc calculer le troisième côté RP, distance du réverbère au pôle, et l'angle RPZ, qui sera l'angle horaire de l'astre à l'instant de son passage au point S. Mais vous n'aurez ainsi ces quantités que d'une manière approchée, et avec le degré d'approximation que comporte la division de votre cercle azimutal.

Vous pourriez même rectifier ces premières données, en amenant le limbe dans le plan du signal et de l'étoile, un peu avant l'époque où, suivant votre premier calcul, elle doit passer par le point S. Alors, dirigez une des lunettes sur le signal, l'autre sur l'étoile, et suivez celle-ci pendant quelque temps, précisément comme si vous vouliez mesurer la distance RS; vous ne tardez pas à reconnaître l'instant où cette distance est la plus petite, et vous connaîtrez ainsi l'époque du passage au point S avec assez de précision.

Mais voulez-vous en obtenir encore davantage et arriver à une exactitude indéfinie? Appliquez ici le principe de la répétition des angles, précisément comme on fait pour les passages au méridien. Observez au cercle les distances RS′, RS, RS″, quelque temps avant et après l'époque du passage au point S, et réduisez-les toutes, par le calcul, à ce qu'elles seraient si elles avaient été observées précisément dans ce même point. Cette réduction est très-facile; car les circonstances sont ici absolûment les mêmes que dans les passages d'étoiles au méridien supérieur. La plus courte distance RS représente la distance méridienne, qui est la plus petite de toutes. Les autres distances RS′, RS″, représentent les distances zénithales observées très-près de la première, et dont l'écart est mesuré par les angles horaires SPS′, SPS″. Ainsi, les mêmes formules qui ont servi pour la réduction des distances méridiennes, serviront encore pour les azimuts(*).

____

(*) Nommons R la distance du signal au pôle; δ la distance polaire de l'étoile, et p son angle horaire compté à partir de l'époque de son passage

Examinons maintenant les modifications que la réfraction introduit dans ces résultats. Sans elle, les positions successives de l'étoile S′, S, S″ formeraient un arc de cercle dont le pôle vrai serait le centre. L'effet de la réfraction élève l'étoile d'une quantité dépendante de sa hauteur sur l'horizon, et qui, par conséquent, varie à chaque instant, à mesure que la hauteur de l'étoile varie. L'orbite apparente S′S S″ n'est donc plus circulaire ; mais comme l'élévation produite par la réfraction est fort petite, la forme de l'orbite est aussi très-peu altérée. Si l'on n'en considère qu'une portion très-peu étendue, comme cela a lieu dans nos observations de distance, l'effet de la réfraction, étant à peu près constant dans cet intervalle, ne fait qu'élever cette portion de l'orbite sans la déformer sensiblement, et le petit arc sur lequel on opère peut encore

---

en S. D'après ces données, on aura la plus courte distance $RS = R - \Delta$. Ainsi la correction δ qu'il faut faire aux distances observées hors de ce méridien aura pour valeur

$$\delta = \frac{\sin R \sin \Delta}{\sin (R - \Delta)} \cdot \frac{2'' \sin^3 \tfrac{1}{2} v}{\sin 1''}$$

On calculera les valeurs du facteur variable $\dfrac{2'' \sin^4 \tfrac{1}{2} P}{\sin 1''}$ pour les instants des observations ; on fera la somme de toutes ces valeurs, on la multipliera par le facteur constant $\dfrac{\sin R \sin \Delta}{\sin (R - \Delta)}$, et en divisant le produit par le nombre des arcs observés, on aura la correction δ, qu'il faut toujours retrancher de la distance moyenne mesurée sur le limbe. On aura donc ainsi RS, et par suite, $RS + \Delta = R$, c'est-à-dire la distance du signal au pôle.

On voit qu'ici, comme pour les distances méridiennes, il suffit de connaître R approximativement : cependant, si la valeur de cette quantité déduite des observations, après les réductions précédentes, différait beaucoup de celle que l'on a employée dans le calcul des réductions, on se servirait de la nouvelle valeur R pour calculer plus exactement la valeur de l'angle horaire SPZ, qui donne l'instant du passage de l'étoile au point S. En effet, en supposant R connu, les trois côtés du triangle sphérique RPZ le sont pareillement ; et l'on peut calculer un quelconque des angles du triangle. Connaissant ainsi plus exactement la distance R et l'époque du passage de l'étoile en S, on recommencera le calcul des réductions δ avec les éléments corrigés. Cette fois, la valeur que l'on obtiendra pour $RS + \Delta$ R, sera fort exacte, et pourra être regardée comme définitive.

être considéré comme circulaire : mais le centre de cet arc n'est plus le pôle vrai, comme dans le cas où l'on supposait la réfraction nulle ; c'est le pôle vrai, élevé par la réfraction autant que l'étoile l'est réellement. Ainsi, pour avoir égard à l'effet de la réfraction dans les observations d'azimut, il suffit de substituer ce pôle fictif au pôle vrai dans les formules, qui d'ailleurs restent les mêmes qu'auparavant (*).

(*) Pour mettre ceci en évidence, considérons d'abord une position quelconque S' de l'étoile sur son cercle, abstraction faite de la réfraction. Soient alors Z la distance vraie de l'astre au zénith ; D la distance du zénith au pôle vrai ; Δ la distance polaire vraie de l'étoile, et A l'azimut du vertical dans lequel elle se trouve, azimut représenté par l'angle PZS', *fig.* 93 ; on aura évidemment, dans le triangle sphérique PZS',

$$\cos \Delta = \sin D \sin Z \cos A + \cos D \cos Z ;$$

ou, ce qui revient au même,

$$\cos \Delta = \cos (Z - D) - 2 \sin D \sin Z \sin^2 \tfrac{1}{2} A.$$

Supposons que, par l'effet de la réfraction, la distance zénithale Z de l'étoile devienne $Z' = Z - r$; la réfraction r variera si peu dans l'étendue de l'arc observé, qu'on pourra la regarder comme constante, car son changement total, dans tout le cercle décrit par l'étoile, depuis le passage inférieur au méridien, jusqu'au passage supérieur, va rarement à 10″. Élevons le pôle de la même quantité, en sorte que sa distance au zénith devienne $D' = D - r$, et rapportons les positions apparentes de l'étoile à ce point considéré comme fixe. En nommant Δ' sa distance apparente à l'étoile, nous aurons pareillement

$$\cos \Delta' = \cos (Z' - D') - 2 \sin D' \sin Z' \sin^2 \tfrac{1}{2} A ;$$

maintenant, la nature du mouvement vrai de l'étoile est telle que Δ reste constante ; il s'agit de faire voir que, pendant un court intervalle de temps, Δ' peut être regardée comme constante aussi. Pour cela, je retranche les deux valeurs de $\cos \Delta$ et $\cos \Delta'$ l'une et l'autre, en observant que, par nos suppositions, $Z' - D' = Z - D$, et l'on a ainsi

$$\cos \Delta' - \cos \Delta = 2 (\sin D \sin Z - \sin D' \sin Z') \sin^2 \tfrac{1}{2} A,$$

ou, ce qui est la même chose,

$$\cos \Delta' - \cos \Delta = 2 [(\sin Z - \sin Z') \sin D + (\sin D - \sin D') \sin Z'] \sin^2 \tfrac{1}{2} A ;$$

au lieu des différences de sinus et de cosinus, mettons leurs valeurs en

A défaut de cercle répétiteur, les observations d'azimut peuvent se faire avec beaucoup de promptitude et même avec une précision presque toujours suffisante, par le moyen du sextant de réflexion (décrit précédemment dans le § 271), instrument qui est entre les mains de tous les marins, et qui doit être entre les mains de tous les voyageurs.

…onctions de la différence des arcs, il viendra

$$\sin \tfrac{1}{2}(\Delta + \Delta') \sin \tfrac{1}{2}(\Delta - \Delta')$$
$$= 2 \sin\tfrac{1}{2} r \left[\cos \tfrac{1}{2}(Z + Z') \sin D + \cos \tfrac{1}{2}(D + D') \sin Z' \right] \sin^2 \tfrac{1}{2} A.$$

Tous les termes du second membre se trouvant multipliés par $\sin \tfrac{1}{2} r$ sont très-petits de l'ordre de la réfraction. La différence $\Delta - \Delta'$, des deux distances, est donc aussi très-petite du même ordre. En se bornant à sa première puissance, on peut substituer le rapport des petits arcs $\tfrac{1}{2}(\Delta - \Delta')$ et $\tfrac{1}{2} r$ à celui de leurs sinus, on peut, de plus, supposer $\Delta = \Delta'$, $Z = Z'$, $D = D'$, dans tous les autres termes de l'équation; on aura alors

$$\Delta - \Delta' = 2 r \frac{\sin (D + Z)}{\sin \Delta} \sin^2 \tfrac{1}{2} A :$$

si la différence $\Delta - \Delta'$ restait constante, comme Δ ne varie point, Δ' serait constante aussi; examinons donc, d'après cette formule, à quoi s'étend la variabilité de $\Delta - \Delta'$.

Or, on voit tout de suite que cette variation ne peut être que fort petite, et même tout à fait négligeable, quand l'arc qui comprend les observations est très-petit. Car l'expression de $\Delta - \Delta'$ ayant pour facteur $\sin^2 \tfrac{1}{2} A$, et l'azimut A dans lequel on peut observer la Polaire, étant toujours fort petit, du moins dans nos climats, la valeur de $\Delta - \Delta'$ est toujours extrêmement petite. A Paris, par exemple, elle ne s'élèverait tout au plus qu'à deux secondes, en supposant la réfraction d'une minute, et l'angle horaire de six heures, ce qui donne la plus grande valeur de l'azimut A. On peut donc, sans aucune erreur, négliger les variations de Δ' pendant l'intervalle des observations, et employer, pour A et Z, les valeurs qui conviennent à l'époque moyenne de la série; d'autant mieux que si le signal est placé dans un azimut peu différent de 100°, l'azimut A de l'étoile varie très-peu pendant la durée des observations. Ainsi, avec ces restrictions, la valeur de $\Delta - \Delta'$ pourra être employée comme constante; l'étoile sera censée décrire encore un petit arc de cercle autour du pôle fictif, et le rayon de ce cercle sera

$$\Delta' = \Delta - \frac{2 r \sin (Z + D)}{\sin \Delta} \sin^2 \tfrac{1}{2} \Delta.$$

La diminution de ce rayon est l'effet du rapprochement des verticaux qui …ous

584. Quoique le cercle répétiteur jouisse de tous les avantages que nous venons de lui reconnaître, je ne dois pas cependant dissimuler que quelques défauts d'exécution de la part de l'artiste pourraient détruire toute son exactitude, et cela est d'autant plus important à considérer, que les défauts dont il s'agit sont très-aisés à reconnaître; qu'il est très-facile, lorsqu'on en est prévenu, d'éluder leur influence; et qu'enfin, faute de ces précautions, on s'expose à des erreurs graves, dont rien ne peut vous avertir.

D'après ce que nous avons dit au commencement de ce chapitre, sur la construction du cercle répétiteur, il est évident que les seuls défauts qu'on ait à y redouter sont ceux qui peuvent attaquer le principe de la répétition, en produisant sur chaque observation

---

concourent au zénith. Car l'orbite de l'étoile étant toujours comprise entre les mêmes verticaux extrêmes, il faut nécessairement, si elle s'élève, que son rayon diminue, et diminue d'une quantité dépendante de l'azimut A, qui mesure l'écart de ces verticaux. On voit donc que ces formules, fondées sur la petitesse de l'angle A, cesseraient d'être exactes si le pôle vrai était assez élevé sur l'horizon pour que l'azimut A cessât d'être un très-petit angle; mais cela ne saurait arriver que dans des contrées trop voisines du pôle pour que l'on puisse jamais avoir occasion d'y observer.

En résumant ce qui précède, on voit que, pour avoir égard à l'effet de la réfraction dans les observations d'azimut, il suffit de rapporter tous les calculs au pôle fictif, dont la distance au zénith est D'= D — r, r étant la réfraction à la hauteur moyenne où l'on observe l'étoile; en conséquence, il faut employer, pour distance polaire de l'étoile, la valeur de A', que nous venons de calculer.

Avec ces valeurs, on déterminera l'instant approché du passage de l'étoile au point S, *fig.* 92, d'après les méthodes d'essai que nous avons indiquées; ensuite on observera, par la répétition, les distances apparentes RS du signal à l'étoile. On calculera les réductions δ', en employant les valeurs apparentes R' A' et D', ce qui donne

$$\delta' = \frac{\sin R' \sin A'}{\sin (R' - A')} \cdot \frac{2'' \sin^2 \frac{1}{2} p'}{\sin 1''}$$

Les angles horaires p' doivent être comptés depuis le passage de l'étoile au point S situé sur le grand cercle qui joint le signal au pôle fictif. La distance réduite RS étant ainsi trouvée, on aura R'= RS + A'; ce sera la distance du signal au pôle fictif; enfin, avec les valeurs apparentes R', D', et la distance RZ du signal au zénith, on calculera l'azimut du signal P'ZR qui sera l'azimut véritable.

une erreur constante. En effet, une pareille erreur s'accumulant avec le nombre des observations, et n'étant pas susceptible de compensation, puisque nous supposons toujours à l'instrument une forme invariable, se retrouverait nécessairement tout entière dans la distance moyenne au zénith, qui, sous ce rapport, ne serait pas plus exacte qu'une observation unique.

532. De ce genre sont les erreurs dues à l'inclinaison de l'axe optique et au défaut de verticalité du plan du limbe. Nous avons donné les moyens de les mesurer et de les détruire, ou de les atténuer assez pour que leur influence devienne absolument insensible. Mais il y a encore dans les cercles d'autres causes possibles d'erreurs pareillement constantes, auxquelles on n'a pas pris garde jusqu'à présent. La première est l'erreur du centrage. Elle a lieu si la lunette supérieure, en tournant autour du centre du limbe, peut jouer autour de l'axe qui la porte. Pour concevoir l'erreur qui en résulterait sur les distances au zénith, partons de la première position de la lunette au commencement des observations, laquelle est représentée par OCA, *fig.* 94. Alors l'anneau MN, percé au centre de l'alidade qui porte la lunette, est descendu par son poids sur l'axe CM, autour duquel la lunette tourne; et l'anneau touche l'axe en M, à son point le plus élevé. Les choses restent ainsi dans la seconde position de la lunette après le retournement du cercle, pour passer à l'observation paire, *fig.* 95 et 96. Seulement le point de contact de l'anneau est passé de M en N, sur la partie opposée de sa circonférence. Par conséquent l'arc AZA', parcouru par l'alidade sur le limbe, *fig.* 96, est plus grand que l'angle véritable aCa', et la différence est égale à $Aa + A'a'$ ou $2Aa$. Mais une erreur contraire, et plus considérable, a lieu dans le passage de la seconde observation à la troisième. En effet, à la fin de la seconde, la lunette a la position OCA', *fig.* 96. Dans le retournement du cercle, la lunette prend la direction OCA', *fig.* 97. Elle conserve la même inclinaison sur l'horizon; le point de contact N reste le même, et le point A' aussi. Mais quand ensuite on fait tourner le limbe verticalement autour de son centre C, pour ramener la lunette vers l'astre, et lui donner la direction OCA', de la *fig.* 98, le point de contact de l'anneau sur l'axe central ne se

fait plus au même point N. La lunette tombant par son poids, le contact revient de nouveau du côté de M, dans la partie opposée de sa circonférence. Ce mouvement rapproche le point A′ du point A, parce que l'oculaire désigné par O dans la figure, est fixé au moyen de sa vis de pression. La lunette tourne donc ainsi autour du point O comme centre ; l'objectif, en tombant, rétrograde sur le limbe d'une quantité $A'A'_{,}$, quadruple de $A'a'$; et comme l'arc double conclu du premier couple d'observations était trop grand de $2Aa$, l'arc quadruple conclu des deux couples consécutifs est trop petit de la même quantité. Il est clair que ce même effet se reproduira toujours sur chaque couple ; et que, pour des distances égales au zénith, il se fera toujours dans le même sens, de la même quantité, puisque l'anneau de l'alidade et l'axe central sont tous deux circulaires. Voilà donc une cause qui tendra toujours à diminuer la mesure des distances au zénith. Elle est d'autant plus à redouter, que le rayon de l'anneau et celui de l'axe sont ordinairement fort petits, de sorte que le moindre jeu qui peut se trouver entre eux s'agrandit considérablement en se reportant sur le limbe. Il est donc de la dernière importance que la juxta-position de ces deux pièces soit observée avec un soin extrême, et pour cela il faut que l'axe d'acier qui porte l'alidade soit prolongé d'une quantité suffisante, pour que l'artiste puisse l'adapter exactement sur l'anneau. Malheureusement, il paraît qu'on n'y a pas donné jusqu'ici assez d'attention, si ce n'est dans les derniers cercles que l'on a construits.

535. Un autre effet absolument semblable se produira si la vis de pression destinée à fixer l'alidade par la pression sur le limbe, n'a pas assez de serrage pour la retenir invariablement. Car, dans le passage de la seconde observation à la troisième, ou en général d'une paire à une impaire, la lunette pourra glisser par son poids, en vertu du mouvement que l'on donne au limbe ; et alors le point A′ se déplacera encore dans un sens ou dans l'autre, de manière à diminuer ou à augmenter les distances au zénith. Ce déplacement n'influera que dans le passage des observations impaires aux observations paires, où la fixité de la lunette sur le limbe est de rigueur.

554. Enfin, un effet du même genre se produira encore si la vis de rappel qui fait mouvoir la lunette sur le limbe a le moindre jeu dans son écrou ou dans ses collets. Car, sans entrer ici dans des détails de construction trop minutieux, on peut considérer cette vis comme destinée aussi à retenir la lunette fixe dans le passage des observations paires ou impaires. Si la vis ballotte dans son écrou, la lunette qu'elle conduit pourra prendre absolument les mêmes mouvements. Or, la lunette se renversant nécessairement dans le passage des observations paires aux impaires, la vis de rappel, qui fait corps avec elle, prend aussi des positions opposées, comme on le voit dans les *fig.* 96 et 98, où cette vis est désignée par V. Par conséquent, si elle a du jeu dans l'écrou qui la retient, il y aura une de ces deux positions où la lunette ne sera plus soutenue. Ainsi, elle tournera dans le sens où la pesanteur l'entraîne, c'est-à-dire que le point A′ descendra si le bout qui porte l'objectif est plus lourd que celui qui porte l'oculaire; dans le cas contraire, il s'élèvera : dans le premier cas, la distance au zénith, donnée par le premier couple, sera diminuée; dans le second cas, elle sera augmentée.

555. En vain voudrait-on prévenir ces erreurs en lisant avec soin les verniers dans les deux positions opposées de la lunette; il faudrait qu'elles fussent énormes pour qu'on pût ainsi les apercevoir. Heureusement on peut les corriger toutes par un moyen très-simple. C'est d'observer des distances zénithales d'étoiles au nord et au sud du zénith. Car si le cercle nous donne des distances trop grandes ou trop petites, la somme de ces distances sera aussi trop grande ou trop petite d'une quantité double. Or cette somme n'est autre chose que la différence des distances polaires des étoiles observées; ainsi, en prenant ces différences dans des catalogues d'étoiles bien exacts, on verrait si le cercle a une erreur quelconque, et dans quel sens elle se trouve. Malheureusement, on ne connaît encore parfaitement que les distances polaires des étoiles dont on peut observer les deux passages. Il y a beaucoup d'incertitude sur les autres, et ce serait un travail des plus utiles que de déterminer exactement la déclinaison des plus brillantes, au moyen de leurs hauteurs méridiennes, observées au cercle répétiteur dans un lieu tel que Paris, dont la latitude est exactement déterminée par une multitude de passages d'étoiles circompolaires. Toutefois, sans attendre l'exécution d'un pareil travail, on peut encore suppléer à la connaissance des distances polaires, quand on n'a pas besoin d'une latitude absolue, mais seulement de la différence de latitude aux deux extrémités de l'arc observé, comme cela arrive ordinairement dans les observations géodésiques, qui sont celles où l'on exige le plus de rigueur. Il suffit alors de répéter, à ces deux extrémités, les observations de distances zénithales des mêmes étoiles au nord et au sud du zénith. On fera pour chaque station la somme de ces distances opposées, afin d'avoir les mesures des mêmes arcs célestes. Si l'on y trouve une différence, on en prendra la moitié, et on l'ajoutera aux distances observées dans la station où la somme des distances a été la plus petite. Par ce moyen, on réduira le cercle à n'avoir que la même erreur dans les deux stations, et la différence des latitudes sera exacte. Mais la latitude absolue pourra être en erreur de toute la quantité correspondante à l'erreur absolue du cercle (*).

(*) Soit N la distance zénithale vraie d'une étoile située au nord du zénith dans la station la plus boréale. Soit S la distance zénithale vraie d'une étoile située au sud et observée de la même station. Nommons N', S' les quantités analogues pour la station la plus australe. Ce seraient là les quantités que l'on observerait si le cercle n'avait aucune erreur. Alors la différence des latitudes serait $N' - N$ ou $S - S'$; et l'arc céleste $A = N + S$, $A' = N' + S'$ serait le même dans les deux stations, de sorte que l'on trouverait $A = A'$. Il n'en sera plus de même si le cercle a eu l'erreur constante e dans la première station, et l'erreur e' dans la seconde. Car alors les distances zénithales observées seront $N + e$, $S + e$, $N' + e'$, $S' + e'$, et quand on les combinera pour trouver la différence des latitudes, on aura, par les étoiles boréales, $N' - N + e' - e$; par les étoiles australes $S - S' + e - e'$. Les erreurs affectent ces résultats en sens contraire, ainsi elles disparaîtront en les ajoutant; et leur demi-somme $\dfrac{N' - N + S - S'}{2}$ donnera la véritable différence des latitudes indépendamment des erreurs constantes de chaque station.

Mais veut-on évaluer la différence de ces erreurs, c'est-à-dire la quantité dont l'erreur constante du cercle a changé, en le transportant d'une station à l'autre. Rien n'est plus facile; car, en faisant dans chaque station la

556. Il me paraît évident que les causes d'erreur dont je viens de parler ont produit les petits écarts que l'on remarque quelquefois, entre les latitudes absolues observées au même point, avec différents cercles, ou par différents observateurs, dont les résultats particuliers s'accordent entre eux. Les observations correspondantes au nord et au sud, auraient corrigé l'effet de ces différences, si l'on y eût songé plus tôt; il semble désormais indispensable de les employer dans des observations où l'on veut atteindre la dernière exactitude.

557. Pour compléter ce chapitre, je crois utile d'expliquer avec exactitude la théorie des niveaux à bulle d'air (*), instruments dont l'application est extrêmement fréquente dans l'astronomie et dans la physique, mais sur lesquels on n'a pas généralement des idées très-précises. On appelle communément niveau à bulle d'air, un tube de verre fermé par les deux bouts, et rempli en partie d'un liquide, tel que l'eau, l'alcool ou l'éther. L'espace qui n'est point rempli par la liqueur, est occupé par l'air, ou au moins par la

---

somme de distances zénithales pour obtenir l'arc céleste, on aura

dans la première $A = N + S + 2c$,
dans la seconde $A' = N' + S' + 2c'$;

et comme $N' - N$ est égal à $S - S'$, si l'on retranche ces deux équations l'une de l'autre, on trouvera

$$A - A' = 2c - 2c', \quad \text{par conséquent} \quad c - c' = \frac{A - A'}{2};$$

c'est la différence des erreurs. Ajoutez-la aux distances zénithales $N' + c'$, $S' + c'$ observées dans la seconde station, elles deviendront $N' + c$, $S' + c$. Elles seront donc alors comparables aux distances observées dans la première, et, en les combinant, on aura $N' - N$ ou $S - S'$ pour la vraie différence des latitudes.

(*) Quoique la théorie des niveaux à bulle d'air ait été exposée en détail dans le tome II, pages 240 et suivantes, on a cru devoir laisser subsister ici la description qui en est faite, parce que c'est conformément aux procédés qui y sont indiqués qu'ont été construits un grand nombre de niveaux de Fortin, qui ont été employés dans des opérations importantes et délicates, et qu'il pourra être bon d'y recourir, soit pour comprendre les opérations qui ont été faites, soit pour se servir de nouveau de ces niveaux.

vapeur du liquide ; et comme celui-ci, en vertu de la pesanteur, tend toujours à occuper la partie la plus basse du tube et à s'y mettre de niveau, il en résulte que la bulle d'air se déplace aussi et se porte au plus haut point du tube. Ses mouvements indiquent par conséquent, les variations de l'inclinaison du plan sur lequel on a posé le niveau.

358. Examinons d'abord le cas où la bulle d'air serait assez petite pour pouvoir être considérée comme un point. Si l'intérieur du tube était parfaitement cylindrique, il n'y aurait, rigoureusement parlant, qu'une seule position du niveau où la bulle pût se trouver immobile au milieu du tube ; ce serait la position horizontale ; et la plus petite inclinaison la déplacerait indéfiniment, de manière qu'elle se porterait tout entière aux extrémités. Il faut donc, pour prévenir cet inconvénient, que l'intérieur du tube soit légèrement arqué. Alors la bulle se place de manière que son milieu réponde au point où la tangente à la courbure intérieure du tube est horizontale. Si l'inclinaison change, la bulle se déplace et se porte au point du tube qui est devenu le plus élevé, c'est-à-dire où la tangente est devenue parallèle à l'horizon.

Parmi toutes les courbures que l'on peut donner au tube, la plus avantageuse est celle du cercle, parce qu'alors les déplacements de la bulle mesurent immédiatement sur le tube les variations de l'inclinaison. En effet, soit, *fig.* 99, NS un arc de cercle indéfini qui représente la section longitudinale du niveau. Soient C le centre de cet arc, et CA un rayon dirigé suivant la verticale. Dans cette position du niveau, la bulle d'air, que nous supposons toujours extrêmement petite, ira se placer au point A. Mais si l'inclinaison vient à changer, le rayon CA s'inclinera comme dans la *fig.* 100, et un autre rayon, tel que CA′, deviendra vertical ; en même temps la bulle se déplacera et se portera au point A′. L'arc AA′, qu'elle décrit sur le niveau, est la mesure de l'angle ACA′, ou du changement d'inclinaison.

359. Dans tout ceci, nous supposons que le niveau soit une ligne physique circulaire. Cela n'est point possible dans la pratique ; mais pourtant on peut y conserver les avantages de la cir-

cularité, en concevant la surface intérieure du niveau comme un anneau engendré par un cercle DD', *fig.* 100, dont le centre se meut sur la circonférence directrice NS. Une pareille surface conserve évidemment toutes les propriétés de symétrie que nous venons de considérer. Quant à la manière de donner cette courbure aux tubes, on y parvient, à force d'essais, en usant leur surface intérieure par le frottement, au moyen de verges métalliques qu'on y introduit successivement par les deux bouts, jusqu'à ce que la marche de la bulle s'accorde exactement avec les changements d'inclinaison. Pour voir si cette condition est remplie, on pose le niveau sur un plan incliné, d'une longueur déterminée, dont l'inclinaison peut être rendue variable au moyen d'une vis verticale dont la hauteur des pas est connue. La tête de cette vis porte un cadran divisé en parties égales, et un index, comme une vis de micromètre. En faisant tourner la vis d'une quantité connue, il est facile, d'après les données précédentes, de calculer les variations qui en résultent, sur l'inclinaison du plan, et l'on voit si la marche de la bulle sur le tube y est exactement conforme. Pour cela, on commence par tracer sur le tube de verre des divisions égales dans toute sa longueur (*).

560. Par exemple, en soumettant à cette épreuve un niveau construit par Fortin, pour les observations de latitude à Dunkerque, nous avons trouvé que la bulle parcourt 3 millimètres sur le tube pour un changement de 1″ sexagésimale dans l'inclinaison, et elle conserve cette marche dans toute l'étendue des divisions avec une régularité parfaite. Ce résultat peut se vérifier encore d'une manière plus exacte, quand le niveau est adapté au cercle répétiteur, au moyen des observations d'un objet éloigné. Pour cela mettez le limbe vertical, et dirigez un des pieds du cercle dans l'azimut de l'objet; mettez la lunette supérieure sur zéro, et faites tourner le limbe jusqu'à ce que l'objet vienne au centre des fils; alors placez le grand niveau de manière que la bulle soit très-voisine d'une de

---

(*) L'exposition pratique de ces procédés se trouve dans un très-bon Mémoire de M. de Chezy, sur la construction des niveaux, inséré dans les *Mémoires de l'Académie des Sciences, Savants étrangers.*

ses extrémités. Cela fait, sans toucher à la lunette, faites tourner
ensemble le niveau et le limbe dans leur plan vertical, au moyen
des vis de rappel, jusqu'à ce que la bulle passe à l'autre extrémité
du limbe, en sorte qu'elle parcoure ainsi un grand nombre de divisions ; alors l'objet ne répondra plus au centre des fils, et il faudra faire marcher la lunette sur le limbe pour l'y replacer.
L'arc qui mesure ce déplacement étant lu sur le limbe, on connaîtra le changement d'inclinaison qui répond au nombre de divisions que la bulle a parcourues ; et par conséquent, en divisant
cette inclinaison par leur nombre, on aura la valeur d'une d'entre
elles.

L'arc parcouru dans une observation de ce genre étant toujours
fort petit, une seule observation ne le donnerait pas avec assez
d'exactitude, à cause des erreurs que l'on peut commettre dans
les lectures des verniers ; mais on peut appliquer ici le principe de
la répétition. En effet, la première observation étant faite, et la
lunette ramenée sur l'objet, déplacez le grand niveau et ramenez
la bulle à l'autre extrémité du tube ; puis, sans toucher à la lunette,
faites tourner le limbe verticalement, jusqu'à ce que la bulle revienne à l'extrémité opposée. Ce mouvement déplacera l'objet,
mais vous le ramenez au centre des fils en faisant mouvoir la lunette ; par ce moyen, celle-ci décrira un nouvel arc, qui s'ajoutera
au premier qu'elle avait parcouru. Vous vous retrouvez ici précisément dans les mêmes circonstances que lors de la première observation, et vous repassez par les mêmes opérations. Rien n'em-
pêche de faire ainsi une troisième observation, une quatrième, et
d'avoir sur le limbe un arc assez grand pour que les erreurs des
lectures extrêmes n'en fassent qu'une partie aliquote fort petite :
cet arc, correspondant à 1000 ou 1200 parties du niveau, donnera,
par la division, la valeur d'une d'entre elles avec une extrême précision. Cette épreuve est d'autant plus nécessaire, qu'elle indique
la valeur des parties du niveau lorsqu'il est en place. En effet, il
peut arriver que cette valeur ne soit pas la même que quand le tube
était libre et simplement posé à nu sur un plan. Car les montures
dans lesquelles le niveau est ordinairement serré, peuvent l'infléchir
et changer sa courbure, surtout si elle est d'un rayon considé-

rable, comme dans notre niveau de Dunkerque, dont le rayon était de 619 mètres (*).

561. Dans tout ce qui précède, nous avons supposé la bulle d'air assez petite pour pouvoir être regardée comme un point. Cette considération était utile pour simplifier les raisonnements ; mais on l'évite dans la pratique, et c'est avec raison ; car l'expérience apprend qu'une bulle si petite se meut avec une extrême lenteur, et que le moindre obstacle, la plus petite irrégularité du tube suffit pour l'arrêter : au contraire, on fait la bulle très-longue, parce que l'on a observé que plus elle est longue, plus elle est sensible, c'est-à-dire, plus elle revient promptement à l'équilibre.

Ce phénomène dépend des attractions réciproques du liquide et du verre : il est du genre de ceux que l'on nomme phénomènes capillaires, parce qu'ils ont été d'abord observés dans des tubes très-étroits, où l'on sait que les liquides susceptibles de mouiller le verre s'élèvent au-dessus de leur niveau naturel, en formant une petite colonne terminée par une surface concave. Les bords de cette surface, composés de molécules adhérentes au tube, s'élèvent le long de ses parois ; et leur inclinaison dépend de l'action plus ou moins grande du tube sur le fluide, et aussi de la fluidité plus ou moins parfaite. Un effet analogue se produit dans les niveaux, sur les extrémités de la bulle qu'ils comprennent. Ces extrémités sont relevées le long du tube ; par ce moyen la forme de la bulle d'air est arrondie dans les endroits où la surface du liquide touche le verre : elle l'est surtout aux deux bouts plus que sur les côtés, et elle l'est plus dans un tube étroit que dans un tube large. Cela tient à la nature des forces capillaires qui, partant de sa surface et n'ayant d'action sensible qu'à une très-petite distance, ont un effet d'autant plus intense que les surfaces qui les exercent sont plus rapprochées. C'est pour cela que l'élévation des liquides dans

---

(*) Cela se voit d'après la marche du niveau. Sur celui-ci, un arc de 1″ sexagésimale est exprimé par 3 millimètres ; or, on sait, par les calculs trigonométriques, que le rayon exprimé en arc vaut 57° 17′ 44″,8 de la division sexagésimale, ou, ce qui revient au même, 206264″,8. Puisque chaque seconde vaut 3 millièmes, le rayon vaudra 3 millièmes multipliés par 206264,8 ou 618ᵐ,7944.

les tubes étroits et verticaux augmente à mesure que leur diamètre intérieur diminue, de manière que la colonne liquide ainsi soulevée est réciproque à ce diamètre, comme l'expérience et le calcul s'accordent également à le prouver. D'après cela, on conçoit que l'effet de ces forces doit surtout être considérable sur une très-petite bulle, autour de laquelle le fluide formerait une surface concave d'un très-petit rayon. Alors la moindre aspérité du tube peut changer considérablement les attractions qui déterminent cette forme, et allonger la bulle dans un sens plus que dans un autre, ou même la retenir absolument; au lieu que ces effets seront beaucoup moindres sur une longue bulle et dans un tube large, où le relèvement du fluide, par l'effet de la capillarité, sera beaucoup moindre. Tels sont les avantages des grands niveaux, pareils à ceux que Fortin a construits pour nos cercles. Mais pour que cette longueur soit utile, il faut que les tubes soient bien travaillés dans l'intérieur, et exactement calibrés, suivant la courbure circulaire; précautions que les artistes ne prennent pas ordinairement, se contentant d'y suppléer au moyen des courbures naturelles que les tubes de verre prennent toujours quand on les fabrique.

562. La bulle du niveau ayant une dimension sensible, on regarde son milieu comme le point le plus élevé du tube, et c'est la marche de ce milieu qui détermine les changements d'inclinaison. Pour indiquer et mesurer ces changements, on divise le tube dans toute sa longueur; le zéro de la division répond à son milieu, et pour déterminer la position du centre de la bulle, on prend la demi-somme des divisions où se terminent ses deux extrémités. Cela est rigoureux en effet si le tube est bien calibré suivant la forme annulaire, car alors, sa forme étant symétrique dans toutes ses parties, celle de la bulle le sera nécessairement. On pourrait même, si l'on voulait, prendre une des extrémités de la bulle pour l'indice de son mouvement; mais l'autre moyen est plus avantageux parce qu'il atténue les petites irrégularités du tube en les partageant sur les deux extrémités de la bulle. Au reste, il est sûr que l'un et l'autre procédé sont également inexacts si le tube est mal travaillé en dedans.

563. Ordinairement on a coutume de placer le zéro de la divi-

sion, comme je viens de le dire, au milieu du tube ou à peu près au milieu. Cela est en effet plus commode et on a ainsi des nombres plus simples. Mais cette condition n'est nullement nécessaire ; on pourrait faire partir les divisions d'une des extrémités, et la demi-somme des divisions marquées par les extrémités de la bulle donnerait toujours la position de son centre : en général, quelque part que le zéro de la division fût placé sur le tube, le niveau servirait également.

364. L'extrême perfection que l'on a donnée aux niveaux dans ces derniers temps, a permis de les rendre fixes dans les cercles répétiteurs ; et de déterminer, par leur variation, les changements d'inclinaison de l'axe. Par ce moyen on évite la nécessité où l'on était de corriger ces changements en replaçant le niveau, ce qui exigeait du temps, et multipliait la difficulté des observations par l'union qu'il fallait obtenir entre l'observateur qui dirige la lunette sur l'astre et celui qui cale le niveau.

Dans cette nouvelle disposition, le niveau est attaché seulement à la colonne verticale autour de laquelle le cercle tourne. Il est placé perpendiculairement à la direction de cette colonne, et parallèlement au limbe. Le limbe lui-même peut aussi s'attacher fixement à la colonne, ou plutôt à un plan vertical qu'elle porte, et sur lequel le limbe se fixe comme sur un mural au moyen de deux fortes vis de pression. Pour faire la première observation, on commence, comme à l'ordinaire, par mettre la lunette du limbe sur le zéro de la division ; ou, ce qui revient au même, on lit exactement les points de la division auxquels les verniers répondent : ces points servent d'origine aux arcs que la lunette décrit. Ensuite on détache le limbe, on le tourne jusqu'à ce que la lunette se dirige vers l'astre ; puis on l'attache, et on achève de mettre l'astre sous le fil au moyen des vis de rappel. A cet instant on note la minute, la seconde, et le second observateur lit le niveau. Alors on fait faire au cercle une demi-révolution, comme à l'ordinaire, autour de la colonne verticale, pour passer à la seconde observation. Cette fois, laissant le limbe fixe, on détache la lunette et on la ramène sur l'astre. Si la colonne, ou plutôt si l'axe de rotation du cercle est demeuré invariablement vertical, comme on suppose qu'il l'était d'abord dans la première observation, le niveau ne sera pas dérangé par le retournement. L'arc parcouru sur le limbe sera double de la distance au zénith sans aucune correction. Mais si l'axe n'est pas exactement vertical, ou s'il a pris quelque inclinaison dans le passage de la première observation à la seconde, comme c'est autour de lui que la rotation s'exécute, la bulle du niveau ne répondra plus aux mêmes points du tube après le retournement. C'est pourquoi l'observateur lit encore le niveau dans cette seconde position comme il l'avait lu dans la première, et au moyen de ces deux lectures, on trouve l'inclinaison de l'axe de rotation sur la verticale.

365. Pour concevoir comment cela se peut faire, examinons avec soin les positions respectives du niveau, et de l'axe de rotation du cercle dans les deux observations consécutives. Soient, *fig.* 101, PA la direction de cet axe, AZS l'arc de cercle qui représente la section longitudinale du niveau. Soit C le centre du niveau qui pourra bien ne pas se trouver sur le prolongement de l'axe de rotation, et qui ne s'y trouvera que dans le cas où cet axe serait perpendiculaire au niveau. L'angle CAP sera l'inclinaison de l'axe du niveau sur l'axe du cercle, inclinaison que nous nommerons I'. Si par le pied du cercle ou par le point P on élève la verticale PV, l'angle VPA, que nous nommerons I, sera l'inclinaison de l'axe de rotation du cercle sur cette verticale. Enfin, si par le centre C du niveau on élève une autre verticale CZ qui ira rencontrer en Z sa circonférence, le point Z sera le centre de la bulle, puisque ce centre doit toujours se trouver au point le plus élevé du niveau; et l'arc AZ, compté sur la division circulaire du niveau, sera la mesure de l'angle ZCA, c'est-à-dire de l'inclinaison du rayon CA sur la verticale. Or, en prolongeant la direction AP de l'axe jusqu'à sa rencontre avec la verticale CZ en D, il est visible que l'angle ZCA extérieur au triangle CAD est égal à la somme des deux intérieurs CAD, CDA; nous avons nommé le premier I'; quant au second, il est égal à VPA ou à I. Ainsi, en substituant à ces angles leurs valeurs en parties du niveau, on aura $AZ = I + I'$.

Maintenant, si l'on retourne le cercle comme dans la *fig.* 102, la rotation s'exécutant autour de l'axe AP, le rayon CA du niveau décrira autour de cet axe une surface conique ; de sorte qu'après le retournement, l'inclinaison CAP se trouvera la même, dans un sens opposé, c'est-à-dire encore égale à I'. De plus, si par la nouvelle position du centre C, on élève la verticale CZ', le point Z' sera le centre de la bulle dans la nouvelle position du niveau ; l'angle Z'D'A sera encore égal à I, et par un raisonnement semblable à celui que nous venons de faire, on aura $AZ' = I - I'$.

Ainsi donc l'arc AZ, dans la première lecture, est la somme des inclinaisons de l'axe du cercle, sur la verticale et sur le rayon du niveau ; tandis que, dans la seconde lecture, l'arc AZ' est égal à la différence de ces mêmes angles ; d'où il suit que l'inclinaison du rayon du niveau sur l'axe du cercle est égal à la demi-différence de ces arcs, et l'inclinaison de l'axe du cercle sur la verticale est égale à leur demi-somme, c'est-à-dire que l'on a

$$ I' = \frac{AZ - AZ'}{2}, \quad I = \frac{AZ + AZ'}{2}. $$

Reste maintenant à évaluer ces arcs AZ, AZ'. Cela serait facile si l'origine des divisions du niveau se trouvait justement au point A, sur le prolongement de l'axe de rotation ; car alors la simple lecture exprimerait leurs valeurs. Mais, quelle que soit l'origine des divisions, il est facile d'obtenir ces valeurs, d'après les deux lectures combinées, et on en tire aussitôt la correction due à l'inclinaison de l'axe (*).

(*) Soit, *fig.* 101, M l'origine des divisions du niveau, ou la position du point zéro sur le tube ; nommons A la distance AM depuis cette origine jusqu'à l'intersection du niveau par le prolongement de l'axe de rotation ; soit L la longueur totale de la bulle, et désignons par N et S les coordonnées de ses deux extrémités nord et sud, c'est-à-dire les distances de ces extrémités à l'origine M des divisions. Ce sont ici les arcs MN, MS. Cela posé, et le point Z étant supposé le milieu de la bulle, on aura, dans cette première position du niveau et du limbe,

$$ S = AZ + L - A, \quad N = AZ - L - A. $$

Retournez le limbe pour passer à la seconde observation, *fig.* 102. Dans ce mouvement, le point M passera en M' de l'autre côté de l'axe. Soit Z' le centre de la bulle dans cette nouvelle position, et nommons de même N', S',

566. Pour voir l'effet de cette inclinaison sur les distances au zénith, soient, *fig.* 103, C le centre du limbe, CZ la verticale, CS le rayon visuel mené à l'astre que l'on observe; l'angle SCZ sera la distance vraie au zénith. Maintenant soit CP la direction de l'axe de rotation du cercle, que nous supposons incliné sur la verticale du côté de l'astre; cet axe, prolongé jusqu'en Z', déterminera le

les coordonnées de ses deux extrémités nord et sud, c'est-à-dire les arcs M'N', M'S'; on aura alors

$$S' = AZ' + L + A, \qquad N' = AZ' - L + A;$$

de ces expressions on tire

$$AZ + AZ' = N + S', \qquad AZ + AZ' = N' + S,$$
$$AZ - AZ' = N - N' + 2A, \qquad AZ - AZ' = S - S' + 2A;$$

or, $\dfrac{AZ + AZ'}{2}$ est l'inclinaison de l'axe du cercle sur la verticale du côté du nord, inclinaison que nous avons nommée I; et $\dfrac{AZ - AZ'}{2}$ est l'angle formé par l'axe du cercle avec le rayon du niveau, angle que nous avons nommé I'. On aura donc, pour ces quantités, les valeurs suivantes:

$$I = \frac{S' + N}{2}, \qquad \text{ou bien} \quad I = \frac{S + N'}{2};$$
$$I' = \frac{N - N'}{2} + A, \quad \text{ou bien} \quad I' = \frac{S - S'}{2} + A.$$

Pour avoir plus de symétrie dans les calculs, nous avons supposé que le point M, origine des divisions, tombait au dehors de la bulle, du côté du nord. Ordinairement on fait la bulle assez grande pour que cette origine tombe entre ses extrémités, et à peu près à son milieu, quand le niveau est horizontal. Alors la distance N de l'origine des divisions, à l'extrémité nord, doit être regardée comme négative, dans les formules que nous venons d'obtenir; il en sera de même de N'; et, avec cette modification, les expressions précédentes deviendront

$$I = \frac{S' - N}{2}, \qquad I = \frac{S - N'}{2};$$
$$I' = \frac{N' - N}{2} + A, \quad I' = \frac{S - S'}{2} + A.$$

Nous nous bornerons à examiner les deux premières, qui donnent l'inclinaison de l'axe; les deux autres, renfermant la distance A qu'il est impossible de connaître, ne peuvent être appliquées. Mais, heureu-

zénith apparent autour duquel le limbe tourne. Or, c'est à ce zénith apparent que l'on rapporte, sur le limbe, toutes les distances observées. Car le point du limbe qui reste fixe dans le retournement, est le point A', situé sur la direction de l'axe de rotation de l'instrument, au lieu que ce devrait être le point A, situé sur le prolongement de la verticale. L'erreur de chaque distance est donc égale à ZCZ', c'est-à-dire à l'inclinaison de l'axe sur la verticale. Elle diminue les distances au zénith, lorsque le sommet de l'axe penche vers l'astre, comme dans la *fig.* 103; au contraire, elle augmente ces distances quand le sommet de l'axe s'éloigne de

---

sement, l'angle I' qu'elles déterminent n'est pas nécessaire aux observations. Considérons donc les deux premières. Il est visible que N et S' sont les coordonnées d'une même extrémité physique de la bulle, avant et après le retournement; car si cette extrémité était nord dans la première observation, elle est sud dans la seconde. Il en est de même de N' et S: ce sont les coordonnées de l'autre bout de la bulle. De là résulte la règle suivante: observez, sur la division du tube, les deux nombres auxquels répond une même extrémité physique de la bulle dans les deux observations consécutives. La demi-différence de ces nombres exprimera l'inclinaison de l'axe, vers le bout que vous avez considéré comme négatif, c'est-à-dire, vers le nord si ce bout était dirigé au nord du zénith dans la première observation; vers le sud s'il était dirigé au sud.

Cette règle peut encore être exprimée d'une manière plus simple en la rapportant aux positions que prend successivement le niveau, relativement à l'observateur chargé de lire ses divisions. Je suppose que, dans la première observation, le bout *sud* de la bulle soit à gauche de l'observateur qui lit le niveau. Le bout *nord* sera à sa droite. On retourne le limbe pour passer à la seconde observation. Celui qui lit le niveau se retourne aussi en passant de l'autre côté du limbe. Alors le bout gauche de la bulle est encore le même bout physique que précédemment; seulement, au lieu d'être dirigé au sud du zénith, il est dirigé au nord. Ainsi, en désignant par G, D, G', D', les extrémités gauche et droite de la bulle dans les deux observations, on aura S = G; N = D; S' = D'; N' = G'. En substituant ces lettres dans notre formule, qui donne l'inclinaison de l'axe vers le bout N ou D, on aura

$$I = \frac{D' - D}{2}, \quad \text{ou bien} \quad I = \frac{G - G'}{2};$$

sous cette forme l'interprétation de la formule n'offre aucune incertitude, et l'application peut en être rendue très-simple par la disposition suivante. Écrivez successivement les lectures des deux extrémités de la bulle sur deux

l'astre, relativement à la verticale, comme dans la *fig.* 104. Ainsi, dans le premier cas, la correction déterminée par le niveau doit être ajoutée à la distance au zénith; dans le second, elle doit être retranchée. La verticalité de l'axe n'était pas nécessaire dans les anciens cercles, parce que l'on redressait le limbe après le retour-

---

colonnes, que vous intitulerez G et D, c'est-à-dire gauche et droite, comme on le voit ici :

GAUCHE.	DIFFÉRENCES.	DROITE.	DIFFÉRENCES.
142		136	
130	+ 12	148	+ 12
142		136	
130	+ 12	148	+ 12
144		134	
134	+ 10	144	+ 10

La première contiendra les valeurs successives de G, G', pour chaque couple d'observations; la seconde, les valeurs de D, D'. Formez les différences de ces valeurs pour chaque couple; vous aurez ainsi G — G' et D' — D. Prenez la moitié de ces différences, vous aurez l'inclinaison I du sommet de l'axe vers le côté D de la bulle, ou vers le côté D du zénith.

Ici, par exemple, chacun des deux premiers couples donne $\dfrac{D' - D}{2} = + 6$; c'est-à-dire que le sommet de l'axe est incliné de 6 parties vers le côté D du zénith; par conséquent, vers le nord, si le bout D est tourné au nord du zénith. Si l'astre observé est situé de ce même côté, comme dans la *fig.* 103, les distances au zénith seront trop petites de 6 parties du niveau, et il faudra les augmenter de cette quantité. Ce serait 2″ sexagésimales dans notre niveau de Dunkerque. Mais si l'astre observé était situé au sud du zénith du côté S, et qu'on eût lu le niveau comme nous le supposons ici, l'inclinaison vers N augmenterait les distances zénithales, et il faudrait la retrancher.

On trouverait le même résultat par le bout gauche de la bulle, car il donne G = 142, G' = 130, par conséquent I = $\dfrac{G - G'}{2} = + 6$.

La troisième couple d'observations présente un petit changement dans l'inclinaison, car on ne trouve plus que I = + 5. On forme ainsi toutes les

nement, au moyen des vis de rappel, de manière à rappeler le niveau à sa position primitive. Cela n'est plus possible dans les nouveaux cercles, puisque le niveau n'est pas attaché immédiatement sur le limbe, mais sur la colonne de l'instrument. A la vérité, on pourrait encore ramener tout l'instrument à la fois, en élevant ou abaissant les vis adaptées à la base de la colonne, et qui servent à la rendre verticale. Mais il est mille fois plus simple, plus commode et plus exact, d'observer la déviation du niveau, et d'en corriger l'effet sur les observations, d'autant mieux que le calcul et l'application de cette correction n'offrent aucune difficulté.

Cette méthode suppose seulement, comme une condition rigoureuse et indispensable, que le limbe du cercle reste fixement attaché à l'axe de rotation dans les deux observations consécutives, sans que les pinces qui le retiennent lui permettent le plus petit mouvement. Si cette condition n'était pas remplie, le point du limbe qui répond au prolongement de l'axe de rotation ne resterait pas le même dans les deux observations consécutives, et ce déplacement produirait une erreur qu'il serait impossible d'appré-

---

différences relatives à chaque couple d'observations, et on en prend la moyenne, qui est la correction à appliquer à la distance moyenne déduite des lectures extrêmes de l'arc observé. Dans cette addition, il faut écrire chacune des différences D′ — D ou G — G′ avec son signe, car les unes peuvent être positives et les autres négatives, si le niveau éprouve quelque dérangement dans le cours de la série; et cela arrive ainsi presque toujours quand l'inclinaison I est fort petite. Si le tube est parfaitement calibré, et si la température ne varie pas, la longueur de la bulle reste constante; et il suffirait d'observer une des deux extrémités; mais comme on ne peut jamais être assuré d'éviter absolument toutes ces variations, il est toujours bon d'observer les deux bouts de la bulle, et de prendre la différence moyenne.

Il y a toujours de l'avantage à se faire une pratique constante, dans les opérations qui doivent être souvent répétées. C'est pourquoi il est bon de lire toujours le niveau de la même manière, par exemple, en se plaçant de manière que le côté D soit dirigé vers l'astre que l'on observe : alors si $\frac{D′ — D}{2}$ ou $\frac{G — G′}{2}$ est positif, on l'ajoutera à la distance au zénith ; s'il est négatif, on le retranchera. Tout se réduit alors à observer cette règle fort simple, et l'on ne peut jamais se tromper sur le sens de l'inclinaison.

cier. Il faut donc employer les soins les plus minutieux pour que le point d'attache de l'axe de rotation avec le limbe soit rigoureusement fixe; et c'est à quoi notre excellent Fortin est parvenu, comme je l'ai dit plus haut, en serrant le limbe au moyen d'une forte pince et de deux vis de pression, contre un plan vertical de cuivre qui fait corps avec l'axe, et sur lequel le limbe vient s'appuyer.

367. Il peut arriver, et il arrive ordinairement, que l'axe du cercle ne conserve pas rigoureusement la même inclinaison dans toute la durée d'une longue série; mais le niveau accuse toutes ces variations, et comme on le lit à chaque observation, il détermine, pour chaque correction, sa valeur véritable : cependant la moyenne seule de ces corrections reste dans le résultat moyen.

368. Quand on doit faire une longue suite d'observations, par exemple quand on veut déterminer une latitude avec la dernière précision, on a soin de calculer, chaque jour, la valeur qu'a eue l'inclinaison de l'axe; et comme on peut faire varier à volonté cette inclinaison, au moyen des vis de rappel adaptées à la base de la colonne, on s'arrange de manière qu'elle ait successivement, de part et d'autre du zénith, des valeurs à peu près égales. Alors les corrections positives et négatives du niveau se compensant d'elles-mêmes, on est indépendant de la valeur de ses parties, ou du moins, si la compensation n'est pas rigoureusement exacte, le nombre des parties du niveau qui reste dans le résultat moyen est si petit, que l'erreur que l'on a pu commettre dans leur évaluation est absolument insensible. C'est ainsi que nous en avons usé dans les observations de Formentera et de Dunkerque; quant à la mesure des parties du niveau, et à la détermination de leurs valeurs, on opère comme nous l'avons dit dans la page 470.

NOTE I,

Exemple d'un calcul du temps sidéral, d'après une hauteur absolue d'étoile observée hors du méridien.

Soit A la distance polaire apparente de l'étoile, c'est-à-dire la distance polaire affectée de la précession, de l'aberration, de la nutation; soit D la distance du pôle au zénith, ou le complément de la latitude du lieu où l'on observe; enfin, nommons Z la distance zénithale observée corrigée de la réfraction, et P l'angle horaire demandé. Avec ces données, on aura l'angle P par la formule

$$\sin\tfrac{1}{2}\,P = \sqrt{\dfrac{\sin\!\left(\dfrac{Z+A-D}{2}\right)\sin\!\left(\dfrac{Z+D-A}{2}\right)}{\sin A \sin D}}.$$

Voici un exemple de ce calcul appliqué à une observation de Rigel, faite à Dunkerque, le 21 mars 1809, à la latitude de 51° 2′ 5″, la hauteur du baromètre étant 0^{m},76865, et le thermomètre centésimal à +6°.

La distance de Rigel au pôle boréal de l'équateur, prise dans la *Connaissance des Temps*, et réduite en position apparente pour le 21 mars 1809, est.. $A = 98° 26′ 8″,35$

L'ascension droite, réduite en temps pour le même jour. .... $A = 5^{h} 5^{m} 22^{s},6$

L'observation faite au cercle répétiteur, après le passage de Rigel au méridien, a donné la distance apparente au zénith... $70° 45′ 59″,21$

Correction du niveau.. $-0″,47$

$\overline{70° 45′ 58″,74}$

Réfraction calculée par les Tables pour la pression barométrique et la température observée............. $2′ 50″,01$

$\overline{}$

Distance vraie de Rigel au zénith à l'instant moyen de l'observation....................................... $Z = 70° 48′ 48″,75$

Avec ces données, on effectue le calcul ainsi qu'il suit :

$$\Delta = 98^\circ\,26'\ 8'',35$$
$$D = 38^\circ\,57'\,55'',40$$
$$\Delta - D = 59^\circ\,28'\,13'',35$$
$$Z = 70^\circ\,48'\,48'',75$$
$$Z + \Delta - D = 130^\circ\,17'\,2'',10 \qquad\qquad Z + D - \Delta = 11^\circ\,20'\,35'',40$$
$$\frac{Z + \Delta - D}{2} = 65^\circ\,8'\,31'',05 \qquad\qquad \frac{Z + D - \Delta}{2} = 5^\circ\,40'\,17'',70$$

$$\log \sin\left(\frac{Z + \Delta - D}{2}\right) = 1,9577758 \qquad\qquad \log \sin \Delta = 1,9952758$$

$$\log \sin\left(\frac{Z + D - \Delta}{2}\right) = 1,9918723 \qquad\qquad \log \sin D = \overline{1},7985466$$

$$1,9526481 \qquad\qquad\qquad\qquad 1,7938224$$
$$1,7938224$$

$$\log \sin^2 \tfrac{1}{2}P = 1,1588257$$
$$\log \sin \tfrac{1}{2}P = 1,5794128$$
$$\tfrac{1}{2}P = 22^\circ\,18'\,48'',8$$
$$P = 44^\circ\,37'\,37'',6 = 2^h\,58^m\,30^s,5$$

Ascension droite apparente de Rigel,
calculée et réduite en temps . . . . $A = 5^h\ 5^m\,22^s,64$

Somme, ou temps sidéral de l'observation . . . . $8^h\ 3^m\,53^s,12$

Époque moyenne de la série en temps
de la pendule . . . . $5^h\,46^m\,30^s,28$

Retard de la pendule sur le temps sidéral à l'époque de l'observation de Rigel. $2^h\,17^m\,22^s,84$

Le calcul précédent suppose que l'on a su calculer la distance polaire et l'ascension droite apparentes de Rigel pour le jour de l'observation. A cet effet, il faut connaître la précession, l'aberration, et la nutation de l'étoile pour ce même jour, afin d'ajouter ces quantités à sa position moyenne. On verra dans le quatrième volume la manière de les déterminer.

Quant à la réfraction, on la prendra dans les Tables, car nous avons expliqué comment les Tables sont formées. On en trouvera une dans la *Connaissance des Temps*.

L'observation que nous venons de calculer avait été faite après le passage de Rigel au méridien; et comme Rigel est une étoile australe qui n'est visible que dans son passage au méridien supérieur, on voit que l'angle horaire P s'est trouvé naturellement compté à partir du méridien supérieur, dans le sens du mouvement diurne, suivant les conventions faites dans le

page 17. C'est pourquoi nous lui avons ajouté l'ascension droite A pour avoir le temps sidéral. Mais si Rigel eût été observé avant son passage au méridien, il aurait fallu prendre le complément de P, afin que cet angle fût toujours compté dans le sens du mouvement diurne, après quoi on lui aurait ajouté l'angle A, comme nous l'avons fait ci-dessus. On trouvera, dans le volume suivant, le calcul de l'heure par des hauteurs absolues du soleil.

NOTE II,

RELATIVE À LA PAGE 449.

Exemple de calcul de la latitude, d'après une série de l'étoile polaire observée près du méridien avec le cercle répétiteur.

Soient Δ la distance polaire apparente de l'étoile pour le jour de l'observation; D la distance du pôle au zénith, ou le complément de la latitude supposée à peu près connue. Soit r le retard diurne de la pendule sur le temps sidéral. Si l'on fait, pour plus de simplicité, $\dfrac{r}{86400 - r} = r'$, et que l'on nomme p' l'angle horaire d'une observation compté en temps de la pendule, et à partir du passage de l'étoile au méridien où l'on observe, la réduction de cette observation sera

$$\delta = \frac{\sin \Delta \sin D (1 + 2r')}{\sin Z} \cdot \frac{2'' \sin^2 \frac{1}{2} p'}{\sin 1''};$$

Z est la distance méridienne de l'étoile au zénith. Dans le cas que nous allons considérer, il s'agit d'un passage de la Polaire *au méridien supérieur*; alors on a Z $= $ D $- \Delta$, et la formule devient

$$\delta = \frac{\sin \Delta \sin D (1 + 2r')}{\sin (D - \Delta)} \cdot \frac{2'' \sin^2 \frac{1}{2} p'}{\sin 1''}.$$

Il ne s'agit plus que de calculer cette réduction pour chacune des observations de la série, d'en faire la somme et de la diviser par le nombre des observations, afin d'avoir la réduction moyenne, qu'il faut appliquer à la moyenne des distances zénithales; mais, pour cela, il faut connaître les valeurs numériques des éléments qui entrent dans notre formule.

L'observation que nous allons calculer a été faite à Dunkerque, le 19 décembre 1808, le baromètre étant à $0^m,7552$ et le thermomètre centésimal à -4°. La distance polaire apparente de l'étoile, pour ce même jour, était. . . . . $A = 1^d 42' 18'',59$

La distance du pôle au zénith, déterminée à très-peu près par des observations précédentes, était. . . . . $D = 38° 57' 55'',00$

Ce qui donne la distance méridienne. . . $Z = D - A = 37° 15' 36'',41$

Avec ces données on trouve. . . . . $\log\left(\dfrac{\sin A \sin D}{\sin Z}\right) = \overline{2},490086_2$

La pendule retardait journellement sur le temps sidéral, et son retard était $r = 69'',5$, ce qui donne $r' = \dfrac{69'',5}{86320,5} = 0,00080505_5$, d'où l'on voit que r' était un nombre extrêmement petit, ainsi qu'on l'a supposé dans la construction de la formule; on trouve ainsi $\log(1 + 2r') = 0,0006985$. En ajoutant ce logarithme à celui que nous venons de former, on aura

$$\log\left[\frac{\sin A \sin D (1 + 2r')}{\sin Z}\right] = 2,4907853$$

C'est le logarithme du facteur constant par lequel il faut multiplier toutes les réductions.

Maintenant, d'après la position apparente de la Polaire, le 19 décembre 1808, on pouvait calculer l'heure de son passage au méridien de Dunkerque; et comme nous connaissions très-exactement la marche de notre pendule sur le temps sidéral, d'après les hauteurs absolues de Rigel et du Soleil, nous étions en état d'assigner l'heure, la minute, la seconde marquées par notre pendule à un instant quelconque donné du temps sidéral. Nous avons ainsi conclu l'heure du passage de la Polaire au méridien supérieur en temps de notre pendule, le 19 décembre 1808, $0^h 21^m 44^s$, et en prenant la différence de cette époque à toutes celles des observations particulières, nous en avons conclu les angles horaires de ces mêmes observations, ou les valeurs de p' rapportées au méridien supérieur. Connaissant p', nous avons déterminé la valeur du facteur $\dfrac{2'' \sin^2 \frac{1}{2} p'}{\sin 1''}$ pour chaque observation; alors nous avons pu calculer complètement la réduction z, et le calcul s'achève ainsi qu'il suit :

ASTRONOMIE

Passage de l'étoile polaire au méridien supérieur.

0ʰ 24ᵐ 44ˢ.	ANGLE HORAIRE.	RÉDUCTION.
h m s	m s	"
23.57. 2	27.42	1504,7
58.18	26.26	1370,4
59. 6	25.38	1288,8
59.47	24.57	1221,0
0. 0.27	24.17	1156,8
1. 5	23.39	1097,2
1.46	22.58	1034,8
9.26	15.18	459,5
10.19	14.34	416,6
18.57	5.47	65,7
22.23	2.21	10,8
22.59	1.45	6,0
23.43	1. 1	2,0
29.19	4.35	41,2
41.59	17.15	583,9
45.54	21.10	879,0
46.36	21.52	938,1
47.12	22.28	990,3
47.52	23. 8	1049,8
48.31	23.47	1109,6
49. 3	24.19	1159,9
50.21	25.37	1287,1
51. 4	26.20	1360,1
52.47	28. 3	1542,9
54.40	29.56	1756,8
1. 0.18	35.34	2478,8
		24811,8

log 24811,8...................   4,3946518
log facteur...................   2,4907858
                                 ____
                                 2,8854466
26 observ. log 26.............   1,4149733
                                 ____
log 2.........................   1,4704733
Réduction moyenne... δ = 29″,55

Distance au zénith observée....................................   37°15′20″,21
Correction du niveau...   + 0″,68
                                                                 ____
Distance zénithale moyenne observée............................   37°15′20″,89
Réfraction calculée..   46″,41
                                                                 ____
                                                                 37°16′ 7″,30
Réduction au méridien soustractive δ....................   — 29″,55
                                                                 ____
Distance méridienne de l'étoile au zénith......................   37°15′37″,75
Distance polaire de l'étoile...................................   1°42′18″,59
                                                                 ____
Distance du pôle au zénith D...................................   38°57′56″,34
Latitude 90° — D...   51° 2′ 3″,66

On trouvera, dans le volume suivant, le calcul de la latitude par une observation du soleil.

Sur la latitude de l'extrémité australe de l'arc méridien de France et d'Espagne.

Lorsque, sur la demande du Bureau des Longitudes, je fus envoyé, dans l'année 1825, en Italie, en Illyrie et en Espagne, pour compléter les observations du pendule sur le 45ᵉ parallèle, et sur la partie espagnole de notre arc méridien, un des objets de ma mission, et celui qui m'imposait le plus de responsabilité, c'était de profiter de mon séjour dans l'île de Formentera, le point le plus austral de notre arc, pour réobserver la latitude de cette station. A la vérité, dans le premier voyage que nous avons fait, M. Arago et moi, en Espagne, dans les années 1807 et 1808, cette latitude avait été mesurée avec des soins et une persévérance qui devaient bien sembler suffire, et que je ne pouvais espérer d'égaler par mes seuls efforts. Car, pendant un séjour, où nous opérâmes d'abord en commun avec le commissaire espagnol, M. Chaix, et que M. Arago prolongea encore après mon départ pour la France, il avait été fait soixante-huit séries des deux passages, tant de la Polaire que de β de la petite Ourse, comprenant ensemble près de quatre mille observations, dont la moyenne donnait 38° 39′ 56″,02 pour la latitude du point le plus austral de notre arc méridien; et l'on pouvait bien croire qu'un résultat ainsi établi avait toute la certitude désirable. Mais, malheureusement, à cette époque, on n'avait pas encore reconnu que les cercles répétiteurs les plus parfaits sont susceptibles d'erreurs constantes, en vertu desquelles le même cercle, érigé avec tous les soins possibles, peut donner, dans une même station, des distances zénithales toujours un peu trop fortes, ou toujours un peu trop faibles. De sorte que, si toutes ces distances sont mesurées d'un seul côté du zénith, l'erreur constante qui leur est commune reste tout entière dans leur moyenne, quel que soit leur nombre, sans qu'on puisse la détruire, ou seulement l'affaiblir, en les multipliant. Une pareille erreur pouvait donc exister dans notre latitude de Formentera, puisque, selon la pratique alors usitée, nous n'avions observé que des étoiles circompolaires, afin que leurs passages méridiens, étant pris successivement au-dessus et au-dessous du pôle, le résultat moyen devînt indépendant des petites incertitudes que l'on aurait pu craindre dans leurs déclinaisons absolues. Or, une fois notre cercle enlevé de la station, nous n'avions aucun moyen d'apprécier l'étendue de l'erreur qu'il avait pu jeter dans notre latitude, ni même dans quel sens il l'avait affectée; et, quoique l'on dût présumer qu'elle devait être fort petite, la seule possibilité de son existence sur une station aussi importante que l'extrémité australe de l'arc mesuré, introduisait une incertitude du même ordre dans l'évaluation de son amplitude totale qui était le but final de toutes les opérations entreprises.

Le moyen de corriger cette erreur se tire de sa nature même. Puisque le cercle donne des distances zénithales constamment trop grandes ou trop petites, si on l'applique à des étoiles situées au sud du zénith, et dont la distance polaire soit bien connue, il fera paraître le zénith trop rapproché ou trop éloigné du pôle; mais il produira l'apparence inverse si on l'applique à des étoiles situées au nord de ce point. Opérant donc successivement dans ces deux sens sur des étoiles dont les hauteurs et l'éclat soient à peu près pareils, afin de rendre plus probable l'égalité des erreurs de l'instrument pour des couples ainsi choisis, leur influence se compensera par opposition dans les résultats moyens, et la latitude déduite de leur somme sera exacte. Mais on ne sera plus alors indépendant des incertitudes qui peuvent rester dans les déclinaisons absolues rapportées dans les catalogues d'étoiles, comme on pouvait espérer de l'être en n'employant que des étoiles circompolaires observées au-dessus et au-dessous du pôle. Cet inconvénient, toutefois, est incomparablement moindre que ne le serait le soupçon d'une erreur constante dont l'étendue, ainsi que le sens, seraient absolument inconnus, si l'on se bornait à observer d'un seul côté du zénith. Car, outre la petitesse des incertitudes que l'on peut aujourd'hui admettre sur les positions des étoiles qui ont été déterminées dans les principaux observatoires de l'Europe, avec des instruments fixes de grandes dimensions, les astronomes paraissent être en voie de méthodes nouvelles qui les feraient complétement disparaître ; et, lorsque les éléments rigoureux des positions auront été obtenus, rien ne sera plus facile que de les introduire dans le calcul des latitudes déjà observées, pour leur donner le dernier degré de précision que ne comportaient pas des données moins rigoureuses.

Mais, en supposant des observations de distances faites ainsi des deux côtés du zénith, il se présente encore un autre doute d'une importance très-considérable. Les cercles répétiteurs que l'on peut emporter, dans des voyages géodésiques, sont nécessairement de dimensions restreintes. Celui qui m'a servi avait été construit par M. Gambey pour le Dépôt de la guerre : son diamètre était de 14 pouces, ancienne mesure ; il était muni d'une lunette remarquable par l'excellence de son objectif, lequel, avec une ouverture notablement plus grande qu'on n'a coutume de l'admettre pour ces instruments, supportait aussi un grossissement plus fort que l'ordinaire. Mais, malgré ces avantages réunis à la bonté de la construction que l'habileté de l'artiste devait faire supposer, peut-on espérer que des instruments d'un si petit diamètre donneront la latitude terminale d'un grand arc de méridien, avec le degré de précision qu'exige une opération pareille, et que l'on doit atteindre pour présenter des résultats acceptables dans l'état actuel de l'astronomie ? Je crois que l'on peut répondre affirmativement à cette question, d'après une épreuve comparative que nous avons faite, M. Arago et moi, en 1818, à Dunkerque, où nous avions été envoyés pour déterminer définitivement la latitude de cette extrémité boréale de l'arc méridien de France, concurremment avec les astronomes anglais, attachés à la mesure de l'arc d'Angleterre, qui en est le prolongement. Ces astronomes, d'ailleurs fort habiles, observaient les distances méridiennes des étoiles avec un grand secteur zénithal de Ramsden, le plus parfait, le plus admirable des instruments connus, et qui a été malheureusement détruit dans le dernier incendie de la Tour de Londres. Nous n'avions, nous, qu'un ancien cercle répétiteur de Lenoir, qui était, à la vérité, d'assez grande dimension, mais dont les détails nous désespéraient par leur manque de perfection, ou même par des accidents qu'il nous fallait aussitôt réparer, avec l'assistance des simples horlogers de la ville. Néanmoins, à force de multiplier les mesures de distances des deux côtés du zénith, en variant le plus possible le choix des étoiles, et les circonstances des observations, nous parvînmes à obtenir une latitude qui, échangée avec celle des observateurs anglais, sans aucune communication préalable, se trouva lui être absolument identique; résultat que, dans la trop juste défiance que nous inspirait notre instrument, nous aurions peut-être aussi difficilement espéré, qu'eux-mêmes s'y seraient peu attendus. Je sens, mieux que personne, la grande part qu'il faut attribuer, dans ce succès, à la rare sagacité d'observation du collègue auquel j'étais associé; mais, si rien ne saurait remplacer un pareil secours, l'excellence de l'instrument employé peut du moins en offrir quelque compensation, en rendant les difficultés moindres, et c'est le cas où je me suis trouvé à Formentera.

Toutefois, ne pouvant pas méconnaître la responsabilité que j'allais encourir, soit que je trouvasse une latitude identique à celle de 1808, ou différente, je cherchai à m'aider de toutes les précautions qui pouvaient assurer le nouveau résultat, quel qu'il pût être; et, tant par le système d'observations auxquelles je m'arrêtai, que par divers perfectionnements que je pense avoir apportés à l'usage pratique de l'instrument, j'ai l'espérance d'y être parvenu.

J'étais assisté dans ce voyage par mon fils. Le gouvernement du roi avait mis à la disposition de l'opération la goëlette *la Torche*, commandée par M. Le Goarant de Tromelin, aujourd'hui capitaine de vaisseau, qui nous combla de prévenances, et nous aida de tout son pouvoir. Ce secours nous donna la possibilité de transporter, sans dommage, de France à Lipari, puis à Formentera, non-seulement nos appareils du pendule, notre cercle, notre lunette méridienne, mais jusqu'à de gros piliers de pierre qui lui servaient de supports, et une petite cabane disposée pour les opérations astronomiques, laquelle, érigée sur le sol de chaque station, nous offrait, en quelques heures, un excellent observatoire tout préparé. Arrivé dans l'île de Formentera, je retrouvai bientôt les mêmes bonnes gens chez lesquels nous avions séjourné, M. Arago et moi, dix-sept ans auparavant. Ils nous cédèrent aussi volontiers leur humble demeure, un peu étonnés que nous eussions en besoin d'y revenir; et grâce à l'activité de notre commandant, ainsi qu'à la bonne volonté de tout l'équipage, dès le lendemain nous étions installés chez eux. On commença aussitôt les observations de la mesure du temps; puis, dès que les horloges furent réglées, on entreprit les mesures du pendule et de la latitude, qui se continuèrent sans interruption pendant tout le mois de juin 1825. Un des officiers de la goëlette, M. Denans, aujourd'hui capitaine de corvette, vint partager notre solitude, et nous prêter son assistance, qui nous fut très-utile. Une escouade de matelots, dont faisaient partie le charpentier et l'armurier de la goëlette, resta près de nous sous une tente, non comme protection, ce qui eût été tout à fait inutile, mais pour nous aider dans nos manœuvres, et pour effectuer les réparations que notre observatoire nomade pouvait exiger. Les résultats, donnés par les expériences du pendule, ont été exposés dans le tome VIII des *Mémoires de l'Académie*, conjointement avec ceux qui avaient été obtenus dans les autres stations, soit du parallèle, soit du méridien prolongé jusqu'aux îles Shetland. Les nouvelles observations faites pour déterminer la latitude extrême de notre arc méridien sont donc les seules dont il me reste à parler.

Le point central de notre ancienne station, celui au-dessus duquel le cercle répétiteur avait été érigé, était marqué par une croix de fer, consacrée par l'évêque d'Ivice, et qui était restée intacte sous cette protection. Le nouveau cercle fut établi tout près de ce point, dans une situation plus boréale de $0'',644$; de sorte qu'il faudra retrancher cette quantité de la nouvelle latitude pour la réduire à l'ancienne station. Après que toutes les rectifications nécessaires eurent été effectuées avec le plus grand soin, on procéda aux mesures de distances méridiennes avec diverses précautions que je vais indiquer.

D'après l'exactitude que j'avais reconnue aux divisions de notre cercle, dix ou douze observations d'un même arc se suivant sur son limbe, avec la lecture initiale et finale des quatre verniers, devaient évidemment donner des mesures angulaires moyennes aussi précises qu'on pouvait espérer de les obtenir par une application plus prolongée de l'instrument, dans les mêmes circonstances atmosphériques. Je m'astreignis donc à ne pas étendre les séries partielles beaucoup au delà de ce nombre de couples, en profitant de leur brièveté, pour les réitérer davantage sur des étoiles différentes, dans des circonstances diverses, tant de nuit que de jour, de manière qu'elles se trouvassent chaque fois en correspondance des deux côtés du zénith. Pour les observations de jour, je calculais d'avance les positions azimutales du limbe, et les directions zénithales de la lunette qui correspondaient aux diverses époques auxquelles j'espérais saisir l'étoile; et la lunette était si perçante que j'ai pu ainsi observer Rigel et Sirius au méridien, le 1er juillet, lorsque le second de ces astres précédait à peine le soleil à midi. Je n'avais tenté cette épreuve insolite que pour constater la puissance de l'instrument, et pour connaître les amplitudes extrêmes d'erreurs que l'on pouvait avoir à craindre en se plaçant dans les circonstances d'observation les plus défavorables: car, à ces heures du jour, le thermomètre s'élevait, dans notre cabane, jusqu'à 30° ou même 35° centigrades. Et, quoique l'on prît toutes sortes de soins pour faire communiquer aussi librement que possible l'air intérieur avec celui du dehors, les étoiles observées alors étaient agitées et voltigeantes comme une fumée; aussi ne pus-je obtenir, pour chacune d'elles, qu'un seul couple d'observations, ou deux au plus, dans quatre essais ainsi tentés. C'est pourquoi je ne les ai pas fait concourir à la détermination de la latitude; mais je les ai cependant calculées et rapportées avec les autres pour le but que j'ai tout à l'heure indiqué. Car, lorsque l'on compare ces courtes séries entre elles, pour une même étoile, leurs écarts ne sont pas tels qu'on dût les exclure dans des observations ordinaires, puisqu'ils atteignent à peine 3° autour de leur moyenne; et je ne me crois en droit de les rejeter que parce que toutes les séries faites dans des circonstances moins exceptionnelles, n'ont offert que des écarts beaucoup moindres, par l'effet de précautions que j'expliquerai dans un moment. Le nombre total de séries obtenues, tant de nuit que de jour, permet d'ailleurs ce choix; car elles s'élèvent à 86 comprenant 1094 observations, dont je néglige seulement

té de ce genre. Les déclinaisons des étoiles circompolaires offrant aujourd'hui peu d'incertitude, on n'en a observé que trois, savoir la Polaire inférieure de jour, avec β et γ de la petite Ourse supérieures de nuit. Mais, les déclinaisons au sud du zénith étant moins certaines, on a fait concourir de ce côté à la détermination de la latitude huit étoiles différentes, savoir : δ, α et ζ d'Ophiuchus, α de la Vierge, β' du Scorpion, θ du Centaure, Antarès, et α du Verseau, les unes observées de nuit, les autres de jour. Pour celles-ci, on les prenait toujours à de grands intervalles avant ou après midi, de manière que le soleil ne frappât point le cercle, et qu'il se fût établi préalablement une libre circulation entre l'air intérieur de la cabane et l'air du dehors.

La pratique habituelle du cercle répétiteur est sujette à deux genres d'erreurs, à la vérité très-petites, que l'on tâche toujours soigneusement d'éviter, et dont l'effet accidentel est de nature à s'entre-détruire dans un grand nombre d'observations faites des deux côtés du zénith. Mais je suis parvenu à les rendre tout à fait nulles individuellement; et il en est résulté, entre les séries relatives aux mêmes étoiles, une concordance telle qu'on ne l'obtient pas, je crois, plus parfaite, en opérant avec des instruments fixes d'une grande dimension; car l'écart de ces séries autour de leur moyenne atteint très-rarement $1''$.

La première de ces causes d'erreur, et la plus facile à éluder, provient du défaut d'horizontalité du fil transversal sur lequel on amène l'étoile dans les deux observations consécutives qui composent chaque couple. Quelque soin que prenne l'artiste pour rendre ce fil perpendiculaire au limbe, il lui est toujours quelque peu oblique. Cela oblige à placer l'étoile sur un même point physique de sa longueur dans les deux observations; ce que l'on réalise avec une approximation suffisante, en l'amenant toujours très-près du centre du réticule, et du même côté de ce centre, relativement au limbe. Mais il est difficile de ne pas faillir quelquefois à cette condition de correspondance dans un très-grand nombre d'observations pareilles, surtout lorsque les accidents de l'atmosphère y jettent des intermittences, ou forcent à les précipiter; et alors l'inégalité de hauteur des deux points du fil sur lesquels on a placé l'étoile dans un même couple, se reporte tout entière comme erreur dans l'arc parcouru sur le limbe divisé. On peut éviter ce danger en rendant le fil transverse rigoureusement perpendiculaire au limbe. Pour cela, mettez d'abord l'axe de rotation de l'instrument, et le limbe lui-même, dans une parfaite verticalité, de sorte qu'en tournant celui-ci dans tous les azimuts autour de l'axe, les niveaux et le fil-à-plomb suspendu aux pinces régulatrices (*) ne manifestent aucune variation appréciable. Ceci constaté, dirigez la lunette du limbe vers un point fixe très-distant, situé près de l'horizon, et placez ce point sur le fil transversal tout près du centre du réticule d'un côté ou de l'autre ; puis, faites mouvoir azimutalement le limbe par ses vis de rappel, de droite à gauche et de gauche à droite, de manière que le point de mire parcoure successivement les deux moitiés du champ apparent. Si le fil transverse est exactement horizontal, et si, en outre, il est compris dans un plan diamétral commun à l'oculaire et à l'objectif, comme il devrait l'être à la rigueur, l'objet le suivra toujours, et continuera de s'y projeter dans toute l'étendue du champ. Si le fil est seulement horizontal, mais situé hors du plan diamétral du système optique, ce qui est le cas le plus ordinaire, le point de mire, amené d'abord en coïncidence avec lui au centre du réticule, le quittera dans le mouvement azimutal, et s'en écartera progressivement de quantités égales à des distances égales du centre ; au lieu que ces écarts seront inégaux et de sens contraire des deux côtés du centre, lorsque le fil aura quelque obliquité.

(*) Ces pinces doivent être à retournement, et munies de rappels qui permettent de transporter le point de suspension du fil-à-plomb, et le point où il vient battre, l'un et l'autre perpendiculairement au plan du limbe, de manière à vérifier l'exacte verticalité de celui-ci, en échangeant ces points après l'avoir fait tourner sur lui-même, comme je l'ai expliqué dans la page 429 de ce volume. Pour rendre cette épreuve plus exacte, je fais porter les divisions auxquelles le fil s'applique, sur un appareil excentrique en forme de double T, qui permet de mettre, entre les points de suspension et de battement, un intervalle au moins double du diamètre du limbe. J'emploie aussi pour fil un simple fil de cocon, auquel est suspendu un très-petit poids. De cette manière on peut apprécier jusqu'à des secondes par le retournement réitéré.

On pourra donc le rendre horizontal en tournant peu à peu le réticule jusqu'à ce que les caractères de symétrie soient réalisés. Alors, si l'on place le point de mire sur une des extrémités du fil, située à l'un des bords du champ, il devra se retrouver encore sur le fil quand on le fera passer au bord opposé; et, entre ces coïncidences extrêmes, il s'écartera progressivement du fil dans un même sens, suivant une courbe symétrique autour du centre du réticule, laquelle courbe deviendra conséquemment horizontale de part et d'autre de ce point, jusqu'à une distance d'autant plus grande que son maximum d'écart sera moindre. Donc, si la plaque qui porte le réticule admet un petit mouvement dans le sens vertical, il n'y aura qu'à rendre cet écart tout à fait nul, après avoir établi l'horizontalité du fil par la condition de symétrie que je viens d'expliquer, et le point de mire, placé sous le fil, le suivra pendant le mouvement azimutal dans toute l'étendue du champ. Lorsque ces conditions seront remplies, il deviendra indifférent d'amener les étoiles sous le fil transversal, d'un côté ou de l'autre du centre du réticule dans les observations de chaque couple, pourvu qu'on les place toujours très-près de ce centre, pour ne pas trop les écarter de l'axe optique. Et si, après ces dispositions préliminaires, on a encore soin de placer l'étoile du même côté physique du centre, comme on le fait habituellement, l'omission accidentelle de cette condition ne produirait qu'une erreur sans importance dans les résultats définitifs.

Dans le cercle répétiteur de M. Gambey qui avait été mis à ma disposition, la plaque métallique sur laquelle étaient attachés les fils du réticule n'était pas mobile parallèlement au limbe. Mais après que j'eus amené le fil transversal à l'horizontalité, par le procédé expérimental expliqué tout à l'heure, je trouvai que la courbe symétrique décrite par le point de mire, en passant des extrémités du fil au centre du réticule, ne s'écartait du fil, dans sa flèche centrale, que de $11'',4$; de sorte qu'en la considérant comme circulaire vers cette partie de son cours, le défaut d'horizontalité résultant de sa courbure n'altérait pas les distances zénithales de $\frac{1}{122}$ de seconde, aux plus grandes distances du centre où je voulusse jamais opérer les bissections. Ceci put être complétement vérifié sur le ciel même ; car lorsqu'on avait amené la Polaire sous le fil transverse, près du centre du réticule, au moment de son passage au méridien, si l'on venait à faire mouvoir azimutalement le limbe, elle continuait de suivre le fil, en restant bissectée de part et d'autre du centre, jusqu'à des distances sans comparaison plus grandes que celles où il aurait été convenable de l'observer. On conçoit que, pour cette épreuve, le plan du limbe doit être amené à une exacte verticalité. Mais toutes mes observations ont été faites en m'astreignant à cette condition ; et telle était la stabilité de notre établissement, qu'après y avoir assujetti le cercle il ne s'en écarta jamais que de quantités à peine sensibles, que j'avais constamment soin de rectifier au commencement des séries de chaque jour, lorsque je leur trouvais accidentellement quelque valeur.

Cette exacte horizontalité donnée au fil transversal m'a servi pour éviter l'autre cause d'erreur bien plus importante, qui me reste à décrire. Le cercle répétiteur que j'employais était à niveau fixe, c'est-à-dire que le grand niveau parallèle au limbe était porté par l'axe de rotation, et le limbe s'y rattachait dans chaque observation impaire en s'appliquant par des vis de serrage contre une plaque verticale tenant à cet axe, lequel n'avait lui-même qu'une médiocre longueur. Or, quand on l'avait ainsi fixé, après avoir amené l'étoile dans le champ de la lunette, lorsqu'on faisait mouvoir ensuite la vis de rappel pour opérer la bissection, quelque délicatesse que l'on s'efforçât de mettre à la tourner, sans la pousser en avant ni la tirer en arrière, la bulle du niveau prenait presque toujours une position tant soit peu différente de celle qu'elle reprenait quand la main abandonnait la vis au moment où l'on notait le temps ; et un effet tout pareil se produisait dans les observations paires quand la main touchait ou quittait la vis de rappel de la lunette ; comme si le seul contact, quelque léger qu'on s'efforçât de le faire, imprimait toujours une très-petite flexion dans le sens vertical à l'ensemble de l'instrument. Mon fils, qui suivait constamment le niveau, m'avait averti de ces mouvements qu'il avait déjà remarqués dans nos précédentes stations ; et il appliquait avec raison à chaque distance zénithale la division à laquelle la bulle du niveau s'était fixée avant que la main quittât la vis de rappel. Mais je pensai que les observations deviendraient plus sûres si l'on évitait complètement de pareils effets; et la rigoureuse horizontalité donnée au fil transversal m'en fournit un moyen bien simple. Car, me trouvant alors seulement astreint à opérer les bissections très-près du centre du réticule et d'un même côté de ce centre, mais nullement au même point physique du fil, j'amenais l'étoile avec la vis de rappel non sur le fil même, mais sur son bord supérieur ou inférieur, selon qu'elle descendait ou qu'elle montait en apparence, me servant du mouvement azimutal pour la mettre suffisamment près du centre; puis je quittais la vis de rappel, et, lisant le temps sur l'horloge, j'attendais, en comptant les secondes, que la bissection se fût rigoureusement opérée dans l'état de liberté de l'instrument; après quoi la division du niveau où la bulle se fixait, depuis que je l'avais abandonné, s'appliquait, sans aucun doute, à la distance zénithale. Or, le résultat de cette pratique fut de faire disparaître ces discordances inexplicables que tous les observateurs sincères reconnaissent avoir accidentellement éprouvées entre les séries d'une même étoile en faisant usage du cercle répétiteur, et de réduire leurs écarts aux limites d'oscillations restreintes que l'on ne peut éviter même avec de grands instruments fixes. Cela peut se vérifier à l'aide du tableau général annexé, sous la lettre C, à la fin de ce Mémoire, lequel contient les résultats successivement obtenus par toutes les séries observées sans aucune exception. Pour cela, j'en ai extrait les séries relatives à chaque étoile, qui avaient été obtenues tant avant qu'après cette modification, puis je les ai rassemblées par groupes, en séparant ces deux phases; et j'ai calculé, pour chaque groupe, les écarts partiels de chaque série autour de la latitude moyenne donnée par leur ensemble, afin que ces écarts fussent indépendants des positions absolues attribuées à chaque étoile. Les résultats ainsi obtenus sont réunis à la fin de ce Mémoire dans le tableau D (*). En examinant d'abord les effets de cette bissection

(*) J'ai effectué la rectification de l'horizontalité du fil transversal, le 10 juin, avant les séries de ce jour, et j'ai marqué alors sur le registre la

sur les quatorze premières séries qui ont été faites avec de grands soins, mais en touchant l'instrument, comme à l'ordinaire, on y trouve des amplitudes d'écart qui s'élèvent deux fois à $\pm 1'',7$, les autres restant toutes au-dessous de cette limite. Cela ne paraîtra pas bien extraordinaire, si l'on considère que l'on rencontre des écarts de cet ordre entre des séries beaucoup plus prolongées de la Polaire, observées autrefois par M. Arago à cette même station, lesquelles sont, je crois, les plus parfaites qui aient jamais été obtenues avec le cercle répétiteur, parmi celles que leurs auteurs ont fidèlement rapportées. Mais, dans les 66 séries postérieures à la rectification, pour lesquelles l'instrument a été tout à fait libre, les écarts qui atteignent $1''$ sont des exceptions très-rares. Car, en les relevant individuellement pour les observations faites, tant de nuit que de jour, on en trouve d'abord du côté du nord, sur 33 séries, seulement 6 ayant les valeurs partielles suivantes :

$$
\left.\begin{array}{l}
- 1'',127 \\
+ 1,347 \\
- 1,060
\end{array}\right\} \text{β petite Ourse supérieure : de nuit, 12 séries.}
$$

$$
\left.\begin{array}{l}
- 1,094 \\
+ 1,086
\end{array}\right\} \text{γ petite Ourse supérieure : de nuit, 10 séries.}
$$

$+ 1,018$ Polaire supérieure : de jour, 11 séries. L'écart porte sur une série d'un seul couple.

Dans les trente-trois séries faites du côté du sud, les écarts qui atteignent $1''$ ne se présentent que deux fois, et seulement pour deux séries de jour de α de la Vierge, dont une ne contient qu'un

---

facilité qui en résultait pour opérer les bissections. C'est pourquoi j'ai séparé en deux groupes distincts les séries faites avant et après cette époque. Car j'ai commencé dès lors à noter la seconde dans l'état de liberté de l'instrument, quoique je n'aie consigné le détail du procédé d'observation sur le registre que trois jours plus tard. Toutefois, n'ayant dans le second groupe qu'une seule série d'Antarès faite le 10, c'est-à-dire le jour même de la rectification, je l'ai jointe à ses analogues du premier groupe dont elle ne s'écarte pas sensiblement.

seul couple, l'autre quatre. Leurs valeurs sont :

Pour la série d'un seul couple.... $+ 2'',361$;

Pour la série de quatre............ $- 1,570$.

Comme je n'avais que six séries de cette étoile, je n'ai pas cru devoir rejeter ces deux-là, d'autant que leurs écarts sont de sens contraires, et que ceux des quatre autres séries, autour de la même moyenne, sont fort au-dessous de $1''$. Mais, de ce même côté du zénith, j'ai exclu, par scrupule, une série de ζ Ophiuchus qui contenait pourtant dix couples observés dans les circonstances les plus favorables, parce que j'ai trouvé marqué sur le registre que j'avais par mégarde heurté la lunette avec la tête, et conséquemment ébranlé tout l'instrument, en passant de la dix-neuvième à la vingtième observation. L'écart de cette série autour de la moyenne relative à la même étoile n'était, à la vérité, que de $+ 1'',434$, mais elle rendait les autres écarts trop uniformément négatifs, pour qu'on ne dût pas légitimement suspecter que l'accident mentionné y avait eu quelque influence. Au reste, j'en ai rapporté le résultat, conjointement avec ses analogues, de sorte que l'on pourra, à volonté, en faire ou n'en pas faire usage. L'accord remarquable des séries entre elles, pour chaque étoile, de ce côté du zénith, prouve, avec évidence, que les erreurs des tables de réfraction sont peu à craindre, même pour d'assez grandes distances zénithales, quand on opère sous un beau ciel, dans un observatoire qui communique librement avec l'air du dehors, comme notre cabane, et sur un plateau de peu d'étendue, isolé au milieu de la mer, comme l'était notre station.

Pour mettre en évidence la réalité du perfectionnement relatif qui résulte du mode d'observation que je viens d'indiquer, je prendrai comme épreuve comparative les observations de latitude faites par le colonel Brousseaud, assisté de M. Largeteau, dans les stations extrêmes et intermédiaires du 45e parallèle, avec un cercle répétiteur construit aussi par M. Gambey, et ayant 18 pouces de diamètre, de sorte qu'il était plus grand que celui dont j'ai fait usage. J'extrais ces observations de son ouvrage intitulé : *Mesure du parallèle moyen*. Je les choisis parce que le colonel Brousseaud était connu comme un observateur habile, soigneux, patient, et surtout sincère. J'en extrais, dans chacune de ces stations, des groupes de séries observées au nord ou au sud du zénith, sur une même étoile, en assez grand nombre pour qu'on puisse bien voir l'ordre habituel de leurs écarts, que je relève seulement lorsqu'ils atteignent 1″, soit en plus, soit en moins, autour de leur moyenne totale.

Première station la plus occidentale, la Ferlanderie. Il a été fait 97 séries de la Polaire par vision directe ; les écarts qui atteignent 1″ sont au nombre de 46, dont voici les valeurs distribuées selon leur signe propre :

Positives.	Négatives.
+ 1,35	− 1,05
1,10	3,85
3,56	3,12
3,13	1,51
3,28	4,88
1,02	2,87
2,04	3,65
1,57	1,47
3,51	1,65
2,23	3,36
1,68	3,19
1,87	3,03
2,19	1,94
2,30	1,57
1,45	1,86
2,41	1,25
2,94	1,05
1,82	1,67
1,50	2,64
2,49	1,03
2,64	1,26
1,40	Somme des 21 . . − 46,51
2,11	
1,97	
1,49	
Somme des 25 . . + 48,30	

La somme des écarts positifs de cet ordre étant presque égale à la somme des négatifs, la latitude moyenne n'en est pas sensiblement influencée ; mais leur fréquence, et leurs amplitudes individuelles, excèdent beaucoup ce que l'on obtient avec l'instrument libre. Le nombre des couples de chaque série a varié depuis 5 jusqu'à 11.

Voici maintenant tous les résultats partiels de 20 séries de α d'Ophiuchus, faites par le même observateur, dans la même station. Je les prends comme exemples de séries au sud du zénith : le nombre des couples de chaque série a varié de 6 à 10.

Résultats partiels.	Excès sur la moyenne.
37,95	+ 0,08
39,08	+ 1,21
38,65	+ 0,78
37,99	— 0,12
39,20	+ 1,33
37,07	— 0,80
36,43	— 1,44
39,94	+ 2,07
36,00	— 1,87
35,35	— 1,43
35,78	— 2,09
37,43	— 0,44
37,59	— 0,28
40,39	+ 2,52
38,31	+ 0,44
39,52	+ 1,65
37,24	— 0,63
38,40	+ 0,53
36,81	— 1,06
38,42	+ 0,55

Somme totale.... 757,45
Résultat moyen.. 37,872

Les vingt séries présentent 11 écarts supérieurs à 1″ en plus ou en moins, sur lesquels 3 surpassent 2″.

Ces observations sont assurément fort bonnes, et leur résultat moyen est très-sûr, mais la fréquence des écarts supérieurs à 1″, et leurs amplitudes totales, dépassent encore beaucoup ce que l'on obtient avec le nouveau procédé.

Les observations faites avec le même cercle à la station intermédiaire d'Opnes, et à l'orientale du Monceau, présentent des écarts analogues entre les séries des mêmes étoiles, obtenues par vision directe, tant au nord qu'au sud du zénith. J'ai jugé inutile de les rapporter en détail. Dans ces deux dernières stations le colonel Brousseaud a observé aussi la Polaire par réflexion sur un horizon de Mercure, et les séries ainsi effectuées offrent un accord beaucoup plus grand, quoique non pas supérieur à celui que le nouveau mode d'observation nous a donné. Toutefois, je regrette de n'avoir pas employé concurremment ce procédé, où l'on doit présumer que l'erreur constante du cercle se détruit immédiatement dans chaque passage de la vision directe à la vision réfléchie. Mais on pouvait alors le croire moins facile et moins expéditif que M. Brousseaud ne l'atteste et ne le prouve dans son ouvrage, qui a été publié quatorze ans après mon voyage à Formentera.

La méthode d'observation avec l'instrument libre que je viens de décrire pourrait donner lieu à un soupçon d'erreur qu'il importe de dissiper. Comme on attend que la bissection s'opère par le seul effet du mouvement ascensionnel ou descensionnel de l'étoile, l'observation se fait avec la même facilité que dans les passages à la lunette méridienne, et précisément de la même manière. Or, on sait que tous les observateurs ne rapportent point ces passages au même instant physique. Les uns le fixent relativement plus tôt, d'autres relativement plus tard, soit par l'effet de l'organisation individuelle de l'œil, soit par la préoccupation de l'esprit qui doit à la fois suivre l'étoile et compter le temps, comme M. Arago l'a constaté en variant les circonstances de cette appréciation pour un même observateur. On pourrait donc craindre qu'une pareille différence d'appréciation ne se produisît dans les distances zénithales, quand on laisse la bissection s'opérer spontanément par le mouvement de l'étoile, ce qui reviendrait à mettre celle-ci constamment un peu trop haut ou un peu trop bas, selon le sens suivant lequel elle traverse le fil. Mais d'abord, dans les observations de distances méridiennes, le mouvement ascensionnel ou descensionnel de l'étoile étant très-lent, l'instant de la bissection spontanée est moins inquiétant à fixer; et la différence individuelle d'appréciation paraît devoir en devenir moindre. Puis, comme lesséries s'étendent ordinairement des deux côtés du méridien, l'erreur, quelle qu'elle soit, change de signe avant et après le passage de l'étoile dans ce plan, ce qui en doit affaiblir l'effet final, par compensation, dans chaque série entière ainsi répartie. L'accord remarquable des résultats obtenus pour chaque étoile, en employant cette méthode, confirme les deux considérations précédentes dans leur ensemble ; mais elles se trouvent aussi vérifiées séparément par les observations de la Polaire de jour faites le 23 juin. Car ce jour-là, vers le milieu de la série, il me passa par l'esprit le scrupule, probablement mal fondé, que je n'avais pas lu les quatre verniers, mais seulement un seul, en plaçant d'avance l'alidade sur le point du limbe où elle devait être, selon mon calcul, pour trouver l'étoile dans le champ de la lunette. C'est pourquoi, après avoir fait douze observations, je lus les quatre verniers afin de ne pas perdre les suivantes, qui se succédèrent au nombre de quatorze. Or, cette interruption arriva précisément pendant le passage au méridien, de sorte qu'il en résulta, pour ce même jour, deux séries, dont l'une était tout antérieure, l'autre toute postérieure à ce passage. Néanmoins, en les calculant séparément, leurs résultats ne se trouvèrent pas différer d'une seconde de degré, comme on peut le voir dans le tableau général, où elles sont rapportées sous les n⁰ˢ 60 et 61. Et comme on n'essuie pas des écarts de cet ordre, même en observant, dans les circonstances les plus favorables, avec de grands instruments, il s'ensuit que l'erreur qui pourrait être produite par l'appréciation individuelle de la bissection, s'est montrée ici insensible, quoique l'effet en fût doublé dans la différence des résultats obtenus avant et après le passage au méridien ; et je l'ai trouvée telle dans toutes les autres séries que les accidents atmosphériques ou d'autres circonstances imprévues m'ont empêché de rendre symétriques, comme je m'y étais préparé. Car je n'ai jamais aperçu que le manque de symétrie y eût une influence appréciable, parce que je connaissais très-bien le temps.

Ayant communiqué récemment ces résultats à M. Arago, avant de les présenter au Bureau des Longitudes, j'ai appris par lui que cette même méthode d'opérer les bissections sans toucher le cercle, était aussi celle qu'il avait employée avec M. Mathieu pour déterminer la parallaxe de la 61° du Cygne, par des distances zénithales absolues observées avec le cercle répétiteur de Reichembach, dont M. Laplace a fait présent à l'Observatoire de Paris; et cela fait concevoir comment cette détermination, qui pouvait paraître si périlleuse avec un instrument de dimension restreinte, s'est trouvée pourtant conforme à celle que M. Bessel a obtenue plus tard avec le grand héliomètre de Fraunhofer. Comme cette particularité, jusqu'ici non connue, constate avec une irrécusable évidence la sûreté du principe d'observation dont il s'agit, j'ai témoigné à M. Arago le désir d'en insérer textuellement les détails dans mon Mémoire, et je les rapporte ici tels qu'il a bien voulu me les communiquer:

« Voici, mon cher confrère, les renseignements que vous
» désirez:

« La méthode qui vous a si bien réussi à Formentera me semble
» très-rationnelle, surtout pour les cercles dont l'axe n'est fixé
» qu'à une de ses extrémités. Nous l'avions déjà employée,
» M. Mathieu et moi, non pas dans le dessein de nous garantir de
» quelques petites erreurs possibles dans le défaut de verticalité
» de l'axe de rotation du cercle, mais parce qu'elle nous paraissait
» commode. Nous y eûmes recours pour notre travail sur la
» 61° du Cygne. Cette fois, nous n'aurions pas eu le choix. En
» effet, nous déterminons les distances absolues des *deux parties*
» de ce groupe binaire par *une seule série* de retournements du
» cercle de Reichembach, dont l'axe est fixé à ses deux extré-
» mités; le point de départ et le point d'arrêt de l'alidade, à la
» fin de l'opération, étaient absolument les mêmes pour les deux
» étoiles; les angles horaires seuls différaient. Ce qui déterminait
» les angles, c'était le moment de la disparition spontanée de
» *chaque étoile*, sous le fil horizontal du réticule.

« Lorsque nous cherchions l'origine des erreurs constantes des
» cercles répétiteurs, il me vint à l'esprit qu'elles pouvaient
» provenir d'un mouvement de l'alidade, qui se serait effectué
» dans le passage de l'observation paire à l'observation impaire.
» Pour anéantir cette cause d'incertitude, je fis appliquer à l'ali-

» ... de *deux vis*, diamétralement opposées. La lunette était ainsi
» doublement fixée ; mais alors le pointé ne pouvait pas s'effectuer
» avec une seule de ces vis, l'autre y aurait mis obstacle. L'obser-
» vateur était donc réduit à placer l'étoile près du fil horizontal,
» et à attendre qu'elle allât s'occulter d'elle-même, comme vous
» l'avez fait. »

Les résultats obtenus au moyen des bissections spontanées dans les observations précédentes, et dans celles que j'ai faites en 1825, à Formentera, prouvent donc, par leur exactitude inespérée, la bonté de cette méthode. Le raisonnement et l'expérience s'accordent d'ailleurs pour montrer qu'elle est pratiquement plus commode que la méthode ordinaire. Il est par conséquent à désirer que désormais on la substitue à celle-ci dans l'usage habituel des cercles répétiteurs.

Les latitudes résultantes de mes observations ont été calculées, en partie, avec les Tables de positions apparentes consignées dans les Éphémérides de M. Schumacher pour l'année 1825. On sait que ces Tables sont construites en appliquant les formules d'aberration et de nutation de M. Bessel, aux lieux absolus adoptés par cet astronome. Pour les étoiles qui n'y étaient pas comprises, j'ai calculé l'aberration et la nutation avec les mêmes constantes, et je les ai appliquées aux lieux absolus que M. Airy a bien voulu me communiquer, comme se déduisant, pour 1825, des observations de Greenwich, combinées avec les catalogues les plus estimés. Ces données venant d'un astronome si distingué, m'ont paru devoir mériter plus de confiance que celles que j'aurais pu me former moi-même avec beaucoup de temps et moins d'expérience pratique. D'ailleurs, j'ai rassemblé dans deux tableaux A et B, placés à la fin de ce Mémoire, toutes les positions apparentes que j'ai employées dans chaque calcul, tant pour la déclinaison que pour l'ascension droite, ainsi que les heures des culminations en temps de l'horloge qui me servait, et enfin la marche diurne de cette horloge ou du moins le facteur de réduction qu'il faut appliquer aux angles horaires mesurés par elle, pour les convertir en angles horaires de temps sidéral. Chacun pourra donc, au besoin, substituer d'autres éléments à ceux dont j'ai fait usage, et vérifier par le calcul tous les résultats que j'ai obtenus.

Il ne me reste plus qu'à dire comment j'ai conclu la latitude finale de la station, et quelle est cette latitude.

J'ai d'abord extrait de mon tableau général G, placé à la fin de ce Mémoire, toutes les latitudes partielles déduites des diverses séries de chaque étoile, et je les ai rassemblées en autant de groupes, dans un même tableau D, composé de deux colonnes verticales, lequel fait suite au précédent. La colonne de gauche contient toutes les séries observées au nord du zénith; celle de droite, toutes les séries observées au sud sans aucune exception. J'y ai seulement séparé l'ensemble des séries en deux époques : la première antérieure à la rectification de l'horizontalité du fil où l'on touchait l'instrument; la seconde postérieure, où il était abandonné à lui-même, l'étoile venant se présenter par son seul mouvement propre à la bissection.

Au-dessous de chaque groupe j'ai écrit la latitude moyenne entre toutes les latitudes partielles qui le composent, sans distinction du nombre d'observations que chaque série contient. Car, avec un cercle aussi bien divisé, la diversité des circonstances atmosphériques et astronomiques dans lesquelles chaque série est faite, m'a semblé devoir exercer sur son résultat final beaucoup plus d'influence que l'erreur attribuable à la mesure de l'arc parcouru sur le limbe. A côté de chaque groupe on voit les écarts des résultats partiels autour du résultat moyen, et l'on peut vérifier ce que j'ai annoncé sur la petitesse de leurs amplitudes.

Pour déduire de ces données la latitude vraie, je considère d'abord les 14 séries faites tant au nord qu'au sud du zénith avant la rectification définitive de l'horizontalité du fil, et en touchant l'instrument suivant la pratique habituellement usitée. Puis, considérant toutes ces séries comme équivalentes, je prends la moyenne de toutes les latitudes partielles qu'elles donnent de chaque côté du zénith. J'obtiens ainsi les résultats suivants :

Au nord du zénith, 5 séries comprenant 70 observations ; latitude moyenne apparente.................	38°.39′.58″,9970	Demi-différence des deux évaluations. Excès du côté du nord.
Au sud du zénith, 9 séries comprenant 110 observations : latitude moyenne apparente	38.39.46,9414	
Moyenne : 14 séries comprenant 180 observations : latitude vraie	38.39.52,9692	6″,0278.

Je considère ensuite les 66 séries faites après la rectification de l'horizontalité du fil , et en laissant l'instrument libre pendant que la bissection s'opère. Prenant de même la moyenne des latitudes partielles qu'elles donnent de chaque côté du zénith , je trouve :

Au nord du zénith, 33 séries comprenant 480 observations : latitude moyenne apparente.............	38°.39′.56″,8608	Demi-différence des deux évaluations. Excès du côté du nord.
Au sud du zénith, 33 séries comprenant 400 observations : latitude moyenne apparente.............	38.39.49,6753	
Moyenne : 66 séries comprenant 880 observations : latitude vraie	38.39.53,2680	3″,5927.

Cette dernière détermination de la latitude doit être plus sûre que la première, à cause de l'accord plus parfait des séries partielles, à cause de leur nombre plus considérable et du nombre plus grand d'observations qu'elles comprennent. Néanmoins , si l'on veut réunir tous les résultats dans une même moyenne , on prendra 14 fois la première latitude, 66 fois la seconde ; et , divisant la somme par 80, on aura , en définitive :

Par les 80 séries, comprenant 1060 observations : latitude moyenne..	38.39.53″,216	Plus faible de 0″,0520 qu'avant l'intervention des 14 premières séries.
Réduction à l'ancienne station du cercle de 1808	— 0,044	
Latitude réduite à l'ancienne station du cercle de 1808	38.39.53,172	
Latitude trouvée en 1808 par des observations qui ont toutes été faites au nord du zénith..............	38.39.56,016	Par la moyenne de toutes les séries.
Excès de l'ancienne latitude provenant de l'erreur constante du cercle.	+ 2,844	

Mais cette évaluation de la latitude de 1808, conclue de la moyenne de toutes les séries qui furent faites alors, doit être aujourd'hui modifiée, d'après la remarque faite par M. Arago, que l'erreur constante des cercles répétiteurs est en très-grande partie, sinon en totalité, individuelle pour chaque observateur qui les emploie, comme dépendant de la manière dont il place le centre d'intensité de l'image lumineuse formée dans son œil par les faibles lunettes de ces instruments. Car alors sa valeur dans les anciennes séries de Formentera doit être appréciée isolément pour les divers observateurs qui y ont concouru. Or, on va voir qu'en effet cette comparaison la donne tant soit peu différente, sans que l'inégalité puisse être attribuée avec vraisemblance aux erreurs relatives aux observations individuelles.

Pour le prouver, je prends séparément les séries des deux passages de la Polaire observées en 1808 par M. Arago et par moi, et je forme leur moyenne pour chaque passage. Puis, prenant la moyenne de ces moyennes, j'obtiens le tableau suivant qui présente leurs résultats individuels :

NATURE du passage observé.	LATITUDE moyenne résultante, Observations de M. Arago.	NOMBRE des séries qui y ont concouru.	LATITUDE moyenne résultante, Observations de M. Biot.	NOMBRE des séries qui y ont concouru.
Passage supér. de la Polaire,	38.39.56″,700	13	38.39.57″,481	6
Passage inférieur de la même.	38.39.54,815	9	38.39.55,548	5
Moyenne conclue des deux passages....................	38.39.55,757	22	38.39.56,514	11
Différence des latitudes partielles, exprimant le double de l'erreur de la déclinaison employée dans le calcul....	— 1,885		— 1,933	

Les séries de M. Arago s'accordent entre elles beaucoup mieux que les miennes, surtout pour le passage supérieur. Mais les plus grands écarts de ces dernières sont presque égaux et de signes contraires, de sorte qu'ils se compensent dans le résultat moyen; et aussi la double erreur de la déclinaison, déduite des séries de M. Arago, est-elle inférieure seulement de 0″,048 à celle qui se déduit des miennes. Mais sa latitude absolue est moindre que la mienne de 0″,757. Ainsi, en admettant une exactitude moyenne d'appréciation égale, ce que l'identité de la correction de la déclinaison paraît attester, l'erreur constante du cercle aurait été moindre pour lui que pour moi de cette quantité 0″,757.

Je n'ai pas pu faire la même comparaison pour les séries faites en 1808 sur β de la petite Ourse, parce que j'ai participé seulement à celles du passage inférieur. Mais j'ai rassemblé séparément celles de M. Arago comme plus parfaites, et devant comporter une erreur constante moindre, d'après ce que la Polaire vient de nous découvrir. Puis, les joignant à celles de cette étoile

faites aussi par M. Arago seul, j'en ai conclu une évaluation de
l'ancienne latitude qui paraît devoir être préférable à celle que
nous avions adoptée par la moyenne de toutes les séries. Voici ce
résultat, dépouillé des erreurs des déclinaisons :

	LATITUDES déduites des observations de M. Arago, à Formentera, en 1808.	NOMBRE des séries.
Par les passages supérieurs et inférieurs de la Polaire..........................	38.39.55,757	22
Par les passages supérieurs et inférieurs de β petite Ourse.......................	38.39.55,303	17
Latitude moyenne conclue des deux étoiles....	38.39.55.530	39
Latitude trouvée en 1825 par les observations faites des deux côtés du zénith..........	38.39.53,172	80
Excès de la latitude de 1808, ou erreur constante du cercle pour M. Arago, excès au nord,	2,358	

Après avoir rétabli l'exacte horizontalité du fil pour passer du
premier mode d'observation au second où l'instrument est devenu
libre pendant les bissections, il a fallu modifier tant soit peu la
distance du réticule à l'objectif pour mettre le fil parfaitement au
foyer de celui-ci; et, après avoir effectué ces deux opérations, on
a aussi rectifié définitivement l'axe optique pour l'adapter à ces
conditions nouvelles. Or, d'après les nombres que j'ai rapportés
dans les deux tableaux de la page 508, on voit que, soit par un
effet de ces changements, soit par une conséquence du procédé
plus parfait au moyen duquel les bissections avaient été opérées,
les latitudes partielles obtenues au nord et au sud du zénith sont
devenues notablement moins différentes qu'elles ne l'étaient avant

ces dernières rectifications, en conservant l'une et l'autre leur même sens d'excès; d'où il suit que l'erreur constante du cercle est devenue moindre en gardant le même signe. C'est ce qui me reste à développer.

Soit D la distance du zénith au pôle boréal dans le lieu où se font les observations. La latitude y sera $90° - D$. Je considère d'abord une étoile dont la distance polaire Δ' soit plus grande que D, et dont on observe le passage supérieur au sud du zénith. Si Z' est sa distance zénithale exacte, au moment de ce passage, on aura :

1°. Passage supérieur au sud du zénith ,

$$D = \Delta' - Z', \quad \text{conséquemment} \quad L = 90 - \Delta' + Z'.$$

Prenons une autre étoile dont la distance polaire Δ'' soit moindre que D, et observons-la dans son passage supérieur au nord du zénith. Soit alors Z'' sa distance zénithale exacte ; on aura pour elle :

2°. Passage supérieur au nord du zénith ,

$$D = \Delta'' + Z'', \quad \text{conséquemment} \quad L = 90° - \Delta'' - Z''.$$

Enfin , considérons une troisième étoile dont la distance polaire soit Δ''' et que l'on observe dans son passage inférieur entre le pôle et l'horizon du côté du nord. Soit alors Z''' sa distance zénithale exacte ; on aura :

3°. Passage inférieur au nord du zénith ,

$$D = Z''' - \Delta''', \quad \text{conséquemment} \quad L = 90° + \Delta''' - Z'''.$$

Je suppose maintenant que le cercle dont on fait usage donne toutes les distances zénithales *trop fortes* de la quantité $+ e$, cette lettre devant devenir négative si le cercle donne des distances zénithales trop faibles. Alors celles qu'on observera , dans les trois cas précédents, seront respectivement $Z' + e$, $Z'' + e$, $Z''' + e$. Et comme on les emploiera toujours dans le calcul sous la même forme que précédemment, on en déduira des latitudes inexactes L', L'', L''', lesquelles auront les valeurs suivantes , que je présente d'abord seules , puis comparées à la vraie latitude L :

1°. Passage supérieur au sud du zénith,

$$L' = 90° - \Delta' + Z' + c, \quad \text{d'où} \quad L' = L + c.$$

2°. Passage supérieur au nord du zénith,

$$L'' = 90° - \Delta'' - Z'' - c, \quad \text{d'où} \quad L'' = L - c.$$

3°. Passage inférieur au nord du zénith,

$$L''' = 90° + \Delta''' - Z''' - c, \quad \text{d'où} \quad L''' = L - c.$$

Si le cercle donne des distances zénithales trop fortes, c sera positif; et la latitude, calculée par les passages au sud du zénith, surpassera celle qui se déduit des passages observés au nord. Si, au contraire, il donne des distances zénithales trop faibles, c sera négatif, et les latitudes calculées par les observations faites au nord surpasseront celles qu'on obtient par les observations faites au sud. Ce second cas est celui qui s'est réalisé dans nos observations de Formentera.

Les équations précédentes étant combinées successivement par addition et par soustraction, donnent

$$L = \tfrac{1}{2}(L' + L''), \qquad L = \tfrac{1}{2}(L' + L'''),$$
$$c = \tfrac{1}{2}(L' - L''), \qquad c = \tfrac{1}{2}(L' - L''').$$

Les deux premières donnent la latitude exacte indépendamment de l'erreur constante du cercle. Les deux dernières donneront les valeurs absolues de cette erreur, d'après la différence des latitudes apparentes conclues des observations faites au sud et au nord du zénith.

En appliquant celles-ci aux observations faites à Formentera en 1825, on a, par les tableaux de la page 508,

$$\text{Dans le premier état du cercle,} \quad c = -6'',028,$$
$$\text{Dans l'état rectifié et libre,} \quad c = -3'',593.$$

L'erreur constante s'est donc réduite presque à moitié dans le second état en restant toujours négative; d'où il suit que l'instrument a toujours donné des distances zénithales trop faibles.

Ce même sens négatif de l'erreur s'est manifesté dans toutes les observations de latitude faites par le colonel Coræbœuf et le colonel Brousseaud, avec les cercles de M. Gambey appartenant au Dépôt de la guerre. Le premier de ces officiers en a donné le résumé pour quatre stations, où il avait successivement transporté un de ces cercles (*Nouvelle description géométrique de la France*, p. 368). Voici ses résultats :

NOMS des stations.	VALEUR MOYENNE de l'erreur ϵ.
Tour de Borda (1828).............	$- 5''{,}04$
Angers (1829).................	$- 6{,}33$
Puits Berteau (1829).............	$- 8{,}95$
Breri (1831).................	$- 4{,}27$

Voici maintenant les résultats analogues déduits des observations faites par le colonel Brousseaud dans trois stations, avec un même cercle de 18 pouces différent du précédent. Je les extrais de son ouvrage *Sur la mesure du parallèle moyen.*

NOMS des stations.	PAGES de l'ouvrage.	VALEUR de l'erreur ϵ.
La Ferlanderie..........	78	$- 3''{,}905$
Opmes.............	102	$- 2{,}570$
Monceau	128	$- 4{,}300$

On voit que les trois erreurs sont encore négatives ; de sorte que le cercle a toujours donné des distances zénithales trop faibles.

Dans les deux dernières stations, la latitude moyenne conclue des observations faites au nord et au sud du zénith, s'est très-bien accordée avec les résultats immédiats des séries de la Polaire observée directement et par réflexion sur un horizon de mercure. Du moins, les très-légères différences qu'on remarque entre ces deux modes d'évaluation sont de l'ordre de celles qu'on peut légitimement attribuer aux petites incertitudes qui peuvent rester encore sur les déclinaisons des étoiles situées au sud du zénith.

On a vu plus haut, page 511, que la latitude de la station de Formentera, déterminée en 1808 par M. Arago avec un cercle de Fortin, par les seules observations d'étoiles circompolaires, excède de 2″,358 la latitude moyenne obtenue en 1825 par les observations faites des deux côtés du zénith. L'erreur constante de ce cercle était donc aussi négative, comme les précédentes, et elle était égale à — 2″,358 pour M. Arago.

Mais cette uniformité de signe négatif ne s'est pas maintenue pour un autre cercle de Fortin que nous avons employé, M. Mathieu et moi, en 1809, à Dunkerque. Car, par des élongations de la Polaire et par des distances méridiennes prises en très-grand nombre seulement au nord du zénith, nous trouvâmes alors une latitude de la tour de Dunkerque, moindre de 3″,55 que celle de Delambre qui est exacte, comme nous l'avons vérifié depuis, M. Arago et moi, concurremment avec les astronomes anglais. D'où il suit que notre cercle de 1809 donnait des distances zénithales trop fortes de cette quantité, et avait ainsi son erreur constante positive.

Je ne chercherai pas à expliquer ces concordances et ces dissemblances de signe; mais, quelle qu'en soit la cause, le résultat obtenu à Formentera, en 1825, m'a semblé utile à constater comme pouvant donner quelques lumières sur les moyens à prendre pour atténuer ce genre d'erreur. Car, puisqu'ici une meilleure disposition de l'instrument, jointe à un meilleur mode pratique de l'employer, ont produit, dans la valeur absolue de son erreur constante, une réduction si notable, il ne serait pas impossible qu'on parvînt à l'atténuer encore davantage, si la lunette des cercles répétiteurs était munie de vis de rappel au moyen desquelles on pût centrer rigoureusement l'oculaire avec l'objectif, porter la plaque du réticule exactement au foyer de celui-ci, puis la tourner et aussi la faire mouvoir parallèlement au plan du limbe, pour amener le fil transversal à une parfaite horizontalité dans un plan diamétral du système, en même temps que l'on conserverait le mouvement perpendiculaire qui sert à régler l'axe optique. Si, après avoir effectué toutes ces rectifications, on prenait soin de laisser toujours les bissections s'opérer d'elles-mêmes, tant au nord qu'au sud du zénith, dans un état de complète liberté de l'instrument, comme je l'ai fait dans la seconde partie des observations que je viens de rapporter, on obtiendrait, je crois, les résultats les plus exacts que le cercle répétiteur puisse donner par vision directe. Les mêmes conditions de rectification et de liberté étant appliquées aux observations dans lesquelles la vision directe alterne avec la vision réfléchie, contribueraient sans doute aussi à les rendre encore plus sûres, sinon plus parfaites, qu'on ne les a jusqu'ici obtenues; et la réunion de ces deux procédés donnerait aux cercles répétiteurs portatifs une valeur de détermination qui ne serait peut-être pas inférieure à celle des grands instruments fixes; la petitesse relative de leur dimension étant compensée par le principe de répétition, purgé de toutes les erreurs accidentelles.

Je joins ici les divers tableaux annoncés dans le cours du Mémoire précédent. Mais, pour n'omettre aucun des éléments qui ont été employés dans le calcul des distances zénithales vraies, je rapporterai d'abord les résultats de trois séries d'observations, qui ont été faites à différentes époques sur des objets terrestres très-distants, pour déterminer les valeurs des parties du grand niveau parallèle au limbe, dans la condition même d'application où il se trouve, quand il servait à mesurer l'inclinaison absolue de l'axe du cercle, lors des observations de latitude. Voici les résultats :

DATE des observations.	TEMPÉRATURE centésimale.	VALEUR ANGULAIRE d'une partie du niveau, en secondes sexagésimales.
1825. Juin 7..........	$+ 16,00$	$1,7797$
11..........	$20,90$	$1,7717$
Juillet 1..........	$23,65$	$1,7953$
Valeur moyenne..............		$1,7823$

Quoique cette valeur moyenne différât bien peu des évaluations partielles, on a employé celles-ci par préférence pour réduire les observations voisines des époques où elles avaient été obtenues.

TABLEAU A. — *Éléments numériques employés au calcul de la latitude par les étoiles observées au nord du zénith.*

NOMS DES ASTRES observés au nord du zénith.	DATE de l'Observat.		numéros d'ordre de la série.	ASCENSION droite apparente en temps sidéral.	DISTANCE au pôle boréal apparente.	RECUL du passage au méridien en temps de l'horloge.	LOGARITHME tabulaire de la quantité ω, qui sert à réduire en temps sidéral les angles horaires comptés en temps de l'horloge (*).
	Mois.	Jours.					
				h. m. s.	° ′ ″	h. m. s.	
β pet. Ourse sup.	Juin.	7	1	14.51.22,70	15. 7.45,18	6. 0.40,79	$\bar{3}$,8465405
		8	5	51.22,66	44,91	5.50.38,35	$\bar{3}$,8465405
		9	9	51.22,62	44,67	5.40.35,92	$\bar{3}$,8465405
		10	14	51.22,57	44,45	5.30.33,15	$\bar{3}$,8466371
		11	16	51.22,51	44,23	5.20.30,36	$\bar{3}$,8466371
		12	20	51.22,46	44,01	5.10.27,43	$\bar{3}$,8467599
		13	25	51.22,40	43,79	5. 0.24,75	$\bar{3}$,8466414
		14	30	51.22,35	43,57	4.50.22,48	$\bar{3}$,8462008
		15	35	51.22,30	43,35	4.40.20,31	$\bar{3}$,8462008
		16	40	51.22,24	43,13	4.30.18,16	$\bar{3}$,8461884
		17	46	51.22,19	42,91	4.20.15,78	$\bar{3}$,8461158
		18	51	51.22,13	42,69	4.10.13,45	$\bar{3}$,8465006
		19	54	51.22,08	42,47	4. 0.11,13	$\bar{3}$,8462820
		20	56	51.22,02	42,29	3.50. 9,63	$\bar{3}$,8458963
		23	61	51.21,83	41,76	3.20. 5,84	$\bar{3}$,8456657

(*) Soit $+ r$ le *retard* diurne de l'horloge sur un jour sidéral, exprimé en battements de l'horloge ; pour convertir les intervalles de temps comptés sur l'horloge en intervalles sidéraux, il faudra les multiplier par un facteur k, dont l'expression est $k = 1 + \dfrac{r}{86400 - r}$. Pour abréger, je fais $\omega = \dfrac{r}{86400 - r}$; alors le facteur de conversion k devient $k = 1 + \omega$.

Le logarithme tabulaire de ω est donné, pour chaque jour d'observation, dans la dernière colonne du tableau.

Soient D la distance du pôle au zénith, Z la moyenne des distances zénithales observées d'une étoile ayant pour distance polaire apparente Δ, P l'angle horaire propre à chaque distance zénithale partielle, exprimé en temps de l'horloge, n le nombre de ces distances que chaque série renferme, et enfin Q la quantité $\dfrac{1}{n} \Sigma \dfrac{\left(2 \sin^2 \frac{1}{2} P\right)}{\sin 1''}$, Σ étant un signe de sommation étendu à toutes les observations de la série. Si l'on désigne par Z_m la distance zénithale méridienne moyenne déduite de ces mêmes observations, on aura

Pour les passages sup. observés au nord du zénith, $Z_m = Z - (1 + \omega)^2 \dfrac{\sin D \sin \Delta}{\sin (D - \Delta)} . Q$;

Pour les passages inférieurs, $\qquad\qquad Z_m = Z + (1 + \omega)^2 \dfrac{\sin D \sin \Delta}{\sin (D + \Delta)} . Q.$

L'effet du facteur $(1 + \omega)^2$ a toujours été calculé par parties, en effectuant sa multiplication par les divers termes de son développement $1 + 2\omega + \omega^2$. Les observations ont toujours été faites assez près du méridien pour que les termes ultérieurs de la formule de réduction fussent insensibles et pussent être négligés.

Suite du TABLEAU A. — *Éléments numériques employés au calcul de la latitude par les étoiles observées au nord du zénith.*

NOMS DES ASTRES observés au nord du zénith.	Mois.	Jours.	NUMÉROS d'ordre de la série.	ASCENSION droite apparente en temps sidéral.	DISTANCE au pôle boréal apparente.	HEURE du passage au méridien en temps de l'horloge.	LOGARITHME tabulaire de la quantité ω, qui sert à réduire en temps sidéral les angles horaires comptés en temps de l'horloge.
				h. m. s	° ′ ″	h. m. s	
γ pet. Ourse sup.	Juin	7	2	15.21. 8,15	17.32 36,40	6.30.13,96	3,8465405
		9	10	21. 8,08	35,86	6.10. 8,84	3,8465405
		10	15	21. 8,04	35,59	6. 0. 5,99	3,8465371
		11	17	21. 8.01	35,33	5.50. 3,22	3,8466371
		12	21	21. 7,97	35,06	5.40. 0,30	3,8467590
		13	26	21. 7,94	34,79	5.29.57,55	3,8466414
		14	31	21. 7,90	34,52	5.19.55,58	3,8462008
		15	36	21. 7,87	34,25	5. 9.53,44	3,8462008
		16	41	21. 7,82	34,02	4.59.51,30	3,8461884
		17	47	21. 7,78	33,79	4.49.48,93	3,8461158
		20	57	21. 7,64	33,09	4.19.42,83	3,8458963
		23	63	21. 7,51	32,39	3.49.39,10	3,8456657
Polaire inférieure		17	45	0.58.16,14	1 37.32,65	2.27.56,73	3,8462137
		18	51	16,85	32,65	2.17.54,92	3,8465006
		19	53	17,53	32,66	2. 7.53,62	3,8462820
		20	55	18,20	32,67	1.57.52,84	3,8458963
		21	59	18,90	32,69	1.47.52,00	3,8456277
		22	60	20,36	32,76	1.27.51,58	3,8456657
		23	61	20,36	32,76	1.27.51,56	3,8456657
		24	67	21,15	32,80	1.17.50,79	3,8455792
		25	71	21,99	32,81	1. 7.50,46	3,8455450
		27	77	23,72	32,79	0.47.49,51	3,8454795
		30	82	26,20	32,60	0.17.48,54	3,8455622

Tableau [illegible] ... [illegible] ... France et d'Espagne.

Tableau II. — [illegible] [illegible table — text too faded to read]

NOTE III.

Sur l'application de la formule donnée, page 447, pour réduire au méridien les distances zénithales observées très-près de ce plan.

Cette formule contient le facteur variable $\dfrac{2 \sin^2 \frac{1}{2} p'}{\sin 1''}$ qu'il faut calculer particulièrement pour chaque observation, d'après l'époque où elle est faite. Mais on a évité cette peine aux observateurs en la réduisant en Table numérique de la manière suivante. La lettre p' représente l'angle horaire de l'astre à l'instant de chaque observation partielle; il est proportionnel à l'intervalle de temps T' compris entre l'instant de l'observation et l'époque du passage de l'astre au méridien local. Cette époque est toujours connue d'avance en temps de l'horloge, soit par l'observation immédiate à l'instrument des passages, soit par le calcul. On note aussi, en temps de l'horloge, l'instant où chaque observation est terminée. On a donc l'intervalle de temps T' par différence. Alors, selon la formule, il faut prendre pour chaque observation partielle

$$p' = 15\,\mathrm{T}'.$$

Cela suppose seulement que la marche diurne de l'horloge ne diffère de celle de l'astre que d'une petite quantité dont on tient compte par l'emploi du terme correctif en r' que la formule contient, et qui est constant pour une même série d'observations.

Cela posé, on a donné successivement à T' les valeurs 1^s, 2^s, 3^s, ..., et ainsi de suite, jusqu'à 36^m ou 2160^s de temps, ce qui embrasse et même dépasse toute l'étendue d'écart qu'il convient de donner à une même série autour du plan du méridien. Chacun de ces nombres étant multiplié par 15, on a eu les valeurs correspondantes de l'angle p', exprimé en secondes de degré sexagésimal; et de là, par les Tables logarithmiques, on a déduit la valeur du produit $\dfrac{2 \sin^2 \frac{1}{2} p'}{\sin 1''}$, exprimé dans la même espèce d'unité.

Par exemple, soit T' $= 36^m = 2160^s$ de temps. On en déduit d'abord, en arc :

$$p' = 15.36' = 9^\circ; \qquad \tfrac{1}{2}p' = 4^\circ 30'.$$

Alors, en achevant le calcul par logarithmes, on a

$$\log \sin \tfrac{1}{2} p' = \overline{2},8946433$$

$$\log \sin^4 \tfrac{1}{2} p' = \overline{3},7892866$$

$$\log 2 = 0,3010300$$

$$\log 2 \sin^4 \tfrac{1}{2} p' = \overline{2},0903166$$

$$\log \sin 1'' = \overline{6},6855749$$

$$\log \left(\frac{2 \sin^4 \tfrac{1}{2} p'}{\sin 1''} \right) = 3,4047417 ; \qquad \frac{2 \sin^4 \tfrac{1}{2} p'}{\sin 1''} = 2539'',5.$$

En effectuant un pareil calcul de seconde en seconde de temps, depuis 1^s jusqu'à 36^m, on a obtenu les valeurs correspondantes du facteur $\frac{2 \sin^4 \tfrac{1}{2} p'}{\sin 1''}$, et on les a réunies en une Table que l'on trouvera dans les pages suivantes. Il suffit de la consulter pour avoir le facteur variable de la réduction qui convient à chaque observation partielle, d'après la valeur de T' qui lui appartient. C'est dans cette Table même qu'on a pris les nombres rapportés dans la troisième colonne du tableau de la page 486.

En résolvant, dans la page 443, l'équation en $\sin \delta$ et $\sin^4 \tfrac{1}{2} \delta$ qui donne la réduction au méridien correspondante à chaque observation partielle, j'ai borné l'approximation à la première puissance de δ : il ne serait pas prudent d'étendre les séries jusqu'à des angles horaires assez grands pour qu'elle fût insuffisante ; mais, si l'on voulait la pousser plus loin, on y parviendrait de la manière suivante.

L'équation qu'il s'agit de résoudre pour avoir la correction δ, est

$$\sin Z \sin \delta + 2 \cos Z \sin^2 \tfrac{1}{2} \delta = 2 \sin \Delta \sin D \sin^2 \tfrac{1}{2} P' ;$$

remplacez $\sin \delta$ par son expression équivalente $2 \sin \tfrac{1}{2} \delta \cos \tfrac{1}{2} \delta$; puis divisez les deux membres de l'équation par $\cos^2 \tfrac{1}{2} \delta$; et, dans le second, écrivez, au lieu de $\frac{1}{\cos^2 \tfrac{1}{2} \delta}$, l'expression équivalente $1 + \text{tang}^2 \tfrac{1}{2} \delta$. Les termes semblables étant réunis, l'équation deviendra

$$(\cos Z - \sin \Delta \sin D \sin^2 \tfrac{1}{2} P') \, \text{tang}^2 \tfrac{1}{2} \delta + \sin Z \, \text{tang} \tfrac{1}{2} \delta = \sin \Delta \sin D \sin^2 \tfrac{1}{2} P'.$$

Ainsi transformée, elle est résoluble, par rapport à $\text{tang} \tfrac{1}{2} \delta$, à la manière des équations du second degré. En outre, l'angle P' devant toujours être fort petit, le second membre n'aura jamais qu'une valeur très-petite. Conséquemment, l'expression radicale de $\text{tang} \tfrac{1}{2} \delta$ pourra être réduite en une série toujours convergente, comme nous l'avons fait en traitant l'équation de la page 89 ; et l'on pourra ainsi obtenir la réduction δ, avec une exactitude indéfinie. L'expression que nous avons formée dans la page 444 n'est que le premier terme de cette approximation, et il convient de restreindre toujours assez les écarts des observations autour du plan du méridien pour qu'il suffise. Mais il pourra être utile de savoir apprécier la portée des termes suivants pour chaque étoile, afin de connaître les limites des angles horaires auxquelles il faut s'arrêter en l'observant. C'est à quoi pourra servir le développement de $\text{tang} \tfrac{1}{2} \delta$ en série.

Table générale de réduction au méridien pour les observations faites au cercle répétiteur, ou valeurs de $\dfrac{2\sin^2\frac{1}{2}p'}{\sin 1''}$.

ARGUMENT. Angle horaire en temps.

Secondes.	0^m.	1^m.	2^m.	3^m.	4^m.	5^m.	6^m.	7^m.
0	0,0	2,0	7,8	17,7	31,4	49,1	70,7	96,2
1	0,0	2,0	8,0	17,9	31,7	49,4	71,1	96,7
2	0,0	2,1	8,1	18,1	31,9	49,7	71,5	97,1
3	0,0	2,2	8,2	18,3	32,2	50,1	71,9	97,6
4	0,0	2,2	8,4	18,5	32,5	50,4	72,3	98,1
5	0,0	2,3	8,5	18,7	32,7	50,7	72,7	98,5
6	0,0	2,4	8,7	18,9	33,0	51,1	73,1	99,0
7	0,0	2,4	8,8	19,1	33,3	51,4	73,5	99,4
8	0,0	2,5	8,9	19,3	33,5	51,7	73,9	99,9
9	0,0	2,6	9,1	19,5	33,8	52,1	74,3	100,4
10	0,1	2,7	9,2	19,7	34,1	52,4	74,7	100,8
11	0,1	2,7	9,4	19,9	34,4	52,7	75,1	101,3
12	0,1	2,8	9,5	20,1	34,6	53,1	75,5	101,8
13	0,1	2,9	9,6	20,3	34,9	53,4	75,9	102,3
14	0,1	3,0	9,8	20,5	35,2	53,8	76,3	102,7
15	0,1	3,1	9,9	20,7	35,5	54,1	76,7	103,2
16	0,1	3,1	10,1	20,9	35,7	54,5	77,1	103,7
17	0,2	3,2	10,2	21,2	36,0	54,8	77,5	104,2
18	0,2	3,3	10,4	21,4	36,3	55,1	77,9	104,6
19	0,2	3,4	10,5	21,6	36,6	55,5	78,3	105,1
20	0,2	3,5	10,7	21,8	36,9	55,8	78,8	105,6
21	0,3	3,6	10,8	22,0	37,2	56,2	79,2	106,1
22	0,3	3,7	11,0	22,3	37,4	56,5	79,6	106,6
23	0,3	3,8	11,1	22,5	37,7	56,9	80,0	107,0
24	0,3	3,8	11,3	22,7	38,0	57,3	80,4	107,5
25	0,3	3,9	11,5	22,9	38,3	57,6	80,8	108,0
26	0,4	4,0	11,6	23,1	38,6	58,0	81,3	108,5
27	0,4	4,1	11,8	23,4	38,9	58,3	81,7	109,0
28	0,4	4,2	11,9	23,6	39,2	58,7	82,1	109,5
29	0,5	4,3	12,1	23,8	39,5	59,0	82,5	110,0
30	0,5	4,4	12,3	24,0	39,8	59,4	83,0	110,4

Table générale de réduction au méridien. (Suite.)

ARGUMENT. Angle horaire en temps.

SECONDES.	0^m.	1^m.	2^m.	3^m.	4^m.	5^m.	6^m.	7^m.
30	0,5	4,4	12,3	24,0	39,8	59,4	83,0	110,4
31	0,5	4,5	12,4	24,3	40,1	59,8	83,4	110,9
32	0,6	4,6	12,6	24,5	40,3	60,1	83,8	111,4
33	0,6	4,7	12,8	24,7	40,6	60,5	84,2	111,9
34	0,6	4,8	12,9	25,0	40,9	60,8	84,7	112,4
35	0,7	4,9	13,1	25,2	41,2	61,2	85,1	112,9
36	0,7	5,0	13,3	25,4	41,5	61,6	85,5	113,4
37	0,7	5,1	13,4	25,7	41,8	61,9	86,0	113,9
38	0,8	5,2	13,6	25,9	42,1	62,3	86,4	114,4
39	0,8	5,3	13,8	26,2	42,5	62,7	86,8	114,9
40	0,9	5,4	14,0	26,4	42,8	63,0	87,3	115,4
41	0,9	5,6	14,1	26,6	43,1	63,4	87,7	115,9
42	1,0	5,7	14,3	26,9	43,4	63,8	88,1	116,4
43	1,0	5,8	14,5	27,1	43,7	64,2	88,6	116,9
44	1,1	5,9	14,7	27,4	44,0	64,5	89,0	117,4
45	1,1	6,0	14,8	27,6	44,3	64,9	89,5	117,9
46	1,2	6,1	15,0	27,9	44,6	65,3	89,9	118,4
47	1,2	6,2	15,2	28,1	44,9	65,7	90,3	118,9
48	1,3	6,4	15,4	28,3	45,2	66,0	90,8	119,5
49	1,3	6,5	15,6	28,6	45,5	66,4	91,2	120,0
50	1,4	6,6	15,8	28,8	45,9	66,8	91,7	120,5
51	1,4	6,7	15,9	29,1	46,2	67,2	92,1	121,0
52	1,5	6,8	16,1	29,4	46,5	67,6	92,6	121,5
53	1,5	7,0	16,3	29,6	46,8	68,0	93,0	122,0
54	1,6	7,1	16,5	29,9	47,1	68,3	93,5	122,5
55	1,6	7,2	16,7	30,1	47,5	68,7	93,9	123,1
56	1,7	7,3	16,9	30,4	47,8	69,1	94,4	123,6
57	1,8	7,5	17,1	30,6	48,1	69,5	94,8	124,1
58	1,8	7,6	17,3	30,9	48,4	69,9	95,3	124,6
59	1,9	7,7	17,5	31,1	48,8	70,3	95,7	125,1
60	2,0	7,8	17,7	31,4	49,1	70,7	96,2	125,7

Table générale de réduction au méridien. (Suite.)

ARGUMENT. Angle horaire en temps.

SECONDES.	8^m.	9^m.	10^m.	11^m.	12^m.	13^m.	14^m.	15^m.
0	125,7	159,0	196,3	237,5	282,7	331,8	384,7	441,6
1	126,2	159,6	197,0	238,3	283,5	332,6	385,6	442,6
2	126,7	160,2	197,6	239,0	284,2	333,4	386,5	443,6
3	127,2	160,8	198,3	239,7	285,0	334,3	387,5	444,6
4	127,8	161,4	198,9	240,4	285,8	335,2	388,4	445,6
5	128,3	162,0	199,6	241,2	286,6	336,0	389,3	446,5
6	128,8	162,6	200,3	241,9	287,4	336,9	390,2	447,5
7	129,4	163,2	200,9	242,6	288,2	337,7	391,1	448,5
8	129,9	163,8	201,6	243,3	289,0	338,6	392,1	449,5
9	130,4	164,4	202,2	244,1	289,8	339,4	393,0	450,5
10	131,0	165,0	202,9	244,8	290,6	340,3	393,9	451,5
11	131,5	165,6	203,6	245,5	291,4	341,2	394,8	452,5
12	132,0	166,2	204,2	246,2	292,2	342,0	395,8	453,5
13	132,6	166,8	204,9	247,0	293,0	342,9	396,7	454,5
14	133,1	167,4	205,6	247,7	293,8	343,7	397,6	455,5
15	133,6	168,0	206,3	248,5	294,6	344,6	398,6	456,5
16	134,2	168,6	206,9	249,2	295,4	345,5	399,5	457,5
17	134,7	169,2	207,6	249,9	296,2	346,3	400,5	458,5
18	135,3	169,8	208,3	250,7	297,0	347,2	401,4	459,5
19	135,8	170,4	208,9	251,4	297,8	348,1	402,3	460,5
20	136,4	171,0	209,6	252,2	298,6	349,0	403,3	461,5
21	136,9	171,6	210,3	252,9	299,4	349,8	404,2	462,5
22	137,4	172,2	211,0	253,6	300,2	350,7	405,1	463,5
23	138,0	172,9	211,6	254,4	301,0	351,6	406,0	464,5
24	138,5	173,5	212,3	255,1	301,8	352,5	407,0	465,5
25	139,1	174,1	213,0	255,9	302,6	353,3	408,0	466,5
26	139,6	174,7	213,7	256,6	303,5	354,2	408,9	467,5
27	140,2	175,3	214,4	257,4	304,3	355,1	409,9	468,5
28	140,7	175,9	215,1	258,1	305,1	356,0	410,8	469,5
29	141,3	176,6	215,8	258,9	305,9	356,9	411,7	470,5
30	141,8	177,2	216,4	259,6	306,7	357,7	412,7	471,5

Table générale de réduction au méridien. (Suite.)

Argument. Angle horaire en temps.

SECONDES.	8ᵐ.	9ᵐ.	10ᵐ.	11ᵐ.	12ᵐ.	13ᵐ.	14ᵐ.	15ᵐ.
30	141,8	177,2	216,4	259,6	306,7	357,7	412,7	471,5
31	142,4	177,8	217,1	260,4	307,5	358,6	413,6	472,6
32	143,0	178,4	217,8	261,1	308,4	359,5	414,6	473,6
33	143,5	179,0	218,5	261,9	309,2	360,3	415,6	474,6
34	144,1	179,7	219,2	262,6	310,0	361,2	416,6	475,6
35	144,6	180,3	219,9	263,4	310,8	362,1	417,5	476,6
36	145,2	180,9	220,6	264,1	311,6	363,0	418,4	477,6
37	145,8	181,6	221,3	264,9	312,5	363,9	419,4	478,7
38	146,3	182,2	222,0	265,7	313,3	364,8	420,3	479,7
39	146,9	182,8	222,7	266,4	314,2	365,7	421,3	480,7
40	147,5	183,4	223,4	267,2	315,0	366,5	422,2	481,7
41	148,0	184,1	224,1	267,9	315,8	367,5	423,2	482,8
42	148,6	184,7	224,8	268,7	316,6	368,4	424,2	483,8
43	149,2	185,4	225,5	269,5	317,4	369,3	425,1	484,8
44	149,7	186,0	226,2	270,2	318,3	370,2	426,1	485,8
45	150,3	186,6	226,9	271,0	319,1	371,1	427,0	486,9
46	150,9	187,3	227,6	271,8	319,9	372,0	428,0	487,9
47	151,5	187,9	228,3	272,6	320,8	372,9	429,0	488,9
48	152,0	188,5	229,0	273,3	321,6	373,8	430,0	490,0
49	152,6	189,2	229,7	274,1	322,4	374,7	430,9	491,0
50	153,2	189,8	230,4	274,9	323,3	375,6	431,9	492,0
51	153,8	190,5	231,1	275,6	324,1	376,5	432,8	493,1
52	154,4	191,1	231,8	276,4	325,0	377,4	433,8	494,1
53	154,9	191,8	232,5	277,2	325,8	378,3	434,8	495,2
54	155,5	192,4	233,3	278,0	326,7	379,2	435,7	496,2
55	156,1	193,1	234,0	278,8	327,5	380,2	436,7	497,2
56	156,7	193,7	234,7	279,5	328,4	381,1	437,7	498,2
57	157,3	194,4	235,4	280,3	329,2	382,0	438,7	499,2
58	157,8	195,0	236,1	281,1	330,0	382,9	439,6	500,3
59	158,4	195,7	236,8	281,9	330,9	383,8	440,6	501,4
60	159,0	196,3	237,5	282,7	331,8	384,7	441,6	502,5

Table générale de réduction au méridien. (Suite.)
ARGUMENT. Angle horaire en temps.

SEC.	16m.	17m.	18m.	19m.	20m.	21m.	22m.	23m.	24m.	25m.
0	502,5	567,1	635,8	708,3	784,9	865,3	949,6	1037,8	1129,9	1225,9
1	503,5	568,2	636,9	709,5	786,2	866,6	951,0	1039,3	1131,4	1227,5
2	504,6	569,3	638,1	710,8	787,5	868,0	952,4	1040,8	1133,0	1229,2
3	505,6	570,4	639,3	712,1	788,8	869,4	953,8	1042,3	1134,6	1230,8
4	506,7	571,6	640,5	713,4	790,1	870,8	955,3	1043,8	1136,2	1232,5
5	507,7	572,7	641,7	714,6	791,4	872,1	956,7	1045,3	1137,8	1234,1
6	508,8	573,8	642,9	715,9	792,7	873,5	958,2	1046,8	1139,3	1235,7
7	509,8	574,9	644,1	717,1	794,0	874,9	959,6	1048,3	1140,9	1237,3
8	510,9	576,1	645,3	718,4	795,4	876,3	961,1	1049,8	1142,5	1239,0
9	511,9	577,2	646,4	719,6	796,7	877,6	962,5	1051,3	1144,0	1240,6
10	513,0	578,3	647,6	720,9	798,0	879,0	963,9	1052,8	1145,6	1242,3
11	514,0	579,4	648,8	722,1	799,3	880,4	965,4	1054,3	1147,1	1243,9
12	515,1	580,6	650,0	723,4	800,7	881,8	966,9	1055,9	1148,8	1245,6
13	516,1	581,7	651,2	724,6	802,0	883,2	968,3	1057,4	1150,4	1247,2
14	517,2	582,8	652,4	725,9	803,3	884,6	969,8	1058,9	1152,0	1248,8
15	518,3	583,9	653,6	727,1	804,6	886,0	971,2	1060,4	1153,6	1250,5
16	519,4	585,1	654,8	728,4	806,0	887,4	972,7	1062,0	1155,2	1252,2
17	520,4	586,2	656,0	729,6	807,3	888,8	974,1	1063,5	1156,8	1253,8
18	521,4	587,3	657,2	730,9	808,6	890,2	975,5	1065,0	1158,3	1255,5
19	522,5	588,4	658,4	732,2	809,9	891,6	977,0	1066,5	1159,9	1257,1
20	523,6	589,6	659,6	733,5	811,3	893,0	978,5	1068,1	1161,5	1258,8
21	524,6	590,7	660,8	734,7	812,6	894,4	979,9	1069,6	1163,1	1260,4
22	525,7	591,9	662,0	736,0	813,9	895,8	981,4	1071,1	1164,7	1262,1
23	526,8	593,0	663,2	737,2	815,2	897,2	982,9	1072,6	1166,3	1263,7
24	527,9	594,1	664,4	738,5	816,6	898,6	984,4	1074,2	1167,9	1265,4
25	528,9	595,2	665,6	739,7	817,9	900,0	985,8	1075,7	1169,5	1267,0
26	530,0	596,4	666,8	741,0	819,2	901,4	987,3	1077,2	1171,1	1268,7
27	531,1	597,5	668,0	742,3	820,5	902,8	988,8	1078,7	1172,7	1270,3
28	532,2	598,7	669,2	743,6	821,9	904,2	990,3	1080,1	1174,3	1272,1
29	533,2	599,8	670,4	744,8	823,2	905,6	991,8	1081,8	1175,9	1273,7
30	534,3	601,0	671,6	746,1	824,6	907,0	993,2	1083,3	1177,5	1275,4

Table générale de réduction au méridien. (Suite.)

ARGUMENT. Angle horaire en temps.

séc.	16^m	17^m	18^m	19^m	20^m	21^m	22^m	23^m	24^m	25^m
30	534,3	601,0	671,6	746,1	824,6	907,0	993,2	1083,3	1177,5	1275,4
31	535,4	602,1	672,8	747,4	825,9	908,4	994,7	1084,8	1179,1	1277,1
32	536,5	603,3	674,1	748,7	827,3	909,6	996,2	1086,4	1180,7	1278,8
33	537,5	604,4	675,3	749,9	828,6	911,2	997,6	1087,9	1182,3	1280,4
34	538,6	605,6	676,5	751,2	829,9	912,6	999,1	1089,5	1183,9	1282,1
35	539,7	606,7	677,7	752,5	831,2	914,0	1000,6	1091,0	1185,5	1283,8
36	540,8	607,9	678,9	753,8	832,6	915,5	1002,1	1092,6	1187,1	1285,5
37	541,9	609,0	680,1	755,0	833,9	916,9	1003,5	1094,1	1188,7	1287,1
38	543,0	610,2	681,3	756,3	835,3	918,3	1005,0	1095,7	1190,3	1288,8
39	544,1	611,3	682,5	757,6	836,6	919,7	1006,5	1097,2	1191,9	1290,5
40	545,2	612,5	683,8	758,9	838,0	921,1	1008,0	1098,8	1193,5	1292,2
41	546,2	613,6	685,0	760,2	839,5	922,5	1009,4	1100,3	1195,1	1293,8
42	547,3	614,8	686,3	761,5	840,7	923,9	1010,9	1101,9	1196,7	1295,5
43	548,4	615,9	687,4	762,8	842,0	925,3	1012,4	1103,4	1198,3	1297,2
44	549,5	617,1	688,7	764,1	843,4	926,8	1013,9	1105,0	1199,9	1298,9
45	550,6	618,2	689,9	765,3	844,7	928,2	1015,4	1106,5	1201,5	1300,5
46	551,7	619,4	691,1	766,6	846,1	929,6	1016,9	1108,1	1203,1	1302,2
47	552,8	620,5	692,3	767,9	847,5	931,0	1018,4	1109,6	1204,7	1303,9
48	553,9	621,7	693,6	769,2	848,9	932,4	1019,9	1111,2	1206,4	1305,6
49	555,0	622,8	694,8	770,5	850,2	933,8	1021,4	1112,7	1208,0	1307,3
50	556,1	624,0	696,0	771,8	851,6	935,2	1022,8	1114,3	1209,6	1309,0
51	557,2	625,2	697,2	773,1	852,9	936,6	1024,3	1115,8	1211,2	1310,7
52	558,3	626,4	698,4	774,5	854,3	938,1	1025,8	1117,4	1212,9	1312,4
53	559,4	627,5	699,6	775,8	855,6	939,5	1027,3	1118,9	1214,5	1314,1
54	560,5	628,7	700,9	777,1	857,0	940,9	1028,8	1120,5	1216,1	1315,7
55	561,6	629,9	702,2	778,4	858,4	942,3	1030,3	1122,0	1217,7	1317,4
56	562,7	631,1	703,5	779,7	859,8	943,8	1031,8	1123,6	1219,4	1319,1
57	563,8	632,2	704,7	781,0	861,1	945,2	1033,3	1125,1	1221,0	1320,8
58	564,9	633,4	705,9	782,3	862,5	946,6	1034,8	1126,7	1222,6	1322,6
59	566,0	634,6	707,1	783,6	863,9	948,1	1036,3	1128,3	1224,2	1324,2
60	567,1	635,8	708,3	784,9	865,3	949,6	1037,8	1129,9	1225,9	1325,9

Table générale de réduction au méridien. (Suite.)

ARGUMENT. Angle horaire en temps.

SÉC.	26m.	27m.	28m.	29m.	30m.	31m.	32m.	33m.	34m.	35m.
0	1325″,9	1429″,7	1537″,5	1649″,0	1764″,6	1884″,0	2007″,4	2134″,6	2265″,6	2400″,6
1	1327,6	1431,4	1539,3	1650,9	1766,6	1886,0	2009,4	2136,8	2267,8	2402,9
2	1329,3	1433,2	1541,1	1652,8	1768,5	1888,0	2011,5	2138,9	2270,0	2405,2
3	1331,0	1434,9	1542,9	1654,7	1770,5	1890,0	2013,6	2141,1	2272,2	2407,5
4	1332,7	1436,7	1544,8	1656,6	1772,4	1892,1	2015,7	2143,2	2274,5	2409,8
5	1334,4	1438,5	1546,6	1658,5	1774,3	1894,1	2017,8	2145,3	2276,7	2412,0
6	1336,1	1440,3	1548,4	1660,4	1776,3	1896,1	2019,9	2147,5	2278,9	2414,3
7	1337,8	1442,1	1550,2	1662,3	1778,3	1898,1	2022,0	2149,7	2281,2	2416,6
8	1339,5	1443,9	1552,1	1664,2	1780,3	1900,2	2024,1	2151,8	2283,4	2418,9
9	1341,2	1445,6	1553,9	1666,1	1782,3	1902,2	2026,2	2153,9	2285,6	2421,2
10	1342,9	1447,4	1555,8	1668,0	1784,2	1904,3	2028,3	2156,1	2287,8	2423,5
11	1344,6	1449,2	1557,6	1669,9	1786,2	1906,3	2030,5	2158,3	2290,0	2425,8
12	1346,3	1451,0	1559,5	1671,9	1788,2	1908,4	2032,5	2160,5	2292,3	2428,1
13	1348,0	1452,8	1561,3	1673,8	1790,1	1910,4	2034,6	2162,6	2294,5	2430,4
14	1349,7	1454,5	1563,2	1675,7	1792,1	1912,4	2036,7	2164,8	2296,8	2432,7
15	1351,4	1456,3	1565,0	1677,6	1794,1	1914,4	2038,8	2166,9	2299,0	2435,0
16	1353,2	1458,1	1566,9	1679,5	1796,1	1916,5	2040,9	2169,1	2301,3	2437,3
17	1354,9	1459,9	1568,7	1681,4	1798,1	1918,5	2043,0	2171,2	2303,6	2439,6
18	1356,6	1461,6	1570,5	1683,3	1800,0	1920,6	2045,1	2173,4	2305,8	2441,9
19	1358,3	1463,4	1572,4	1685,2	1802,0	1922,6	2047,2	2175,6	2308,0	2444,2
20	1360,1	1465,2	1574,3	1687,2	1804,0	1924,7	2049,3	2177,8	2310,2	2446,5
21	1361,8	1466,9	1576,1	1689,1	1805,9	1926,7	2051,4	2179,9	2312,4	2448,8
22	1363,5	1468,7	1578,0	1691,0	1807,9	1928,8	2053,5	2182,1	2314,7	2451,1
23	1365,2	1470,5	1579,8	1692,9	1809,9	1930,8	2055,7	2184,3	2316,9	2453,4
24	1367,0	1472,3	1581,7	1694,8	1811,9	1932,9	2057,8	2186,5	2319,2	2455,7
25	1368,7	1474,0	1583,5	1696,7	1813,8	1935,0	2059,9	2188,6	2321,5	2458,0
26	1370,4	1475,9	1585,3	1698,6	1815,8	1937,0	2062,0	2190,8	2323,7	2460,3
27	1372,1	1477,7	1587,2	1700,5	1817,8	1939,0	2064,1	2193,0	2325,9	2462,6
28	1373,9	1479,5	1589,1	1702,5	1819,8	1941,1	2066,2	2195,2	2328,2	2464,9
29	1375,6	1481,3	1590,9	1704,4	1821,8	1943,1	2068,3	2197,3	2330,4	2467,2
30	1377,3	1483,1	1592,7	1706,3	1823,8	1945,2	2070,4	2199,5	2332,7	2469,5

Table générale de réduction au méridien. (Fin.)

ARGUMENT. Angle horaire en temps.

s	26^m	27^m	28^m	29^m	30^m	31^m	32^m	33^m	34^m	35^m
30	1377″,3	1483″,1	1592″,7	1706″,3	1823″,8	1945″,2	2070″,4	2199″,5	2332″,7	2469″,5
31	1379,0	1484,9	1594,6	1708,2	1825,8	1947,2	2072,6	2201,7	2334,9	2471,8
32	1380,8	1486,7	1596,5	1710,2	1827,8	1949,3	2074,7	2203,9	2337,2	2474,2
33	1382,5	1488,5	1598,3	1712,1	1829,8	1951,3	2076,8	2206,1	2339,4	2476,5
34	1384,2	1490,3	1600,2	1714,0	1831,8	1953,4	2078,9	2208,3	2341,7	2478,8
35	1385,9	1492,1	1602,1	1716,9	1833,8	1955,5	2081,0	2210,5	2343,9	2481,1
36	1387,7	1493,9	1604,0	1717,9	1835,8	1957,6	2083,2	2212,7	2346,2	2483,5
37	1389,4	1495,7	1605,9	1719,8	1837,8	1959,6	2085,3	2214,9	2348,5	2485,8
38	1391,2	1497,5	1607,7	1721,7	1839,8	1961,7	2087,4	2217,1	2350,7	2488,1
39	1392,9	1499,3	1609,6	1723,6	1841,8	1963,7	2089,6	2219,3	2353,0	2490,4
40	1394,7	1501,1	1611,5	1725,6	1843,8	1965,8	2091,7	2221,5	2355,2	2492,8
41	1396,4	1502,9	1613,3	1727,5	1845,8	1967,8	2093,8	2223,7	2357,5	2495,1
42	1398,2	1504,7	1615,2	1729,5	1847,8	1969,9	2095,9	2225,9	2359,7	2497,4
43	1399,9	1506,5	1617,1	1731,5	1849,8	1972,0	2098,0	2228,1	2361,9	2499,7
44	1401,7	1508,4	1619,0	1733,4	1851,8	1974,1	2100,2	2230,3	2364,2	2502,1
45	1403,4	1510,2	1620,8	1735,3	1853,8	1976,1	2102,3	2232,5	2366,4	2504,4
46	1405,2	1512,0	1622,7	1737,3	1855,8	1978,2	2104,5	2234,7	2368,7	2506,7
47	1407,9	1513,8	1624,6	1739,2	1857,8	1980,3	2106,6	2236,9	2371,0	2509,0
48	1408,7	1515,6	1626,5	1741,2	1859,8	1982,4	2108,8	2239,1	2373,3	2511,4
49	1410,4	1517,4	1628,3	1743,1	1861,8	1984,4	2110,9	2241,3	2375,5	2513,7
50	1412,2	1519,2	1630,2	1745,1	1863,8	1986,5	2113,1	2243,5	2377,8	2516,1
51	1413,9	1521,0	1632,1	1747,0	1865,8	1988,6	2115,2	2245,7	2380,1	2518,4
52	1415,7	1522,9	1634,0	1749,0	1867,8	1990,7	2117,4	2247,9	2382,4	2520,8
53	1417,4	1524,7	1635,9	1750,9	1869,8	1992,7	2119,6	2250,1	2384,6	2523,1
54	1419,2	1526,5	1637,7	1752,9	1871,8	1994,8	2121,7	2252,3	2386,9	2525,4
55	1420,9	1528,3	1639,6	1754,8	1873,8	1996,9	2123,8	2254,5	2389,2	2527,7
56	1422,7	1530,2	1641,5	1756,8	1875,9	1999,0	2126,0	2256,7	2391,5	2530,1
57	1424,4	1532,0	1643,3	1758,7	1877,9	2001,0	2128,1	2258,9	2393,7	2532,4
58	1426,2	1533,8	1645,2	1760,7	1879,9	2003,1	2130,3	2261,1	2396,0	2534,8
59	1427,9	1535,6	1647,1	1762,6	1882,0	2005,3	2132,4	2263,4	2398,3	2537,1
60	1429,7	1537,5	1649,0	1764,6	1884,0	2007,4	2134,6	2265,6	2400,6	2539,5

FIN DU TOME TROISIÈME.